AF247580

Verlag von B.G.Teubner.
Phot. W. Weiß, Straßburg i/E.

FESTSCHRIFT

HEINRICH WEBER

ZU SEINEM SIEBZIGSTEN GEBURTSTAG
AM 5. MÄRZ 1912

GEWIDMET VON

FREUNDEN UND SCHÜLERN

MIT DEM BILDNIS VON H. WEBER IN HELIOGRAVÜRE
UND FIGUREN IM TEXT

CHELSEA PUBLISHING COMPANY
BRONX, NEW YORK

The present work is a textually unaltered reprint of a
work first published at Leipzig in 1912. It is printed
on alkaline paper. It is published at New York, 1971
International Standard Book Number 0-8284-0246-9
Library of Congress Catalog Card Number 71-125926

Printed in the United States of America

Hochverehrter Herr Professor!

Eine Anzahl Ihrer Freunde und Schüler haben
sich vereinigt, um zur bleibenden Erinnerung an den
Tag, an dem Sie Ihr siebzigstes Lebensjahr vollenden
und als Zeichen ihrer aufrichtigen Verehrung und
Anhänglichkeit Ihnen dies Buch zu überreichen. Wir
haben geglaubt, nicht besser unserer hohen Wert-
schätzung und dem Gefühl der Dankbarkeit Ausdruck
geben zu können, als durch ein in gemeinsamer Arbeit
entstandenes Werk, das in seinem vielgestaltigen Inhalt gleichsam Ihr eigenes reiches Lebenswerk wieder-
spiegelt. Denn in seltener Vielseitigkeit haben Sie auf
den verschiedensten Gebieten der Wissenschaft, in die
Sie Ihre rastlose Tätigkeit geführt hat, in Algebra,
Zahlentheorie, Funktionentheorie, in Mechanik und
mathematischer Physik, Arbeiten von bleibender Bedeutung geschaffen und der Forschung neue Wege er-

öffnet, gleichzeitig aber in zusammenfassenden Werken,
die Gemeingut aller Mathematiker geworden sind, den
wissenschaftlichen Besitzstand unserer Zeit in vorbild-
licher Weise fixiert.

Aber nicht allein den Forscher und Lehrer wollen
wir heute in Ihnen ehren; unser Glückwunsch gilt in
gleichem Maße der verehrungswürdigen Persönlichkeit,
dem treuen, in jeder Lage zuverlässigen Freund, dem
aufrechten, vornehm gesinnten Mann, der auch in den
schwersten Prüfungen seine echte, auf dem Grunde
zuversichtlicher Lebensbejahung beruhende Herzens-
güte bewährt hat.

Die Firma B. G. Teubner hat durch Übernahme
von Druck und Verlag des vorliegenden Werkes ebenfalls ihre aufrichtige Verehrung zum Ausdruck bringen
wollen und schließt sich uns mit den herzlichsten
Glückwünschen an.

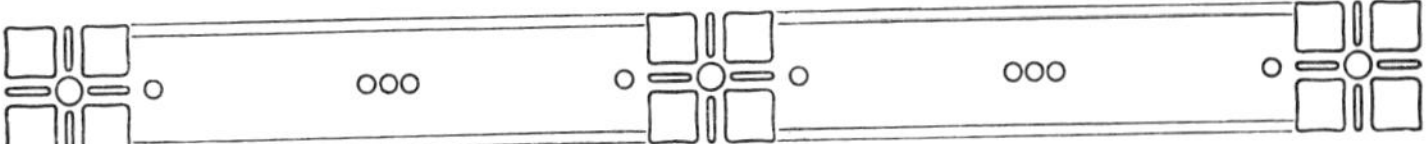

INHALT.

Über die Laplacesche Methode der Bahnbestimmung im Vergleich zur Gaußschen.

Von

Julius Bauschinger in Straßburg i. E.

1. Es ist eine in der Erfahrung immer wieder bestätigte Tatsache, daß die Laplacesche Methode der Bahnbestimmung und ihre Bearbeitungen (Bruns, Harzer, Leuschner) in der praktischen Anwendung nicht das leisten, was sie theoretisch versprechen, sondern daß sie von der Lambert-Lagrange-Gauß-schen Methode an Sicherheit und Konvergenz des Verfahrens erheblich übertroffen werden. Herr Poincaré hat in der Abhandlung „Sur la détermination des orbites par la méthode de Laplace" (Bull. Astr. T. XXIII 1906) nachgewiesen, daß in der ersten Annäherung die beiden Methoden durchaus gleichstehen, wenn bei der Laplaceschen Methode die Mitte der Beobachtungszeiten als Epoche gewählt wird und wenn bei der Gaußschen Methode entweder die Zwischenzeiten als nahe gleich angenommen werden können oder was auf dasselbe hinauskommt, wenn die Encke-sche Modifikation eingeführt wird; er hat weiter gezeigt, daß bei der zweiten, dritten, . . . Annäherung die Fehler bei Laplace auf die dritte, vierte, . . ., bei Gauß aber auf die vierte, sechste, . . . Ordnung in Bezug auf die Zwischenzeiten herabsinken. Poincaré zieht daraus den Schluß, daß die Laplacesche Methode der Gaußschen nahezu ebenbürtig sei und daß ihr Unrecht geschehe, wenn sie wie bisher von den Bahnrechnern vernachlässigt werde. Ich habe nach der Gaußschen Methode einige dreißig Bahnen gerechnet und in noch viel mehr von Anderen gerechnete genauen Einblick bekommen; sie sind alle gelungen, sind veröffentlicht und haben sich bewährt; nach der Laplaceschen Methode habe ich gleichfalls viele Bahnen in Angriff genommen, es ist mir aber selten gelungen, ein befriedigendes Resultat zu erlangen; von anderen Rechnern sind mir gleiche Mißerfolge bekannt geworden; in der Literatur ist selten davon die Rede, weil naturgemäß offensichtlich mißlungene Bahnen nicht bekannt gemacht werden. Da die theoretischen Schlußfolgerungen Poincarés nicht bezweifelt werden können, drängt sich die Frage nach der Ursache dieses Zwiespaltes zwischen Theorie und Praxis auf; einige Überlegungen hierüber erlaube ich mir im folgenden mitzuteilen.

Es muß vorausgeschickt werden, daß unter Laplacescher Methode nur die von ihm selbst angegebene, später von Bruns (mit der Ergänzung von Schwarzschild) und Poincaré weiter ausgeführte zu verstehen ist, nicht aber die Umgestaltung, die sie durch Harzer (und nach dessen Vorbild durch Leuschner) erfahren hat. Laplace und seine Nachfolger erzielen nämlich in folgerichtiger Weise die auf die erste folgenden Näherungen durch Verbesserung der Differentialquotienten der beobachteten Koordinaten vor Erlangung der definitiven Elemente und bieten damit eine wirkliche Bahnbestimmungsmethode im Gaußschen Sinne. Harzer und Leuschner dagegen haben in Erkenntnis der geringen Konvergenz dieses Verfahrens einen anderen Weg eingeschlagen, indem sie mit den Resultaten der ersten Näherung die Beobachtungen vergleichen und mittelst der Abweichungen die Elemente korrigieren; das ist dann natürlich keine Bahnbestimmung im strengen Sinne, sondern eine Bahnverbesserung, und das eigentliche Problem ist damit nicht gelöst. Wollte man die Laplacesche Lösung auf die Höhe der Gaußschen heben, so müßte man ein ähnliches Mittel ersinnen, wie es Gauß (dem durch Lambert und Lagrange vorgearbeitet war) in so unvergleichlicher Weise durch die Einführung des Verhältnisses Sektor zu Dreieck gewonnen hat, auf dem in letzter Linie alle Kürze und aller Erfolg seiner Methode beruht. Wie die Sache liegt, ist es allerdings sehr fraglich, ob es ein solches gibt.

2. Es sollen zunächst in Kürze die Grundformeln beider Methoden verglichen werden. Wir legen in einem Punkt P der geozentrischen auf die Einheitskugel projizierten Bahnkurve an sie die geodätische Tangente, nehmen auf dieser 90^0 vorwärts einen Punkt M und 90^0 von P und M entfernt, in der Bewegungsrichtung rechts, einen dritten Punkt N; PMN repräsentieren dann die positiven Achsen eines rechtwinkligen Koordinatensystems, in dem mit π, μ, ν die Richtungskosinus des geozentrischen Planetenorts, mit ΠMN die des gleichzeitigen Erdortes und mit p, m, n die des heliozentrischen Planetenortes bezeichnet seien. Es ist dann, wenn ϱ, R, r die entsprechenden Distanzeu sind:

$$\varrho\pi = rp - R\Pi, \quad \varrho\mu = rm - RM, \quad \varrho\nu = rn - RN \qquad (1)$$

und nach zweimaliger Differentiation nach der in Einheiten von $58{,}13244 \ldots$ Tagen gezählten Zeit τ

$$\varrho''\pi + 2\varrho'\pi' + \varrho\pi'' = (rp)'' - (R\Pi)'', \cdots$$

Werden hier die aus der Newtonschen Bewegung des Planeten und der Erde um die Sonne folgenden Ausdrücke

$$(rp)'' = -\frac{rp}{r^3}, \cdots, \quad (R\Pi)'' = -\frac{R\Pi}{R^3}(1 + m'), \cdots$$

(Sonnenmasse $= 1$, Erdmasse $= m'$, Planetenmasse $= 0$) eingetragen, so folgt, wenn

$$\frac{1 + m'}{R^3} - \frac{1}{r^3} = Q$$

gesetzt und (1) angewendet wird

$$\varrho''\pi + 2\varrho'\pi' + \varrho\pi'' + \frac{\varrho\pi}{r^3} = R\Pi Q$$

$$\varrho''\mu + 2\varrho'\mu' + \varrho\mu'' + \frac{\varrho\mu}{r^3} = RMQ \qquad (2)$$

$$\varrho''\nu + 2\varrho'\nu' + \varrho\nu'' + \frac{\varrho\nu}{r^3} = RNQ.$$

Diese Gleichungen gelten ihrer Ableitung nach für jedes Koordinatensystem; in dem oben eingeführten nehmen sie wegen

$$\pi = 1 \quad \mu = 0 \quad \nu = 0$$
$$\pi' = 0 \qquad\qquad \nu' = 0$$

die wesentlich vereinfachte Gestalt an:

$$\varrho'' + \varrho\,\pi'' + \frac{\varrho}{r^3} = R\,\Pi\,Q$$

$$(3) \qquad 2\varrho'\mu' + \varrho\mu'' = R\,M\,Q$$

$$\varrho\,\nu'' = R\,N\,Q,$$

in der sie in Verbindung mit der Quadratsumme von (1), nämlich

$$(4) \qquad r^2 = \varrho^2 + R^2 + 2\varrho R\,\Pi$$

die Grundlage der **Laplace**schen Methode bilden. Man kann (3) und (4) in eine Form überführen, in der jede Beziehung auf ein bestimmtes Koordinatensystem verschwunden ist. Ist nämlich ds das Kurvenelement, $d\sigma$ der geodätische Kontingenzwinkel, gegen N zu positiv gezählt, so wird:

$$\mu' = \frac{ds}{d\tau}, \quad \mu'' = \frac{d^2s}{d\tau^2}, \quad \pi'' = -\left(\frac{ds}{d\tau}\right)^2, \quad \nu'' = \frac{ds}{d\tau}\frac{d\sigma}{d\tau},$$

und ist ferner $\varDelta$ der Bogen zwischen dem Planeten und dem Erdort und $\boldsymbol{\Phi}$, im Drehungssinn wie $d\sigma$ gezählt, sein Winkel gegen ds, so wird

$$\Pi = \cos\varDelta, \quad M = \sin\varDelta\cos\boldsymbol{\Phi}, \quad N = \sin\varDelta\sin\boldsymbol{\Phi},$$

so daß aus (3) und (4) entsteht:

$$\frac{d^2\varrho}{d\tau^2} - \varrho\left(\frac{ds}{d\tau}\right)^2 + \frac{\varrho}{r^3} = R\cos\varDelta\left(\frac{1+m'}{R^3} - \frac{1}{r^3}\right)$$

$$2\frac{d\varrho}{d\tau}\frac{ds}{d\tau} + \varrho\frac{d^2s}{d\tau^2} = R\sin\varDelta\cos\boldsymbol{\Phi}\left(\frac{1+m'}{R^3} - \frac{1}{r^3}\right)$$

$$(5) \qquad \varrho\frac{ds}{d\tau}\frac{d\sigma}{d\tau} = R\sin\varDelta\sin\boldsymbol{\Phi}\left(\frac{1+m'}{R^3} - \frac{1}{r^3}\right)$$

$$r^2 = \varrho^2 + R^2 + 2\varrho R\cos\varDelta.$$

Werden hier an Stelle von $\dfrac{ds}{d\tau}, \dfrac{d^2s}{d\tau^2}, \dfrac{d\sigma}{d\tau}$ die beobachteten Koordinaten und ihre Differentialquotienten eingeführt, so hat man die Mittel, die vier Unbekannten ϱ, r, ϱ' und ϱ'' zu bestimmen. Sind in dem den Beobachtungen zu Grunde gelegten System $\alpha\beta\gamma$ die Richtungskosinus eines Punktes der Kurve, ABC die des gleichzeitigen Erdortes, so ist nämlich:

$$\left(\frac{ds}{d\tau}\right)^2 = \alpha'^2 + \beta'^2 + \gamma'^2,$$

$$\frac{ds}{d\tau}\frac{d^2s}{d\tau^2} = \alpha'\alpha'' + \beta'\beta'' + \gamma'\gamma''.$$

$$\left(\frac{ds}{d\tau}\right)^2\frac{d\sigma}{d\tau} = \begin{vmatrix} \alpha & \alpha' & \alpha'' \\ \beta & \beta' & \beta'' \\ \gamma & \gamma' & \gamma'' \end{vmatrix},$$

$$\cos \varDelta = A\alpha + B\beta + C\gamma,$$

$$\frac{ds}{d\tau}\sin \varDelta \cos \varPhi = A\alpha' + B\beta' + C\gamma',$$

$$\frac{ds}{d\tau}\sin \varDelta \sin \varPhi = \begin{vmatrix} A & \alpha & \alpha' \\ B & \beta & \beta' \\ C & \gamma & \gamma' \end{vmatrix},$$

$$(6)$$

womit alle in (5) auftretenden Faktoren bestimmt sind. Fällt man vom Erdort das sphärische Lot D auf den größten Kreis PM, so wird auch:

$$N = \sin \varDelta \sin \varPhi = \sin D. \qquad (7)$$

3. Die Grundgleichungen der Gaußschen Methode werden aus der Bedingung erhalten, daß die drei heliozentrischen Örter der Planeten, die zur Bahnbestimmung nötig sind, in einer Ebene mit der Sonne liegen müssen. Nennt man die von den Radienvektoren r_1, r_2, r_3 und den Sehnen des Kegelschnittes gebildeten Dreiecksflächen $[r_1 r_2]$, $[r_2 r_3]$, $[r_1 r_3]$ und deren Verhältnisse

$$\frac{[r_2 r_3]}{[r_1 r_3]} = n_1 \qquad \frac{[r_1 r_2]}{[r_1 r_3]} = n_3,$$

ferner D_1, D_2, D_3 die von den drei Erdörtern auf den größten Kreis zwischen dem ersten und dritten geozentrischen Ort des Planeten gefällten sphärischen Lote, endlich h das vom zweiten Planetenort auf denselben größten Kreis gefällte Lot, so erhält man sofort als Ausdruck der genannten Bedingung

$$\varrho_2 \sin h = n_1 R_1 \sin D_1 + n_3 R_3 \sin D_3 - R_2 \sin D_2$$

und zwei ähnliche Gleichungen für ϱ_1 und ϱ_3, wenn auf die beiden andern Seiten des Dreiecks projiziert wird, das die drei geozentrischen Örter bilden. Für die Erdbahn wird $\varrho_2 = 0$ und daher

$$0 = N_1 R_1 \sin D_1 + N_3 R_3 \sin D_3 - R_2 \sin D_2,$$

wo N_1 und N_3 dasselbe für die Erdbahn bedeuten, wie n_1 und n_3 für die Planetenbahn. Die Vereinigung beider Gleichungen gibt:

$$(8) \quad -\varrho_2 \sin h = (N_1 - n_1) R_1 \sin D_1 + (N_3 - n_3) R_3 \sin D_3.$$

Für n_1, n_3, N_1, N_3 werden die Reihenentwicklungen nach Potenzen der Zwischenzeiten eingetragen, die sich unter Anwendung des Newtonschen Gesetzes ergeben. Ist τ_1 die zwischen der zweiten und dritten Beobachtung verflossene Zeit, τ_3 die zwischen der ersten und zweiten und τ_2 die zwischen der ersten und dritten, womit $\tau_2 = \tau_1 + \tau_3$, so sind genannte Entwicklungen, soweit sie für die erste Annäherung in Betracht kommen:

$$(9) \quad n_1 = \frac{\tau_1}{\tau_2}\left(1 + \frac{1}{6}\frac{\tau_2{}^2 - \tau_1{}^2}{r_2{}^3} + \cdots\right), \quad n_3 = \frac{\tau_3}{\tau_2}\left(1 + \frac{1}{6}\frac{\tau_2{}^2 - \tau_3{}^2}{r_2{}^3} + \cdots\right)$$

$$N_1 = \frac{\tau_1}{\tau_2}\left(1 + \frac{1}{6}\frac{\tau_2{}^2 - \tau_1{}^2}{R_2{}^3} + \cdots\right), \quad N_3 = \frac{\tau_3}{\tau_2}\left(1 + \frac{1}{6}\frac{\tau_2{}^2 - \tau_3{}^2}{R_2{}^3} + \cdots\right)$$

und es folgt daher mit demselben Grade der Genauigkeit:

$$(10) \quad -\varrho_2 \sin h = \frac{1}{6}\tau_1\tau_3\left(R_1 \sin D_1 + R_2 \sin D_2 + R_3 \sin D_3\right)\left(\frac{1}{R_2{}^3} - \frac{1}{r_2{}^3}\right).$$

In der Gauß-Enckeschen Methode wird, um die weiteren Näherungen vorzubereiten, eine andere Form dieser Gleichung benutzt, inhaltlich aber stehen beide auf derselben Stufe der Genauigkeit. Für die Höhe h erhält man aus dem von den drei geozentrischen Örtern gebildeten Dreieck, dessen Seiten mit $\overline{12}, \overline{23}, \overline{13}$ und dessen Winkel mit $\mu_3, \mu_1, 180^0 - \mu_2$ bezeichnet seien:

$$(11) \qquad \sin h = \frac{\sin \overline{12}\, \sin \overline{23}}{\sin \overline{13}}\, \sin \mu_2.$$

4. Die Gleichungen von denen in beiden Methoden die Bestimmung der geozentrischen Distanz in erster Näherung abhängt, sind nach (5) und (10) unter Berücksichtigung von (7) und (11):

Laplacesche Methode:

$$\varrho\,\frac{d\,s}{d\,\tau}\frac{d\,\sigma}{d\,\tau} = R\sin D\left(\frac{1}{R^3} - \frac{1}{r^3}\right)$$

Gaußsche Methode: (12)

$$-\,\varrho_2\,\frac{2\sin\overline{12}\sin\overline{23}}{\tau_1\,\tau_3\sin\overline{13}}\sin\mu_2$$

$$= \frac{1}{3}\,(R_1\sin D_1 + R_2\sin D_2 + R_3\sin D_3)\left(\frac{1}{R_2{}^3} - \frac{1}{r_2{}^3}\right)$$

und zeigen in dieser Form unmittelbar, daß die Gaußsche Gleichung in die Laplacesche übergeht, sobald die Zwischenzeiten
von der Ordnung der Differentiale angenommen werden. Die
Identität läßt sich aber auch für die endlichen Werte nachweisen,
zu denen man auch in der Laplaceschen Methode in praxi
überzugehen hat. Die Laplacesche Gleichung wird im Koordinatensystem PMN:

$$\varrho\,\frac{d^2 v}{d\tau^2} = R\sin D\left(\frac{1}{R^3} - \frac{1}{r^3}\right).\qquad\qquad (13)$$

Stellt man die Gaußsche Gleichung in einem Koordinatensystem
auf, dessen Hauptebene durch den ersten und dritten geozentrischen Ort bestimmt ist, so wird nach (10) ohne wesentliche Ge-
nauigkeitsänderung:

$$-\,\varrho_2\,\frac{2\sin h}{\tau_1\,\tau_3} = R_2\sin D_2\left(\frac{1}{R_2{}^3} - \frac{1}{r_2{}^3}\right).\qquad (14)$$

Bildet man nun in (13) $\frac{d^2 v}{d\tau^2}$ aus drei beobachteten Richtungskosinus $v_1\,v_2\,v_3$, die in den Zeitintervallen τ_3 und τ_1 aufeinanderfolgen, so ergibt sich nach bekannter Formel, wenn die Epoche
auf die Zeit der mittleren Beobachtung gelegt wird:

$$\frac{d^2 v}{d\tau^2} = \frac{2}{\tau_1\,\tau_3}\left(\frac{\tau_3}{\tau_1+\tau_3}\,(v_3 - v_2) - \frac{\tau_1}{\tau_1+\tau_3}\,(v_2 - v_1)\right),$$

oder im angenommenen Koordinatensystem:

$$\frac{d^2 v}{d\tau^2} = -\,\frac{2\,v_2}{\tau_1\,\tau_3} = -\,\frac{2\,h}{\tau_1\,\tau_3}.$$

Damit ist nachgewiesen, daß in der ersten Näherung die Gaußsche und die Laplacesche Gleichung im wesentlichen denselben

Wert für ϱ_2 ergeben müssen. Daraus darf aber keineswegs der Schluß gezogen werden, daß die beiden Methoden gleichwertig sind, sondern für diese Bewertung sind in viel höherem Maße als die erste Annäherung die nächstfolgenden maßgebend, wie nun dargelegt werden soll.

5. Der in erster Näherung erhaltene Betrag der geozentrischen Distanz ist fehlerhaft; bei der Gaußschen Methode, weil die höheren Glieder der Entwicklungen von n_1 und n_3 übergangen sind, die umsomehr ausmachen werden, je größer die Zwischenzeiten, je kleiner die Radienvektoren und je größer die Bahnexzentrizitäten sind; bei der Laplaceschen Methode, weil die Ableitungen erster und zweiter Ordnung der beobachteten Koordinaten unter der Voraussetzung gebildet werden müssen, daß die höheren Ableitungen verschwindend klein sind, was bei rasch bewegten Kometen schon bei kleinen Zwischenzeiten erhebliche Fehler veranlassen, bei größeren Zwischenzeiten aber zu völlig illusorischen Resultaten führen kann. Man kann allerdings bei der Laplaceschen Methode beliebig viele Beobachtungen heranziehen und damit die Ableitungen erster und zweiter Ordnung von vornherein mit Berücksichtigung der höheren Ableitungen bilden, allein es liegt dann nicht mehr das streng umschriebene, mit der Gaußschen Analyse vergleichbare Problem vor und es muß daher diese Möglichkeit der Behandlung des Problems hier außer Betracht bleiben. Nachdem also die erste Näherung notwendig ein fehlerhaftes Resultat liefert, muß jede vollständige Bahnbestimmungsmethode die Mittel bieten, zum richtigen Resultat zu gelangen und man wird eine Methode für um so vollkommener halten, je weniger Näherungen zum Ziel führen und je geringer bei den einzelnen der Rechenaufwand ist. Eine Methode aber, die diese Mittel nicht bietet oder nicht bieten kann, kann nicht als vollständige Lösung des Problems hingestellt werden. — In der Gaußschen Methode werden die auf die erste folgenden Näherungen bekanntlich nicht dadurch gewonnen, daß man weitere Glieder der Reihenentwicklungen für n_1 und n_3 berücksichtigt (was möglich wäre, aber nur geringe Konvergenz besäße und den Rechenmodus erschweren würde), sondern dadurch, daß n_1 und n_3 durch die Berechnung der Verhältnisse Sektor durch Dreieck verbessert werden. Dieses Verhältnis besitzt, wie leicht nachweisbar, die Eigenschaft, daß Fehler in den Annahmen für die Radienvektoren und für den von ihnen eingeschlossenen Winkel seinen Wert sehr wenig beeinflussen, und weiter die, daß seine Anwendung die Dreiecksflächen und damit die geozentrische Distanz bei jeder Näherung um mindestens zwei Ordnungseinheiten in den Zwischenzeiten verbessert, so daß die Konvergenz des Verfahrens eine sehr starke ist. Im übrigen kann die zweite, dritte, ... Näherung nach denselben Formeln durchgeführt werden, wie die erste, und kommen in allen dieselben Hilfsgrößen zur Anwendung. Bei der Laplaceschen Methode werden die Ableitungen erster und zweiter Ordnung der beobachteten Koordinaten dadurch verbessert, daß man schrittweise auch die Ableitungen dritter, vierter, ... Ordnung berechnet, was nach Durchführung der ersten Näherung möglich ist, wie man sich sofort durch weitere Differentiationen der Gleichungen (2) überzeugt. Jeder Schritt drückt hier aber den Fehler in ϱ und damit in den Elementen nur um eine Ordnungseinheit in den Zwischenzeiten herab und das Verfahren ist daher wenig konvergent. Es ist mir nicht bekannt, ob es jemals in praxi angewendet worden ist; für die Rechnung geeignete Formeln hierfür sind auch in den ausführlicheren Darstellungen der Laplaceschen Methode nicht zu finden. Es läßt sich auch voraussehen. daß es nur langsam und mit erheblichem Rechenaufwand zum Ziel führt, und daß es sich daher nicht lohnt, in dieser Richtung die Methode auszubauen.

Daraus geht hervor, daß bei der Gaußschen Methode auch ein anfänglich mangelhafter Näherungswert, wie er bei größeren Zwischenzeiten unvermeidlich ist, rasch zum richtigen Resultat verbessert werden kann, während hierzu bei der Laplaceschen Methode mindestens die doppelte Anzahl von Näherungen notwendig ist. Nimmt man hinzu, daß die Berechnung der ersten Näherung bei der Laplaceschen Methode keineswegs weniger Arbeit verursacht, als bei der Gaußschen, so ist die Überlegenheit der letzteren unbestreitbar. Man hat vorgeschlagen, die

Laplacesche Methode dadurch zu verbessern, daß man bei der zweiten, dritten, ... Näherung ebenso verfährt wie Gauß, allein dies setzt voraus, daß man die Gaußsche Grundgleichung auch hier bildet und auflöst, womit man, abgesehen von der Vermehrung der Rechenarbeit in allem wesentlichen zur Gaußschen Methode kommt.

Wenn vorausgesehen werden kann, daß man mit der ersten Näherung zum Ziele kommt (bei kleinen Planeten wird das bei einer Zwischenzeit bis zu 30 Tagen zwischen den äußeren Beobachtungen, bei Kometen bei einer solchen von durchschnittlich 6—8 Tagen der Fall sein), dann hat keine der beiden Methoden vor der anderen einen Vorzug, namentlich liegt kein Anlaß vor, die Laplacesche als besonders kurz zu bezeichnen (Leuschners „short method") oder die Gaußsche als besonders genau. Steht dagegen eine Näherungsrechnung in Aussicht, so ist es nicht ökonomisch, nach der Laplaceschen Methode zu arbeiten, mag man nun die Hypothesenrechnung selbst durchführen oder mag man auf die eigentliche Lösung verzichten und eine Bahnverbesserung vornehmen; denn theoretisch und praktisch behauptet dann die Gaußsche Methode den Vorrang.

Bemerkungen über die Singularitäten analytischer Funktionen mehrerer Veränderlicher.

Von

Otto Blumenthal in Aachen.

Eine Funktion von zwei komplexen Veränderlichen

$$x = x_1 + ix_2, \quad y = y_1 + iy_2$$

verhält sich an einem Punkte (ξ, η) wie eine rationale Funktion, wenn sie sich in einer Umgebung des Punktes als Quotient zweier Potenzreihen

$$\frac{\mathfrak{P}(x-\xi,\, y-\eta)}{\mathfrak{Q}(x-\xi,\, y-\eta)}$$

darstellen läßt. Alle übrigen Punkte sollen singuläre Stellen genannt werden. Ich werde mich übrigens im folgenden auf eindeutige Funktionen beschränken[1]).

Es besteht die wichtige Tatsache, daß die singulären Stellen, zum Unterschied von dem Falle einer Veränderlichen, nicht willkürlich in dem vierdimensionalen Raum der x_1, x_2, y_1, y_2 verteilt

---

1) Gewöhnlich trennt man die Stellen rationalen Verhaltens noch in solche holomorphen Verhaltens (gewöhnliche reguläre Punkte) und solche meromorphen Verhaltens (Pole). Für unsere Zwecke ist diese Trennung unnötig, weil hinsichtlich der von uns behandelten Fragen von den Stellen holomorphen Verhaltens nichts anderes gilt, als von den allgemeinen Stellen rationalen Verhaltens. Dieser Nachweis ist von E. E. Levi erbracht worden (Ann. di Mat. (3) **17** (1910)). Dadurch wurden eine Reihe von Hartogs früher für Stellen holomorphen Verhaltens bewiesener Sätze auf Stellen rationalen Verhaltens verallgemeinert. In diesem etwas übertragenen Sinne sind im folgenden die Zitate auf Hartogs zu verstehen.

sein können. Die Verhältnisse sind völlig geklärt hinsichtlich der Singularitätenmannigfaltigkeiten höchstens zweiter Dimension. Dieser Begriff ist dabei in folgendem ganz bestimmtem Sinne gebraucht: Eine Mannigfaltigkeit hat in der Umgebung eines ihrer Punkte (ξ, η) den Charakter einer zweidimensionalen Mannigfaltigkeit, wenn die Veränderliche x derart gewählt werden kann, daß in der Umgebung von (ξ, η) kein anderer zu $x = \xi$ gehöriger Punkt der Mannigfaltigkeit liegt und zu jedem Werte x in der Umgebung von ξ mindestens *ein* Wert y in der Umgebung von η, andererseits aber auch nur eine endliche Anzahl solcher Werte existiert, von der Eigenschaft, daß die Punkte (x, y) der Mannigfaltigkeit angehören.[1]) Existiert bei der gleichen Annahme über die Wahl von x zu Werten x in beliebiger Nähe von ξ kein derartiger Wert y in der Nähe von η, so hat die Mannigfaltigkeit in (ξ, η) den Charakter geringerer als zweiter Dimension.

Bei dieser Definition gelten die folgenden beiden Sätze:

1. Eine Mannigfaltigkeit, die in der Umgebung eines ihrer Punkte den Charakter geringerer als zweiter Dimension hat, kann nicht Singularitätenmannigfaltigkeit sein.[2])

2. Hat eine Singularitätenmannigfaltigkeit an einem ihrer Punkte zweidimensionalen Charakter, so ist sie in der Umgebung des Punktes analytisch[3]), und zwar speziell algebroid, d. h. gegeben durch eine Gleichung

$$\varphi(x, y) = 0, \quad \varphi(x, y) = y^p + \mathfrak{P}_1(x - \xi)y^{p-1} + \cdots + \mathfrak{P}_p(x - \xi)$$
$$[\mathfrak{P} = \text{Potenzreihe ohne konstantes Glied}].$$

Andererseits kann augenscheinlich jedes analytische Gebilde erster Stufe $\varphi(x, y) = 0$ Singularitätenmannigfaltigkeit einer Funktion sein.

Demgegenüber sind die Ergebnisse über Singularitäten-

---

1) An Stelle der endlichen Anzahl könnte auch eine abzählbare Menge von Werten y zugelassen werden. Dann bedürfte nur der Satz 2. einer leicht ersichtlichen Abänderung.

2) Hartogs, München Ak. Sitzber. **36** (1906), S. 229; E. E. Levi, l. c., S. 66.

3) Hartogs, Acta Math. **32** (1909), S. 70.

mannigfaltigkeiten von höherem als zweidimensionalem Charakter noch wenig vollständig. Wir beschäftigen uns in dieser Arbeit nur mit den Singularitätenmannigfaltigkeiten dritter Dimension (Hyperflächen), die einseitig und stückweise analytisch sind, d. h. Nullmannigfaltigkeiten analytischer Funktionen $\Psi(x_1, x_2, y_1, y_2)$.

Die bisherigen Erkenntnisse bestehen hauptsächlich in zwei notwendigen Bedingungen.

A. *Die innerhalb einer geschlossenen Hyperfläche M des Raumes gelegene Menge der Singularitäten und Nichtexistenzpunkte*[1]*) einer Funktion kann nicht so beschaffen sein, daß das Maximum der Abstände ihrer Punkte von einem beliebigen Punkte P des Raumes im Innern (nicht auf) der M angenommen wird.*[2])

B. Die Singularitätenmannigfaltigkeiten genügen einer von E. E. Levi aufgestellten Differentialungleichung.[3]) Ich will sie in einer speziellen, nach meiner Ansicht besonders anschaulichen Form aussprechen. Zu jedem Punkt (ξ, η) der Singularitäten-mannigfaltigkeit S mit bestimmter Tangentialhyperebene werde die lineare Kombination

$$X = \alpha x + \beta y + \gamma = X_1 + i X_2$$

so gewählt, daß $X_1 = 0$ die Tangentialhyperebene ist und die Richtung $X_1 > 0$ immer nach derselben Seite der S weist. $Y = Y_1 + i Y_2$ sei eine beliebige andere lineare Kombination von x und y. *Dann darf der Ausdruck*

$$\frac{\partial^2 X_1}{\partial Y_1{}^2} + \frac{\partial^2 X_1}{\partial Y_2{}^2} \tag{L}$$

längs der Mannigfaltigkeit S sein Vorzeichen nicht wechseln. Ist er irgendwo von Null verschieden, so existiert eine Funktion, die S zur Singularitätenmannigfaltigkeit hat, nur auf derjenigen Seite der S, die den Ausdruck positiv macht.

Von hinreichenden Bedingungen liegt nur ein prinzipiell

---

1) Nichtexistenzpunkte sind solche Punkte, die nicht Grenzpunkte von Stellen rationalen Verhaltens sind.

2) E. E. Levi, l. c., S. 69. Folgerungen daraus l. c. S. 71, und Hartogs, München Ak. Sitzber. **36**, S. 231.

3) E. E. Levi, l. c., S. 80.

wichtiges Resultat von E. E. Levi[1]) vor. Es läßt sich am anschaulichsten dahin formulieren, daß die Singularitätenmannigfaltigkeiten außer B. keinen weiteren *lokalen* Bedingungen unterworfen sind, d. h. solchen, in die nur die Koordinaten einer einzelnen Stelle eingehen.

In der vorliegenden Arbeit knüpfe ich an einen weittragenden Satz von Hartogs an und leite zuerst aus ihm die beiden Bedingungen A. und B. auf neuem Wege ab. Dann aber benutze ich diesen Satz, um an mehreren sehr einfachen Beispielen zu zeigen, daß die Bedingungen A. und B. nicht hinreichend sind in dem Sinne, daß jede Mannigfaltigkeit, die ihnen genügt, als Singularitätenmannigfaltigkeit auftreten kann. Vergleich mit dem Resultat von Levi ergibt, daß also zu A. und B. noch Bedingungen hinzutreten müssen, die die Mannigfaltigkeit als Ganzes betreffen.

1. Ich stelle kurz einige Sätze von Hartogs in der Formulierung von E. E. Levi zusammen.

Ist (ξ, η) ein Punkt, an dem sich die Funktion $f(x, y)$ rational verhält, so läßt sich in der y-Ebene um $y = \eta$ ein Bereich B_y abtrennen, so daß auch an allen Punkten (ξ, y), wenn y diesem Bereich angehört, die Funktion sich rational verhält. Daher hat für jeden Wert $y = y_0$ dieses Bereichs die nächste singuläre Stelle (x, y_0), deren y-Koordinate den Wert y_0 hat, von (ξ, y_0) einen von Null verschiedenen Abstand $|x - \xi|$. Dieser Abstand soll der zu $y = y_0$ gehörige Rationalitätsradius genannt und in vollständiger Schreibweise mit $R_y^{(\xi)}(y_0)$, kürzer mit $R_y(y_0)$ bezeichnet werden.

Der Rationalitätsradius ist in B_y eine reelle positive Funktion des Real- und Imaginärteils von y, und es gilt folgender Satz[2]):

1) E. E Levi, Ann. di Mat. (3) **18** (1911), S. 69 ff

2) Hartogs, Math. Ann. **62**, S. 46; E. E. Levi, Ann. di Mat. (3) **17**, S. 74.

Ist $p(y_1, y_2)$ eine positive, innerhalb B_y der Gleichung

$$\frac{\partial^2 \log p}{\partial y_1{}^2} + \frac{\partial^2 \log p}{\partial y_2{}^2} = 0 \qquad (1)$$

genügende Funktion und ist überall auf dem Rande von B_y

$$R_y \geq p,$$

so besteht dieselbe Ungleichung auch im ganzen Innern von B_y.

Das Gleichheitszeichen gilt entweder im ganzen Innern (und daher auch auf dem Rande) oder in keinem Punkte des Innern.

Daraus folgt insbesondere[1]): *An allen Stellen, an denen B_y zweimal stetig nach y_1 und y_2 differenzierbar ist, besteht die Differentialungleichung*

$$\frac{\partial^2 \log R_y}{\partial y_1{}^2} + \frac{\partial^2 \log R_y}{\partial y_2{}^2} \leqq 0. \qquad (2)$$

2. Ich will zuerst nachweisen, daß aus (2) die Bedingung B. folgt.

Zu diesem Zweck nehme ich zur Vereinfachung der Bezeichnung an, daß die Singularitätenmannigfaltigkeit S durch den Nullpunkt des (x, y)-Raumes hindurchgeht und dort die Hyperebene $x_1 = 0$ zur Tangentialhyperebene hat. Dann läßt sich die, als analytisch vorausgesetzte, Gleichung der S nach x_1 auflösen und wird die Gestalt annehmen

$$x_1 = F(x_2; y_1, y_2), \qquad (3)$$

wo F eine regulär-analytische Funktion ist, *deren Entwicklung mit quadratischen Gliedern in den drei Variabelen beginnt.* Diejenige Seite der S, auf der eine Funktion $f(x, y)$ existieren soll, die S zur Singularitätenmannigfaltigkeit hat, sei durch $x_1 > F$ charakterisiert. Demnach läßt sich eine positive Zahl ξ_1 so klein wählen, daß $f(x, y)$ am Punkte $(\xi_1, 0)$ und auch an allen Punkten (ξ_1, y) bei genügend kleinem y existiert, und daß die diesen Punkten nächstgelegenen singulären Punkte dem Element (3) angehören.

Die Funktion $R_y{}^{(\xi_1)}$ berechnet sich also folgendermaßen: Man bilde den „Abstand in der x-Richtung“

$$\sqrt{(x_1 - \xi_1)^2 + x_2{}^2}$$

---

1) Hartogs, Math. Ann. **62**. S. 50.

des Punktes (ξ_1, y) von allen Punkten der Fläche (3) mit gleichem y. Dann ist

$$(4) \qquad R_y^{(\xi_1)} = \mathrm{Min}\, \sqrt{(x_1 - \xi_1)^2 + x_2{}^2}.$$

Das Wertepaar (x_1, x_2), an dem das Minimum angenommen wird, ergibt sich durch Differentiation nach x_2 unter Berücksichtigung von (3). Es folgt die Gleichung

$$(4') \qquad (F(x_2;\, y_1,\, y_2) - \xi_1)\frac{\delta F}{\delta x_2} + x_2 = 0,$$

wobei die partiellen Differentialquotienten des Elementes (3) zum Unterschied von späteren mit δ bezeichnet sind. Für genügend kleines ξ_1 läßt sich diese Gleichung nach x_2 auflösen und ergibt x_2 als regulär-analytische Funktion von y_1, y_2. Trägt man diesen Wert von x_2 in F und weiter in (4) ein, so ist R_y als regulär-analytische und daher sicher zweimal stetig differenzierbare Funktion von y_1, y_2 dargestellt. Es läßt sich also die Hartogssche Ungleichung (2) anwenden. Für $y_1 = y_2 = 0$ insbesondere ergibt sich aus (4') $x_2 = 0$ und daher $R_y^{(\xi_1)} = \xi_1$, was ja zu erwarten war.

Nun ist aber nach (4), wenn das Zeichen ∂ eine Differentiation nach Eintragung des aus (4') berechneten Wertes x_2 bedeutet,

$$\begin{aligned}
\frac{\partial \log R_y}{\partial y_1} &= \frac{1}{R_y{}^2}\left[(x_1 - \xi_1)\left(\frac{\delta x_1}{\delta y_1} + \frac{\delta x_1}{\delta x_2}\frac{\partial x_2}{\partial y_1}\right) + x_2\frac{\partial x_2}{\partial y_1}\right] \\
&= \frac{1}{R_y{}^2}\left[(F - \xi_1)\frac{\delta F}{\delta y_1} + \frac{\partial x_2}{\partial y_1}\left\{(F - \xi_1)\frac{\delta F}{\delta x_2} + x_2\right\}\right] \\
&= \frac{1}{R_y{}^2}(F - \xi_1)\frac{\delta F}{\delta y_1}.
\end{aligned}$$

Die letzte Gleichung folgt mit Hilfe von (4'). Es kommt weiter

$$\begin{aligned}
\frac{\partial^2 \log R_y}{\partial y_1{}^2} &= -\frac{2}{R_y{}^4}(F - \xi_1)^2\left(\frac{\delta F}{\delta y_1}\right)^2 + \frac{1}{R_y{}^2}\left(\frac{\delta F}{\delta y_1} + \frac{\delta F}{\delta x_2}\frac{\partial x_2}{\partial y_1}\right)\frac{\delta F}{\delta y_1} \\
&\quad + \frac{1}{R_y{}^2}(F - \xi_1)\left(\frac{\delta^2 F}{\delta y_1{}^2} + \frac{\delta^2 F}{\delta y_1 \delta x_2}\frac{\partial x_2}{\partial y_1}\right) \\
&= \frac{1}{R_y{}^2}\left[\left(-\frac{2}{R_y{}^2}(F - \xi_1)^2 + 1\right)\left(\frac{\delta F}{\delta y_1}\right)^2\right. \\
&\quad \left. + \left(\frac{\delta F}{\delta x_2}\frac{\delta F}{\delta y_1} + (F - \xi_1)\frac{\delta^2 F}{\delta x_2 \delta y_1}\right)\frac{\partial x_2}{\partial y_1} + (F - \xi_1)\frac{\delta^2 F}{\delta y_1{}^2}\right] \\
&= \frac{1}{R_y{}^2}\left[\left(-\frac{2}{R_y{}^2}(F - \xi_1)^2 + 1\right)\left(\frac{\delta F}{\delta y_1}\right)^2 + (F - \xi_1)\frac{\delta^2 F}{\delta y_1{}^2}\right];
\end{aligned}$$

denn δ-Differentiation der Gleichung (4') nach y_1 zeigt, daß der Koeffizient von $\partial x_2/\partial y_1$ in der vorletzten Zeile verschwindet.

Analog berechnet sich $\dfrac{\partial^2 \log R_y}{\partial y_2{}^2}$.

Nehmen wir nun diese Ausdrücke für das Wertsystem $y_1 = y_2 = 0$, so verschwinden die Ableitungen $\delta F/\delta y_1$ und $\delta F/\delta y_2$, und die Hartogssche Ungleichung (2) wird

$$- \xi_1 \left(\left(\frac{\delta^2 F}{\delta y_1{}^2} \right)_0 + \left(\frac{\delta^2 F}{\delta y_2{}^2} \right)_0 \right) \leqq 0,$$

wobei die Indices $_0$ anzeigen sollen, daß die Ableitungen für $x_2 = y_1 = y_2 = 0$ genommen sind. Also, da ξ_1 als positiv vorausgesetzt war, in geänderter, dem früheren angepaßter Bezeichnung

$$\frac{\partial^2 x_1}{\partial y_1{}^2} + \frac{\partial^2 x_1}{\partial y_2{}^2} \geqq 0.$$

Dies ist aber genau die Bedingung B. Sollen insbesondere zu *beiden* Seiten der Mannigfaltigkeit S Funktionen existieren, die sie zur Singularitätenmannigfaltigkeit haben, dann muß die Ungleichung zur Gleichung werden.

3. Die Bedingung A. ist eine Folge der Hartogsschen Ungleichung (1)[1].

Ich habe zunächst einen Punkt P des Raumes beliebig zu wählen. Seine komplexen Koordinaten seien x_0, y_0. Nun sei (ξ, η) ein singulärer Punkt im Innern der Hyperfläche M von der Eigenschaft, daß kein anderer innerhalb M gelegener singulärer Punkt oder Nichtexistenzpunkt der Funktion von P einen größeren Abstand hat als (ξ, η). Alsdann betrachte man die Hyperebene

$$(x_1{}^0 - \xi_1)(x_1 - \xi_1) + (x_2{}^0 - \xi_2)(x_2 - \xi_2) + (y_1{}^0 - \eta_1)(y_1 - \eta_1)$$
$$+ (y_2{}^0 - \eta_2)(y_2 - \eta_2) = 0,$$

deren sämtliche Punkte von P größeren Abstand haben als (ξ, η). Daher liegt auf dieser Hyperebene innerhalb M nur der eine singuläre Punkt (ξ, η), und auf ihrer von P abgewandten Seite

---

1) Ich gehe hier den umgekehrten Weg wie E. E. Levi, der (1) aus A. ableitet (Ann. di Mat. (3) 17). Bei Innehaltung des Levischen Gedankenganges ist also B. als Folge von A. nachgewiesen.

innerhalb M ist die Funktion überall existent und von rationalem Charakter. Auf dieser Seite wähle man auf der Verlängerung des Strahles von P nach (ξ, η), noch innerhalb M und genügend nahe bei (ξ, η), einen Punkt Q.

Es mögen jetzt die neuen komplexen Veränderlichen

$$X = - \frac{(\bar{x}^0 - \bar{\xi})(x - \xi) + (\bar{y}^0 - \bar{\eta})(y - \eta)}{\sqrt{|x^0 - \xi|^2 + |y^0 - \eta|^2}} = X_1 + i X_2,$$

$$Y = \frac{(y^0 - \eta)(x - \xi) - (x^0 - \xi)(y - \eta)}{\sqrt{|x^0 - \xi|^2 + |y^0 - \eta|^2}} = Y_1 + i Y_2$$

eingeführt werden, wo die überstrichenen Größen konjugiert komplexe bezeichnen. Dann lautet die Gleichung der betrachteten Hyperebene $X_1 = 0$, der Punkt Q hat die Koordinaten $X_2 = 0$, $Y = 0$, während seine X_1-Koordinate positiv ist und mit seinem Abstand δ von der Hyperebene, und von dem Punkte (ξ, η), übereinstimmt.

Man wende jetzt den Hartogsschen Satz auf die neuen Koordinaten X, Y und den Wert $X = \delta$ an. Die Hyperebene $X_1 = \delta$ verläuft in einer gewissen Umgebung des Punktes $X = \delta$, $Y = 0$ vollständig im Innern der M und trägt in dieser ganzen Erstreckung keinen singulären Punkt. Man kann daher eine positive Größe ε derart wählen, daß in dem Bereiche $X = \delta$, $|Y| \leq \varepsilon$ die Funktion f sicher rationalen Charakter besitzt. Außerdem werde δ (und ε) der Einschränkung unterworfen, daß alle Punkte dieses Bereichs von dem Äußeren der M um mehr als δ entfernt sind. *Dann gehört zu jedem Werte $Y \neq 0$ des Bereiches ein Rationalitätsradius $R_Y^{(\delta)}$, der größer ist als δ, dagegen zu dem Werte $Y = 0$ genau der Rationalitätsradius δ.* Denn auf der Hyperebene $X_1 = 0$ liegt ja nur der eine singuläre Punkt $X = 0$. Wählt man daher in dem Hartogsschen Satz $p = \delta$, so sind alle an die Funktion p im Innern und auf dem Rand gestellten Bedingungen erfüllt, und es müßte für den Mittelpunkt $Y = 0$ notwendig $R_Y^{(\delta)}(0) > \delta$ folgen. Daher Widerspruch, und die Bedingung A. ist aus der Hartogsschen Ungleichung abgeleitet.

4. Ich gebe zwei einfache und wichtige Beispiele von Hyperflächen, die in allen Punkten den Bedingungen A. und B.

genügen und doch nicht Singularitätenmannigfaltigkeiten sein können.

1. *Die Halbhyperebenen*

$$x_1 = 0, \quad a_0 x_2 + a_1 y_1 + a_2 y_2 \geqq 0, \tag{a}$$

wenn wenigstens einer der reellen Koeffizienten a_1, a_2 von Null verschieden ist.

Da sich diese Halbhyperebenen ins Unendliche erstrecken, ist die Bedingung A. erfüllt, die Bedingung B. besteht augenscheinlich sogar in der schärferen Form der Gleichung, wie ja hier notwendig ist, da eine Halbhyperebene keine Grenze im Raume bildet, daher die Funktion f zu ihren beiden Seiten existieren muß.

Zum Beweis, daß die Mannigfaltigkeit (a) nicht als Singularitätenmannigfaltigkeit auftreten kann, bezeichne ich mit ξ_1 eine positive Größe und betrachte die Rationalitätsradien $R_y^{(\xi_1)}$. Diese sind hier geometrisch gekennzeichnet als die kürzesten Abstände von den Punkten (ξ_1, y) nach denjenigen Punkten der Halbhyperebene, die gleiches y besitzen.

Ist

$$a_1 y_1 + a_2 y_2 \geqq 0, \tag{α}$$

so gehört der Punkt $(0, y)$ der Halbhyperebene an und hat den kürzesten Abstand von (ξ_1, y); in diesem Falle ist also

$$R_y^{(\xi_1)} = \xi_1.$$

Ist aber

$$a_1 y_1 + a_2 y_2 < 0, \tag{β}$$

so gehört der Punkt $(0, y)$ der Halbhyperebene nicht an, und es ist

$$R_y^{(\xi_1)} > \xi_1.^{1)}$$

---

1) Ist nämlich $a_0 \gtrless 0$, so ist

$$R_y^{(\xi_1)} = \sqrt{\xi_1{}^2 + \frac{1}{a_0{}^2}(a_1 y_1 + a_2 y_2)^2};$$

ist $a_0 = 0$, so ist $R_y^{(\xi_1)} = \infty$.

Lege ich daher um den Nullpunkt der y-Ebene einen beliebigen Kreis, so zerfällt dieser in zwei Halbkreise, in und auf deren einem $R_y = \xi_1$, in und auf deren anderem $R_y > \xi_1$ gilt. Daher ist die Konstante ξ_1 eine Funktion p der von Hartogs geforderten Eigenschaften. Dies führt aber zum Widerspruch, denn da der Rationalitätsradius in einem Teile des Kreises *gleich* der Größe ξ_1 ist, müßte nach dem zweiten Teile des Hartogsschen Satzes (1) die Gleichheit auch in *allen* Punkten des Kreises bestehen.

Die Bedingung, daß einer der beiden Koeffizienten a_1, a_2 von Null verschieden ist, ist wesentlich, denn es läßt sich zeigen, daß die Halbhyperebene $x_1 = 0$, $x_2 \geq 0$ eine mögliche Singularitätenmannigfaltigkeit ist.

Die angestellten Betrachtungen lassen sich aber nach anderer Richtung erheblich ausdehnen. Sei nämlich $\varphi(x_2; y_1, y_2)$ eine stetige reelle Funktion ihrer reellen Argumente, die sowohl positiver als negativer Werte fähig ist, und deren, Negatives und Positives trennende, Nullflächen, die wir der Einfachheit halber in endlicher Zahl annehmen mögen, nicht sämtlich von der Form $x_2 = \text{const.}$ sein sollen. *Dann kann der Hyperebenenteil*

$$(\mathrm{a}') \qquad\qquad x_1 = 0, \quad \varphi(x_2; y_1, y_2) \geq 0$$

nicht Singularitätenmannigfaltigkeit einer Funktion sein.

Es gibt nämlich sicher einen Verschwindungspunkt $(\xi_2; \eta_1, \eta_2)$ von φ von der Eigenschaft, daß $x_2 = \xi_2$ in der Umgebung des Punktes teilweise im Gebiet $\varphi > 0$, teilweise im Gebiet $\varphi < 0$ verläuft. Man beschreibe um $\eta = \eta_1 + i\eta_2$ einen Kreis und bezeichne diejenigen Punkte seines Innern, für die $\varphi(\xi_2; y_1, y_2) \geq 0$ ist, mit y', die anderen mit y''. Ist dann noch ξ_1 eine Zahl > 0, und $\xi = \xi_1 + i\xi_2$, so ist nach derselben Überlegung wie oben

$$R_y^{(\xi)}(y') = \xi_1, \quad R_y^{(\xi)}(y'') > \xi_1,$$

womit man auf den früheren Widerspruch geführt ist.

Für gewisse Gebilde der Form (a′) läßt sich übrigens der Nachweis ihrer Unmöglichkeit als Singularitätenmannigfaltigkeiten noch einfacher führen, für solche nämlich, die ganz im

Endlichen liegen. Denn bei diesen ist bereits die Bedingung **A.** nicht erfüllt[1]).

2. Das Beispiel der Halbhyperebene ist als Beweis für die Unzulänglichkeit der Bedingungen **A.** und **B.** vielleicht insofern nicht ganz bindend, als man in der „Kante"

$$x_1 = 0, \quad a_0 x_2 + a_1 y_1 + a_2 y_2 = 0$$

eine Singularität der Mannigfaltigkeit erblicken könnte. Diesem Einwand entgeht das folgende Beispiel einer überall analytischen, singularitätenfreien Mannigfaltigkeit, der „vierdimensional verallgemeinerte Kreisring"

$$\text{(b)} \qquad (|x| - a)^2 + |y|^2 = r^2 \qquad a > r > 0.$$

Man findet zuerst durch Rechnung — am einfachsten, indem man die von E. E. Levi (l. c. S. 80) gegebene allgemeinere Formulierung von B. benutzt —, daß die Differentialungleichung B. an allen Punkten der Hyperfläche (b) erfüllt ist, wenn als Existenzbereich der Funktion $f(x, y)$ das „Innere"

$$(|x| - a)^2 + |y|^2 < r^2$$

vorausgesetzt wird. Ebenso besteht Bedingung A.

Dagegen ist die Hartogssche Bedingung (2) bereits bei der einfachsten Anwendung, auf $\xi = 0$, nicht erfüllt. Der Rationalitätsradius $R_y^{(0)}$ hat als kürzester Abstand des Punktes $(0, y)$ von einem Punkt des Kreisrings mit gleicher y-Koordinate den Wert

$$R_y^{(0)} = a - \sqrt{r^2 - |y|^2},$$

wobei der Wurzel das positive Zeichen erteilt ist. Es rechnet sich dann

---

1) Es besteht ein scheinbarer Widerspruch. Nach einer früheren Bemerkung (S. 6, Fußnote 1)) ist ja die Bedingung A. überhaupt mit der Hartogsschen Ungleichung (1) äquivalent. Es könnte daher kein Gebilde, wie unsere Halbhyperebene, geben, das die Bedingung A. befriedigt, die Hartogssche Ungleichung aber nicht. Der Widerspruch klärt sich dadurch auf, daß wir hier A. nur in Anwendung auf den gegebenen Raum meinen, während E. E. Levi den Raum in allgemeinster Weise (durch konforme Abbildung und eineindeutige Transformation) verzerrt.

$$\frac{\partial^2 R_y^{(0)}}{\partial y_1{}^2} = \frac{1}{(a - \sqrt{r^2 - |y|^2})^2} \frac{1}{(r^2 - |y|^2)^{\frac{3}{2}}}$$
$$\cdot \left[a(r^2 - y_2{}^2) - \sqrt{r^2 - |y|^2}\,(r^2 + y_1{}^2 - y_2{}^2) \right],$$

$$\frac{\partial^2 R_y^{(0)}}{\partial y_2{}^2} = \frac{1}{(a - \sqrt{r^2 - |y|^2})^2} \frac{1}{(r^2 - |y|^2)^{\frac{3}{2}}}$$
$$\cdot \left[a(r^2 - y_1{}^2) - \sqrt{r^2 - |y|^2}\,(r^2 - y_1{}^2 + y_2{}^2) \right],$$

$$\frac{\partial^2 R_y^{(0)}}{\partial y_1{}^2} + \frac{\partial^2 R_y^{(0)}}{\partial y_2{}^2} = \frac{1}{(a - \sqrt{r^2 - |y|^2})^2} \frac{1}{(r^2 - |y|^2)^{\frac{3}{2}}}$$
$$\cdot \left[a(2r^2 - |y|^2) - 2r^2 \sqrt{r^2 - |y|^2} \right]$$

ein Ausdruck, der, im Widerspruch mit der Ungleichung (2), für alle Werte von y positiv ist. Damit ist der gewünschte Nachweis erbracht[1]).

In einer Fortsetzung dieser Arbeit denke ich auf hinreichende Bedingungen für Singularitätenmannigfaltigkeiten einzugehen.

---

1) Außer (b) lassen sich noch zwei mögliche vierdimensionale Verallgemeinerungen des Kreisrings angeben, nämlich

$$\left(\sqrt{x_1{}^2 + y_1{}^2} - a \right)^2 + (x_2{}^2 + y_2{}^2) = r^2$$

und

$$\left(\sqrt{x_1{}^2 + y_1{}^2 + x_2{}^2} - a \right)^2 + y_2{}^2 = r^2.$$

Daß diese beiden nicht Singularitätenmannigfaltigkeiten sein können, ergibt bereits die Levische Bedingung B.

Über den Zellerschen Beweis des quadratischen Reziprozitätssatzes.

Von

R. Dedekind in Braunschweig.

Das Lemma, auf welches Gauß seinen dritten und fünften Beweis des Reziprozitätssatzes gegründet hat, ist später der Ausgangspunkt für viele andere Beweise desselben Satzes geworden[1]). Unter allen diesen Beweisen scheint mir der einfachste der zu sein, welchen Chr. Zeller[2]) mir in einem Briefe vom 8. Juli 1872 mitgeteilt hat; dieser Brief schließt mit den durchaus zutreffenden Worten: „Man braucht also jene Hilfsgrößen nicht, welche bisher bei dem Beweise unseres Satzes verwendet worden sind und denselben umständlich gemacht haben." In der Tat vermeidet Zeller gänzlich die in dem dritten Beweise von Gauß eingeführten größten Ganzen $[x]$ und gelangt zum Ziele, indem er zwei neue Betrachtungen mit dem Lemma von Gauß verbindet. Einige Monate später hat Zeller (in dem Sitzungsberichte der Berliner Akademie vom 16. Dezember 1872) einen sehr ähnlichen Beweis veröffentlichen lassen, in welchem an Stelle der zweiten Betrachtung eine dritte tritt, wodurch aber die Einfachheit nach meiner Ansicht ein wenig gelitten hat. Mag nun diese Abänderung noch so geringfügig scheinen, so glaube ich doch Zellers

---

1) Eine sehr eingehende Darstellung dieser Beweise findet man bei P. Bachmann (Niedere Zahlentheorie, erster Teil, 1902, Seite 212—286).

2) Damals Pfarrer und Bezirks-Schulinspektor zu Weiler bei Schorndorf (Württemberg), später Seminarrektor in Markgröningen, wo er im Jahre 1899 als Oberschulrat verstorben ist.

Verdienst in ein helleres Licht zu rücken, wenn ich den wesentlichen Inhalt des genannten Briefes in freier Umarbeitung und geänderter Bezeichnung jetzt bekannt mache.

Hierzu ist es freilich nötig die bekannten Tatsachen, auf denen das Lemma von Gauß beruht, kurz in Erinnerung zu bringen, und zwar in der Form, daß unter dem Reste einer ganzen Zahl in bezug auf einen ungeraden Modulus $p > 1$ immer ihr absolut kleinster, also zwischen den Grenzen $\pm \frac{p}{2}$ gelegener Rest verstanden werden soll. Läßt man nun, wenn q relative Primzahl zu p ist, den Faktor h alle ganzen Zahlen

$$1, 2, \cdots, \frac{p-1}{2}$$

des Intervalles $0 < h < \frac{p}{2}$ durchlaufen, und bildet man die Reste a und die Quotienten y für die Produkte

$$(1) \qquad hq = a + yp \equiv a \ (\mathrm{mod.}\ p),$$

so sind diese Reste a alle von Null und auch von einander verschieden, weil zwei verschiedene Faktoren h immer zwei inkongruente Produkte hq erzeugen; da ferner auch die Summe von zwei Produkten hq niemals durch p teilbar ist, so sind sogar die absoluten Werte aller Reste a verschieden und stimmen folglich in ihrem Komplex mit den Faktoren h völlig überein; jeder Faktor h ist auch der absolute Wert von einem und nur einem Reste a. Bedeutet daher P das Produkt aller Faktoren h, und m die Anzahl derjenigen Reste a, welche negativ sind, so ist $P(-1)^m$ das Produkt aller Reste a, und durch Multiplikation aller Kongruenzen (1) ergibt sich

$$Pq^{\frac{p-1}{2}} \equiv P(-1)^m \ (\mathrm{mod.}\ p).$$

Wird jetzt angenommen, daß die ungerade Zahl p eine Primzahl ist, so ist das Produkt P nicht teilbar durch p, mithin

$$q^{\frac{p-1}{2}} \equiv (-1)^m \ (\mathrm{mod.}\ p).$$

Das nach Euler benannte Kriterium besteht bekanntlich darin, daß die Potenz linker Hand $\equiv +1$ oder $\equiv -1$ (mod. p) ist, je nachdem q quadratischer Rest oder Nichtrest von p ist, und wenn man diese positive oder negative Einheit nach Legendre durch das Symbol $\left(\dfrac{q}{p}\right)$ bezeichnet, so kann das Resultat der vorhergehenden Betrachtung durch die Gleichung

$$\left(\frac{q}{p}\right) = (-1)^m$$

ausgedrückt werden[1]). Hierin besteht das oben erwähnte Lemma von Gauß.

Ist q ebenfalls eine ungerade positive Primzahl, so wird der zu beweisende Reziprozitätssatz bekanntlich durch die Gleichung

$$\left(\frac{p}{q}\right)\left(\frac{q}{p}\right) = (-1)^{\frac{p-1}{2}\frac{q-1}{2}}$$

ausgedrückt, welche jetzt mit Hilfe des Lemma von Gauß eine einfachere Gestalt annimmt. Durchläuft nämlich der Faktor k alle ganzen Zahlen

$$1,\, 2,\, \cdots,\, \frac{q-1}{2}$$

das Intervalls $0 < k < \dfrac{q}{2}$, und bildet man wie in (1) die Reste b und die Quotienten x für die Produkte

$$kp = b + xq \equiv b \ (\text{mod. } q), \tag{2}$$

so sind die absoluten Werte der Reste b wieder alle verschieden und ebenso wird

$$\left(\frac{p}{q}\right) = (-1)^n,$$

wo n die Anzahl derjenigen Reste b bedeutet, die negativ sind; hierdurch verwandelt sich der zu beweisende Satz offenbar in die Kongruenz

$$m + n \equiv \frac{p-1}{2}\frac{q-1}{2} \ (\text{mod. } 2), \tag{3}$$

---

1) E. Schering hat bemerkt, daß dieselbe auch für das von Jacobi verallgemeinerte Symbol von Legendre gilt (Monatsbericht der Berliner Akademie vom **22. Juni 1876**).

welche auch so ausgesprochen werden kann: Die Summe $m + n$ ist stets und nur dann **ungerade**, wenn $p \equiv q \equiv -1 \pmod{4}$ ist.

Nachdem diese Umformung des Reziprozitätssatzes, welche die Grundlage für den dritten und fünften Beweis von Gauß bildet, in Erinnerung gebracht ist, will ich jetzt die beiden Hauptpunkte hervorheben, auf denen Zellers Beweis beruht. Hierbei setze ich lediglich voraus, es seien p, q **relative**[1]) Primzahlen, beide ungerade, positiv und > 1; auch soll (wie in der Berliner Darstellung) p die **kleinere** dieser beiden Zahlen bedeuten.

Die **erste** Bemerkung Zellers geht aus einer Vergleichung der beiden Reihen (1) und (2) hervor und besteht darin, daß alle Gleichungen (1) aus ebenso vielen Gleichungen (2) nur durch Umsetzung ihrer Glieder entspringen. Ist z. B. $p = 11$, $q = 27$, so erhält man die Reihe (2) und daraus die Reihe (1) in der folgenden Tabelle:

$$
\begin{array}{ll|l}
1. & p = + 11 + 0 \cdot q & \\
2. & p = - 5 + 1 \cdot q & 1 \cdot q = + 5 + 2 \cdot p \\
3. & p = + 6 + 1 \cdot q & \\
4. & p = - 10 + 2 \cdot q & \\
5. & p = + 1 + 2 \cdot q & 2 \cdot q = - 1 + 5 \cdot p \\
6. & p = + 12 + 2 \cdot q & \\
7. & p = - 4 + 3 \cdot q & 3 \cdot q = + 4 + 7 \cdot p \\
8. & p = + 7 + 3 \cdot q & \\
9. & p = - 9 + 4 \cdot q & \\
10. & p = + 2 + 4 \cdot q & 4 \cdot q = - 2 + 10 \cdot p \\
11. & p = + 13 + 4 \cdot q & \\
12. & p = - 3 + 5 \cdot q & 5 \cdot q = + 3 + 12 \cdot p \\
13. & p = + 8 + 5 \cdot q & \\
\end{array}
$$

Um diese Beziehung zwischen den beiden Reihen allgemein zu beweisen, setze man jede Gleichung (1) in die Form

---

1) Der folgende Beweis gilt daher zufolge der vorhergehenden Anmerkung auch für den verallgemeinerten Reziprozitätssatz.

$$yp = -a + hq;$$

aus der Definition der Zahlen a, h und aus unserer Annahme $p < q$ folgt

$$-\frac{p}{2} < -a < +\frac{p}{2}, \quad p < hq < \frac{p}{2}q,$$

hieraus durch Addition und Division durch p

$$+\frac{1}{2} < y < \frac{q+1}{2},$$

mithin auch $0 < y < \frac{q}{2}$. Also ist jeder in der Reihe (1) auftretende Quotient y auch einer der Faktoren k in der Reihe (2), und da jede Zahl $-a$ zwischen den Grenzen $\pm\frac{p}{2}$, also gewiß auch zwischen $\pm\frac{q}{2}$ liegt, so ist $-a$ der diesem Faktor $k = y$ entsprechende Rest b des Produktes kp in (2), und der Quotient $x = h$, w. z. b. w.

Mit diesen Resten $b = -a$, deren Anzahl $= \frac{p-1}{2}$ ist, sind aber alle zwischen den Grenzen $\pm\frac{p}{2}$ liegenden Reste b in (2) erschöpft, weil, wie oben bemerkt, die absoluten Werte aller Reste b von einander verschieden sind. Die Anzahl m der n e g a - t i v e n Reste a in (1) ist daher zugleich die Anzahl derjenigen p o s i t i v e n Reste b in (2), welche $< \frac{p}{2}$ sind; fügt man zu diesen m positiven Resten b noch alle n negativen Reste b hinzu, so ist die S u m m e $m + n$ die A n z a h l a l l e r R e s t e b in (2), w e l c h e in dem I n t e r v a l l e

$$-\frac{q}{2} < b < +\frac{p}{2} \tag{4}$$

liegen.

In dem obigen Beispiel $p = 11$, $q = 27$, wo $m = 2$, $n = 5$, liegen im Intervalle (4) die sieben Reste $b = -10, -9, -5, -4, -3, +1, +2$; die übrigen sechs Reste sind $b = 6, 7, 8, 11, 12, 13$. —

Nachdem hiermit die Bedeutung der Summe $m + n$ für die Reihe (2) festgestellt ist, beantwortet Zeller die Hauptfrage nach ihrer Parität, ob sie gerade oder ungerade ist, durch eine zweite Betrachtung, deren einfacher Grundgedanke in Folgendem besteht. Wenn es in einem endlichen System von Elementen b ein Gesetz gibt, das jedem b ein bestimmtes Element b' desselben Systems zuordnet, und zwar so symmetrisch, daß umgekehrt $(b')' = b$ wird, so hat die Anzahl aller b offenbar dieselbe Parität wie die Anzahl der Fälle, in denen $b' = b$ ist. Für unsere Untersuchung, wo es sich um die Reste b in der Reihe (2) handelt, gewinnt Zeller eine solche Verteilung in symmetrische Paare b, b' auf folgende Weise.

Durchläuft der Faktor k alle seine Werte, und setzt man

$$(5) \qquad k + k' = \frac{q + 1}{2},$$

so durchläuft k' offenbar dieselben Werte in umgekehrter Folge, und jedem solchen Faktorenpaar k, k' entspricht ein Restenpaar

$$b \equiv kp, \quad b' \equiv k'p \pmod{q}.$$

Da jeder Rest b durch einen und nur einen Faktor k erzeugt wird, so ist durch b vermöge (5) auch der Faktor k', mithin auch der zugehörige Rest b' vollständig bestimmt, und aus der Symmetrie der Gleichung (5) in bezug auf k, k' folgt, daß umgekehrt $(b')' = b$ ist. Durch Addition der beiden vorstehenden Kongruenzen mit Rücksicht auf (5) folgt die Kongruenz

$$b + b' \equiv \frac{q + 1}{2}\, p \pmod{q},$$

welche die gegenseitige Abhängigkeit der beiden, ein symmetrisches Paar bildenden Reste b, b' vollständig ausdrückt. Dies läßt sich aber noch genauer verfolgen. Zufolge der Definition der Reste b, b' liegt einerseits ihre Summe $b + b'$ gewiß zwischen den Grenzen $\pm q$; andererseits ist das ihr kongruente Produkt

$$(6) \qquad \frac{q + 1}{2}\, p = \frac{p - q}{2} + \frac{p + 1}{2}\, q = \frac{p + q}{2} + \frac{p - 1}{2}\, q,$$

mithin

$$b + b' \equiv \frac{p - q}{2} \equiv \frac{p + q}{2} \pmod{q},$$

und da zufolge unserer Annahme $p < q$ die beiden Zahlen $\dfrac{p \mp q}{2}$ ebenfalls zwischen den Grenzen $\pm q$ liegen, so ist

$$\text{entweder } b + b' = \frac{p - q}{2}$$

$$\text{oder } b + b' = \frac{p + q}{2}.$$

Im ersten Fall sind beide Reste b, b' algebraisch $< \frac{p}{2}$; wäre nämlich einer derselben, z. B. $b' > \frac{p}{2}$, so wäre der andere $b < -\frac{q}{2}$, was der Definition von b widerspricht. Im zweiten Fall sind beide Reste $> \frac{p}{2}$; wäre nämlich z. B. $b' < \frac{p}{2}$, so wäre $b > \frac{q}{2}$, was abermals unmöglich ist. Mithin sondern sich die beiden Fälle in folgender Weise scharf voneinander:

$$\text{I.} \qquad b + b' = \frac{p - q}{2}, \; -\frac{q}{2} < b, b' < +\frac{p}{2} \tag{7}$$

$$\text{II.} \qquad b + b' = \frac{p + q}{2}, \; +\frac{p}{2} < b, b' < +\frac{q}{2} \tag{8}$$

und zugleich leuchtet ein, daß b' in jedem dieser beiden Intervalle dieselben Werte wie b, aber in umgekehrter Größenfolge durchläuft.

Wir betrachten jetzt nur noch das erste Intervall (7), welches identisch mit dem obigen in (4) ist und folglich genau $m + n$ Reste b enthält. Diese Summe $m + n$ wird daher immer gerade sein, wenn jedes symmetrische Restpaar in (7) aus zwei ungleichen Resten b, b' besteht. Da ferner der Fall $b = b'$ immer und nur dann eintrifft, wenn zugleich $k = k'$ ist, so geschieht dies in (7) gewiß und nur in dem einzigen Fall, wenn gleichzeitig

$$b = b' = \frac{p - q}{4}, \; k = k' = \frac{q + 1}{4},$$

also

$$p \equiv q \equiv -1 \; (\mathrm{mod.}\ 4) \tag{9}$$

ist, und da alle anderen, etwa in (7) enthaltenen Restpaare aus zwei ungleichen Resten b, b' bestehen, so ist die Summe $m + n$ in diesem und nur in diesem Falle (9) ungerade.

Hiermit ist die Kongruenz (3), also auch der Reziprozitätssatz wirklich bewiesen. —

Zur Erläuterung bemerke ich noch folgendes. Ist $q \equiv 1$ (mod. 4), so folgt aus (5), daß der Fall $k = k'$ niemals eintreten kann; es wird daher jedes Restpaar sowohl in (7) wie in (8) aus zwei ungleichen Resten b, b' bestehen, und folglich ist sowohl die Anzahl $m + n$ der Reste b in (7), wie die Anzahl $\frac{q-1}{2} - m - n$ der Reste b in (8) gerade. Ist dagegen $q \equiv -1$ (mod. 4), so tritt der Fall $k = k'$, also auch $b = b'$, gewiß einmal ein, nämlich in (7) oder (8), je nachdem $p \equiv -1$ oder $\equiv +1$ (mod. 4) ist.

In dem obigen Beispiel $p = 11$, $q = 27$, wo $m = 2$, $n = 5$, ordnen sich die sieben Reste des Intervalles (7) in die vier Paare

$$(b, b') = (-10, +2), (-9, +1), (-5, -3), (-4, -4)$$

mit der Summe $b + b' = -8$, und die sechs Reste des Intervalles (8) zerfallen in die drei Paare

$$(b, b') = (6, 13), (7, 12), (8, 11)$$

mit der Summe $b + b' = +19$. Da dieses Beispiel den Bedingungen (9) genügt, so entspricht dem Faktor $k = k' = 7$ das im Intervall (7) liegende, aus zwei gleichen Resten bestehende Paar $b = b' = -4$.

Im vorstehenden habe ich Zellers scharfsinnigen Beweis (auf Grund des Briefes vom 8. Juli 1872) etwas ausführlicher dargestellt, weil er mit geringstem Aufwande von Rechnung eine sehr deutliche Einsicht in den Bau und den Zusammenhang der beiden Reihen (1), (2) gibt und deshalb besonders geeignet zum Vortrage vor Anfängern erscheint. Um ihn mit der sehr kurz gefaßten Berliner Darstellung (vom 16. Dezember 1872) bequem zu vergleichen, ändere ich die in der letzteren gewählte Bezeichnung so ab, daß sie mit unserer obigen übereinstimmt, und außerdem will ich zur Abkürzung die Anzahl der Reste b innerhalb des Intervalles

$$(10) \qquad\qquad -\frac{q}{2} < b < -\frac{p}{2}$$

mit t bezeichnen. Durch eine Betrachtung, die nahezu mit dem ersten Teile des obigen Beweises übereinstimmt, ergibt sich zunächst die Zerlegung

$$(11) \qquad\qquad m + n = \frac{p-1}{2} + t,$$

und handelt sich es daher jetzt noch um die Frage, wann die Anzahl t gerade oder ungerade ist. Dazu dient wieder eine Verteilung der Reste b in symmetrische Paare, die aber von der obigen, durch (5) bestimmten wesentlich abweicht und deshalb hier näher behandelt werden soll. Schließt man in (2) den größten Faktor $k = \dfrac{q-1}{2}$ aus, dem zufolge (6) nach Subtraktion von p der positive Rest $b = \dfrac{q-p}{2}$ entspricht, und setzt man

$$k + k'' = \frac{q-1}{2}, \tag{12}$$

so durchläuft k'' dieselben $\dfrac{q-3}{2}$ Faktoren wie k, und jedes Paar von Resten $b \equiv kp$, $b'' \equiv k''p$ (mod. q) liefert eine zwischen den Grenzen $\pm q$ liegende Summe

$$b + b'' \equiv \frac{q-1}{2}\, p \equiv - \frac{p+q}{2} \equiv \frac{q-p}{2} \;(\mathrm{mod.}\; q).$$

Verfährt man ähnlich wie oben, so erhält man wieder zwei scharf getrennte Intervalle

$$\text{III.} \qquad b + b'' = -\frac{p+q}{2}; \; -\frac{q}{2} < b,\, b'' < -\frac{p}{2}.$$

$$\text{IV.} \qquad b + b'' = +\frac{q-p}{2}; \; -\frac{p}{2} < b,\, b'' < +\frac{q}{2},$$

in denen b'' immer dieselben Werte wie b durchläuft. Da das Intervall III mit dem in (10) identisch ist und folglich t Reste b enthält (weil der einzige ausgeschlossene Rest $b = \dfrac{q-p}{2}$ außerhalb dieses Intervalles liegt), so ergibt sich durch deren Verteilung in symmetrische Paare b, b'', daß diese Anzahl t stets und nur dann ungerade ist, wenn der Fall

$$k = k'' = \frac{q-1}{4}, \; b = b'' = -\frac{p+q}{4}$$

eintritt, was immer und nur dann geschieht, wenn $q \equiv 1$, $p \equiv -1$ (mod. 4) ist. Durch Kombination dieses Resultates mit der obigen Zerlegung (11) gelangt schließlich die Berliner Darstellung, indem sie die einzelnen Fälle der Reste von p, q (mod. 4) durchgeht, ebenfalls zu dem Endergebnis, daß die Summe $m + n$ dann und nur dann ungerade ist, wenn $p \equiv q \equiv -1$ (mod. 4) ist, w. z. b. w. —

Aus mehreren Gründen verdient wohl der frühere Beweis den Vorzug vor diesem zweiten. Da der Charakter der Nummer $m + n$ (mod. 2) das einzige Ziel der Untersuchung bildet, so erscheint ihre Zerlegung (11) in zwei Bestandteile von vornherein als ein Umweg, der sich am Schluß nochmals fühlbar macht; außerdem ist die hier benutzte, durch (12) bestimmte Verteilung der Reste b in symmetrische Paare weniger einfach als die frühere, schon weil sie den Ausschluß eines Faktors k und des entsprechenden Restes b erfordert.

Als Zeller mir seinen Beweis mitteilte, kannte er den dritten Beweis von Gauß nur in der schon vereinfachten Darstellung, wie sie sich in §§ 43, 44 der Vorlesungen über Zahlentheorie von Dirichlet (zweite Auflage 1871) findet. In meiner Antwort (vom 13. Juli 1872) drückte ich ihm meine Freude über seinen Beweis aus, der so geraden Wegs auf das Ziel zusteuert, und fügte eine kurze Darstellung des fünften Beweises von Gauß hinzu der ihm augenscheinlich noch unbekannt war. Dies hat Zeller veranlaßt, mir noch einmal zu schreiben (am 7. Oktober 1872); auch in diesem Briefe findet sich noch keine Spur von der eben besprochenen zweiten Symmetrie der Reihe (2), die den Nerv des Beweises in der Berliner Darstellung bildet; er enthält aber noch zwölf Formeln, die von gewissen Summen der Reste a, b und der Quotienten y, x in den Reihen (1), (2) handeln und damals, wie ich glaube, noch unbekannt waren. Diese Formeln, deren Beweise Zeller zum Teil andeutet, sind eigentlich nur Kombinationen von sechs verschiedenen Relationen, die ich jetzt im Anschluß an den ersten Beweis von Zeller noch ableiten will. Hierbei bezeichne ich die Reste a, b resp. mit a_1, b_1 oder mit a_2, b_2, je nachdem sie negativ oder positiv sind, und die Summen der Zahlen

$$h, a, a_1, a_2, y; \; k, b, b_1, b_2, x$$

resp. mit

$$H, A, A_1, A_2, Y; \; K, B, B_1, B_2, X.$$

Da die absoluten Werte $-a_1, a_2$ aller Reste a mit den Faktoren h, ebenso die absoluten Werte $-b_1, b_2$ aller Reste b mit den Faktoren k übereinstimmen, so erhält man zunächst

$$- A_1 + A_2 = H = \frac{1}{2}\, \frac{p+1}{2}\, \frac{p-1}{2} \tag{13}$$

$$- B_1 + B_2 = K = \frac{1}{2}\, \frac{q+1}{2}\, \frac{q-1}{2}. \tag{14}$$

Zwei neue Gleichungen folgen aus der Betrachtung der beiden Intervalle (7), (8). Während die $m + n$ Reste b in (7) aus den n negativen Resten b_1 und den m positiven Zahlen $- a_1$ bestehen, so verbleiben nach Entfernung der letzteren aus den Resten b_2 die $\frac{q-1}{2} - m - n$ Reste b in (8), und da b' in jedem der beiden Intervalle dieselben Werte wie b durchläuft, so folgt durch Summation

$$2\,(B_1 - A_1) = \frac{p-q}{2}\,(m+n) \tag{15}$$

$$2\,(B_2 + A_1) = \frac{p+q}{2}\left(\frac{q-1}{2} - m - n\right). \tag{16}$$

Durch Auflösung dieser vier Gleichungen ergibt sich

$$- 4\,A_1 = p(m+n) - \frac{p-1}{2}\, \frac{q-1}{2} \tag{17}$$

$$- 4\,B_1 = q(m+n) - \frac{p-1}{2}\, \frac{q-1}{2} \tag{18}$$

$$+ 4\,A_2 = \frac{2p+q+1}{2}\, \frac{p-1}{2} - p\,(m+n) \tag{19}$$

$$+ 4\,B_2 = \frac{2q+p+1}{2}\, \frac{q-1}{2} - q\,(m+n), \tag{20}$$

woraus auch noch

$$2\,A = 2(A_1 + A_2) = \frac{p+q}{2}\, \frac{p-1}{2} - p\,(m+n) \tag{21}$$

$$2\,B = 2(B_1 + B_2) = \frac{p+q}{2}\, \frac{q-1}{2} - q\,(m+n) \tag{22}$$

folgt.

Es leuchtet ein, daß aus jeder dieser Formeln auch die Kongruenz (3), also der Reziprozitätssatz folgt; außerdem will ich bemerken, daß diese Kongruenz durch die schärfere

$$(23) \qquad m + n \equiv - \frac{p-1}{2} \frac{q-1}{2} \pmod{4}$$

ersetzt werden kann, die man leicht erhält, wenn man z. B. die Gleichung (17) mit p multipliziert und bedenkt, daß $p^2 \equiv 1$, also $p(p-1) \equiv -(p-1) \pmod 8$ ist.

Besonders hervorzuheben ist aber, daß alle diese Formeln, obwohl sie auf der ausdrücklichen Annahme $p < q$ beruhen, augenscheinlich auch für die entgegengesetzte Annahme $p > q$ gelten, weil die Ausdrücke für B_1, B_2 und B aus denen für A_1, A_2 und A durch gleichzeitige Vertauschung von p mit q (und von m mit n) hervorgehen.

Um endlich die Summen X, Y der Quotienten x, y ebenfalls durch p, q, m, n auszudrücken, kann man verschiedene Wege einschlagen. Da die Ausdrücke für H, A, K, B schon bekannt sind, so liegt es nahe, hierzu die beiden Gleichungen

$$(24) \qquad Hq = A + Yp, \quad Kp = B + Xq$$

zu benutzen, die aus (1), (2) durch Summation entstehen, und zufolge der eben hervorgehobenen Bemerkung genügt es, nur eine der beiden Summen, z. B. X zu berechnen, weil hieraus die andere Y durch Vertauschung von p mit q hervorgehen muß. Aus (14) und (22) folgt nun

$$\begin{aligned}
2(Kp - B) &= \frac{q+1}{2} p \frac{q-1}{2} - \frac{p+q}{2} \frac{q-1}{2} + q(m+n) \\
&= \left(\frac{p-1}{2} \frac{q-1}{2} + m + n \right) q,
\end{aligned}$$

und da die in der Klammer rechts enthaltene Summe bei Vertauschung von p mit q ungeändert bleibt, so folgt aus (24) die Doppelgleichung

$$(25) \qquad 2X = 2Y = \frac{p-1}{2} \frac{q-1}{2} + m + n,$$

worin abermals der Reziprozitätssatz enthalten ist. Zugleich ergibt sich aus der Kongruenz (23), daß die Summe $X = Y$ stets grade ist.

Ein anderer Weg, die Summe X zu bestimmen, ergibt sich aus der durch (5) bestimmten Verteilung der Reste b in symmetrische Paare. Bezeichnet man mit x, x' die den Faktoren k, k' entsprechenden Quotienten, so ist

$$kp = b + xq, \quad k'p = b' + x'q,$$

also

$$(b + b') + (x + x')q = \frac{q+1}{2}\,p,$$

und aus (6), (7), (8) folgt

$$x + x' = \frac{p+1}{2} \text{ im Intervalle (7)}$$

$$x + x' = \frac{p-1}{2} \text{ im Intervalle (8).}$$

Da nun x' sowohl in (7) wie in (8) dieselben Werte wie x durchläuft, deren Anzahl resp. $m + n$ und $\frac{q-1}{2} - m - n$ ist, so erhält man im ganzen

$$2X = \frac{p+1}{2}(m + n) + \frac{p-1}{2}\left(\frac{q-1}{2} - m - n\right),$$

was mit (25) übereinstimmt. —

Hiermit ist das Wesentliche der Formeln erschöpft, die Zeller mir in seinem zweiten Briefe (vom 7. Oktober 1872) mitgeteilt hat, wo er auch beiläufig bemerkt, daß die Größen X, $X - n$, $X - m$ resp. mit den auf ganz andere Weise definierten Anzahlen α, β, γ im fünften Beweise von Gauß übereinstimmen (wo die Zeichen m, M, n, N durch die ihnen hier entsprechenden p, q, m, n zu ersetzen sind); doch wird der Zusammenhang zwischen den beiden verschiedenen Definitionen nicht untersucht.

Die Gleichheit der beiden Quotientensummen X, Y ist hier auf einem Wege erkannt, der alle früheren Resultate voraussetzt. Diese Gleichheit besteht, wie ich noch bemerken will, selbst dann, wenn die beiden ungeraden Zahlen p, q irgendeinen gemeinsamen Teiler haben; der kürzeste Weg, sie zu beweisen, scheint der folgende zu sein, wobei es auch gleichgültig bleibt, welche der Zahlen p, q die kleinere ist. Läßt man die Faktoren h, k alle ihre Werte durchlaufen, so kann die Anzahl α der Fälle, in denen die Produktsumme

$$hq + kp > \frac{pq}{2}$$

wird, auf zwei verschiedene Arten bestimmt werden. Wählt man zuerst einen bestimmten Faktor k und setzt $kp = b + xq$ wie in (2), so findet man leicht, daß dieser Quotient x zugleich die Anzahl aller derjenigen Faktoren h ist, welche für diesen Wert k der vorstehenden Forderung genügen, und hieraus folgt offenbar $\alpha = X$. Wählt man aber zuerst einen bestimmten Faktor h und setzt $hq = a + yp$ wie in (1), so erhält man auf dieselbe Weise die Antwort $\alpha = Y$; mithin ist $X = Y$, w. z. b. w.

Über das Feld der Lichtwellen bei Reflexion und Brechung.

Von

A. Eichenwald in Moskau.

Wir stellen uns die Aufgabe, das Feld der Lichtwellen für einige der wichtigsten Fälle zu zeichnen und begnügen uns hier mit der Reflexion und Brechung ebener Lichtwellen von der Form

$$D = D_u \cos \frac{2\pi}{T}\left(t - \frac{u}{c}\right), \qquad (1)$$

wo D_u die Amplitude, T die Periode, t die Zeit, u die Koordinate normal zur Wellenebene und c die Fortpflanzungsgeschwindigkeit bedeuten; im folgenden wird noch $\lambda_u = cT$, die Wellenlänge eingeführt.

Offenbar genügt es, die Zeichnung für irgend ein Moment t — zum Beispiel $t = 0$ — zu machen und dann sich die ganze Figur in der Richtung u mit der Geschwindigkeit c sich bewegend vorzustellen.

1. Einfallende Welle. Wir nehmen das erste Medium isotrop und ohne Absorption an. Das Licht sei polarisiert mit der elektrischen (oder magnetischen) Erregung parallel zur Zeichnungsebene und der magnetischen (bez. elektrischen) Feldintensität normal zu derselben. Dann erhalten wir in der Zeichnung ein System paralleler Geraden. Soll die Kraftliniendichte proportional zu D sein, so muß der Abstand zwischen zwei benachbarten Geraden umgekehrt proportional zu D genommen werden. Nennen wir $\varDelta u$ diesen veränderlichen Abstand und $\varDelta a$ eine Konstante, welche von dem gewählten Maßstabe abhängt, so muß sein (für $t = 0$):

$$(2) \qquad D_u \cos \frac{2\pi}{\lambda_u} u \cdot \varDelta u = \varDelta a .$$

Daraus folgt

$$D_u \sin \frac{2\pi}{\lambda_u} u = \frac{2\pi}{\lambda_u} n \varDelta a ;$$

für n ist hier eine Reihe ganzer Zahlen einzusetzen von $n = 0$ (für $u = 0$) bis $n = n_0 = \dfrac{\lambda}{2\pi \varDelta a} D_u \left(\text{für } u = \dfrac{\lambda_u}{4}\right)$ um das entsprechende u zu berechnen.

Wählen wir für unsere Zeichnung irgend ein n_0, so erhalten wir auf jeder Wellenlänge $4 n_0$ Abstände zwischen benachbarten Kraftlinien d. h. $4 n_0$ sogenannten Kraftröhren.

In der Fig. 1 ist auf diese Weise das Feld einer ebenen polarisierten Welle dargestellt; für n_0 ist hier die Zahl 12 genommen.

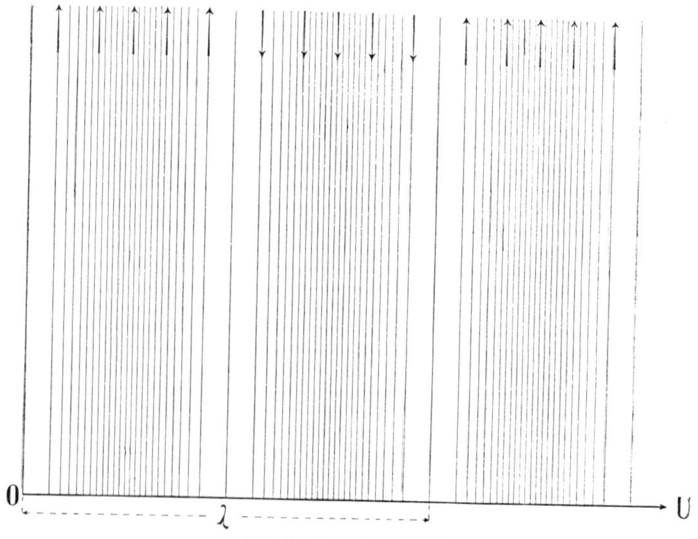

Fig. 1. Eine ebene Welle.

2. Einfallende und reflektierte Welle. Wird das Licht von einer Trennungsebene zweier Medien reflektiert, so super-

ponieren sich die beiden Felder der einfallenden und der reflektierten Welle. Das entsprechende resultierende Feld erhält man leicht nach der Methode von Cl. Maxwell[1]) durch Superposition zweier solcher Zeichnungen wie Fig. 1.

Am bequemsten zeichnet man das Feld der ersten (z. B. einfallenden) Welle auf Karton und das Feld der zweiten (reflektierten) Welle auf durchsichtigem Wachspapier. Legt man eins über das andere in eine beliebige Lage, so sieht man ein Netz von Parallelogrammen verschiedener Größe. Auf einem zweiten Blatt Wachspapier, was daraufgelegt wird, zieht man dann die entsprechenden Diagonalen dieser Parallelogramme und erhält so die Kraftlinien des resultierenden Feldes. Man kann dieselben zwei Anfangszeichnungen benutzen, um für die verschiedensten Fälle das resultierende Kraftfeld zu zeichnen.

Der Winkel, den die beiden Kraftliniensysteme untereinander bilden, ist offenbar gleich $(180 - 2\varphi)$, wo φ den Einfallswinkel bedeutet. Für den Einfallswinkel φ und $(90 - \varphi)$ erhält man das gleiche resultierende Feld, nur ist die Bewegung des Feldes in diesen zwei Fällen verschieden: denn die Richtung der Bewegung des resultierenden Feldes ist immer normal zum·Einfallslot, also längs der Reflexionsebene, und die Geschwindigkeit ist $\dfrac{c}{\sin \varphi}$. Die zwei Wellenzüge werden im allgemeinen verschiedene Amplituden z. B. E und R haben; es muß demnach die Kraftlinienzahl n_0 in den beiden Anfangszeichnungen entsprechend verschieden genommen werden. Man kann aber dieselben zwei Zeichnungen mit gleichem n_0 benutzen, um das resultierende Feld auch für ungleiche Amplituden zu zeichnen, indem man nicht alle Kraftlinien berücksichtigt, sondern jede zweite oder dritte usw. Auf diese Weise sind die hier gegebenen Zeichnungen (Fig. 2, 3, 4) tatsächlich ausgeführt worden.

Fig. 2 stellt das Feld von zwei Wellen gleicher Amplitude und gleicher Wellenlänge dar, die sich rechtwinklig schneiden ($\varphi = 45^0$).

---

1) Cl. Maxwell, Treatise ... § 123.

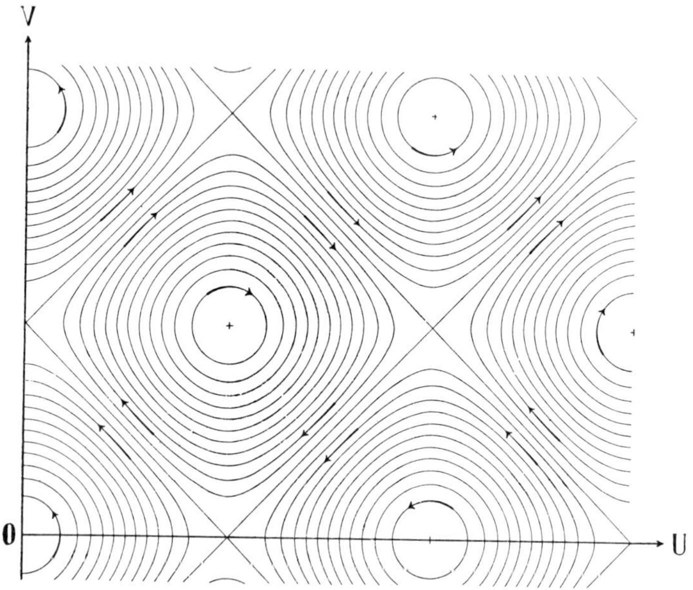

Fig. 2. Zwei ebene Wellen, die sich rechtwinklig schneiden; $R = E$.

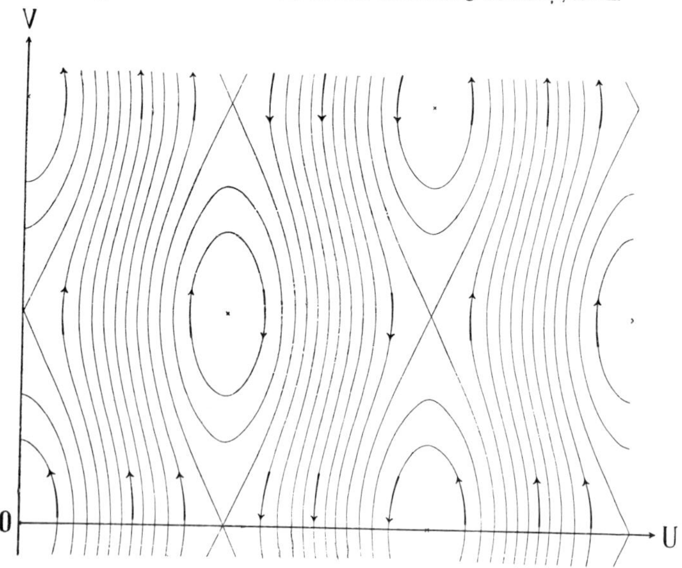

Fig. 3. Zwei ebene Wellen, die sich rechtwinklig schneiden; $R = 0{,}25\,E$.

In Fig. 3 sind wieder beide Strahlen rechtwinklig zueinander, aber der Strahl in der Richtung U hat eine viermal
größere Amplitude als der Strahl V.

Fig. 4 gibt die Kraftlinien des Lichts bei Reflexion unter
dem Einfallswinkel $\varphi = 30^0$ (oder $\varphi = 60^0$) und dem Ver-

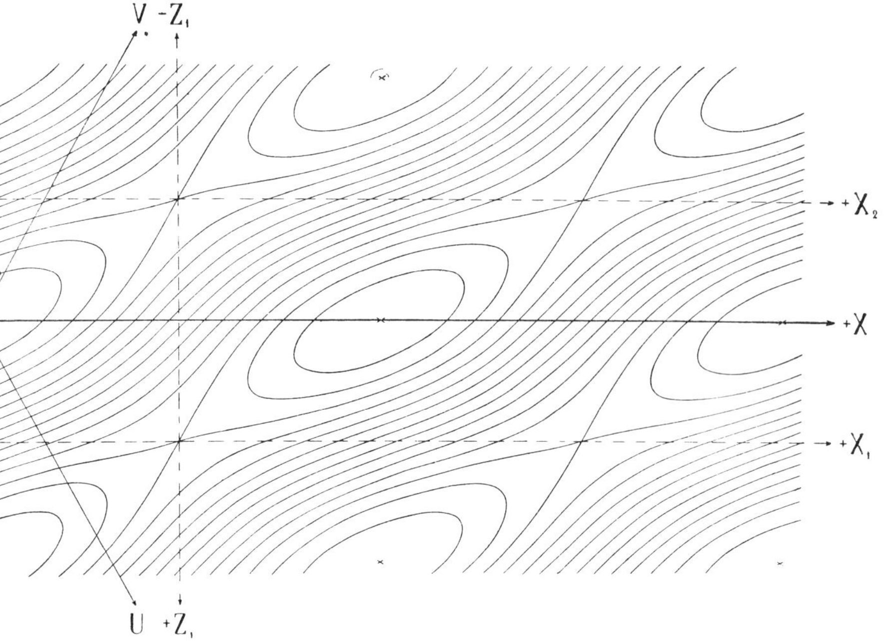

Fig. 4. **Zwei ebene Wellen in der Richtung U und V; der Winkel $UOV = 120^0$; $R = 0{,}25\,E$.**

hältnis der Amplituden $R:E = 1:4$. Hier stellt OX (oder ZZ)
die Trennungsebene beider Medien dar; OU und OV die Richtungen beider Strahlen.

3. Die Gleichung der Kraftlinien. Es ist leicht, eine
allgemeine Gleichung aller oben erhaltenen Kurven aufzustellen.
Aus der Gleichung (2) folgt nämlich für zwei Wellenzüge, die
in demselben Maßstabe gezeichnet sind

$$D_u \cos \frac{2\pi}{\lambda_u} u \cdot du = D_v \cos \frac{2\pi}{\lambda_v} v \cdot dv = d\,a\,. \tag{3}$$

woraus sich unmittelbar die Gleichung der Kurvenschar ergibt

$$(4) \qquad \frac{D_u}{\lambda_u} \sin \frac{2\pi}{\lambda_u} u - \frac{D_v}{\lambda_v} \sin \frac{2\pi}{\lambda_v} v = K.$$

Hier ist K der Parameter der Schar.

Durch eine entsprechende Wahl des Koordinatenanfangs kann dieselbe Kurvenschar durch eine Summe oder Differenz von Sinus- oder Kosinusfunktionen dargestellt werden.

Die Richtungen U und V in dieser Gleichung brauchen nicht rechtwinklig zueinander zu sein, nur ist zu beachten, daß dann die hier benutzten Koordinaten u und v nicht die üblichen schiefwinkligen Parallelkoordinaten vorstellen, sondern die Projektionen des Radiusvektors auf die Koordinatenachsen. Ist z. B. P irgend ein Punkt der Kurve und fällt man auf die Achsen OU und OV die Lote Pa und Pb, so bedeuten in unserer Gleichung $u = Oa$ und $v = Ob$.

Die Gleichung (4) bezieht sich auf einen allgemeineren Fall zweier Wellenzüge ungleicher Wellenlänge. Hat man mit einem einfallenden und reflektierten Strahle zu tun, so wird $\lambda_u = \lambda_v$; außerdem werden dann in der Regel die zwei Halbierungslinien des Winkels UOV als Koordinatenachsen genommen, nämlich OX in der Trennungsebene XY zweier Medien und OZ senkrecht dazu vom ersten in das zweite Medium gerichtet. Um mit den üblichen[1]) Richtungsannahmen in Übereinstimmung zu bleiben, wollen wir in der Gleichung (4) das $+$ Zeichen schreiben und erhalten dann die Gleichung der Kurvenschar in rechtwinkligen XZ Koordinaten

$$(5)\quad E \sin \frac{2\pi}{\lambda}(x \sin \varphi + z \cos \varphi) + R \sin \frac{2\pi}{\lambda}(x \sin \varphi - z \cos \varphi) = K.$$

4. Eigenschaften der Kurvenschar. Die wichtigsten Eigenschaften dieser Kurven sind folgende:

a) Es gehören zu der Schar ein System von Punkten, für welche K den maximalen (absoluten) Wert erhält, nämlich

$$\pm K = E + R.$$

Wir wollen diese Punkte Zentra nennen.

---

1) P. Drude, Lehrbuch der Optik. 1906. p. 265, Fig. 83.

Um diese Zentra schlingen sich die Kurven (mit kleinerem K) herum. Hier ist die Feldintensität beider Strahlen und auch ihre Phasendifferenz (wenn das $+$ Zeichen in der Gleichung steht) gleich Null. Die gegenseitigen Abstände der Zentra längs X oder Z gerechnet sind $\frac{1}{2}\lambda_x$ und $\frac{1}{2}\lambda_z$, indem

$$\lambda_x = \frac{\lambda}{\sin\varphi}, \qquad \lambda_y = \frac{\lambda}{\cos\varphi}$$

bedeuten.

b) Zwischen diesen Zentra liegen Punkte, wo das Feld auch Null, aber die Phasendifferenz beider Strahlen gleich $\pm\,\pi$ ist. In diesen Punkten schneiden sich die Kraftlinien mit dem Parameter

$$\pm\,K = E - R.$$

Wir wollen diese Punkte Knoten nennen.

c) Im Falle gleicher Intensität beider Strahlen $E = R$ werden die Knoten durch zwei Systeme von Geraden mit dem Parameter $K = 0$ verbunden. Die Geraden verlaufen parallel zur X- und Z-Achse, bilden also Rechtecke mit den Seiten $\frac{1}{2}\lambda_x$ und $\frac{1}{2}\lambda_z$, welche bei $\varphi = 45^0$ in Quadrate übergehen.[1]) In den einzelnen Maschen des so entstandenen Netzes bilden alle übrigen Linien der Schar geschlossene ellipsen- oder kreisähnliche Kurven.

d) Sind aber R und E ungleich, so bekommen wir in der Zeichnung keine geraden Linien mehr; gleichzeitig werden nicht alle Linien geschlossen. Ein Teil der geschlossenen Kraftlinien öffnet sich und verschmilzt mit den Nachbarn zu sinusförmigen Kurven, welche bei Verminderung des Verhältnisses $R : E$ an Zahl wachsen und sich mehr und mehr abplatten, bis sie endlich bei $R = 0$ wieder in gerade Linien (Fig. 1) übergehen.

---

1) Bei ungleichen Wellenlängen beider Strahlen erhält man analoge Kurven, aber gerade Linien erhält man nur dann, wenn das Verhältnis der Amplitude zu der entsprechenden Wellenlänge in beiden Strahlen das gleiche ist; außerdem verlaufen diese Geraden nicht immer parallel zu X oder Z und bilden im allgemeinen keine Rechtecke, sondern Parallelogramme.

44 A. Eichenwald:

Es ist leicht einzusehen, daß die Zahl der geschlossenen Kraftröhren zu der ganzen Kraftröhrenzahl sich verhält wie R zu E.

e) Schneiden wir irgend eine von unseren Zeichnungen längs einer Geraden parallel zur X-Achse, so haben die beiden Wellen in allen Punkten dieses Schnittes dieselbe Phasendifferenz δ; aus (5) erhält man

$$(6) \qquad \frac{\delta}{2} = \frac{2\,\pi}{\lambda_z}\,Z.$$

Der Winkel ψ_1, den die Kraftlinien in diesem Schnitte mit der $+Z$-Achse bilden, bestimmt sich aus

$$(7) \qquad \operatorname{tg}\psi_1 = -\frac{E\cos\dfrac{2\,\pi}{\lambda}u - R\cos\dfrac{2\,\pi}{\lambda}v}{E\cos\dfrac{2\,\pi}{\lambda}u + R\cos\dfrac{2\,\pi}{\lambda}v}\cot\varphi.$$

Dieser Winkel ist für verschiedene x verschieden und da sich die ganze Figur längs OX bewegt, so wird in einem unbeweglichen Punkt des Raumes ein Drehfeld entstehen. Nur in den Fällen, wo der Schnitt durch die Zentra geht (OX in Fig. 4) und die Phasendifferenz gleich Null, oder wenn er durch die Knoten geht ($O_1 X_1$ oder $O_2 X_2$ in Fig. 4) also die Phasendifferenz gleich $\pm\pi$ ist, wird der Winkel ψ_1 konstant, nämlich

$$(8) \qquad \operatorname{tg}\psi_0 = -\frac{E-R}{E+R}\cot\varphi\,; \quad \operatorname{tg}\psi_\pi = -\frac{E+R}{E-R}\cot\varphi.$$

Hieraus ergibt sich nebenbei die Beziehung

$$(8\,\mathrm{a}) \qquad \operatorname{tg}\psi_0 \cdot \operatorname{tg}\psi_\pi = \cot^2\varphi.$$

Alle diese Schnitte können die Grenzebenen darstellen in den verschiedensten Fällen der Reflexion an einem zweiten Medium mit beliebigem Brechungs- und Absorptions-Index.

Wegen der bekannten Grenzbedingungen für die elektrischen und magnetischen Kraftlinien

$$(9) \qquad \frac{\operatorname{tg}\psi_1}{\operatorname{tg}\psi_2} = \frac{\varepsilon_1}{\varepsilon_2}, \quad \text{bzw.} \quad = \frac{\mu_1}{\mu_2}$$

erleiden die ersteren an der Grenze einen Knick, die letzteren aber nicht, weil für Lichtwellen $\mu_1 = \mu_2$ genommen werden darf. Für die magnetischen Kraftlinien sind also die Winkel, den die Schnitte OX und O_1X_1 mit den Kraftlinien bilden, den entsprechenden Brechungswinkeln X des Strahles im zweiten Medium gleich.[1])

Ob die Trennungsebene durch die Zentra oder die Knoten geht, kann am besten nach dem Zeichen der bekannten Fresnelschen Reflexionsformeln[2]) entschieden werden. Im Falle Totalreflexion, oder Reflexion an mehreren parallelen Ebenen, oder endlich in dem Falle, daß das zweite Medium absorbierend wirkt, entsteht an der Grenze eine Phasendifferenz zwischen Null und π und die Trennungsebene wird zwischen OX und O_1X_1 (Fig. 4) liegen müssen.

f) Für das Folgende ist es noch nötig, die orthogonalen Trajektorien unserer Kurvenschar zu zeichnen. Diese Trajektorien, da sie senkrecht zu den elektrischen sowie den magnetischen Feldintensitäten des dargestellten Feldes verlaufen, stellen nach Poynting die Strömungslinien der Energie dar.

Um die Gleichung dieser Energielinien zu erhalten, muß man

$$\frac{dx}{dz} = -\cot\psi_1$$

integrieren. Wir begnügen uns mit dem Falle, wo U und V senkrecht aufeinander stehen, d. h. der Einfallswinkel $\varphi = 45^0$ ist; dann können wir sofort aus der Gleichung (3) für die orthogonalen Trajektorien die Bedingung

$$\frac{du}{dv} = \frac{E\cos\dfrac{2\pi}{\lambda}u}{R\cos\dfrac{2\pi}{\lambda}v}$$

integrieren und erhalten so die Gleichung der Kurvenschar

---

1) Für den Einfallswinkel $(90-\varphi)$ spielen dieselbe Rolle die Schnitte ZZ und Z_1Z_1.

2) P. Drude l. c. p. 268.

$$\frac{1}{E}\,\lg\cot\frac{\pi u}{\lambda} = \frac{1}{R}\,\lg\cot\frac{\pi v}{\lambda} + C$$

oder

$$(10) \qquad \operatorname{tg}\frac{\pi v}{\lambda} = K\left[\operatorname{tg}\frac{\pi u}{\lambda}\right]^{\frac{R}{E}}.$$

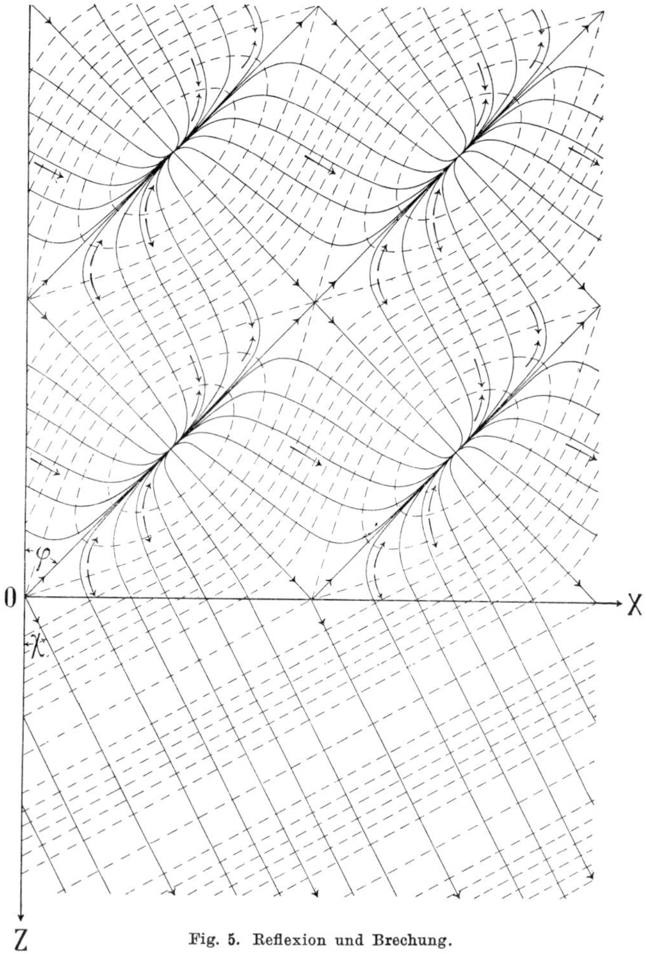

Fig. 5. Reflexion und Brechung.

Mit Hilfe gewöhnlicher Logarithmentafeln lassen sich auch diese Kurven leicht hinzeichnen. In den Fig. 5, 6, 8 sind das die stark ausgezogenen Kurven; wir kommen auf sie später zurück.

5. Absorbierende Körper. Das zweite Medium nehmen wir auch isotrop, aber absorbierend an; hier werden im allgemeinen die Kraftlinien einer ebenen Welle nicht mehr Gerade bleiben. Um für diesen Fall das Feld zu zeichnen, müssen wir zuerst die Gleichung dieser Kraftlinien aufstellen. Dabei begnügen wir uns hier mit dem Fall, wo die magnetischen Kraftlinien in der Einfallsebene d. h. in unserer Zeichnungsebene liegen. Die Lichtwelle sei also in der Einfallsebene polarisiert. Der andere Fall, wenn die elektrischen Kraftlinien in der Einfallsebene liegen, ist ganz analog zu behandeln, man erhält auch Kurven von derselben Form, nur werden die Formeln für die Grenzbedingungen in diesem letzten Falle ein wenig komplizierter.

Wir nennen M_x, M_z, E_y die X, Z und Y Komponenten der magnetischen bzw. elektrischen Feldintensität und setzen wie üblich

$$M_x = L\,e^{i\alpha} \qquad \alpha = \frac{2\pi}{T}\left(t - (ax + bz)\right)$$

$$M_z = N\,e^{i\alpha} \qquad a = \frac{\sin\chi}{c_1} = \frac{\sin\varphi}{c} \qquad (11)$$

$$E_y = B\,e^{i\alpha} \qquad b = b_0 - b_1 i = \frac{\cos\chi}{c_1} - \frac{\varkappa}{c_1}\,i.$$

Die Größe b ist hier komplex angenommen, weil die Dielektrizitätskonstante ε' in der **Maxwell**schen Gleichung für absorbierende Körper komplex wird. In reeller Form muß gesetzt werden

$$e^{i\alpha} = e^{-\frac{2\pi}{\lambda}\varkappa z}\cos\frac{2\pi}{T}\left(t - \frac{x\sin\chi + z\cos\chi}{c_1}\right)$$

$$= e^{-\frac{2\pi}{\lambda}\varkappa z}\cos\frac{2\pi}{T}\left(t - \frac{u}{c_1}\right). \qquad (12)$$

Hier ist χ der Winkel, den die Richtung U mit der Z-Achse bildet (der Brechungswinkel), c_1 die Geschwindigkeit, mit der sich die Phasen längs U fortpflanzen, $\lambda = T c_1$ die Wellen-

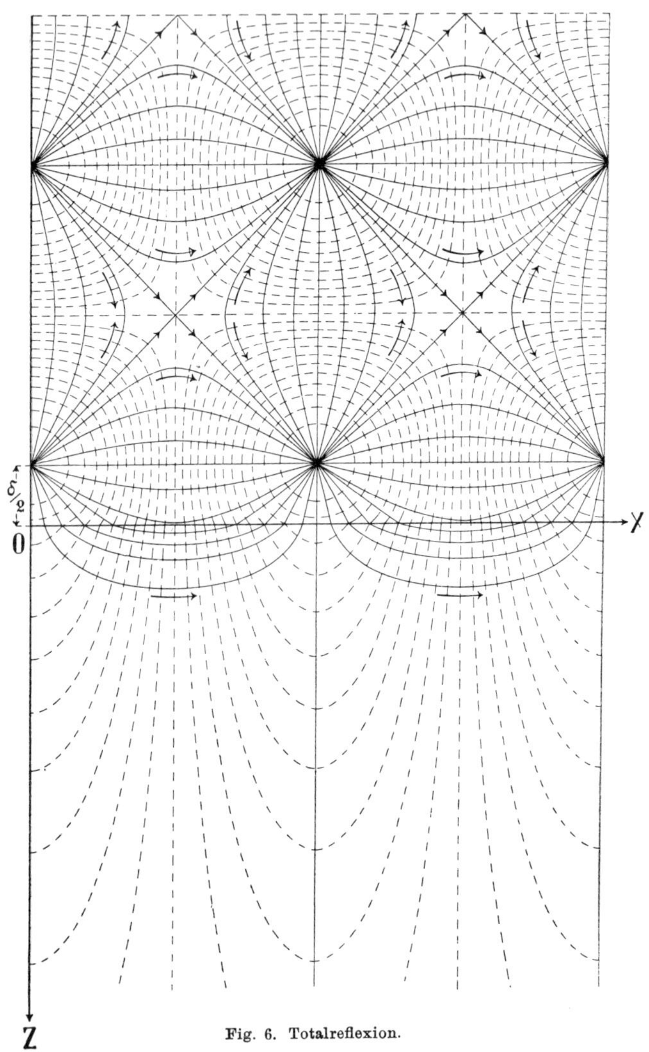

Fig. 6. Totalreflexion.

länge und $\varkappa$ der Absorptionsindex. Die Größen χ, λ, c_1 und $\varkappa$ hängen vom Einfallswinkel φ ab.

Die Maxwellschen Gleichungen für diesen Fall geben folgendes:

$$\frac{\mu}{c}\frac{\partial M_x}{\partial t} = \frac{\partial E_y}{\partial z} \qquad\qquad \frac{\mu}{c}L = -Bb$$

$$\frac{\mu}{c}\frac{\partial M_z}{\partial t} = -\frac{\partial E_y}{\partial x} \qquad\qquad \frac{\mu}{c}N = +Ba \qquad\qquad (13)$$

$$\frac{\varepsilon'}{c}\frac{\partial E_y}{\partial t} = \frac{\partial M_x}{\partial z} - \frac{\partial M_z}{\partial x} \qquad\qquad \frac{\varepsilon'}{c}B = -Lb + Na.$$

Die letzte Gleichung gibt die Abhängigkeit des Brechungs- und Absorptionsindex vom Einfallswinkel.

$$\frac{\varepsilon'\mu}{c^2} = a^2 + b^2. \qquad\qquad (13\,\mathrm{a})$$

Aus den ersten zwei Gleichungen erhalten wir für den Winkel ψ, den die Kraftlinien mit der Z-Achse bilden:

$$\operatorname{tg}\psi = \frac{M_x}{M_z} = -\frac{b}{a} = -\cot\chi + \frac{\varkappa}{\sin\chi}\,i. \qquad\qquad (14)$$

Die komplexe Form dieser Gleichung bedeutet, daß ein Teil des M_x die gleiche Phase hat wie M_z, der andere Teil aber um 90^0 voreilt. Wir müssen daher in dieser Gleichung i durch

$$\cot\frac{2\pi}{T}\left(t - \frac{u}{c_1}\right)$$

ersetzen. Aus der Gleichung

$$\operatorname{tg}\psi = -\cot\chi + \frac{\varkappa}{\sin\chi}\cot\frac{2\pi}{T}\left(t - \frac{u}{c_1}\right). \qquad\qquad (14\,\mathrm{a})$$

sehen wir, daß ψ sich mit dem Orte und der Zeit veränderlich ergibt, — die Kraftlinien also auch hier D r e h f e l d e r bilden (vgl. S. 44).

Setzen wir für $t = 0$:

$$\operatorname{tg}\psi = -\cot\chi - \frac{\varkappa}{\sin\chi}\cot\frac{2\pi}{\lambda}u = \frac{dx}{dz}, \qquad\qquad (15)$$

so bekommen wir für die Gleichung der Kraftlinien

$$\lg\frac{\cos\dfrac{2\pi}{\lambda}u}{\cos\dfrac{2\pi}{\lambda}u_0} = \frac{2\pi}{\lambda}\varkappa\,(z - z_0)$$

oder

$$e^{-\frac{2\pi}{\lambda}\varkappa z}\cos\frac{2\pi}{\lambda}u = K. \qquad\qquad (16)$$

Die Form dieser Gleichung zeigt uns, daß die Schar aus lauter gleichen Kurven besteht, welche bloß in der Richtung der Normale[1]) zu U gegeneinander verschoben sind.

6. Eigenschaften der Kurven. In Fig. 7 ist eine solche Kurve $adea_1$ gezeichnet, in welcher $\chi = 28^0, 1$ und $\varkappa = 1, 1$ genommen sind.

Alle Kurven der Schar (16) haben gemeinsame Asymptoten z. B. aA und $a_1 A_1$, welche durch die Punkte

$$\cos \frac{2\pi}{\lambda} u = 0$$

gehen, normal zur U-Achse sind, und mit der X-Achse einen Winkel χ bilden.

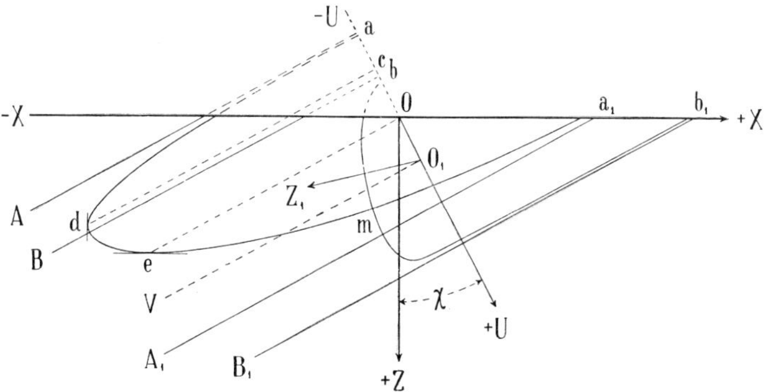

Fig. 7. Ebene Welle im absorbierenden Medium.

Im Punkte e, wo die Kurven eine Tangente parallel zur X-Achse haben, ist die Z-Komponente des Feldes gleich Null; hier ist $u = 0$. Im Punkte d ist die X-Komponente des Feldes gleich Null. Beide Punkte auf die U-Achse projiziert geben uns eine Strecke Oc, welche demnach die Phasendifferenz α zwischen M_z und M_x darstellt. Aus der Gleichung (14) sehen wir, daß

$$\text{(17)} \qquad\qquad \operatorname{tg} \alpha = -\frac{\varkappa}{\cos \chi}.$$

Ziehen wir irgendeine Gerade parallel zu den Asymptoten,

---

1) Die Bedeutung der schiefwinkligen Koordinaten u und z ist hier dieselbe, wie u und v in Gl. (4), S. 42.

so trifft sie alle Kurven der Schar unter demselben Winkel und alle diese Punkte haben dieselbe Phase. Suchen wir endlich den Punkt, wo die Tangente zur Kurve parallel zu U wird, d. h. $\psi = \chi$ ist, so finden wir aus der Gleichung (15)

$$\operatorname{tg} \frac{2\,\pi}{\lambda}\, w = -\,\varkappa \cos \chi, \qquad (18)$$

wo w in der Fig. 7 der Strecke $\boldsymbol{Ob}$ gleich ist. Die Linie $\boldsymbol{bB}$ ist die gemeinsame Normale aller Kurven der Schar, die zwischen aA und $a_1 A_1$ liegen.

Um noch die orthogonalen Trajektorien zu unserer Kurvenschar zu finden, müssen wir (vgl. Gl. 15)

$$\frac{d\,x}{d\,z} = -\cot \psi = \cfrac{1}{\cot \chi + \cfrac{\varkappa}{\sin \chi} \cot \frac{2\,\pi}{\lambda}\, u} \qquad (19)$$

integrieren. Nach einer kleinen Umformung erhält man als Gleichung dieser Kurvenschar

$$\lg \frac{\sin \dfrac{2\,\pi}{\lambda}\,(u - w)}{\sin \dfrac{2\,\pi}{\lambda}\,(u_0 - w)} = \frac{2\,\pi}{\lambda}\,\frac{1}{\varkappa}\,\big[-\cot \chi\,(\varkappa^2 + 1)\,x + z\big] + C, \quad (20)$$

oder wenn man neue Variablen einführt, nämlich

$$u_1 = n - w - \frac{\lambda}{4}, \qquad \operatorname{tg} \chi_1 = \frac{\operatorname{tg} \chi}{\varkappa^2 + 1},$$

$$z_1 = -\,x \cos \chi_1 + z \sin \chi_1, \qquad \varkappa_1 = \frac{1}{\varkappa \cos \chi_1}, \qquad (21)$$

so kann die Gleichung (20) auf die Form gebracht werden

$$e^{-\frac{2\,\pi}{\lambda}\,\varkappa_1 z_1}\, \cos \frac{2\,\pi}{\lambda}\, u_1 = K. \qquad (22)$$

Wir sehen daraus, daß die orthogonalen Trajektorien unserer Kraftlinien zu demselben Kurventypus gehören, wie die Kraftlinien selbst, sie haben demnach analoge Eigenschaften. Die früheren Koordinatenachsen OU und OZ sind jetzt durch neue (vgl. Fig. 7) nämlich $O_1\,U$ und $O_1 Z_1$ ersetzt und der oben eingeführte Winkel χ_1 ist offenbar der Winkel, den die neue Achse $O_1 Z_1$ mit OX bildet. Eine solche Kurve $\boldsymbol{bmb_1}$ ist in der Fig. 7 eingezeichnet.

Aus den Eigenschaften dieser Kurven folgt unmittelbar, daß bei einer beliebigen gegenseitigen Verschiebung der Kurven $adea_1$ und bmb_1 in der Asymptotenrichtung sie stets orthogonal zueinander bleiben.

7. Spezialisierung für durchsichtige Körper. Ist die Absorption im zweiten Medium verschwindend klein, so wird in den Maxwellschen Gleichungen (13) und (13a) ε' reell. Dabei können zwei Fälle eintreten: entweder ist b reell oder rein imaginär.

Im ersten Falle ist $\varkappa = 0$ und ψ in Gleichung (14) wird konstant; wir haben gewöhnliche Brechung, wo $\chi = 90 - \psi$ den Brechungswinkel des austretenden Strahles bedeutet.

Im zweiten Falle bei imaginärem b tritt Totalreflexion ein. Da jetzt $b_0 = 0$ ist, so werden gleichzeitig

$$(23) \quad \begin{aligned} &\chi = 90^0; \quad w = 0; \quad \chi_1 = 90^0; \quad c_1 = \frac{c}{\sin \varphi}; \\ &u = x; \quad u_1 = u - \frac{\lambda_x}{4}; \quad z_1 = z; \quad \lambda_u = \lambda_x = \frac{\lambda_0}{\sin \varphi}; \end{aligned}$$

λ_0 ist die Wellenlänge im ersten Medium. Aus der Gleichung (13a) erhalten wir, wenn noch ν, der Brechungsexponent des zweiten Mediums gegen das erste eingeführt wird,

$$(24) \quad \varkappa = \sqrt{1 - \left(\frac{\nu}{\sin \varphi}\right)^2}; \quad \varkappa_1 = \frac{1}{\varkappa}.$$

Der Winkel ψ bleibt veränderlich

$$\operatorname{tg} \psi = \varkappa \cot 2\pi \left(\frac{t}{T} - \frac{x}{\lambda_x}\right).$$

Es dringt also bei Totalreflexion das Feld der Lichtstrahlen auch in das zweite Medium ein, nimmt aber mit der Tiefe an Intensität schnell ab; es entstehen dabei im zweiten Medium auch Drehfelder, wie im ersten. Für die Gleichungen der Kraftlinien und ihrer orthogonalen Trajektorien haben wir für diesen Fall

$$e^{-\frac{2\pi}{\lambda_x}\varkappa z}\cos\frac{2\pi}{\lambda_x}x = K; \quad e^{-\frac{2\pi}{\lambda_x}\frac{z}{k}}\sin\frac{2\pi}{\lambda_x}x = K.$$

Aus den Grenzbedingungen (9) ergibt sich die Phasendifferenz des einfallenden und reflektierten Strahles für die zwei

Fälle, wo die elektrischen oder magnetischen Kraftlinien in der Einfallsebene liegen

$$\operatorname{tg}\frac{\delta}{2}=\frac{\varkappa\operatorname{tg}\varphi}{\nu^2}\quad\text{und}\quad\operatorname{tg}\frac{\delta'}{2}=\varkappa\operatorname{tg}\varphi\,. \qquad (25)$$

8. Strömungslinien der Energie. Wir erwähnten schon oben, daß nach Poynting die Energie in unseren Feldern längs den orthogonalen Trajektorien zu den Kraftlinien strömen wird. Es muß aber hervorgehoben werden, daß diese Linien nicht dieselbe Bedeutung haben, wie die Kraftlinien, denn sie zeigen nur die Richtung nicht aber die Intensität des Energiestromes an.

Alle von uns gezeichneten Felder (z. B. Fig. 5, 6, 8) bewegen sich ohne Deformation parallel zur Trennungsebene OX; folglich wird in einem ruhenden Punkt des Raumes der Energiestrom auch Drehfelder erzeugen. Aber selbst in unseren Zeichnungen wechselt der Energiestrom seine Richtung längs einer und derselben Energielinie. Offenbar muß der Poyntingsche Vektor dann und dort sein Zeichen wechseln, wo entweder E oder M, aber nicht beide zugleich, ihr Zeichen wechselt, d. h. wenn E und M verschiedene Phasen haben. In absorbierenden Körpern (vgl. Gleichung (13)) wird das allgemein der Fall sein; in durchsichtigen Körpern tritt das bei Superposition mehrerer Wellenzüge ein.

In den von uns ausgeführten Zeichnungen haben im ersten wie im zweiten Medium E_y und M_x (sowie M_y und E_x) verschiedene Phasen, dagegen sind die Y- und Z-Komponenten gleichphasig. Es muß demnach der Energiestrom seine Richtung längs der Energielinie wechseln, und zwar dann, wenn die Kraftlinie parallel zu OX und die Energielinie parallel zur Z-Achse wird. In der Richtung der Trennungsebene haben wir also immer ein Fortschreiten der Energie, in der dazu normalen Richtung dagegen bildet sich im ersten und auch im zweiten Medium (bei Absorption und Totalreflexion) eine Art stehender Welle, in welcher die Z-Komponente des Energiestromes hin und her pendelt. Die Richtungen des Energiestromes sind in den unten gegebenen Zeichnungen durch Pfeile angezeigt.

9. Die Figuren 5, 6, 8. In allen drei Zeichnungen sind die Kraftlinien durch gestrichelte, die Energielinien durch ausgezogene Linien gekennzeichnet.

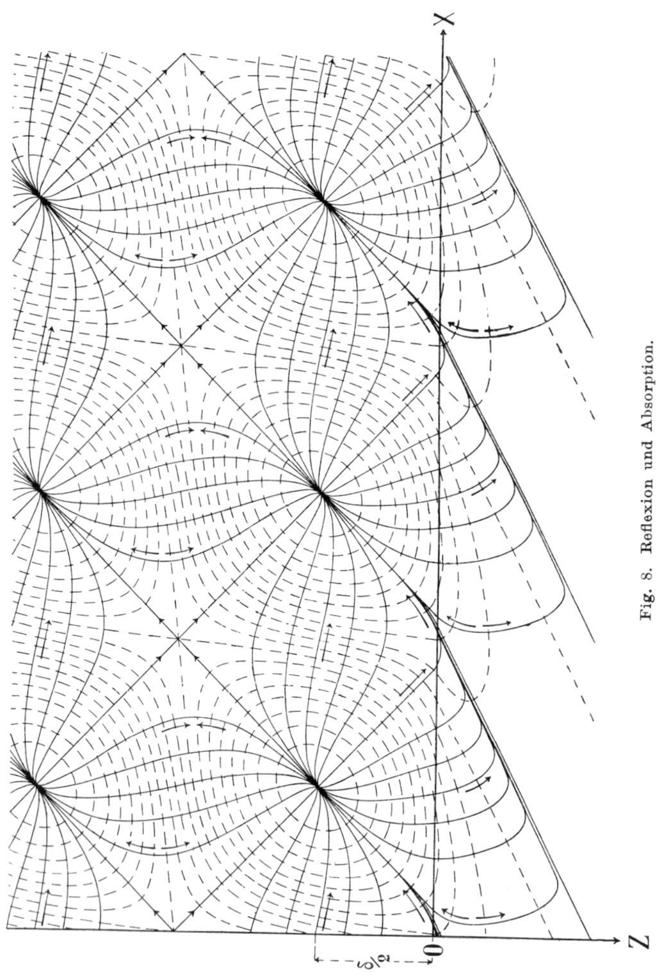

Fig. 8. Reflexion und Absorption.

Fig. 5 stellt die magnetischen Kraftlinien bei Reflexion am Körper mit einem Brechungsexponent $\nu = 1{,}5$ (Luft-Glas), beim Einfallswinkel $\varphi = 45^0$, dar. Dabei wird der Brechungswinkel $\chi = 28,1^0$ und das Verhältnis $R : E = 0,3$.

Fig. 6 gibt die elektrischen Kraftlinien bei Totalreflexion[1]) unter einem Winkel $\varphi = 45^0$ und bei $\nu = \dfrac{1}{1,5}$ (Glas-Luft); hier ist $E = R$, $\varkappa = 0,33$.

Die Phasendifferenz δ (Gleichung (25)) des einfallenden und reflektierten Strahles tritt in dieser Zeichnung gemäß Gleichung (6) zum Vorschein. Für die elektrischen bzw. magnetischen Kraftlinien ergeben sich

$$\frac{\delta}{2} = 37^0 \text{ und } \frac{\delta'}{2} = 18,4^0.$$

Für den letzteren Fall muß man demnach die Kraftlinien im ersten Medium ein wenig höher abschneiden; dann schmiegen sich die unteren Kraftlinien an die oberen ohne Brechung an, wie es wegen $\mu_1 = \mu_2$ auch sein muß.

In der Figur 6 sieht man, wie die Energie auch bei Totalreflexion in das zweite Medium eintritt; das geschieht an verschiedenen Stellen der Trennungsebene zu verschiedenen Zeiten. Tritt die Energie an irgend eine Stelle in das zweite Medium ein, so pflanzt sie sich in demselben nicht geradlinig, wie bei gewöhnlicher Brechung fort, sondern beschreibt eine krumme Linie, um sofort aber an einer anderen Stelle in das erste Medium wieder zurückzukehren. So erscheint der Strahl im ersten Medium als totalreflektiert. Die gezeichneten Kurven erlauben uns, die Erscheinung der Totalreflexion in allen Einzelheiten zu übersehen.

Fig. 8 enthält wieder die magnetischen Kraftlinien, aber das zweite Medium ist absorbierend. Um den Verhältnissen, die in Metallen stattfinden, möglichst nahe zu kommen, anderseits die Kraftlinien nicht zu sehr zusammen zu drängen, habe ich

---

1) A. Eichenwald, Ann. d. Moskauer Kais. Ingenieur-Hochschule April 1908, S. 15—41; Journ. d. russ. physik.-chem. Ges. **41**, physik. Teil, S. 131—154, 1909. Cl. Schaefer u. G. Groß, Ann. d. Phys. **32**, S. 651, 1910.

bei $\varphi = 45^0$ $v = 1{,}5$ und $\varkappa = 1{,}1$ angenommen. Dann erhält man (vgl. § 5 u. 6):

$$\chi = 28{,}1^0; \quad \chi_1 = 13{,}6^0; \quad w = -\,44{,}1^0; \quad \alpha = -\,51^0$$

$$R:E = 0{,}9; \qquad\qquad \frac{\delta}{2} = 74^0; \qquad \varkappa_1 = 3{,}9.$$

Wie im Falle der Totalreflexion beschreibt die Energie auch hier krumme Linien im zweiten Medium; sie sind aber jetzt unsymmetrisch zum Einfallslot. Der Energiestrom wechselt hier längs der Energielinie seine Richtung, er kehrt aber nicht ganz in das erste Medium zurück; ein Teil wird im zweiten Medium absorbiert.

Zum Schluß will ich noch bemerken, daß die hier gegebenen Figuren auch in anderen komplizierteren Fällen einen orientierenden Aufschluß geben können, z. B. für mehrere Wellen, wenn das Feld bei der Bewegung sich gleichzeitig deformiert, für die Erscheinungen der Interferenz und Beugung; endlich können die Figuren Verwendung finden bei Untersuchungen des Feldes in den Leitern und in magnetischen Körpern, wenn Wechselströme in ihrer Nähe bewegt werden usw.

Moskau, Ingenieur-Hochschule, November 1911.

Die Verallgemeinerungen der Kroneckerschen Grenzformel.

Von

Paul Epstein in Straßburg i. E.

Die Kroneckersche Grenzformel[1]), die in der komplexen Multiplikation der elliptischen Funktionen[2]) ebenso wie bei der Bestimmung der Klassenanzahl algebraischer Körper[3]) ein wichtiges Hilfsmittel bildet, gibt den Grenzwert

$$\lim_{s=1} \left(Z(s) - \frac{\pi}{\sqrt{\varDelta}\,(s-1)} \right)$$

für die Funktion

$$Z(s) = \sum_{m_1}' \sum_{m_2}' \frac{1}{\varphi(\!(m)\!)^s},$$

worin $\varphi(\!(m)\!)$ eine definite quadratische Form von m_1, m_2 mit der Determinante $-\varDelta$ bedeutet und m_1, m_2 alle positiven und negativen ganzen Zahlen (mit Auslassung der Kombination 0,0) durchlaufen.

In einer Theorie allgemeiner Zetafunktionen bildet die Kroneckersche Grenzformel nur das erste Beispiel in einer unbegrenzten Reihe von entsprechenden Formeln. Diese Funktionen sind definiert durch mehrfach unendliche Dirichletsche Reihen, die sämtlich für $\Re(s) > 1$ konvergieren, und für jede Funktion besteht das der Kroneckerschen Grenzformel entsprechende

---

1) Kronecker, Berl. Sitzungsber. 1889, S. 53.

2) Vgl. Weber, Algebra, Bd. III, 21. Abschnitt.

3) Vgl. Fueter, Rend. circ. mat. Palermo **29**, 380 (1910).

Problem darin, das konstante Glied der Entwicklung in der Umgebung von $s = 1$ zu bestimmen.

In meiner zweiten Arbeit über allgemeine Zetafunktionen[1] habe ich für die zweifach unendlichen Zetareihen gezeigt, wie zu jeder Charakteristik $\begin{vmatrix} v_1 & v_2 \\ u_1 & u_2 \end{vmatrix}$ unbegrenzt viele Funktionen $Z\begin{vmatrix} v_1 & v_2 \\ u_1 & u_2 \end{vmatrix}(s, n)$ gehören, die durch einen bestimmten Differentiationsprozeß aus der Funktion vom Index $n = 0$ abgeleitet werden. In der vorliegenden Arbeit werden die Hilfsmittel gegeben, um für alle diese Funktionen die Kroneckersche Grenzformel aufzustellen. Die Grundlage des Verfahrens bildet eine Transformation der zweifach unendlichen Thetareihe. Dies wird dann für die Funktionen der Charakteristik $\begin{vmatrix} 0 & 0 \\ 0 & 0 \end{vmatrix}$ vom Index $n = 2$ und $n = 4$ vollständig durchgeführt. Zum Schluß wird dann die Kroneckersche Grenzformel für die Funktion (vom Index 0) der Charakteristik $\begin{vmatrix} g_1 & g_2 \\ 0 & 0 \end{vmatrix}$ mit rationalen g_1, g_2 gegeben, welche kürzlich Gegenstand einer Untersuchung von Herrn Fueter gewesen ist.

1. Es bedeute
$$\varphi = ax^2 + 2bxy + cy^2 = a(x - \omega y)(x - \omega' y)$$
eine quadratische Form mit reellen Koeffizienten und negativer Diskriminante
$$-\varDelta = b^2 - ac,$$
es seien a und c positiv und es sei in
$$\omega = -\frac{b}{a} + \frac{i\sqrt{\varDelta}}{a}, \quad \omega' = -\frac{b}{a} - \frac{i\sqrt{\varDelta}}{a}$$
das Vorzeichen von $\sqrt{\varDelta}$ positiv gewählt. Ersetzt man x und y in φ durch $m_1 + v_1$ und $m_2 + v_2$, so schreibt man die Form $\varphi((m + v))$. Mit ihr und der positiven Veränderlichen z bilde man die zweifach unendliche Thetareihe

$$(1) \qquad \vartheta\begin{vmatrix} v_1 & v_2 \\ u_1 & u_2 \end{vmatrix}(z) = \sum_{m_1} \sum_{m_2} e^{-\pi z \varphi((m+v)) + 2\pi i [m u]},$$

---

1) Math. Ann. **63**, 205 (1907).

worin u_1, u_2, v_1, v_2 irgendwelche Variable bedeuten und zur Abkürzung

$$m_1 u_1 + m_2 u_2 = [m u]$$

gesetzt ist.

Es bedeute nun Φ irgend eine Funktion, die von der Form φ und den Variablenpaaren u_1, u_2, v_1, v_2 abhängt, und es werde eine Differentialoperation

$$D \Phi = \frac{\partial \Phi}{\partial u_1} - \omega \frac{\partial \Phi}{\partial u_2} + 2 \pi i (v_1 - \omega v_2) \Phi \tag{2}$$

definiert. Wendet man diese Operation wiederholt auf die Thetareihe an, so erhält man neue Reihen, welche sekundäre Thetareihen heißen mögen. Die n^{te} sekundäre Thetareihe ist definiert durch

$$\vartheta_n \begin{vmatrix} v_1 & v_2 \\ u_1 & u_2 \end{vmatrix} (z) = \frac{1}{(2 \pi i)^n} D^n \vartheta \begin{vmatrix} v_1 & v_2 \\ u_1 & u_2 \end{vmatrix} (z) \tag{3}$$

und es ist

$$\vartheta_n \begin{vmatrix} v_1 & v_2 \\ u_1 & u_2 \end{vmatrix} (z)$$

$$= \sum_{m_1} \sum_{m_2} [m_1 + v_1 - \omega (m_2 + v_2)]^n e^{-\pi z \varphi((m+v)) + 2 \pi i [m u]}. \tag{4}$$

Wir nennen n den Index der sekundären Thetareihe.

In unseren späteren Entwicklungen werden wir nur die Thetareihen mit der Charakteristik $\begin{vmatrix} 0 & 0 \\ 0 & 0 \end{vmatrix}$ brauchen; wir haben also nach Ausführung der D-Operationen die Größen u_1, u_2, v_1, v_2 Null zu setzen und schreiben dann die n^{te} sekundäre Thetareihe

$$\vartheta_n (z) = \sum_{m_1} \sum_{m_2} (m_1 - \omega m_2)^n e^{-\pi z \varphi((m))}. \tag{5}$$

Wie man sieht, sind diese Reihen bei ungeradem Index n sämtlich identisch Null.

Für die Thetareihe (1) gilt eine schon von Rosenhain[1]) gefundene Transformation, die wir auf die Thetareihen von geradem Index übertragen wollen, nämlich:

$$\vartheta \begin{vmatrix} v_1 & v_2 \\ u_1 & u_2 \end{vmatrix} (z) = \frac{e^{-2 \pi i u_2 v_2}}{\sqrt{a z}} \sum_{m_1} \sum_{m_2} e^{-\Phi (m_1 + u_1, \, m_2 + v_2)}, \tag{6}$$

---

1) Vgl. Krazer, Lehrbuch der Thetafunktionen, S. 109.

60   PAUL EPSTEIN:

wobei

$$(7) \quad \Phi(\xi, \eta) = \frac{\pi}{az}\xi^2 + \frac{2\pi i b}{a}\xi\eta + \frac{\pi\varDelta}{a}z\eta^2 + 2\pi i(\xi v_1 - \eta u_2).$$

Wir betrachten zu diesem Zweck die Reihen

$$\Theta_k \begin{vmatrix} v_1 & v_2 \\ u_1 & u_2 \end{vmatrix}(z)$$

$$(8) \quad = e^{-2\pi i u_2 v_2} \sum\sum [m_1 + u_1 - z\sqrt{\varDelta}(m_2 + v_2)]^k e^{-\Phi(m_1 + u_1,\, m_2 + v_2)},$$

so daß nach (6), wenn wir fortan die Bezeichnung der Charakteristik und der Variablen z fortlassen:

$$(9) \qquad\qquad \vartheta = \frac{1}{\sqrt{az}}\,\Theta_0 .$$

Nun liefert die Anwendung der D-Operation auf die Funktion Θ_k,
wie man leicht sieht:

$$D\,\Theta_k = k\,\Theta_{k-1} - \frac{2\pi}{az}\,\Theta_{k+1},$$

also

$$D^2\,\Theta_k = k(k-1)\,\Theta_{k-2} - \frac{2\pi(2k+1)}{az}\,\Theta_k + \left(\frac{2\pi}{az}\right)^2\Theta_{k+2}.$$

Damit und aus (9) erkennt man, daß die Rosenhainsche Transformation durch folgenden Satz auf die sekundären Thetareihen
übertragen wird:

Die Thetareihen vom Index $2n$ setzen sich linear
aus den Reihen $\Theta_0,\ \Theta_2,\ \Theta_4,\ \ldots,\ \Theta_{2n}$ zusammen, so daß

$$(10) \quad
\begin{aligned}
\vartheta_{2n} = {}& \frac{\alpha_0^{(n)}}{\pi^n(az)^{n+\frac{1}{2}}}\,\Theta_0 - \frac{\alpha_1^{(n)}}{\pi^{n-1}(az)^{n+\frac{3}{2}}}\,\Theta_2 \\
& + \frac{\alpha_2^{(n)}}{\pi^{n-2}(az)^{n+\frac{5}{2}}}\,\Theta_4 - \cdots + (-1)^n \frac{\alpha_n^{(n)}}{(az)^{2n+\frac{1}{2}}}\,\Theta_{2n}
\end{aligned}$$

mit rationalen Zahlenkoeffizienten $\alpha_i^{(n)}$, die durch die
Rekursionsformeln

$$\alpha_k^{(n+1)} = \alpha_{k-1}^{(n)} + \left(2k + \frac{1}{2}\right)\alpha_k^{(n)} + (k+1)\left(k + \frac{1}{2}\right)\alpha_{k+1}^{(n)}$$

berechnet werden können.

Wir werden diesen Satz im folgenden nur für die Indizes
0, 2, 4 brauchen und haben dafür neben (9) die Formeln

$$\vartheta_2 = \frac{1}{2\pi(az)^{3/2}}\,\Theta_0 - \frac{1}{(az)^{5/2}}\,\Theta_2$$

$$\vartheta_4 = \frac{3}{4\pi^2(az)^{5/2}}\,\Theta_0 - \frac{3}{\pi(az)^{7/2}}\,\Theta_2 + \frac{1}{(az)^{9/2}}\,\Theta_4. \tag{11}$$

Für die Charakteristik $\begin{vmatrix} 0 & 0 \\ 0 & 0 \end{vmatrix}$ ergibt sich daraus:

Es sei

$$-\Phi = \frac{\pi}{az}\,m_1^{\,2} + \frac{2\pi i b}{a}\,m_1 m_2 + \frac{\pi \varDelta}{a}\,z m_2^{\,2}, \tag{12}$$

so ist

$$\vartheta_0(z) = \frac{1}{\sqrt{az}}\sum\sum e^{\Phi}$$

$$\vartheta_2(z) = \frac{1}{2\pi(az)^{3/2}}\sum\sum e^{\Phi} - \frac{1}{(az)^{5/2}}\sum\sum (m_1 - z\sqrt{\varDelta}\,m_2)^2 e^{\Phi}$$

$$\vartheta_4(z) = \frac{3}{4\pi^2(az)^{5/2}}\sum{'}\sum e^{\Phi} - \frac{3}{\pi(az)^{7/2}}\sum\sum (m_1 - z\sqrt{\varDelta}\,m_2)^2 e^{\Phi}$$

$$+ \frac{1}{(az)^{9/2}}\sum\sum (m_1 - z\sqrt{\varDelta}\,m_2)^4 e^{\Phi}.$$

In diesen Reihen spalten wir zuerst die Glieder ab, bei welchen $m_2 = 0$, dann die, bei welchen $m_1 = 0$ ist, und machen Gebrauch von der Gauß-Cauchyschen Transformation der einfach unendlichen Thetareihe:

$$\sum_m e^{-\pi a z m^2} = \frac{1}{\sqrt{az}}\sum_m e^{-\frac{\pi}{az}m^2},$$

sowie von den hieraus durch Differentiation nach z folgenden Transformationsformeln

$$\sum{'} m^2 e^{-\pi a z m^2} = \frac{1}{2\pi(az)^{3/2}}\sum e^{-\frac{\pi}{az}m^2} - \frac{1}{(az)^{5/2}}\sum m^2 e^{-\frac{\pi}{az}m^2}$$

$$\sum{'} m^4 e^{-\pi a z m^2} = \frac{3}{4\pi^2(az)^{5/2}}\sum e^{-\frac{\pi}{az}m^2} - \frac{3}{\pi(az)^{7/2}}\sum m^2 e^{-\frac{\pi}{az}m^2}$$

$$+ \frac{1}{(az)^{9/2}}\sum{'} m^4 e^{-\frac{\pi}{az}m^2}.$$

Ferner setzen wir zur Abkürzung

$$(13) \qquad \sum_{m_1} \sum_{m_2}{}'' (m_1 - z\sqrt{\varDelta}\, m_2)^{2k} e^{\varPhi} = T_{2k}(z), \quad k = 0, 1, 2$$

worin die Akzente andeuten, daß die Summationsbuchstaben nicht den Wert Null annehmen dürfen. Dann erhalten wir

$$
\left.
\begin{aligned}
\vartheta_0(z) &= \sum_{m_1} e^{-\pi a z m_1^2} + \frac{1}{\sqrt{az}} \sum_{m_2}{}' e^{-\frac{\pi \varDelta z}{a} m_2^2} + \frac{1}{\sqrt{az}} T_0, \\[2mm]
\vartheta_2(z) &= \sum m_1^2 e^{-\pi a z m_1^2} + \frac{1}{2\pi (az)^{\frac{3}{2}}} \sum{}' e^{-\frac{\pi \varDelta z}{a} m_2^2} \\[2mm]
&\quad - \frac{z^2 \varDelta}{(az)^{\frac{5}{2}}} \sum{}' m_2^2 e^{-\frac{\pi \varDelta z}{a} m_2^2} + \frac{1}{2\pi (az)^{\frac{3}{2}}} T_0 - \frac{1}{(az)^{\frac{5}{2}}} T_2, \\[2mm]
\vartheta_4(z) &= \sum m_1^4 e^{-\pi a z m_1^2} + \frac{3}{4\pi^2 (az)^{\frac{5}{2}}} \sum{}' e^{-\frac{\pi \varDelta z}{a} m_2^2} \\[2mm]
&\quad - \frac{3 z^2 \varDelta}{\pi (az)^{\frac{7}{2}}} \sum{}' m_2^2 e^{-\frac{\pi \varDelta z}{a} m_2^2} + \frac{z^4 \varDelta^2}{(az)^{\frac{9}{2}}} \sum{}' m_2^4 e^{-\frac{\pi \varDelta z}{a} m_2^2} \\[2mm]
&\quad + \frac{3}{4\pi^2 (az)^{\frac{5}{2}}} T_0 - \frac{3}{\pi (az)^{\frac{7}{2}}} T_2 + \frac{1}{(az)^{\frac{9}{2}}} T_4.
\end{aligned}
\right\} \quad (14)
$$

2. Nach diesen Vorbereitungen gehen wir zur Ableitung der Kroneckerschen Grenzformel für die Indizes 2 und 4 über. Die von Kronecker selbst aufgestellte Formel gibt für die Zetafunktion zweiter Ordnung vom Index 0:

$$Z_0(s) = \sum_{m_1} \sum_{m_2}{}' \frac{1}{\varphi(\!(m)\!)^s}$$

den Grenzwert

$$(15) \qquad \lim_{s=1} \left(Z_0(s) - \frac{\pi}{\sqrt{\varDelta}\,(s-1)} \right)$$

$$= \frac{2\pi\gamma}{\sqrt{\varDelta}} + \frac{\pi}{\sqrt{\varDelta}} \log\left(\frac{a}{4\varDelta}\right) - \frac{2\pi}{\sqrt{\varDelta}} \log \eta(\omega)\, \eta(-\omega'),$$

worin γ die **Eulersche Konstante** und $\eta(\omega)$ die elliptische Modulfunktion

$$\eta(\omega) = e^{\frac{\pi i \omega}{12}} \prod_1^\infty (1 - e^{2\pi i n \omega}) = q^{\frac{1}{12}} \prod_1^\infty (1 - q^{2n})$$

mit

$$q = e^{\pi i \omega}$$

bedeutet.

Unsere Aufgabe ist, für die Zetafunktionen vom Index 2 und 4:

$$Z_2(s) = \sum_{m_1} \sum_{m_2}{}' \frac{(m_1 - \omega m_2)^2}{\varphi(\!(m)\!)^{s+1}},$$
$$Z_4(s) = \sum_{m_1} \sum_{m_2}{}' \frac{(m_1 - \omega m_2)^4}{\varphi(\!(m)\!)^{s+2}}, \tag{16}$$

die Grenzwerte für $s = 1$ zu bestimmen.

Wir gehen aus von den, auf dem bekannten Integral

$$\frac{\Gamma(s)}{m^s} = \int_0^\infty z^{s-1} e^{-mz} dz \tag{17}$$

beruhenden Integraldarstellungen

$$\frac{\Gamma(s+k)}{\pi^{s+k}} Z_{2k}(s) = \int_0^\infty z^{s+k-1} \vartheta_{2k}(z)\, dz, \quad (k = 0, 1, 2) \tag{18}$$

welche, ebenso wie die Reihen, für $\Re(s) > 1$ konvergieren und wenden auf die darin auftretenden Thetareihen die Transformationsformeln (14) an. Dabei ist aber für $k = 0$ zu berücksichtigen, daß in der Thetareihe die Kombination $(m_1, m_2) = (0, 0)$ der Summationsindizes auszulassen ist; infolgedessen ist auch in der ersten Formel (14) die erste Reihe mit dem Akzent zu versehen, also $\sum' e^{-\pi a z m_1^2}$. Ebenso können auch in den Formeln für $\vartheta_2(z)$ und $\vartheta_4(z)$ die ersten Reihen mit dem Akzent versehen werden, was ihren Wert nicht ändert.

Es treten nun in (18) zunächst Reihen auf von der Form

$$\sum' m_1^{2k} \int_0^\infty z^{s+k-1} e^{-\pi a z m_1^2} dz = \frac{\Gamma(s+k)}{\pi^{s+k}} \sum' \frac{m_1^{2k}}{(m_1^2)^{s+k}}$$
$$= 2 \frac{\Gamma(s+k)}{\pi^{s+k}} \zeta(2s) \qquad (k = 0, 1, 2).$$

Ferner:

$$\sideset{}{'}\sum_{m_2} m_2^{2k} \int_0^\infty z^{s+k-\frac{3}{2}} e^{-\frac{\pi \varDelta z}{a} m_2^2}\, dz = \left(\frac{a}{\pi \varDelta}\right)^{s+k-\frac{1}{2}} \Gamma\left(s+k-\frac{1}{2}\right) \sideset{}{'}\sum \frac{m_2^{2k}}{(m_2^2)^{s+k-\frac{1}{2}}}$$

$$= 2\left(\frac{a}{\pi \varDelta}\right)^{s+k-\frac{1}{2}} \Gamma\left(s+k-\frac{1}{2}\right) \zeta(2s-1).$$

Schließlich setzen wir zur Abkürzung

$$(19) \qquad \int_0^\infty z^{s-k-\frac{3}{2}} T_{2k}(z)\, dz = R_{2k}(s)$$

und bemerken, daß dies für jeden Index k (auch > 2) ganze transzendente Funktionen von s sind.

Damit erhalten wir mit Hilfe der Formeln (14), wenn wir noch die Glieder mit $\zeta(2s-1)$ zusammenziehen, die für alle Werte von s gültigen Darstellungen:

$$\left.\begin{aligned}
\frac{\Gamma(s)}{\pi^s}\, Z_0(s) ={}& \frac{2\,\Gamma(s)}{(\pi a)^s}\, \zeta(2s) \\[2mm]
& + \frac{2\,a^{s-1}}{\varDelta^{s-\frac{1}{2}}}\, \frac{\Gamma\left(s-\frac{1}{2}\right)}{\pi^{s-\frac{1}{2}}}\, \zeta(2s-1) + a^{-\frac{1}{2}} R_0(s) \\[3mm]
\frac{\Gamma(s+1)}{\pi^{s+1}}\, Z_2(s) ={}& \frac{2\,\Gamma(s+1)}{(\pi a)^{s+1}}\, \zeta(2s) \\[2mm]
& - \frac{2\,a^{s-2}}{\varDelta^{s-\frac{1}{2}}}\, \frac{\Gamma\left(s-\frac{1}{2}\right)}{\pi^{s+\frac{1}{2}}}\, (s-1)\zeta(2s-1) + R^{(2)}(s) \\[3mm]
\frac{\Gamma(s+2)}{\pi^{s+2}}\, Z_4(s) ={}& \frac{2\,\Gamma(s+2)}{(\pi a)^{s+2}}\, \zeta(2s) \\[2mm]
& + \frac{2\,a^{s-3}}{\varDelta^{s-\frac{1}{2}}}\, \frac{\Gamma\left(s-\frac{1}{2}\right)}{\pi^{s+\frac{3}{2}}}\, (s-1)(s-2)\zeta(2s-1) + R^{(4)}(s)
\end{aligned}\right\} \quad (20)$$

Darin ist

$$R^{(2)} = \frac{a^{-\frac{3}{2}}}{2\,\pi}\,R_0 - a^{-\frac{5}{2}} R_2\,.$$

$$R^{(4)} = \frac{3\,a^{-\frac{5}{2}}}{4\,\pi^2}\,R_0 - \frac{3\,a^{-\frac{7}{2}}}{\pi}\,R_2 + a^{-\frac{9}{2}} R_4\,.$$

$$(21)$$

Von diesen Formeln habe ich die erste bereits früher gegeben[1]) und sie zur Ableitung der Kroneckerschen Grenzformel (15) benutzt. Sie läßt im zweiten Glied die für $s = 1$ vorhandene Unstetigkeit von $Z_0(s)$ erkennen; in den beiden andern Formeln wird diese durch den Faktor $s - 1$ ausgeglichen. Die Unendlichkeitsstellen der Gammafunktion ergeben, wie man leicht sieht, keine Unstetigkeiten der $Z_{2k}(s)$, so daß $Z_2(s)$ und $Z_4(s)$ (und die folgenden) **ganze transzendente Funktionen** von s sind.

In den Formeln für $Z_2(s)$ und $Z_4(s)$ nehmen wir jetzt $s = 1$ und erhalten

$$\frac{1}{\pi^2} Z_0(1) = \frac{1}{3\,a^2} - \frac{1}{\pi\,a\,\sqrt{\varDelta}} + R^{(2)},$$

$$\frac{2}{\pi^3} Z_4(1) = \frac{2}{3\,\pi\,a^3} - \frac{1}{\pi^2 a^2\,\sqrt{\varDelta}} + R^{(4)},$$

$$(22)$$

und haben noch $R^{(2)}$ und $R^{(4)}$ oder nach (21) die Integrale R_0, R_2, R_4 für $s = 1$ auszuwerten.

Es ist nach (12), (13) und (19):

$$R_{2k} = \sum\sum{}'' e^{-\frac{2\,\pi\,i\,b}{a}\,m_1 m_2} \int_0^\infty \frac{dz}{z^{k+\frac{1}{2}}} \left(m_1 - z\sqrt{\varDelta}\,m_2\right)^{2k} e^{-\frac{\pi}{a\,z}\,m_1{}^2 - \frac{\pi\,\varDelta}{a}\,m_2{}^2 z}\,.$$

Wir führen in den einzelnen Integralen

$$\frac{\pi\,\varDelta}{a}\,m_2{}^2 z = x$$

als neue Variable ein, setzen zur Abkürzung

$$\frac{\pi^2\,\varDelta}{a^2}\,m_1{}^2 m_2{}^2 = t^2$$

$$(23)$$

---

1) Math. Ann. **56**, 630 (1903). Es ist dort $\frac{s}{2}$ an Stelle von s geschrieben.

und lassen m_1, m_2 gesondert die Werte von 1 bis ∞ und von -1 bis $-\infty$ durchlaufen. Dadurch zerfällt R_{2k} in vier Doppelreihen, die man paarweise zusammenfassen kann:

$$
R_{2k} = 2\left(\frac{\pi\varDelta}{a}\right)^{k-\frac{1}{2}} \sum_{1}^{\infty}\sum_{1}^{\infty} m_2^{2k-1}\, e^{-\frac{2\pi i b}{a}m_1 m_2}
$$
$$
\cdot \int_0^{\infty} \frac{dx}{x^{k+\frac{1}{2}}}\left(m_1 - \frac{a x}{\pi\sqrt{\varDelta}\,m_2}\right)^{2k} e^{-x-\frac{t^2}{x}}
$$
$$
+ 2\left(\frac{\pi\varDelta}{a}\right)^{k-\frac{1}{2}} \sum_{1}^{\infty}\sum_{1}^{\infty} m_2^{2k-1}\, e^{+\frac{2\pi i b}{a}m_1 m_2}
$$
$$
\cdot \int_0^{\infty} \frac{dx}{x^{k+\frac{1}{2}}}\left(m_1 + \frac{a x}{\pi\sqrt{\varDelta}\,m_2}\right)^{2k} e^{-x-\frac{t^2}{x}}.
$$

Entwickeln wir hier die Klammern unter den Integralzeichen, setzen die Integrale

$$
(24) \qquad \int_0^{\infty} x^{\alpha-\frac{1}{2}}\, e^{-x-\frac{t^2}{x}}\, dx = J_\alpha(t), \qquad (\alpha = -2, -1, +1, +2)
$$

und machen Gebrauch von der leicht erkennbaren Beziehung

$$
(25) \qquad\qquad J_\alpha = t^{2\alpha+1} J_{-(\alpha+1)},
$$

so wird

$$
R_0 = 2\left(\frac{\pi\varDelta}{a}\right)^{-\frac{1}{2}} \sum_{1}^{\infty}\sum_{1}^{\infty} \frac{J_0}{m_2}\left(e^{-\frac{2\pi i b}{a}m_1 m_2} + e^{\frac{2\pi i b}{a}m_1 m_2}\right),
$$

$$
R_2 = 2\left(\frac{\pi\varDelta}{a}\right)^{\frac{1}{2}} \sum\sum m_2\, e^{-\frac{2\pi i b}{a}m_1 m_2}\left(- m_1^2 J_{-1} + \frac{a^2}{\pi^2\varDelta\,m_2^2} J_1\right)
$$
$$
+ 2\left(\frac{\pi\varDelta}{a}\right)^{\frac{1}{2}} \sum\sum m_2\, e^{\frac{2\pi i b}{a}m_1 m_2}\left(3 m_1^2 J_{-1} + \frac{a^2}{\pi^2\varDelta\,m_2^2} J_1\right),
$$

$$
R_4 = 2\left(\frac{\pi\varDelta}{a}\right)^{\frac{3}{2}} \sum\sum m_2^3 e^{-\frac{2\pi i b}{a}m_1 m_2}\left(-3 m_1^4 J_{-2} + 2\frac{a^2 m_1^2}{\pi^2\varDelta\,m_2^2} J_0 + \frac{a^4}{\pi^4\varDelta^2 m_2^4} J_2\right)
$$
$$
+ 2\left(\frac{\pi\varDelta}{a}\right)^{\frac{3}{2}} \sum\sum m_2^3 e^{\frac{2\pi i b}{a}m_1 m_2}\left(5 m_1^4 J_{-2} + 10\frac{a^2 m_1^2}{\pi^2\varDelta\,m_2^2} J_0 + \frac{a^4}{\pi^4\varDelta^2 m_2^4} J_2\right).
$$

Die Integrale $J_\alpha(t)$ lassen sich für ganzzahlige α ausführen. Durch Differentiation nach t folgt

$$J_{\alpha-1} = -\frac{1}{2t} J_\alpha'$$

und dies zusammen mit (25) ergibt für $\alpha = 0$:

$$J_0(t) = \sqrt{\pi}\, e^{-2t}$$

und weiterhin:

$$J_{-1} = \frac{\sqrt{\pi}}{t}\, e^{-2t}, \qquad\qquad J_1 = \sqrt{\pi}\left(t + \frac{1}{2}\right) e^{-2t},$$

$$J_{-2} = \sqrt{\pi}\left(\frac{1}{t^2} + \frac{1}{2t^3}\right) e^{-2t}, \quad J_2 = \sqrt{\pi}\left(t^2 + \frac{3}{2}t + 3\right) e^{-2t},$$

Setzen wir für t seinen Wert nach (23) und bemerken, daß dann

$$-\frac{2\pi i b}{a}\, n_1 n_2 - 2t = \quad 2\pi i n_1 n_2 \omega\,,$$

$$\frac{2\pi i b}{a}\, n_1 n_2 - 2t = -\,2\pi i n_1 n_2 \omega'$$

wird, so wird

$$R_0 = 2\left(\frac{a}{\varDelta}\right)^{\frac{1}{2}} \sum \sum \left(\frac{e^{2\pi i n_1 n_2 \omega}}{n_2} + \frac{e^{-2\pi i n_1 n_2 \omega'}}{n_2}\right),$$

$$R_2 = \frac{a^{\frac{3}{2}}}{\pi\sqrt{\varDelta}} \sum \sum \left(\frac{e^{2\pi i n_1 n_2 \omega}}{n_2} + \frac{e^{-2\pi i n_1 n_2 \omega'}}{n_2}\right)$$

$$+\, 8\sqrt{a} \sum \sum n_1 e^{-2\pi i n_1 n_2 \omega'},$$

$$R_4 = \frac{6\, a^{\frac{5}{2}}}{\pi^2\sqrt{\varDelta}} \sum \sum \left(\frac{e^{2\pi i n_1 n_2 \omega}}{n_2} + \frac{e^{-2\pi i n_1 n_2 \omega'}}{n_2}\right)$$

$$+\, \frac{8\, a^{\frac{3}{2}}}{\pi} \sum \sum n_1 e^{-2\pi i n_1 n_2 \omega'} + 32 \sqrt{a\varDelta} \sum \sum n_1^2 n_2 e^{-2\pi i n_1 n_2 \omega'}$$

In allen Doppelreihen kann man nach n_2 summieren. Wir setzen

$$e^{\pi i \omega} = q, \qquad e^{-\pi i \omega'} = q',$$

$$\prod_1^\infty (1 - q^{2n}) = q^{-\frac{1}{12}} \eta(\omega) = Q(\omega)$$

und erhalten

$$R_0 = -2\left(\frac{a}{\varDelta}\right)^{\frac{1}{2}} \log Q(\omega)\,Q(-\omega'),$$

$$R_2 = -\frac{a^{\frac{3}{2}}}{\pi\sqrt{\varDelta}}\, \log Q(\omega)\,Q(-\omega') + 8\sqrt{a}\,\sum \frac{n\,q'^{2n}}{1-q'^{2n}},$$

$$R_4 = -\frac{6\,a^{\frac{5}{2}}}{\pi^2\sqrt{\varDelta}}\, \log Q(\omega)\,Q(-\omega') + \frac{8\,a^{\frac{3}{2}}}{\pi}\,\sum \frac{n\,q'^{2n}}{1-q'^{2n}}$$

$$+ 32\sqrt{a\varDelta}\,\sum \frac{n^2\,q'^{2n}}{(1-q'^{2n})^2}$$

Führen wir diese Werte in (21) und (22) ein und bemerken, daß

$$\log Q(\omega)\,Q(-\omega') = \frac{\pi}{6}\,\frac{\sqrt{\varDelta}}{a} + \log \eta(\omega)\,\eta(-\omega')$$

$$\frac{1}{3} - 8\,\sum \frac{n\,q'^{2n}}{1-q'^{2n}} = \frac{4\,i}{\pi}\,\frac{d}{d\omega'}\,\log \eta(-\omega')$$

$$\sum \frac{n^2\,q'^{2n}}{(1-q'^{2n})^2} = \frac{1}{4\,\pi^2}\,\frac{d^2}{d\omega'^2}\,\log \eta(-\omega')$$

ist, so erhalten wir schließlich die Kroneckerschen Grenz-formeln für unsere Funktionen:

$$(26) \qquad Z_2(1) = \frac{4\,\pi\,i}{a^2}\,\frac{d}{d\omega'}\,\log \eta(-\omega') - \frac{\pi}{a\sqrt{\varDelta}}$$

$$Z_4(1) = -\frac{3\,\pi^2}{8\,a^2} - \frac{\pi}{2\,a^2\sqrt{\varDelta}} - \frac{9\,\pi}{4\,a^2\sqrt{\varDelta}}\,\log \eta(\omega)\,\eta(-\omega')$$

$$(27)$$

$$+ \frac{4\,\pi\,i}{a^3}\,\frac{d}{d\omega'}\,\log \eta(-\omega') + \frac{4\,\pi\sqrt{\varDelta}}{a^4}\,\frac{d^2}{d\omega'^2}\,\log \eta(-\omega').$$

Zu der ersten Formel sei noch folgendes bemerkt: Es ist nach (16)

$$Z_2(1) = \frac{1}{a^2}\,\lim_{s=1}\,\sum\sum{}' \frac{1}{(m_1 - \omega\,m_2)^{s-1}(m_1 - \omega'\,m_2)^{s+1}},$$

aber es nicht gestattet, als Grenzwert die Reihe

$$\sum\sum{}' \frac{1}{(m_1 - \omega'\,m_2)^2}$$

anzunehmen. Diese ist bedingt konvergent und liefert bei bestimmter Anordnung der Glieder nur das erste Glied

$$4\pi i \frac{d}{d\omega'} \log \eta(-\omega')$$

unserer Formel[1]), während das zweite Glied $\dfrac{\pi}{a\sqrt{\varDelta}} = \dfrac{2\pi i}{a^2(\omega-\omega')}$ noch von ω abhängig ist. Wir wollen dies verifizieren, indem wir aus unserer Formel die bekannte Transformationseigenschaft der Funktion $\eta(\omega)$ ableiten. Führt man in der Reihe für $Z_2(s)$ an Stelle von m_1, m_2 die Summationsbuchstaben $m_2', -m_1'$ ein, so entspricht dies der Transformation von ω, ω' in $-\dfrac{1}{\omega}, -\dfrac{1}{\omega'}$, und es ist

$$Z_2(s, \omega, \omega') = \frac{\omega^2}{(\omega\omega')^{s+1}} Z_2\left(s, -\frac{1}{\omega}, -\frac{1}{\omega'}\right),$$

also muß für $s=1$

$$Z_2(1, \omega, \omega') = \frac{1}{\omega'^2} Z_2\left(1, -\frac{1}{\omega}, -\frac{1}{\omega'}\right) \tag{28}$$

sein. Folglich ergibt unsere Formel:

$$2\frac{d}{d\omega'} \log \eta(-\omega') - \frac{1}{\omega-\omega'} = 2\frac{d}{d\omega'} \log \eta\left(\frac{1}{\omega'}\right) - \frac{\omega}{\omega'(\omega-\omega')},$$

also

$$2\frac{d}{d\omega'} \log \eta\left(\frac{1}{\omega'}\right) = 2\frac{d}{d\omega'} \log \eta(-\omega') + \frac{1}{\omega'} \tag{29}$$

und daraus

$$\eta\left(\frac{1}{\omega'}\right) = C\sqrt{\omega'}\,\eta(-\omega')$$

oder, wenn man ω' durch $-\omega$ ersetzt:

$$\eta\left(-\frac{1}{\omega}\right) = C\sqrt{-\omega}\,\eta(\omega),$$

woraus sich durch die Annahme $\omega = i$ die Konstante

$$C = \pm\sqrt{i}$$

ergibt.

---

1) Vgl. Weber, Algebra, Bd. 3, S. 560. Fueter, Math. Ver. **18**, 411 (1909). Epstein, Ebda. **18**, 416.

Nimmt man diese Transformationsformel der Funktion $\eta(\omega)$ als bekannt an, so kann man Formel (26) sehr einfach, aber weniger streng in folgender Weise ableiten:

Es sei für zwei konjugiert komplexe $\omega,\ \omega'$:

$$Z_2(1,\ \omega,\ \omega') = \frac{2\,\pi\,i}{a^2}\Big[2\,\frac{d}{d\,\omega'}\log\eta(-\,\omega') + \varphi(\omega,\ \omega')\Big],$$

wo $\varphi(\omega,\ \omega')$ eine zu bestimmende Funktion bedeutet, so muß nach (28) und (29)

$$\varphi\Big(-\,\frac{1}{\omega},\ -\,\frac{1}{\omega'}\Big) = \omega'^{\,2}\,\varphi(\omega,\ \omega') - \omega'$$

sein. Da ferner, wie man aus der Reihe (16) sieht, $Z_2(s)$ bei der Transformation von $\omega,\ \omega'$ in $\omega+1,\ \omega'+1$ unverändert bleibt, so ist

$$\varphi(\omega+1,\ \omega'+1) = \varphi(\omega,\ \omega').$$

Setzt man

$$\varphi(\omega,\ \omega') = \frac{f(\omega,\ \omega') - 1}{\omega - \omega'},$$

so folgt

(30)
$$f\Big(-\,\frac{1}{\omega},\ -\,\frac{1}{\omega'}\Big) = \frac{\omega'}{\omega}\,f(\omega,\ \omega')$$

und

$$f(\omega+1,\ \omega'+1) = f(\omega,\ \omega'),$$

also für irgend ein ganzzahliges n:

$$f\Big(-\,\frac{1}{\omega+n},\ -\,\frac{1}{\omega'+n}\Big) = \frac{\omega'+n}{\omega+n}\,f(\omega,\ \omega').$$

Läßt man nun n immer größer werden und nimmt an, daß $f(\omega,\ \omega')$ sich in der Umgebung des Nullpunktes regulär verhält, so folgt

$$f(\omega,\ \omega') = \lim_{n=\infty} f\Big(-\,\frac{1}{\omega+n},\ -\,\frac{1}{\omega'+n}\Big) = f(0,\ 0) = C$$

und dann aus (30):

$$C = 0,$$

so daß sich in der Tat

$$\varphi(\omega,\ \omega') = -\,\frac{1}{\omega - \omega'}$$

ergibt.

3. Vor kurzem hat auch Herr Fueter[1]) eine Verallgemeinerung der Kroneckerschen Grenzformel gegeben. Es mag noch kurz auseinander gesetzt werden, wie sich sein Resultat in unsere Betrachtungsweise einordnet. Das Problem von Herrn Fueter ist — in vereinfachter Bezeichnung — die beiden ersten Glieder der Entwicklung der Funktion

$$\sum \frac{1}{F^s}$$

in der Umgebung von $s = 1$ zu finden, wenn in der quadratischen Form

$$F = ax^2 + 2bxy + cy^2$$

x und y die Werte

$$x = \alpha + fm, \qquad y = \beta + fn$$

durchlaufen. Darin bedeuten α, β, f feste ganze Zahlen und m, n nehmen alle ganzzahligen Werte von $-\infty$ bis $+\infty$ an. Machen wir aber von unserer Schreibweise

$$Z \left|\begin{matrix} g_1\, g_2 \\ h_1\, h_2 \end{matrix}\right| (s) = \sum_{m_1} \sum_{m_2} \frac{e^{2\pi i\,[m\,h]}}{\varphi((m+g))^s}$$

Gebrauch, so lautet die Aufgabe offenbar, es soll die Kroneckersche Grenzformel für die Funktion

$$Z \left|\begin{matrix} g_1\, g_2 \\ 0\ \ 0 \end{matrix}\right| (s)$$

mit rationalen $g_1,\ g_2$ abgeleitet werden. Die entsprechende Aufgabe für den Fall, daß die Elemente $h_1,\ h_2$ nicht Null sind, ist bereits in meiner ersten Arbeit[2]) erledigt worden, und es bedarf für den vorliegenden Fall nur einer geringen Modifikation der dortigen Betrachtungsweise. Es seien

$$g_1 = \frac{\gamma_1}{r}, \qquad g_2 = \frac{\gamma_2}{r},$$

worin die ganzen Zahlen $\gamma_1,\ \gamma_2$ kleiner als r vorausgesetzt werden können, und es bedeute ϱ die r^{te} Einheitswurzel

$$\varrho = e^{\frac{2\pi i}{r}}.$$

<hr>

1) Rendic. circ. mat. Palermo **29**, 380 (1910).
2) Math. Ann. **56**, 638 (1903).

Wir bilden die Summe

$$\sum_{\mu_1=0}^{r-1}\sum_{\mu_2=0}^{r-1}\sum_{m_1}\sum_{m_2}\frac{\varrho^{\mu_1(m_1-\gamma_1)+\mu_2(m_2-\gamma_2)}}{\varphi((m))^s}=\sum_{\mu_1=0}^{r-1}\sum_{\mu_2=0}^{r-1}\varrho^{-\mu_1\gamma_1-\mu_2\gamma_2}Z\begin{vmatrix}0&0\\\dfrac{\mu_1}{r}&\dfrac{\mu_2}{r}\end{vmatrix}(s)$$

und beachten, daß die Summen $\displaystyle\sum_{\mu=0}^{r-1}\varrho^{\mu(m-\gamma)}$ nur für $m\equiv\gamma\bmod r$ von Null verschieden sind und dann den Wert r haben. Dann folgt

$$\sum_{\mu_1=0}^{r-1}\sum_{\mu_2=0}^{r-1}\varrho^{-\mu_1\gamma_1-\mu_2\gamma_2}Z\begin{vmatrix}0&0\\\dfrac{\mu_1}{r}&\dfrac{\mu_2}{r}\end{vmatrix}(s)=r^2\sum_{m_1}\sum_{m_2}\frac{1}{\varphi(m_1r+\gamma_1,\,m_2r+\gamma_2)^s}$$

$$=r^{2(1-s)}Z\begin{vmatrix}\dfrac{\gamma_1}{r}&\dfrac{\gamma_2}{r}\\0&0\end{vmatrix}(s)$$

oder

$$(31)\quad r^{2(1-s)}Z\begin{vmatrix}\dfrac{\gamma_1}{r}&\dfrac{\gamma_2}{r}\\0&0\end{vmatrix}(s)=Z(s)+\sum_{\mu_1=0}^{r-1}\sum_{\mu_2=0}^{r-1}{}'\varrho^{-\mu_1\gamma_1-\mu_2\gamma_2}Z\begin{vmatrix}0&0\\\dfrac{\mu_1}{r}&\dfrac{\mu_2}{r}\end{vmatrix}(s),$$

wobei rechts die Kombination $(\mu_1,\mu_2)=(0,0)$ auszulassen ist.

Für $s=1$ wird auf der rechten Seite nur $Z(s)$ unstetig und nach der ursprünglichen Kroneckerschen Grenzformel ist

$$\lim\left(Z(s)-\frac{\pi}{\sqrt{\varDelta}(s-1)}\right)=K_0$$

mit dem in (15) angegebenen Wert von K_0. Für die übrigen Funktionen, die sämtlich ganze transzendente Funktionen sind, sei für $s=1$

$$Z\begin{vmatrix}0&0\\\dfrac{\mu_1}{r}&\dfrac{\mu_2}{r}\end{vmatrix}(s)=K_{\frac{\mu_1}{r},\,\frac{\mu_2}{r}},$$

dann ist also

$$\lim\left(Z\begin{vmatrix}\dfrac{\gamma_1}{r}&\dfrac{\gamma_2}{r}\\0&0\end{vmatrix}(s)-\frac{\pi}{\sqrt{\varDelta}(s-1)}\right)=K_0+\sum_{\mu_1=0}^{r-1}\sum_{\mu_2=0}^{r-1}{}'e^{-\frac{2\pi i}{r}(\mu_1\gamma_1+\mu_2\gamma_2)}K_{\frac{\mu_1}{r},\,\frac{\mu_2}{r}}.$$

Die Konstanten $K_{\frac{\mu_1}{r},\,\frac{\mu_2}{r}}$ sind ebenfalls schon von **Kronecker** bestimmt und in meiner Arbeit neu abgeleitet worden.[1]) Es ist

$$K_{\frac{\mu_1}{r},\,\frac{\mu_2}{r}} = \frac{2\pi^2}{a}\left(\frac{\mu_1}{r}\right)^2 - \frac{\pi}{\sqrt{\varDelta}} \log \frac{\vartheta(u,\omega)\,\vartheta(u',-\omega')}{\eta(\omega)\,\eta(-\omega')},$$

worin

$$u = \frac{\mu_2 + \mu_1\,\omega}{r}, \qquad u' = \frac{\mu_2 + \mu_1\,\omega'}{r}$$

und $\vartheta(u,\omega)$ die elliptische Thetafunktion

$$\vartheta(u,\omega) = 2\eta(\omega)\cdot q^{\frac{1}{6}} \sin \pi u \prod_{1}^{\infty}(1 - 2q^{2n}\cos 2\pi u + q^{4n})$$

bedeutet. Wir schreiben dafür

$$\vartheta(u,\omega) = 2\eta(\omega)q^{\frac{1}{6}}\sin\frac{\pi(\mu_2 + \mu_1\,\omega)}{r}\prod_{\mu_1\mu_2}(\omega),$$

sodaß

$$\prod_{00} = q^{-\frac{1}{6}}\eta(\omega)^2.$$

Dann erhält man, wenn man noch den Wert von K_0 aus (15) einführt

$$\lim\left(Z\begin{vmatrix}\frac{\gamma_1}{r} & \frac{\gamma_2}{r}\\ 0 & 0\end{vmatrix}(s) - \frac{\pi}{\sqrt{\varDelta}(s-1)}\right) = \frac{2\pi\gamma}{\sqrt{\varDelta}} + \frac{\pi}{\sqrt{\varDelta}}\log\left(\frac{a}{\varDelta}\right)$$

$$-\frac{\pi}{\sqrt{\varDelta}}\sum_{\mu_1=0}^{r-1}\sum_{\mu_2=0}^{r-1}{}'e^{-\frac{2\pi i}{r}(\mu_1\gamma_1+\mu_2\gamma_2)}\log\left(\sin\frac{\pi(\mu_2+\mu_1\,\omega)}{r}\sin\frac{\pi(\mu_2+\mu_1\,\omega')}{r}\right)$$

$$-\frac{\pi}{\sqrt{\varDelta}}\sum_{\mu_1=0}^{r-1}\sum_{\mu_2=0}^{r-1}e^{-\frac{2\pi i}{r}(\mu_1\gamma_1+\mu_2\gamma_2)}\log\prod_{\mu_1\mu_2}(\omega)\prod_{\mu_1\mu_2}(-\omega'). \tag{32}$$

Hierin ist die zweite Doppelsumme wieder ohne Akzent zu nehmen. Diese Formel stimmt ihrem Inhalt nach mit der Formel (I) von Herrn **Fueter** überein.[2]) Um sie in diese überzu-

<hr>

1) Math. Ann. **56**, 636 (1903).
2) a. a. O. S. 388.

führen, hätte man in den Produkten $\Pi_{\mu_1\mu_2}$ jeden Faktor nach Einführung der Exponentialfunktionen in zwei Faktoren zu spalten
und könnte dann die Summationen nach μ_1 und n zu einer Summation von 1 bis ∞ zusammenziehen. Ferner wäre zu beachten,
daß sich die in der Fueterschen Formel auftretende logarithmische
Derivierte der Gammafunktion für rationale Argumente durch
endliche Summen ausdrücken läßt, deren Glieder aus Produkten
von Einheitswurzeln mit den Logarithmen von Sinusfunktionen
gebildet sind.

Ist die Gravitation elektromagnetischen Ursprungs?

Von

R. Gans in Straßburg i. E.

§ 1. Einleitung.

Die vielfachen Versuche, die Gravitation auf Bewegungsvorgänge eines im Weltall verbreiteten hypothetischen Substrats zurückzuführen, entsprangen vor allem dem Wunsche, eine scheinbar unvermittelte Wirkung in die Ferne durch Nahwirkungen zu erklären, und dem Bestreben nach Vereinheitlichung der Naturgesetze.

Daneben war aber auch der Gesichtspunkt maßgebend, daß nach den diesen Forschungen zugrunde gelegten Theorien das Newtonsche Gesetz sich nur als Annäherung an das wahre Elementargesetz ergeben könnte, und daß die Abweichungen dieses von jenem die von den Astronomen beobachteten Anomalien in der Bewegung der Himmelskörper zu erklären vermöchten.

Unter allen diesen Arbeiten verdienen auf Grund der Vorstellungen, die wir uns heutzutage von dem Äther machen, besonders diejenigen unsere Beachtung, welche die Lehre von der Schwerkraft auf elektromagnetische Grundlage zu stellen suchen.

Insbesondere ist eine von Zöllner[1]) gemachte Annahme, die sich auf eine Idee von Mossotti[2]) stützt, zu erwähnen. Nach dieser soll jedes Molekül eines ponderablen Körpers aus gleich

---

1) F. Zöllner, Erklärung der universellen Gravitation aus den statischen Wirkungen der Elektrizität. Leipzig, 1882.

2) O. F. Mossotti, Sur les forces qui régissent la constitution intérieure des corps. Turin 1836 (bei Zöllner abgedruckt).

viel positiver und negativer Elektrizität bestehen, und die Anziehung der ungleichartigen Elektrizitätsmengen soll etwas stärker sein als die Abstoßung der gleichartigen, im übrigen aber soll das Coulombsche Gesetz seine Gültigkeit haben.

Offenbar ergibt sich aus dieser Vorstellung das Newtonsche Gesetz, aber die Hypothese, die derselben zugrunde liegt, ist — in diesem Umfang ausgesprochen — als Hypothese ad hoc zu bezeichnen, weder beweisbar noch zu widerlegen. Sobald man sich aber auf den Standpunkt stellt, daß das Coulombsche Gesetz nur die statischen Wirkungen der Elektrizität beschreibt, und daß zur Berechnung der Kraftwirkungen bewegter Elektrizitätsmengen ein erweitertes Elementargesetz eingeführt werden muß, ergibt sich ein Gravitationsgesetz, welches das Newtonsche umfaßt und mit demselben nur für unendlich kleine Geschwindigkeiten der gravitierenden Massen identisch wird.

Die früheren Anwendungen eines solchen Elementargesetzes auf die Planetenbewegung haben für uns nur noch historisches Interesse, weil die hierbei benutzten Grundgesetze von Wilhelm Weber, Gauß, Riemann, Clausius sich infolge der Entwicklung der Maxwellschen Theorie überlebt haben.

Dieses Urteil trifft jedoch nicht zu auf eine Arbeit von H. A. Lorentz[1]), in der er mit Hilfe der Grundgleichungen der Elektronentheorie die Zöllner-Mossottische Hypothese konsequent erweiterte. Er leitete daraus die Formeln für die säkularen Variationen der Elemente einer Planetenbahn ab und fand, daß die so berechneten „Störungen" beim Merkur wenige Bogensekunden im Jahrhundert betragen, also wohl als unmerkbar klein angesehen werden müssen.

Das Resultat dieser Untersuchung ist also in den Satz zusammenzufassen: Es ist zwar möglich, aber nicht sichergestellt, daß die Gravitation elektromagnetischen Ursprungs ist.

An diese Lorentzsche Theorie knüpfte ich an.[2]) Zunächst

---

1) H. A. Lorentz, Verslag Ak. van Wet. te Amsterdam 1900 p. 603.

2) R. Gans, Phys. Zs. 6 (1905) p. 803; Jahresber. d. deutsch. Math.-Vereinigung 14. (1905) p. 578.

stellte ich die Frage: Wie erklärt sich bei der engen Verkettung der Grundlagen der Gravitationserscheinungen und der elektromagnetischen Phänomene die einfache Superposition der Vorgänge aus beiden Gebieten? und vor allem: Wodurch kommt es, daß ein Leiter der Elektrizität eine vollkommene Schirmwirkung für elektrostatische Kräfte, aber gar keine für die Schwerkraft ausübt?

Das sind mit großer Genauigkeit beobachtete Tatsachen. Man muß also von der Theorie fordern, daß sie diesen gerecht wird. Und dieses Postulat erfüllt, wie ich zeigen konnte, die Lorentzsche Gravitationstheorie tatsächlich, wenn man die uns auch sonst geläufige Annahme hinzunimmt, daß die positive Elektrizität fest an der Materie haftet, während die negative in Leitern frei verschiebbar ist.

Dabei ergab es sich, daß man die positive Elektrizität eines Körpers mit seiner gravitierenden Masse identifizieren muß, und daß das, was wir gemeinhin elektrische Ladung nennen, eine lineare Kombination der positiven und negativen Elektrizitätsteilchen ist, und es folgte, daß wir — im Sinne der messenden Physik und abweichend von der Lorentzschen Annahme — denjenigen Körper elektrisch „ungeladen" zu nennen haben, in dem etwas mehr negative als positive Elektrizität enthalten ist. Dieses Resultat klingt ja äußerst paradox, das liegt aber daran, daß wir gezwungen waren, das Wort Elektrizität in einer doppelten Bedeutung zu gebrauchen, einmal für die Elemente, aus denen wir uns die Materie aufgebaut dachten, zweitens aber für das, was wir makroskopisch eine elektrische Ladung zu nennen pflegen.

Die so definierten Massen und „Elektrizitätsmengen" gehorchen allen durch die Erfahrung gesicherten Gesetzen, insbesondere den Gesetzen von Coulomb und Newton, die der Physiker tatsächlich seinen Messungen von Elektrizitätsmengen und Massen zugrunde legt.

Während die so modifizierte Gravitationstheorie von Lorentz den Hauptforderungen, die man an sie zu stellen hat, genügt, war es doch nötig, an seinen Rechnungen — entsprechend der mittlerweile erfolgten Entwicklung der Elektronentheorie — eine Veränderung anzubringen.

Lorentz hat nämlich nur die Kräfte als von den Geschwindigkeiten abhängig angesehen, dagegen die träge Masse als Konstante behandelt, d. h. er hat zwar die rechte Seite der Newtonschen Bewegungsgleichungen verändert, die linke aber unverändert gelassen. In einer konsequenten elektromagnetischen Mechanik ist aber auch die Masse Funktion der Geschwindigkeit.[1] Ferner existierte, als Lorentz seine Abhandlung publizierte, die Relativitätstheorie noch nicht, so daß in seinen Formeln noch die gänzlich unbekannte absolute Bewegung der Sonne im Äther vorkommt, die er allerdings mit der Geschwindigkeit relativ zu den Fixsternen identifizierte.

Deshalb hat Wacker[2] die Frage noch einmal in Angriff genommen und hat das Zwei-Körperproblem nach der Relativitätstheorie behandelt — allerdings mit der vereinfachenden Annahme, daß die Masse des Planeten sehr klein gegen die der Sonne ist.

Hierbei ist aber ein Punkt, genau so wie bei Lorentz, nicht berücksichtigt worden: Eine beschleunigte Masse übt auf sich selbst eine Kraft aus infolge der Energiestrahlung, die bei ungleichförmigen Bewegungen auftritt. Um diese Rückwirkung der bewegten Masse auf sich selbst zu studieren, habe ich das Zweikörperproblem im folgenden wieder aufgegriffen ohne die vereinfachende Voraussetzung zu machen, daß man die Bewegung als quasistationär ansehen kann. Ferner soll noch die Frage aufgeworfen werden, ob im Sinne dieser elektromagnetischen Gravitationstheorie der Tag, und damit unser empirisches Zeitmaß konstant ist.

---

1) A. Wilkens, Vierteljahrschrift d. astron. Ges. 1904 hat umgekehrt die Kräfte konstant gelassen und die Masse als von der Geschwindigkeit abhängig betrachtet, allerdings auch so, wie man es vor der Einführung des Relativitätsprinzips zu tun pflegte.

2) F. Wacker, Dissertation Tübingen 1909.

§ 2. Die Grundgleichungen.

Wir nehmen an, daß von einer positiven Elektrizitätsmenge ein elektrischer Vektor $\overset{+}{\mathfrak{E}}$, und wenn sie sich bewegt, auch ein magnetischer Vektor $\overset{+}{\mathfrak{H}}$ erzeugt wird, die durch die Gleichungen

$$c \operatorname{rot} \overset{+}{\mathfrak{H}} = \frac{\partial \overset{+}{\mathfrak{E}}}{\partial t} + 4\pi \overset{+}{\varrho} \mathfrak{v}$$

$$-c \operatorname{rot} \overset{+}{\mathfrak{E}} = \frac{\partial \overset{+}{\mathfrak{H}}}{\partial t} \tag{1}$$

$$\operatorname{div} \overset{+}{\mathfrak{E}} = 4\pi \overset{+}{\varrho}$$

$$\operatorname{div} \overset{+}{\mathfrak{H}} = 0$$

miteinander verknüpft sind.

Ebenso soll eine negative Elektrizitätsmenge Vektoren $\overline{\mathfrak{E}}, \overline{\mathfrak{H}}$ hervorrufen, die den Gleichungen gehorchen

$$c \operatorname{rot} \overline{\mathfrak{H}} = \frac{\partial \overline{\mathfrak{E}}}{\partial t} + 4\pi \overline{\varrho} \mathfrak{v}$$

$$-c \operatorname{rot} \overline{\mathfrak{E}} = \frac{\partial \overline{\mathfrak{H}}}{\partial t} \tag{2}$$

$$\operatorname{div} \overline{\mathfrak{E}} = 4\pi \overline{\varrho}$$

$$\operatorname{div} \overline{\mathfrak{H}} = 0.$$

Dazu kommt die Gleichung für die ponderomotorische Kraft auf die Volumeinheit, die der entsprechenden Gleichung der Elektronentheorie analog ist, modifiziert durch die Zöllner-Mossotische Hypothese

$$\mathfrak{f} = \alpha \overset{+}{\varrho} \left\{ \overset{+}{\mathfrak{E}} + \left[\frac{\mathfrak{v}}{c}, \overset{+}{\mathfrak{H}} \right] \right\} + \beta \overset{+}{\varrho} \left\{ \overline{\mathfrak{E}} + \left[\frac{\mathfrak{v}}{c}, \overline{\mathfrak{H}} \right] \right\}$$

$$+ \beta \overline{\varrho} \left\{ \overset{+}{\mathfrak{E}} + \left[\frac{\mathfrak{v}}{c}, \overset{+}{\mathfrak{H}} \right] \right\} + \alpha \overline{\varrho} \left\{ \overline{\mathfrak{E}} + \left[\frac{\mathfrak{v}}{c}, \overline{\mathfrak{H}} \right] \right\}. \tag{3}$$

Hier sind α und β Konstanten, und zwar ist $\beta > \alpha$. Wir könnten α willkürlich gleich Eins setzen, wollen es aber aus Symmetriegründen unbestimmt lassen.

Wir führen folgende Bezeichnungen ein

$$\beta \overset{+}{\mathfrak{E}} + \alpha \overline{\mathfrak{E}} = \mathfrak{E}$$

(4)
$$\beta \overset{+}{\mathfrak{H}} + \alpha \overline{\mathfrak{H}} = \mathfrak{H}$$

$$\beta \overset{+}{\varrho} + \alpha \overline{\varrho} = \varrho.$$

Multiplizieren wir die Gleichungen (1) mit β, die Gleichungen (2) mit α und addieren entsprechende Gleichungen, so erhalten wir mit Benutzung von (4)

$$c \operatorname{rot} \mathfrak{H} = \frac{\partial \mathfrak{E}}{\partial t} + 4\pi \varrho \mathfrak{v}$$

(5)
$$- c \operatorname{rot} \mathfrak{E} = \frac{\partial \mathfrak{H}}{\partial t}$$

$$\operatorname{div} \mathfrak{E} = 4\pi \varrho$$

$$\operatorname{div} \mathfrak{H} = 0.$$

Addieren und subtrahieren wir ferner die Größe $\frac{\beta^2}{\alpha} \overset{+}{\varrho} \overset{+}{\mathfrak{E}}$ auf der rechten Seite der Gleichung (3), so nimmt sie mit Einführung der in (4) gegebenen Bezeichnungen die Form an

$$(6) \quad \mathfrak{f} = - \frac{\beta^2 - \alpha^2}{\alpha} \overset{+}{\varrho} \left\{ \overset{+}{\mathfrak{E}} + \left[\frac{\mathfrak{v}}{c}, \overset{+}{\mathfrak{H}} \right] \right\} + \frac{1}{\alpha} \varrho \left\{ \mathfrak{E} + \left[\frac{\mathfrak{v}}{c}, \mathfrak{H} \right] \right\}.$$

In den Gleichungen (1), (5) und (6) haben wir nun ein System gewonnen, das in die beiden voneinander gänzlich unabhängigen Teilsysteme (I) und (II)

$$c \operatorname{rot} \overset{+}{\mathfrak{H}} = \frac{\partial \overset{+}{\mathfrak{E}}}{\partial t} + 4\pi \overset{+}{\varrho} \mathfrak{v}$$

$$- c \operatorname{rot} \overset{+}{\mathfrak{E}} = \frac{\partial \overset{+}{\mathfrak{H}}}{\partial t}$$

(I)
$$\operatorname{div} \overset{+}{\mathfrak{E}} = 4\pi \overset{+}{\varrho}$$

$$\operatorname{div} \overset{+}{\mathfrak{H}} = 0$$

$$\mathfrak{f}_1 = - \frac{\beta^2 - \alpha^2}{\alpha} \overset{+}{\varrho} \left\{ \overset{+}{\mathfrak{E}} + \left[\frac{\mathfrak{v}}{c}, \overset{+}{\mathfrak{H}} \right] \right\}$$

$$c \operatorname{rot} \mathfrak{H} = \frac{\partial \mathfrak{E}}{\partial t} + 4\pi \varrho \mathfrak{v}$$

$$- c \operatorname{rot} \mathfrak{E} = \frac{\partial \mathfrak{H}}{\partial t}$$

$$\operatorname{div} \mathfrak{E} = 4\pi \varrho \tag{II}$$

$$\operatorname{div} \mathfrak{H} = 0$$

$$\mathfrak{f}_2 = \frac{1}{\alpha}\, \varrho \left\{ \mathfrak{E} + \left[\frac{\mathfrak{v}}{c}, \mathfrak{H}\right] \right\}$$

zerfällt.

In einem ruhenden System ist $\mathfrak{v} = 0$, und alle Größen sind von der Zeit unabhängig, somit geht (I) über in

$$\operatorname{rot} \overset{+}{\mathfrak{H}} = 0 \qquad\qquad \operatorname{rot} \overset{+}{\mathfrak{E}} = 0$$

$$\operatorname{div} \overset{+}{\mathfrak{H}} = 0 \qquad\qquad \operatorname{div} \overset{+}{\mathfrak{E}} = 4\pi \overset{+}{\varrho} \tag{7}$$

$$\mathfrak{f}_1 = - \frac{\beta^2 - \alpha^2}{\alpha}\, \overset{+}{\varrho}\, \overset{+}{\mathfrak{E}}.$$

Aus diesen Gleichungen folgt

$$\overset{+}{\mathfrak{H}} = 0; \quad \overset{+}{\mathfrak{E}} = - \operatorname{grad} \overset{+}{\varPhi}; \quad \varDelta \overset{+}{\varPhi} = - 4\pi \overset{+}{\varrho} \tag{8}$$

$$\mathfrak{f}_1 = - \frac{\beta^2 - \alpha^2}{\alpha}\, \overset{+}{\varrho}\, \overset{+}{\mathfrak{E}}.$$

Das sind aber genau die Gleichungen, denen das Potential gravitierender Massen der Dichte $\overset{+}{\varrho}$ zu gehorchen hat, und setzen wir

$$h = \frac{\beta^2 - \alpha^2}{\alpha},$$

wo die der Voraussetzung $\beta > \alpha$ nach positive Größe h die Gravitationskonstante bedeutet, so ist die letzte Gleichung (8) der Ausdruck des Newtonschen Gesetzes.

Ist das System bewegt und der Zustand nicht stationär, so werden wir die Gleichungen (1) als Grundgleichungen der Gravitationstheorie anzusehen haben.

Ebenso sind die Gleichungen (II) die bekannten Lorentzschen Gleichungen des Elektromagnetismus. $\mathfrak{E}$ ist nach (3) und (4) die Kraft auf die ruhende negative Elektrizitätsmenge Eins, und da die negativen Elektrizitätsmengen in Leitern frei beweglich sein sollen, so muß diese Kraft im Falle der Elektrostatik im Innern von Leitern Null sein oder das Potential Φ, aus dem sich $\mathfrak{E}$ durch die Beziehung $\mathfrak{E} = -\operatorname{grad} \Phi$ ableitet, muß im Leiter konstant sein. Das ist aber der Grund der Schirmwirkung leitender Körper. $\mathfrak{f}_2$ gibt die bekannte Coulombsche und Biot-Savartsche Kraft.

Wir nennen einen Körper im makroskopischen Sinne „ungeladen", wenn diese Kraft verschwindet. Das ist aber der Fall, wenn $\varrho = 0$ ist, oder nach (4) wenn

$$(9) \qquad \overline{\varrho} = -\frac{\beta}{\alpha}\,\overset{+}{\varrho}$$

ist, d. h. wenn, wie im vorigen Paragraphen bereits erwähnt wurde, jedes Volumelement etwas mehr negative als positive Elektrizität enthält.

Da wir aber in der Folge uns mit reinen Gravitationswirkungen beschäftigen wollen, haben wir (9) als gültig anzusehen, also

$$(10) \qquad \varrho = 0$$

zu setzen.

Nun berechnen sich $\mathfrak{E}$ und $\mathfrak{H}$ in bekannter Weise aus dem skalaren und vektoriellen Potential; es wird also in diesem Falle auch

$$(11) \qquad \mathfrak{E} = 0; \quad \mathfrak{H} = 0,$$

und wir haben es nur noch mit dem Gleichungssystem (I) zu tun.

Um das Energieintegral zu bilden, multiplizieren wir die erste Gleichung (I) mit $-h\overset{+}{\mathfrak{E}}/4\pi$, die zweite mit $-h\overset{+}{\mathfrak{H}}/4\pi$, addieren die beiden so erhaltenen Gleichungen und integrieren über einen beliebigen Raum S mit der Oberfläche σ, deren äußere Normale n heißen möge.

So ergibt sich

$$(12) \qquad h\,\frac{c}{4\pi}\int [\overset{+}{\mathfrak{E}}, \overset{+}{\mathfrak{H}}]_n\,d\sigma = \frac{d}{dt}\left\{ -\frac{h}{8\pi}\int \overset{+}{\mathfrak{E}}{}^2\,dS - \frac{h}{8\pi}\int \overset{+}{\mathfrak{H}}{}^2\,dS \right\}$$
$$- h\int (\overset{+}{\varrho}\overset{+}{\mathfrak{E}}, \mathfrak{v})\,dS.$$

In dieser Gleichung bedeutet nach der letzten Gleichung (I)

$$- h \int (\overset{+}{\varrho}\overset{+}{\mathfrak{E}}, \mathfrak{v})\, dS = \frac{d'A}{dt} \tag{13}$$

die von den Gravitationskräften in der Zeiteinheit geleistete Arbeit,

$$W = - \frac{h}{8\pi} \int \overset{+}{\mathfrak{E}}{}^2\, dS - \frac{h}{8\pi} \int \overset{+}{\mathfrak{H}}{}^2\, dS \tag{14}$$

stellt die Gravitationsenergie dar und

$$\mathfrak{S} = - h\,\frac{c}{4\pi}\,[\overset{+}{\mathfrak{E}}, \overset{+}{\mathfrak{H}}] \tag{15}$$

ist als Strahlungsvektor zu deuten, so daß die Gleichung (12) in der Form

$$- \int \mathfrak{S}_n\, d\sigma = \frac{dW}{dt} + \frac{d'A}{dt} \tag{16}$$

den Satz ausspricht, daß die Gravitationsenergie eines Raumes auf Kosten der von den Gravitationskräften geleisteten Arbeit und der Gravitationsstrahlung durch die Oberfläche des Raumes abnimmt.

Wir wissen aus der Elektronentheorie, daß eine beschleunigte Elektrizitätsmenge Strahlung in den Raum hinaussendet. Nun berechnen sich bei vorgeschriebener Bewegung die Feldstärken der Gravitation nach (I) genau ebenso, wie die des Elektromagnetismus. Da aber nach (15) der Strahlungsvektor der Gravitation bis auf den Faktor $-h$ mit dem der Elektronentheorie identisch ist, so gilt der Satz:

Während eine beschleunigte Elektrizitätsmenge Strahlung in den Raum hinaussendet, saugt eine beschleunigte Masse Energie aus dem Äther auf.

Wir wissen, daß ein ungleichförmig bewegtes Elektron durch die eben erwähnte Ausstrahlung verzögert wird. Daraus können wir schließen, daß eine beschleunigte Masse ihre eigene Bewegung durch Aufsaugen von Energie aus dem Äther anfacht.

Es ist bemerkenswert, wie sehr sich die Anschauungen über den Äther geändert haben. Während man sich früher Sorge darüber machte, ob der Äther nicht die Planetenbewegungen durch

Reibung dämpfen müsse, stellen wir jetzt umgekehrt die Frage, ob er nicht durch Energiespendung vorhandene Beschleunigungen noch vergrößern wird.

§ 3. Die Bewegungsgleichungen des Planeten.

Wie aus den Gleichungen (I) ersichtlich ist, sind die Feldstärken eines Gravitationsproblems genau dieselben, wie bei dem analogen elektromagnetischen Problem, während die ponderomotorischen Kräfte sich durch den Faktor h und das Vorzeichen in beiden Problemen voneinander unterscheiden.

Man kann also die Resultate einer elektromagnetischen Aufgabe ohne weiteres auf unser Problem übertragen.

Nun ist die Kraft, die eine bewegte Elektrizitätsmenge e auf sich selbst ausübt, $\dfrac{2}{3}\,e^2\,\dfrac{\ddot{\mathfrak{v}}}{c^3}$, wenn $\mathfrak{v}$ die Geschwindigkeit, also $\ddot{\mathfrak{v}}$ die zweite Ableitung derselben nach der Zeit bedeutet.[1]) Somit ist die Kraft, die eine Masse durch Rückwirkung auf sich selbst erfährt,

$$(17) \qquad\qquad \mathfrak{f}'' = -\,\frac{2}{3}\,\frac{h}{c^3}\,m^2\ddot{\mathfrak{v}}.$$

Dieses Glied ist auf der rechten Seite der Bewegungsgleichung des Planeten zu dem Term hinzuzufügen, der die Kraft der Sonne auf den Planeten ausdrückt.

Trotzdem diese störende Kraft nur klein ist — sie ist im Verhältnis zur Newtonschen Kraft von der Größenordnung $\dfrac{v^3}{c^3}\cdot\dfrac{m_1}{m_0}$, wo v die Relativgeschwindigkeit des Planeten bezüglich des Zentralkörpers, c die Lichtgeschwindigkeit, m_0 die Masse des Zentralkörpers, m_1 die des Planeten bedeutet, — so ist es für die Zukunft unseres Weltsystems doch von Interesse, zu erfahren, was für einen Einfluß auf die Bewegung das Vorhandensein der Kraft $\mathfrak{f}''$ hat, die dadurch zustande kommt, daß der bewegte Planet vermittels des Äthers auf sich selbst wirkt.

---

1) Vgl. z. B. H. A. Lorentz, The theory of electrons, Leipzig 1909 p. 49 oder M. Abraham, Theorie der Elektrizität. Leipzig u. Berlin 1908, Bd. 2, S. 121.

Eine orientierende Rechnung ergab, daß die Flächengeschwindigkeit immer größer wird, und daß ebenfalls der Ausdruck $\frac{m_1}{2} v^2 - h \frac{m_1 (m_0 + m_1)}{r}$, d. h. die Energie des Systems nach der klassischen Mechanik, dauernd wächst, wodurch der Bahnradius mit der Zeit immer größer und größer, die mittlere „Bewegung" (= Winkelgeschwindigkeit) immer kleiner und kleiner wird.

Eine genauere Untersuchung der Frage zeigte jedoch, daß die wahren Verhältnisse ganz anders liegen, wie die folgenden Ausführungen zeigen werden.

Es wird nämlich die Newtonsche Kraft, die die Sonne auf den Planeten ausübt, und deren x-Komponente

$$- h \frac{m_0 m_1}{r^3} (x_1 - x_0)$$

lautet, wo

$$r^2 = (x_1 - x_0)^2 + (y_1 - y_0)^2 + (z_1 - z_0)^2$$

ist, in der elektromagnetischen Gravitationstheorie auch modifiziert.

Um das einzusehen, berechnen wir das skalare und das vektorielle Potential $\overset{+}{\Phi}$ und $\overset{+}{\mathfrak{A}}$, welches die Sonne ausübt, bezogen auf ein beschleunigungsfreies Koordinatensystem, das zur Zeit t relativ zur Sonne ruht und zur selben Zeit seinen Ursprung im Zentrum der Sonne hat, so daß in diesem Moment die Koordinaten und Geschwindigkeitskomponenten der Sonne

$$x_0 = y_0 = z_0 = 0$$
$$\dot{x}_0 = \dot{y}_0 = \dot{z}_0 = 0 \tag{18}$$

sind. Dabei wählen wir die Bahnebene zur xy-Ebene.

Es ergibt sich[1] mit Vernachlässigung aller Terme von der Größenordnung $\frac{m_1}{m_0} \cdot \frac{v^4}{c^4}$ (v Relativgeschwindigkeit des Planeten gegen die Sonne)

---

[1] Vgl. wegen der Methode der Berechnung z. B. H. A. Lorentz, The theory of electrons, Leipzig 1909, p. 251.

$$(19) \qquad \overset{+}{\Phi} = \frac{m_0}{r}\left[1 - \frac{1}{2\,c^2}(x_1\ddot{x}_0 + y_1\ddot{y}_0) + \frac{1}{3}\,\frac{r}{c^3}\,(x_1\dddot{x}_0 + y_1\dddot{y}_0)\right]$$

$$\overset{+}{\mathfrak{A}}_x = \frac{m_0}{r\,c}\left[\dot{x}_0 - \frac{\ddot{x}_0\,r}{c}\right]$$

$$(20) \qquad \overset{+}{\mathfrak{A}}_y = \frac{m_0}{r\,c}\left[\dot{y}_0 - \frac{\ddot{y}_0\,r}{c}\right]$$

$$\overset{+}{\mathfrak{A}}_z = 0,$$

so daß die modifizierte Gravitationskraft, die sich nach der Formel

$$(21) \qquad \mathfrak{f}' = h\,m_1\left(\operatorname{grad}\overset{+}{\Phi} + \frac{1}{c}\,\frac{\partial\overset{+}{\mathfrak{A}}}{\partial t}\right) - h\,m_1\left[\frac{\mathfrak{v}}{c}, \operatorname{rot}\overset{+}{\mathfrak{A}}\right]$$

berechnet, den Wert

$$(22) \quad \mathfrak{f}_x' = -\frac{h\,m_0\,m_1\,x_1}{r^3}\left[1 - \frac{x_1\ddot{x}_0 + y_1\ddot{y}_0}{2\,c^2}\right] + \frac{h\,m_0\,m_1\,\ddot{x}_0}{2\,r\,c^2} - \frac{2}{3}\,h\,\frac{m_0\,m_1}{c^3}\,\dddot{x}_0$$

annimmt.

Im ganzen wirkt also auf den Planeten die Kraft

$$(23) \qquad\qquad\qquad \mathfrak{f} = \mathfrak{f}' + \mathfrak{f}'',$$

die nach (17) und (22) die x-Komponente

$$(24) \qquad \begin{aligned}\mathfrak{f}_x = {}& - h\,\frac{m_0\,m_1\,x_1}{r^3}\left[1 - \frac{x_1\ddot{x}_0 + y_1\ddot{y}_0}{2\,c^2}\right] + \frac{h\,m_0\,m_1\,\ddot{x}_0}{2\,r\,c^2} \\ & - \frac{2}{3}\,\frac{h}{c^3}\,m_1\left[m_0\dddot{x}_0 + m_1\dddot{x}_1\right]\end{aligned}$$

hat.

Der letzte Term in (24) ist aber Null, da in ihm mit genügender Annäherung die bekannte Formel der elliptischen Bewegung

$$(25) \qquad\qquad\qquad m_0\ddot{x}_0 + m_1\ddot{x}_1 = 0$$

gesetzt werden darf, die der Ausdruck des in der klassischen Mechanik gültigen Reaktionsprinzips ist.

Es ergibt sich also das merkwürdige Resultat:

Planet und Zentralkörper regulieren sich in ihren Bewegungen so ein, daß die Selbstbeschleunigung des Planeten durch die Beschleunigung, die er der Sonne erteilt, und von der die Gravitationskraft der Sonne abhängt, gerade aufgehoben wird.

Der erwartete Effekt, die dauernde Energiezunahme eines gravitierenden Systems durch Aufsaugen von Strahlung, tritt also nicht ein, und es bleiben von den drei Termen der Kraft in (24) nur die ersten beiden übrig.

Dies Ergebnis hat mich sehr überrascht, und es ist auch keineswegs eine allgemeine elektrodynamische Konsequenz. So würde z. B. ein negativ geladenes Elektron von der Ladung e und der Masse m, das um ein positives Jon der Ladung e' und der Masse m' kreist, sehr wohl eine Dämpfung durch Strahlung erfahren, da auf dasselbe eine Kraft

$$\frac{2}{3c^3} e(e\ddot{\mathfrak{v}} + e'\ddot{\mathfrak{v}}')$$

wirkt, die genähert durch $\frac{2}{3c^3} e^2 \left(1 - \frac{e'/m'}{e/m}\right) \ddot{\mathfrak{v}}$ zu ersetzen ist, und da e/m ungefähr 2000 mal größer ist, als e'/m', so ist dieser Ausdruck merklich $\frac{2}{3c^3} e^2 \ddot{\mathfrak{v}}$, d. h. hier macht die Beschleunigung, welche das Elektron dem Jon erteilt, nichts Wesentliches an der Bewegung des Elektrons aus.

Der Äther ist doch ein ganz geriebener Geselle. Wo man glaubt, seine Manipulationen nachweisen zu können, entschlüpft er einem wieder. Seit langer Zeit stehen die Polizisten seinetwegen auf Wache, und tüchtige Detektivs haben sich bemüht, ihn zu kriegen, aber immer vergebens. Einige haben schon die Vermutung aufgestellt, der Kerl existiert gar nicht. Vielleicht muß der Sherlock Holmes noch kommen, der mit Erfolg den Kniffen des raffinierten Kunden nachstellt.

Trotzdem wir wieder einmal getäuscht sind in der Erwartung, eventuell die Existenz des Äthers durch die Kräfte nachweisen zu können, die eine beschleunigte Masse auf sich selbst ausübt, wollen wir doch die Untersuchung zu Ende führen, die uns zeigen wird, inwieweit die Planetenbahnen, die sich auf Grund der elektromagnetischen Gravitationstheorie berechnen, von der Keplerschen elliptischen Bewegung abweichen.

Die Bewegungsgleichungen des Planeten unter Berücksichtigung der Tatsache, daß nach dem Relativitätsprinzip auch die Masse von der Geschwindigkeit abhängig ist[1]), lauten, wenn wir noch $\ddot{x}_0$ in (24) durch seinen auf Grund der Newtonschen Theorie gültigen genäherten Wert

$$(26) \qquad \ddot{x}_0 = \frac{h\,m_1\,x_1}{r^3}$$

ersetzen,

$$(27) \qquad \frac{d}{dt}\,\frac{m_1\,\dot{x}_1}{\sqrt{1-\dfrac{v^2}{c^2}}} = -\,\frac{h\,m_0\,m_1\,x_1}{r^3}\left[1-\frac{h\,m_1}{c^2 r}\right]$$

und eine entsprechende Gleichung für die y-Komponente, unter v^2 die Größe

$$v^2 = \dot{x}_1{}^2 + \dot{y}_1{}^2$$

verstanden.

Da wir aber die Relativbewegung des Planeten bezüglich der Sonne bestimmen wollen, so müssen wir auch die Bewegungsgleichungen für die Sonne aufstellen.

Die Kraft auf die Sonne lautet ganz entsprechend der Kraft auf den Planeten (vgl. (27))

$$(28) \qquad \mathfrak{F} = h\,\frac{m_0\,m_1\,\mathfrak{r}}{r^3}\left[1-\frac{h\,m_0}{c^2 r}\right].$$

Dabei sind aber die Kraft sowohl wie die Längen in (28) auf ein bezüglich des Planeten ruhendes System bezogen, das wir das „gestrichene System" nennen wollen, und dementsprechend wollen wir auch (28) in der Form schreiben

$$(29) \qquad \mathfrak{F}' = \frac{h\,m_0\,m_1\,\mathfrak{r}'}{r'^{\,3}}\left[1-\frac{h\,m_0}{c^2 r}\right].$$

Hier haben wir die Größen in der eckigen Klammer unverändert gelassen, da es für die von uns gewünschte Genauigkeit ganz gleichgültig ist, in welchem Bezugssystem wir dieses Korrektionsglied messen.

Um Gleichung (29) auf das früher benutzte, zur Zeit t relativ zur Sonne ruhende „ungestrichene" System zu transformieren, benutzen wir die bekannten Beziehungen der Relativitätstheorie.

---

1) M. Planck, Verh. d. deutsch. phys. Ges. 1906, S. 136.

Diese werden im allgemeinen so angegeben, daß die Geschwindigkeit des einen Bezugssystems relativ zum anderen in die Richtung einer Koordinatenachse fällt. Das ist nun in unserem Problem nicht der Fall, und um nicht genötigt zu sein, Koordinatentransformationen heranzuziehen, benutzen wir die Transformationsformeln in vektoranalytischer Form.

So lauten dieselben, wenn zur Abkürzung

$$k = \sqrt{1 - \frac{v^2}{c^2}} \tag{30}$$

gesetzt wird,

$$\mathfrak{F} = \mathfrak{F}' k + \frac{1-k}{v^2}\, \mathfrak{v}(\mathfrak{F}',\, \mathfrak{v}), \tag{31}$$

$$\mathfrak{r}' = \mathfrak{r} + \frac{\mathfrak{v}}{v^2}(\mathfrak{r},\, \mathfrak{v})\frac{1-k}{k}. \tag{32}$$

Aus (32) folgt noch

$$\mathfrak{r}'^2 = \mathfrak{r}^2 + \frac{(\mathfrak{r},\, \mathfrak{v})^2}{k^2 c^2} \tag{33}$$

und

$$(\mathfrak{r}',\, \mathfrak{v}) = \frac{(\mathfrak{r},\, \mathfrak{v})}{k}. \tag{34}$$

Mit Hilfe dieser Beziehungen wird $\dfrac{h\, m_0\, m_1\, \mathfrak{r}'}{r'^3}$ transformiert in

$$\frac{h\, m_0\, m_1\, k}{\left\{\mathfrak{r}^2 + \dfrac{(\mathfrak{r},\, \mathfrak{v})^2}{k^2 c^2}\right\}^{\frac{3}{2}}} \left\{\mathfrak{r} + \frac{\mathfrak{v}}{c^2}\frac{(\mathfrak{r},\, \mathfrak{v})}{k^2}\right\},$$

und die Bewegungsgleichungen der Sonne lauten

$$\ddot{x}_0 = \frac{h\, m_1\, k}{\left\{\mathfrak{r}^2 + \dfrac{(\mathfrak{r},\, \mathfrak{v})^2}{k^2 c^2}\right\}^{\frac{3}{2}}} \left\{x_1 + \dot{x}_1\left(\frac{x_1 \dot{x}_1 + y_1 \dot{y}_1}{k^2 c^2}\right)\right\}\left[1 - \frac{h\, m_0}{r c^2}\right] \tag{35}$$

und entsprechend die Gleichung für $\ddot{y}_0$.

Aus (35) und (27) erhält man die Gleichungen für die relative Bewegung des Planeten bezüglich der Sonne, wobei erst Terme der Größenordnung $\dfrac{m_1}{m_0}\dfrac{v^4}{c^4}$ vernachlässigt sind.

Wollen wir, was praktisch vollauf genügt, auch schon die Glieder der Ordnung $\dfrac{m_1}{m_0}\dfrac{v^2}{c^2}$ unberücksichtigt lassen, so lauten die

Bewegungsgleichungen des Planeten

$$(36) \quad \begin{aligned} \frac{d}{dt} \frac{\dot{\xi}}{\sqrt{1 - \dfrac{q^2}{c^2}}} &= - \frac{h(m_0 + m_1)\xi}{r^3}, \\[2em] \frac{d}{dt} \frac{\dot{\eta}}{\sqrt{1 - \dfrac{q^2}{c^2}}} &= - \frac{h(m_0 + m_1)\eta}{r^3}, \end{aligned}$$

wo

$$\xi = x_1 - x_0 ; \quad \eta = y_1 - y_0 ; \quad q^2 = (\mathfrak{v}_1 - \mathfrak{v}_0)^2$$

ist.

§ 4. Die säkularen Variationen der Elemente.

Die Gleichungen (36) sind von Wacker[1] in geschlossener Form integriert worden, indem er die dem Flächensatz und dem Integral der lebendigen Kraft entsprechenden Integrale aufstellte und daraus die Bahnkurve ermittelte.

Wir ziehen es vor, die Gleichungen nach einer störungstheoretischen Methode zu behandeln, und bringen sie zu diesem Zweck auf die Form

$$(37) \quad \ddot{\xi} = - \frac{h(m_0 + m_1)}{r^3} \xi + \frac{h(m_0 + m_1)}{r^3} \xi \frac{v^2}{2c^2} + \frac{h(m_0 + m_1)}{r^2} \frac{\dot{\xi}\dot{r}}{c^2}$$

und die analoge Gleichung für die y-Komponente.

Dann benutzen wir die von Gauß[2] abgeleiteten Formeln, welche die Änderungsgeschwindigkeit der Bahnelemente durch die Störungskräfte ausdrücken, und finden durch Quadratur, indem wir die periodischen Variationen[3] vernachlässigen und nur die säkularen beibehalten, daß die große Achse, die Exzentrizität, die Neigung der Bahn und die Länge des aufsteigenden Knotens konstant bleiben, daß dagegen die Länge des Perihels ϖ und die mittlere Länge der Epoche ε in einem Umlauf Variationen erfahren, die durch

---

1) F. Wacker, Diss. Tübingen 1909 p. 52 ff.

2) Gauß, Werke **3**, S. 331.

3) Vgl. z. B. F. Tisserand, Traité de mécanique céleste **1**, 1889, p. 431.

$$\Delta\widetilde{\omega} = \frac{\pi v^2}{c^2},$$
$$\Delta\varepsilon = -\frac{2\pi v^2}{c^2},$$

(38)

mit hinreichender Genauigkeit gegeben sind, unter v die Relativgeschwindigkeit des Planeten gegen die Sonne, unter c die Lichtgeschwindigkeit verstanden.

Nun wird man eine Änderung von ε im Laufe der Zeit nicht
feststellen können, da man die Änderungsgeschwindigkeit der
mittleren Länge der Epoche stets durch eine andere Wahl der
mittleren Bewegung n zu Null machen kann.

Der Beobachtung zugänglich ist also höchstens
die Änderung der Perihellänge, die für den Merkur in
100 Jahren, in denen dieser Planet 415 Umläufe voll-
führt, $6'',9$ beträgt.

Diese Störung ist für den Merkur am größten, da sie $a^{-\frac{5}{2}}$
proportional ist, wenn a den mittleren Abstand des Planeten von
der Sonne bedeutet.

Tatsächlich hat nun Leverrier bereits festgestellt, daß beim
Merkur eine anomale Perihelverschiebung von $40''$ im Jahrhundert stattfindet, und Newcomb hat für die Variationen der
Elemente der sämtlichen inneren Planeten kleine Abweichungen
der Beobachtungen von der Theorie, d. h. von der Rechnung
nach dem Newtonschen Gesetze gefunden.

Neuerdings ist es aber Seeliger[1]) geglückt, diese Anomalien
durch die Attraktion der Staubmassen des Zodiakallichtes zu erklären, indem er durch Verfügen über fünf Konstante die zehn
in Betracht kommenden Newcombschen empirischen Glieder
bei Merkur, Venus, Erde und Mars überraschend gut, weit innerhalb der wahrscheinlichen Fehler, zum Verschwinden brachte,
wobei die durch Ausgleichung bestimmten fünf Konstanten Werte
bekamen, die durchaus nicht unplausibel erscheinen.

Es bliebe demnach die Frage offen, ob es durch andere

---

1) H. Seeliger, Münchener Ber. **36**, 1906, S. 595.

Wahl der Konstanten ebensogut möglich ist, den Anschluß an die Erfahrung herzustellen, wenn man die durch (38) gegebene Perihelverschiebung, die durch Gültigkeit des Relativitätsprinzips gefordert wird, mit berücksichtigt.

Wie aber die Entscheidung auch ausfällt — eine sichere Entscheidung ist überhaupt nicht zu erwarten —, so kann doch keinesfalls auf den elektromagnetischen Ursprung der Gravitation geschlossen werden, sondern höchstens auf die Gültigkeit des Relativitätsprinzips, und das sind, wie auch Laue[1]) betont, zwei ganz verschiedene Dinge.

§ 5. Die empirische Zeit und die allgemeine Zeit.

Schließlich soll noch die Frage beantwortet werden, ob nach der elektromagnetischen Gravitationstheorie eine Veränderung in der Rotationsgeschwindigkeit der Erde zu erwarten ist, oder, anders ausgedrückt, ob die empirische Zeit, die ja durch die Rotation der Erde gegeben ist, von der allgemeinen Zeit verschieden ist.

Zu dem Zweck berechnen wir die Energiestrahlung durch eine unendlich große Kugelfläche infolge der Rotation der Erde. Hierbei dürfen wir die Rotationsgeschwindigkeit ω als konstant ansehen und die Entfernung der Kugelfläche so groß wählen, daß wir uns auf die Glieder beschränken können, die umgekehrt proportional r sind.

Die Massenverteilung soll so angenommen werden, daß der Schwerpunkt der Erde auf der Rotationsachse liegt, und daß letztere eine Hauptträgheitsachse ist. Im übrigen kann die Dichte eine beliebige Funktion des Orts sein.

Nennen wir das Trägheitsmoment bezüglich der Rotationsachse z R, das bezüglich der anderen beiden im Äquator liegenden Hauptträgheitsachsen x und y resp. P und Q, so ergibt sich aus dem skalaren Potential $\overset{+}{\Phi}$ und dem vektoriellen Potential $\overset{+}{\mathfrak{A}}$

---

1) M. Laue, Das Relativitätsprinzip, Braunschweig 1911, p. 186.

$$
\overset{+}{\mathfrak{E}}_x = -\frac{4\,\omega^3}{c^3 r^4}(Q-P)x^2 y + \frac{2\,\omega^3 y}{c^3 r^2}(Q-P),
$$

$$
\overset{+}{\mathfrak{E}}_y = -\frac{4\,\omega^3}{c^3 r^4}(Q-P)x y^2 + \frac{2\,\omega^3 x}{c^3 r^2}(Q-P),
$$

$$
\overset{+}{\mathfrak{E}}_z = -\frac{4\,\omega^3}{c^3 r^4}(Q-P)x y z,
$$

$$
\overset{+}{\mathfrak{H}}_x = -\frac{2\,\omega^3 x z}{c^3 r^3}(Q-P),
$$

$$
\overset{+}{\mathfrak{H}}_y = \frac{2\,\omega^3 y z}{c^3 r^3}(Q-P),
$$

$$
\overset{+}{\mathfrak{H}}_z = \frac{2\,\omega^3 (x^2-y^2)}{c^3 r^3}(Q-P). \tag{39}
$$

Daraus folgt für die Ausstrahlung durch eine unendlich große Kugelfläche nach (15)

$$
S = -\frac{8}{5}h\,\frac{\omega^6}{c^5}(Q-P)^2, \tag{40}
$$

so daß sich für die Rotation der Erde um ihre Achse nach dem Energieprinzip die Gleichung

$$
R\frac{d\omega}{dt} = \frac{8}{5}h\,\frac{\omega^5}{c^5}(Q-P)^2 \tag{41}
$$

ergibt, deren Integration auf

$$
\frac{1}{\omega_0^{\,4}} - \frac{1}{\omega^4} = \frac{32}{5}h\,\frac{(Q-P)^2}{c^5 R}\,t \tag{42}
$$

oder genähert auf

$$
\omega = \omega_0\left[1 + \frac{8}{5}h\left(\frac{Q-P}{R}\right)^2 R\,\frac{\omega_0^{\,4}}{c^5}\,t\right] \tag{43}
$$

führt.

Sind die beiden Hauptträgheitsmomente bezüglich der beiden im Äquator liegenden Hauptträgheitsachsen der Erde verschieden, so muß die Winkelgeschwindigkeit der Erde immer größer werden.

Nun folgt aus Pendelmessungen[1]), daß

$$
\frac{Q-P}{R} < \frac{1}{30\,000}
$$

ist. Ferner ist

$$
R < 0{,}4\,M a^2,
$$

---

1) Vgl. F. Tisserand, Traité de Mécanique céleste **2**, Paris 1891, p. 425.

denn dieser Wert ist das Trägheitsmoment der kugelförmig gedachten Erde bei homogener Massenverteilung, unter a den Radius, unter M die Masse der Erde verstanden.

Danach wird innerhalb des Zeitraums t ein Vorauseilen der Erde um

$$\Delta\varphi = \frac{4}{5}h\left(\frac{Q-P}{R}\right)^2 R\,\frac{\omega_0{}^4}{c^5}\,t^2$$

stattfinden, und dieser Winkel wird in 100 Jahren

$$\Delta\varphi < 1{,}3'' \cdot 10^{-16}$$

d. h. von ganz anderer Größenordnung als die Verzögerung der Rotationsgeschwindigkeit durch die Flutreibung, die ein Zurückbleiben der Erde um $332''$ im Jahrhundert zur Folge hat.[1]

Also auch hier ist eine Abweichung von den Gesetzen der klassischen Mechanik nicht zu konstatieren, und die Antwort auf die in der Überschrift gestellte Frage lautet

Non liquet.

---

1) F. Tisserand, a. a. O. p. 540.

Allgemeiner Beweis des Osgoodschen Satzes der Variationsrechnung für einfache Integrale.

Von

Hans Hahn in Czernowitz.

Vor kurzem habe ich den Satz bewiesen[1]), daß ein Extremalenbogen, in dessen Umgebung die E-Funktion definiten Zeichens ist, falls er ein schwaches Extremum eines Variationsproblems liefert, sicher auch ein starkes Extremum dieses Problems liefert. Der Vorteil dieses allgemeinen Satzes besteht darin, daß es viel einfacher ist, ein schwaches Extremum nachzuweisen, als ein starkes, da man zum Nachweise des starken Extremums den Extremalenbogen mit Feldern spezieller Natur umgeben muß, deren Konstruktion schon in dem einfachen Falle, daß es sich um ein Variationsproblem mit auf einer vorgeschriebenen Mannigfaltigkeit variablem Anfangspunkte handelt, abgesehen vom allereinfachsten Typus von Variationsproblemen, sich recht umständlich gestaltet; überdies umfaßt unser Satz auch die Extremalenbogen, für die das Jacobische Kriterium nur im weiteren, nicht im strengen Sinne erfüllt ist, für welche sich also die erwähnten Felder überhaupt nicht konstruieren lassen. — Hier nun will ich darüber hinaus zeigen, wie sich aus den eingangs genannten Voraussetzungen nicht nur das Stattfinden eines Extremums schlechthin, sondern auch das Stattfinden jener Eigenschaft des Extremums nachweisen läßt, die zuerst Osgood für den einfachsten Typus von Variationsproblemen konstatiert hat[2]). Ich

---

1) „Über Variationsprobleme mit variablen Endpunkten" Monatsh. f. Math. u. Phys. **22** (1911), S. 127.

2) Am. Trans. **2** (1901), S. 273.

habe vor einiger Zeit einen äußerst einfachen Beweis des Osgood-schen Satzes mitgeteilt[1]); die Methode, die ich hier verwende, ist nun eine Kombination der damals verwendeten und der in der eingangs erwähnten Arbeit verwendeten; der im folgenden durchgeführte Beweis beruht also auf einer zweimaligen Anwendung der Methode der gebrochenen Extremalen.

Ich habe mich auf die Behandlung der sogenannten x-Probleme beschränkt, um Schwierigkeiten sekundärer Natur zu vermeiden. Bei Übertragung der folgenden Überlegung auf Probleme in Parameterdarstellung stellen sich solche Schwierigkeiten an zwei Stellen ein. Die erste dieser Stellen ist der Beweis des Hilfs-satzes 3 in § 2, der durch die hier benutzten Überlegungen bei Parameterdarstellung nicht allgemein erwiesen werden kann, son-dern nur mit einer Einschränkung, wie ich sie in meiner Abhand-lung über den Osgoodschen Satz präzisiert habe[2]). In kurzem werde ich in einem Nachtrage zur genannten Arbeit zeigen, wie man sich von dieser Einschränkung befreien kann; der Gedanke, den ich in diesem Nachtrage entwickeln werde, läßt sich auch ohne weiteres auf die allgemeinere uns hier beschäftigende Fragestel-lung übertragen, wodurch die erste der erwähnten Schwierig-keiten aus dem Wege geräumt ist. Die zweite Schwierigkeit stellt sich ein bei Übertragung von Satz VIII auf Probleme in Para-meterdarstellung. Diese Schwierigkeit, die für die Anwendung der Methode der gebrochenen Extremalen auf Probleme in Para-meterdarstellung charakteristisch ist, habe ich für den einfachsten Typus von Variationsproblemen ausführlich diskutiert in einer Arbeit über Extremalenbogen, deren Endpunkt zum Anfangs-punkte konjugiert ist.[3]) Die dort zur Behebung dieser Schwierig-keit verwendete Methode ist auch hier ohne weiteres anwendbar, so daß das Schlußresultat unserer Untersuchungen, die unein-geschränkte Gültigkeit des Osgoodschen Satzes, für Probleme

---

1) Monatsh. f. Math. u. Phys. **17** (1906), S. 63. Dieser Beweis findet sich wiedergegeben in Bolzas „Vorlesungen über Variationsrechnung", S. 280.

2) A. a. O. S. 66.

3) Wien. Ber. **118**, S. 112 ff.

in Parameterdarstellung genau so in Gültigkeit bleibt, wie für die x-Probleme. Eine volle Durchführung des Beweises auch für Parameterdarstellung dürfte nach den hier gemachten Andeutungen wohl unnötig sein.

§ 1.

Das Variationsproblem, mit dem wir uns im folgenden beschäftigen, ist das sogenannte Lagrangesche Problem: ein Integral:

$$\int f(x, y_1, y_2, \ldots, y_n; y_1', y_2', \ldots, y_n')\,dx \tag{1}$$

unter den Nebenbedingungen:

$$\varphi_j(x, y_1, \ldots, y_n; y_1', \ldots, y_n') = 0 \qquad (j = 1, 2, \ldots, m) \tag{2}$$

und gewissen Randbedingungen zu einem Extremum zu machen.

Indem wir für alle in Betracht kommenden Voraussetzungen, Begriffe und Sätze auf Bolzas „Vorlesungen über Variationsrechnung" (11. und 12. Kapitel) verweisen, sei nur folgendes vorausgeschickt: Wir verwenden die Sprache der $(n+1)$-dimensionalen Geometrie, so daß ein Wertsystem $(x, y_1, y_2, \ldots, y_n)$ als ein Punkt, ein Wertsystem $(x, y_1, \ldots, y_n, y_1', \ldots, y_n')$ als Linienelement erscheint. Unter $r(A_0, A_1)$ verstehen wir den Abstand der beiden Punkte A_0 und A_1; sind also $(x_0, y_1^0, \ldots, y_n^0)$ und $(x_1, y_1^1, \ldots, y_n^1)$ die Koordinaten dieser Punkte, so ist:

$$r(A_0, A_1) = \sqrt{(x_1 - x_0)^2 + (y_1^1 - y_1^0)^2 + \cdots + (y_n^1 - y_n^0)^2}.$$

Ein System von n Gleichungen der Form:

$$y_1 = y_1(x), \ldots, y_n = y_n(x) \tag{3}$$

zusammen mit einer Ungleichung $x_0 \leq x < x_1$ stellt einen Kurvenbogen dar, den wir kurz den Bogen (x_0, x_1) der Kurve (3) nennen. Unter der Nachbarschaft σ dieses Kurvenbogens verstehen wir die Gesamtheit aller Punkte, deren Koordinaten den Ungleichungen genügen:

$$x_0 \leq x \leq x_1 \quad y_i(x) - \sigma \leq y_i \leq y_i(x) + \sigma \quad (i = 1, 2, \ldots, n).$$

Es sei noch ein für allemal bemerkt, daß der Index i im folgenden immer alle Werte $1, 2, \ldots, n$, der Index j hingegen alle Werte

$1, 2, \ldots, m$ durchläuft (m ist die Anzahl der Bedingungsgleichungen (2)).

Zu jeder Extremale gehört ein System von m Multiplikatoren $\lambda_j(x)$, das, wenn die Extremale nicht anormales Verhalten zeigt, völlig eindeutig bestimmt ist. Die E-Funktion hängt bekanntlich ab von einem Punkte einer Extremale, ihrer Richtung und ihren Multiplikatoren in diesem Punkte und einer beliebigen anderen Richtung:

$$E(x, y_1, \ldots, y_n; y_1', \ldots, y_n'; \lambda_1, \ldots, \lambda_m; \tilde{y}_1', \ldots, \tilde{y}_n')$$

Wir nennen sie für ein Wertsystem

$$(x, y_1, \ldots, y_n; y_1', \ldots, y_n'; \lambda_1, \ldots, \lambda_m)$$

positiv definit, wenn sie für alle Wertsysteme $(\tilde{y}_1', \ldots, \tilde{y}_n')$, außer für $\tilde{y}_i' = y_i'$, positiv ausfällt.

Wir gehen aus von einer speziellen Extremale $\overline{E}$, deren Koordinaten und Multiplikatoren gegeben seien durch:

$$y_i = \overline{y}_i(x), \quad \lambda_j = \overline{\lambda}_j(x).$$

Sei uns ein Bogen dieser Extremale $\overline{E}$ vorgelegt; sein Anfangspunkt $\overline{A}_0$ habe die Koordinaten $(\overline{x}_0, \overline{y}_1{}^0, \ldots, \overline{y}_n{}^0)$, sein Endpunkt $\overline{A}_1$ habe die Koordinaten $(\overline{x}_1, \overline{y}_1{}^1, \ldots, \overline{y}_n{}^1)$; er genüge folgenden vier Bedingungen:

1. er enthält kein für die **Lagrange**schen Gleichungen singuläres Element;

2. es gibt eine positive Konstante τ, so daß er für

$$\overline{x}_0 - \tau \leqq x \leqq \overline{x}_1 + \tau$$

nirgends ein anormales Verhalten zeigt, und so daß

3. im Gebiete:

$$\overline{x}_0 - \tau \leqq x \leqq \overline{x}_1 + \tau; \quad |y_i - y_i(x)| \leqq \tau, \quad |y_i' - y_i'(x)| \leqq \tau,$$
$$|\lambda_j - \lambda_j(x)| \leqq \tau$$

die E-Funktion positiv definit ist;

4. er enthält den zu $\overline{A}_0$ konjugierten Punkt nicht.

Aus den Bedingungen 1., 2., 3. folgt bekanntlich:

I. Es gibt eine $2n$-parametrige Extremalenschar:

$$y_i = y_i(x, c_1, c_2, \ldots, c_{2n}); \quad \lambda_j = \lambda_j(x, c_1, c_2, \ldots, c_{2n}) \qquad (4)$$

die folgende Bedingungen erfüllt:

a) sie enthält für $c_1 = \bar{c}_1, \ldots, c_{2n} = \bar{c}_{2n}$ die Extremale $\bar{E}$,

b) es gibt zwei positive Konstante h_1 und γ_1, so daß, sobald

$$|c_1 - \bar{c}_1| \leqq \gamma_1, \ldots, \quad |c_{2n} - \bar{c}_{2n}| \leqq \gamma_1,$$

der Bogen $(\bar{x}_0 - h_1, \bar{x}_1 + h_1)$ der Extremalen (4) ebenfalls kein für die Lagrangeschen Gleichungen singuläres Element enthält und so daß

c) die E-Funktion auch im ganzen Gebiete:

$$\bar{x}_0 - h_1 \leqq x \leqq \bar{x}_1 + h_1; \quad |y_i - y_i(x, c_1, c_2, \ldots, c_{2n})| \leqq \frac{\tau}{2}$$

$$|y_i' - y_{ix}(x, c_1, c_2, \ldots, c_{2n})| \leqq \frac{\tau}{2}; \quad |\lambda_j - \lambda_j(x, c_1, c_2, \ldots, c_{2n})| \leqq \frac{\tau}{2}$$

positiv definit ist.

Die Extremale, deren Gleichungen (4) sind, bezeichnen wir kurz als Extremale $E(c_1, \ldots, c_{2n})$. Es gilt der Satz:

II. Genügt der Bogen $\bar{A}_0 \bar{A}_1$ der Extremale $\bar{E}$ den Bedingungen 1., 2., 3., 4., so gehört zu jeder hinlänglich kleinen positiven Zahl γ_2 eine positive Zahl ϱ_2, so daß sich alle Punktepaare A_0, A_1 für die $r(\bar{A}_0, A_0) \leqq \varrho_2$, $r(\bar{A}_1, A_1) \leqq \varrho_2$ ist, durch eine und nur eine den Ungleichungen:

$$|c_1 - \bar{c}_1| \leqq \gamma_2, \ldots, \quad |c_{2n} - \bar{c}_{2n}| \leqq \gamma_2$$

genügende Extremale $E(c_1, \ldots, c_{2n})$ verbinden lassen.

Zum Beweise bemerke man, daß, weil $\bar{A}_1$ nicht zu $\bar{A}_0$ konjugiert ist, sicherlich die Determinante:

$$\left| \begin{matrix} y_{1c_\nu}(\bar{x}_0, \bar{c}_1, \ldots, \bar{c}_{2n}), \ldots, y_{nc_\nu}(\bar{x}_0, \bar{c}_1, \ldots, \bar{c}_{2n}), \\ y_{1c_\nu}(\bar{x}_1, \bar{c}_1, \ldots, \bar{c}_{2n}), \ldots, y_{nc_\nu}(\bar{x}_1, \bar{c}_1, \ldots, \bar{c}_{2n}) \end{matrix} \right|_{(\nu=1, 2, \ldots, 2n)} \neq 0 \qquad (5)$$

ist. Ferner nehmen wir von vornherein $\gamma_2 \leqq \gamma_1$ und $\varrho_2 \leqq h_1$ an (γ_1 und h_1 die in Satz I vorkommenden Konstanten) und bezeichnen die Koordinaten von A_0 mit $(x_0, y_1^0, \ldots, y_n^0)$, die von A_1 mit

$(x_1, y_1^1, \ldots, y_n^1)$. Dann handelt es sich um die Auflösung der $2n$ Gleichungen:

$$y_i(x_0, c_1, \ldots, c_{2n}) = y_i^0; \quad y_i(x_1, c_1, \ldots, c_{2n}) = y_i^1$$

nach den $2n$ Variablen $c_1, c_2, \ldots, c_{2n}$. Für

$$x_0 = \bar{x}_0,\; y_i^0 = \bar{y}_i^0,\; x_1 = \bar{x}_1,\; y_i^1 = \bar{y}_i^1,\; c_1 = \bar{c}_1, \ldots, c_{2n} = \bar{c}_{2n}$$

sind diese Gleichungen erfüllt. Ihre Funktionaldeterminante nach den $2n$ Veründlichen c lautet:

$$\left|\, y_{1c_\nu}(x_0, c_1 \ldots, c_{2n}), \ldots, y_{nc_\nu}(x_0, c_1, \ldots, c_{2n}); \right.$$
$$\left. y_{1c_\nu}(x_1, c_1, \ldots, c_{2n}), \ldots, y_{nc_\nu}(x_1, c_1, \ldots, c_{2n}) \,\right|_{(\nu = 1, 2, \ldots, 2n)}$$

Für das eben angeführte Wertsystem ist sie, wie (5) lehrt, nicht Null, so daß die Lehre von den impliziten Funktionen unmittelbar zu Satz II führt.

Ebenso wie bei II hängt auch bei den folgenden Sätzen III bis V die Gültigkeit an der Voraussetzung, daß der Bogen $\bar{A}_0 \bar{A}_1$ von $\bar{E}$ den Bedingungen 1., 2., 3., 4. genügt, was wir nicht mehr ausdrücklich anführen werden.

III. Sind die positiven Zahlen k_3 und h_3 hinlänglich klein gewählt und ist $k_3 > h_3$ so lassen sich positive Zahlen $\gamma_3, \gamma_3', \sigma_3$ so bestimmen, daß folgendes gilt. Ist:

$$(6) \qquad |c_1^0 - \bar{c}_1| \leqq \gamma_3, \ldots, |c_{2n}^0 - \bar{c}_{2n}| \leqq \gamma_3$$

und legt man durch den Punkt von der Abszisse $\bar{x}_0 - k_3$ der Extremale $E(c_1^0, \ldots, c_{2n}^0)$ die n-parametrige Extremalenschar, so bilden diejenigen Extremalen $E(c_1, \ldots, c_{2n})$ dieser Schar, die den Ungleichungen:

$$(7) \qquad |c_1 - c_1^0| \leqq \gamma_3', \ldots, |c_{2n} - c_{2n}^0| \leqq \gamma_3'$$

genügen in der Nachbarschaft σ_3 des Bogens $(\bar{x}_0 - h_3, \bar{x}_1 + h_3)$ der Extremale $\bar{E}$ ein Feld.

Zum Beweise setzen wir:

$$\Delta(x, \bar{x}, c_1, \ldots, c_{2n}) =$$
$$\left|\, y_{1c_\nu}(x, c_1, \ldots, c_{2n}), \ldots, y_{nc_\nu}(x, c_1, \ldots, c_{2n}), \right.$$
$$\left. y_{1c_\nu}(\bar{x}, c_1, \ldots, c_{2n}), \ldots, y_{nc_\nu}(\bar{x}, c_1, \ldots, c_{2n}) \,\right|_{(\nu = 1, 2, \ldots, 2n)}$$

und bemerken, daß aus der Voraussetzung, daß der Extremalenbogen $\bar{A}_0\bar{A}_1$ den zu $\bar{A}_0$ konjugierten Punkt nicht enthält, sofort folgt, daß für $\bar{x}_0 < x \leqq \bar{x}_1$:

$$\varDelta(x, \bar{x}_0, \bar{c}_1, \ldots, \bar{c}_{2n}) \neq 0$$

ist, voraus man weiter folgert[1]), daß, wenn die positive Zahl k_3 sowohl als auch die positive Zahl h_3 hinlänglich klein sind, und zwar $h_3 < k_3$ ist, für $\bar{x}_0 - h_3 \leqq x \leqq \bar{x}_1 + h_3$:

$$\varDelta(x, \bar{x}_0 - k_3, \bar{c}_1, \ldots, \bar{c}_{2n}) \geqq a > 0$$

gilt. Daraus entnimmt man weiter, daß, wenn nur γ_3 hinlänglich klein ist, für

$$\bar{x}_0 - h_3 \leqq x \leqq \bar{x}_1 + h_3; \quad |c_1^0 - \bar{c}_1| \leqq \gamma_3, \ldots, |c_{2n}^0 - \bar{c}_{2n}| \leqq \gamma_3 \quad (8)$$

auch die Ungleichung:

$$\varDelta(x, \bar{x}_0 - k_3, c_1^0, \ldots, c_{2n}^0) \geqq \frac{\alpha}{2} \tag{9}$$

gilt. — Nun betrachten wir die $2n$ Gleichungen:

$$\begin{aligned} y_i(\bar{x}_0 - k_3, c_1, \ldots, c_{2n}) &= y_i(\bar{x}_0 - k_3, c_1^0, \ldots, c_{2n}^0); \\ y_i(x, c_1, \ldots, c_{2n}) &= y_i. \end{aligned} \tag{10}$$

Sie liefern uns die durch den Punkt von der Abszisse $\bar{x}_0 - k_3$ der Extremale $E(c_1^0, \ldots, c_{2n}^0)$ und durch den beliebigen Punkt $(x, y_1, \ldots, y_n)$ hindurchgehende Extremale. Diese Gleichungen sind erfüllt für: $c_1 = c_1^0, \ldots, c_{2n} = c_{2n}^0, y_i = y_i(x, c_1^0, \ldots, c_{2n}^0)$. Ihre Funktionaldeterminante nach den c ist $\varDelta(x, \bar{x}_0 - k_3, c_1, \ldots, c_{2n})$. Sie bleibt also nach (9) oberhalb der positiven Grenze $\frac{\alpha}{2}$ für alle Wertsysteme $(x, c_1^0, \ldots, c_{2n}^0)$, die den Ungleichungen (8) genügen. Daraus entnimmt man auf Grund der Lehre von den impliziten Funktionen[2]): zu jeder hinlänglich kleinen Zahl γ_3' gibt es eine positive Zahl σ_3' derart, daß für jedes den Ungleichungen (6) genügende Wertsystem $c_1^0, c_2^0, \ldots, c_{2n}^0$ und alle dem Gebiete:

$$\bar{x}_0 - h_3 \leqq x \leqq \bar{x}_1 + h_3; \quad |y_i - y_i(x, c_1^0, \ldots, c_{2n}^0)| \leqq \sigma_3' \tag{11}$$

angehörenden Wertsysteme $(x, y_1, \ldots, y_n)$, den Gleichungen (10)

---

1) Siehe etwa meine in der Einleitung zitierte Arbeit Monatsh. **22**, S. 130, 131.

2) A. a. O. S. 131.

durch ein und nur ein Wertsystem $c_1, c_2, \ldots, c_{2n}$ genügt wird, das die Ungleichungen (7) befriedigt. — Das aber läßt sich auch so ausdrücken: Legt man durch den Punkt von der Abszisse $\bar{x}_0 - k_3$ der Extremale $E(c_1^0, \ldots, c_{2n}^0)$ die n-parametrige Extremalenschar, so bilden die den Ungleichungen (7) genügenden Extremalen dieser Schar in dem durch die Ungleichungen (11) charakterisierten Gebiete (d. i. in der Nachbarschaft $\sigma_3{}'$ des Bogens $(\bar{x}_1 - h_3, \bar{x}_1 + h_3)$ der Extremale $E(c_1^0, \ldots, c_{2n}^0)$) ein Feld.

Um von da zu Satz III zu gelangen, wähle man nun γ_3 so klein, daß die den Ungleichungen (6) genügenden Extremalen $E(c_1^0, \ldots, c_{2n}^0)$ für $\bar{x}_0 - h_3 \leq x \leq \bar{x}_1 + h_3$ ganz in der Nachbarschaft $\dfrac{\sigma_3{}'}{2}$ der Extremale E_0 verbleiben. Wählt man dann noch $\sigma_3 < \dfrac{\sigma_3{}'}{2}$, so liegt offenbar die Nachbarschaft σ_3 des Bogens $\bar{x}_0 - h_3 \leq x \leq \bar{x}_1 + h_3$ der Extremale $\bar{E}$ ganz in der Nachbarschaft $\sigma_3{}'$ des Bogens $(\bar{x}_0 - h_3, \bar{x}_1 + h_3)$ der Extremale $E(c_1^0, \ldots, c_{2n}^0)$, womit Satz III bewiesen ist.

In derselben Weise beweist man:

III a. Sind die positiven Zahlen k_3 und h_3 hinlänglich klein gewählt und ist $k_3 > h_3$, so lassen sich positive Zahlen $\gamma_3, \gamma_3{}', \sigma_3$ so bestimmen, daß folgendes gilt: Legt man durch den Punkt von der Abszisse $\bar{x}_1 + k_3$ einer den Ungleichungen (6) genügenden Extremale $E(c_1^0, \ldots, c_{2n}^0)$ die n-parametrige Extremalenschar, so bilden die den Ungleichungen (7) genügenden Extremalen $E(c_1, \ldots, c_{2n})$ dieser Schar in der Nachbarschaft σ_3 des Bogens $(\bar{x}_0 - h_3, \bar{x}_1 + h_3)$ der Extremale $\bar{E}$ ein Feld.

Ist $\gamma_3 \leq \gamma_1$ und $\gamma_3{}'$ so klein gewählt, daß aus den Ungleichungen (7) für $\bar{x}_0 - h_3 \leq x \leq \bar{x}_1 + h_3$ folgt:

$$
(12) \qquad
\begin{aligned}
& |\, y_{ix}(x, c_1, \ldots, c_{2n}) - y_{ix}(x, c_1^0, \ldots, c_{2n}^0)\,| \leq \frac{\tau}{2}; \\
& |\, \lambda_j(x, c_1, \ldots, c_{2n}) - \lambda_j(x, c_1^0, \ldots, c_{2n}^0)\,| \leq \frac{\tau}{2},
\end{aligned}
$$

ist endlich $\sigma_3{}' \leq \dfrac{\tau}{2}$, so folgt aus Satz I, daß in dem die Nachbarschaft σ_3 des Bogens $(\bar{x}_0 - h_3, \bar{x}_1 + h_3)$ von $\bar{E}$ bedeckenden Felde der Extremale $E(c_1^0, \ldots, c_{2n}^0)$ die E-Funktion positiv definit ist, so daß wir den Satz haben:

IV. Sind die drei positiven Zahlen γ_4, σ_4, h_4 hinlänglich klein gewählt, so erteilt der Bogen $(\bar{x}_0 - h_4, \bar{x}_1 + h_4)$ einer den Ungleichungen:

$$|c_1^{\,0} - \bar{c}_1| \leqq \gamma_4, \ldots, |c_{2n}^{0} - \bar{c}_{2n}| \leqq \gamma_4 \qquad (13)$$

genügenden Extremale $E(c_1^{\,0}, \ldots, c_{2n}^0)$ dem Integrale (1) einen kleineren Wert als jeder andere Bogen einer zulässigen Vergleichskurve von gleichem Anfangs- und Endpunkte, die ganz in der Nachbarschaft σ_4 des Bogens $(\bar{x}_0 - h_4, \bar{x}_1 + h_4)$ der Extremale $\bar{E}$ verbleibt.

Dieses Resultat habe ich, wenn auch in etwas anderer Weise, bereits in Monatsh. **22** bewiesen.

§ 2.

Wir kommen nun zum Beweise des Satzes:

V. Sind die positiven Zahlen σ_5 und h_5 hinlänglich klein, und ist $\sigma_5 > \sigma_5{}' > \sigma_5{}'' > 0$, ist endlich die positive Zahl γ_5 hinlänglich klein, jedenfalls aber so klein gewählt, daß für

$$\bar{x}_0 - h_5 \leqq x \leqq \bar{x}_1 + h_5$$

die den Ungleichungen:

$$|c_1^0 - \bar{c}_1| \leqq \gamma_5, \ldots, |c_{2n}^0 - \bar{c}_{2n}| \leqq \gamma_5 \qquad (14)$$

genügenden Extremalen $E(c_1^0, \ldots, c_{2n}^0)$ ganz in der Nachbarschaft $\sigma_5{}''$ der Extremale $\bar{E}$ verbleiben, so gibt es eine positive Zahl ε_5 von folgender Eigenschaft: Ein Bogen einer zulässigen Vergleichskurve, der mit dem Bogen $(\bar{x}_0 - h_5, \bar{x}_1 + h_5)$ einer den Ungleichungen (14) genügenden Extremale $E(c_1^0, \ldots, c_{2n}^0)$ gleichen Anfangs- und Endpunkt hat, und der ganz in der Nachbarschaft σ_5, aber nicht ganz in der Nachbarschaft $\sigma_5{}'$ des Bogens $(\bar{x}_0 - h_5, \bar{x}_1 + h_5)$ der Extremale $\bar{E}$ verbleibt, erteilt dem Integrale (1) einen um mindestens ε_5 größeren Wert als der genannte Bogen der Extremale $E(c_1^0, \ldots, c_{2n}^0)$.

Wir wählen zum Beweise $h_5 < h_4$. Dann kann man in III und III a für h_3 die Größe h_5, für k_3 die Größe h_4 wählen. Wir setzen dementsprechend $h_5 = \bar{h}_3$, $h_4 = \bar{k}_3$. Die dieser Wahl von h_3 und k_3 entsprechenden Größen $\gamma_3, \gamma_3{}', \sigma_3$ bezeichnen wir mit

$\overline{\gamma}_3$, $\overline{\gamma}_3{}'$, $\overline{\sigma}_3$; speziell werde $\overline{\gamma}_3 < \gamma_4$ angenommen. Nehmen wir dann irgendeine den Ungleichungen:

$$(15) \qquad |c_1^0 - \overline{c}_1| \leqq \overline{\gamma}_3, \ldots, |c_{2n}^0 - \overline{c}_{2n}| \leqq \overline{\gamma}_3$$

genügende Extremale $E(c_1^0, \ldots, c_{2n}^0)$ her, so läßt sich sowohl ihr Punkt A_0 von der Abszisse $\overline{x}_0 - \overline{k}_3 \; (= \overline{x}_0 - h_4)$ als auch ihr Punkt A_1 von der Abszisse $\overline{x}_1 + \overline{k}_3$ mit jedem beliebigen Punkte A der Nachbarschaft $\overline{\sigma}_3$ des Bogens

$$(\overline{x}_0 - \overline{h}_3, \, \overline{x}_1 + \overline{h}_3) = (\overline{x}_0 - h_5, \, \overline{x}_1 + h_5)$$

der Extremale $\overline{E}$ durch eine und nur eine den Ungleichungen:

$$|c_1 - c_1^0| \leqq \overline{\gamma}_3{}', \ldots, |c_{2n} - c_{2n}^0| \leqq \overline{\gamma}_3{}'$$

genügende Extremale $E(c_1, \ldots, c_{2n})$ verbinden. Wir betrachten den Kurvenzug, der von A_0 bis A mit der einen, von A bis A_1 mit der anderen dieser beiden Extremalen zusammenfällt. Ist $\overline{\sigma}_3$ hinlänglich klein gewählt (speziell $\leqq \sigma_4$), so gehört dieser Kurvenzug sicherlich ganz der Nachbarschaft σ_4 des Bogens $(\overline{x}_0 - h_4, \, \overline{x}_1 + h_4)$ der Extremale $\overline{E}$ an. Dieser Kurvenzug hängt ab von den Parametern $c_1^0, \ldots, c_{2n}^0$ und der Lage des Punktes A; wir nennen ihn dementsprechend:

$$C(c_1^0, \ldots, c_{2n}^0; \, A)$$

und können auf Grund des Satzes IV den Hilfssatz aussprechen:

Hilfssatz 1: Liegt der Punkt A in der Nachbarschaft $\overline{\sigma}_3$ des Bogens $(\overline{x}_0 - h_5, \, \overline{x}_1 + h_5)$ der Extremalen $\overline{E}$, aber nicht auf der Extremale $E(c_1^0, \ldots, c_{2n}^0)$ selbst, und genügen die Konstanstanten $c_1^0, \ldots, c_{2n}^0$ den Ungleichungen (15), so ist der Wert, den der Kurvenzug $C(c_1^0, \ldots, c_{2n}^0, A)$ dem Integrale (1) erteilt größer, als der, den der Bogen $(\overline{x}_0 - h_4, \, \overline{x}_1 + h_4)$ der Extremale $E(c_1^0, \ldots, c_{2n}^0)$ dem Integral erteilt.

Betrachten wir nun den von A_0 bis A reichenden Bogen des Kurvenzuges $C(c_1^0, \ldots, c_{2n}^0, A)$. Er gehört einer Extremale $E(c_1, \ldots, c_{2n})$ an, die den Ungleichungen genügt:

$$|c_1 - \overline{c}_1| \leqq \overline{\gamma}_3 + \overline{\gamma}_3{}', \ldots, |c_{2n} - \overline{c}_{2n}| \leqq \overline{\gamma}_3 + \overline{\gamma}_3{}'.$$

Wählen wir also $\overline{\gamma}_3$ und $\overline{\gamma}_3{}'$ so, daß $\overline{\gamma}_3 + \overline{\gamma}_3{}' \leqq \gamma_4$, so können wir auf den Bogen $A_0 A$ dieser Extremale (der ja ganz im Bogen

$(\bar{x}_0 - h_4,\ \bar{x}_1 + h_4)$ enthalten ist, Satz IV anwenden, und erhalten, da ja der Bogen AA_1 des Kurvenzuges $C(c_1^0, \ldots, c_{2n}^0, A)$ sich ebenso behandeln läßt den

Hilfssatz 2: Der Kurvenzug $C(c_1^0, \ldots, c_{2n}^0, A)$ erteilt dem Integral (1) einen kleineren Wert als jeder andere von A_0 nach A_1 verlaufende Bogen einer zulässigen Vergleichskurve, die ebenfalls durch A hindurchgeht, und ganz in der Nachbarschaft $\bar{\sigma}_3$ der Extremale $\bar{E}$ verbleibt.

Wir wählen nun für σ_5 den Wert $\bar{\sigma}_3$, und nehmen $\gamma_5 \leq \gamma_3$. Bilden wir die Differenz $D(c_1^0, \ldots, c_{2n}^0, A)$ der Werte, die der Kurvenzug $C(c_1^0, \ldots, c_{2n}^0, A)$ und die der Bogen

$$(\bar{x}_0 - h_4,\ \bar{x}_1 + h_4)$$

der Extremale $E(c_1^0, \ldots, c_{2n}^0)$ dem Integral (1) erteilt, so ist diese Differenz eine stetige Funktion der Konstanten c^0 und der Koordinaten von A. Lassen wir die Konstanten c^0 beliebig im Gebiete (14) variieren und den Punkt A beliebig in der Nachbarschaft σ_5 des Bogens $(\bar{x}_0 - h_5,\ \bar{x}_1 + h_5)$ der Extremale $\bar{E}$ variieren, aber so, daß er nicht ins Innere der Nachbarschaft σ_5' dieses Bogens rückt, so kann wegen $\sigma_5'' < \sigma_5'$ der Punkt A niemals auf eine den Ungleichungen (14) genügende Extremale $E(c_1^0, \ldots, c_{2n}^0)$ zu liegen kommen, so daß $D(c_1^0, \ldots, c_{2n}^0, A)$ immer positiv bleibt. Da aber der Bereich, in dem $c_1^0, \ldots, c_{2n}^0, A$ variieren abgeschlossen und die Funktion $D(c_1^0, \ldots, c_{2n}^0, A)$ stetig ist, bleibt sie also oberhalb einer positiven Zahl, die wir mit ε_5 bezeichnen wollen.

Zusammen mit Hilfssatz 2 haben wir also den Satz gewonnen:

Hilfssatz 3. Der Bogen $(\bar{x}_0 - h_4,\ \bar{x}_1 + h_4)$ einer den Ungleichungen (14) genügenden Extremale $E(c_1^0, \ldots, c_{2n}^0)$ erteilt dem Integrale (1) einen um mindestens ε_5 kleineren Wert als jeder andere Bogen einer zulässigen Vergleichskurve von gleichem Anfangs- und Endpunkte, der ganz in der Nachbarschaft σ_5 des Bogens $(\bar{x}_0 - h_4,\ \bar{x}_1 + h_4)$ der Extremale $\bar{E}$ verbleibt, für $\bar{x}_0 - h_5 \leq x \leq \bar{x}_1 + h_5$ aber mindestens einen nicht zur Nachbarschaft σ_5' von $\bar{E}$ gehörenden Punkt enthält.

Unseren Satz V erhält man nun hieraus durch Beschränkung auf Vergleichskurven, die von der Abszisse $\bar{x}_0 - h_4$ bis zur Abszisse $\bar{x}_0 - h_5$ und von der Abszisse $\bar{x}_1 + h_5$ bis zur Abszisse $\bar{x}_1 + h_4$ mit der Extremale $E(c_1^0, \ldots, c_{2n}^0)$ zusammenfallen.

§ 3.

Nun machen wir folgende Voraussetzungen: Der Bogen $\bar{P}_0 \bar{P}_1$ der Extremale $\bar{E}$ genüge den Voraussetzungen 1., 2., 3. von § 1 (Voraussetzung 4. braucht nicht erfüllt zu sein). Ferner mache dieser Extremalenbogen das Integral (1) zu einem schwachen Minimum gegenüber denjenigen zulässigen Vergleichskurvenbögen $P_0 P_1$, deren Anfangs- und Endpunkt gewissen Bedingungen genügen (etwa auf gewissen Mannigfaltigkeiten liegen müssen). Wir werden diese Vergleichskurvenbögen im folgenden als „spezielle Vergleichskurven" bezeichnen. Wir bezeichnen die Koordinaten von $\bar{P}_0$, $\bar{P}_1$, P_0, P_1 mit

$$(\bar{x}_0, \bar{y}_1^0, \ldots, \bar{y}_n^0), \quad (\bar{x}_1, \bar{y}_1^1, \ldots, \bar{y}_n^1),$$
$$(x_0, y_1^0, \ldots, y_n^0), \quad (x_1, y_1^1, \ldots, y_n^1).$$

Es gibt nun eine positive Zahl η, so daß, wenn $y_i = \tilde{y}_i(x)$ die Gleichungen einer speziellen Vergleichskurve sind, wenn weiter $r(P_0, \bar{P}_0) < \eta$ und $r(P_1, \bar{P}_1) < \eta$ und für $\bar{x}_0 - \eta \leqq x \leqq \bar{x}_1 + \eta$ die Ungleichungen bestehen:

$$| \tilde{y}_i(x) - y_i(x) | \leqq \eta \quad | \tilde{y}_i'(x) - y_i'(x) | \leqq \eta$$

der Bogen $P_0 P_1$ der Kurve $y_i = \tilde{y}_i(x)$ dem Integrale einen größeren Wert erteilt, als der Bogen $\bar{P}_0 \bar{P}_1$ von $\bar{E}$, es sei denn, daß diese beiden Bogen identisch sind. Über die Bedingungen, denen die Anfangs- und Endpunktkoordinaten der speziellen Vergleichskurven zu genügen haben, machen wir lediglich die Voraussetzung, daß sowohl die Anfangs- als die Endpunkte der den Ungleichungen $| \tilde{y}_i(x) - y_i(x) | \leqq \eta$ genügenden speziellen Vergleichskurven (wenigstens für hinlänglich kleines η) abgeschlossene Mengen bilden.

Nun wählen wir irgendwie eine Abszisse x_2 zwischen $\bar{x}_0$ und $\bar{x}_1$; den Punkt der Abszisse x_2 auf der Extremale $\bar{E}$ nennen wir $\overline{P}_2$. Sowohl der Bogen $\overline{P}_0\overline{P}_2$ als auch der Bogen $\overline{P}_2\overline{P}_1$ der Extremale $\overline{E}$ genügt dann ausser den Bedingungen 1., 2., 3. auch noch der Bedingung 4. von § 1, denn es kann weder der Bogen $\overline{P}_0\overline{P}_2$ den zu $\overline{P}_0$, noch der Bogen $\overline{P}_2\overline{P}_1$ den zu $\overline{P}_2$ konjugierten Punkt enthalten, da ja sonst der Bogen $\overline{P}_0\overline{P}_1$ unmöglich ein schwaches Extremum liefern könnte. Wir können also unter dem Bogen $\overline{A}_0\overline{A}_1$ von § 1 und 2 sowohl den Bogen $\overline{P}_0\overline{P}_2$ als auch den Bogen $\overline{P}_2\overline{P}_1$ verstehen. Man erhält daher unmittelbar aus Satz II:

VI. Zu jeder hinlänglich kleinen positiven Zahl γ_6 gibt es zwei positive Zahlen σ_6 und h_6 von folgender Eigenschaft: gehört die spezielle Vergleichskurve $\tilde{C}$ ganz der Nachbarschaft σ_6 des Bogens $(\bar{x}_0 - h_6, \bar{x}_1 + h_6)$ der Extremale $\overline{E}$ an[1]) und ist P_2 der Punkt von der Abszisse x_2 auf $\tilde{C}$, so gibt es eine und nur eine den Ungleichungen:

$$| c_1 - \bar{c}_1 | \leqq \gamma_6, \ldots, | c_{2n} - \bar{c}_{2n} | \leqq \gamma_6 \qquad (16)$$

genügende Extremale $E(c_1, \ldots, c_{2n})$ die den Anfangspunkt P_0 von $\tilde{C}$ mit P_2, und ebenso eine und nur eine den Ungleichungen (16) genügende Extremale, die den Punkt P_2 mit dem Endpunkte P_1 von $\tilde{C}$ verbindet, und diese beiden Extremalenbögen P_0P_2 und P_2P_1 genügen den Bedingungen a) b) c) von Satz I.

Wir werden den Kurvenzug, der aus diesen Extremalenbögen P_0P_2 und P_2P_1 besteht mit $C(P_0, P_1, P_2)$ bezeichnen, die Differenz der Werte, die der Kurvenzug $C(P_0, P_1, P_2)$ und der Bogen $\overline{P}_0\overline{P}_1$ von $\overline{E}$ dem Integrale (1) erteilen aber mit $D(P_0, P_1, P_2)$. Dann ist $D(P_0, P_1, P_2)$ eine stetige Funktion der Punkte P_0, P_1, P_2.

Wählt man für γ_6 einen hinlänglich kleinen Wert γ_7, so folgen aus den Ungleichungen:

$$| c_1 - \bar{c}_1 | \leqq \gamma_7, \ldots | c_{2n} - c_{2n} | \leqq \gamma_7$$

sicherlich für $\bar{x}_0 - \eta \leq x \leq \bar{x}_1 + \eta$ die Ungleichungen (η be-

---

1) Wenn wir sagen, die specielle Vergleichskurve $\tilde{C}$ gehöre ganz der Nachbarschaft σ des Bogens $(\bar{x}_0 - h, \bar{x}_1 + h)$ von $\overline{E}$ an, so ist damit stets auch gemeint, daß der Abstand der Anfangspunkte von $\tilde{C}$ und $\overline{E}$, ebenso wie der Abstand der Endpunkte kleiner als σ ist.

deutet die zu Anfang dieses Paragraphen eingeführte Konstante):

$$| y_i(x, c_1, \ldots, c_{2n}) - y_i(x, \bar{c}_1, \ldots, \bar{c}_{2n}) | \leq \eta;$$
$$| y_{ix}(x, c_1, \ldots, c_{2n}) - y_{ix}(x, \bar{c}_1, \ldots, \bar{c}_{2n}) | \leq \eta.$$

Hat man also für h_6 einen Wert $h_7 \leq \eta$ gewählt, so gehört der Kurvenzug $C(P_0, P_1, P_2)$, der ja selbst eine spezielle Vergleichskurve ist, zu denjenigen, denen gegenüber der Bogen $\overline{P}_0\overline{P}_1$ von $\overline{E}$ Minimum liefert und wir haben:

VII. Werden σ_7 und h_7 hinlänglich klein gewählt, so fällt die zu einer ganz in der Nachbarschaft σ_7 des Bogens $(\bar{x}_0 - h_7,$ $\bar{x}_1 + h_7)$ der Extremale $\overline{E}$ verlaufenden speziellen Vergleichskurve gehörige Differenz $D(P_0, P_1, P_2)$ stets ≥ 0 aus, und zwar $= 0$ nur dann, wenn P_0, P_1, P_2 mit $\overline{P}_0, \overline{P}_1, \overline{P}_2$ zusammenfallen.

Wählt man, weiter $\gamma_6 \leq \gamma_4$, so genügt jeder der beiden Extremalenbögen, aus denen $C(P_0, P_1, P_2)$ sich zusammensetzt, den Ungleichungen: $| c_1 - \bar{c}_1 | \leq \gamma_4 \ldots, | c_{2n} - \bar{c}_{2n} | \leq \gamma_4$. Wählt man daher $\sigma_7 \leq \sigma_4$, $h_7 \leq h_4$, so folgt aus IV, daß der Extremalenbogen $P_0 P_2$ (bzw. $P_2 P_1$) dem Integrale einen kleineren Wert erteilt als jeder andere Bogen einer zulässigen Vergleichskurve von den Endpunkten P_0, P_2 (bzw. P_2, P_1), der ganz in der Nachbarschaft σ_7 der Extremale $\overline{E}$ verbleibt. Das gibt den Satz:

VIII. Werden σ_8 und h_8 hinlänglich klein gewählt, so erteilt der zu einer ganz in der Nachbarschaft σ_8 des Bogens $(\bar{x}_0 - h_8, \bar{x}_1 + h_8)$ der Extremale $\overline{E}$ verlaufenden speziellen Vergleichskurve $\tilde{C}$ gehörige Kurvenzug $C(P_0, P_1, P_2)$ dem Integrale einen kleineren Wert als die Kurve $\tilde{C}$ (außer wenn $\tilde{C}$ und $C(P_0, P_1, P_2)$ zusammenfallen).

Satz VII und VIII zusammen ergeben das von mir in Monatsh. **22** abgeleitete Resultat, daß der Bogen $\overline{P}_0\overline{P}_1$ von $\overline{E}$ ein starkes Minimum liefert.

Beachtet man die Stetigkeit der Funktion $D(P_0, P_1, P_2)$, erinnert man sich, daß nach Voraussetzung die zulässigen Anfangspunkte P_0, sowie die zulässigen Endpunkte P_1 der speziellen Vergleichskurven abgeschlossene Mengen bilden, beachtet man weiter, daß P_2 jeder beliebige Punkt von der Abszisse x_2

sein kann, der nahe genug an $\overline{P}_2$ liegt, so folgt aus Satz VII (auf Grund des Satzes, daß auf einer abgeschlossenen Menge jede stetige Funktion gleich ihrer unteren Grenze wird):

IX. Werden σ_9 und h_9 hinlänglich klein gewählt, und ist $\sigma_9 > \sigma'_9 > 0$, so gibt es eine positive Zahl ε_9 von folgender Eigenschaft: liegen alle drei Punkte P_0, P_1, P_2 in der Nachbarschaft σ_9 des Bogens $(\overline{x}_0 - h_9, \overline{x}_1 + h_9)$ von $\overline{E}$, aber wenigstens einer nicht in der Nachbarschaft σ'_9 dieses Bogens, so ist $D(P_0, P_1, P_2) \geq \varepsilon_9$.

Zusammen mit Satz VIII ergibt das:

X. Werden σ_{10} und h_{10} hinlänglich klein gewählt und ist $\sigma_{10} > \sigma'_{10} > 0$, so gibt es eine positive Zahl ε_{10} von folgender Eigenschaft: jede spezielle Vergleichskurve, die ganz in der Nachbarschaft σ_{10} des Bogens $(\overline{x}_0 - h_{10}, \overline{x}_1 + h_{10})$ von $\overline{E}$ verbleibt, und von der der Anfangspunkt, oder der Endpunkt, oder der Punkt von der Abszisse x_2 nicht in der Nachbarschaft σ'_{10} liegt, erteilt dem Integrale einen um mindestens ε_{10} größeren Wert als der Bogen $\overline{P}_0\overline{P}_1$ von $\overline{E}$.

Wir kommen nunmehr zum Schlußresultate dieser Untersuchungen:

Werden die positiven Zahlen σ und h hinlänglich klein gewählt und ist $\sigma > \sigma' > 0$, so gibt es eine positive Zahl ε von folgender Eigenschaft: jede spezielle Vergleichskurve, die ganz in der Nachbarschaft σ, aber nicht ganz in der Nachbarschaft σ' des Bogens $(\overline{x}_0 - h, \overline{x}_1 + h)$ von $\overline{E}$ verbleibt, erteilt dem Integrale einen um mindestens ε größeren Wert als der Bogen $\overline{P}_0\overline{P}_1$ von $\overline{E}$.

Wir wählen eine Zahl σ'' irgendwie gemäß $0 < \sigma'' < \sigma'$. Dann kann γ so klein angenommen werden, daß für: $\overline{x}_0 - h \leq x \leq \overline{x}_1 + h$ alle den Ungleichungen

$$|c_1 - \overline{c}_1| \leq \gamma, \ldots, |c_{2n} - \overline{c}_{2n}| \leq \gamma \qquad (17)$$

genügenden Extremalen $E(c_1, \ldots, c_{2n})$ in der Nachbarschaft σ'' der Extremale $\overline{E}$ verbleiben. Wird γ auch $\leq \gamma_2$ gewählt, so kann nach II ϱ_2 so bestimmt werden, daß sobald $r(\overline{P}_0, P_0) \leq \varrho_2$

und $r(\overline{P}_2, P_2) \leqq \varrho_2$ die Punkte P_0 und P_2 durch eine und nur eine den Ungleichungen (17) genügende Extremale $E(c_1, \ldots, c_{2n})$ verbunden werden können, und ebenso, wenn $r(\overline{P}_2, P_2) \leqq \varrho_2$ und $r(\overline{P}_1, P_1) \leqq \varrho_2$, auch die Punkte P_2 und P_1. Man bemerke, daß sicherlich $\varrho_2 \leqq \sigma''$. Ist nun $\sigma \leq \sigma_{10}$ und wählen wir $\sigma'_{10} \leq \varrho_2$, $h_{10} \leqq \varrho_2$, so lehrt Satz X, daß jede spezielle Vergleichskurve, die ganz in der Nachbarschaft σ des Bogens $(\overline{x}_0 - h_{10}, \overline{x}_1 + h_{10})$ von $\overline{E}$ verbleibt, deren Anfangspunkt, oder deren Endpunkt, oder deren Punkt von der Abszisse x_2 aber nicht in der Nachbarschaft σ'_{10} dieses Bogens liegt, dem Integral (1) einen um mindestens ε_{10} größeren Wert erteilt, als der Bogen $\overline{P}_0\overline{P}_1$ von $\overline{E}$. Da wegen $\sigma'_{10} \leqq \varrho_2 \leqq \sigma'' < \sigma'$ sicher $\sigma'_{10} < \sigma'$ ist, haben wir zum Beweise unseres Satzes nur mehr folgendes zu zeigen: Liegen von der speziellen Vergleichskurve $\tilde{C}$ sowohl Anfangs- als Endpunkt als auch der Punkt von der Abszisse x_2 in der Nachbarschaft σ'_{10} des Bogens $(\overline{x}_0 - h_{10}, \overline{x}_1 + h_{10})$ von $\overline{E}$, liegt aber $\tilde{C}$ nicht ganz in der Nachbarschaft σ' dieses Bogens, so ist der Wert, den $\tilde{C}$ dem Integrale (1) erteilt, um mindestens ε größer, als der Wert, den der Bogen $\overline{P}_0\overline{P}_1$ von $\overline{E}$ dem Integrale erteilt.

Ist der Kurvenbogen $\tilde{C}$ von der eben angegebenen Art, so enthält er entweder zwischen $\overline{x}_0 - h_{10}$ und x_2 oder zwischen x_2 und $\overline{x}_1 + h_{10}$ einen Punkt außerhalb der Umgebung σ'. In jedem von beiden Fällen können wir Satz V anwenden, wenn wir nur die Wahl der aufgetretenen Konstanten gemäß den Ungleichungen treffen: $\sigma \leq \sigma_5$, $h \leq h_{10} \leq h_5$, $\gamma \leq \gamma_5$ und unter σ'_5, σ''_5 die beiden Zahlen σ' und σ'' verstehen. Für ε haben wir dann die kleinere der beiden Zahlen ε_5 und ε_{10} zu wählen. Hiermit ist unser Satz vollständig bewiesen.

Über das Gleichgewicht an Seilnetzen und über spezielle räumliche reziproke Gebilde der graphischen Statik.

Von

L. Henneberg in Darmstadt.

§ 1.

Die Untersuchung der geometrischen Beziehungen zwischen Kräfte- und Seilpolygon bei dem ebenen Kräftesystem hat in verschiedener Weise für die Mechanik Bedeutung gewonnen. Zunächst hat sie schon bei Varignon dazu geführt, in geometrischer Weise die Gleichgewichtslage eines an den beiden Endpunkten befestigten Seiles zu bestimmen, wenn auf dasselbe in vorgeschriebenen Geraden liegende und gegebene Kräfte wirken, sowie umgekehrt die Kräfte zu finden, die einer gegebenen Gleichgewichtslage des Seiles entsprechen. Diese Varignonschen Methoden laufen lediglich darauf hinaus, die auf die Knotenpunkte des Seiles wirkenden Kräfte in zwei Komponenten zu zerlegen, die in den in dem betreffenden Knotenpunkt zusammenkommenden Seiten des Seilpolygons liegen. Infolge des Gleichgewichtes ist diese Zerlegung an die Bedingung geknüpft, daß sich in jeder Seite des Seilpolygons zwei gleich große, aber entgegengesetzt gerichtete Kräfte ergeben müssen. Da jedoch diese Zerlegungen sich in derselben Weise durchführen lassen, wenn die gegebenen Kräfte nicht auf ein Seil wirken, sondern in einer starren Ebene liegen, so gelang es Culmann durch das Seilpolygon eine allgemeine graphische Methode für die Zusammensetzung der Kräfte, die in einer Ebene eines starren Systems liegen, zu erhalten.

Infolge der Bedeutung, die so das Kräfte- und Seilpolygon für das ebene Kräftesystem erhielten, lag es nahe, Verallgemeinerungen für den Raum vorzunehmen, um dadurch Aufgaben des räumlichen Kräftesystems zu lösen. So ergab sich das räumliche Kräfte- und Seilpolygon, wodurch in graphischer Weise die Gleichgewichtslage eines Seiles gefunden war, wenn auf einzelne Punkte desselben (Knotenpunkte) Kräfte wirken, die nicht in einer Ebene liegen. Ferner führte das Bestreben der Verallgemeinerung auf die von M. Levy für die Zusammensetzung des räumlichen Kräftesystems gegebene „Methode der Seilpyramide".

Im folgenden soll eine Verallgemeinerung in anderer Weise untersucht werden.

Es sei ein räumliches aus einem System von Fäden, die in einer Anzahl von Punkten (Knotenpunkte) mit einander verknüpft sind, bestehendes Netz zugrunde gelegt. Ob das Netz ohne aufgeschnitten zu werden bei Spannung sämtlicher Fäden in eine Ebene ausgebreitet werden kann oder nicht, möge außer Betrachtung bleiben. Dieses Netz sei als das Seilnetz bezeichnet. Nachdem dieses Seilnetz an einem Rande befestigt worden ist, sollen Kräfte auf die Knotenpunkte des Netzes wirken, und es soll die Gleichgewichtslage des Netzes untersucht bzw. die Beziehung zwischen den Kräften und den in den Fäden sich ergebenden Spannungen gefunden werden. Hierbei sei vorausgesetzt, daß sämtliche Fäden angespannt sind, so daß also ein Fadenstück, das zwei benachbarte Knotenpunkte A und B mit einander verbindet, durch einen Stab ersetzt werden müßte, falls sich in dem Faden AB eine Druckspannung ergeben hätte.

Um die Spannungen in denjenigen Fäden zu bestimmen, die in einem Knotenpunkt A zusammenkommen, ist die auf A wirkende Kraft P_A in die Richtungen dieser Fäden zu zerlegen, bzw. es sind Kräfte zu finden, die in den in A zusammenkommenden Fäden liegen und der Kraft P_A das Gleichgewicht halten. Diese Kräfte mögen wie bei den Fachwerken als die auf A wirkenden und in den in A zusammenkommenden Fäden liegenden Gelenkdrücke bezeichnet sein. Die absolute Größe eines solchen Gelenkdruckes wird die Größe der Spannung in dem betreffenden Faden liefern. Hierbei ist die Spannung in einem Faden AB eine Zugspannung, wenn der in AB liegende und auf A wirkende Gelenkdruck die Richtung von A nach B besitzt; im anderen Falle dagegen eine Druckspannung.

Da bei Kräften im Raum mit demselben Angriffspunkt A die Zerlegung einer Kraft P_A in Komponenten von vorgeschriebenen Richtungen nur dann eindeutig ist, wenn nur drei solche Komponenten vorhanden sind, so sei bezüglich der Struktur des Seilnetzes zunächst angenommen, daß in jedem Knotenpunkt drei und zwar nur drei Fäden zusammenkommen. Die Projektion des Netzes auf eine Ebene würde dann etwa die folgende Gestalt besitzen:

Die einzelnen Eckpunkte von Fig. 1 sind die Projektionen der Knotenpunkte des Seilnetzes und die einzelnen Polygonflächen (z. B. $ABCDE$) die Projektionen der Maschen des Seilnetzes. Natürlich werden diejenigen Fäden, die eine Masche des Seilnetzes begrenzen, im allgemeinen nicht in einer Ebene liegen. Doch sollen hier nur solche Gleichgewichtslagen des Seilnetzes untersucht werden, bei denen diejenigen Fäden, welche irgend eine Masche bilden, in einer Ebene liegen.

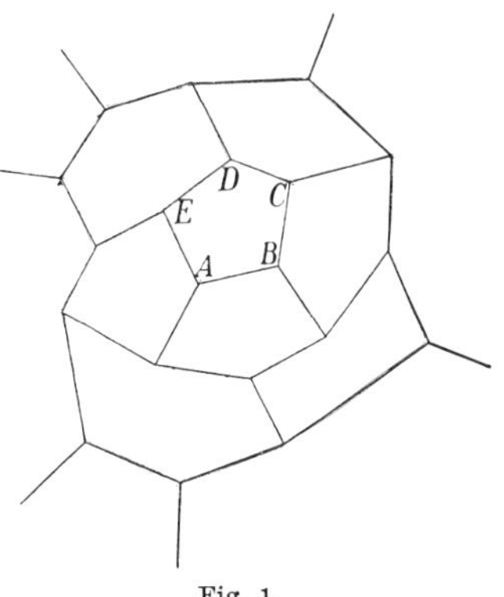

Fig. 1.

Ist das Seilnetz gegeben, so wird sich ein Kräftesystem finden lassen, das dieses Seilnetz im Gleichgewicht hält, indem in sämtlichen Fäden des Netzes die Spannungen angenommen werden, und indem dann an jedem Knotenpunkt des Netzes diejenige Kraft bestimmt wird, die mit den auf diesen Knotenpunkt wirkenden und durch die Spannungen gegebenen Gelenkdrücken im Gleichgewicht steht. Da hierbei die Spannungen willkürlich wählbar sind, so werden einer gegebenen Lage des Seilnetzes unendlich viele Kräftesysteme entsprechen, welche das Seilnetz im Gleichgewicht halten.

Handelt es sich nun darum, den Kräfte- und Spannungsplan für das Seilnetz zu entwerfen, so ist die gewöhnliche Darstellung der Kräfte durch gerichtete Strecken nicht zweckmäßig. Würden nämlich die Kräfte durch gerichtete Strecken dargestellt, so ließe sich kein Kräfte- und Spannungsplan entwerfen, der der Forderung der graphischen Statik entspricht, nach welcher jede Kraft und jede Spannung nur einmal vorkommen darf. Es sei daher eine von Maxwell herrührende Darstellung der Kräfte verwandt, die im vorliegenden Falle unter beschränkenden Voraussetzungen bezüglich der wirkenden Kräfte Kräftepläne liefert, die der erwähnten Forderung genügen.

Diese Maxwellsche Darstellung der Kräfte beruht auf dem von Rankine gefundenen Satz:

Kräfte mit demselben Angriffspunkt stehen im Gleichgewicht, wenn sie senkrecht sind zu den Seiten eines geschlossenen Polyeders, und wenn ihre Größen proportional sind den Inhalten der zu ihnen senkrechten Flächen. Hierbei müssen sämtliche Kräfte entweder die Richtung der nach außen gerichteten Normalen der Seiten des Polyeders oder sämtlich die umgekehrte Richtung besitzen.

Insbesondere werden vier Kräfte mit demselben Angriffspunkt im Gleichgewicht stehen, sobald dieselben senkrecht sind zu den Seitenflächen eines Tetraeders, und wenn ihre Größen proportional sind den Inhalten der zu ihnen senkrechten Seiten, und zwar unter derselben Voraussetzung bezüglich der Richtung der Kräfte.

Diesem Rankineschen Satze entsprechend werden von Maxwell zur Herleitung von speziellen räumlichen reziproken Figuren der graphischen Statik die Kräfte durch die Inhalte von ebenen Flächenstücken dargestellt, deren Ebenen senkrecht stehen zu den Wirkungslinien der Kräfte.

Werden bei dem vorliegenden Seilnetz sämtliche Kräfte und Gelenkdrücke in dieser Weise dargestellt, so wird jedem

Knotenpunkt A des Seilnetzes, da in demselben nur vier Kräfte angreifen (nämlich die in A angreifende Kraft P_A und drei Gelenkdrücke, die in den drei in A zusammenkommenden Fäden liegen), ein Tetraeder im Kräfteplan entsprechen müssen. Die vier Seiten dieses Tetraeders sind senkrecht zu der Kraft P_A und den drei Gelenkdrücken, während die Inhalte der vier Seiten proportional sind den Größen der Kräfte.

Fig. 2a möge den den Knotenpunkt A umgebenden Teil des Seilnetzes darstellen. Dieser Knotenpunkt A sei durch Fäden mit den drei Knotenpunkten B, C, D verbunden. Demgemäß kommen in A drei Maschen zusammen, die mit I, II, III bezeichnet seien.

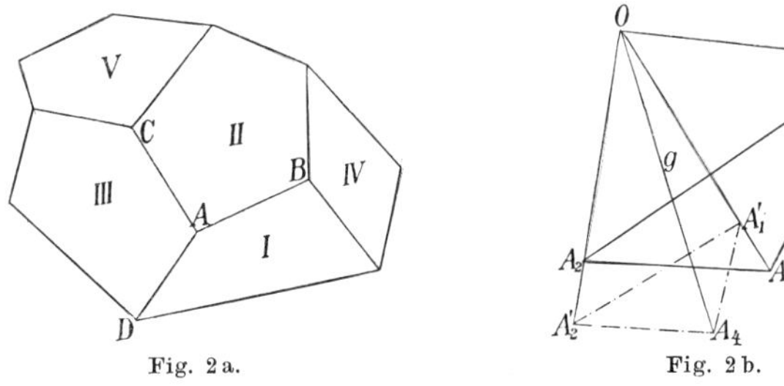

Fig. 2a.   Fig. 2b.

In Fig. 2b ist $O A_1 A_2 A_3$ dasjenige Tetraeder, das dem Punkte A entspricht. Hierbei sei $A_1 A_2 A_3$ diejenige Seite, die senkrecht steht auf der in A angreifenden Kraft P_A und dieselbe darstellt. Die drei anderen in O zusammenkommenden Seiten des Tetraeders werden senkrecht stehen zu den drei Fäden AB, AC, AD und die drei Gelenkdrücke in denselben darstellen. Infolge davon werden die drei in O zusammenkommenden Kanten OA_1, OA_2, OA_3 des Tetraeders senkrecht stehen auf den Ebenen der drei Maschen I, II, III. Es möge sein:

$$OA_1 \perp \text{I}, \quad OA_2 \perp \text{II}, \quad OA_3 \perp \text{III}.$$

Dann stellt der Inhalt der Tetraederseite $A_1 O A_2$ den Gelenkdruck in dem Faden AB usw. dar. Die drei Kanten $A_1 A_2$, $A_2 A_3$, $A_3 A_1$ des Tetraeders werden ferner senkrecht stehen auf den drei Ebenen, die durch die Kraft P_A und je einen der drei Fäden AB, AC, AD gelegt werden können. Insbesondere steht die

Kante $A_1 A_2$ des Tetraeders senkrecht auf der durch die Kraft P_A und den Faden AB bestimmten Ebene.

Es möge nun zu dem dem Knotenpunkt A benachbarten Knotenpunkt B übergegangen werden, auf den eine Kraft P_B wirkt, und das dem Punkte B entsprechende Tetraeder konstruiert werden.

In dem Punkte B kommen die drei Maschen I, II, IV zusammen. Da die beiden Kanten OA_1 und OA_2 des für den Punkt A erhaltenen Tetraeders senkrecht stehen auf den Maschen I und II, so können dieselben auch als Kanten für das dem Punkte B entsprechende Tetraeder zur Verwendung kommen. Die dritte von O ausgehende Kante des Tetraeders wird sich dann ergeben, indem durch O eine Senkrechte g zu der Ebene der Masche IV gezogen wird:

$$g \perp \mathrm{IV}.$$

Dadurch sind die drei in O zusammentreffenden Seiten des dem Punkte B entsprechenden Tetraeders schon bestimmt. Die Ebene, in welche die vierte Seite des Tetraeders für den Punkt B fällt, möge aus den drei erhaltenen Kanten die Punkte A_1', A_2', A_4 ausschneiden, so daß die vierte Seite $A_1' A_2' A_4$ des für den Knotenpunkt B erhaltenen Tetraeders die auf den Punkt B wirkende Kraft P_B darstellt und senkrecht zu P_B ist. Die drei anderen Seiten $A_1' O A_2'$, $A_2' O A_4$, $A_4 O A_1'$ werden dann die drei Gelenkdrücke liefern, die in den drei in B zusammentreffenden Fäden liegen und auf den Knotenpunkt B wirken.

Was die Lage der Punkte A_1', A_2', A_4 betrifft, so läßt sich von vornherein nur aussagen, daß die beiden Dreiecksflächen $A_1 O A_2$ und $A_1' O A_2'$ denselben Inhalt haben müssen:

$$\triangle A_1 O A_2 = \triangle A_1' O A_2',$$

da ja diese beiden Dreiecke die beiden Gelenkdrücke in dem Faden AB darstellen, von denen der eine auf A und der andere auf B wirkt, und diese beiden Gelenkdrücke dieselbe absolute Größe haben. Werden dieser Bedingung gemäß die Punkte A_1' und A_2' gewählt und wird dann der Punkt A_4 auf der durch O zur Masche IV senkrechten Geraden g beliebig angenommen, so ergibt sich ein mögliches dem Knotenpunkt B entsprechendes Tetraeder und damit eine mögliche Kraft P_B.

Es soll nun dafür gesorgt werden, daß der Punkt A_1' mit A_1 und A_2' mit A_2 zusammenfällt.

Da die Gerade $A_1 A_2$ senkrecht steht auf der durch den Faden AB und die auf A wirkende Kraft P_A gelegten Ebene und ebenso nun $A_1' A_2'$ senkrecht steht auf der Ebene, die durch den Faden AB und die auf den Punkt B wirkende Kraft P_B bestimmt ist, so wird ein Zusammenfallen der Punkte A_1, A_1' und A_2, A_2' dann und nur dann eintreten, wenn dieselbe Gerade sowohl senkrecht steht auf der durch den Faden AB und die Kraft P_A gelegten Ebene, wie auch senkrecht steht auf der durch AB und die Kraft P_B bestimmten Ebene. Dies ist aber der Fall, sobald die Wirkungslinien der beiden Kräfte P_A und P_B sich schneiden. Es sei demgemäß angenommen, daß die Wirkungslinien der beiden Kräften P_A und P_B sich schneiden.

Um bei dem weiteren Entwerfen des Kräfteplanes stets dieselben Vorteile für die Konstruktion zu erhalten, sei allgemein angenommen, daß die beiden Kräfte, welche auf zwei benachbarte, d. h. auf zwei durch einen Faden verbundene Knotenpunkte wirken, sich schneiden.

Liegen die beiden Kräfte P_A und P_B in derselben Ebene, so geht Fig. 2b in Fig. 2c über, bei der die beiden den Punkten A und B entsprechenden Tetraeder eine Seite, nämlich $A_1 O A_2$ gemeinsam haben, die dann die beiden gleich großen Gelenkdrücke des Fadens AB darstellen würde.

Es ist noch dafür zu sorgen, daß die beiden Gelenkdrücke in dem Faden AB auch die entgegengesetzte Richtung erhalten. Dieses ergibt sich nach Annahme des Richtungssinnes der Kraft P_A sofort durch entsprechende Wahl

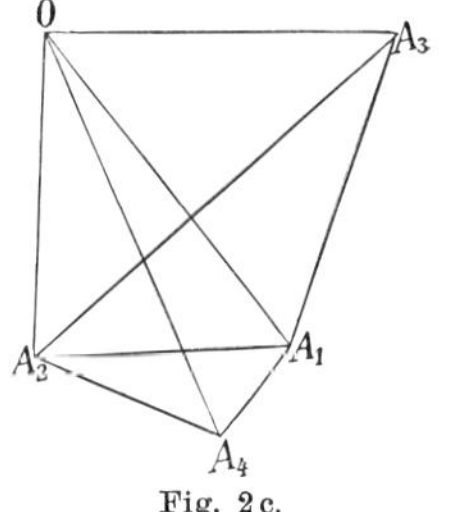

Fig. 2c.

des Richtungssinnes der Kraft P_B. Hat P_A insbesondere die Richtung der nach außen gerichteten Normalen des Tetraeders $O A_1 A_2 A_3$, und liegen die beiden Punkte A_3 und A_4 auf verschiedenen Seiten der Ebene $A_1 O A_2$, so wird P_B ebenfalls die

Richtung der nach außen gerichteten Normalen des Tetraeders $OA_1A_2A_4$ besitzen.

Wird jetzt zu dem ebenfalls dem Punkte A benachbarten Punkte C übergegangen, so wird derselbe ein Tetraeder liefern, das mit dem für den Punkt A erhaltenen Tetraeder eine Seite, nämlich A_2OA_3 gemeinsam hat, während der vierte Eckpunkt A_5 dieses Tetraeders auf einer Geraden liegt, die durch O geht und senkrecht ist zu der Masche V. Das Dreieck $A_2A_3A_5$ stellt dann die auf den Punkt C wirkende Kraft P_C dar.

Da in dieser Weise fortgefahren werden kann, so ergibt sich für die Konstruktion des Kräfteplanes folgende Regel:

Durch einen angenommenen Punkt O sind Senkrechte zu den Ebenen sämtlicher Maschen zu ziehen, und es ist dann auf jeder dieser Geraden g_i ein Punkt A_i zu wählen. Je drei Punkte A_i, die auf drei solchen Geraden g_i liegen, die senkrecht sind zu drei Maschen, die in einem Knotenpunkt des Seilnetzes zusammenkommen, sind durch drei Gerade miteinander zu verbinden, so daß die Punkte A_i unter sich in Dreiecken angeordnet sind und somit einen Teil der Oberfläche eines Polyeders bilden mit nur dreieckigen Seiten.

Das System des Punktes A_i, das für sich ein Netz bildet mit nur dreieckigen Maschen, sei als das Kräftenetz bezeichnet, die gezogenen Verbindungslinien der Punkte A_i als die Geraden des Kräftenetzes und die Ebenen der durch die Punkte A_i gebildeten Dreiecke als die Ebenen des Kräftenetzes. Der Punkt O sei der Pol des Kräftenetzes genannt und die Strahlen, die durch O nach den Ecken des Kräftenetzes gehen und senkrecht sind zu den Maschen des Seilnetzes die Polstrahlen.

Die Ebenen des Kräftenetzes sind dann senkrecht zu den Wirkungslinien der Kräfte und die Dreiecke in denselben stellen die Größen der Kräfte dar. Diejenigen Dreiecke, die durch zwei Polstrahlen und eine Gerade des Kräftenetzes begrenzt sind, liefern die Spannungen in den Fäden des Seilnetzes.

Was die Struktur des Kräftenetzes betrifft, so läßt sich sofort folgendes erkennen:

Da dasjenige Tetraeder, das einem Knotenpunkt A entspricht, bestimmt ist durch die drei Polstrahlen, die senkrecht sind zu den Ebenen der drei in A zusammenkommenden Maschen, so werden alle Tetraeder, die den Knotenpunkten einer Masche entsprechen, eine Kante gemeinsam haben, nämlich den zu dieser Masche senkrechten Polstrahl. Daraus folgt der Satz:

In jedem Eckpunkte A_i des Kräftenetzes kommen diejenigen Dreiecke des Kräftenetzes zusammen, welche die Kräfte liefern, die auf die Knotenpunkte derjenigen Masche wirken, die senkrecht ist zu dem nach A_i gehenden Polstrahl.

In Rücksicht auf die gefundenen Beziehungen zwischen Seilnetz und Kräftenetz ist das Kräftenetz dem Seilnetz in der folgenden Weise zuzuordnen. Es entspricht:

Einem Knotenpunkt A des Seilnetzes, auf den eine Kraft P_A wirkt,

das zu der Kraft P_A senkrechte Dreieck des Kräftenetzes bzw. dessen Ebene.

Jeder Masche des Seilnetzes

der zu dieser Masche senkrechte Polstrahl bzw. der auf diesem Polstrahl liegende Eckpunkt des Kräftenetzes.

Jedem zwei Knotenpunkte A und B des Seilnetzes verbindenden Faden, bzw. einer zwei Maschen gemeinsamen Geraden, diejenige Dreiecksfläche, die durch die beiden zu den Maschen senkrechten Polstrahlen und durch eine Gerade des Kräftenetzes begrenzt ist, bzw. die Schnittlinie der beiden Ebenen des Kräftenetzes, die den Knotenpunkten A und B des Seilnetzes entsprechen.

Aus der Struktur des Seilnetzes folgt eine ganz bestimmte Struktur des Kräftenetzes. Umgekehrt wird sich in Rücksicht auf die hergeleiteten Sätze aus der Struktur des Kräftenetzes sofort diejenige des Seilnetzes erkennen lassen.

Ein besonders einfacher Fall ergibt sich, wenn sämtliche Kräfte parallel zueinander sind. Die gemachte Bedingung, nach welcher die Kräfte, die auf je zwei benachbarte Knotenpunkte des Seilnetzes wirken, in einer Ebene liegen, ist dann von selbst erfüllt.

Sind die Kräfte untereinander parallel, so ist das Kräftenetz eben, und zwar wird dasselbe in einer zu den Kräften senkrechten Ebene E liegen. Ist eine solche Ebene angenommen, so ist noch der Pol des Kräftenetzes wählbar. Wird aber der Pol verschoben, so tritt, da die Polstrahlen ihre Richtung behalten, nur eine ähnliche Änderung des Kräftenetzes in der Ebene E ein. Die Inhalte sämtlicher Dreiecke des Kräftenetzes, wie diejenigen der die Gelenkdrücke darstellenden Dreiecke ändern sich proportional. Es folgt somit der Satz:

Sind die Kräfte parallel, so sind bei einem gegebenen Seilnetz sämtliche Kräfte und Spannungen, abgesehen von einem Proportionalitätsfaktor, eindeutig bestimmt.

§ 2.

Bevor die Beziehungen zwischen Seilnetz und Kräftenetz weiter untersucht werden, sei die beschränkende Annahme bezüglich der Struktur des Seilnetzes, nach welcher in jedem Knotenpunkt nur drei Fäden zusammenkommen dürfen, fallen gelassen. Dagegen sei in Rücksicht auf die Einfachheit der sich ergebenden Kräftepläne die Annahme beibehalten, nach welcher je zwei Kräfte, die auf zwei benachbarte Knotenpunkte wirken, in dersellben Ebene liegen.

Es sei ein Knotenpunkt A des Seilnetzes betrachtet, in dem n Fäden und infolge davon auch n Maschen zusammenkommen, von denen jede wieder als eben vorausgesetzt ist. Diesem Knotenpunkt A wird ein Polyeder von $(n + 1)$ Seiten entsprechen, dessen Seiten senkrecht sind zu der in A angreifenden Kraft P_A und den n in A zusammenkommenden Fäden. Im übrigen kann dieses Polyeder, dessen Seitenflächen die Größen der Kraft P_A

und der n Gelenkdrücke bestimmen würden, jede beliebige Gestalt besitzen.

Um einen Kräfteplan zu erhalten, der demjenigen des in § 1 behandelten Falles ähnlich gebildet ist, sei das dem Knotenpunkt A entsprechende Polyeder als eine n-seitige Pyramide vorausgesetzt, deren n Seiten die n Gelenkdrücke darstellen sollen, somit senkrecht sind zu den n in A zusammenkommenden Fäden. Dann würde die ein n-Eck bildende Grundfläche der Pyramide die Kraft P_A liefern, also senkrecht zu derselben sein. Dieser Annahme entspricht eine ganz bestimmte Bedingung bezüglich der Spannungen in den in dem Knotenpunkte A zusammentreffenden Fäden.

Bezüglich der sämtlichen anderen Knotenpunkte des Seilnetzes sei die nämliche Voraussetzung gemacht.

Fig. 3a stellt den einen Knotenpunkt A umgebenden Teil des Seilnetzes dar. Als Spitze der diesem Knotenpunkt A entsprechenden Pyramide sei der Punkt O angenommen (Fig. 3b). Dann werden die in O zusammen-

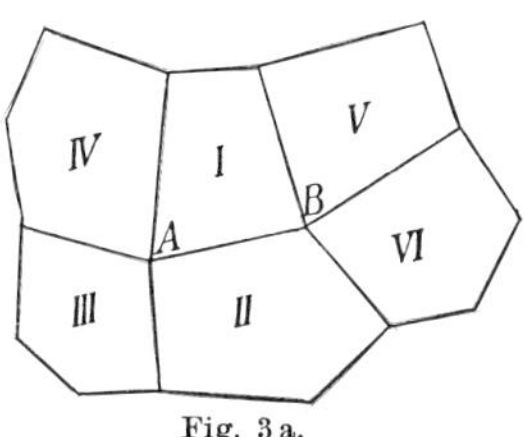

Fig. 3a.

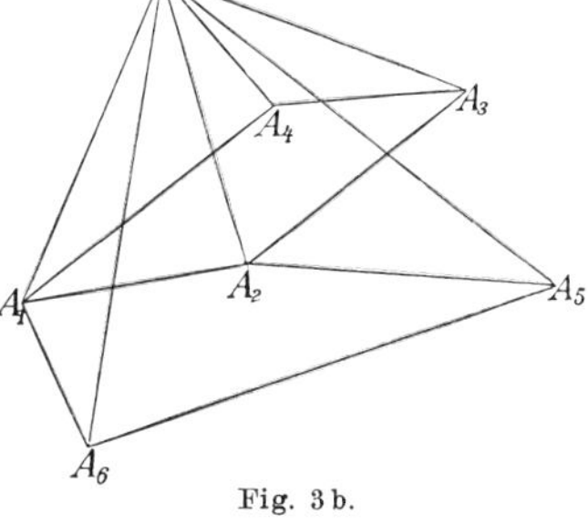

Fig. 3b.

stoßenden Kanten der Pyramide sich ergeben, indem durch O die Senkrechten zu den im Punkte A zusammenkommenden n Maschen gezogen werden (in Fig. 3a ist $n = 4$ vorausgesetzt):

$$OA_1 \perp \mathrm{I}, \quad OA_2 \perp \mathrm{II}, \quad OA_3 \perp \mathrm{III}, \quad OA_4 \perp \mathrm{IV}.$$

Diese n Kanten sind dann durch eine zu der in A angreifenden Kraft P_A senkrechte Ebene zu schneiden. Sind $A_1, A_2, \ldots$ diese Schnittpunkte, so wird das hierdurch bestimmte n-Eck (bzw. in Fig. 3b das Viereck $A_1 A_2 A_3 A_4$) die Kraft P_A liefern, während die Seitenflächen dieser Pyramide die Spannungen in den zu ihnen senkrechten und in A zusammentreffenden Fäden ergeben.

Wird jetzt zu dem dem Punkte A benachbarten Punkte B übergegangen und hierbei die Spitze O der Pyramide beibehalten, so wird die für B sich ergebende Pyramide auch das Dreieck $A_1 O A_2$ als Seite besitzen. Die übrigen Eckpunkte der Pyramide werden dann auf den durch den Punkt O gezogenen und zu den weiteren im Punkte B zusammentreffenden Maschen senkrechten Strahlen liegen. Auf denselben sind sie derartig zu wählen, daß sie mit $A_1 A_2$ in einer Ebene liegen, die dann senkrecht ist zu der in B angreifenden Kraft P_B. Die Grundfläche der so erhaltenen Pyramide wird durch ihren Inhalt die Kraft P_B liefern. In Fig. 3a kommen in dem Punkte B außer den Maschen I und II nur noch die Maschen V und VI zusammen. Die Kraft P_B ist somit dargestellt durch das Viereck $A_1 A_2 A_5 A_6$, wobei

$$OA_5 \perp V, \quad OA_6 \perp VI.$$

Da in dieser Weise fortgefahren werden kann, so ergibt sich für das allgemeine Seilnetz unter den gemachten Voraussetzungen für die Konstruktion des Kräfteplanes die folgende Regel:

Von einem Punkte O aus (dem Pol des Kräftenetzes) sind Strahlen (Polstrahlen) zu ziehen senkrecht zu den Ebenen sämtlicher Maschen des Seilnetzes. Auf jedem dieser Polstrahlen ist ein Punkt A_i zu wählen. Die Wahl dieser Punkte A_i ist durch die Bedingung beschränkt, daß solche Punkte A_i, die auf Polstrahlen liegen, die senkrecht sind zu Maschen, die in einem Knotenpunkte des Seilnetzes zusammenkommen, in einer Ebene liegen. Dann sind je zwei von diesen Punkten A_i, die auf solchen Polstrahlen liegen, die senkrecht sind zu zwei aneinander mit einem gemeinsamen Faden grenzenden Maschen, miteinander zu verbinden.

Das System der Punkte A_i nebst der Verbindungsgeraden

sei wieder als das Kräftenetz bezeichnet. Die gezogenen Verbindungsgeraden der Punkte A_i seien die Geraden des Kräftenetzes und die Ebenen der entstehenden Polygone die Ebenen des Kräftenetzes genannt.

Die Polygone des Kräftenetzes stellen die Kräfte in den Knotenpunkten des Seilnetzes dar und die Dreiecke, die durch zwei Polstrahlen und eine Gerade des Kräftenetzes gebildet sind, die Spannungen in den Fäden des Seilnetzes.

Der einzige Unterschied, der sich gegenüber dem Kräfteplan in dem speziellen Fall von § 1 ergeben hat, ist der, daß in diesem allgemeinen Fall das Kräftenetz nicht aus Dreiecken, sondern aus Polygonen besteht, und zwar aus Polygonen mit soviel Eckpunkten als Fäden in dem betreffenden Knotenpunkt des Seilnetzes zusammentreffen. Was die Struktur des Kräftenetzes betrifft, so gilt der Satz:

In jedem Eckpunkte A_i des Kräftenetzes kommen diejenigen Polygonflächen zusammen, die die Kräfte darstellen, welche auf die Knotenpunkte derjenigen Masche wirken, die senkrecht ist zu dem nach A_i gehenden Polstrahl.

Aus der Struktur des Seilnetzes folgt wieder eine ganz bestimmte Struktur des Kräftenetzes. Umgekehrt wird sich aus der Struktur des Kräftenetzes sofort diejenige des Seilnetzes erkennen lassen.

Sind die auf das Seilnetz wirkenden Kräfte parallel, so wird das Kräftenetz in einer Ebene E liegen, die senkrecht ist zu der Richtung der parallelen Kräfte. Hierbei ergibt sich, wie in dem speziellen Falle, der Satz:

Sind die auf das Seilnetz wirkenden Kräfte parallel, so sind bei einem gegebenen Seilnetz Kräfte und Spannungen abgesehen von einem Proportionalitätsfaktor eindeutig bestimmt.

Natürlich gilt dieser für parallele Kräfte hergeleitete Satz nur unter der gemachten Voraussetzung, daß, falls Knotenpunkte vorhanden sind, in denen mehr als drei Fäden zusammenkommen,

die Gelenkdrücke derartige Werte besitzen, wie sich dieselben
ergeben würden, wenn das diesem Knotenpunkt entsprechende
Polyeder eine Pyramide ist, dessen Seitenflächen die Spannungen in den Fäden dieses Knotenpunktes liefern.

§ 3.

Es entsteht nun die Frage, wann sind die hergeleiteten Gebilde, somit Seilnetz nebst den Wirkungslinien der Kräfte einerseits und Kräftenetz nebst Pol und Polstrahlen andererseits, ver-
tauschungsfähig, so daß diese beiden Gebilde als räumliche
reziproke Gebilde der graphischen Statik betrachtet werden können.

Werden die beiden Gebilde miteinander vertauscht, so müßte
das anfängliche Seilnetz in ein Kräftenetz übergehen, das für das
anfängliche Kräftenetz, das nun als Seilnetz anzusehen wäre, entworfen ist für Kräfte, deren Wirkungslinien in die anfänglichen
Polstrahlen fallen. Dann aber müßten die Wirkungslinien der
auf das gegebene Seilnetz wirkenden Kräfte nun in die Polstrahlen übergehen und sich daher alle in dem nämlichen Punkte,
der nun als Pol des Kräftenetzes zu betrachten wäre, schneiden.
Die Voraussetzung, daß die Wirkungslinien der beiden Kräfte,
die in zwei benachbarten Knotenpunkten des Seilnetzes angreifen, sich in einem Punkte schneiden, genügt somit nicht zur Herstellung von reziproken Gebilden; vielmehr müssen die Kräfte
überhaupt alle durch denselben Punkt gehn.

Schneiden sich aber die Wirkungslinien sämtlicher in den
Knotenpunkten des Seilnetzes angreifenden Kräfte in einem
Punkt, so sind die Bedingungen für die Vertauschbarkeit der
beiden Gebilde erfüllt. Es folgt somit der Satz:

> Wenn sämtliche Kräfte, die auf die Knotenpunkte
> eines Seilnetzes wirken, durch denselben Punkt gehn,
> so sind die beiden Gebilde, die durch das Seilnetz
> nebst den Wirkungslinien der Kräfte einerseits und
> durch Kräftenetz nebst Pol und Polstrahlen anderer-
> seits bestimmt sind, vertauschungsfähig und somit
> räumliche reziproke Gebilde der graphischen Statik.

Die Untersuchung hat somit auf spezielle räumliche reziproke Gebilde geführt.

§ 4.

Für dasselbe Seilnetz sei zweimal die Konstruktion des Kräftenetzes durchgeführt, und zwar beide Male für Kräfte, die durch denselben Punkt gehen. Die Punkte S_1 und S_2, in welchen sich die Kräfte in den beiden Fällen schneiden, seien als die Kraftzentren bezeichnet.

Wird bei der Konstruktion des Kräftenetzes beide Male derselbe Pol verwandt, so sind beide Male die Polstrahlen dieselben, da diese senkrecht sind zu den Maschen und überhaupt nicht von dem gewählten Kräftesystem abhängen. Auf jedem Polstrahl wird ein Eckpunkt A_i desjenigen Kräftenetzes liegen, das sich für S_1 als Kraftzentrum ergeben hat, ebenso aber ein Eckpunkt A_i' des zweiten Kräftenetzes.

Zwei Eckpunkte der beiden Kräftenetze, die auf demselben Polstrahl liegen, seien als entsprechende Punkte der beiden Kräftenetze und Verbindungslinien von entsprechenden Punkten als entsprechende Gerade der beiden Kräftenetze bezeichnet. Ferner seien zwei Polygone der Kräftenetze, deren Eckpunkte auf denselben Polstrahlen liegen, entsprechende Polygone und ihre Ebenen entsprechende Ebenen der beiden Kräftenetze genannt.

Da nun dasjenige Polygon, das die in einem Knotenpunkt A angreifende Kraft darstellt, für das Kraftzentrum S_1 senkrecht ist zu AS_1 (Fig. 4) und ebenso das Polygon des zweiten Kräftenetzes, das die in A angreifende Kraft darstellt für das Kraftzentrum S_2, senkrecht ist

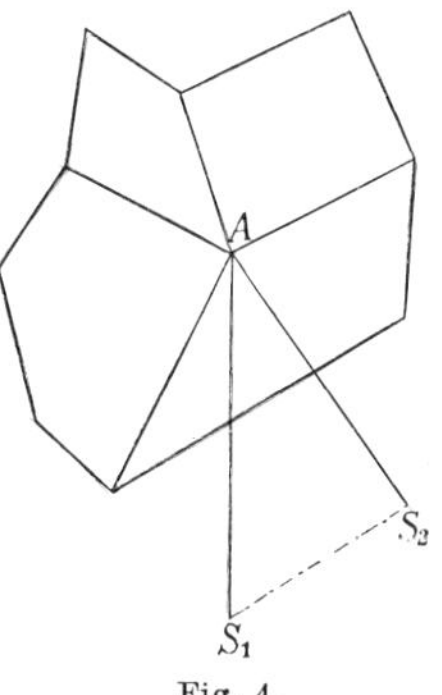

Fig. 4.

zu AS_2, so wird die Schnittlinie von zwei entsprechenden Ebenen der beiden Kräftenetze senkrecht sein zu $S_1 S_2$. Es folgt somit der Satz:

> Zwei entsprechende Ebenen der beiden Kräfte-
> netze schneiden sich in einer Geraden, die senkrecht
> ist zur Verbindungslinie der beiden Kraftzentren.

In Fig. 5 sind $A_1 A_2 A_3 A_4$ und $A_1' A_2' A_3' A_4'$ zwei entsprechende Polygone der beiden Kräftenetze. Dieselben sind perspektiv für den Pol O als Zentrum und für die zu $S_1 S_2$ senk-

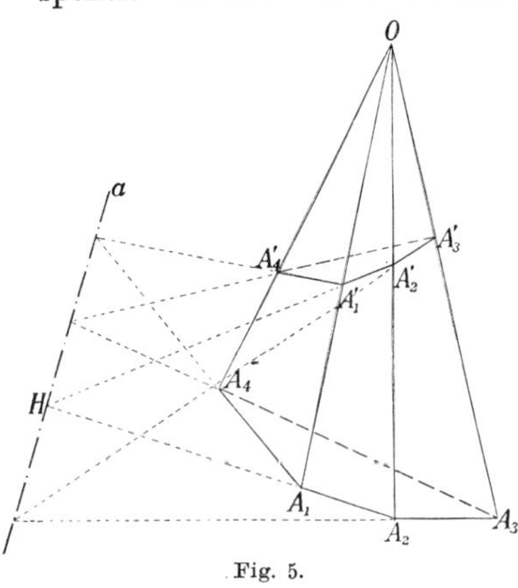

Fig. 5.

rechte Schnittlinie a der beiden
entsprechenden Ebenen, in denen diese Polygone liegen, als
Achse. Infolge davon werden
sich zwei entsprechende Geraden dieser beiden Polygone z. B.
$A_1 A_2$ und $A_1' A_2'$ in einem
Punkte H von a schneiden.
Durch $A_1 A_2$ und $A_1' A_2'$ geht
aber noch ein zweites Paar entsprechender Ebenen der beiden
Kräftenetze. Die Schnittlinie a_1
derselben muß daher durch H
gehen und außerdem senkrecht sein zu $S_1 S_2$. Dies ist nur möglich, wenn a_1 in der Ebene liegt, die durch a senkrecht zu $S_1 S_2$
gelegt ist.

Da aber in dieser Weise fortgefahren werden kann bis sich
alle entsprechenden Ebenenpaare der beiden Kräftenetze ergeben
haben, so folgt der Satz:

> Zwei entsprechende Ebenen der beiden Kräfte-
> netze schneiden sich auf einer ganz bestimmten Ebene
> die senkrecht ist zur Verbindungslinie der beiden
> Kraftzentren.

In Rücksicht darauf, daß entsprechende Punkte der beiden
Kräftenetze auf den Polstrahlen liegen, folgt der weitere Satz:

> Werden für das nämliche Seilnetz, und zwar für
> Kräfte, deren Wirkungslinien sich in demselben Punkt
> schneiden, für zwei solche Kraftzentren unter Be-
> nutzung des nämlichen Poles die Kräftenetze be-

stimmt, so sind dieselben perspektiv kollineare Gebilde für den angenommenen Pol als Zentrum der Kollineation und für eine Kollineationsebene, die senkrecht steht auf der Verbindungslinie der beiden Kraftzentren.

Bei Annahme von mehr als zwei Kraftzentren ergeben sich zwischen den Kräftenetzen Konfigurationen, auf die hier jedoch nicht weiter eingegangen werden soll.

§ 5.

Die Analogie der hier gefundenen Sätze zu Sätzen der graphischen Statik der ebenen Systeme tritt bei genauerer geometrischer Untersuchung von Seilnetz und Kräftenetz schärfer hervor.

Es sei wieder angenommen, daß die Wirkungslinien der Kräfte des Seilnetzes sich in einem Kraftzentrum S schneiden, so daß sich räumliche reziproke Gebilde ergeben. Für dieselben seien Kraftzentrum S einerseits und Pol O des Kräftenetzes andererseits als Pole der Reziprozität bezeichnet. Es sei ferner jedem Knotenpunkt A des Seilnetzes diejenige Ebene A des Kräftenetzes als entsprechendes Element des Kräftenetzes zugeordnet, die senkrecht steht zu der auf A wirkenden und in AS liegenden Kraft.

Es mögen nun zwei benachbarte Punkte A und B des Seilnetzes betrachtet werden, die also durch einen Faden miteinander verbunden sind. Diesen beiden Punkten entsprechen zwei Ebenen A und B, wobei

$$A \perp AS, \quad B \perp BS.$$

Die Schnittlinie g dieser beiden Ebenen A und B ist ferner senkrecht zu der Ebene ASB.

Es seien nun von O aus die beiden zu AS und BS parallelen Lote auf die Ebenen A und B gefällt und deren Längen mit a und b bezeichnet (Fig. 6 a und 6 b). Dann ist

$$a \cdot SA = b \cdot SB.$$

In Rücksicht darauf, daß für je zwei benachbarte Knotenpunkte des Seilnetzes und deren entsprechende Ebenen sich die nämliche Beziehung ergibt, folgt allgemein:

Bei der hergeleiteten räumlichen Reziprozität ist das Produkt aus den Entfernungen entsprechender Elemente von den beiden Polen konstant.

Diese Konstante k^2 sei als die Potenz der Reziprozität bezeichnet.

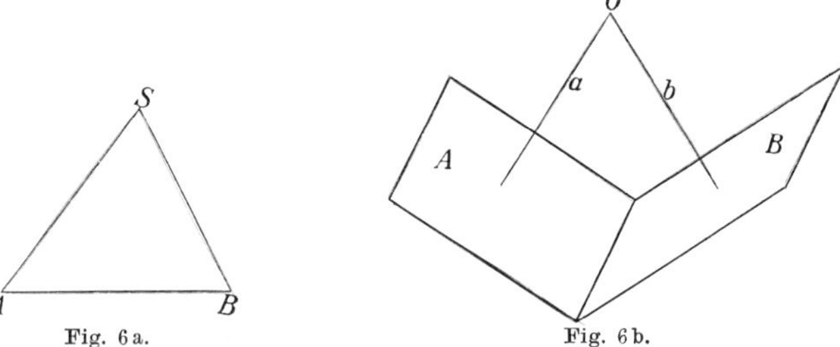

Fig. 6a.　　　　Fig. 6b.

Es seien die beiden Pole der Reziprozität aufeinander und zwar in dem Nullpunkt eines Koordinatensystems gelegt. Das eine Gebilde ist dementsprechend parallel zu verschieben. Dann wird einem Punkte A mit den Koordinaten:

$$\begin{cases} x = r \cos \alpha, \\ y = r \cos \beta, \\ z = r \cos \gamma \end{cases} \tag{1}$$

in dem anderen Gebilde eine Ebene A entsprechen, deren Gleichung in der Hesseschen Normalform ist:

$$x \cos \alpha + y \cos \beta + z \cos \gamma - \frac{k^2}{r} = 0 \tag{2}$$

Wird es so eingerichtet, daß je zwei entsprechende Elemente A und A auf derselben Seite des Nullpunktes liegen, was leicht möglich ist, so ist k^2 positiv und damit k reell. Dann stehen aber der Punkt A mit den Koordinaten (1) und die Ebene (2) in der Beziehung von Pol und Polarebene zu einer Kugel:

$$x^2 + y^2 + z^2 = k^2,$$

die den Nullpunkt zum Mittelpunkt und die Wurzel aus der Potenz zum Radius hat.

Es folgt daher der Satz:

Werden bei den hergeleiteten räumlichen reziproken Gebilden die beiden Pole aufeinander gelegt, das eine Gebilde demgemäß entsprechend parallel verschoben, so ergibt sich eine Polarreziprozität in bezug auf eine Kugel, deren Mittelpunkt der Pol und deren Radius die Wurzel aus der Potenz ist.

Aus diesen hergeleiteten Sätzen geht hervor, daß die hier untersuchten räumlichen reziproken Gebilde der graphischen Statik eine Verallgemeinerung derjenigen Reziprozität liefern, die Culmann bei dem ebenen Kräftesystem gefunden hat.[1]) Die Drehung um 90^0, welche bei der Culmannschen Reziprozität erforderlich ist[2]), damit sich polarreziproke Gebilde in bezug auf einen Kreis ergeben, kommt hier in Wegfall infolge der anderen Darstellung der Kräfte.

---

[1]) C. Culmann, Die graphische Statik. 2. Aufl. (1875). S. 280 f.

[2]) L. Henneberg, Die graphische Statik der starren Systeme (1911), S. 107.

Über den Begriff der Klasse von Differentialgleichungen.

Von

David Hilbert in Göttingen.

Wir legen unserer Untersuchung eine Differentialgleichung für zwei Funktionen y und z der einen Variabeln x zugrunde; sie besitze die Gestalt

$$(1) \qquad F\left(\frac{d^n y}{d x^n}, \ldots, \frac{dy}{dx}, y, \frac{d^m z}{d x^m}, \ldots, \frac{dz}{dx}, z;\, x\right) = 0;$$

und wir wollen annehmen, daß diese Differentialgleichung nicht dadurch gewonnen werden kann, daß man eine Differentialgleichung derselben Gestalt von niederer Ordnung ein- oder mehrmals differentiiert und die entstehenden Differentialgleichungen linear kombiniert.

Nunmehr setzen wir

$$(2) \quad \begin{cases} \xi = \varphi\left(x;\, y,\, \dfrac{dy}{dx},\, \dfrac{d^2 y}{dx^2},\, \ldots,\, z,\, \dfrac{dz}{dx},\, \dfrac{d^2 z}{dx^2},\, \ldots\right) \\[2ex] \eta = \psi\left(x;\, y,\, \dfrac{dy}{dx},\, \dfrac{d^2 y}{dx^2},\, \ldots,\, z,\, \dfrac{dz}{dx},\, \dfrac{d^2 z}{dx^2},\, \ldots\right), \\[2ex] \zeta = \chi\left(x;\, y,\, \dfrac{dy}{dx},\, \dfrac{d^2 y}{dx^2},\, \ldots,\, z,\, \dfrac{dz}{dx},\, \dfrac{d^2 z}{dx^2},\, \ldots\right) \end{cases}$$

wo rechts als Argumente die Variable x und die Funktionen y, z, sowie deren Ableitungen bis zu gewissen Ordnungen hin auftreten, und drücken

$$\frac{d\eta}{d\xi} = \frac{\dfrac{d\psi}{dx}}{\dfrac{d\varphi}{dx}}, \quad \frac{d^2\eta}{d\xi^2} = \frac{\dfrac{d\varphi}{dx}\dfrac{d^2\psi}{dx^2} - \dfrac{d\psi}{dx}\dfrac{d^2\varphi}{dx^2}}{\left(\dfrac{d\varphi}{dx}\right)^3}, \quad \cdots$$

$$\frac{d\zeta}{d\xi} = \frac{\dfrac{d\chi}{dx}}{\dfrac{d\varphi}{dx}}, \quad \frac{d^2\zeta}{d\xi^2} = \frac{\dfrac{d\varphi}{dx}\dfrac{d^2\chi}{dx^2} - \dfrac{d\chi}{dx}\dfrac{d^2\varphi}{dx^2}}{\left(\dfrac{d\varphi}{dx}\right)^3}, \quad \cdots$$

durch x und durch y, z sowie deren Ableitungen nach x aus: dann werden sich im allgemeinen d. h., wenn die Funktionen φ, ψ, χ nicht besonderen Bedingungsgleichungen genügen, aus (2) unter Benutzung von (1) die Größen x, y, z durch ξ und durch η, ζ sowie deren Ableitungen nach ξ ausdrücken lassen, wie folgt:

$$\left.\begin{aligned} x &= g\left(\xi;\ \eta,\ \frac{d\eta}{d\xi},\ \frac{d^2\eta}{d\xi^2},\ \ldots,\ \zeta,\ \frac{d\zeta}{d\xi},\ \frac{d^2\zeta}{d\xi^2},\ \cdots\right) \\ y &= h\left(\xi;\ \eta,\ \frac{d\eta}{d\xi},\ \frac{d^2\eta}{d\xi^2},\ \ldots,\ \zeta,\ \frac{d\zeta}{d\xi},\ \frac{d^2\zeta}{d\xi^2},\ \cdots\right) \\ z &= k\left(\xi;\ \eta,\ \frac{d\eta}{d\xi},\ \frac{d^2\eta}{d\xi^2},\ \ldots,\ \zeta,\ \frac{d\zeta}{d\xi},\ \frac{d^2\zeta}{d\xi^2},\ \cdots\right) \end{aligned}\right\}; \qquad (3)$$

dabei geht (1) in eine Differentialgleichung für η, ζ als Funktionen von ξ von der Gestalt

$$\Phi\left(\frac{d^\nu\eta}{d\xi^\nu},\ \ldots,\ \frac{d\eta}{d\xi},\ \eta,\ \frac{d^\mu\zeta}{d\xi^\mu},\ \ldots,\ \frac{d\zeta}{d\xi},\ \zeta;\ \xi\right) = 0 \qquad (4)$$

über. Von dieser Transformation (2) bzw. (3) sagen wir, daß sie die Differentialgleichungen (1) und (4) *umkehrbar integrallos* ineinander transformiert; alle Differentialgleichungen, die wie (4) umkehrbar integrallos in (1) übergeführt werden können, rechnen wir zur nämlichen *Klasse von Differentialgleichungen.*

In der Theorie der differentialen Beziehungen zwischen zwei Funktionen $y(x)$ und $z(x)$ ist der eben eingeführte Begriff der umkehrbar integrallosen Transformation und der Begriff der Klasse ein Analogon zu dem in der Theorie der algebraischen Funktionen einer Variablen bekannten Begriffe der für das Riemannsche Gebilde umkehrbar eindeutigen (birationalen) Transformation und zu dem Riemannschen Begriff der Klasse algebraischer Funktionen.

Nunmehr setzen wir andrerseits

$$\left.\begin{aligned} x &= \varphi\left(t,\ w,\ w_1,\ \ldots,\ w_r\right) \\ y &= \psi\left(t,\ w,\ w_1,\ \ldots,\ w_r\right) \\ z &= \chi\left(t,\ w,\ w_1,\ \ldots,\ w_r\right) \end{aligned}\right\} \qquad (5)$$

wo die Funktionen φ, ψ, χ nicht gerade von der besonderen Art seien, daß sie sämtlich nur von einer Verbindung ihrer Argumente t, w, w_1, $\ldots$, w_r abhängen, verstehen ferner darin unter w eine willkürliche Funktion der Variabeln t und unter

$$w_1 = \frac{dw}{dt}, \ldots, \quad w_r = \frac{d^r w}{dt^r}$$

deren Ableitungen nach t, und bilden

$$(6) \quad \begin{aligned} \frac{dy}{dx} &= \frac{\psi'}{\varphi'}, & \frac{d^2 y}{dx^2} &= \frac{\varphi' \psi'' - \psi' \varphi''}{\varphi'^3}, \ldots \\ \frac{dz}{dx} &= \frac{\chi'}{\varphi'}, & \frac{d^2 z}{dx^2} &= \frac{\varphi' \chi'' - \chi' \varphi''}{\varphi'^3}, \ldots \end{aligned} \Bigg\}$$

wo

$$\varphi' = \frac{d\varphi}{dt} = \varphi_t + w_1 \varphi_w + w_2 \varphi_{w_1} + \cdots + w_{r+1} \varphi_{w_r},$$

$$\psi' = \frac{d\psi}{dt} = \psi_t + w_1 \psi_w + w_2 \psi_{w_1} + \cdots + w_{r+1} \psi_{w_r},$$

$$\cdots \cdots \cdots \cdots \cdots \cdots \cdots$$

gesetzt ist, während hier wiederum die unteren Indizes t, w, w_1, $\ldots$, w_r partielle Ableitungen nach diesen Größen bedeuten: ist dann die Differentialgleichung (1) nach Eintragung von (5), (6) für jede willkürliche Funktion $w(t)$ d. h. identisch in t, w, w_1, w_2, $\ldots$ erfüllt, so sagen wir, daß die Differentialgleichung (1) die integrallose Auflösung (5) besitze. Es zeigt sich, daß der Satz gilt:

Alle integrallos auflösbaren Differentialgleichungen bilden eine und die nämliche Klasse von Differentialgleichungen.

Nach Monge sind die Differentialgleichungen erster Ordnung von der Gestalt (1) (d. h. $n = 1$, $m = 1$) integrallos auflösbar; unserer allgemeinen Behauptung zufolge müssen demnach sämtliche Differentialgleichungen erster Ordnung umkehrbar integrallos ineinander transformiert werden können.

In der Tat, nach Monge läßt sich zu jeder vorgelegten Differentialgleichung erster Ordnung

$$(7) \quad F\left(x, y, z, \frac{dy}{dx}, \frac{dz}{dx}\right) = 0$$

eine Funktion $J(x, y, z, \xi)$ der Variabeln x, y, z und eines Parameters ξ finden derart, daß durch Elimination des Parameters ξ aus den Gleichungen

$$\frac{\partial J}{\partial x} + \frac{\partial J}{\partial y}\frac{dy}{dx} + \frac{\partial J}{\partial z}\frac{dz}{dx} = 0, \tag{8}$$

$$\frac{\partial^2 J}{\partial x \partial \xi} + \frac{\partial^2 J}{\partial y \partial \xi}\frac{dy}{dx} + \frac{\partial^2 J}{\partial z \partial \xi}\frac{dz}{dx} = 0 \tag{9}$$

die Differentialgleichung (7) wieder gewonnen wird. Setzen wir nun

$$J(x,\,y,\,z,\,\xi) = \eta, \tag{10}$$

$$\frac{\partial J(x,\,y,\,z,\,\xi)}{\partial \xi} = \zeta \tag{11}$$

und berechnen aus (8), (10), (11) die Größen ξ, η, ζ als Funktionen von x, y, z, $\dfrac{dy}{dx}$, $\dfrac{dz}{dx}$, so wird

$$\frac{d\eta}{d\xi} = \frac{dJ}{d\xi} = \left(\frac{\partial J}{\partial x} + \frac{\partial J}{\partial y}\frac{dy}{dx} + \frac{\partial J}{\partial z}\frac{dz}{dx}\right)\frac{dx}{d\xi} + \frac{\partial J}{\partial \xi} = \frac{\partial J}{\partial \xi} = \zeta$$

und wir haben somit eine Transformation der Differentialgleichung (7) in die spezielle Gestalt

$$\frac{d\eta}{d\xi} = \zeta$$

erhalten. Diese Transformation ist überdies eine umkehrbar integrallose; denn durch Differentiation von (11) folgt mit Rücksicht auf (9)

$$\frac{\partial^2 J(x,\,y,\,z,\,\xi)}{\partial \xi^2} = \frac{d\zeta}{d\xi}, \tag{12}$$

und aus (10), (11), (12) lassen sich alsdann x, y, z als Funktionen von ξ, η, ζ, $\dfrac{d\zeta}{d\xi}$ ausdrücken.

Als Beispiel diene die Differentialgleichung

$$\frac{dz}{dx} = \left(\frac{dy}{dx}\right)^2;$$

für diese wird

$$J = \xi^2 x + 2\xi y + z$$

und man erhält daraus zur Bestimmung der obigen integrallosen Transformation und ihrer Umkehrung die Gleichungen:

$$\eta = \xi^2 x + 2\xi y + z,$$
$$\zeta = 2\xi x + 2y,$$
$$\frac{d\zeta}{d\xi} = 2x,$$
$$\xi^2 + 2\xi\frac{dy}{dx} + \frac{dz}{dx} = 0,$$
$$\xi + \frac{dy}{dx} = 0.$$

Den integrallos auflösbaren Differentialgleichungen entspricht in der Theorie der algebraischen Funktionen die Klasse der rational auflösbaren Gleichungen zwischen zwei Variabeln d. h. der algebraischen Gebilde vom Geschlechte Null.

Im folgenden möchte ich nunmehr den Nachweis führen, daß es jedenfalls schon unter den Differentialgleichungen zweiter Ordnung solche gibt, die **nicht** zu der Klasse der integrallos auflösbaren Differentialgleichungen gehören.

Zu dem Zwecke untersuchen wir zunächst die spezielle Differentialgleichung

$$(13) \qquad \frac{dz}{dx} = \left(\frac{d^2y}{dx^2}\right)^2$$

und nehmen — im Gegensatz zu unserer Behauptung — an daß dieselbe die integrallose Auflösung

$$(14) \qquad \begin{aligned} x &= \varphi\,(t,\,w,\,w_1,\,\ldots,\,w_r),\\ y &= \psi\,(t,\,w,\,w_1,\,\ldots,\,w_r),\\ z &= \chi\,(t,\,w,\,w_1,\,\ldots,\,w_r) \end{aligned}$$

besitze, wo, wie in (5), w die willkürliche Funktion der Variabeln t bedeutet und

$$w_1 = \frac{dw}{dt},\,\ldots,\qquad w_r = \frac{d^r w}{dt^r}$$

gesetzt ist. Ferner bezeichnen wir, wie oben, mit den unteren Indizes $t,\,w,\,w_1,\,w_2,\,\ldots$ die partiellen Ableitungen nach diesen Größen und setzen überdies allgemein, wenn $\varkappa$ irgendeine Funktion von $t,\,w,\,w_1,\,w_2,\,\ldots$ bedeutet, zur Abkürzung

$$\varkappa' = \frac{d\varkappa}{dt} = \varkappa_t + w_1\varkappa_w + w_2\varkappa_{w_1} + \cdots$$

Da offenbar der Fall, daß eine der Funktionen φ, ψ, χ eine Konstante ist, beiseite bleibt, so ist keiner der Ausdrücke φ', ψ', χ' identisch in allen Argumenten gleich Null.

Nunmehr sei w_r die höchste Ableitung der willkürlichen Funktion w, die in der integrallosen Auflösung (14) rechter Hand wirklich vorkommt und demgemäß seien die Ausdrücke φ_{w_r}, ψ_{w_r}, χ_{w_r} nicht sämtlich identisch in allen Argumenten Null. Wir finden aus (14):

$$\frac{dz}{dx} = \frac{\chi'}{\varphi'} = \frac{\varkappa_t + w_1\varkappa_w + \cdots + w_{r+1}\varkappa_{w_r}}{\varphi_t + w_1\varphi_w + \cdots + w_{r+1}\varphi_{w_r}} \tag{15}$$

$$\frac{dy}{dx} = \frac{\psi'}{\varphi'} = \frac{\psi_t + w_1\psi_w + \cdots + w_{r+1}\psi_{w_r}}{\varphi_t + w_1\varphi_w + \cdots + w_{r+1}\varphi_{w_r}} \tag{16}$$

und wenn zur Abkürzung

$$\mu = \frac{\psi'}{\varphi'}$$

gesetzt wird:

$$\frac{d^2y}{dx^2} = \frac{\mu'}{\varphi'} = \frac{\mu_t + w_1\mu_w + \cdots + w_{r+1}\mu_{w_r} + w_{r+2}\mu_{w_{r+1}}}{\varphi_t + w_1\varphi_w + \cdots + w_{r+1}\varphi_{w_r}}. \tag{17}$$

Nach Einsetzung von (15) und (17) muß die Gleichung (13) identisch in den Größen t, w, w_1, ..., w_{r+2} erfüllt sein. Da aber linker Hand in $\frac{\chi'}{\varphi'}$ die Größe w_{r+2} nicht vorkommt, so muß auch die rechte Seite d. h. $\frac{\mu'}{\varphi'}$ von w_{r+2} frei sein; mithin folgt identisch

$$\mu_{w_{r+1}} = 0,$$

d. h. μ ist von w_{r+1} unabhängig. Infolgedessen erscheint wegen (17) die Größe $\frac{\mu'}{\varphi'}$ als eine lineare ganze oder gebrochene Funktion von w_{r+1} und nach unserer Einsetzung erscheint mithin die rechte Seite von (13) als eine gebrochene quadratische Funktion von w_{r+1}, während linker Hand die in w_{r+1} lineare Funktion (15) zu stehen kommt. Beide Seiten können daher nur dann miteinander identisch ausfallen, wenn jeder der beiden Ausdrücke

$$\frac{\chi'}{\varphi'} \quad \text{und} \quad \frac{\mu'}{\varphi'}$$

von w_{r+1} unabhängig ausfällt. Aus (15), (17) folgt hieraus sofort

$$\varphi_{w_r} \frac{\chi'}{\varphi'} = \chi_{w_r},$$

$$\varphi_{w_r} \frac{\mu'}{\varphi'} = \mu_{w_r}.$$

und da nach dem Obigen auch μ von w_{r+1} unabhängig ist, so haben wir wegen (16) auch

$$\varphi_{w_r} \mu = \psi_{w_r}.$$

Wäre nun eine der Größen φ_{w_r}, ψ_{w_r}, χ_{w_r} identisch Null, so müßte diesen Relationen zufolge jede derselben identisch verschwinden, d. h. es müßten φ, ψ, χ sämtlich von w_r unabhängig sein, was unserer ursprünglichen Annahme widerspräche.

Unsere eben gefundenen Relationen schreiben wir in der Gestalt

$$(18) \qquad \mu = \frac{\psi'}{\varphi'} = \frac{\psi_{w_r}}{\varphi_{w_r}},$$

$$(19) \qquad \frac{\mu'}{\varphi'} = \frac{\mu_{w_r}}{\varphi_{w_r}}.$$

$$(20) \qquad \frac{\chi'}{\varphi'} = \frac{\chi_{w_r}}{\varphi_{w_r}}.$$

Enthielten die Funktionen φ, ψ, χ nur die Argumente t, w, so würden aus (18), (20) die Gleichungen folgen

$$\psi_t \varphi_w - \psi_w \varphi_t = 0$$

$$\chi_t \varphi_w - \chi_w \varphi_t = 0$$

und wegen $\varphi_w \neq 0$ wären somit die Funktionen φ, ψ, χ von der besonderen Art, daß sie nur von einer Verbindung der Argumente t, w abhingen — ein Fall, der von Anfang an ausgeschlossen worden ist.

Wegen dieser Überlegung dürfen wir in (14) die Ordnung der höchsten vorkommenden Differentialquotienten $r \geq 1$ annehmen.

Wir berechnen nunmehr vermöge

$$x = \varphi(t, w, w_1, \ldots, w_r)$$

die Größe w_r durch $t, w, w_1, \ldots, w_{r-1}, x$ und führen den gewonnenen Ausdruck für w_r in ψ und χ ein; die so entstehenden Funktionen bezeichnen wir mit

$$f(t, w, w_1, \ldots, w_{r-1}, x) \quad \text{bzw.} \quad g(t, w, w_1, \ldots, w_{r-1}, x).$$

Ferner möge im folgenden das Zeichen $\equiv$ stets bedeuten, daß beide Seiten einander in $t, w, w_1, \ldots, w_r$ identisch gleich werden, sobald man $x = \varphi$ darin einführt; es ist also gewiß

$$\psi \equiv f \tag{21}$$

und

$$\chi \equiv g. \tag{22}$$

Endlich sei, wenn k irgend eine Funktion $t, w, w_1, \ldots, w_{r-1}, x$ ist, zur Abkürzung

$$k' = k_t + w_1 k_w + w_2 k_{w_1} + \cdots + w_r k_{w_{r-1}}$$

gesetzt.

Durch Differentiation von (21) nach t erhalten wir

$$\psi' \equiv f' + f_x \varphi'$$

und durch Differentiation nach w_r

$$\psi_{w_r} \equiv f_x \varphi_{w_r}.$$

Vermöge (18) folgt hieraus

$$\mu \equiv f_x \tag{23}$$

und

$$f' \equiv 0. \tag{24}$$

Ebenso folgt aus (23) vermöge (19)

$$\frac{\mu'}{\varphi'} \equiv f_{xx} \tag{25}$$

und

$$(f_x)' \equiv 0 \tag{26}$$

und endlich aus (22) vermöge (20)

$$(27) \qquad \frac{\chi'}{\psi'} \equiv g_x$$

und

$$(28) \qquad g' \equiv 0.$$

Nunmehr differenzieren wir (24) nach w_r; alsdann entsteht

$$(f_x)' \varphi_{w_r} + f_{w_{r-1}} \equiv 0$$

und wegen (26) folgt hieraus

$$f_{w_{r-1}} \equiv 0.$$

Da aber f und folglich auch $f_{w_{r-1}}$ die Größe w_r nicht explizite enthält, so folgt hieraus auch identisch in $t, w, w_1, \ldots, w_{r-1}, x$

$$f_{w_{r-1}} = 0,$$

d. h. f enthält auch die Größe w_{r-1} nicht explizite. Infolge des letzteren Umstandes enthält wiederum f' die Größe w_r nicht explizite und daraus folgt wegen (24) notwendig identisch in $t, w,$ $w_1, \ldots, w_{r-1}, x$

$$f' = 0$$

d. h.

$$f_t + w_1 f_w + w_2 f_{w_1} + \cdots + w_{r-1} f_{w_{r-2}} = 0.$$

Aus dieser Gleichung folgern wir der Reihe nach

$$f_{w_{r-2}} = 0, \; f_{w_{r-3}} = 0, \; \ldots, \; f_w = 0, \; f_t = 0$$

und erkennen somit schließlich, daß f keine der Größen $t, w,$ $w_1, \ldots, w_{r-1}$ explizite enthalten darf, sondern nur von x abhängt.

Aus (17) und (25) entnehmen wir

$$\frac{d^2 y}{d x^2} = f_{xx}$$

und aus (15) und (27)

$$\frac{dz}{dx} = g_x;$$

folglich geht die vorgelegte Differentialgleichung (13) in

$$g_x = f_{xx}^2$$

über; sie zeigt, daß auch g_x nur eine Funktion von x allein ist und hieraus folgt

$$g = X + W,$$

wo X nur von x und W nur von t, w, w_1, ..., w_{r-1} abhängt. Aus (28) folgt

$$W' = 0$$

d. h. W ist eine Konstante; mithin ist auch g nur von x abhängig.

Damit erkennen wir, daß in jedem Falle φ, ψ, χ nur von einer Verbindung der Größen t, w, w_1, ..., w_r abhängen — ein Vorkommnis, welches von Anfang an ausgeschlossen worden ist. Unsere ursprüngliche Annahme ist also unmöglich und es ist somit der Satz bewiesen:

Die Differentialgleichung zweiter Ordnung

$$\frac{dz}{dx} = \left(\frac{d^2 y}{dx^2}\right)^2$$

besitzt keine integrallose Auflösung.

Die soeben für die spezielle Differentialgleichung (13) angewandte Schlußweise gilt genau in gleicher Weise für die allgemeinere Differentialgleichung

$$\frac{dz}{dx} = F\left(\frac{d^2 y}{dx^2}, \frac{dy}{dx}, y, z, x\right), \tag{29}$$

wenn F nicht gerade eine ganze oder gebrochene lineare Funktion von $\frac{d^2 y}{dx^2}$ ist.

Ist F eine gebrochene lineare Funktion von $\frac{d^2 y}{dx^2}$, so läßt sich die Differentialgleichung in die Gestalt bringen

$$\frac{dz}{dx} = \frac{\alpha \dfrac{d^2 y}{dx^2} + \beta}{\dfrac{d^2 y}{dx^2} + \gamma}, \tag{30}$$

wo α, β, γ Funktionen von x, y, z, $\frac{dy}{dx}$ bedeuten und β nicht identisch gleich $\alpha\gamma$ sein darf. Überdies ist es auch erlaubt, anzunehmen, daß β nicht identisch Null ist, da im Falle $\beta = 0$ gewiß

$\alpha \neq 0$ ausfallen muß; und wenn wir dann in

$$\frac{dz}{dx} = \frac{\alpha \dfrac{d^2 y}{dx^2}}{\dfrac{d^2 y}{dx^2} + \gamma}$$

die Funktion y durch $y + x^2$ ersetzen, so erhalten wir eine Differentialgleichung von derselben Gestalt (30) mit einem von Null verschiedenen Gliede β.

Nunmehr üben wir auf (30) die spezielle (Legendresche) Transformation

$$(31) \qquad \begin{cases} \xi = \dfrac{dy}{dx} \\[2mm] \eta = x\dfrac{dy}{dx} - y \\[2mm] \zeta = z \end{cases} \qquad\qquad \begin{aligned} x &= \frac{d\eta}{d\xi} \\[2mm] y &= \xi\frac{d\eta}{d\xi} - \eta \\[2mm] z &= \zeta \end{aligned}$$

aus: wir erhalten dann eine Differentialgleichung von der Gestalt

$$\frac{d\zeta}{d\xi} = \frac{d^2\eta}{d\xi^2} \frac{\alpha + \beta \dfrac{d^2\eta}{d\xi^2}}{1 + \gamma \dfrac{d^2\eta}{d\xi^2}},$$

wo nun α, β, γ Funktionen von $\xi, \eta, \zeta, \dfrac{d\eta}{d\xi}$ geworden sind. Wegen $\beta \neq 0$ ist die rechte Seite hier gewiß im Zähler quadratisch in $\dfrac{d^2\eta}{d\xi^2}$ und daraus schließen wir im Hinblick auf unsere frühere Überlegung, daß auch die Differentialgleichung (30) keine integrallose Auflösung besitzt. *Mithin kann die Differentialgleichung (29) gewiß nur in dem Falle eine integrallose Auflösung besitzen, wenn F eine ganze lineare Funktion von $\dfrac{d^2 y}{dx^2}$ ist.*

Die Formeln (31) bieten das Beispiel einer Transformation, die eine integrallose Umkehrung ohne Rücksicht auf eine bestimmte zugrunde gelegte Differentialgleichung gestattet. Zum Unterschiede von den bis dahin behandelten umkehrbar integrallosen Transformationen mögen solche umkehrbar integrallosen Transformationen, die wie (31) für alle Funktionen $y(x)$, $z(x)$

bzw. $\eta(\xi)$, $\zeta(\xi)$ anwendbar sind, **unbeschränkt umkehrbar integrallose Transformationen** heißen; sie bilden das Analogon zu den in der Algebra bekannten durchweg umkehrbar rationalen (Cremonaschen) Transformationen zweier Variabler.

Indem wir vorhin die Existenz von Differentialgleichungen bewiesen, die nicht integrallos auflösbar sind, zeigten wir, daß es außer der Klasse der integrallos auflösbaren Differentialgleichungen jedenfalls noch eine davon verschiedene Klasse von Differentialgleichungen gibt. *Daß es überhaupt unendlich viele voneinander verschiedene Klassen von Differentialgleichungen gibt,* läßt sich auf einem Wege erkennen, der dem oben zum Nachweis der Existenz integrallos nicht auflösbarer Differentialgleichungen analog ist und den ich hier kurz charakterisieren möchte.

Wir betrachten die beiden speziellen Differentialgleichungen

$$\frac{d\zeta}{d\xi} = \left(\frac{d^2\eta}{d\xi^2}\right)^2 \tag{32}$$

und

$$\frac{dz}{dx} = \left(\frac{d^3 y}{dx^3}\right)^2. \tag{33}$$

Von diesen ist die erstere, wie vorhin gezeigt, nicht integrallos auflösbar, und, wenn man in der zweiten Differentialgleichung $\frac{dy}{dx}$ als unbekannte Funktion ansieht, so folgt, daß auch sie nicht integrallos auflösbar ist. Wir haben dann noch zu zeigen, daß es keine Transformation von der Gestalt

$$x = \varphi(\xi, \eta, \eta_1, \ldots, \eta_r, \zeta),$$
$$y = \psi(\xi, \eta, \eta_1, \ldots, \eta_r, \zeta),$$
$$z = \chi(\xi, \eta, \eta_1, \ldots, \eta_r, \zeta)$$

gibt, vermöge derer aus (32) die Differentialgleichung (33) wird; dabei ist zur Abkürzung

$$\eta_1 = \frac{d\eta}{d\xi}, \quad \ldots, \quad \eta_r = \frac{d^r\eta}{d\xi^r}$$

gesetzt.

Nunmehr bedeute allgemein

$$\varkappa' = \frac{d\varkappa}{d\xi} = \varkappa_\xi + \eta_1\varkappa_\eta + \eta_2\varkappa_{\eta_1} + \cdots + \eta_{r+1}\varkappa_{\eta_r} + \eta_2{}^2\varkappa_\zeta;$$

dann erhalten wir

$$\text{(34)} \qquad \frac{dz}{dx} = \frac{\chi'}{\varphi'},$$

$$\frac{dy}{dx} = \frac{\psi'}{\varphi'} = \mu,$$

$$\frac{d^2 y}{dx^2} = \frac{\mu'}{\varphi'} = \nu,$$

$$\text{(35)} \qquad \frac{d^3 y}{dx^3} = \frac{\nu'}{\varphi'}.$$

Nach Einsetzung von (34) und (35) müßte, falls jene Transformation (32) in (33) überführen sollte, die Gleichung (33) identisch in $\xi, \eta, \eta_1, \ldots, \eta_{r+3}, \zeta$ erfüllt sein; daraus schließen wir für $r \geq 3$ leicht, daß die Ausdrücke

$$\frac{\chi'}{\varphi'}, \ \mu, \ \nu, \ \frac{\nu'}{\varphi'}$$

von $\eta_{r+1}, \eta_{r+2}, \eta_{r+3}$ unabhängig sein müssen und demnach die Identitäten

$$\varphi_{\eta_r} \frac{\chi'}{\varphi'} = \chi_{\eta_r},$$

$$\varphi_{\eta_r} \mu = \psi_{\eta_r},$$

$$\varphi_{\eta_r} \nu = \mu_{\eta_r},$$

$$\varphi_{\eta_r} \frac{\nu'}{\varphi'} = \nu_{\eta_r}$$

bestehen. Aus diesen Identitäten schließen wir dann ganz analog wie oben die Unmöglichkeit unserer Annahme. In den Fällen $r = 1$, $r = 2$ bedürfen wir, um das nämliche Ziel zu erreichen, einer besonderen sehr einfachen Berechnung. Damit ist die Existenz von drei verschiedenen Klassen sichergestellt und zugleich ersichtlich, wie das Verfahren zum Nachweise von beliebig vielen Klassen von Differentialgleichungen fortgesetzt werden kann.

Zu einem tieferen und systematischeren Studium der Differentiálgleichungen von der Gestalt (1) und des Klassenbegriffes bedarf es der Heranziehung der Methoden der Variationsrechnung; und zwar scheinen mir dabei folgende Definitionen und Begriffsbildungen in erster Linie erforderlich zu sein.

Jedes Paar von Funktionen $y(x)$, $z(x)$, die der Differentialgleichung (1) identisch in x genügen, heiße eine Lösung von (1).

Wird nun die Differentialgleichung (1) durch eine umkehrbar integrallose Transformation in die Differentialgleichung (4) übergeführt, so entspricht vermöge (3) im allgemeinen einer jeden Lösung der transformierten Differentialgleichung (4) eine solche der ursprünglichen Differentialgleichung (1). Es kann jedoch besondere Lösungen von (1) geben, die auf diese Weise vermöge (3) nicht dargestellt, d. h., wie wir sagen wollen, „ausgelassen" werden. Andrerseits nennen wir diejenigen besonderen Lösungen von (1), für welche die erste Variation verschwindet, die diskriminierenden Lösungen von (1). Aus den diskriminierenden Lösungen werden bei einer umkehrbar integrallosen Transformation sämtlich oder zu einem Teil wiederum diskriminierende Lösungen.

Die fundamentale Bedeutung dieser allgemeinen Begriffe erkennen wir bereits an dem Beispiel der (Mongeschen) Differentialgleichung erster Ordnung. Es zeigt sich nämlich, *daß die sämtlichen diskriminierenden Lösungen der Mongeschen Differentialgleichung, und im wesentlichen nur diese, ausgelassene Lösungen sind.*[1])

Wir wollen die eben aufgestellte Behauptung über die diskriminierenden Lösungen der Mongeschen Differentialgleichung beweisen und zwar der Kürze halber an dem Beispiele der speziellen Mongeschen Differentialgleichung

$$\frac{dz}{dx} = \left(\frac{dy}{dx}\right)^2. \tag{36}$$

Durch Nullsetzen der ersten Variation des Integrals

$$z = \int \left(\frac{dy}{dx}\right)^2 dx$$

erhalten wir die Differentialgleichung

$$\frac{d^2y}{dx^2} = 0$$

---

1) Vgl. eine, durch meine Anregung entstandene, demnächst in den Math. Ann. erscheinende Arbeit von W. Groß.

und folglich lauten die diskriminierenden Lösungen von (36)

$$(37) \qquad \begin{aligned} y &= ax + b, \\ z &= a^2 x + c \end{aligned}$$

unter a, b, c Konstante verstanden.

Die integrallose Auflösung von (36) lautet:

$$(38) \qquad \begin{aligned} x &= t^2 w_{tt} - 2t w_t + 2w, \\ y &= t w_{tt} - w_t, \\ z &= w_{tt}. \end{aligned}$$

Es sei nunmehr

$$y = f(x), \quad z = g(x)$$

ein System von Lösungen der Differentialgleichung (36). Um dasselbe durch die Formeln (38) darzustellen, ist es notwendig und hinreichend, eine Funktion $w(t)$ zu finden, die den zwei Differentialgleichungen

$$(39) \qquad t w_{tt} - w_t = f(t^2 w_{tt} - 2t w_t + 2w),$$

$$(40) \qquad w_{tt} = g(t^2 w_{tt} - 2t w_t + 2w)$$

genügt und für welche der Ausdruck

$$x = t^2 w_{tt} - 2t w_t + 2w$$

nicht konstant ausfällt, mithin

$$\frac{dx}{dt} = t^2 w_{ttt} \neq 0$$

d. h.

$$(41) \qquad w_{ttt} \neq 0$$

wird. Durch Differentiation von (39), (40) nach t entsteht:

$$(42) \qquad t w_{ttt} = t^2 w_{ttt} f',$$

$$(43) \qquad w_{ttt} = t^2 w_{ttt} g'$$

oder wegen (41)

$$(44) \qquad 1 = t f'$$

$$(45) \qquad 1 = t^2 g'.$$

Ist nun f, g nicht eine der diskriminierenden Lösungen (37), so fällt f' nicht konstant aus und wir können mithin (44) durch Umkehrung in die Gestalt

$$t^2 w_{tt} - 2 t w_t + 2 w = h\left(\frac{1}{t}\right) \tag{46}$$

bringen, wo h eine Funktion von $\frac{1}{t}$ bedeutet, die nicht konstant ausfällt. Diese Differentialgleichung für w ist gewiß stets lösbar; es sei w^0 eine Partikularlösung derselben.

Aus (44) folgt wegen

$$g' = (f')^2,$$

daß zugleich (45) erfüllt ist, wenn wir darin w^0 für w einsetzen; mithin wird auch (42), (43) für $w = w^0$ erfüllt und da diese Gleichungen durch Differentiation aus (39), (40) entstanden sind, so entnehmen wir hieraus die Existenz zweier Konstanten A, B, so daß

$$t w_{tt}^0 - w_t^0 + A = f(t^2 w_{tt}^0 - 2 t w_t^0 + 2 w^0), \tag{47}$$

$$w_{tt}^0 + B = g(t^2 w_{tt}^0 - 2 t w_t^0 + 2 w^0) \tag{48}$$

wird. Setzen wir nunmehr

$$w = w^0 + \frac{1}{2} B t^2 - A t,$$

so befriedigt diese Funktion wegen (47), (48) die Differentialgleichungen (39), (40) und es fällt überdies wegen (46) der Ausdruck

$$t^2 w_{tt} - 2 t w_t + 2 w = t^2 w_{tt}^0 - 2 t w_t^0 + 2 w^0$$

nicht gleich einer Konstanten aus. Damit ist gezeigt worden, daß unsere Lösung in der Tat durch (38) dargestellt werden kann.

Es sei nun anderseits f, g eine diskriminierende Lösung, wie sie durch (37) geliefert wird. Alsdann geht (39) in

$$t w_{tt} - w_t = a(t^2 w_{tt} - 2 t w_t + 2 w) + b$$

über. Durch Differentiation nach t erhalten wir hieraus

$$(t - a t^2) w_{ttt} = 0$$

und folglich

$$w_{ttt} = 0,$$

d. h. unsere Lösung ist durch (38) nicht darstellbar und damit ist der von mir aufgestellte Satz, daß die diskriminierenden Lösungen und nur diese ausgelassene Lösungen sind, vollständig bewiesen.

Zum Schlusse sei darauf hingewiesen, daß die Mongesche Differentialgleichung zugleich ein Beispiel dafür bietet, daß die diskriminierenden Lösungen gegenüber den umkehrbar integrallosen Transformationen keinenfalls invarianten Charakter besitzen — erkannten wir doch oben, daß jede Mongesche Differentialgleichung (7) umkehrbar integrallos in die spezielle Gestalt

$$\frac{d\eta}{d\xi} = \zeta$$

transformiert werden kann; und die letztere Differentialgleichung besitzt offenbar überhaupt keine diskriminierende Lösung. Der hier hervorgehobene Umstand steht mit dem vorigen Satze, demzufolge im Falle der Mongeschen Differentialgleichung sämtliche diskriminierenden Lösungen zugleich ausgelassene Lösungen sind, in intimstem Zusammenhang.

A new Approach to the Theory of Relativity.

By

Edward V. Huntington, Ph. D., Cambridge, Mass., U. S. A.

Introduction.

The Theory of Relativity as developed by Einstein[1]) is usually supposed to involve a radical modification, not only of our conception of the ether, but also of our fundamental notions concerning space and time; and the discussion of the so-called "paradoxes of relativity" has often led beyond the safe ground of mathematical deduction into the realm of metaphysical speculation.

The purpose of this article is to show that the famous "transformation equations" which stand at the center of the theory can be easily deduced from simple conventions in regard to the setting of clocks and the laying out of coordinate systems, without any conflict with our ordinary conception of the ether, or with our ordinary notions of space and time, thereby freeing the theory from the least appearance of paradox.

The method pursued is in some sense a return to the point of view of Lorentz[2]), who retained the concept of the ether as

---

1) A. Einstein, Zur Elektrodynamik bewegter Körper, Annalen der Physik, ser. 4, vol. 17, p. 891—921, 1905.

2) H. A. Lorentz, Versuch einer Theorie der elektrischen und optischen Erscheinungen in bewegten Körpern, Leiden 1895. Neudruck, Leipzig 1906. Also, The Theory of Electrons (Columbia University lectures 1906), Leipzig 1909.

his starting point, and never abandoned our ordinary notions of time and space; and the "transformation equations" here obtained resemble the equations of Lorentz in being slightly more general than those of Einstein. Lorentz' method of deducing these equations, however, involves a large and difficult part of the modern electromagnetic theory, while the method here adopted depends only on the most elementary considerations.

The present article is purely expository, and does not attempt any critical or historical discussion.[1])

I. System at rest in the ether.

1. We assume an ether, in which light waves are propagated uniformly in all directions, and we consider first a rigid platform S, at rest in the ether.

This platform is supposed to be inhabited by intelligent beings, who are able to communicate with one another, but are not supposed to be capable of locomotion; that is, no observer is to leave his own station. Each station is provided with a clock, that is, any mechanical contrivance which "clicks" at regular intervals. These clocks are not portable; and they must be "regulated" and "set" before they can be used.

We proceed to define methods by which such beings may regulate and set their clocks, lay out a system of coordinates, and develop the entire theory of analytical geometry and kinematics without any observer's leaving his own station. These definitions will then be capable of immediate extension to the case of a system in uniform motion through the ether.

The regulating and setting of stationary clocks.

2. To test whether the clock at any given station A is running at a uniform rate, the observers proceed as follows: a light signal is sent from A to any second station B, and immediately retur-

---

[1]) For an extensive bibliography of the Theory of Relativity, the reader is referred to an article by J. Laub in the Jahrbuch der Radioaktivität und Elektronik, vol. 7, p. 405, December 1910.

ned from B to A; if the number of seconds ticked off by the clock at A while the light signal is making its round trip to B and return is always the same whenever the experiment is repeated, then the clock at A is said to be running at a **constant rate**.

3. Each separate clock being regulated to run at a constant rate, the next thing to do is to see that all the clocks run at the **same rate**. This may be easily accomplished by regulating all the clocks so as to agree with a standard clock in some central station O, as follows. Light signals are sent out from O, at a certain rate per second, as measured by the clock at O; if these arrive at station A at the same rate per second, as measured by the clock at A, then the clock at A is said to be **running at the same rate as the clock at O.**

Now it is obviously possible for two clocks to be running at the same rate without being synchronous. For example (supposing for convenience that the clocks read continuously: 0, 1, 2, ... seconds, instead of from 12 o'clock around to 12 again), we may have two clocks side by side, one reading

$$\ldots 7, 8, 9, 10, \ldots$$

while the other reads

$$\ldots 3, 4, 5, 6, \ldots;$$

these clocks are running at the same rate, but they are clearly not synchronous, since the one is always four seconds ahead of the other.

4. It remains, therefore, to "set" the clocks so that they shall all be synchronous, in other words, so that the "origin of time" shall be the same for all. This may be readily accomplished by light signals from the central station.[1]) Let the observer at O start a signal toward A when the clock at O reads t_0, and suppose this signal arrives at A when the clock at A reads t_1; immediately on the receipt of this signal, the observer at A starts a return signal back toward O, which arrives at O when the clock at O reads t_2. If now

$$t_1 = \tfrac{1}{2}(t_2 + t_0), \quad \text{so that } t_2 - t_1 = t_1 - t_0,$$

---

1) Einstein, loc. cit.

then the clock at A is said to be synchronous with the standard clock at O.[1])

It follows as a theorem that two clocks which are synchronous with the clock at O will be synchronous, by the same definition, with each other.

Laying out a system of coordinates by light signals.

5. All the clocks being now properly "regulated", and "set" so as to be synchronous with the central clock at O, the observers proceed to lay out a system of coordinates — that is, to assign to each station a pair of numbers to be called the abscissa and ordinate of that station.

Since no observer is supposed to move from his own station, the ordinary process of measurement, by carrying a meter-stick about from place to place, is not practicable; hence the observers resort to a further use of the method of light signals, as follows. A fixed line OX through the central station being taken as the axis of x, light signals are sent from O to the various stations along this axis. If a signal which starts from O when the clock at O reads t_0 arrives at A when the clock at A reads t_1, then the difference in clock-readings, multiplied by a constant numerical factor c, is taken as the abscissa of the station A:

$$x = c(t_1 - t_0);$$

and the point A is denoted by $(x, 0)$.[2]) In this way the points $(1,0)$, $(2,0)$ etc. on OX are determined, and similarly, the points $(-1,0)$, $(-2,0)$ etc. on the extension of OX through O.

6. Having thus assigned coordinates to all the stations on the axis of x, the observers now determine — still without any ordinary measurements — the coordinates of points not on the axis of x. Consider any point $(m, 0)$ on the axis. Observers at

---

1) If $t_1 = \frac{1}{2}(t_2 + t_0) + e$, then the clock at A is e seconds too fast, and must be "set back" accordingly.

2) The arbitrary constant c merely determines the scale on which the map is laid out.

two points $(m + n, 0)$ and $(m - n, 0)$, which may be called "equidistant" from $(m, 0)$, send out light signals, each observer starting his signal when the clock at his station reads t_0. Any station C at which these two signals arrive simultaneously is said to lie on the perpendicular through $(m, 0)$. To each of the points that lie on this perpendicular an ordinate, y, is now assigned in an obvious way, by means of light signals started from the point $(m, 0)$. In particular, the points $(m, 1)$, $(m, 2), \ldots; (m, -1), (m, -2), \ldots$ are determined.

7. In describing this rather novel process of laying out a coordinate system by light signals, we have tacitly assumed that each stage of the process is possible — in other words, that the coordinate system thus obtained will be permanent, so that the coordinates assigned to any given station will always be the same whenever the process is repeated. This assumption is obviously justified in the case of a system at rest in the ether; but a moment's reflexion will show that this will not in general be true in the case of a system which is moving with respect to the ether.

For example, consider a circular platform rotating with constant velocity about its center O. Here all the clocks could readily be synchronized with a central clock at O, according to the rule in § 4; but two clocks A and B on the circumference would then not be synchronous with each other according to the same rule [1]).

In one special case, however, the process is legitimate, namely, in case of a system moving through the ether with uniform velocity in a straight line, and to the proof of this we shall turn our attention in Part II. For the present, we consider only the case of a system at rest.

Definition of distance.

8. A pair of coordinates having been assigned by the method of light signals to every station in the plane, the "distance" between two points (x_1, y_1) and (x_2, y_2) is then defined as the quantity

$$\sqrt{(x_2 - x_1)^2 + (y_2 - y_1)^2},$$

---

1) The relation "synchronous with", as here defined, is therefore, although symmetrical, not necessarily transitive; it resembles rather the relation "friend of"; A and B may both be friends of C, and yet not be friends of each other.

and the observers on the platform are now in a position to develop the whole theory of coordinate geometry for the plane. For example, all points whose coordinates were found to satisfy the equation $x^2 + y^2 = r^2$ would be said to lie on a circle of radius r; etc.

Definition of observed velocity.

9. The observers are now able to discuss the velocity of an object, say an aeroplane, that flies in a straight line across their platform. To determine the velocity, two observers are required, each with his own clock. Observer A, at (x_1, y_1), notes that the aeroplane passes his station when his clock reads t_1; observer B, at (x_2, y_2), notes that it passes his station when his clock reads t_2; then the ratio of "distance" divided by "difference in clock-readings" (supposing this ratio to be constant for any two observers in the line of flight) is called the observed velocity of the aeroplane with respect to the platform:

$$u = \frac{\sqrt{(x_2 - x_1)^2 + (y_2 - y_1)^2}}{t_2 - t_1}. \,^{1)}$$

In particular, the velocity of a light-signal, as determined in this way, is equal to the arbitrarily chosen constant c, and is the same in all directions.

(That this is true for light traveling along the axis of x, or along a line perpendicular to that axis, is obvious from the way in which the coordinates of points on those lines were assigned; that it is true also for light traveling in oblique directions follows readily from the definition of distance in § 8).

Definition of observed rate of a moving clock.

10. Let us now suppose an aviator, flying across the platform, carries a clock with him, and let

---

1) The extension of this definition to cases where the velocity is not constant is effected in the usual manner, by the methods of the differential calculus.

$t_1 =$ the reading of the clock at A when the aviator passes A,

$t_2 =$ „ „ „ „ „ „ B „ „ „ „ B,

and $T' =$ the number of seconds ticked off by the clock on the aeroplane during the flight from A to B.

Then the ratio

$$r = \frac{T'}{t_2 - t_1}$$

(if this ratio proves to be constant) is called the **observed rate** at which the clock on the aeroplane is running with respect to the clocks on the platform; that is, the clock on the aeroplane is said to be running r times as fast as the clocks on the platform.

Further, the quantity

$$n = \frac{A B}{T'}$$

where $A B =$ the distance over which the aviator passes in the time-interval T', may be called the **self-measured velocity** of the aeroplane with respect to the platform S, since the time interval T' is measured, not by two clocks on the platform S, but by the single clock on the aeroplane.

The relation between the quantities u and n is as follows:

If $u =$ the observed velocity of the aeroplane

and $\quad n =$ its self-measured velocity,

then

$$\frac{u}{n} = r$$

where $r =$ the observed rate of the clock on the aeroplane.

Doppler's Principle.

11. Suppose an aviator is flying in a straight line away from a given station A, and let light-signals, sent out from A at intervals of T second as measured by the clock at A, overtake the aviator at intervals of T' seconds as measured by the clock on the aeroplane. Then we readily find that

$$T' = \frac{T}{\dfrac{n}{u} - \dfrac{n}{c}}, \quad \text{or} \quad T' = \frac{r\,T}{1 - \dfrac{u}{c}},$$

where $u =$ the observed velocity of the aviator, $n =$ his self-measured velocity, and $r =$ the observed rate of his clock.

This equation reduces to the common form when $r = 1$, and to the form given by Einstein when $r = \sqrt{1 - (u/c)^2}$.

In all this discussion we have supposed that the platform S is at rest in the ether. We now turn to the consideration of the case of a platform in motion through the ether.

II. System in uniform motion through the ether.

12. We consider a platform S' moving with respect to our stationary platform S with a constant observed velocity v in a straight line, and we proceed to show that the observers on the moving platform S', having established a central clock at O', can lay out a permanent system of coordinates on S' by exactly the same method as that already described for the stationary platform S, provided only that $v < c^1$).

The method of proof will be as follows: we shall first suppose the coordinates on S' to be theoretically assigned by means of certain transformation equations; we shall then show that the result of this assignment is precisely the same as if the observer had used the method of light-signals described above. Since the theoretical method of assignment is easily seen to be possible and permanent, it follows that the method of light-signals is also possible and permanent.

We suppose for convenience that the axis $O'X'$ on S' is sliding along OX in the positive direction; and we suppose that at the instant when O' is opposite O, the clocks at O and O' read zero seconds.

We shall not, however, place any restriction on the observed rate, r, of the clock at O'^2)

---

1) This restriction does not mean that "no velocity greater than the velocity of light is possible", since an "observed velocity" as here defined may have any value from 0 to ∞; it means simply that if a platform S' were moving through the ether with a velocity greater than the velocity of light, then the "method of light-signals" here described could not be successfully employed by observers on that platform.

2) This feature of our treatment in believed to be new. Einstein, for example, assumes that the two sets of clocks are "of the same physical construction".

The transformation equations.

13. We now state the following theorem, which is fundamental for the whole discussion.

Theorem 1. If the coordinates x', y' and the clock-reading t' at each station on the moving platform S' are assigned, at each instant, in terms of the coordinates x, y and the clock reading t at the point on S which is opposite that station at that instant, according to the following "transformation equations":

$$x' = lk(x - vt), \quad y' = ly,$$

$$t' = lk\left(t - \frac{v}{c^2}x\right),$$

where

$$k = \frac{1}{\sqrt{1 - (v/c)^2}} \quad \text{and} \quad l = \frac{r}{\sqrt{1 - (v/c)^2}},$$

then the result will be precisely the same as if the observers on S' had adjusted their clocks and laid out their coordinate system by the method of light signals explained above for platform S, with the same choice of the constant c[1]).

Here $v =$ the observed velocity of the point O' with respect to the platform S, and $r =$ the observed rate of the clock at O'.

---

1) The expression for k in the above formulas can be simplified by the use of hyperbolic functions. Thus, if we determine a quantity V so that

$$\frac{v}{c} = \tanh V,$$

then

$$k = \cosh V.$$

Further, by a particular assumption in regard to the rate at which the clock at O' is running, the value of l can be reduced to unity. But for the theorems which we shall give, this assumption is not necessary, and will not be made.

The notation, k, l, here used agrees with the notation of Lorentz rather than with that of Einstein, who uses β in place of k, and has $l = 1$.

In order to establish this theorem we must show:

1) that the coordinates x', y' assigned to any given station will be permanent, that is, independent of the time[1]); and further, that if x', y' and t' are assigned in the manner indicated, then:

2) the clock at O' will be found to run at a uniform rate according to the test laid down in § 2;

3) each clock on S' will be found to be synchronous with the clock at O' according to the test laid down in §§ 3—4; and

4) if a light signal, started from O' when the clock at O' reads t_0', arrives at any station $A' = (x', y')$ when the clock at A' reads t_1', then the "distance", $\sqrt{x'^2 + y'^2}$, from O' to A' is c times the "difference in clock-readings", $t_1' - t_0'$.

The verification of the truth of these statement is merely a matter of direct computation from the transformation equations, which may well be left to the reader.[2])

14. By this Theorem 1, the possibility of laying out a permanent set of coordinates on the moving system S' by the method of light signals is established; the definitions of distance and velocity given for the stationary system S can then be applied directly to the moving system S', and the theory of analytical geometry and kinematics developed by the residents on S' will be identical with the theory developed by the residents on S.

In particular, the velocity of a light signal, as computed by two observers on S', will be found to be constant and the same in all directions, in spite of the fact that the

---

1) Thus, if a given station on S' is opposite A_1 when the clock A_1 reads t_1 and, later, is opposite A_2 when the clock at A_2 reads t_2, then the "t" in the formula for x' will have increased by $t_2 - t_1$, while (since the station in question is passing platform S with velocity v) the "x" in that formula will have increased by $v(t_2 - t_1)$; hence the value of $x - vt$ will remain unchanged.

2) The method by which the transformation equations themselves are obtained will be explained in the appendix.

platform is moving through the ether. This proposition, which here follows quite naturally from the way in which the coordinates were laid out on the moving system, appears in Einstein's treatment as a fundamental hypothesis, and is known as the famous "second postulate of relativity".

Features of the moving system.

15. In order to show in detail how the coordinate system thus laid out on the moving platform will appear to observers on the stationary platform, we state the two following theorems, both of which can be deduced by a simple calculation from the transformation equation in § 13.

Definition. Suppose a number of observers, $A, B, C, \ldots$ on S agree to observe the points opposite them "at a specified time" — that is, each one is to make his observation when his own clock reads, say, t_0. Let A' be the point opposite A when A' s clock reads t_0, B' the point opposite B when B' s clock reads t_0, etc. Then the figure formed by $A, B, C, \ldots$ in S is called the image in S of the figure formed by $A', B', C' \ldots$ in S'.

Theorem 2. Consider one of the "townships" $A'B'C'D'$ into which the platform S' is divided by its coordinate net-work; and let $ABCD$ be the "image in S" of this township. Then $A'B'C'D'$, when computed by the coordinates in S', is a square; but $ABCD$, when computed by the coordinates in S, is a rectangle, with its short side lying in the direction of the motion of S'. The ratio of the sides is given by

$$\frac{\text{longitudinal side}}{\text{transverse side}} = \sqrt{1 - \frac{v^2}{c^2}} = \frac{1}{k}.$$

It should be noticed that this ratio depends only on the velocity v, and not on the relative rates of the clocks at O and O'.

Corollary. If a series of points in S' lie on a circle, according to the observers on S', their images in S will appear to observers in S to lie on an ellipse, the minor axis lying in the direction of motion, and the ratio of the axes being $1/k$.

16. **Theorem 3.** Let two observers, A and B, on S agree to observe the coordinates and the clock-readings at the points of S' which are opposite them "at a specified time". Suppose when A's clock reads t_0, the point opposite A has an abscissa $= x_1'$ and a clock-reading $= t_1'$; and when B's clock reads t_0, the point opposite B has an abscissa $= x_2'$ and a clock-reading $= t_2'$. Then it will appear that

$$t_2' - t_1' = - \frac{v}{c^2}(x_2' - x_1').$$

This theorem tells us that two clocks on S' which are synchronous when tested by the standards adopted on S', are not synchronous when observed from S — the forward clock being slower than the other by amount proportional to the distance between them. — This result, like the last, is entirely independent of the relative rates of the clocks at O and O'.

The composition of velocities.

17. Further, we suppose that an aeroplane passes over platform S with a given observed velocity u, and inquire what the observed velocity of the aeroplane will be with respect to platform S'. For simplicity we confine ourselves to the case of motion in a straight line parallel to the line of motion of the platform S'.

Theorem 4. If $u =$ the observed velocity of the aeroplane as computed by two observers on S, and $u' =$ its observed velocity as computed by two observers on S', then

$$u' = \frac{u - v}{1 - \dfrac{uv}{c^2}},$$

provided the aeroplane is flying in a line parallel to the axis

Here again we notice that this relation is entirely independent of x, the relative rates of the central clocks at O and O'.

This relation betwen u' and u can be expressed much more compactly by the use of hyperbolic functions. Thus, if we determine U, U', and V so that

$$\frac{u}{c} = \tanh U, \quad \frac{u'}{c} = \tanh U', \text{ and } \frac{v}{c} = \tanh V,$$

then the relation in question becomes simply

$$U' = U - V.$$

18. Finally, suppose the aviator flying over the platforms carries a clock, the observed rate of which with respect to S is R, and let us inquire what the observed rate of the clock will be with repsect to S'.

Theorem 5.

If $u =$ observed velocity of the aviator with respect to S,

$\qquad u' = \quad$ „ $\qquad$ „ $\quad$ „ „ $\qquad$ „ $\qquad$ „ $\qquad$ „ $\qquad$ „ S',

$\qquad R =$ observed rate of the aviator's clock with respect to S,

and $\quad R' = \quad$ „ $\qquad$ „ $\quad$ „ „ $\qquad$ „ $\qquad$ „ $\qquad$ „ $\qquad$ „ $\qquad$ „ S',

then

$$\frac{R'}{\sqrt{1-(u'/c)^2}} = \frac{R}{\sqrt{1-(u/c)^2}} \cdot \frac{r}{\sqrt{1-(v/c)^2}} \, ,$$

wnere $v =$ observed velocity of O' and $r =$ observed rate of the clock at O', with respect to S.

All these theorems, strange as they may seem at first sight, are readily proved from the transformation equations in Theorem 1.

III. The principle of relativity.

19. We have now shown how observers on our moving platform S' can regulate their clocks and lay out a permanent system of coordinates, by the method of light signals, and we have shown how this system will appear to observers on a stationary platform.

We now proceed to inquire to what extent this system S' conforms to the Principle of Relativity.

20. The guiding principle of the Theory of Relativity may be stated as follows:

Observers on a system which is moving with uniform velocity through the ether can never detect that motion by any observations which they can make.

On order to ascertain to what extent our system S' conforms to this principle, we now inquire whether there are any kinematical experiments that the observers on S' can make, the results of which will be distinguishable from the results of similar experiments performed by observers on S.

We shall consider first the experiments which can be made

without any observer's leaving his own station; secondly, the experiments which can be made by the aid of a portable measuring-rod; and thirdly, the experiments which can be made by the aid of a portable clock.[1])

We begin by obtaining the inverse transformation equations, by which we may determine how the stationary system S will appear to observers on the moving system S'.

The inverse transformation equations.

21. Let

$v =$ the observed velocity of O' as computed by two observers on S,

$v' =$ the observed velocity of O as computed by two observers on S'.

Then we find:

Lemma 1. The observed velocities v and v' will always be equal and of opposite sign:

$$v' = - v,$$

whatever the relative rates of the central clocks at O and O'.

Further, let

$r =$ the observed rate of the clock at O' with respect to S,

$r' =$ the observed rate of the clock at O with respect to S' (see § 10).

Then:

Lemma 2. The numbers r and r' are connected by the relation

$$r r' = 1 - \frac{v^2}{c^2}.$$

22. By solving the equations in Theorem 1 for x, y, and t, and using the results of these lemmas, we obtain the following theorem:

Theorem 6 The "inverse transformations" by means of which, when the coordinates x', y' and the time t' at

---

1) Dynamical experiments, involving the notion of mass, can be treated in a similar way, but are not considered in the present paper, on account of lack of space.

any point on S' are known, the coordinates x, y and the time t of the opposite point on S may be determined, are as follows:

$$x = l'k(x' - v't'), \qquad y = l'y',$$

$$t = l'k\left(t' - \frac{v'}{c^2}x'\right),$$

where

$$v' = -v, \quad k = \frac{1}{\sqrt{1-(v/c)^2}}, \text{ and } l' = \frac{r'}{\sqrt{1-(v/c)^2}}.$$

These equations are of exactly the same form as the equations in Theorem 1, if we interchange the accented and unaccented letters.

Experiments in which no observer leaves his own station.

23. These equations in Theorem 6 show that if the observers on S' are not allowed to leave their respective stations, the system S' does obey the Principle of Relativity; for the symmetry of these equations shows that, if we confine ourselves to the kind of observations so far considered, the observers on S' have as much right as the observers on S to suppose that their platform is at rest in the ether.

In particular, the results stated in Theorems 2, 3 and 4 will still hold true if we interchange S and S' in the statements of those theorems — the relations between the two systems being entirely reciprocal. Put briefly, a figure in either system appears shortened in the direction of motion when observed from the other system; and if two synchronized clocks on either system are observed from the other system, the one which seems to be in front in space appears to be behind in time. These are the famous paradoxes of the Theory of Relativity, which are often cited as proof of the assertion that the Theory of Relativity is incompatible with our ordinary ideas of time and space, but which here appear as necessary consequences of perfectly natural and reasonable conventions for setting clocks and laying out coordinates.

24. In order to emphasize this result still further, and to show how completely the ether drops out of the calculation, we shall now consider two moving platforms, S' and S'', and write out explicitly the transformation equations that hold between them. The method will be the obvious one of writing the transformation equations connecting each of the systems S' and S'' with the stationary system S, and then eliminating S.

Let v', $v'' =$ the velocities of O' and O'' with respect to S, and put $\dfrac{v'}{c} = \tanh V'$ and $\dfrac{v''}{c} = \tanh V''$, so that

$$k' = \frac{1}{\sqrt{1 - (v'/c)^2}} = \cosh V' \quad \text{and} \quad k'' = \frac{1}{\sqrt{1 - (v''/c)^2}} = \cosh V''.$$

Further let r', $r'' =$ the observed rates of the clocks O' and O'' with respect to S, and put

$$l' = \frac{r'}{\sqrt{1 - (v'/c)^2}} \quad \text{and} \quad l'' = \frac{r''}{\sqrt{1 - (v''/c)^2}}.$$

These are the quantities which enter the equations connecting S' and S'' with S, by Theorem 1.

Now let $v =$ the observed velocity of S'' with respect to S', and put $\dfrac{v}{c} = \tanh V$, so that

$$k = \frac{1}{\sqrt{1 - (v/c)^2}} = \cosh V;$$

also let

$r =$ the observed rate of the clock at O'' with respect to S', and put

$$l = \frac{r}{\sqrt{1 - (v/c)^2}}.$$

Then a perfectly straightforward, though somewhat long, calculation gives us the following theorem:

Theorem 7. The transformation equations which give x'', y'', t'' at any point of S'' in terms of the x', y', t' at the opposite point on S' are

$$x'' = lk(x' - vt'), \quad y'' = ly',$$

$$t'' = lk\left(t' - \frac{v}{c^2}x'\right),$$

where

$$V = V'' - V'$$

and

$$l = \frac{l''}{l'}.$$

As was to be expected, these equations are of precisely the same form as these in Theorem 1.

All these equations are somewhat simplified if the clocks at O' and O'' are so regulated that

$$r' = \sqrt{1 - (v'/c)^2} \quad \text{and} \quad r'' = \sqrt{1 - (v''/c)^2},$$

in which case all the l's become unity. It is in this simplified form that the equations are given by Einstein.

We have thus shown that as far as experiments of the first type (§ 20) are concerned, the Principle of Relativity is satisfied by our system S'.

Experiments with a portable measuring rod:
first physical assumption involved in the theory
of relativity.

25. We now suppose that the observers on S' are provided with a portable measuring-rod, with which they can "measure" for example, the adjacent sides $A'B'$ and $B'C'$ of one of the townships $A'B'C'D'$ into which the platform S' is divided by its coordinate net-work; and we inquire whether this process of measurement will enable the observers to detect the motion of their platform S' through the ether. (It must be remembered that the coordinate network has been laid out, not by ordinary measurements, but by the method of light-signals explained above).

26. Definition. The observed length of a rod MN, with respect to a platform S' is the "distance" (§ 8) between the points M' and N', where M' and N' are the "images" (§ 15) of M and N in S'. The absolute length of the rod is its "observed length" taken with respect to a platform S which is at rest in the ether.

Now there are two assumptions which we can make in regard to the behavior of the rod when moving through the ether.

If we assume that the absolute length of the rod is the same whether the rod be moving lengthwise or sidewise through the ether, then by Theorem 2, a rod which just fits the side $A'B'$ of our "township" would not fit the side $B'C'$ unless the platform were at rest in the ether, and the observers could by this experiment determine whether or not their system is in motion.

If, on the other hand, we assume, with Lorentz, that the absolute length of the rod when moving lengthwise is less than it is when moving sidewise (by the proper amount), then a rod which fits $A'B'$ would also fit $B'C'$, and in this case the experiment would give no information as to whether the platform is in motion through the ether or not.

27. If we desire, therefore, that our system S' shall conform to the Principle of Relativity, we must make the following assumption, which was first suggested by Lorentz in 1895:

Assumption A. The "absolute length" of a material rod (see § 26), moving through the ether with velocity v, is less when the rod is moving lengthwise than it is when the rod is moving sidewise, the ratio of the lengths being

$$\frac{1}{\sqrt{1-(v/c)^2}},$$

where c is the observed velocity of light.

28. If this assumption is true, we can then deduce the following remarkable theorem, in which S' is any platform, moving with constant velocity through the ether, on which a system of coordinates has been laid out by the method of light signals:

Theorem 8. If Assumption A is true, the "observed length" of a material rod moving with an observed velocity u' with respect to platform S' is less when the rod is moving lengthwise than it is when the rod is moving sidewise — the ratio of the lengths being

$$\frac{1}{\sqrt{1-(u'/c)^2}};$$

and this result is entirely independent of the constant velocity v with which the platform S' is moving through the ether.

This is one of the characteristic propositions of the Theory of Relativity.

Experiments with a portable clock: second physical assumption involved in the theory of relativity.

29. Finally, we suppose that the observers on S' have acquired a portable clock P, which they can "send by express" from one station A to another station B; and we inquire whether the use of this portable clock will enable the observers to detect the motion of their platform S' through the ether.

30. Definition. The absolute rate of a clock is its "observed rate" (§ 10) taken with respect to a platform S which is at rest in the ether.

Now there are two assumptions which we can make in regard to the behavior of clocks in motion through the ether.

If we assume that the absolute rate of a clock is not altered by transportation through the ether, then a clock P which agreed with clock A at the beginning of its journey from A to B, will continue to agree absolutely with clock A, and hence, by Theorem 3, will not agree with clock B, unless the platform is at rest in the ether. Therefore by this experiment, the observers could detect the motion of the platform through the ether, by noting the disagreement between the transported clock, and the clock at B.

31. If on the other hand we make the following assumption concerning the rate of a moving clock, then this possibility will be removed, and the Principle of Relativity will again be satisfied:

Assumption B. The "absolute rate" of a clock which is moving through the ether with a constant velocity v is less than the absolute rate of the same clock when at rest, in the ratio

$$\frac{1}{\sqrt{1-(v/c)^2}}.$$

32. If this assumption is true, we have the following theorem, in which S' is any platform moving with constant velocity through the ether, and on which a system of coordinates has been laid out by the method of light-signals:

Theorem 9. If Assumption B is true, the "observed rate" of a clock which is moving over a platform S' with observed velocity u' is less than the observed rate of the same clock when at rest with respect to that platform — the ratio of the rates being

$$\frac{1}{\sqrt{1-(u'/c)^2}};$$

and this result is entirely independent of the constant velocity v with which the platform is moving through the ether.

This theorem 9 is another characteristic proposition of the Theory of Relativity.

33. It should be noticed that Assumptions A and B are not required for the proof of the transformation equations in Theorem 1; they are required only if we wish to preserve the Principle of Relativity — that is, if we wish to make it impossible for the observers on our system S' to detect their motion through the ether; and any experimental evidence which may be obtained for the truth of the Principle of Relativity (or for the truth of Theorems 8 and 9) may be accepted as indirect evidence for the truth of Assumptions A and B.

Appendix.

In this appendix we give an elementary method for obtaining the transformation equations of Theorem 1. As already stated, the correctness of Theorem 1 may be readily verified when once the transformation equations have been written down; but the question naturally arises: How could anyone hit upon these equations in the first place? The purpose of this appendix is to answer this question.

We consider four positions of the moving platform S', namely: (1) when O' is opposite O; (2) when a light-signal starts from O' toward any station A'; (3) when this signal arrives at A' and is immediately started back toward O'; and (4) when the return signal has arrived at O'. We shall suppose for simplicity that A' lies on the axis $O'X'$, since the extension to the general case presents no new difficulty and may well be left to the reader; and we let the abscissa of A', as determined by the method of light-signals, be x'.

In position 1, as shown in figure 1, the clocks at O and O' both read zero.

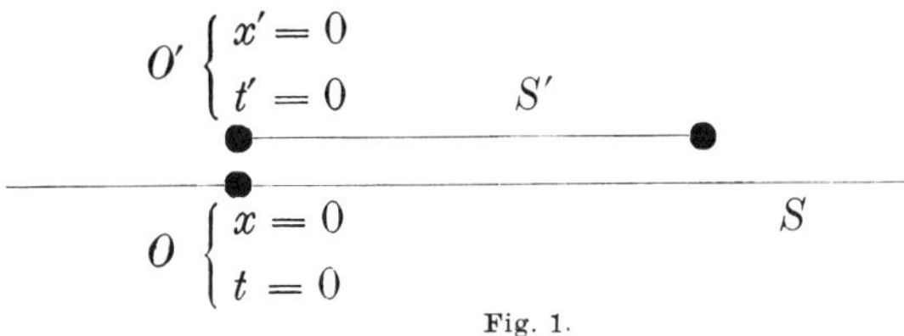

Fig. 1.

In position 2, at the instant when the signal starts from O', let the clock at O' read t_0, and let the station which happens to be opposite O' at that instant have an abscissa x_0 and a clock-reading t_0. Then, since the

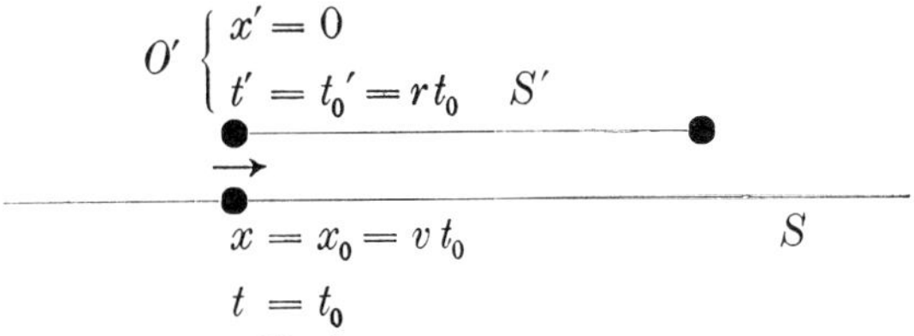

Fig. 2.

observed rate of the clock at O' (see § 10) is r, we must have $t'_0 = rt_0$. Also, since the observed velocity of O' (see § 9) is v, we must have $x_0 = vt_0$. Hence the situation at this instant is represented by figure 2.

In position 3, at the instant when the signal has reached A', let the clock at A' read t', and let the station opposite A'

at that instant have the abscissa x and the clock-reading t, as shown in figure 3:

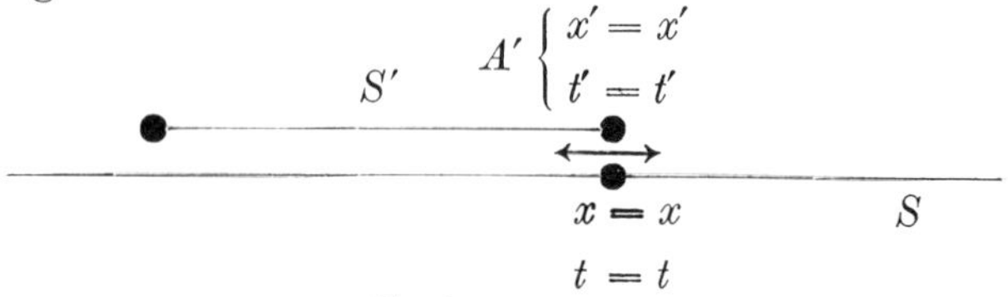

$$S' \qquad A' \begin{cases} x' = x' \\ t' = t' \end{cases}$$

$$x = x \qquad\qquad S$$

$$t = t$$

Fig. 3.

In position 4, at the instant when the return signal has reached O', let the clock at O' read t'_2, and let x_2 and t_2 be the abscissa and clock-reading of the station opposite O' at that instant. Then $t'_2 = rt_2$, since the

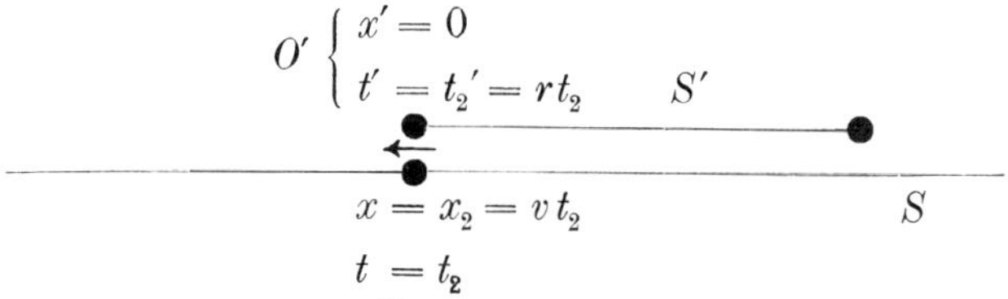

$$O' \begin{cases} x' = 0 \\ t' = t_2' = rt_2 \end{cases} \qquad S'$$

$$x = x_2 = v\,t_2 \qquad\qquad S$$

$$t = t_2$$

Fig. 4.

observed rate (§ 10) of the clock at O' in passing from position 1 to position 4 is r. Also, $x_2 = vt_2$, since the observed velocity of O' (§ 9) in passing from position 1 to position 4 is v. Hence the situation at this instant is as represented in figure 4.

Now in the interval between figure 2 and figure 3, we note that a light-signal has passed along the stationary platform S from $x = vt_0$ to $x = x$, with velocity c; hence, by the definition of observed velocity (§ 9),

$$(1) \qquad \frac{x - vt_0}{t - t_0} = c .$$

Similarly, in the interval between figure 3 and figure 4, the return signal has passed from $x = x$ to $x = vt_2$ with velocity $-c$; hence,

$$(2) \qquad \frac{vt_2 - x}{t_2 - t} = -c .$$

Further, from the way in which the clock at A' has been

"synchronized" with the clock at O' (see § 4), we have (from figures 2, 3, and 4):

$$t' = \tfrac{1}{2}\left(rt_0 + rt_2\right). \tag{3}$$

Finally, from the way in which the abscissa of A' has been determined (see § 5), we have (from figures 2 and 3):

$$x' = c\left(t' - rt_0\right). \tag{4}$$

From these four equations, the required values of x' and t' in terms of x and t are at once obtainable. Thus, solving (1) for t_0 and (2) for t_2, and substituting in (3), we have

$$t' = \frac{r}{1 - (v/c)^2}\left(t - \frac{v}{c^2}\,x\right);$$

and then substituting this value, together with the value of t_0, in (4), we have

$$x' = \frac{r}{1 - (v/c)^2}\left(x - vt\right).$$

These are the required transformation equations (§ 13), for a point A' on the axis $O'X'$. For a point A' not on the axis, a similar chain of reasoning will give

$$y' = \frac{r}{\sqrt{1 - (v/c)^2}}\,y,$$

as required, while the values of x' and t' remain as before.

Thus all the transformation equations used in Theorem 1 are obtained by this entirely natural and elementary method.

Bemerkungen über die Anzahl der Extreme der Krümmung auf geschlossenen Kurven und über verwandte Fragen in einer nicht-euklidischen Geometrie.

Von

Adolf Kneser in Breslau.

Herr Caratheodory machte mich neulich darauf aufmerksam, daß die Krümmung einer geschlossenen sich selbst nicht schneidenden Kurve stets mindestens zwei Maxima und zwei Minima haben müsse. Dadurch wurde ich an geometrische Untersuchungen erinnert, die ich im 31., 34. und 41. Bande der Mathematischen Annalen veröffentlicht habe, und es stellte sich bald heraus, daß jene Tatsache leicht auf völlig anschauliche Weise bewiesen werden konnte. Die geometrischen Betrachtungen, die zum Beweis führen, lassen sich dann auf den Fall ausdehnen, daß man Hyperbeln mit festen Asymptotenrichtungen an Stelle der Kreise setzt, und für das Linienelement in rechtwinkligen Koordinaten x, y die Form $\sqrt{dx^2 - dy^2}$ zu grunde legt. Eine solche nicht-euklidische Maßbestimmung ist ja neuerdings im Anschluß an das Lorentz-Einsteinsche Relativitätsprinzip vielfach von Physikern betrachtet worden; die auf ihr beruhende Geometrie mag daher ein gewisses Interesse verdienen.

I.

Sei $\mathfrak{C}$ eine geschlossene, im Endlichen verlaufende und sich selbst nicht schneidende Kurve von stetig veränderlicher Tangente und Krümmung, auf die also die gewöhnliche Theorie der

Evolute angewandt werden kann. Ist AB ein Bogen der Kurve, auf dem der Krümmungsradius von A nach B hin beständig abnimmt, ist ferner $A_1 B_1$ der zugehörige Bogen der Evolute, so ist die Länge des letzteren gleich der Differenz der Krümmungsradien, die zu A und B gehören:

$$\text{arc } A_1 B_1 = AA_1 - BB_1,$$

und da die Evolute kein gerades Stück enthalten kann, folgt hieraus

$$A_1 B_1 < AA_1 - BB_1. \tag{1}$$

Hätten nun die Krümmungskreise der Punkte A und B, also die um A_1 und B_1 mit den Radien AA_1 und BB_1 beschriebenen Kreise einen Punkt C gemein, so erhielte man aus dem Dreieck $A_1 B_1 C$ die Ungleichung

$$A_1 B_1 > A_1 C - B_1 C$$

oder

$$A_1 B_1 > AA_1 - BB_1,$$

die der Beziehung (1) widerspricht. Die beiden in A und B oskulierenden Krümmungskreise schneiden sich also nicht. Sie können auch nicht einander ausschließen, da hieraus die Ungleichung

$$A_1 B_1 > AA_1 + BB_1$$

folgen würde, die ebenfalls der Beziehung (1) widerspricht. Somit liegt der kleinere von beiden, also der um B_1 beschriebene ganz im Innern des größeren, dessen Mittelpunkt A_1 ist; und hieraus folgt leicht, daß die Krümmungskreise des Bogens AB die zwischen den Krümmungskreisen der Endpunkte liegende Ringfläche genau einfach bedecken.

Denkt man sich die Kurve mit den bisher geforderten Stetigkeitseigenschaften über B in den Bogen BC fortgesetzt und hat der Krümmungsradius in B ein Minimum, von dem aus er bis zum Punkte C hin wächst, so bedecken die Krümmungskreise des Bogens BC die Außenseite des in B oskulierenden Kreise wiederum genau einfach. Nehmen wir weiter an, die Punkte C und A fallen in einen Punkt zusammen, dessen Krümmungsradius ein Maximum ist, so liegt eine Kurve $ABCA$ vor mit je einem größten und kleinsten Krümmungskreis, und die zwischen diesen liegende Ringfläche wird von den Krümmungskreisen der geschlossenen Kurve genau doppelt bedeckt, je einmal von denen der Bögen AB und BC. Auf dieser Ringfläche verläuft auch die Kurve ABC selbst, und durch jeden ihrer Punkte außer A und B geht also außer dem in ihm oskulierenden noch genau ein weiterer Krümmungskreis.

Das ist aber bei den geltenden Voraussetzungen unmöglich.

Um dies einzusehen, projizieren wir die Kurve $\mathfrak{C}$ stereographisch auf eine beliebige Kugelfläche, d. h. von einem Punkte dieser Fläche aus, dessen Tangentialebene der Ebene der Kurve $\mathfrak{C}$ parallel läuft. Dann wird jeder Kreis dieser Ebene in einen Kugelkreis projiziert; ist ferner $\mathfrak{C}_0$ das Bild der Kurve $\mathfrak{C}$, so wird jeder Krümmungskreis der letzteren in einen Kugelkreis projiziert, der mit $\mathfrak{C}_0$ drei aufeinanderfolgende Punkte gemein hat, dessen Ebene also zu den Schmiegungsebenen der Kurve $\mathfrak{C}_0$ gehört. Das soeben für die Kurve $\mathfrak{C}$ erhaltene Resultat ergibt also für die Kurve $\mathfrak{C}_0$, daß durch jeden ihrer Punkte außer der in ihm oskulierenden noch genau eine weitere Schmiegungsebene hindurchgeht, abgesehen von den Bildern der Punkte A und B, in denen die Schmiegungsebene mit $\mathfrak{C}_0$ offenbar vier aufeinanderfolgende Punkte gemein hat.

Nun wird die Kurve $\mathfrak{C}$, weil geschlossen und im Endlichen verlaufend, von jedem Kreise ihrer Ebene in einer geraden Anzahl von Punkten geschnitten, ebenso auch von jeder Ebene die Kurve $\mathfrak{C}_0$. Projiziert man diese daher von einem ihrer Punkte etwa P aus, so begegnet jede durch P gehende Ebene der Kurve $\mathfrak{C}_0$, abgesehen von P, in einer ungeraden Anzahl von Punkten; die Projektion der Kurve $\mathfrak{C}_0$ von P aus auf eine nicht durch P gehende Ebene begegnet also einer Geraden dieser Ebene eine ungerade Anzahl von Malen und bildet daher einen geschlossenen unpaaren Zug im Sinne Staudts, den wir $\mathfrak{C}_{01}$ nennen wollen. Diese Kurve ist von Doppelpunkten frei, da ein solcher nur entstehen könnte, wenn ein Projektionsstrahl außer P noch zwei Punkte mit $\mathfrak{C}_0$ gemein hätte, was unmöglich ist, da diese Kurve auf einer Kugel liegt. Die Kurve $\mathfrak{C}_{01}$ hat ferner, soweit sie im

Endlichen liegt, stetige Tangenten und Krümmungen, im Unendlichen aber stetigen Zusammenhang im Sinne der projektiven Auffassung.

Auf die Kurve $\mathfrak{C}_{01}$ wenden wir nun einen Satz an, den Möbius bei seinen Untersuchungen über die Gestalten der Kurven dritten Grades (Werke Bd. II) aufgestellt hat und der dahin lautet, daß ein unpaarer von Doppelpunkten freier Zug stets mindestens drei Wendepunkte besitzen muß. Dann kommen wir sofort in Widerspruch mit den Folgen der Annahme, die Kurve $\mathfrak{C}$ habe nur zwei extreme Krümmungsradien. Der Möbiussche Satz besagt nämlich, daß durch den Punkt P außer der in ihm oskulierenden noch mindestens drei Schmiegungsebenen der Kurve $\mathfrak{C}_0$ gehen, durch einen Punkt der Kurve $\mathfrak{C}$ also noch mindestens drei Krümmungskreise außer dem in ihm selbst oskulierenden, während oben gezeigt wurde, daß im ganzen nur zwei Krümmungskreise durch einen Punkt der Kurve $\mathfrak{C}$ gehen. Dieser Widerspruch zeigt, daß die oben für Kurve $\mathfrak{C}$ zugrunde gelegte Annahme unhaltbar ist: der Krümmungsradius hat auf einer geschlossenen von Doppelpunkten freien endlichen Kurve mindestens zwei Maxima und zwei Minima.

II.

Kreise sind Kegelschnitte, die durch zwei feste imaginäre Punkte der unendlich fernen Geraden gehen; Hyperbeln mit fester Asymptotenrichtung gehen durch zwei feste reelle Punkte im Unendlichen, und werden, wenn sie gleichseitig sind, in rechtwinkligen Koordinaten durch die Gleichung

$$(x - \xi)^2 - (y - \eta)^2 = \text{const.} \tag{2}$$

dargestellt, wobei ξ, η die Koordinaten des Mittelpunktes bedeuten. Wir wollen sie als Hyperbeln $\mathfrak{H}$ bezeichnen und noch in anderer Weise als Kreise betrachten.

Sucht man das Integral

$$J = \int \sqrt{dx^2 - dy^2}$$

durch passende Wahl einer Kurve in der x, y-Ebene zum Extre-

mum zu machen, so findet man nach den Regeln der Variationsrechnung für die gesuchte Kurve oder Extremale die Gerade.
Ferner gibt die Variationsrechnung als Bedingung für die transversale Lage des Elements (dx, dy) zu dem Element $(\delta x, \delta y)$
die Gleichung

$$\delta x \frac{\partial \sqrt{dx^2 - dy^2}}{\partial dx} + \delta y \frac{\partial \sqrt{dx^2 - dy^2}}{\partial dy} = 0$$

oder

$$(3) \qquad dx\,\delta x - dy\,\delta y = 0,$$

und jetzt besagt der Transversalensatz, den ich in § 15 meines
Lehrbuchs der Variationsrechnung aufgestellt habe, folgendes:
Zieht man von einem festen Punkte 0 nach den Punkten 1 einer
Kurve $\mathfrak{C}$ gerade Strecken 01, und schneiden diese die Kurve $\mathfrak{C}$
transversal, so daß die Gleichung (3) gilt, wenn das Zeichen d
auf den Fortgang längs der Geraden, δ auf den längs der Kurve
$\mathfrak{C}$ bezogen wird, so hat das längs der Strecke 01 gebildete Integral

$$J_{01} = \int\limits_0^1 \sqrt{dx^2 - dy^2}$$

einen konstanten Wert. Bezeichnen wir daher J als Länge in
einer nicht-euklidischen Maßbestimmung, so ist die Kurve $\mathfrak{C}$ der
Ort der Punkte 1, die von dem festen Punkte 0 konstanten Abstand haben; sie ist also ein Analogon des Kreises.

Solche Kurven $\mathfrak{C}$ sind nun die Hyperbeln $\mathfrak{H}$, längs deren
die Beziehung

$$(x - \xi)\delta x - (y - \eta)\delta y = 0$$

gilt; denn die Differentiale dx, dy sind offenbar den Komponenten des Vektors 01, d. h. den Größen $x - \xi$ und $y - \eta$ proportional, woraus die Beziehung (3) folgt. Die Hyperbeln $\mathfrak{H}$ sind
also im Sinne der nicht-euklischen Maßbestimmung Kreise mit
dem Mittelpunkte (ξ, η).

Steht ferner eine Hyperbel $\mathfrak{H}$ mit einer beliebigen Kurve $\mathfrak{C}$
in einer Berührung zweiter Ordnung, so ist der Mittelpunkt der
ersteren zugleich der Schnittpunkt zweier benachbarter Normalen

der Kurve $\mathfrak{C}$, wobei als Normale die zur Tangente im Sinne des Integrals J transversal gerichtete Gerade definiert werde. Ist also (x, y) ein Punkt der Kurve $\mathfrak{C}$, und sind y', y'' die längs dieser gebildeten Ableitungen, so ist die Gleichung der Normale

$$x - \xi - (y - \eta)y' = 0,$$

und für ihren Schnittpunkt mit der Nachbarnormale findet man

$$1 - y'^2 - (y - \eta)y'' = 0.$$

Dieselben beiden Gleichungen ergeben sich aber auch, indem man die Gleichung (2) zweimal nach x differenziert und für die Ableitungen von y nach x wiederum y' und y'' setzt, womit offenbar die Bedingungen der Oskulation zwischen den Kurven $\mathfrak{C}$ und $\mathfrak{H}$ ausgesprochen werden.

Daß der geometrische Ort der Mittelpunkte der die Kurve $\mathfrak{C}$ oskulierenden Hyperbeln $\mathfrak{H}$ die Evoluteneigenschaft im Sinne der neuen Maßbestimmung darbietet, folgt aus einem allgemeinen Satze der Variationsrechnung, der im § 25 meines Lehrbuches entwickelt ist.

Die Länge eines Bogenelements im Sinne unserer Maßbestimmung ist $\sqrt{dx^2 - dy^2}$, also reell oder rein imaginär, je nachdem $|dx| > |dy|$ oder $|dx| < |dy|$; entsprechend diesen Fällen wollen wir das Bogenelement abszissenartig oder ordinatenartig nennen. Gerade Linien können wir dann, abgesehen von den Asymptotenrichtungen der Hyperbeln $\mathfrak{H}$, offenbar auch als abzissenartige und ordinatenartige unterscheiden, je nachdem sie nur Elemente der einen oder anderen Art enthalten. Stehen zwei Linien oder Elemente aufeinander senkrecht im gewöhnlichen Sinne des Worts oder liegen sie zueinander transversal gemäß der Gleichung (3), so hat das Verhältnis $|dx : dy|$ bei beiden reziproke Werte; ist also das eine abszissenartig, so ist das andere ordinatenartig und umgekehrt.

Nennen wir ferner von den durch die Geraden $x = \pm y$ abgegrenzten Quadranten denjenigen den ersten, der die positive x-Achse enthält, und zählen wir die anderen in dem Sinne herum, der durch die Kordinatenachsen als der positive wie gewöhnlich definiert wird, so gehen zwei im Koordinatenanfangspunkt beginnende abszissenartige Halbgerade entweder beide in den ersten oder beide in den dritten, oder die eine in den ersten und die andere in den dritten Quadranten. Ist daher der hohle Winkel, den diese Halbgeraden umschließen, spitz, so sind auch alle in diesen Winkel hineingehenden Halbgeraden abszissenartig.

Hieraus ergibt sich, wenn ABC ein bei C stumpfwinkliges Dreieck und seine Seiten sämtlich abszissenartig sind,

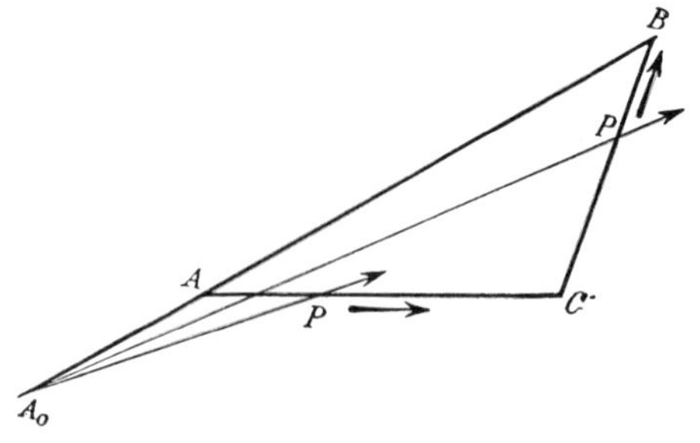

daß die Strecke AP abszissenartig ist, die A mit irgend einem Punkte P der Seite BC verbindet. In diesem Punkte bilden aber die Richtungen AP und PB oder CB einen spitzen Winkel; dasselbe gilt von A_0P und CB, wenn A_0 irgend ein Punkt auf der über A verlängerten Dreiecksseite AB ist; ebenso auch von A_0P und AC, wenn P die Dreiecksseite AC durchläuft.

Will man nun nach der von Weierstraß in die Variationsrechnung eingeführten Methode zeigen, daß die gerade Strecke AB gegenüber der gebrochenen Linie ACB ein Minimum des Integrals J oder der nichteuklidischen Länge liefert, so kommt es darauf an, von einer gewissen Größe $\mathfrak{C}$ zu zeigen, daß sie ein festes Vorzeichen besitzt und längs des betrachteten Linienzuges ACB nicht überall verschwindet. Bezeichnen wir durch a, b die Richtungskosinus der Richtung A_0P, durch α, β diejenigen der Richtung AC oder CB, je nachdem der Punkt P auf der Seite AC oder CB liegt, und setzen wir

$$F(x', y') = \sqrt{x'^2 - y'^2}, \quad F_{x'} = \frac{\partial F}{\partial x'}, \; F_{y'} = \frac{\partial F}{\partial y'},$$

so ist jene Größe

$$\mathfrak{C} = F(\alpha, \beta) - \alpha\, F_{x'}(a, b) - \beta\, F_{y'}(a, b)$$
$$= \sqrt{\alpha^2 - \beta^2} \left\{ 1 - \frac{a\alpha - b\beta}{\sqrt{\alpha^2 - \beta^2}\, \sqrt{a^2 - b^2}} \right\},$$

wobei die Quadratwurzeln unter den geltenden Voraussetzungen reell und wie immer positiv zu nehmen sind.

Um das Vorzeichen dieser Größe zu beurteilen, gehen wir davon aus, daß

$$-2\,ab\alpha\beta \gtreqless -a^2\beta^2 - b^2\alpha^2,$$

oder indem man beiderseits $a^2\alpha^2 + b^2\beta^2$ hinzufügt,

$$(a\alpha - b\beta)^2 \gtreqless (a^2 - b^2)\,(\alpha^2 - \beta^2),$$

und daß das Gleichheitszeichen nur gilt, wenn

$$a\beta - b\alpha = 0\,.$$

Nun gehen die Richtungen, deren Richtungskosinus a, b und α, β sind, weil beide abszissenartig und einen spitzen Winkel einschließend, in denselben der oben definierten vier Quadranten hinein, wenn man sie nach dem Koordinatenanfangspunkte verlegt; die letzte Gleichung kann also nur gelten, wenn die beiden Richtungen zusammenfallen, und das tritt bei der Wanderung des Punktes P längs des Wegs ACB nicht ein. Die Größe $\mathfrak{C}$ ist somit stets positiv; dasselbe gilt offenbar, wenn die gebrochene Linie ACB durch eine Kurve ersetzt wird, deren Tangenten abszissenartige Gerade sind und in der Richtung des von A nach B laufenden Punktes P gezogen, mit $A_0 P$ stets spitze Winkel bilden.

Da ferner die Extremalen des Integrals J Gerade sind, also Paare konjugierter Punkte nicht vorkommen, so ist nach den allgemeinen Sätzen der Variationsrechnung unter den ausgesprochenen Voraussetzungen die Ungleichung

$$AB < AC + CB, \tag{4}$$

im Falle einer Kurve ACB die Ungleichung

$$AB < \operatorname{arc} ACB \tag{5}$$

im Sinne unserer Maßbestimmung erwiesen.

Ein Bogen, für den diese Ungleichung gilt, wird auf folgende Weise erhalten. Seien A, B zwei Punkte einer beliebigen Kurve $\mathfrak{C}$ und A_1, B_1 die Mittelpunkte der in ihnen oskulierenden Hyperbeln $\mathfrak{H}$, also die zugehörigen Punkte der Evolute im Sinne unserer Maßbestimmung; die Tangenten des Bogens AB seien alle ordinatenartig. Dann sind die Normalen A_1A und B_1B wie überhaupt die Tangenten des Evolutenbogens A_1B_1 abszissenartig, da wie oben bemerkt von zwei zueinander transversalen Richtungen immer die eine abszissenartig, die andere ordinatenartig ist. Liegt daher der Punkt B hinreichend nahe bei A, so sind auch alle Sekanten des Bogens A_1B_1 abszissenartig, ebenso auch die Geraden A_0P, wenn A_0 auf der Verlängerung der Sehne A_1B_1 über A_1 hinausliegt und P den Bogen A_1B_1 durchläuft; die in der Richtung der Bewegung von A_1 nach B_1 hin gezogenen Tangenten schließen mit den Richtungen A_0P spitze Winkel ein. Hieraus folgt gemäß der Formel (5)

$$A_1B_1 < \operatorname{arc} A_1B_1;$$

und da die oben erwähnten allgemeinen Sätze über die Evoluteneigenschaft bei beliebigen Problemen der Variationsrechnung die Gleichung

$$\pm \operatorname{arc} A_1B_1 = AA_1 - BB_1$$

ergeben, so folgt

$$A_1B_1 < |\, AA_1 - BB_1 \,|,$$

wobei natürlich alle Längen nach dem Integral J gemessen sind. Speziell gilt die Beziehung

$$(6) \qquad A_1B_1 < AA_1 - BB_1,$$

wenn die Richtung von A_1 nach B_1 hin mit der Richtung von A nach A_1 hin übereinstimmt, was wir annehmen wollen und, ohne die Allgemeinheit zu beschränken, annehmen dürfen.

Seien nun $\mathfrak{H}_a$ und $\mathfrak{H}_b$ die in A und B oskulierenden Hyperbeln $\mathfrak{H}$; durchläuft dann der Punkt M die Hyperbel $\mathfrak{H}_a$, indem er in der Lage A beginnt, so ist der Winkel A_1B_1M in der Nähe dieser Lage stumpf; wir behaupten ferner, er bleibt immer stumpf.

Zunächst sieht man leicht, daß die Gerade B_1M nicht auf B_1A_1 senkrecht stehen kann. Denn das in B_1 auf B_1A_1 errichtete Lot ist offenbar, wenn B_1 hinreichend nahe an A_1 herangerückt ist, beliebig wenig von dem in A_1 auf A_1A errichteten verschieden; dieses aber begegnet der Hyperbel $\mathfrak{H}_a$ nicht. Dasselbe gilt also aus Stetigkeitsrücksichten von dem in B_1 auf A_1B_1 errichteten Lote, das somit keinen Punkt M enthalten kann. Der Winkel A_1B_1M bleibt also stumpf, wie er zu Anfang der Bewegung des Punktes M ist.

Die Richtung A_1M ist ferner abszissenartig; ebenso die Richtung B_1N, wenn N die Hyperbel $\mathfrak{H}_b$ durchläuft. Wäre nun einmal M mit N identisch, so wären alle drei Seiten des bei B_1 stumpfwinkligen Dreiecks A_1B_1M abszissenartig; die Gleichung (4) könnte angewandt werden und ergäbe

$$A_1B_1 + B_1M > A_1M,$$

oder, da die Gleichungen

$$B_1M = B_1B, \; A_1M = A_1A$$

gelten,

$$A_1B_1 > A_1A - B_1B,$$

was der Ungleichung (6) widerspricht.

Die Hyperbeln $\mathfrak{H}_a$ und $\mathfrak{H}_b$ haben also im Endlichen keinen Punkt gemein.

Aus der Natur dieses Resultats ist zu ersehen, daß es allgemeiner gilt als die Voraussetzungen, unter denen es zunächst bewiesen ist. Der Bogen AB muß nur vor allem keine Tangente haben, die einer der Asymptotenrichtungen der Hyperbeln $\mathfrak{H}$ parallel läuft; dann kann man, indem man nötigenfalls die Koordinaten x und y vertauscht, immer bewirken, daß alle Tangenten des Bogens ordinatenartig sind. Somit ist folgender Satz bewiesen.

Die eine beliebige Kurve oskulierenden gleichseitigen Hyperbeln von fester Asymptotenrichtung schneiden einander, soweit sie benachbart sind, im allgemeinen nicht.

Genauer soll hiermit ausgesagt sein, daß auf jeder Kurve, deren Tangente und Krümmung sich stetig ändern, von einem

beliebigen Punkte aus, dessen Tangente in keiner der festen
Asymptotenrichtungen läuft, nach jeder Seite hin ein solcher
Bogen abgegrenzt werden kann, daß alle auf ihm oskulierenden
Hyperbeln der bezeichneten Art einander im Endlichen nicht
schneiden, also ein Stück der Ebene genau einfach bedecken.

Damit ist die im Abschnitt I benutzte Eigenschaft der
Krümmungskreise, die Ebene in gewissem Sinne einfach zu bedecken, auf die oskulierenden Hyperbeln übertragen; es ist
übrigens nicht schwer, diese Eigenschaft durch algebraische
Rechnung zu verifizieren.

Zur Theorie der mehrfachen Gaußschen Summen.

Von

A. Krazer in Karlsruhe.

Im ersten Paragraphen Ihrer Abhandlung über die mehrfachen Gaußschen Summen[1]) haben Sie, verehrter Herr Jubilar, die drei von Lejeune-Dirichlet[2]) für die einfachen Gaußschen Summen

$$\varphi(m,\,n) = \sum_{s=0}^{n-1} e^{\frac{2\,m\,\pi\,i}{n}\,s^2}$$

angegebenen Formeln:

1. $\varphi(m,\,n) = \varphi(m',\,n)$, wenn $m \equiv m'$ (mod. n),
2. $\varphi(m,\,n) = \varphi(c^2 m,\,n)$, wenn c relativ prim zu n,
3. $\varphi(m,\,n) \cdot \varphi(n,\,m) = \varphi(1,\,mn)$, wenn m und n relativ prim und beide positiv,

auf mehrfache Gaußsche Summen ausgedehnt.

Später habe ich[3]) diejenige Formel für mehrfache Gaußsche Summen aufgestellt, welche die Verallgemeinerung der für die einfachen von Gauß[4]) selbst bewiesenen Formel:

---

1) Weber, Über die mehrfachen Gaußschen Summen. J. f. M. Bd. **74** (1872) p. 16.

2) Lejeune-Dirichlet, Recherches sur diverses applications de l'analyse infinitésimale à la théorie des nombres, J. f. M. Bd. **19** u. **21** (1839 u. 1840); Werke Bd. **1** p. 476.

3) Krazer, Über ein spezielles Problem der Transformation der Thetafunktionen. J. f. M. Bd. **111** (1893) p. 72.

4) Gauß, Summatio quarumdam serierum singularium. Comment. Gott. vol. **1** (1811); Werke Bd. **2** p. 44.

$$
4. \quad \varphi(m,\,n) \cdot \varphi(-m,\,n) = \begin{cases} 2n, & \text{wenn } n \equiv 0 \ (\text{mod. } 4), \\ n, & \text{wenn } n \equiv \pm 1 \ (\text{mod. } 4), \\ 0, & \text{wenn } n \equiv 2 \ (\text{mod. } 4), \end{cases}
$$

bildet.

In der gegenwärtigen Abhandlung soll jene Formel für die mehrfachen Gaußschen Summen abgeleitet werden, welche für die Summen $\varphi(m,\,n)$ in die von Kronecker[1]) herrührende Formel:

$$
5. \quad \varphi(m,\,n) = e^{\frac{1}{4}\pi i}\sqrt[+]{\frac{n}{m}}\,\varphi(-n,\,m), \quad \text{wenn } m \text{ und } n \text{ positiv,}
$$

übergeht.

§ 1. Die p-fache Gaußsche Summe $G\,[\sigma_1 \ldots \sigma_p]$.

Mit G oder ausführlicher mit $G\,[\sigma_1 \ldots \sigma_p]$ wird im folgenden die p-fache Gaußsche Summe

$$
\sum_{\varrho_1,\,\ldots,\,\varrho_p}^{0,\,1,\,\ldots,\,m-1}\!\!\!' \; e^{\frac{1}{m}\sum\limits_{\mu=1}^{p}\sum\limits_{\mu'=1}^{p} a_{\mu\mu'}\varrho_\mu\varrho_{\mu'}\pi i + \frac{2}{m}\sum\limits_{\mu=1}^{p}\left(\sigma_\mu + \frac{1}{2}m a_{\mu\mu}\right)\varrho_\mu\pi i}
$$

bezeichnet, bei der m eine positive ganze Zahl, die $a_{\mu\mu'}\,(\mu,\mu'=1,2,\ldots,p)$ p^2 ganze Zahlen, welche den $\frac{1}{2}(p-1)p$ Bedingungen $a_{\mu\mu'} = a_{\mu'\mu}$ $(\mu > \mu')$ genügen, $\sigma_1,\,\ldots,\,\sigma_p$ endlich p beliebige ganze Zahlen sind.

Bezüglich dieser Zahlen σ habe ich[2]) bewiesen, daß diejenigen Systeme ganzer Zahlen $\sigma_1,\,\ldots,\,\sigma_p$, für welche $G\,[\sigma_1 \ldots \sigma_p]$ einen von Null verschiedenen Wert besitzt, identisch sind mit jenen, welche den Gleichungen,

$$
\text{(E)} \qquad e^{\frac{1}{m}\sum\limits_{\mu=1}^{p}\sum\limits_{\mu'=1}^{p} a_{\mu\mu'}\varrho_\mu^{(i)}\varrho_{\mu'}^{(i)}\pi i + \frac{2}{m}\sum\limits_{\mu=1}^{p}\left(\sigma_\mu + \frac{1}{2}m a_{\mu\mu}\right)\varrho_\mu^{(i)}\pi i} = 1
$$
$$
(i = 1, 2, \cdots, s)
$$

---

1) Kronecker, Über den vierten Gaußschen Beweis des Reziprozitätsgesetzes für die quadratischen Reste. Berl. Ber. 1880 p. 686; auch: Über die Dirichletsche Methode der Wertbestimmung der Gaußschen Reihen. Hamb. Mitt. Bd. **2** (1890) p. 32.

2) a. a. O. und Lehrbuch der Thetafunktionen (1903) p. 71.

genügen, in denen mit $\varrho_1^{(i)}, \ldots, \varrho_p^{(i)}$ $(i = 1, 2, \cdots, s)$ die sämtlichen Normallösungen des Kongruenzensystems:

$$\sum_{\mu'=1}^{p} a_{\mu\mu'}\varrho_{\mu'} \equiv 0 \quad (\text{mod. } m), \qquad (\mu = 1, 2, \cdots, p) \qquad \text{(C)}$$

mit s also deren Anzahl bezeichnet ist; weiter, daß diese Zahlensysteme $\sigma_1, \ldots, \sigma_p$ sämtlich durch das Gleichungensystem:

$$\sigma_\mu = \overset{\circ}{\sigma}_\mu + \sum_{\mu'=1}^{p} a_{\mu\mu'}\varkappa_{\mu'} + m\lambda_\mu \qquad (\mu = 1, 2, \cdots, p)$$

geliefert werden, wenn man darin unter $\overset{\circ}{\sigma}_1, \ldots, \overset{\circ}{\sigma}_p$ irgendeines von ihnen versteht, für die $\varkappa, \lambda$ aber alle möglichen ganzen Zahlen setzt; und endlich, daß die Werte der sämtlichen von Null verschiedenen Summen $G[\sigma_1 \ldots \sigma_p]$ durch die Gleichung:

$$G\left[\overset{\circ}{\sigma}_1 + \sum_{\mu=1}^{p} a_{1\mu}\varkappa_\mu + m\lambda_1, \ldots, \overset{\circ}{\sigma}_p + \sum_{\mu=1}^{p} a_{p\mu}\varkappa_\mu + m\lambda_p\right]$$

$$= e^{-\frac{1}{m}\sum_{\mu=1}^{p}\sum_{\mu'=1}^{p} a_{\mu\mu'}\varkappa_\mu\varkappa_{\mu'}\pi i - \frac{2}{m}\sum_{\mu=1}^{p}\left(\overset{\circ}{\sigma}_\mu + \frac{1}{2}ma_{\mu\mu}\right)\varkappa_\mu\pi i} G[\overset{\circ}{\sigma}_1 \ldots \overset{\circ}{\sigma}_p]$$

miteinander verknüpft sind.

Es sei für das Folgende weiter vorausgesetzt, daß die Determinante der p^2 Zahlen $a_{\mu\mu'}$ $(\mu, \mu' = 1, 2, \cdots, p)$ vom Range $q\,(q \gtreqless p)$ sei und daß speziell die Determinante:

$$A_q = \begin{vmatrix} a_{11} & a_{12} & \ldots & a_{1q} \\ a_{21} & a_{22} & \ldots & a_{2q} \\ \cdot & \cdot & \cdot & \cdot \\ a_{q1} & a_{q2} & \ldots & a_{qq} \end{vmatrix}$$

einen von Null verschiedenen Wert besitze; der Fall $q = 1$ ist dabei bekanntlich so aufzufassen, daß alsdann die Determinante A_q sich auf das einzige Element a_{11} reduziert.

§ 2. Umformung der Gaußschen Summe G mittels der Fourierschen Formel.

Zur Umformung der Gaußschen Summe G benutze man jetzt die Formel[1]):

$$f(0\,|\ldots|\,0) = \sum_{n_1=-\infty}^{+\infty}\cdots\sum_{n_q=-\infty}^{+\infty}\int_{-\frac{1}{2}}^{+\frac{1}{2}}dx_1\cdots\int_{-\frac{1}{2}}^{+\frac{1}{2}}dx_q\,f(x_1|\ldots|x_q)\,e^{\,2\sum\limits_{\delta=1}^{q}n_\delta x_\delta \pi i}\,,$$

indem man in ihr setzt:

$$f(x_1|\ldots|x_q)$$

$$= \sum_{\varrho_1,\ldots,\varrho_q}^{0,1,\ldots,m-1} e^{\,\frac{1}{m}\sum\limits_{\delta=1}^{q}\sum\limits_{\delta'=1}^{q}a_{\delta\delta'}(\varrho_\delta+x_\delta)(\varrho_{\delta'}+x_{\delta'})\pi i + \frac{2}{m}\sum\limits_{\delta=1}^{q}\left(\tau_\delta+\frac{1}{2}\,m a_{\delta\delta}\right)(\varrho_\delta+x_\delta)\pi i}\,,$$

wobei $\tau_1,\ldots,\tau_q$ ganze Zahlen bezeichnen, über die später verfügt werden wird; es wird dann:

$$f(0\,|\ldots|\,0) = G_q,$$

wenn man mit G_q die Summe:

$$G_q = \sum_{\varrho_1,\ldots,\varrho_q}^{0,1,\ldots,m-1} e^{\,\frac{1}{m}\sum\limits_{\delta=1}^{q}\sum\limits_{\delta'=1}^{q}a_{\delta\delta'}\varrho_\delta\varrho_{\delta'}\pi i + \frac{2}{m}\sum\limits_{\delta=1}^{q}\left(\tau_\delta+\frac{1}{2}\,m a_{\delta\delta}\right)\varrho_\delta\pi i}$$

bezeichnet, und aus der obigen Formel geht die Gleichung:

$$(1)\qquad G_q = \sum_{n_1,\ldots,n_q}^{-\infty,\ldots,+\infty}\int_{-\frac{1}{2}}^{+\frac{1}{2}}dx_1\cdots\int_{-\frac{1}{2}}^{+\frac{1}{2}}dx_q\sum_{\varrho_1,\ldots,\varrho_q}^{0,1,\ldots,m-1}e^{\Phi_1}$$

---

1) Zur Ableitung dieser Formel vgl. mein Lehrbuch der Thetafunktionen (1903) p. 99.

hervor, bei der zur Abkürzung:

$$\Phi_1 = \frac{1}{m} \sum_{\delta=1}^{q} \sum_{\delta'=1}^{q} a_{\delta\delta'} (\varrho_\delta + x_\delta)(\varrho_{\delta'} + x_{\delta'}) \pi i$$

$$+ \frac{2}{m} \sum_{\delta=1}^{q} \left(\tau_\delta + \frac{1}{2} m a_{\delta\delta} \right) (\varrho_\delta + x_\delta) \pi i + 2 \sum_{\delta=1}^{q} n_\delta x_\delta \pi i$$

gesetzt ist.

Auf der rechten Seite der Gleichung (1) kann man unbeschadet ihrer Richtigkeit die in Φ_1 vorkommende Größe:

$$2 \sum_{\delta=1}^{q} n_\delta x_\delta \pi i$$

durch die für beliebige ganzzahlige Werte der n und ϱ stets nur um ein ganzes Vielfaches von $2\pi i$ davon verschiedene Größe:

$$2 \sum_{\delta=1}^{q} n_\delta (\varrho_\delta + x_\delta) \pi i$$

ersetzen und hierauf für $\delta = 1, 2, \ldots, q$ die für jede Funktion φ gültige Formel:

$$\int\limits_{-\frac{1}{2}}^{+\frac{1}{2}} dx_\delta \sum_{\varrho_\delta=0}^{m-1} \varphi (\varrho_\delta + x_\delta) = \int\limits_{-\frac{1}{2}}^{m-\frac{1}{2}} dx_\delta \, \varphi (x_\delta)$$

anwenden; man erhält dann die Gleichung:

$$G_q = \sum_{n_1,\ldots,n_q}^{-\infty,\ldots,+\infty} \int\limits_{-\frac{1}{2}}^{m-\frac{1}{2}} dx_1 \cdots \int\limits_{-\frac{1}{2}}^{m-\frac{1}{2}} dx_q \, e^{\Phi_2}, \tag{2}$$

bei der zur Abkürzung

$$\Phi_2 = \frac{1}{m} \sum_{\delta=1}^{q} \sum_{\delta'=1}^{q} a_{\delta\delta'} x_\delta x_{\delta'} \pi i + \frac{2}{m} \sum_{\delta=1}^{q} \left(\tau_\delta + \frac{1}{m} a_{\delta\delta} \right) x_\delta \pi i$$

$$+ 2 \sum_{\delta=1}^{q} n_\delta x_\delta \pi i$$

gesetzt ist und aus der weiter, wenn $r_1', \ldots, r_q'$ ganze Zahlen bezeichnen, über die sogleich verfügt werden wird, ohne Mühe die Gleichung:

$$(3) \qquad G_q = \sum_{n_1, \ldots, n_q}^{-\infty, \ldots, +\infty} \int_{-\frac{1}{2}}^{m-\frac{1}{2}} dx_1 \cdots \int_{-\frac{1}{2}}^{m-\frac{1}{2}} dx_q \, e^{\Phi_3},$$

in der:

$$\Phi_3 = \frac{1}{m} \sum_{\delta=1}^{q} \sum_{\delta'=1}^{q} a_{\delta\delta'} (x_\delta + m r_\delta')(x_{\delta'} + m r_{\delta'}') \pi i$$

$$- 2 \sum_{\delta=1}^{q} \sum_{\delta'=1}^{q} a_{\delta\delta'} r_{\delta'}' x_\delta \pi i + \frac{2}{m} \sum_{\delta=1}^{q} \left(\tau_\delta + \frac{1}{2} m a_{\delta\delta'} \right)(x_\delta + m r_\delta') \pi i$$

$$+ 2 \sum_{\delta=1}^{q} n_\delta x_\delta \pi i$$

ist, abgeleitet werden kann.

An Stelle der Summationsbuchstaben n_δ $(\delta = 1, 2, \cdots, q)$ sollen jetzt neue Summationsbuchstaben r_δ, ϱ_δ $(\delta = 1, 2, \cdots, q)$ vermittels der Gleichungen:

$$(n) \qquad n_\delta = \sum_{\delta'=1}^{q} a_{\delta\delta'} r_{\delta'} + \varrho_\delta \qquad (\delta = 1, 2, \cdots, q)$$

eingeführt werden. Läßt man in diesen Gleichungen die ϱ unabhängig voneinander die Reihe der Zahlen $0, 1, \ldots, \bar{A}_q - 1$, wo $\bar{A}_q$ den absoluten Wert der Determinante $A_q = \sum \pm a_{11} a_{22} \ldots a_{qq}$ bezeichnet, und zu jedem solchen Zahlensysteme $\varrho_1, \ldots, \varrho_q$ die r unabhängig voneinander die Reihe aller ganzen Zahlen von $-\infty$ bis $+\infty$ durchlaufen, so tritt[1]) an Stelle der q Zahlen $n_1, \ldots, n_q$ jedes überhaupt existierende System von q ganzen Zahlen und zwar jedes $\bar{A}_q^{q-1}$-mal. Man erkennt daraus, daß die

---

1) Weber, Über die unendlich vielen Formen der ϑ-Funktion. J. f. M. **74** (1872) p. 81, auch Krazer, Über allgemeine Thetaformeln. Math. Ann. Bd. **52** (1899) p. 386 und Lehrbuch der Thetafunktionen (1903) p. 59.

Gleichung (3) richtig bleibt, wenn man im allgemeinen Gliede der auf ihrer rechten Seite stehenden Summe n_δ für $\delta = 1, 2, \ldots, q$ durch den unter (n) dafür angeschriebenen Ausdruck ersetzt, sodann über die ϱ von 0 bis $\bar{A}_q - 1$, über die r von $-\infty$ bis $+\infty$ summiert und endlich die so entstandene Summe durch $\bar{A}_q^{\,q-1}$ dividiert. Auf diese Weise geht aus der Gleichung (3) die Gleichung:

$$G_q = \frac{1}{\bar{A}_q^{\,q-1}} \sum_{\varrho_1, \ldots, \varrho_q}^{0, 1, \ldots, \bar{A}_q - 1} \sum_{r_1, \ldots, r_q}^{-\infty, \ldots, +\infty} \int_{-\frac{1}{2}}^{m - \frac{1}{2}} dx_1 \cdots \int_{-\frac{1}{2}}^{m - \frac{1}{2}} dx_q \, e^{\Phi_4} \qquad (4)$$

hervor, bei der:

$$\Phi_4 = \frac{1}{m} \sum_{\delta = 1}^{q} \sum_{\delta' = 1}^{q} a_{\delta\delta'} (x_\delta + m r_\delta')(x_{\delta'} + m r_{\delta'}') \pi i$$

$$- 2 \sum_{\delta = 1}^{q} \sum_{\delta' = 1}^{q} a_{\delta\delta'} r_\delta' x_\delta \pi i + \frac{2}{m} \sum_{\delta = 1}^{q} \left(\tau_\delta + \frac{1}{2} m a_{\delta\delta} \right)(x_\delta + m r_\delta') \pi i$$

$$+ 2 \sum_{\delta = 1}^{q} \sum_{\delta' = 1}^{q} a_{\delta\delta'} r_\delta x_\delta \pi i + 2 \sum_{\delta = 1}^{q} \varrho_\delta x_\delta \pi i$$

ist, und aus dieser erhält man, wenn man über die noch unbestimmten ganzen Zahlen r' durch die Gleichungen:

$$r_\delta' = r_\delta \qquad (\delta = 1, 2, \cdots, q)$$

verfügt, ferner die Größe:

$$2 \sum_{\delta = 1}^{q} \varrho_\delta x_\delta \pi i$$

durch die für beliebige ganzzahlige Werte der r und ϱ stets nur um ein ganzes Vielfaches von $2\pi i$ davon verschiedene Größe:

$$2 \sum_{\delta = 1}^{q} \varrho_\delta (x_\delta + m r_\delta) \pi i$$

ersetzt und hierauf für $\delta = 1, 2, \ldots, q$ die für jede Funktion ψ gültige Formel:

$$\sum_{r_\delta=-\infty}^{+\infty} \int_{-\frac{1}{2}}^{m-\frac{1}{2}} dx_\delta\, \psi(x_\delta + m r_\delta) = \int_{-\infty}^{+\infty} dx_\delta\, \psi(x_\delta)$$

anwendet, die Gleichung:

$$(5) \qquad G_q = \frac{1}{A_q^{\,q-1}} \sum_{\varrho_1,\ldots,\varrho_q}^{0,1,\ldots,\overline{A}_q-1} \int_{-\infty}^{+\infty} dx_1 \cdots \int_{-\infty}^{+\infty} dx_q\, e^{\Phi_5}$$

bei der zur Abkürzung:

$$\Phi_5 = \frac{1}{m} \sum_{\delta=1}^{q} \sum_{\delta'=1}^{q} a_{\delta\delta'} x_\delta x_\delta \pi i + \frac{2}{m} \sum_{\delta=1}^{q} \left(\tau_\delta + \frac{1}{2} m a_{\delta\delta}\right) x_\delta \pi i$$

$$+ 2 \sum_{\delta=1}^{q} \varrho_\delta x_\delta \pi i$$

gesetzt ist, und bei der jetzt endlich noch die auf die Größen x
bezüglichen Integrationen auszuführen sind.

Um dies Ziel zu erreichen, bringe man die Größe Φ_5 in die
Form:

$$\Phi_5 = \frac{1}{m} \sum_{\delta=1}^{q} \sum_{\delta'=1}^{q} a_{\delta\delta'} \left\{ x_\delta + \frac{1}{A_q} \sum_{\varepsilon=1}^{q} \alpha_{\varepsilon\delta}^{(q)} \left(\tau_\varepsilon + \frac{1}{2} m a_{\varepsilon\varepsilon} + m \varrho_\varepsilon\right) \right\}$$

$$\times \left\{ x_{\delta'} + \frac{1}{A_q} \sum_{\varepsilon'=1}^{q} \alpha_{\varepsilon'\delta'}^{(q)} \left(\tau_{\varepsilon'} + \frac{1}{2} m a_{\varepsilon'\varepsilon'} + m \varrho_{\varepsilon'}\right) \right\}$$

$$- \frac{m}{A_q} \sum_{\varepsilon=1}^{q} \sum_{\varepsilon'=1}^{q} \alpha_{\varepsilon\varepsilon'}^{(q)} \varrho_\varepsilon \varrho_{\varepsilon'} \pi i - \frac{2}{A_q} \sum_{\varepsilon=1}^{q} \sum_{\varepsilon'=1}^{q} \alpha_{\varepsilon\varepsilon'}^{(q)} \left(\tau_{\varepsilon'} + \frac{1}{2} m a_{\varepsilon'\varepsilon'}\right) \varrho_\varepsilon \pi i$$

$$- \frac{1}{m A_q} \sum_{\varepsilon=1}^{q} \sum_{\varepsilon'=1}^{q} \alpha_{\varepsilon\varepsilon'}^{(q)} \left(\tau_\varepsilon + \frac{1}{2} m a_{\varepsilon\varepsilon}\right) \left(\tau_{\varepsilon'} + \frac{1}{2} m a_{\varepsilon'\varepsilon'}\right) \pi i,$$

indem man für $\varepsilon,\ \varepsilon' = 1, 2, \ldots, q$ mit $\alpha_{\varepsilon\varepsilon'}^{(q)}$ die Adjunkte von
$a_{\varepsilon\varepsilon'}$ in der Determinante A_q bezeichnet. Die Ausführung der auf
der rechten Seite der Gleichung (5) stehenden Integrationen re-
duziert sich dann auf die Auswertung des Integrals:

$$J = \int\limits_{-\infty}^{+\infty} dx_1 \ldots \int\limits_{-\infty}^{+\infty} dx_q\, e^{\varphi(x_1|\ldots|x_q)},$$

bei dem:

$$\varphi(x_1|\ldots|x_q) = \frac{1}{m} \sum_{\delta=1}^{q} \sum_{\delta'=1}^{q} a_{\delta\delta'}(x_\delta + k_\delta)(x_{\delta'} + k_{\delta'})\,\pi i$$

ist, wenn man zur Abkürzung für $\delta = 1, 2, \ldots, q$:

$$\frac{1}{A_q} \sum_{\varepsilon=1}^{q} \alpha_{\varepsilon\delta}^{(q)}\left(\tau_\varepsilon + \frac{1}{2} m a_{\varepsilon\varepsilon} + m \varrho_\varepsilon\right) = k_\delta$$

setzt, und das durch Einführung neuer Integrationsvariablen x' vermittels der Gleichungen:

$$x_\delta + k_\delta = x_\delta' \qquad (\delta = 1, 2, \cdots, q)$$

sofort in das einfachere:

$$J = \int\limits_{-\infty}^{+\infty} dx_1' \ldots \int\limits_{-\infty}^{+\infty} dx_q'\, e^{\varphi_0(x_1'|\ldots|x_q')},$$

bei dem:

$$\varphi_0(x_1'|\ldots|x_q') = \frac{1}{m} \sum_{\delta=1}^{q} \sum_{\delta'=1}^{q} a_{\delta\delta'} x_\delta' x_{\delta'}' \pi i$$

ist, übergeht.

Um den Wert dieses Integrals J zu ermitteln, beachte man, daß aus den bekannten Gleichungen:

$$\int\limits_{-\infty}^{+\infty} \cos x^2 \pi \, dx = \frac{1}{\sqrt{2}}, \qquad \int\limits_{-\infty}^{+\infty} \sin x^2 \pi \, dx = \frac{1}{\sqrt{2}}$$

sofort die Formeln:

$$\int\limits_{-\infty}^{+\infty} e^{x^2 \pi i}\, dx = \frac{1+i}{\sqrt{2}} = e^{\frac{1}{4}\pi i},$$

$$\int\limits_{-\infty}^{+\infty} e^{-x^2 \pi i}\, dx = \frac{1-i}{\sqrt{2}} = e^{-\frac{1}{4}\pi i}$$

folgen, daß also sowohl für $\omega = +1$ als auch für $\omega = -1$ die Gleichung:

$$\text{(i)} \qquad \int_{-\infty}^{+\infty} e^{\omega x^2 \pi i}\, dx = e^{\frac{1}{4}\omega \pi i}$$

besteht. Stellt man jetzt die ordinäre quadratische Form φ_0 auf irgendeine Weise als Aggregat von q Quadraten linearer Formen der x' mit reellen Koeffizienten dar in der Form:

$$\varphi_0 = \sum_{\varepsilon=1}^{q} \omega_\varepsilon y_\varepsilon^2,$$

indem man für $\varepsilon = 1, 2, \ldots, q$ mit ω_ε eine zweite Einheitswurzel:

$$\omega_\varepsilon = \pm 1 \qquad\qquad (\varepsilon = 1, 2, \cdots, q)$$

bezeichnet, mit y_ε aber eine homogene lineare Funktion:

$$y_\varepsilon = b_{\varepsilon 1} x_1' + \cdots + b_{\varepsilon q} x_q' \qquad (\varepsilon = 1, 2, \cdots, q)$$

der Größen $x_1', \ldots, x_q'$ mit reellen Koeffizienten b, deren Determinante:

$$B = \Sigma \pm b_{11} \ldots b_{qq}$$

einen von Null verschiedenen Wert besitzt, so erhält man für das Integral J zunächst den Ausdruck:

$$J = \frac{1}{\overline{B}} \int_{-\infty}^{+\infty} dy_1 \ldots \int_{-\infty}^{+\infty} dy_q\, e^{\sum\limits_{\varepsilon=1}^{q} \omega_\varepsilon y_\varepsilon^2 \pi i},$$

bei dem $\overline{B}$ den absoluten Wert der Determinante B bezeichnet, und hieraus, indem man die Formel (i) q-mal anwendet und weiter berücksichtigt, daß:

$$\omega_1 \ldots \omega_q B^2 = \frac{A_q}{m^q},$$

also

$$\overline{B} = \sqrt[+]{\frac{\overline{A_q}}{m^q}}$$

ist, die Gleichung:

$$J = \sqrt[+]{\frac{m^q}{\overline{A_q}}}\; e^{\frac{1}{4}\sum\limits_{\varepsilon=1}^{q} \omega_\varepsilon \pi i}$$

Führt man aber den gefundenen Wert an Stelle des Integrals J in die Gleichung (5) ein und schiebt ihn, da er von den Summationsbuchstaben ϱ unabhängig ist, vor das Summenzeichen, so erhält man die Gleichung:

$$G_q = \frac{1}{\overline{A}_q^{q-1}} \sqrt[+]{\frac{m^q}{\overline{A}_q}}\, e^{\frac{1}{4}\sum\limits_{\varepsilon=1}^{q}\omega_\varepsilon \pi i} \sum_{\varrho_1,\ldots,\varrho_q}^{0,1,\ldots,\overline{A}_q-1} e^{\Phi_6}, \qquad (6)$$

bei der

$$\Phi_6 = -\frac{m}{A_q}\sum_{\varepsilon=1}^{q}\sum_{\varepsilon'=1}^{q}\alpha_{\varepsilon\varepsilon'}^{(q)}\varrho_\varepsilon\varrho_{\varepsilon'}\pi i - \frac{2}{A_q}\sum_{\varepsilon=1}^{q}\sum_{\varepsilon'=1}^{q}\alpha_{\varepsilon\varepsilon'}^{(q)}\left(\tau_{\varepsilon'}+\frac{1}{2}m a_{\varepsilon'\varepsilon'}\right)\varrho_\varepsilon\pi i$$
$$-\frac{1}{m A_q}\sum_{\varepsilon=1}^{q}\sum_{\varepsilon'=1}^{q}\alpha_{\varepsilon\varepsilon'}^{(q)}\left(\tau_\varepsilon+\frac{1}{2}m a_{\varepsilon\varepsilon}\right)\left(\tau_{\varepsilon'}+\frac{1}{2}m a_{\varepsilon'\varepsilon'}\right)\pi i$$

ist.

In dieser Gleichung setze man nun für $\delta = 1, 2, \ldots, q$:

$$\tau_\delta = \sigma_\delta + \sum_{\eta=q+1}^{p} a_{\delta\eta}\varrho_\eta, \qquad (\delta = 1, 2, \cdots, q)$$

multipliziere linke und rechte Seite mit:

$$\frac{1}{m}\sum_{\eta=q+1}^{p}\sum_{\eta'=q+1}^{p}a_{\eta\eta'}\varrho_\eta\varrho_{\eta'}\pi i + \frac{2}{m}\sum_{\eta=q+1}^{p}\left(\sigma_\eta+\frac{1}{2}m a_{\eta\eta}\right)\varrho_\eta\pi i$$

und summiere hierauf nach jeder der Größen $\varrho_{q+1}, \ldots, \varrho_p$ von 0 bis $m-1$; es entsteht dann auf der linken Seite die ursprünglich gegebene p-fache Gaußsche Summe G und man findet so für diese den Ausdruck:

$$G = \frac{1}{\overline{A}_q^{q-1}}\sqrt[+]{\frac{m^q}{\overline{A}_q}}\, e^{\frac{1}{4}\sum\limits_{\varepsilon=1}^{q}\omega_\varepsilon\pi i}\, e^\varphi G', \qquad (7)$$

wenn man zur Abkürzung:

$$\varphi = -\frac{1}{m A_q}\sum_{\varepsilon=1}^{q}\sum_{\varepsilon'=1}^{q}\alpha_{\varepsilon\varepsilon'}^{(q)}\left(\sigma_\varepsilon+\frac{1}{2}m a_{\varepsilon\varepsilon}\right)\left(\sigma_{\varepsilon'}+\frac{1}{2}m a_{\varepsilon'\varepsilon'}\right)\pi i$$

setzt und mit G' die neue p-fache Gaußsche Summe:

$$G' = \sum_{\varrho_1,\,\ldots,\,\varrho_q}^{0,\,1,\,\ldots,\,\overline{A}_q-1} \; \sum_{\varrho_{q+1},\,\ldots,\,\varrho_p}^{0,\,1,\,\ldots,\,m-1} e^{\Phi'}$$

bezeichnet, bei welcher

$$\Phi' = -\frac{m}{A_q} \sum_{\varepsilon=1}^{q} \sum_{\varepsilon'=1}^{q} \alpha_{\varepsilon\varepsilon'}^{(q)}\, \varrho_\varepsilon \varrho_{\varepsilon'} \pi i$$

$$-\frac{2}{A_q} \sum_{\varepsilon=1}^{q} \sum_{\eta=q+1}^{p} \left(\sum_{\varepsilon'=1}^{q} \alpha_{\varepsilon\varepsilon'}^{(q)}\, a_{\varepsilon'\eta} \right) \varrho_\varepsilon \varrho_\eta \pi i$$

$$+\frac{1}{m} \sum_{\eta=q+1}^{p} \sum_{\eta'=q+1}^{p} \left(a_{\eta\eta'} - \frac{1}{A_q} \sum_{\varepsilon=1}^{q} \sum_{\varepsilon'=1}^{q} \alpha_{\varepsilon\varepsilon'}^{(q)}\, a_{\varepsilon\eta}\, a_{\varepsilon'\eta'} \right) \varrho_\eta \varrho_{\eta'} \pi i$$

$$-\frac{2}{A_q} \sum_{\varepsilon=1}^{q} \left(\sum_{\varepsilon'=1}^{q} \alpha_{\varepsilon\varepsilon'}^{(q)} \left(\sigma_{\varepsilon'} + \frac{1}{2} m\, a_{\varepsilon'\varepsilon} \right) \right) \varrho_\varepsilon \pi i$$

$$+\frac{2}{m} \sum_{\eta=q+1}^{p} \left(\sigma_\eta + \frac{1}{2} m\, a_{\eta\eta} - \frac{1}{A_q} \sum_{\varepsilon=1}^{q} \sum_{\varepsilon'=1}^{q} \alpha_{\varepsilon\varepsilon'}^{(q)}\, a_{\varepsilon\eta} \left(\sigma_{\varepsilon'} + \frac{1}{2} m\, a_{\varepsilon'\varepsilon} \right) \right) \varrho_\eta \pi i$$

ist.

Das gefundene Resultat läßt sich folgendermaßen aussprechen:

Man bezeichne mit G die p-fache Gaußsche Summe:

$$G = \sum_{\varrho_1,\,\ldots,\,\varrho_p}^{0,\,1,\,\ldots,\,m-1} e^{\frac{1}{m} \sum_{\mu=1}^{p} \sum_{\mu'=1}^{p} a_{\mu\mu'} \varrho_\mu \varrho_{\mu'} \pi i + \frac{2}{m} \sum_{\mu=1}^{p} \left(\sigma_\mu + \frac{1}{2} m\, a_{\mu\mu} \right) \varrho_\mu \pi i} \, ,$$

bei der m eine positive ganze Zahl, $a_{\mu\mu'}$ $(\mu,\mu'=1,2,\cdots,p)$ p^2 ganze Zahlen, welche den $\frac{1}{2}(p-1)\,p$ Bedingungen

$$a_{\mu\mu'} = a_{\mu'\mu} \qquad (\mu > \mu')$$

genügen, $\sigma_1,\ldots,\sigma_p$ endlich p beliebige ganze Zahlen seien, und bei der zudem, indem q irgendeine der Zahlen $1, 2, \ldots, p$ vertritt, die aus den q^2 Zahlen $a_{\delta\delta'}$ $(\delta,\delta'=1,2,\cdots,q)$ gebildete Determinante:

$$A_q = \begin{vmatrix} a_{11} & a_{12} & \ldots & a_{1q} \\ a_{21} & a_{22} & \ldots & a_{2q} \\ \cdot & \cdot & \cdot & \cdot \\ a_{q1} & a_{q2} & \ldots & a_{qq} \end{vmatrix}$$

einen von Null verschiedenen Wert besitze; man bezeichne weiter mit G' die p-fache Gaußsche Summe:

$$G' = \sum_{\varrho_1,\ldots,\varrho_q}^{0,1,\ldots,\bar{A}_q-1} \sum_{\varrho_{q+1},\ldots,\varrho_p}^{0,1,\ldots,m-1} e^{-\frac{m}{A_q}\sum_{\varepsilon=1}^{q}\sum_{\varepsilon'=1}^{q}\alpha_{\varepsilon\varepsilon'}^{(q)}\varrho_\varepsilon\varrho_{\varepsilon'}\pi i \; -\frac{2}{A_q}\sum_{\varepsilon=1}^{q}\sum_{\eta=q+1}^{p}\left(\sum_{\varepsilon'=1}^{q}\alpha_{\varepsilon\varepsilon'}^{(q)}a_{\varepsilon'\eta}\right)\varrho_\varepsilon\varrho_\eta\,\pi}$$

$$\times e^{\frac{1}{m}\sum_{\eta=q+1}^{p}\sum_{\eta'=q+1}^{p}\left(a_{\eta\eta'}-\frac{1}{A_q}\sum_{\varepsilon=1}^{q}\sum_{\varepsilon'=1}^{q}\alpha_{\varepsilon\varepsilon'}^{(q)}a_{\varepsilon\eta}a_{\varepsilon'\eta'}\right)\varrho_\eta\varrho_{\eta'}\pi i \; -\frac{2}{A_q}\sum_{\varepsilon=1}^{q}\left[\sum_{\varepsilon'=1}^{q}\alpha_{\varepsilon\varepsilon'}^{(q)}\left(\sigma_{\varepsilon'}+\frac{1}{2}ma_{\varepsilon'\varepsilon'}\right)\right]\varrho_\varepsilon\pi i}$$

$$\times e^{\frac{2}{m}\sum_{\eta=q+1}^{p}\left[\sigma_\eta+\frac{1}{2}ma_{\eta\eta}-\frac{1}{A_q}\sum_{\varepsilon=1}^{q}\sum_{\varepsilon'=1}^{q}\alpha_{\varepsilon\varepsilon'}^{(q)}a_{\varepsilon\eta}\left(\sigma_{\varepsilon'}+\frac{1}{2}ma_{\varepsilon'\varepsilon'}\right)\right]\varrho_\eta\pi i},$$

bei der die Größen m, $a_{\mu\mu'}$ $(\mu,\mu'=1,2,\cdots,p)$ und σ_μ $(\mu=1,2,\cdots,p)$ die nämlichen wie die in der Summe G vorkommenden seien, während $\bar{A}_q$ den absoluten Wert der oben angeschriebenen Determinante A_q, $\alpha_{\varepsilon\varepsilon'}^{(q)}$ $(\varepsilon,\varepsilon'=1,2,\cdots,q)$ die Adjunkte von $a_{\varepsilon\varepsilon'}$ in dieser Determinante bezeichne Die beiden Summen G und G' sind dann durch die Gleichung:

$$G = \sqrt[+]{\frac{m^q}{\bar{A}_q^{2q-1}}}\, e^{\frac{1}{4}(q_1-q_2)\pi i}\, e^{\varphi} G' \tag{Q}$$

miteinander verknüpft, bei der zur Abkürzung:

$$\varphi = -\frac{1}{mA_q}\sum_{\varepsilon=1}^{q}\sum_{\varepsilon'=1}^{q}\alpha_{\varepsilon\varepsilon'}^{(q)}\left(\sigma_\varepsilon+\frac{1}{2}ma_{\varepsilon\varepsilon}\right)\left(\sigma_{\varepsilon'}+\frac{1}{2}ma_{\varepsilon'\varepsilon'}\right)\pi i$$

gesetzt ist und q_1 die Anzahl der positiven, $q_2 = q - q_1$ die Anzahl der negativen Quadrate bezeichnet, welche bei einer Darstellung der ordinären quadratischen Form

$$\sum_{\delta=1}^{q} \sum_{\delta'=1}^{q} a_{\delta\delta'} x_\delta x_{\delta'}$$

als Aggregat von q Quadraten linearer Funktionen auftreten.

Die im vorstehenden mitgeteilte Untersuchung läßt sich in der gleichen Weise für den allgemeineren Fall durchführen, daß man nicht von der Determinante A_q, sondern von einer beliebigen Determinante:

$$A_q' = \begin{vmatrix} a_{\xi_1\xi_1} & a_{\xi_1\xi_2} & \ldots & a_{\xi_1\xi_q} \\ a_{\xi_2\xi_1} & a_{\xi_2\xi_2} & \ldots & a_{\xi_2\xi_q} \\ \cdot & \cdot & \cdot & \cdot \\ a_{\xi_q\xi_1} & a_{\xi_q\xi_2} & \ldots & a_{\xi_q\xi_q} \end{vmatrix},$$

bei der $\xi_1\xi_2 \ldots \xi_q$ irgendeine Kombination der Zahlen $1, 2, \ldots, p$ zur q^{ten} Klasse ohne Wiederholung bezeichnet, annimmt, daß sie einen von Null verschiedenen Wert besitze. Das unter Zugrundelegung dieser allgemeinen Annahme erwachsende Resultat läßt sich aber aus dem vorher mitgeteilten spezielleren einfach dadurch erhalten, daß man für jedes μ und μ' von 1 bis p, indem man noch die $p - q$ von $\xi_1, \xi_2, \ldots, \xi_q$ verschiedenen Zahlen aus der Reihe $1, 2, \ldots, p$ mit $\xi_{q+1}, \xi_{q+2}, \ldots, \xi_p$ bezeichnet:

$$a_{\mu\mu'} \text{ durch } a_{\xi_\mu\xi_{\mu'}}, \quad \varrho_\mu \text{ durch } \varrho_{\xi_\mu}, \quad \sigma_\mu \text{ durch } \sigma_{\xi_\mu}$$

ersetzt und beachtet, daß dadurch die Summe G sich nicht ändert, bei der Summe G' aber sowie in der Gleichung (Q) die Determinante A_q in die Determinante A_q', die Adjunkte

$$\alpha_{\varepsilon\varepsilon'}^{(q)} \qquad (\varepsilon, \varepsilon' = 1, 2, \cdots, q)$$

in die zu dem Elemente $a_{\xi_\varepsilon\xi_{\varepsilon'}}$ gehörige Adjunkte $\alpha_{\xi_\varepsilon\xi_{\varepsilon'}}'^{(q)}$ der Determinante A_q' übergeht und endlich an die Stelle von q_1 und q_2 die Anzahlen q_1', q_2' der positiven bzw. negativen Quadrate treten, welche die ordinäre quadratische Form:

$$\sum_{\delta=1}^{q} \sum_{\delta'=1}^{q} a_{\xi_\delta\xi_{\delta'}} x_\delta x_{\delta'}$$

aufweist, wenn man sie als Aggregat von q Quadraten linearer Formen darstellt. Mit Rücksicht darauf aber, daß man aus dem oben angeschriebenen speziellen Resultate das erwähnte allgemeinere durch einfache Permutation der Indizes in dem eben angegebenen Sinne erhalten kann, schien es erlaubt, sich bei der Ableitung auf jenen einfacheren Fall zu beschränken, zumal da die Beibehaltung der ξ die Übersichtlichkeit vermindern und den Druck bedeutend erschweren würde.

Zu gegebenen p^2 Zahlen $a_{\mu\mu'}$ $(\mu,\mu'=1,2,\cdots,p)$ gibt es im ganzen 2^p-1 verschiedene Determinanten A_q' $(q=1,2,\cdots,p)$; so viele von diesen einen von Null verschiedenen Wert haben, so viele Umformungen mittelst einer Formel (Q) erlaubt die zu ihnen gehörige Gaußsche Summe G.

§ 3. Der besondere Fall $q = p$.

In dem besonderen Falle $q = p$ nimmt das gewonnene Resultat die folgende einfachere Form an:

Man bezeichne mit G die p-fache Gaußsche Summe:

$$G = \sum_{\varrho_1,\ldots,\varrho_p}^{0,1,\ldots,m-1} e^{\frac{1}{m}\sum_{\mu=1}^{p}\sum_{\mu'=1}^{p}a_{\mu\mu'}\varrho_\mu\varrho_{\mu'}\pi i+\frac{2}{m}\sum_{\mu=1}^{p}\left(\sigma_\mu+\frac{1}{2}ma_{\mu\mu}\right)\varrho_\mu\pi i},$$

bei der m eine positive ganze Zahl, $a_{\mu\mu'}$ $(\mu,\mu'=1,2,\cdots,p)$ p^2 ganze Zahlen, welche den $\frac{1}{2}(p-1)p$ Bedingungen $a_{\mu\mu'}=a_{\mu'\mu}$ $(\mu>\mu')$ genügen und für welche zudem die Determinante:

$$A = \begin{vmatrix} a_{11} & a_{12} & \ldots & a_{1p} \\ a_{21} & a_{22} & \ldots & a_{2p} \\ \cdot & \cdot & \cdots & \cdot \\ a_{p1} & a_{p2} & \ldots & a_{pp} \end{vmatrix}$$

einen von Null verschiedenen Wert besitzt, $\sigma_1,\ldots,\sigma_p$ endlich p beliebige ganze Zahlen seien; man bezeichne weiter mit G' die p-fache Gaußsche Summe:

$$G' = \sum_{\varrho_1,\ldots,\varrho_p}^{0,1,\ldots,\bar{A}-1} e^{-\frac{m}{A}\sum_{\nu=1}^{p}\sum_{\nu'=1}^{p}\alpha_{\nu\nu'}\varrho_\nu\varrho_{\nu'}\pi i - \frac{2}{A}\sum_{\nu=1}^{p}\left[\sum_{\nu'=1}^{p}\alpha_{\nu\nu'}\left(\sigma_{\nu'}+\frac{1}{2}ma_{\nu'\nu'}\right)\right]\varrho_\nu\pi i},$$

bei der die Größen m, σ_μ $(\mu = 1, 2, \ldots, p)$ die nämlichen wie die in der Summe G vorkommenden seien, während $\bar{A}$ den absoluten Wert der Determinante A,

$$\alpha_{\nu\nu'} \qquad\qquad (\nu, \nu' = 1, 2, \cdots, p)$$

die Adjunkte von $a_{\nu\nu'}$ in dieser Determinante bezeichne. Die beiden Summen G und G' sind dann durch die Gleichung:

$$(\text{P}) \qquad\qquad G = \sqrt[+]{\frac{m^p}{\bar{A}^{2p-1}}}\, e^{\frac{1}{4}(p_1-p_2)\pi i}\, e^{\varphi}\, G'$$

miteinander verknüpft, bei der zur Abkürzung:

$$\varphi = -\frac{1}{mA}\sum_{\nu=1}^{p}\sum_{\nu'=1}^{p}\alpha_{\nu\nu'}\left(\sigma_\nu+\frac{1}{2}ma_{\nu\nu}\right)\left(\sigma_{\nu'}+\frac{1}{2}ma_{\nu'\nu'}\right)\pi i$$

gesetzt ist, und p_1 die Anzahl der positiven, $p_2 = p - p_1$ die Anzahl der negativen Quadrate bezeichnet, welche bei einer Darstellung der ordinären quadratischen Form:

$$\sum_{\mu=1}^{p}\sum_{\mu'=1}^{p} a_{\mu\mu'}x_\mu x_{\mu'}$$

als Summe von p Quadraten linearer Funktionen auftreten.

Ist endlich $q = p = 1$, so kann man das gewonnene Resultat folgendermaßen aussprechen:

Bezeichnet man mit G und G' die Gaußschen Summen:

$$G = \sum_{\varrho=0}^{m-1} e^{\frac{a}{m}\varrho^2\pi i + \frac{2}{m}\left(\sigma+\frac{1}{2}ma\right)\varrho\pi i},$$

$$G' = \sum_{\varrho=0}^{\bar{a}-1} e^{-\frac{m}{a}\varrho^2\pi i - \frac{2}{a}\left(\sigma+\frac{1}{2}ma\right)\varrho\pi i},$$

bei denen m eine positive ganze Zahl, a eine von Null
verschiedene ganze Zahl, $\bar{a}$ deren absoluter Wert, σ endlich eine beliebige ganze Zahl sei, so sind die beiden
Summen G und G' durch die Gleichung:

$$G = \sqrt[+]{\frac{m}{\bar{a}}}\, e^{\pm \frac{1}{4}\pi i}\, e^{\varphi}\, G'$$

miteinander verknüpft, bei der zur Abkürzung:

$$\varphi = -\frac{1}{ma}\left(\sigma + \frac{1}{2}ma\right)^{2}\pi i$$

gesetzt und auf der rechten Seite im Exponenten des
zweiten Faktors das positive oder negative Zeichen anzuwenden ist, je nachdem a positiv oder negativ ist.

Unter der Voraussetzung, daß die Zahlen a und m nicht
beide ungerade sind, stimmt die letzte Gleichung, wenn man
dann der beliebigen ganzen Zahl σ den Wert:

$$\sigma = -\frac{1}{2}ma$$

erteilt, mit der am Ende der Einleitung angeschriebenen Kroneckerschen Gleichung (5) überein.

Über homomorphe Gruppen und die Einwirkung von Adjunktionen auf die Rationalitätsgruppe linearer homogener Differentialgleichungen.

Von

Alfred Loewy in Freiburg i. B.

Dem verehrten Jubilar, dem Herrscher im Reiche der Algebra, möchte ich als Festesgruß einen weiteren Ausschnitt aus meinen Untersuchungen zur Algebraisierung der linearen homogenen Differentialgleichungen darbieten. § 1, der in sich geschlossen ist, untersucht den Homomorphismus zweier abstrakter Gruppen und führt hierzu den Begriff des vollständigen Homomorphismus ein. Bei zwei unendlichen homomorphen Gruppen braucht nicht jeder Untergruppe der einen, wie dies bei endlichen Gruppen der Fall ist, stets eine Untergruppe der anderen zu entsprechen; solches Entsprechen findet dann und nur dann statt, wenn der Homomorphismus vollständig ist. Im § 2 werden die bei reduziblen linearen homogenen Substitutionsgruppen durch den Charakter der Reduzibilität bedingten homomorphen Beziehungen zwischen der Gruppe und ihren Bestandteilen untersucht. Im § 3 und § 4 verwende ich die Betrachtungen des § 2 für die Theorie der Rationalitätsgruppe einer linearen homogenen Differentialgleichung. Die Sätze I—III des § 3 behandeln die Einwirkung der Adjunktion aller Integrale eines Faktors einer reduziblen linearen homogenen Differentialgleichung auf ihre Rationalitätsgruppe. Die Ergebnisse des § 3 sind nur spezielle Fälle des im § 4 gewonnenen allgemeinen Satzes. Dieser beschäftigt sich mit der Frage, wie die Adjunktion aller Integrale einer beliebigen linearen homogenen Differentialgleichung auf eine zweite wirkt oder, anders ausgedrückt, mit dem Analogon des Jordan-Hölderschen Satzes der Algebra in der Theorie der linearen homogenen Differentialgleichungen. Hierdurch werden Ergebnisse, die schon Herr Vessiot in seiner berühmten Thèse hat, auf neue Weise bewiesen und vervollständigt (vgl. S. 228). Wie in meiner Arbeit „Die Rationalitätsgruppe einer linearen homogenen Differentialgleichung“, Math. Ann. **65**, habe ich mich auch im vorliegenden Aufsatz nicht der Lieschen Theorie der endlichen kontinuierlichen Transformationsgruppen bedient, sondern eine durchaus elementare Behandlung zu geben gesucht, wie sie auch dem Gegenstand konform ist.

§ 1. Vollständig homomorphe abstrakte Gruppen.

Eine Beziehung zwischen den Elementen irgend zweier Systeme Γ und Γ' heißt eine wechselseitige, wenn jedem Element des einen Systems ein Element oder mehrere oder auch unendlich viele Elemente des anderen Systems entsprechen, und, falls das Element S' aus Γ' sich unter den Elementen befindet, die dem Element S aus Γ entsprechen, auch das Element S zu denjenigen Elementen von Γ gehört, die kraft der Beziehung dem Element S' zugeordnet sind. Für diese symmetrische Beziehung schreibt man $S \sim S'$ oder gleichwertig $S' \sim S$.

Im folgenden wird es sich um solche Systeme mit wechselseitiger Beziehung ihrer Elemente handeln, die Gruppen sind. Unter einer Gruppe wollen wir stets in üblicher Weise ein derart komponierbares System von Elementen verstehen, das den folgenden vier voneinander unabhängigen Moore-Dicksonschen Bedingungen[1]) genügt:

1. Das Produkt irgend zweier Elemente der Gruppe gehört stets der Gruppe an.

---

1) L. E. Dickson, Definitions of a group and a field by independent postulates, Transactions of the American math. society **6**, 198 (1905). Vgl. auch meine Darstellung in dem Abschnitt „Algebraische Gruppentheorie“ von E. Pascals Repertorium der höheren Mathematik I, S. **173**, Leipzig und Berlin 1910, zweite Auflage.

2. Die Produktbildung ist assoziativ.

3. In der Gruppe gibt es wenigstens ein Element E, so daß für jedes Element S der Gruppe die Gleichung $SE = S$ gilt.

4. Existieren Elemente E, so soll für ein besonderes E und für jedes S die Gleichung $SX = E$ durch wenigstens ein Element der Gruppe lösbar sein.

Zwei Gruppen heißen homomorph, wenn zwischen ihren Elementen eine derartige wechselseitige Beziehung besteht, so daß, falls den Elementen S_i und S_k aus Γ die Elemente S_i' und S_k' aus Γ' entsprechen, sich unter den Elementen, die dem Produkt $S_i S_k$ zugeordnet sind, stets auch das Element $S_i' S_k'$ befindet. Bei einer homomorphen Beziehung muß also aus $S_i \sim S_i'$ und $S_k \sim S_k'$ stets $S_i S_k \sim S_i' S_k'$ folgen.

Für den Homomorphismus zweier Gruppen ist der Begriff der Halbgruppe[1]) wichtig. Irgend ein System $\mathfrak{S}$ von Elementen, die untereinander komponiert werden können, bildet eine Halbgruppe, wenn es den folgenden vier voneinander unabhängigen Bedingungen genügt:

1. Das Produkt irgend zweier Elemente von $\mathfrak{S}$ gehört stets $\mathfrak{S}$ an.

2. Die Produktbildung ist assoziativ.

3. und 4. Sind S, X und Y irgend drei Elemente aus $\mathfrak{S}$ und ist $SX = SY$ oder $XS = YS$, so soll in beiden Fällen die Gleichheit $X = Y$ stattfinden.

Eine Halbgruppe mit einer endlichen Anzahl von Elementen ist stets eine Gruppe.[2]) Hingegen trifft dies für eine Halbgruppe mit unendlich vielen Elementen nicht stets zu. Diese braucht weder das Einheitselement noch neben jedem Element das reziproke zu enthalten.

Für eine homomorphe Zuordnung zweier Gruppen gilt folgender

---

1) Vgl. L. E. Dickson, On semi-groups and the general isomorphism between infinite groups, Transactions of the American math. society **6**. 205 (1905).

2) Vgl. die Definition einer endlichen Gruppe in Herrn H. Webers Algebra, Bd. II, S. 3, Braunschweig, zweite Auflage.

Satz I. Sind Γ und Γ' zwei homomorphe Gruppen und ist $\mathfrak{P}$ eine Untergruppe von Γ, so bildet der Komplex $\mathfrak{P}'$ von Elementen aus Γ', der den Elementen von $\mathfrak{P}$ entspricht, eine Halbgruppe.

S_i' und S_k' seien irgend zwei Elemente aus $\mathfrak{P}'$, die den Elementen S_i und S_k aus $\mathfrak{P}$ entsprechen; infolge des Homomorphismus der zwei Gruppen Γ und Γ' befindet sich das Element $S_i'S_k'$ unter den Elementen, die S_iS_k entsprechen. Da $\mathfrak{P}$ nach Voraussetzung eine Gruppe ist, so enthält $\mathfrak{P}$ das Element S_iS_k, also muß $S_i'S_k'$ zu $\mathfrak{P}'$ gehören. Irgend ein System von Elementen, das einer Gruppe angehört und in bezug auf die Produktbildung. in sich abgeschlossen ist, bildet offenbar eine Halbgruppe. Mithin ist $\mathfrak{P}'$, wie bewiesen werden sollte, eine Halbgruppe.

Wenn $\mathfrak{P}$ eine Untergruppe von Γ ist, braucht nicht notwendig auch $\mathfrak{P}'$ eine Gruppe zu sein, wie das folgende von Herrn L. E. Dickson[1]) stammende Beispiel für einen Homomorphismus zweier Gruppen lehrt: Man betrachte die zwei unendlichen zyklischen Gruppen $\Gamma = \{S, S^{-1}\}$ und $\Gamma' = \{S', S'^{-1}\}$ mit folgender Zuordnung: Für jedes ganzzahlige i $(i = \cdots -2, -1, 0, 1, 2, \cdots)$ entspreche dem Element S^i aus Γ der Komplex von Elementen S'^{-i+j} $(j = 0, 1, 2, \cdots)$. Diese Zuordnung ist homomorph; denn dem Produkt $S^i \cdot S^k$ entspricht

$$S'^{-(i+k)+r} = S'^{-i+j} \cdot S'^{-k+l} \qquad (r = j+l = 0,1,2,3,\ldots).$$

Dem Element S'^i aus Γ' entspricht der Komplex S^{-i+j} $(j = 0, 1, 2, \cdots)$. Das Einheitselement E_Γ aus Γ bildet als Einheitselement für sich eine Gruppe. Dieser Untergruppe von Γ entspricht in Γ' keine Gruppe, sondern nur eine aus den Elementen $E_{\Gamma'}, S', S'^2, S'^3, \cdots$ bestehende Halbgruppe; $E_{\Gamma'}$ bedeutet hierbei das Einheitselement von Γ'.

Bei dem angegebenen Homomorphismus entspricht dem Element S aus Γ unter anderen das Element S' aus Γ'. Hingegen ist dem zu S reziproken Element S^{-1} nicht das zu S' reziproke Element S'^{-1} zugeordnet; denn dem Element S ist der Komplex

---

1) A. a. O. S. 207.

S'^{-1}, $E_I{}'$, S', S''^2, $\cdots$ und dem Element S^{-1} der Komplex S', S'^2, S'^3, $\cdots$ zugeordnet. Diese Beobachtung führt uns zur Definition des vollständigen Homomorphismus.

Zwei Gruppen Γ und Γ' nennen wir vollständig homomorph, wenn, falls S irgend ein Element aus Γ ist und S' ein ihm zugeordnetes aus Γ' bedeutet, die Beziehung $S \sim S'$ auch stets $S^{-1} \sim S'^{-1}$ nach sich zieht.

Da die Relationen $S \sim S'$ und $S^{-1} \sim S'^{-1}$ auch stets die Relationen $S' \sim S$ und $S'^{-1} \sim S^{-1}$ zur Folge haben, so erscheint bei der Definition des vollständigen Homomorphismus keine der zwei Gruppen vor der anderen bevorzugt. Zwei vollständig homomorphe Gruppen sind demnach in allen die Zuordnung betreffenden Fragen gleichberechtigt.

Für zwei vollständig homomorphe Gruppen gilt

Satz II. Hat man zwei vollständig homomorphe Gruppen Γ und Γ', so entspricht jeder Untergruppe der einen eine Untergruppe (keine Halbgruppe) der anderen. Ist $\mathfrak{P}$ irgend eine Untergruppe von Γ und ist $\mathfrak{P}'$ der Komplex von Elementen aus Γ', die den Elementen von $\mathfrak{P}$ entsprechen, so ist $\mathfrak{P}'$ nach Satz I zunächst eine Halbgruppe. Ist S' irgend ein Element aus $\mathfrak{P}'$ und ist S ein dem Element S' entsprechendes Element aus $\mathfrak{P}$, so entsprechen sich infolge des vorausgesetzten vollständigen Homomorphismus auch S^{-1} und S'^{-1}. Da $\mathfrak{P}$ eine Gruppe ist, enthält $\mathfrak{P}$ neben S stets auch S^{-1}; mithin gehört neben S' auch stets S'^{-1} zu $\mathfrak{P}'$, und $\mathfrak{P}'$ ist daher eine Gruppe.

Wir beweisen

Satz III. Zwei homomorphe Gruppen sind dann und nur dann vollständig homomorph, wenn dem Einheitselement der einen Gruppe in der zweiten Gruppe eine Gruppe (keine Halbgruppe) entspricht.

Aus Satz II folgt, daß, wenn man zwei vollständig homomorphe Gruppen hat, dem Einheitselement der einen in der zweiten eine Gruppe entsprechen muß. Die im Satz III angegebene Bedingung ist also für den vollständigen Homomorphismus notwendig. Daß es aber auch für den vollständigen Homomorphismus zweier homomorpher Gruppen Γ und Γ' ausreichend ist, wenn dem Einheitselement der einen in der anderen eine Gruppe entspricht, kann man auf folgende Weise einsehen: Dem Element E_Γ aus Γ sei der Komplex A' von Elementen aus Γ' zugeordnet; nach Voraussetzung bilde A' eine Gruppe. S sei irgend ein Element aus Γ; diesem entspreche das Element S' aus Γ', so daß $S \sim S'$. Dem Element S^{-1} aus Γ sei unter anderen das Element R' aus Γ' zugeordnet, so daß $S^{-1} \sim R'$. Alsdann hat man, da Γ und Γ' homomorph sind, die Relation $S^{-1}S \sim R'S'$. Da $S^{-1}S = E_\Gamma$ ist, gehört $R'S'$ dem Komplex A' an. Nach Voraussetzung ist A' eine Gruppe; daher enthält A' neben $R'S'$ auch das zu $R'S'$ reziproke Element $S'^{-1}R'^{-1}$. Da die Elemente von A' dem Element E_Γ zugeordnet sind, hat man $S'^{-1}R'^{-1} \sim E_\Gamma$. Aus dieser Relation und aus $R' \sim S^{-1}$ folgt, da

$$S'^{-1} = S'^{-1}R'^{-1} \cdot R',$$

daß $S'^{-1} \sim E_\Gamma S^{-1}$ oder $S'^{-1} \sim S^{-1}$, d. h. S^{-1} und S'^{-1} sind zugeordnete Elemente. Die Voraussetzung, daß A' eine Gruppe ist, zieht also vollständigen Homomorphismus nach sich.

Als Corollar zum Satz III leiten wir ab: Hat man zwei homomorphe Gruppen und weiß man, einem einzigen Element der einen Gruppe entspricht eine endliche Anzahl von Elementen der zweiten Gruppe, so sind die zwei Gruppen vollständig homomorph.

Angenommen, irgend einem Element A aus Γ entspreche nur die endliche Anzahl von Elementen A_1', $A_2' \ldots$, A_g' aus Γ'. Sind dem Einheitselement E_Γ aus Γ die verschiedenen Elemente F_1', F_2', $\ldots$ aus Γ' zugeordnet, so entspricht dem Element A aus Γ, da $A = A \cdot E_\Gamma$, der Komplex von verschiedenen Elementen $A_1'F_1'$, $A_1'F_2'$, $A_1'F_3'$, $\ldots$ Da dem Element A aus Γ nach Annahme nur g verschiedene Elemente aus Γ' zugeordnet sind, können auch dem Element E_Γ nicht mehr als g Elemente F_1', F_2', $\ldots$, F_g' aus Γ' entsprechen. Dem Element E_Γ entspricht nach Satz I in Γ' eine Halbgruppe; hat eine solche nur eine endliche Anzahl von Elementen, so ist sie eine Gruppe. Ist aber dem Element E_Γ

in Γ' eine Gruppe zugeordnet, so besteht nach Satz III zwischen Γ und Γ' vollständiger Homomorphismus.

Da das Einheitselement eine Untergruppe jeder Gruppe ist, so folgt aus den Sätzen II und III:

Satz IV. Bei zwei homomorphen Gruppen Γ und Γ' entspricht dann und nur dann einer jeden Untergruppe der einen eine Untergruppe (keine Halbgruppe) der anderen, wenn die zwei Gruppen Γ und Γ' vollständig homomorph sind.

Beachtet man, daß bei der Definition des vollständigen Homomorphismus zweier Gruppen keine vor der anderen in bezug auf Fragen der Zuordnung bevorzugt ist, so folgert man aus Satz IV das Corollar: Entsprechen bei einer homomorphen Zuordnung zweier Gruppen Γ und Γ' allen Untergruppen der Gruppe Γ stets Untergruppen (nie Halbgruppen) von Γ', so entsprechen auch allen Untergruppen von Γ' stets Untergruppen (nie Halbgruppen) von Γ.

Der nämliche Grund, der das Corollar zum Satz IV bedingt, liefert aus Satz III folgendes bereits von Herrn L. E. Dickson[1]) gefundene Theorem: Entspricht bei einer homomorphen Zuordnung zweier Gruppen Γ und Γ' dem Einheitselement E_Γ der einen eine Gruppe A' in der zweiten, so entspricht auch dem Einheitselement $E_{\Gamma'}$ der zweiten eine Gruppe A in der ersten.

Satz V. Sind zwei Gruppen Γ und Γ' vollständig homomorph, so entspricht jeder invarianten Untergruppe der einen eine invariante Untergruppe der anderen.

$\mathfrak{J}$ sei eine invariante Untergruppe von Γ. Es sei I_i' irgend ein Element aus Γ', das einem Element I_i aus $\mathfrak{J}$ entspricht. S' sei ein beliebiges Element aus Γ'. Bedeutet S ein dem Element S' zugeordnetes Element aus Γ, so entspricht dem Element $S' I_i' S'^{-1}$ infolge des vollständigen Homomorphismus ein Ele-

---

1) A. a. O., S. 208.

ment SI_iS^{-1}. Da $\mathfrak{J}$ eine invariante Untergruppe von Γ ist, hat man $SI_iS^{-1}=I_k$, wobei I_k ein Element aus $\mathfrak{J}$ bedeutet. Mithin ist $S'I_i'S'^{-1}\sim I_k$, d. h. $S'I_i'S'^{-1}$ gehört dem Elementenkomplex $\mathfrak{J}'$ an, der der Gruppe $\mathfrak{J}$ entspricht. Der Komplex $\mathfrak{J}'$ der Elemente, die $\mathfrak{J}$ entsprechen, bildet nach Satz IV, da $\mathfrak{J}$ eine Gruppe ist, selbst eine Gruppe; da ferner $S'I_i'S'^{-1}$ in $\mathfrak{J}'$ enthalten ist, so ist $\mathfrak{J}'$ eine invariante Untergruppe von Γ'

Aus Satz V folgt als Corollar:

Sind Γ und Γ' zwei vollständig homomorphe Gruppen, so entspricht dem Einheitselement der einen Gruppe eine invariante Untergruppe der anderen Gruppe.

Satz VI. Sind Γ und Γ' zwei vollständig homomorphe Gruppen und sind A und A' die zwei invarianten Untergruppen von Γ und Γ', die den Einheitselementen $E_{\Gamma'}$ bzw. E_Γ von Γ' bzw. Γ entsprechen, so entsprechen den Elementen der Gruppe A nur solche der Gruppe A' und umgekehrt.

Sei A ein Element aus A, so ist nach der Definition von A: $A \sim E_{\Gamma'}$ und infolge des vollständigen Homomorphismus

$$A^{-1}\sim E_{\Gamma'}.$$

Das Element A möge außer dem Einheitselement $E_{\Gamma'}$ noch irgend einem von diesem verschiedenen Element S' aus Γ' entsprechen. Aus $A \sim S'$ und $A^{-1}\sim E_{\Gamma'}$ folgt alsdann $E_\Gamma\sim S'E_{\Gamma'}=S'$, d. h. S' entspricht E_Γ; demnach muß S' der Gruppe A' angehören.

Für nicht vollständig homomorphe Gruppen trifft Satz VI nicht zu, selbst wenn man für „Gruppen A und A'" „Halbgruppen A und A'" setzt, wie das oben angeführte Dicksonsche Beispiel lehrt. Bei ihm entspricht dem Element E_Γ der Komplex A', der aus den Elementen $E_{\Gamma'}, S', S'^2 \ldots$ besteht; dem Element $E_{\Gamma'}$ ist der Komplex A: $E_\Gamma, S, S^2, \ldots$ zugeordnet. Dem Element S aus A entspricht u. a. das Element S'^{-1} aus Γ', dieses gehört aber nicht A' an.

Ist Γ irgend eine Gruppe und $\mathfrak{J}$ eine invariante Untergruppe von Γ, so läßt sich Γ mit Hilfe von $\mathfrak{J}$ in ein System von Nebengruppen zerlegen:

$$\Gamma = \mathfrak{J} + \mathfrak{J}\,G_1 + \mathfrak{J}\,G_2 + \cdots,{}^1)$$

wobei E_Γ, G_1, G_2, … ein vollständiges Restsystem der Gruppe Γ nach dem Modul $\mathfrak{J}$ bilden; unter $\mathfrak{J}\,G_i$ ist der Komplex aller Elemente zu verstehen, die durch Komposition aller Elemente der Gruppe $\mathfrak{J}$ mit dem Element G_i entstehen. Sieht man die Nebengruppen $\mathfrak{J}\,G_i$ als Elemente an, so bilden sie bei ihrer Komposition selbst eine Gruppe, die sog. Faktorgruppe $\Gamma/\mathfrak{J}$.

Man überzeugt sich sehr leicht, daß der bekannte Satz über die Rückführung des Homomorphismus zweier endlicher Gruppen auf Isomorphismus sich auch auf unendliche vollständig homomorphe Gruppen ausdehnen läßt, und gelangt so zum

Satz VII. Sind Γ und Γ' zwei vollständig homomorphe Gruppen und sind A und A' die zwei invarianten Untergruppen von Γ und Γ', die dem Einheitselement $E_{\Gamma'}$ bzw. E_Γ von Γ' bzw. von Γ entsprechen, so kann man die zwei Gruppen Γ und Γ' in Nebengruppen zerlegen:

$$\Gamma = \mathsf{A} + \mathsf{A}\,G_1 + \mathsf{A}\,G_2 + \cdots$$
$$\Gamma' = \mathsf{A}' + \mathsf{A}'\,G_1' + \mathsf{A}'\,G_2' + \cdots;$$

hierbei entsprechen den Elementen der Nebengruppe $\mathsf{A}\,G_i$ stets nur solche der Nebengruppe $\mathsf{A}'G_i'$ und umgekehrt. G_i' ist irgend ein G_i zugeordnetes Element aus Γ'. Die Gruppen Γ/A und Γ'/A' sind holoedrisch isomorph.

§ 2. Homomorphe Beziehungen reduzibler linearer homogener Substitutionsgruppen.

Die Betrachtungen des vorigen Paragraphen lassen sich auf reduzible Gruppen linearer homogener Substitutionen anwenden. Es sei eine Gruppe $\mathfrak{G}$ linearer homogener Substitutionen in evident reduzibler Form vom Grade n vorgelegt, d. h. die Matrix jeder Substitution von $\mathfrak{G}$ sei von der Form

---

1) Die Numerierung und verwendete Schreibweise soll keine Abzählbarkeit im Sinne von Herrn G. Cantor ausdrücken.

$$R_{11} \quad 0$$
$$R_{21} \quad R_{22},$$

wo die den verschiedenen Substitutionen von $\mathfrak{G}$ entsprechenden Matrizes R_{11} sämtlich vom gleichen Grade n_1 sind und $n_1 < n$ ist. $\mathfrak{G}$ hat also in üblicher Bezeichnung die Form

$$\mathfrak{G}_{11} \quad 0$$
$$\mathfrak{G}_{21} \quad \mathfrak{G}_{22},$$

wobei $\mathfrak{G}_{11}$ die Gesamtheit aller Matrizes R_{11}, $\mathfrak{G}_{21}$ aller Matrizes R_{21} und $\mathfrak{G}_{22}$ aller Matrizes R_{22} bedeutet. $\mathfrak{G}_{11}$ und $\mathfrak{G}_{22}$ definieren offenbar Gruppen.

Ist G_{11} irgend eine Substitution aus $\mathfrak{G}_{11}$, so mögen der Substitution G_{11} alle diejenigen Substitutionen aus $\mathfrak{G}$ zugeordnet werden, bei denen sich die ersten n_1 Variablen genau in der nämlichen Weise wie bei der Substitution G_{11} transformieren. Sind G_{11} und H_{11} irgend zwei Substitutionen aus $\mathfrak{G}_{11}$ und G und H zwei beliebige der ihnen entsprechenden Substitutionen aus $\mathfrak{G}$, so befindet sich unter den Substitutionen, die dem Produkt $G_{11} \cdot H_{11}$ entsprechen, stets auch die Substitution GH. Die zwischen $\mathfrak{G}$ und $\mathfrak{G}_{11}$ definierte Beziehung erweist sich daher als ein Homomorphismus. Bei ihm entspricht nach der Art der getroffenen Zuordnung jeder Substitution aus $\mathfrak{G}$ nur eine einzige Substitution aus $\mathfrak{G}_{11}$. Nach dem Corollar zum Satz III haben wir daher einen vollständigen Homomorphismus.

$\mathfrak{Z}^{(1)}$ sei der Komplex aller Substitutionen der evident reduziblen Gruppe $\mathfrak{G}$, die der Einheitssubstitution aus $\mathfrak{G}_{11}$ entsprechen; die Gruppe $\mathfrak{Z}^{(1)}$ umfaßt also die Gesamtheit aller in $\mathfrak{G}$ enthaltenen Substitutionen n-ten Grades, bei denen sich die ersten n_1 Variablen identisch transformieren.

Mithin ergibt sich aus dem Satz VII des vorigen Paragraphen der

Satz I. Versteht man unter $\mathfrak{Z}^{(1)}$ den Komplex aller Substitutionen aus der evident reduziblen Gruppe

$$\mathfrak{G}: \qquad \mathfrak{G}_{11} \quad 0$$
$$\mathfrak{G}_{21} \quad \mathfrak{G}_{22},$$

die der Einheitssubstitution aus $\mathfrak{G}_{11}$ entsprechen, kann also $\mathfrak{Z}^{(1)}$ symbolisch

$$\mathfrak{Z}^{(1)}: \qquad \begin{matrix} E_1 & 0 \\ \mathfrak{Z}^{(1)}_{21} & \mathfrak{Z}^{(1)}_{22} \end{matrix}$$

geschrieben werden, wobei E_1 eine Einheitsmatrix vom Grade n_1 bedeutet, so ist $\mathfrak{Z}^{(1)}$ eine invariante Untergruppe von $\mathfrak{G}$, und die zwei Gruppen $\mathfrak{G}_{11}$ und $\mathfrak{G}/\mathfrak{Z}^{(1)}$ sind holoedrisch isomorph.

Die Substitutionen aus $\mathfrak{G}_{22}$ bilden ebenfalls eine Gruppe. Ordnen wir jeder Substitution G_{22} aus $\mathfrak{G}_{22}$ alle diejenigen Substitutionen aus $\mathfrak{G}$ zu, bei denen sich die letzten $n - n_1$ Variablen in dem G_{22} entsprechenden Teil (also rechts unten) ebenso wie bei G_{22} substituieren, so ist die Zuordnung zwischen $\mathfrak{G}_{22}$ und $\mathfrak{G}$ homomorph; denn die Produkte entsprechender Substitutionen entsprechen sich ebenfalls. Da jeder Substitution aus $\mathfrak{G}$ nur eine einzige Substitution aus $\mathfrak{G}_{22}$ entspricht, ist der Homomorphismus ein vollständiger.

$\mathfrak{Z}^{(2)}$ sei die Gesamtheit aller in $\mathfrak{G}$ enthaltenen Substitutionen, die der Einheitssubstitution aus $\mathfrak{G}_{22}$ entsprechen; die Substitutionen von $\mathfrak{Z}^{(2)}$ transformieren sich also auf folgende Weise:

$$y_i' = a_{i1}y_1 + a_{i2}y_2 + \cdots + a_{in_1}y_{n_1} \qquad (i=1,2,\cdots n_1)$$
$$y'_{n_1+k} = a_{n_1+k,1}y_1 + a_{n_1+k,2}y_2 + \cdots + a_{n_1+k,n_1}y_{n_1} + y_{n_1+k}$$
$$(k=1,2,\cdots n-n_1).$$

Für diesen Komplex $\mathfrak{Z}^{(2)}$ ergibt sich aus Satz VII des vorigen Paragraphen der

Satz II. Versteht man unter $\mathfrak{Z}^{(2)}$ den Komplex aller Substitutionen aus der evident reduziblen Gruppe

$$\mathfrak{G}: \qquad \begin{matrix} \mathfrak{G}_{11} & 0 \\ \mathfrak{G}_{21} & \mathfrak{G}_{22}, \end{matrix}$$

die der Einheitssubstitution aus $\mathfrak{G}_{22}$ entsprechen, kann also $\mathfrak{Z}^{(2)}$ symbolisch

$$\mathfrak{Z}^{(2)}: \qquad \begin{matrix} \mathfrak{Z}^{(2)}_{11} & 0 \\ \mathfrak{Z}^{(2)}_{21} & E_2 \end{matrix}$$

geschrieben werden, wobei E_2 eine Einheitsmatrix vom Grade $n - n_1$ bedeutet, so ist $\mathfrak{Z}^{(2)}$ eine invariante Untergruppe von $\mathfrak{G}$, und die zwei Gruppen $\mathfrak{G}_{22}$ und $\mathfrak{G}/\mathfrak{Z}^{(2)}$ sind holoedrisch isomorph.

Außer mit den Gruppen $\mathfrak{G}_{11}$ und $\mathfrak{G}_{22}$ ist $\mathfrak{G}$ auch noch mit der zerlegbaren Gruppe

$$\{\mathfrak{G}_{11}, \mathfrak{G}_{22}\}: \qquad \begin{matrix} \mathfrak{G}_{11} & 0 \\ 0 & \mathfrak{G}_{22} \end{matrix}$$

vollständig homomorph; denn jedem Element aus $\mathfrak{G}$ läßt sich ein einziges Element der Gruppe $\{\mathfrak{G}_{11}, \mathfrak{G}_{22}\}$ zuordnen, wodurch jedem Element der Gruppe $\{\mathfrak{G}_{11}, \mathfrak{G}_{22}\}$ ein oder mehrere Elemente von $\mathfrak{G}$ entsprechen, und das Produkt zweier Substitutionen aus $\{\mathfrak{G}_{11}, \mathfrak{G}_{22}\}$ ist dem Produkt der entsprechenden Substitutionen aus $\mathfrak{G}$ zugeordnet.

$\mathfrak{D}$ sei der Komplex aller Substitutionen aus $\mathfrak{G}$, die der Einheitssubstitution der Gruppe $\{\mathfrak{G}_{11}, \mathfrak{G}_{22}\}$ entsprechen; die Substitutionen von $\mathfrak{D}$ haben daher die Form

$$y_i' = y_i \qquad\qquad (i = 1, 2, \cdots, n_1),$$
$$y'_{n_1+k} = c_{n_1+k,1} y_1 + c_{n_1+k,2} y_2 + \cdots + c_{n_1+k,n_1} y_{n_1} + y_{n_1+k}$$
$$(k = 1, 2, \cdots, n - n_1).$$

$\mathfrak{D}$ ist offenbar der Durchschnitt der zwei invarianten Gruppen $\mathfrak{Z}^{(1)}$ und $\mathfrak{Z}^{(2)}$, d. h. $\mathfrak{D}$ umfaßt alle den zwei Gruppen $\mathfrak{Z}^{(1)}$ und $\mathfrak{Z}^{(2)}$ gemeinsamen Substitutionen. Die Gruppe $\mathfrak{D}$ kann symbolisch

$$\mathfrak{D}: \qquad \begin{matrix} E_1 & 0 \\ \mathfrak{D}_{21} & E_2 \end{matrix}$$

geschrieben werden, wobei E_1 und E_2 Einheitsmatrizes sind.

Aus Satz VII des vorigen Paragraphen ergibt sich folgender

Satz III. Ist $\mathfrak{D}$ der Durchschnitt der zwei Gruppen $\mathfrak{Z}^{(1)}$ und $\mathfrak{Z}^{(2)}$, so ist $\mathfrak{D}$ der Komplex aller Substitutionen in der evident reduziblen Gruppe $\mathfrak{G}$, die der Einheitssubstitution aus $\{\mathfrak{G}_{11}, \mathfrak{G}_{22}\}$ entsprechen; $\mathfrak{D}$ ist eine invariante Untergruppe von $\mathfrak{G}$, und die zwei Gruppen $\{\mathfrak{G}_{11}, \mathfrak{G}_{22}\}$ und $\mathfrak{G}/\mathfrak{D}$ sind holoedrisch isomorph.

Wir betrachten noch das Verhältnis der zwei Gruppen $\mathfrak{G}_{11}$ und $\mathfrak{G}_{22}$. Jeder Substitution G_{11} aus $\mathfrak{G}_{11}$ entsprechen eine oder mehrere Substitutionen aus $\mathfrak{G}_{22}$, nämlich diejenigen Substitutionen aus $\mathfrak{G}_{22}$, bei denen sich in der Vollgruppe $\mathfrak{G}$ (hierfür kann man auch sagen: in der zerlegbaren Gruppe $\{\mathfrak{G}_{11}, \mathfrak{G}_{22}\}$) der $\mathfrak{G}_{11}$ angehörige Bestandteil nach der Substitution G_{11} transformiert. Auf diese Weise entsprechen jeder Substitution G_{22} aus $\mathfrak{G}_{22}$ auch eine oder mehrere Substitutionen aus $\mathfrak{G}_{11}$, nämlich diejenigen Substitutionen aus $\mathfrak{G}_{11}$, bei denen sich in der Vollgruppe $\mathfrak{G}$ (hierfür kann man auch sagen: in der zerlegbaren Gruppe $\{\mathfrak{G}_{11}, \mathfrak{G}_{22}\}$) der $\mathfrak{G}_{22}$ angehörige Bestandteil nach der Substitution G_{22} transformiert. Diese zwischen den Substitutionen von $\mathfrak{G}_{11}$ und $\mathfrak{G}_{22}$ definierte, im allgemeinen mehr-mehrdeutige Beziehung ist homomorph; denn sind G_{11} und H_{11} Substitutionen aus $\mathfrak{G}_{11}$ und befinden sich G_{22} und H_{22} unter den entsprechenden Substitutionen aus $\mathfrak{G}_{22}$, so entspricht dem Produkt $G_{11} \cdot H_{11}$ das Produkt $G_{22} \cdot H_{22}$. Sind G_{11} und G_{22} zwei zugeordnete Substitutionen, so sieht man unmittelbar, daß sich auch stets G_{11}^{-1} und G_{22}^{-1} entsprechen. Mithin ist der Homomorphismus zwischen $\mathfrak{G}_{11}$ und $\mathfrak{G}_{22}$ ein vollständiger.

Der Komplex von Elementen aus $\mathfrak{G}_{11}$, die der Einheitssubstitution aus $\mathfrak{G}_{22}$ entspricht, ist offenbar die durch $\mathfrak{Z}^{(2)}$ bestimmte Untergruppe $\mathfrak{Z}_{11}^{(2)}$ von $\mathfrak{G}_{11}$. Ebenso wird der Komplex von Elementen aus $\mathfrak{G}_{22}$, die der Einheitssubstitution aus $\mathfrak{G}_{11}$ entsprechen, durch die Untergruppe $\mathfrak{Z}_{22}^{(1)}$ von $\mathfrak{Z}^{(1)}$ geliefert. Aus Satz VII des vorigen Paragraphen folgt

Satz IV. Ist

$$
\mathfrak{G}: \qquad \begin{matrix} \mathfrak{G}_{11} & 0 \\ \mathfrak{G}_{21} & \mathfrak{G}_{22} \end{matrix}
$$

eine evident reduzible Gruppe und betrachtet man den Komplex $\mathfrak{Z}_{11}^{(2)}$ aller Substitutionen aus $\mathfrak{G}_{11}$, die der Einheitssubstitution aus $\mathfrak{G}_{22}$ entsprechen (vgl. die Definition von $\mathfrak{Z}_{11}^{(2)}$ in Satz II) und den Komplex $\mathfrak{Z}_{22}^{(1)}$ aller Substitutionen aus $\mathfrak{G}_{22}$, die der Einheitssubstitution aus $\mathfrak{G}_{11}$ entsprechen (vgl. die Definition von $\mathfrak{Z}_{22}^{(1)}$ in Satz I), so ist $\mathfrak{Z}_{11}^{(2)}$ eine invariante Untergruppe von $\mathfrak{G}_{11}$ und $\mathfrak{Z}_{22}^{(1)}$ eine solche von $\mathfrak{G}_{22}$. Die zwei Gruppen $\mathfrak{G}_{11}/\mathfrak{Z}_{11}^{(2)}$ und $\mathfrak{G}_{22}/\mathfrak{Z}_{22}^{(1)}$ sind holoedrisch isomorph.

Man kann den Satz IV auch noch folgendermaßen ergänzen: Die Gruppen $\mathfrak{G}_{11}/\mathfrak{Z}_{11}^{(2)}$ und $\mathfrak{G}_{22}/\mathfrak{Z}_{22}^{(1)}$ sind holoedrisch isomorph mit der Gruppe $\mathfrak{G}/\mathfrak{V}$; hierbei bedeutet $\mathfrak{V}$ diejenige invariante Untergruppe von $\mathfrak{G}$, die das kleinste gemeinsame Vielfache der zwei in $\mathfrak{G}$ invarianten Untergruppen $\mathfrak{Z}^{(1)}$ (vgl. Satz I) und $\mathfrak{Z}^{(2)}$ (vgl. Satz II) ist. Die zwei Gruppen $\mathfrak{Z}^{(1)}$ und $\mathfrak{Z}^{(2)}$ sind vertauschbare Gruppen. $\mathfrak{V}$ läßt sich symbolisch

$$\mathfrak{V}: \qquad \begin{matrix} \mathfrak{Z}_{11}^{(2)} & 0 \\ \mathfrak{Z}_{21} & \mathfrak{Z}_{22}^{(1)} \end{matrix}$$

schreiben; hierbei sind $\mathfrak{Z}_{11}^{(2)}$ und $\mathfrak{Z}_{22}^{(1)}$ durch Satz II und Satz I bestimmt

Auf den naheliegenden Beweis des Corollars zum Satz IV gehen wir nicht ein, zumal wir es für unsere Anwendungen nicht benutzen. Wir erwähnen nur, daß die obigen Sätze in der Theorie der intransitiven Permutationsgruppen ihre Analoga haben.[1]

Zum Zweck der Anwendungen, die wir im folgenden Paragraphen machen, betrachten wir noch eine evident reduzible Gruppe $\mathfrak{H}$ linearer homogener Substitutionen der besonderen Form:

$$\mathfrak{H}: \qquad \begin{matrix} \mathfrak{H}_{11} & 0 & 0 \\ \mathfrak{H}_{21} & \mathfrak{H}_{22} & 0 \\ \mathfrak{H}_{31} & 0 & \mathfrak{H}_{33} \end{matrix}.$$

Zwischen den Substitutionen der evident reduziblen Gruppe

$$\mathfrak{H}^{(1)}: \qquad \begin{matrix} \mathfrak{H}_{11} & 0 \\ \mathfrak{H}_{21} & \mathfrak{H}_{22} \end{matrix}$$

---

[1] Vgl. hierzu O. Bolza, On the construction of intransitive groups, American Journal **11**, 195 (1888), W. Burnside, Theory of groups of finite order, Cambridge 1897, S. 159 ff.

und den ihnen vermöge der Gruppe $\mathfrak{H}$ zugeordneten Substitutionen der ebenfalls evident reduziblen Gruppe

$$\mathfrak{H}^{(2)}: \qquad \begin{matrix} \mathfrak{H}_{11} & 0 \\ \mathfrak{H}_{31} & \mathfrak{H}_{33} \end{matrix}$$

findet ein vollständiger Homomorphismus statt; denn dem Produkt zweier Elemente der einen Gruppe entspricht stets das Produkt zweier zugeordneter Elemente der anderen und ist ein Element H aus $\mathfrak{H}^{(1)}$ einem Element H' aus $\mathfrak{H}^{(2)}$ zugeordnet, so trifft dies auch für H^{-1} und H'^{-1} zu.

$\mathfrak{H}, \mathfrak{H}_{11}, \mathfrak{H}_{22}, \mathfrak{H}_{33}$ sollen Gruppen der Grade n, n_1, n_2, n_3 sein, so daß $n = n_1 + n_2 + n_3$. Die Zahl n_1 könnte auch im besonderen gleich Null sein; alsdann fallen $\mathfrak{H}_{11}, \mathfrak{H}_{21}$ und $\mathfrak{H}_{31}$ fort, $\mathfrak{H}^{(1)}$ reduziert sich auf $\mathfrak{H}_{22}$ und braucht nicht mehr reduzibel zu sein, $\mathfrak{H}^{(2)}$ reduziert sich auf $\mathfrak{H}_{33}$ und braucht nicht mehr reduzibel zu sein. Hingegen sollen n_2 und n_3 stets > 0 sein.

Wir betrachten die Einheitssubstitution der Gruppe $\mathfrak{H}^{(1)}$ und alle Substitutionen aus $\mathfrak{H}$, bei denen sich ihr $\mathfrak{H}^{(1)}$ angehöriger Teil nach der Einheitssubstitution transformiert; der Komplex dieser Substitutionen aus $\mathfrak{H}$, den wir mit $\mathfrak{U}^{(2)}$ bezeichnen, kann symbolisch geschrieben werden:

$$\mathfrak{U}^{(2)}: \qquad \begin{matrix} E_1 & 0 & 0 \\ 0 & E_2 & 0 \\ \mathfrak{U}_{31}^{(2)} & 0 & \mathfrak{U}_{33}^{(2)}, \end{matrix}$$

wobei E_1 und E_2 Einheitsmatrizes vom Grade n_1 und n_2 bedeuten. $\mathfrak{U}^{(2)}$ umfaßt also alle Substitutionen aus $\mathfrak{H}$, welche die Form haben:

$$y_i' = y_i \qquad\qquad (i = 1, 2, \cdots, n_1 + n_2),$$

$$y_{n_1+n_2+k}' = \sum_{s=1}^{s=n_1} c_{n_1+n_2+k,\,s}\, y_s + \sum_{s=n_1+n_2+1}^{s=n_1+n_2+n_3} c_{n_1+n_2+k,\,s}\, y_s \qquad (k = 1, 2, \cdots, n_3).$$

$\mathfrak{U}^{(2)}$ ist eine invariante Untergruppe von $\mathfrak{H}$. Aus der Gruppe $\mathfrak{U}^{(2)}$ gewinnt man eine zu ihr holoedrisch isomorphe Gruppe $\overline{\mathfrak{U}}^{(2)}$, indem man einfach die n_2 Variablen $y_{n_1+1}, y_{n_1+2}, \cdots, y_{n_1+n_2}$ streicht. $\overline{\mathfrak{U}}^{(2)}$ ist eine invariante Untergruppe von $\mathfrak{H}^{(2)}$ und kann symbolisch

$$\overline{\mathfrak{U}}^{(2)}: \qquad \begin{matrix} E_1 & 0 \\ \mathfrak{U}_{31}^{(2)} & \mathfrak{U}_{33}^{(2)} \end{matrix}$$

geschrieben werden, wobei $\mathfrak{U}_{31}^{(2)}$ und $\mathfrak{U}_{33}^{(2)}$ durch die Gruppe $\mathfrak{U}^{(2)}$ bestimmt sind. Man kann auch sagen: $\overline{\mathfrak{U}}^{(2)}$ ist der Komplex aller Substitutionen aus $\mathfrak{H}^{(2)}$, die der Einheitssubstitution von $\mathfrak{H}^{(1)}$ mittels der Vollgruppe $\mathfrak{H}$ zugeordnet sind.

Wir betrachten ferner die Einheitssubstitution der Gruppe $\mathfrak{H}^{(2)}$ und alle Substitutionen aus $\mathfrak{H}$, bei denen sich der $\mathfrak{H}^{(2)}$ entsprechende Teil nach der Einheitssubstitution transformiert; der Komplex dieser Substitutionen aus $\mathfrak{H}$, den wir mit $\mathfrak{U}^{(1)}$ bezeichnen, kann symbolisch geschrieben werden:

$$\mathfrak{U}^{(1)}: \qquad \begin{matrix} E_1 & 0 & 0 \\ \mathfrak{U}_{21}^{(1)} & \mathfrak{U}_{22}^{(1)} & 0 \\ 0 & 0 & E_3 \end{matrix}$$

wobei E_1 und E_3 Einheitsmatrizes vom Grade n_1 und n_3 sind. $\mathfrak{U}^{(1)}$ umfaßt also alle Substitutionen aus $\mathfrak{H}$, welche die Form haben:

$$y_i' = y_i \qquad (i = 1, 2, \cdots, n_1),$$

$$y_{n_1+k}' = \sum_{s=1}^{s=n_1+n_2} d_{n_1+k,s}\, y_s \qquad (k = 1, 2, \cdots, n_2),$$

$$y_{n_1+n_2+k}' = y_{n_1+n_2+k} \qquad (k = 1, 2, \cdots, n_3).$$

$\mathfrak{U}^{(1)}$ ist eine invariante Untergruppe von $\mathfrak{H}$ und liefert durch Streichen der letzten n_3 Variablen

$$y_{n_1+n_2+1},\ y_{n_1+n_2+2},\ \cdots,\ y_{n_1+n_2+n_3}$$

eine invariante Untergruppe $\overline{\mathfrak{U}}^{(1)}$ von $\mathfrak{H}^{(1)}$. $\overline{\mathfrak{U}}^{(1)}$ kann symbolisch geschrieben werden:

$$\overline{\mathfrak{U}}^{(1)}: \qquad \begin{matrix} E_1 & 0 \\ \mathfrak{U}_{21}^{(1)} & \mathfrak{U}_{22}^{(1)}, \end{matrix}$$

wobei $\mathfrak{U}_{21}^{(1)}$ und $\mathfrak{U}_{22}^{(1)}$ durch $\mathfrak{U}^{(1)}$ bestimmt sind. Man kann auch sagen: $\overline{\mathfrak{U}}^{(1)}$ ist der Komplex aller Substitutionen aus $\mathfrak{H}^{(1)}$, die der Einheitssubstitution von $\mathfrak{H}^{(2)}$ mittels der Vollgruppe $\mathfrak{H}$ zugeordnet sind.

Aus Satz VII des vorigen Paragraphen folgt:

Satz V. Sind $\mathfrak{H}$ die Vollgruppe

$$\begin{array}{ccc} \mathfrak{H}_{11} & 0 & 0 \\ \mathfrak{H}_{21} & \mathfrak{H}_{22} & 0 \\ \mathfrak{H}_{31} & 0 & \mathfrak{H}_{33}, \end{array}$$

$\mathfrak{H}^{(1)}$ und $\mathfrak{H}^{(2)}$ die aus ihr entnommenen Gruppen

$\mathfrak{H}^{(1)}$:
$$\begin{array}{cc} \mathfrak{H}_{11} & 0 \\ \mathfrak{H}_{21} & \mathfrak{H}_{22} \end{array}$$

und

$\mathfrak{H}^{(2)}$:
$$\begin{array}{cc} \mathfrak{H}_{11} & 0 \\ \mathfrak{H}_{31} & \mathfrak{H}_{33}, \end{array}$$

ist ferner $\overline{\mathfrak{U}}^{(1)}$ die invariante Untergruppe von $\mathfrak{H}^{(1)}$, die der Einheitssubstitution von $\mathfrak{H}^{(2)}$ mittels der Vollgruppe $\mathfrak{H}$ in $\mathfrak{H}^{(1)}$ zugeordnet ist, und bedeutet schließlich $\overline{\mathfrak{U}}^{(2)}$ die invariante Untergruppe von $\mathfrak{H}^{(2)}$, die der Einheitssubstitution von $\mathfrak{H}^{(1)}$ mittels der Vollgruppe $\mathfrak{H}$ in $\mathfrak{H}^{(2)}$ zugeordnet ist, so sind die zwei Gruppen $\mathfrak{H}^{(1)}/\overline{\mathfrak{U}}^{(1)}$ und $\mathfrak{H}^{(2)}/\overline{\mathfrak{U}}^{(2)}$ holoedrisch isomorph.

§ 3. Das Verhalten der Rationalitätsgruppe einer beliebigen reduziblen linearen homogenen Differentialgleichung bei Adjunktion der Integrale ihrer Faktoren.

Der Rationalitätsbereich Σ, welcher der folgenden Untersuchung zugrunde liegt, sei wie folgt definiert[1]): Er sei ein in sich vollständiges oder in sich abgeschlossenes System von Funktionen einer unabhängigen Variablen x, bei dem das System durch Addition, Subtraktion, Multiplikation und Division je zweier Funktionen aus Σ (die Division durch Null ist ausgeschlossen), sowie durch Differentiation jeder Funktion aus Σ nicht verlassen wird. Der Rationalitätsbereich soll alle reellen

---

1) Der Rationalitätsbereich ist hier ebenso wie in meiner in der Einleitung zitierten Arbeit in den Math. Annalen **65**, S. 129 festgelegt.

wie imaginären Konstanten enthalten. Jede dem Rationalitätsbereich angehörige Funktion von x soll ausnahmslos in demselben Bereich S der Ebene eine eindeutige, bis auf isolierte Punkte überall in S reguläre analytische Funktion sein. Durch Anwendung der vier Spezies und der Differentiation auf die Funktionen von Σ wird dieser Charakter nicht zerstört. Die eingeführte Voraussetzung hat zur Folge, daß jede lineare homogene Differentialgleichung mit Koeffizienten aus Σ, abgesehen von isolierten Punkten, innerhalb S reguläre Integrale besitzt.

Wir betrachten eine lineare homogene Differentialgleichung $D = 0$ mit Koeffizienten aus dem Rationalitätsbereiche Σ; $y_1, y_2, \cdots, y_n$ sei ein Fundamentalsystem von Integralen von $D = 0$. $\mathfrak{G}$ sei die Rationalitätsgruppe von $D = 0$; hierunter verstehen wir die Gesamtheit aller linearen homogenen Substitutionen von nicht verschwindender Determinante, die man auf $y_1, y_2, \cdots, y_n$ und in kogredienter Weise auf ihre Abgeleiteten ausüben kann, so daß bei jeder Substitution aus $\mathfrak{G}$ jede richtige Gleichung mit Koeffizienten aus dem der Betrachtung zugrunde liegenden Rationalitätsbereich Σ, die $y_1, y_2, \cdots, y_n$ und deren Abgeleiteten ganz und rational enthält, in eine richtige Gleichung übergeht.

Wir adjungieren dem Rationalitätsbereich Σ Funktionen und wollen sehen, wie sich hierdurch die Rationalitätsgruppe $\mathfrak{G}$ ändert. Nach einer Adjunktion kann die neue Rationalitätsgruppe nur aus solchen Substitutionen bestehen, die auch schon der alten Rationalitätsgruppe angehörten; denn zu den richtigen Gleichungen mit Koeffizienten aus Σ, welche uns auf die Rationalitätsgruppe $\mathfrak{G}$ führten, sind infolge der Erweiterung des Rationalitätsbereiches nur eventuell noch neue hinzugetreten.

y_i sei irgend eines der Integrale unseres Fundamentalsystems; $C(y)$ bedeute irgend einen linearen homogenen Differentialausdruck mit Koeffizienten aus Σ. Wir adjungieren den linearen homogenen Differentialausdruck $C(y_i)$ dem Rationalitätsbereich Σ und untersuchen die Wirkung dieser Adjunktion auf die Rationalitätsgruppe $\mathfrak{G}$.

Transformiert sich bei einer Substitution A aus $\mathfrak{G}$ das i^{te} Integral y_i durch

$$y_i' = a_{i1}y_1 + a_{i2}y_2 + \cdots + a_{in}y_n,$$

so geht hierdurch $C(y_i)$ in $C(a_{i1}y_1 + a_{i2}y_2 + \cdots + a_{in}y_n)$ über. Ersetzt man y_i durch seinen Wert als Funktion von x, so sei $C(y_i) = \lambda(x)$. Nach Annahme soll $\lambda(x)$ dem erweiterten Rationalitätsbereich angehören. Nach Adjunktion von $C(y_i)$ ist $C(y_i) = \lambda(x)$ eine richtige Relation; soll sich die Substitution A auch noch nach der Adjunktion von $C(y_i)$ in der Rationalitätsgruppe befinden, so muß

$$C(a_{i1}y_1 + a_{i2}y_2 + \cdots + a_{in}y_n) = \lambda(x)$$

sein; hieraus folgt

$$C(a_{i1}y_1 + a_{i2}y_2 + \cdots + a_{in}y_n) - C(y_i) = 0.$$

Mithin ergibt sich, da $C(y)$ ein linearer homogener Differentialausdruck ist, daß

$$C(a_{i1}y_1 + a_{i2}y_2 + \cdots + a_{ii-1}y_{i-1} + (a_{ii}-1)y_i + a_{ii+1}y_{i+1} + \cdots + a_{in}y_n) = 0,$$

d. h. daß

$$a_{i1}y_1 + a_{i2}y_2 + \cdots + a_{ii-1}y_{i-1} + (a_{ii}-1)y_i + a_{ii+1}y_{i+1} + \cdots + a_{in}y_n$$

ein Integral von $C(y) = 0$ ist. Durch Adjunktion eines linearen homogenen Differentialausdruckes $C(y_i)$ zum ursprünglichen Rationalitätsbereich reduziert sich die ursprüngliche Rationalitätsgruppe $\mathfrak{G}$ auf diejenigen ihrer Substitutionen, bei denen sich das i^{te} Integral der vorgelegten Differentialgleichung so transformiert, daß

$$a_{i1}y_1 + \cdots + a_{ii-1}y_{i-1} + (a_{ii}-1)y_i + a_{ii+1}y_{i+1} + \cdots + a_{in}y_n$$

ein Integral der linearen homogenen Differentialgleichung $C(y) = 0$ ist.

Wir nehmen an, daß die vorgelegte lineare homogene Differentialgleichung $D = 0$ mit Koeffizienten aus dem Rationalitätsbereiche Σ in diesem reduzibel sei, d. h. daß sich ihre linke Seite D in Form eines symbolischen Produktes $D_2 D_1$ schreiben lasse; hierbei sollen D_1 und D_2 lineare homogene Differentialausdrücke von $n_1{}^{\text{ter}}$ bzw. $n_2{}^{\text{ter}}$ Ordnung bedeuten, die auch nur Koeffizienten aus Σ haben $(n = n_1 + n_2,\ n_1 > 0,\ n_2 > 0)$. Das Fundamentalsystem $y_1, y_2, \cdots, y_n$ von Integralen von $D = 0$ sei derartig gewählt, daß die ersten n_1 Funktionen $y_1, y_2, \cdots, y_{n_1}$ ein Fundamentalsystem von Integralen von $D_1 = 0$ bilden. Aus der Zerlegung $D = D_2 D_1$ folgt, daß die Differentialgleichung $D_2 = 0$ durch die $n - n_1$ Funktionen $D_1(y_{n_1+1}),\ D_1(y_{n_1+2}),\ \cdots,\ D_1(y_{n_1+n_2})$ befriedigt wird und diese für $D_2 = 0$ ein Fundamentalsystem bilden. Da die lineare homogene Differentialgleichung $D = 0$ reduzibel ist, so ist auch ihre Rationalitätsgruppe eine reduzible Gruppe $\mathfrak{G}$ linearer homogener Substitutionen. Wählt man ein wie soeben angegeben bestimmtes Fundamentalsystem $y_1, y_2, \cdots, y_n$, so hat $\mathfrak{G}$ die Form:

$$\mathfrak{G}: \qquad \begin{matrix} \mathfrak{G}_{11} & 0 \\[4pt] \mathfrak{G}_{21} & \mathfrak{G}_{22}\,; \end{matrix}$$

hierbei ist $\mathfrak{G}_{11}$ eine Gruppe linearer homogener Substitutionen in n_1 Variablen und zwar ist $\mathfrak{G}_{11}$ die Rationalitätsgruppe der Differentialgleichung $D_1 = 0$; $\mathfrak{G}_{22}$ ist eine Gruppe in $n - n_1 = n_2$ Variablen, welche die Rationalitätsgruppe der linearen homogenen Differentialgleichung $D_2 = 0$ ist.[1])

Verwendet man für die zu adjungierende Funktion $C(y_i)$ verschiedene lineare homogene Differentialausdrücke hierunter im besonderen auch solche nullter Ordnung, nämlich Integrale y_i, so ergibt sich die Bedeutung der in den Sätzen I—III des § 2 auftretenden Gruppen $\mathfrak{Z}^{(1)}, \mathfrak{Z}^{(2)}$ und $\mathfrak{D}$ für die Theorie der linearen homogenen Differentialgleichungen. Man gewinnt folgende Sätze:

I. Gegeben sei die reduzible lineare homogene Differentialgleichung $D = D_2 D_1$ mit Koeffizienten aus dem Rationalitätsbereich Σ. Adjungiert man dem Rationalitätsbereich Σ alle Integrale der linearen homogenen Differentialgleichung $D_1(y) = 0$, d. h. die n_1 Funktionen

---

1) Vgl. A. Loewy, Über die irreduziblen Faktoren eines linearen homogenen Differentialausdruckes, Berichte der kgl. sächsischen Gesellschaft zu Leipzig 1902, S. 5.

$y_1, y_2, \ldots, y_{n_1}$, so reduziert sich die Rationalitätsgruppe $\mathfrak{G}$ von $D(y) = 0$ auf die in $\mathfrak{G}$ enthaltene invariante Untergruppe $\mathfrak{Z}^{(1)}$. Die Rationalitätsgruppe $\mathfrak{G}_{11}$, die die Differentialgleichung $D_1(y) = 0$ im ursprünglichen Rationalitätsbereich hat, und die Gruppe $\mathfrak{G}/\mathfrak{Z}^{(1)}$ sind holoedrisch isomorph. Die durch $\mathfrak{Z}^{(1)}$ bestimmte Gruppe $\mathfrak{Z}_{22}^{(1)}$ (vgl. Satz I des § 2) ist die Rationalitätsgruppe von $D_2(y) = 0$ in dem durch Adjunktion von $y_1, y_2, \ldots, y_{n_1}$ erweiterten Rationalitätsbereiche.

II. Gegeben sei die reduzible lineare homogene Differentialgleichung $D \equiv D_2 D_1 = 0$ mit Koeffizienten aus dem Rationalitätsbereich Σ. Adjungiert man dem Rationalitätsbereich Σ alle Integrale von $D_2(y) = 0$, d. h. die n_2 Funktionen $D_1(y_{n_1+1}), D_1(y_{n_1+2}), \ldots, D_1(y_n)$, so reduziert sich die Rationalitätsgruppe $\mathfrak{G}$ von $D(y) = 0$ auf die in $\mathfrak{G}$ enthaltene invariante Untergruppe $\mathfrak{Z}^{(2)}$.[1] Die Rationalitätsgruppe $\mathfrak{G}_{22}$, die die Differentialgleichung $D_2(y) = 0$ im ursprünglichen Rationalitätsbereich hat, und die Gruppen $\mathfrak{G}/\mathfrak{Z}^{(2)}$ sind holoedrisch isomorph. Die durch $\mathfrak{Z}^{(2)}$ bestimmte Gruppe $\mathfrak{Z}_{11}^{(2)}$ (vgl. Satz II des § 2) ist die Rationalitätsgruppe von $D_1(y) = 0$ in dem durch Adjunktion aller Integrale von $D_2(y) = 0$ erweiterten Rationalitätsbereich.

III. Adjungiert man dem Rationalitätsbereiche Σ sowohl alle Integrale von $D_1(y) = 0$, als auch alle Integrale von $D_2(y) = 0$, so reduziert sich die Rationalitätsgruppe $\mathfrak{G}$ der reduziblen linearen homogenen Differentialgleichung $D \equiv D_2 D_1 = 0$ auf die in $\mathfrak{G}$ enthaltene invariante Untergruppe $\mathfrak{D}$, den Durchschnitt der zwei Gruppen $\mathfrak{Z}^{(1)}$ und $\mathfrak{Z}^{(2)}$. Die Gruppen $\mathfrak{G}/\mathfrak{D}$ und die zerlegbare Gruppe $\{\mathfrak{G}_{11}, \mathfrak{G}_{22}\}$ sind holoedrisch isomorph. Für

---

[1] Es können nämlich nur Ausdrücke der Form $a_{i1}y_1 + a_{i2}y_2 + \cdots + a_{in_1}y_{n_1}$ $(i = 1, 2, \cdots, n_1)$ oder $a_{n_1+k,1}y_1 + a_{n_1+k,2}y_2 + \cdots + a_{n_1+k,n_1}y_{n_1} + (1-1)y_{n_1+k}$ $(k = 1, 2, \cdots, n - n_1)$ der linearen homogenen Differentialgleichung $D_1(y) = 0$ genügen.

den ursprünglichen Rationalitätsbereich Σ ist die Gruppe $\{\mathfrak{G}_{11}, \mathfrak{G}_{22}\}$ die Rationalitätsgruppe derjenigen linearen homogenen Differentialgleichung, die sich als kleinstes gemeinsames Vielfaches der zwei linearen homogenen Differentialgleichungen $D_1 = 0$ und $D_2 = 0$ ergibt.

Hieraus folgt das Corollar: Notwendig und hinreichend, daß die Integration von $D \equiv D_2 D_1 = 0$ mit der Integration der zwei Differentialgleichungen $D_1 = 0$ und $D_2 = 0$ erledigt sei[1]), erweist sich, daß die ursprüngliche Rationalitätsgruppe $\mathfrak{G}$ der Differentialgleichung $D = 0$ keine Substitutionen der Form:

$$y_i' = y_i \qquad (i = 1, 2, \cdots, n_1)$$

$$y_{n_1+k}' = c_{n_1+k,\,1}\, y_1 + c_{n_1+k,\,2}\, y_2 + \cdots + c_{n_1+k,\,n_1}\, y_{n_1} + y_{n_1+k}$$

$$(k = 1, 2, \cdots n - n_1)$$

außer der Einheitssubstitution enthält.

§ 4. Die gegenseitige Einwirkung der Adjunktion aller Integrale einer linearen homogenen Differentialgleichung auf eine zweite.

Die in § 3 gegebenen Sätze I—III behandeln einen speziellen Fall von Adjunktion, nämlich daß man einer reduziblen linearen homogenen Differentialgleichung die Integrale einer besonderen Differentialgleichung und zwar die eines ihrer Faktoren adjungiert. Man kann sich auf einen allgemeineren Standpunkt stellen und sehen, wie die Rationalitätsgruppe einer linearen homogenen Differentialgleichung auf die Adjunktion aller Integrale einer beliebigen linearen homogenen Differentialgleichung reagiert.

Wir betrachten zwei lineare homogene Differentialgleichungen $D = 0$ und $\overline{D} = 0$ mit Koffizienten aus demselben Rationalitäts-

---

1) D. h. daß die Rationalitätsgruppe von $D = 0$ in dem durch die ntegrale von $D_1 = 0$ und $D_2 = 0$ erweiterten Rationalitätsbereiche die Einheitssubstitution wird oder daß, anders ausgedrückt, nicht nur y_1, $y_2, \cdots, y_{n_1}$, sondern auch $y_{n_1+1}, y_{n_1+2}, \cdots, y_n$ dem durch die Integrale von $D_1 = 0$ und $D_2 = 0$ erweiterten Rationalitätsbereiche angehören.

bereiche Σ. Die zwei Differentialgleichungen $D = 0$ und $\overline{D} = 0$ mögen n_1 linear unabhängige Integrale $y_1, y_2, \ldots, y_{n_1}$ gemeinsam haben. Sollten $D = 0$ und $\overline{D} = 0$ keine Integrale gemeinsam haben, so ist $n_1 = 0$. Die Differentialgleichung $D = 0$ sei von der Ordnung $n_1 + n_2$; $\overline{D} = 0$ habe die Ordnung $n_1 + n_3$. Haben $D = 0$ und $\overline{D} = 0$ genau n_1 linear unabhängige Integrale gemeinsam, so gibt es eine lineare homogene Differentialgleichung $D_1 = 0$ mit Koeffizienten aus dem Rationalitätsbereiche Σ, die $y_1, y_2, \ldots, y_{n_1}$ als Fundamentalsystem von Integralen hat, und so beschaffen ist, daß sich D als symbolisches Produkt $D_2 D_1$ und $\overline{D}$ als symbolisches Produkt $D_3 D_1$ schreiben läßt; hierbei bedeuten D_2 und D_3 lineare homogene Differentialausdrücke mit Koeffizienten aus Σ von der Ordnung n_2 bzw. n_3. Sollte $n_1 = 0$ sein, so ist $D \equiv D_2$ und $\overline{D} \equiv D_3$ zu wählen. Die Differentialgleichung $D_1 = 0$ hatte $y_1, y_2, \ldots, y_{n_1}$ zu einem Fundamentalsystem von Integralen; wir wählen n_2 Funktionen $y_{n_1+1}, \ldots, y_{n_1+n_2}$, so daß sie mit $y_1, y_2, \ldots, y_{n_1}$ ein Fundamentalsystem von Integralen von $D \equiv D_2 D_1 = 0$ bilden. Ebenso führen wir n_3 Funktionen $y_{n_1+n_2+1}, y_{n_1+n_2+2}, \ldots, y_{n_1+n_2+n_3}$ ein, die zusammen mit y_1, $y_2, \ldots, y_{n_1}$ ein Fundamentalsystem von Integralen von $\overline{D} \equiv D_3 D_1 = 0$ ergeben.

K sei das kleinste gemeinsame Vielfache der zwei linearen homogenen Differentialausdrücke D_2 und D_3; es sei also $K = P D_2$ und $K = Q D_3$, wobei P und Q lineare homogene Differentialausdrücke der Ordnungen n_3 bzw. n_2 mit Koeffizienten aus Σ bedeuten. Wir bilden ferner das symbolische Produkt $K D_1 = P D_2 D_1 = Q D_3 D_1$, das die Ordnung $n_1 + n_2 + n_3$ besitzt und sowohl durch $D = D_2 D_1$ als auch durch $\overline{D} = D_3 D_1$ teilbar ist. Mithin wird $K D_1 = 0$ sowohl durch die Integrale von $D = 0$ als auch durch diejenigen von $\overline{D} = 0$ befriedigt; mit Rücksicht auf die Ordnung von $K D_1 = 0$ schließt man, daß die Differentialgleichung $K D_1 = 0$ die $n_1 + n_2 + n_3$ Funktionen $y_1, y_2, \ldots, y_{n_1}$, $y_{n_1+1}, \ldots, y_{n_1+n_2}, y_{n_1+n_2+1}, \ldots, y_{n_1+n_2+n_3}$ zu einem Fundamentalsystem von Integralen hat und daher das kleinste gemeinsame Vielfache der zwei linearen Differentialgleichungen $D = 0$ und $\overline{D} = 0$ ist.

$\mathfrak{H}$ sei die Rationalitätsgruppe der eben aufgestellten Differentialgleichung $KD_1 = 0$. Aus der Zerlegung $KD_1 = PD_2 D_1 = QD_3 D_1$ ergibt sich, daß man die Rationalitätsgruppe $\mathfrak{H}$ in der Form:

$$\mathfrak{H}: \qquad \begin{matrix} \mathfrak{H}_{11} & 0 & 0 \\ \mathfrak{H}_{21} & \mathfrak{H}_{22} & 0 \\ \mathfrak{H}_{31} & 0 & \mathfrak{H}_{33} \end{matrix}$$

schreiben kann. Hierbei transformieren sich $y_1, y_2, \ldots, y_{n_1}$ nach der Gruppe $\mathfrak{H}_{11}$, und diese ist die Rationalitätsgruppe von $D_1 = 0$. Die $n_1 + n_2$ Funktionen $y_1, y_2, \ldots, y_{n_1}, y_{n_1 + 1}, \ldots, y_{n_1 + n_2}$, die ein Fundamentalsystem von $D \equiv D_2 D_1 = 0$ bilden, transformieren sich nach der Gruppe

$$\mathfrak{H}^{(1)}: \qquad \begin{matrix} \mathfrak{H}_{11} & 0 \\ \mathfrak{H}_{21} & \mathfrak{H}_{22}, \end{matrix}$$

und diese ist die Rationalitätsgruppe von $D = 0$. Schließlich transformieren sich die $n_1 + n_3$ Funktionen $y_1, y_2, \ldots, y_{n_1}$, $y_{n_1 + n_2 + 1}, \ldots, y_{n_1 + n_2 + n_3}$, die ein Fundamentalsystem von $\overline{D} \equiv D_3 D_1 = 0$ bilden, nach der Gruppe

$$\mathfrak{H}^{(2)}: \qquad \begin{matrix} \mathfrak{H}_{11} & 0 \\ \mathfrak{H}_{31} & \mathfrak{H}_{33}, \end{matrix}$$

und diese ist die Rationalitätsgruppe von $\overline{D} = 0$. Für die Gruppen benutzen wir hierbei die gleichen Bezeichnungen wie beim Satz V im § 2.

Wir adjungieren dem Rationalitätsbereich Σ alle Integrale der Differentialgleichung $D = 0$, d. h. die $n_1 + n_2$ Funktionen $y_1, y_2, \ldots, y_{n_1 + n_2}$. Hierdurch reduziert sich die Rationalitätsgruppe $\mathfrak{H}$ von $KD_1 = 0$ auf den Komplex aller Substitutionen aus $\mathfrak{H}$, bei denen sich die ersten $n_1 + n_2$ Variablen nach der Einheitsmatrix transformieren, d. h. an die Stelle von $\mathfrak{H}$ tritt als Rationalitätsgruppe für den durch die Integrale von $D = 0$ erweiterten Rationalitätsbereich eine Untergruppe $\mathfrak{U}^{(2)}$ von $\mathfrak{H}$,

$$\mathfrak{U}^{(2)}: \qquad \begin{matrix} E_1 & 0 & 0 \\ 0 & E_2 & 0 \\ \mathfrak{U}^{(2)}_{31} & 0 & \mathfrak{U}^{(2)}_{33} \end{matrix}.$$

Diese Gruppe $\mathfrak{U}^{(2)}$ können wir auch in der Form

$$\begin{matrix} \overline{\mathfrak{U}}^{(2)} & 0 \\ 0 & E_2 \end{matrix} \quad \text{schreiben, wobei } \overline{\mathfrak{U}}^{(2)} \text{ die Gruppe} \quad \begin{matrix} E_1 & 0 \\ \mathfrak{U}^{(2)}_{31} & \mathfrak{U}^{(2)}_{33} \end{matrix}$$

bedeutet und sich nur auf die Substitutionen des Fundamentalsystems $y_1, y_2, \ldots, y_{n_1}, y_{n_1+n_2+1}, \ldots, y_{n_1+n_2+n_3}$ von $\overline{D} = 0$ bezieht. Nun besteht die Zerlegung $K D_1 = Q D_3 D_1 = Q \overline{D}$, und es hat die Differentialgleichung $K D_1 \equiv Q \overline{D} = 0$ in dem durch Adjunktion aller Integrale von $D = 0$ erweiterten Rationalitätsbereiche die Gruppe

$$\mathfrak{U}^{(2)}: \qquad \begin{matrix} \overline{\mathfrak{U}}^{(2)} & 0 \\ 0 & E_2 \end{matrix}$$

zur Rationalitätsgruppe. Hieraus folgt, daß in dem durch Adjunktion aller Integrale von $D = 0$ erweiterten Rationalitätsbereiche die Gruppe

$$\mathfrak{U}^{(2)}: \qquad \begin{matrix} E_1 & 0 \\ \mathfrak{U}^{(2)}_{31} & \mathfrak{U}^{(2)}_{33} \end{matrix}$$

die Rationalitätsgruppe von $\overline{D} = 0$ sein muß.

Die nämlichen Betrachtungen kann man auch durchführen, wenn man dem Rationalitätsbereiche Σ alle Integrale von $\overline{D} = 0$, d. h. die $n_1 + n_3$ Funktionen $y_1, y_2, \ldots, y_{n_1}, y_{n_1+n_2+1}, y_{n_1+n_2+2}, \ldots, y_{n_1+n_2+n_3}$, adjungiert. Durch diese Adjunktion reduziert sich die Rationalitätsgruppe $\mathfrak{H}$ von $K D_1 = 0$ auf den Komplex aller Substitutionen von $\mathfrak{H}$, bei denen sich die $n_1 + n_3$ Variablen $y_1, y_2, \ldots, y_{n_1}, y_{n_1+n_2+1}, \ldots, y_{n_1+n_2+n_3}$ nach der Einheitssubstitution transformieren, d. h. an die Stelle von $\mathfrak{H}$ tritt als Rationalitätsgruppe für den durch die Integrale von $\overline{D} = 0$ erweiterten Rationalitätsbereich eine Untergruppe $\mathfrak{U}^{(1)}$ von $\mathfrak{H}$,

$$\mathfrak{U}^{(1)}: \qquad \begin{matrix} E_1 & 0 & 0 \\ \mathfrak{U}^{(1)}_{21} & \mathfrak{U}^{(1)}_{22} & 0 \\ 0 & 0 & E_3 \end{matrix}.$$

Nun ist $KD_1 = PD_2\, D_1 = PD$. Die Gruppe $\mathfrak{U}^{(1)}$ können wir auch in der Form

$$\mathfrak{U}^{(1)}\colon \qquad \begin{matrix} \overline{\mathfrak{U}}^{(1)} & 0 \\[2mm] 0 & E_3 \end{matrix}$$

schreiben, wobei $\overline{\mathfrak{U}}^{(1)}$ die Gruppe

$$\begin{matrix} E_1 & 0 \\[2mm] \mathfrak{U}^{(1)}_{21} & \mathfrak{U}^{(1)}_{22} \end{matrix}$$

bedeutet und sich nur auf die Substitutionen des Fundamentalsystems $y_1, y_2, \ldots, y_{n_1}, y_{n_1+1}, \ldots, y_{n_1+n_2}$ von $D = 0$ bezieht. Hieraus und aus der Zerlegung $KD_1 = PD$ folgt, daß die Gruppe

$$\overline{\mathfrak{U}}^{(1)}\colon \qquad \begin{matrix} E_1 & 0 \\[2mm] \mathfrak{U}^{(1)}_{21} & \mathfrak{U}^{(1)}_{22} \end{matrix}$$

in dem durch Adjunktion der Integrale von $\overline{D} = 0$ erweiterten Rationalitätsbereiche Σ die Rationalitätsgruppe der Differentialgleichung $D = 0$ ist. Wir erinnern uns noch, daß nach Satz V des § 2 die Gruppe $\overline{\mathfrak{U}}^{(1)}$ eine invariante Untergruppe von $\mathfrak{H}^{(1)}$, $\overline{\mathfrak{U}}^{(2)}$ eine solche von $\mathfrak{H}^{(2)}$ ist und zwischen den zwei Gruppen $\mathfrak{H}^{(1)}/\overline{\mathfrak{U}}^{(1)}$ und $\mathfrak{H}^{(2)}/\overline{\mathfrak{U}}^{(2)}$ holoedrischer Isomorphismus stattfindet. Hieraus folgt der wichtige Satz, der Aufschluß erteilt, wie bei einer Adjunktion zwei lineare homogene Differentialgleichungen gegenseitig auf ihre Rationalitätsgruppen einwirken:

Es seien $D = 0$ und $\overline{D} = 0$ zwei lineare homogene Differentialgleichungen mit Koeffizienten aus Σ und den Rationalitätsgruppen $\mathfrak{H}^{(1)}$ und $\mathfrak{H}^{(2)}$. Durch die Adjunktion der Integrale von $\overline{D} = 0$ zum Rationalitätsbereich Σ reduziere sich die Rationalitätsgruppe $\mathfrak{H}^{(1)}$ von $D = 0$ auf eine Untergruppe $\overline{\mathfrak{U}}^{(1)}$; ebenso reduziere sich durch Adjunktion der Integrale von $D = 0$ zum Rationalitätsbereiche Σ die Rationalitätsgruppe $\mathfrak{H}^{(2)}$ von $\overline{D} = 0$ auf eine Untergruppe $\overline{\mathfrak{U}}^{(2)}$. Alsdann ist $\overline{\mathfrak{U}}^{(1)}$ eine invariante Untergruppe von $\mathfrak{H}^{(1)}$ und $\overline{\mathfrak{U}}^{(2)}$ eine ebensolche von $\mathfrak{H}^{(2)}$; die zwei Gruppen $\mathfrak{H}^{(1)}/\overline{\mathfrak{U}}^{(1)}$ und $\mathfrak{H}^{(2)}/\overline{\mathfrak{U}}^{(2)}$ sind holoedrisch isomorph. Bildet man diejenige lineare homogene Differentialgleichung, die das kleinste gemeinsame Vielfache von $D = 0$ und $\overline{D} = 0$ ist, und bezeichnet ihre Rationalitätsgruppe für den Rationaltätsbereich Σ mit $\mathfrak{H}$, so sind $\mathfrak{H}^{(1)}$ und $\mathfrak{H}^{(2)}$ als Bestandteile aus dieser Vollgruppe zu entnehmen. $\overline{\mathfrak{U}}^{(1)}$ ist in $\mathfrak{H}^{(1)}$ der Einheitssubstitution von $\mathfrak{H}^{(2)}$ mittels der Vollgruppe $\mathfrak{H}$ zugeordnet; ebenso ist $\overline{\mathfrak{U}}^{(2)}$ in $\mathfrak{H}^{(2)}$ der Einheitssubstitution von $\mathfrak{H}^{(1)}$ mittels der Vollgruppe $\mathfrak{H}$ zugeordnet.[1])

Zum Vergleich lasse ich noch das von Herrn Vessiot[2]) auf anderem Wege gefundene diesbezügliche Resultat folgen: Wird durch die Integration einer linearen homogenen Hilfsdifferentialgleichung die Rationalitätsgruppe der vorgelegten linearen homogenen Differentialgleichung um s Parameter reduziert, so trifft für die Rationalitätsgruppe der Hilfsdifferentialgleichung bei Integration der vorgelegten Differentialgleichung das gleiche zu. Die neuen Rationalitätsgruppen sind in den alten invariant.

Wir bemerken noch, daß, wenn man für $\overline{D} = 0$ die im § 3 behandelten Differentialgleichungen $D_1 = 0$ und $D_2 = 0$, bzw. ihr kleinstes gemeinsames Vielfaches wählt, aus unserem soeben hergeleiteten Satz die Sätze I—III des vorigen Paragraphen hervorgehen.

Aus dem obigen Satz folgt das Corollar: Reduziert die Adjunktion aller Integrale einer linearen homogenen Differentialgleichung $\overline{D}(y) = 0$ mit einfacher Rationalitätsgruppe (d. h. einer solchen ohne invariante Untergruppe) die Rationalitätsgruppe einer zweiten linearen homogenen Differentialgleichung $D(y) = 0$, so sind alle Integrale von $\overline{D}(y) = 0$ rationale Funk-

---

1) Auf die nämliche Art beweise ich in meinen Vorlesungen den entsprechenden Jordan-Hölderschen Satz aus der Theorie der algebraischen Gleichungen (C. Jordan, Traité des substitutions et des équations algébriques, Paris 1870, p. 269, O. Hölder, Math. Annalen **34**, p. 47.).

2) E. Vessiot, Sur l'intégration des équations différentielles linéaires, Annales de l'école normale (1892), p. 240 und 241. Reprodüziert bei L. Schlesinger, Handbuch der Theorie der linearen Differentialgleichungen II 1, Leipzig 1897, S. 85 und 86.

tionen derjenigen von $D(y) = 0$ und ihrer Abgeleiteten mit Koeffizienten aus dem ursprünglichen Rationalitätsbereiche Σ. Durch die Adjunktion der Integrale von $D(y) = 0$ muß sich nämlich nach unserem Satze auch die Rationalitätsgruppe von $\overline{D}(y) = 0$ reduzieren, und zwar wegen ihrer Einfachheit auf die identische Substitution.

Auch Herr Vessiot folgert das angegebene Corollar aus seinem Satze. Hierzu möchte ich bemerken, daß $\overline{D}(y) = 0$ auch eine einfache Rationalitätsgruppe mit nur einer endlichen Anzahl von Substitutionen (also ohne Parameter) haben kann, d. h. daß $\overline{D}(y) = 0$ algebraisch lösbar ist und eine einfache Rationalitätsgruppe hat. In diesem Falle ist das Vessiotsche Theorem nicht genügend, um auf eine Reduktion der Rationalitätsgruppe von $\overline{D}(y) = 0$ durch die Adjunktion der Integrale von $D(y) = 0$ zu schließen, wohl aber das unsrige.

In der Literatur wird an das obige Corollar der Schluß geknüpft: Wenn die Integration einer linearen homogenen Differentialgleichung erster Ordnung die Rationalitätsgruppe einer vorgelegten Differentialgleichung reduziert, so ist das Integral der Hilfsdifferentialgleichung eine rationale Funktion der Integrale der gegebenen Differentialgleichung und ihrer Ableitungen mit Koeffizienten aus dem Rationalitätsbereich Σ. Diese Aussage ist irrig. Man hat hier an die Einfachheit kontinuierlicher Transformationsgruppen mit einem Parameter für die Liesche Theorie gedacht; eine einparametrige Gruppe ist aber für die Theorie der Rationalitätsgruppe durchaus nicht einfach. Hierfür und zur Illustration des in diesem Paragraphen gewonnenen Satzes lasse ich noch ein sehr einfaches Beispiel folgen:

Wir betrachten die zwei linearen homogenen Differentialgleichungen $D = \dfrac{dy}{dx} - 2y = 0$ und $\overline{D} = \dfrac{dy}{dx} - 3y = 0$; der Rationalitätsbereich Σ sei der aller Konstanten, $y_1 = e^{2x}$ und $y_2 = e^{3x}$ sind Integrale von $D = 0$ bezw. $\overline{D} = 0$. Das kleinste gemeinsame Vielfache der zwei Differentialgleichungen $D = 0$ und $\overline{D} = 0$ wird die Differentialgleichung

$$K = \frac{d^2y}{dx^2} - 5\,\frac{dy}{dx} + 6y = 0$$

mit dem Fundamentalsystem $y_1 = e^{2x}$, $y_2 = e^{3x}$ von Integralen. Um die Rationalitätsgruppe $\mathfrak{H}$ von $K = 0$ zu erhalten, bilden wir die Funktion $V = e^{2x} + e^{3x}$; alsdann ist

$$y_1 = e^{2x} = 3\,V - \frac{d\,V}{d\,x}\,, \quad y_2 = e^{3x} = \frac{d\,V}{d\,x} - 2\,V.$$

Die Differentialgleichung niedrigster Ordnung mit Koeffizienten aus $\varSigma$, der V genügt und die algebraisch unzerlegbar ist, lautet

$$\left(3\,V - \frac{d\,V}{d\,x}\right)^3 = \left(\frac{d\,V}{d\,x} - 2\,V\right)^2;$$

ihr allgemeines Integral ist $l^2 e^{2x} + l^3 e^{3x}$, wobei l eine willkürliche Konstante bedeutet. Ersetzt man in

$$y_1 = 3\,V - \frac{d\,V}{d\,x}$$

die Funktion $V = e^{2x} + e^{3x}$ durch das gefundene allgemeine Integral und verfährt ebenso bei

$$y_2 - \frac{d\,V}{d\,x} - 2\,V,$$

so erhält man die Substitutionen der Rationalitätsgruppe in der Form $y_1' = l^2 y_1$, $y_2' = l^3 y_2$. Die Rationalitätsgruppe $\mathfrak{H}^{(1)}$ der Differentialgleichung $D = 0$ besteht aus den Substitutionen $y_1' = l^2 y_1$; die Rationalitätsgruppe $\mathfrak{H}^{(2)}$ der Differentialgleichung $\overline{D} = 0$ besteht aus den Substitutionen $y_2' = l^3 y_2$. Der Einheitssubstitution von $\mathfrak{H}^{(1)}$ entspricht in $\mathfrak{H}^{(2)}$ die Gruppe $\overline{\mathfrak{U}}^{(2)}$, die aus den zwei Substitutionen $y_2' = y_2$ und $y_2' = -y_2$ besteht; sie ergibt sich für $l = \pm 1$ und ist in $\mathfrak{H}^{(2)}$ invariant. Infolge des bewiesenen Satzes ist $\overline{\mathfrak{U}}^{(2)}$ die Rationalitätsgruppe von $\overline{D} = 0$ nach Adjunktion aller Integrale von $D = 0$ zum Rationalitätsbereiche. Letzteres könnte man auch direkt aus der Relation $y_2^2 = (e^{2x})^3$ schließen, die Koeffizienten aus dem durch Adjunktion der Integrale von $D = 0$ erweiterten Rationalitätsbereich besitzt. Der Einheitssubstitution von $\mathfrak{H}^{(2)}$ entsprechen in $\mathfrak{H}^{(1)}$ die drei Substitutionen $y_1' = y_1$, $y_1' = \varepsilon y_1$, $y_1' = \varepsilon^2 y_1$, die man für $l = 1, \varepsilon, \varepsilon^2$ erhält, wobei ε eine dritte Einheitswurzel ist. Diese drei Substitutionen bilden eine Gruppe $\overline{\mathfrak{U}}^{(1)}$, die in $\mathfrak{H}^{(1)}$ invariant ist; infolge des von uns bewiesenen Satzes ist $\mathfrak{H}^{(1)}$ die Rationalitätsgruppe von $D = 0$ nach Adjunktion aller Integrale von $\overline{D} = 0$ zum Rationalitätsbereich Σ. Letztere Tatsache würde hier auch direkt aus der Gleichung $y_1^3 = (e^{3x})^2$ folgen, die nur Koeffizienten aus dem durch die Adjunktion der Integrale von $\overline{D} = 0$ erweiterten Rationalitätsbereiche besitzt. Die zwei Gruppen $\mathfrak{H}^{(1)}/\overline{\mathfrak{U}}^{(1)}$ und $\mathfrak{H}^{(2)}/\overline{\mathfrak{U}}^{(2)}$ sind holoedrisch isomorph. Die Adjunktion der Integrale von $\overline{D} = 0$ reduziert die Rationalitätsgruppe von $D = 0$ nicht auf die Identität, was damit übereinstimmt, daß e^{2x} sich nicht rational durch e^{3x} ausdrücken läßt. Wir bemerken noch, daß, wenn l alle Konstanten durchläuft, l^2 gleiches tut; man kann daher auch die Gruppe $y_1' = ty_1$, wobei t jede Konstante bedeutet, als Rationalitätsgruppe $\mathfrak{H}^{(1)}$ von $D = 0$ ansehen.

Über eine Anwendung der Integralgleichungen in der Theorie der optischen Abbildungen.

Von

L. Mandelstam in Straßburg i. E.

Bei den meisten Anwendungen von Integralgleichungen auf physikalische Fragen handelt es sich um Zurückführung der Auflösung einer Differentialgleichung mit vorgeschriebenen Randbedingungen auf die Auflösung einer Gleichung von der Gestalt

$$(1) \qquad f(\xi) = \varphi(\xi) + \lambda \int_a^b K(\xi, x) f(x)\, dx$$

nach der Unbekannten f.

Der vorliegende Aufsatz beschäftigt sich mit einer optischen Aufgabe, deren mathematische Formulierung unmittelbar auf die Integralgleichung (1) (mit $\varphi \equiv 0$) führt, ohne daß es eine bekannte Differentialgleichung gibt, die die gesuchte Funktion definieren würde.

§ 1.

Seit den Arbeiten von Abbe weiß man, daß bei jeder optischen Abbildung die Begrenzung der abbildenden Büschel durch das Diaphragma eine durchaus wesentliche Rolle spielt. Je nach der Größe und Form des Diaphragmas wird das dem Objekt ähnliche, nach den Regeln der geometrischen Optik konstruierte Bild in verschiedener Weise modifiziert. Das wirkliche Bild ist im allgemeinen dem Objekt nicht ähnlich; dies gilt sowohl für nicht selbstleuchtende (beleuchtete), wie auch für selbstleuchtende (etwa glühende) Objekte.[1]

Man hat bis jetzt hauptsächlich untersucht, wie sich ein vorgegebenes Objekt durch ein gegebenes Diaphragma abbildet, bzw gefragt nach der Breite, welche das Diaphragma mindestens haben muß, damit das Bild überhaupt noch irgendeine Struktur aufweist. Letzere Frage führt, wie bekannt, auf die Bestimmung der Grenze der Leistungsfähigkeit optischer Instrumente.[2]

Die Frage, die ich im folgenden kurz besprechen möchte, ist:

Welche Strukturen werden bei einem vorgeschriebenen Diaphragma ähnlich abgebildet?

Ich will die weiteren Überlegungen an das in der Figur skizzierte abbildende System anknüpfen; sie lassen sich in allen wesentlichen Punkten z. B. auf das Mikroskop oder Fernrohr übertragen.

In der Brennebene des Linsensystems L_1 befindet sich das Objekt. Die Schnittlinie dieser Ebene mit der Zeichenebene soll die x-Achse sein; die z-Achse steht in

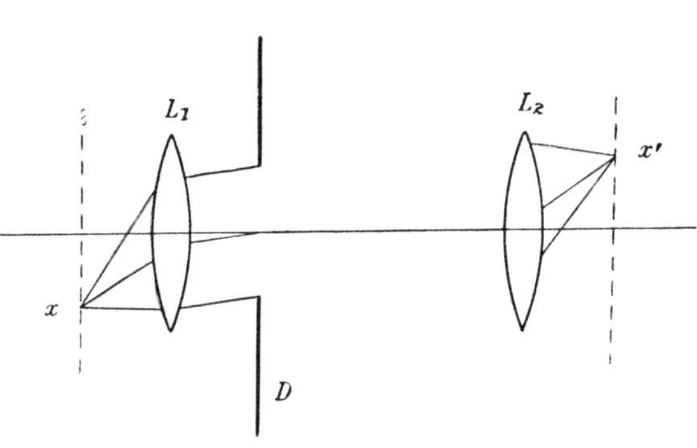

O senkrecht zur Zeichenebene; O ist der Achsenpunkt des abbildenden Systems. Das Diaphragma D befindet sich in der zweiten Brennebene von L_1. Das Bild entsteht in der Brennebene des Linsensystems L_2. Ich möchte hier nur eindimensionale Objekte besprechen, d. h. solche, bei welchen die Helligkeitsvertei-

<hr>

1) Vgl. L. Mandelstam, Ann. d. Phys. 35, S. 881 (1911).

2) Ich erwähne besonders die Arbeit von Lord Rayleigh (Scientific Papers, 4, S. 235), der als Objekt ein unendliches Gitter mit unendlich engen Strichen bzw. unendlich viele äquidestante Punkte behandelt und die diesem Objekt entsprechende Helligkeitsverteilung für ein rechteckiges und ein rundes Diaphragma berechnet.

lung — die Struktur — sich auf eine Linie — die x-Achse — beschränkt, sonst aber eine beliebige Funktion von x ist. Das „Bild" ist dann die Helligkeitsverteilung in der zur x-Achse konjugierten Linie. Ich beschränke mich dagegen nicht wie in der früheren Arbeit[1]) auf spaltförmige Diaphragmas. Wie dort soll aber auch hier die Apertur der abbildenden Büschel klein sein.

Es sei noch folgendes bemerkt. Die Gleichungen (5) und (7) bleiben gültig auch für gitterförmige Strukturen, d. h. solche, bei denen die Lichtverteilung im Objekt nur Funktion von x und unabhängig von z ist. Nur ist dann K das Beugungsbild, welches einer zur z-Achse parallelen Lichtlinie und nicht einem Lichtpunkt entspricht.[2]) Die Beziehung zwischen einem Selbstleuchter und einem Nichtselbstleuchter wird allerdings dadurch eine andere.[1]) Für gitterförmige Strukturen und gitterförmige Diaphragmas bleiben die im Text angegebenen Beziehungen in unveränderter Form bestehen.

Die Beispiele 1 und 2 gelten sowohl für linien- wie für gitterförmige Objekte. Die Beispiele 3 und 4 nur für den ersten Fall. Die folgenden Betrachtungen lassen sich übrigens ohne weiteres auch auf zweidimensionale Objekte übertragen und führen dann auf eine Integralgleichung mit zwei Variablen.

§ 2.

Das Objekt bestehe zunächst aus n diskreten Punkten. Bezeichnet x_i den Achsenabstand des i^{ten} Objektpunktes, x_i' den Achsenabstand des ihm im Sinne der geometrischen Optik in der Bildebene konjugierten Punktes, so ist $x_i' = \varkappa x_i$, wo die Konstante $\varkappa$ die Vergrößerung bedeutet. Wir wollen $\varkappa = 1$, also

$$(2) \qquad x_i' = x_i$$

setzen. Dadurch beeinträchtigen wir die Allgemeinheit insofern nicht, als die Endgleichungen für eine beliebige Vergrößerung gültig bleiben.

---

1) Ann. d. Phys. l. c.
2) Lord Rayleigh l. c. S. 255.

Die Lichtverteilung in der Bildebene, welche vom i^{ten} Punkt herrührt, oder seine „Abbildung" ist offenbar dasjenige Frauenhofersche Beugungsbild, welches dem Diaphragma D bei Beleuchtung aus diesem Punkt entspricht. Es ist also in irgendeinem Punkte ξ' der Bildebene, die Amplitude A des Lichtvektors

$$A = B_i K(x_i' - \xi'),\tag{3}$$

wobei B_i durch die Amplitude des betrachteten Objektpunktes gegeben ist und die Gestalt der Funktion K von der Form des Diaphragmas abhängt. Für eine rechteckige Öffnung ist z. B.

$$K(x_i' - \xi') = \text{const.}\ \frac{\sin c\,(x_i' - \xi')}{x_i' - \xi'},$$

wo c in bekannter Weise durch die Breite der Öffnung und die Wellenlänge des Lichtes bestimmt ist.

K hängt nur von $x_i' - \xi'$ ab; dadurch ist ausgedrückt, daß bei Verschiebung des Objektpunktes x_i sich das Beugungsbild als ganzes bewegt.

Besteht das Objekt aus mehreren Punkten, so sind zwei Fälle zu unterscheiden:

1. Das Objekt wird beleuchtet, und zwar wollen wir eine zentrale Beleuchtung voraussetzen, d. h. daß die beleuchtenden Strahlen achsenparallel sind.

In diesem Falle senden sämtliche Objektpunkte gleichphasige Schwingungen aus. Es superponieren sich die Amplituden der den einzelnen Punkten entsprechenden Bilder.[1]

Bezeichnen wir wieder mit A die gesamte Amplitude im Punkte ξ' der Bildebene, oder besser der Bildlinie, so ist

$$A = \sum_{i=1}^{n} B_i K(x_i' - \xi').\tag{3a}$$

2. Das Objekt ist ein Selbstleuchter. Die einzelnen Objektpunkte senden untereinander inkohärente Schwingungen aus. Es addieren sich die Intensitäten, d. h. die Quadrate der Amplituden,

---

1) Vgl. L. Mandelstam l. c., S. 887.

und wir bekommen bei denselben Bezeichnungen wie oben:

$$(3\,\mathrm{b}) \qquad A^2 = \sum_{i=1}^{n} B_i^2 K^2 (x_i' - \xi').$$

Nun können wir verlangen, daß die n zu den n Objektpunkten konjugierte Bildpunkte eine bestimmte Helligkeitsverteilung aufweisen, z. B. dieselbe, die bei den Objektpunkten vorhanden ist. Eine weitergehende Ähnlichkeit zwischen Objekt und Bild kann offenbar bei n einzelnen Punkten nicht verlangt werden.

Aus (3a) bekommen wir im letzten Fall n lineare Gleichungen

$$B_k = \lambda \sum_{i=1}^{n} B_i K (x_i' - x_k'). \qquad (k = 1, 2, \cdots, n)$$

Bei einem Selbstleuchter liefert (3b) ganz analoge Gleichungen

$$B_k^2 = \lambda \sum_{i=1}^{n} B_i^2 K^2 (x_i' - x_k') \qquad (k = 1, 2, \cdots, n)$$

für die Intensitäten B_i^2, die ja hier allein eine Bedeutung haben.

§ 3.

Wir wollen jetzt eine kontinuierliche Struktur betrachten. Die Amplitudenverteilung im Objekt soll sich also nicht auf n diskrete Punkte beschränken, sondern eine kontinuierliche Funktion — $f(x)$ — sein. Die Amplitude der von einem Objektelement dx ausgehenden Strahlen ist dann $f(x)dx$ und die ihm entsprechende Amplitudenverteilung in der Bildebene als Funktion von ξ' ist ganz analog wie in (3),

$$f(x)\,dx \cdot K(x' - \xi').$$

x' bedeutet wie dort den zu x konjugierten Bildpunkt, ξ' ist die laufende Koordinate im Bilde.

Die vom ganzen Objekt herrührende Helligkeit $\Phi(\xi')$ — seine Abbildung — ist offenbar

$$\Phi(\xi') = \int_{-a}^{+a} f(x)\,K(x' - \xi')\,dx.\tag{4}$$

Es ist dabei angenommen, daß das Objekt sich von $x = -a$ bis $x = +a$ erstreckt.

Soll das Objekt ähnlich abgebildet werden, so muß

$$\Phi(\xi') = \frac{1}{\lambda}\,f(\xi')$$

sein, wo $\frac{1}{\lambda}$ eine Konstante bedeutet. Setzt man dies in (4) ein und beachtet, daß nach (2) $x = x'$ ist, so kommt man zum folgenden Schluß:

Es werden bei einem gegebenen Diaphragma diejenigen zentral beleuchteten Strukturen (Amplitudenverteilungen) ähnlich abgebildet, welche der Integralgleichung

$$f(\xi) = \lambda \int_{-a}^{+a} f(x)\,K(x - \xi)\,dx \tag{5}$$

genügen.

Der Kern K ist dabei das dem Diaphragma entsprechende Frauenhofersche Beugungsbild.

Für einen Selbstleuchter tritt an Stelle der Gl. (5) für die Amplitudenverteilung f eine ganz entsprechende Gleichung für die Intensitätsverteilung f^2.

Hier werden nämlich diejenigen f^2 ähnlich abgebildet, welche der Gleichung

$$f^2(\xi) = \lambda \int_{-a}^{+a} f^2(x)\,[K(x - \xi)]^2\,dx \tag{5 a}$$

genügen.

Hier haben allerdings nur solche Lösungen eine physikalische Bedeutung, welche nicht negativ werden. Bei dem Nichtselbstleuchter, wo die gesuchte Funktion eine Amplitudenverteilung darstellt, haben auch andere Lösungen einen Sinn. Das Negativwerden der Amplitude bedeutet nämlich eine Phasenverschiebung von einer halben Wellenlänge, welche z. B. durch Einschalten eines Glimmerplättchens in den Gang der beleuchtenden Strahlen erzeugt werden kann.

Wir wollen nun annehmen, daß das Diaphragma um den Achsenpunkt symmetrisch ist. Dann ist K eine gerade Funktion des Argumentes und somit symmetrisch in x und ξ.

Ohne etwas aus der Theorie der Integralgleichungen vorauszusetzen, können wir folgendes ableiten:

Wenn sich $K(x, \xi)$ in der Form

$$(6) \qquad K(x, \xi) = \sum_{i=1}^{n} \psi_i(x)\varphi_i(\xi)$$

mit endlichem n darstellen läßt, so erhält man aus (5)

$$f(\xi) = \lambda \sum_{i=1}^{n} \varphi_i(\xi) \int_{-a}^{+a} f(x)\psi_i(x)\,dx,$$

und wenn man f mit unbestimmten Koeffizienten c_i ansetzt,

$$f(x) = \sum_{i=1}^{n} c_i\varphi_i(x),$$

so werden daraus n lineare Gleichungen für die c_i:

$$(6\,\mathrm{a}) \qquad c_i = \lambda \sum_{k=1}^{n} K_{i,k}c_k \qquad (i = 1, 2, \cdots, n),$$

wobei

$$K_{i,k} = \int_{-a}^{+\alpha} \psi_i(x)\,\varphi_k(x)\,dx$$

gesetzt ist.

Durch Nullsetzen der Determinante von (6 a) erhält man eine Gleichung n^{ten} Grades für λ, also n nicht notwendig voneinander verschiedene λ-Werte, die, wenn $K_{i,k} = K_{k,i}$, was im betrachteten Fall stets zutrifft, alle reell sind.

Sind alle Wurzeln verschieden, so gibt es genau n Lösungen, d. h. n Strukturen, die sich ähnlich abbilden. Der Fall mehrfacher Wurzeln ist in bekannter Weise zu behandeln.

Die Gleichung (5a) zeigt, daß für dasselbe Diaphragma nicht mehr als $\dfrac{n(n+1)}{2}$ selbstleuchtende Strukturen ähnlich abgebildet werden.

Der Fall, daß der Kern die Zerlegung (6) zuläßt, ist praktisch verwirklicht, wenn das Diaphragma aus einer Anzahl sehr feiner durchlässiger Striche besteht.

Die Theorie der Integralgleichungen[1]), wie sie in neuerer Zeit hauptsächlich von Fredholm und Hilbert bearbeitet worden ist, lehrt nun, daß wenn eine solche Zerlegung (6) nicht möglich ist, sich ganz ähnliche Schlüsse ziehen lassen. Es gibt dann — für symmetrische Kerne — unendlich viele reelle λ-Werte, für die sich (5) lösen läßt. Jedem solchen λ-Wert kommt höchstens eine endliche Vielfachheit zu. Sind alle Werte einfach, so gibt es unendlich viele nicht stetig ineinander übergehende Strukturen, die ähnlich abgebildet werden. Im Falle mehrfacher Wurzeln gibt es ein Kontinuum. Denn eine lineare Kombination von Einzellösungen von (5), welche den mehrfachen λ-Wert entsprechen mit beliebigen konstanten Koeffizienten ist offenbar auch eine Lösung von (5). Praktisch genommen ist folgender Satz von Wichtigkeit: Es gibt für ein beliebiges $\varLambda$ nur eine endliche Anzahl von λ so daß $|\lambda| < \varLambda$ ist. Daraus folgt, daß von den unendlich vielen Strukturen, welche (bei verschiedenen λ-Werten) ähnlich abgebildet werden, nur einer endlichen Anzahl eine merkliche Helligkeit im Bilde zukommt. Denken wir uns nämlich die verschiedenen Objekte so beleuchtet bzw. geglüht, daß sie eine gleiche mittlere Helligkeit aufweisen, so verhalten sich die mittleren Helligkeiten der entsprechenden Abbildungen, wie es aus der Ableitung der Gl. (5) und (5a) zu ersehen ist, umgekehrt wie die zugehörigen λ^2 bei einem Nichtselbstleuchter oder umgekehrt, wie die zugehörigen (positiven) λ bei einem Selbstleuchter. Da dem obigen Satz zufolge nur endlich viele λ kleiner sind als eine vorgeschriebene Größe $\varLambda$, so sieht man, indem man $\varLambda$ ge-

---

nügend groß nimmt, daß die allen weiteren λ entsprechende Strukturen nur mit einer unmerklichen Helligkeit abgebildet werden.

Es soll noch folgendes kurz bemerkt werden: Jeder Kern läßt sich durch eine endliche Summe von Produkten nach der Art von (6) approximieren und man kann dann die angenäherten Werte für die λ und für die zugehörigen Lösungen f aus einem System linearer Gleichungen gewinnen.

Im betrachteten Fall kann eine solche Näherung einfach erhalten werden, weil der Kern nur Funktion von der Differenz $(x - \xi)$ ist. Man hat nur $K(x - \xi)$ in eine cos-Reihe nach $(x - \xi)$ im Intervall $\pm 2a$ zu entwickeln und bei den ersten n Gliedern stehen bleiben um eine Summe (6) von $2n$ Gliedern zu bekommen. Ebenso kann man hier eine abgebrochene Potenzreihe benutzen.

§ 4.

Die Beziehung (3) gilt nur für Punkte, die nicht weit vom Achsenpunkt entfernt sind. Die Gleichungen (5) und (5a) gelten also für wenig ausgedehnte Objekte. In den praktisch vorkommenden Fällen konvergieren aber die Integrale (5) und (5a) sehr schnell. Man wird ohne einen erheblichen Fehler zu begehen diese Gleichung auch für unendlich ausgedehnte Objekte gelten lassen, jedenfalls dann, wenn man sich auf nicht zu große Werte von ξ beschränkt. Man verfährt übrigens ganz ähnlich bei der Behandlung gewöhnlicher Beugungsgitter[1]).

Für die ähnlich abgebildeten Strukturen haben wir, indem wir in (5) a unendlich werden lassen, jetzt die Gleichung

$$(7) \qquad f(\xi) = \lambda \int_{-\infty}^{+\infty} f(x)\,K(x - \xi)\,dx.$$

Für einen Selbstleuchter bekommt man entsprechend

$$(7\,\mathrm{a}) \qquad f^2(\xi) = \lambda \int_{-\infty}^{+\infty} f^2(x)\,K^2(x - \xi)\,dx.$$

---

1) Vgl. z. B. Lord Rayleigh l. c.

Auf diese Gleichung lassen sich des ∞ Intervalls wegen die in § 3 erwähnten Sätze aus der Theorie der Integralgleichungen nicht mehr ohne weiteres anwenden. Es läßt sich aber (7) und ganz entsprechend (7a) in elementarer Weise lösen.

Wir setzen

$$f(x) = \cos(bx + \varphi)$$

und erhalten, indem wir dies in (7) einsetzen und $s = x - \xi$ einführen

$$\cos(b\xi + \varphi) = \lambda \cdot \cos(b\xi + \varphi) \int_{-\infty}^{+\infty} K(s) \cos bs \cdot ds$$

vorausgesetzt, daß

$$\int_{-\infty}^{+\infty} K(s) \cos bs\, ds$$

konvergiert und

$$\lim_{m=0} \int_{m-\varkappa}^{m+\varkappa} K(s) \sin bs\, ds = 0$$

für ein endliches $\varkappa$.

Unter diesen Bedingungen ist also

$$\cos(bx + \varphi)$$

eine Lösung von (7) bzw. (7a) und der zugehörige λ-Wert λ_b ist

$$\frac{1}{\lambda_b} = 2 \int_0^{\infty} K(s) \cos bs\, ds, \tag{8a}$$

bzw.

$$\frac{1}{\lambda_b} = 2 \int_0^{\infty} [K(s)]^2 \cos bs\, ds. \tag{8b}$$

Wenn das Integral rechts $= 0$ ist, so wird die entsprechende Struktur in der Bildebene überhaupt keine Helligkeit ergeben. Ist λ_b ein mehrfacher Wert, so wird auch eine beliebige lineare Kombination der zugehörigen cos ähnlich abgebildet. Das Eintreten dieses Falles ist besonders wichtig bei einem Selbstleuchter.

Hier hat jedes cos-Glied keine reelle Bedeutung, weil die gesuchten Funktionen in (7a) Intensitäten sind. Eine Kombination von Kosinusen, welche nicht negativ wird, stellt aber eine mögliche Intensitätsverteilung dar.

§ 5.

Als Beispiele wollen wir betrachten:

Die Abbildung eines unendlich ausgedehnten I. Nichtselbstleuchters, II. eines Selbstleuchters bei einem α) rechteckigen und β) runden Diaphragma.

Iα. Zentral beleuchtetes Objekt; rechteckiges Diaphragma.

In diesem Fall ist $K(s)$ bis auf eine unwesentliche Konstante

$$K(s) = \frac{\sin cs}{s}\,.$$

Dabei ist $c = \frac{2\pi d}{lf}$; d die halbe Breite des Diaphragmas in der x-Richtung, l die Wellenlänge des Lichtes, f die Brennweite des ersten Linsensystems.

Der zu der Lösung $\cos(b\xi + \varphi)$ gehörige λ-Wert ist nach (8a)

$$\frac{1}{\lambda_b} = 2 \int_0^\infty \frac{\sin cs}{s} \cos bs\, ds.$$

Es ist nun[1])

$$\frac{1}{\lambda_b} = \pi \quad \text{wenn} \quad b < c$$
$$= \frac{\pi}{2} \quad \text{,,} \quad b = c$$
$$= 0 \quad \text{,,} \quad b > c.$$

Durch ein rechteckiges Diaphragma von der Breite $2d$ werden also bei zentraler Beleuchtung diejenigen Strukturen ähnlich abgebildet, welche die Form haben

---

1) H. Weber, Die partiellen Differentialgleichungen der mathematischen Physik, Braunschweig, 1910, Bd. 1, S. 50.

$$f(\xi) = \int\limits_0^B A \cos (b\xi + \varphi)\, db$$

wo A und φ willkürliche Funktionen von b sind und

$$B < \frac{2\pi d}{lf}$$

ist.

IIα. Ein Selbstleuchter; rechteckiges Diaphragma.

Die Lösungen der Gleichung (7a) sind hier

$$\cos (b\xi + \varphi)$$

mit den λ Werten (vgl. (8a))

$$\frac{1}{\lambda_b} = 2 \int\limits_0^\infty \left(\frac{\sin cs}{s}\right)^2 \cos bs\, ds.$$

Nun ist[1]

$$\begin{aligned}\frac{1}{\lambda_b} &= \frac{\pi c}{2}\left(2 - \frac{b}{c}\right) \quad \text{wenn} \quad b < 2c \\ &= 0 \qquad\qquad\qquad \text{\textquotedbl} \qquad b \geq 2c\end{aligned}\Bigg\}. \qquad (9)$$

Es gibt also hier außer der einfachen cos-Glieder keine Lösungen der Gleichung (8a); es gibt also keine Lösungen, welche nicht negativ werden. Streng genommen gibt es also keine selbstleuchtende Strukturen (Intensitätsverteilungen), welche bei einem rechteckigen Diaphragma ähnlich abgebildet werden. Eine Struktur aber, die sich aus solchen $\cos b\xi$ linear zusammensetzt, daß alle b sehr klein im Vergleich zu c sind, wird dennoch nahezu ähnlich abgebildet; denn dann sind die zugehörigen λ also die Helligkeiten der einzelnen cos-Glieder, wie (9) zeigt, wenig voneinander verschieden. So wird z. B. ein Selbstleuchter mit der Intensitätsverteilung

$$f^2(\xi) = \cos^2 b\,\xi$$

nahezu ähnlich abgebildet falls b sehr klein im Vergleich zu $\frac{4\pi d}{lf}$ ist.

---

1) Lord Rayleigh l. c. S. 250.

Darauf beruht auch die Tatsache, daß jede nicht zu feine Struktur bei einem genügend breiten Diaphragma nahezu ähnlich abgebildet wird.

Iβ. Zentral beleuchtetes Objekt; rundes Diaphragma.

Hier ist[1]), wieder bis auf eine unwesentliche Konstante, $K(s) = \dfrac{J_1(cs)}{s}$, wo J_1 die Besselsche Funktion erster Ordnung bedeutet und $c = \dfrac{2\pi r}{fl}$; r ist der Radius des kreisrunden Diaphragma.

Zu den Lösungen $\cos(b\xi + \varphi)$ gehören die Werte

$$\frac{1}{\lambda_b} = 2 \int_0^\infty \frac{J_1(cs)}{s} \cos bs\, ds \cdot$$

Aus den von H. Weber angegebenen Formeln läßt sich nun ableiten[2]):

$$(10) \qquad \begin{cases} \dfrac{1}{\lambda_b} = 2\sqrt{1 - \left(\dfrac{b}{c}\right)^2} & b < c \\[2mm] \qquad = 0 & b \geq c \end{cases}$$

Bei einem runden Diaphragma von Radius r werden also bei zentraler Beleuchtung nur Strukturen von der Art $\cos(b\xi + \varphi)$ ähnlich abgebildet wobei $b < \dfrac{2\pi r}{lf}$ sein muß. Die Helligkeit der einzelnen Abbildungen nimmt, im Gegensatz zu einem rechteckigen Diaphragma, mit zunehmender Feinheit ab. Sonst ist hier dasselbe zu bemerken, was zu Beispiel IIα gesagt worden ist.

IIβ. Ein Selbstleuchter; rundes Diaphragma.

Die λ-Werte sind hier gegeben durch

$$\frac{1}{\lambda_b} = 2 \int_0^\infty \left[\frac{J_1(cs)}{s}\right]^2 \cos bs\, ds \cdot$$

Es läßt sich auch hier leicht zeigen, daß für alle b, welche größer sind als $2c$ $\dfrac{1}{\lambda_b}$ verschwindet.

---

1) B. G. Kirchhoff, Vorlesungen über mathematische Optik, S. 93.
2) Lord Rayleigh, l. c. S. 255.

Es ist[1])

$$\left[\frac{J_1(cs)}{s}\right]^2 = \text{const.} \int\limits_0^{\pi/2} \frac{J_1(s\cdot 2c\sin\varphi)}{s}\,\sin\varphi\,\cos^2\varphi\,d\varphi .$$

Daraus erhält man, indem man beiderseits mit $\cos bs\,ds$ multipliziert, nach s von 0 bis ∞ integriert und rechts die Integrationsfolge vertauscht

$$\frac{1}{\lambda_b} = \text{const.} \int\limits_0^{\pi/2} \sin\varphi\,\cos^2\varphi\,d\varphi \int\limits_0^{\infty} \frac{J_1(s\cdot 2c\sin\varphi)}{s}\,\cos bs\,ds .$$

Vermöge der Relation (10) ist aber, wie man hieraus sieht, $\frac{1}{\lambda_b} = 0$ wenn $b \geqq 2c$ ist.

Solange das nicht der Fall ist, hat $\frac{1}{\lambda_b}$ einen bestimmten von b abhängigen Wert. Hier läßt sich ebenfalls die Bemerkung zu Beispiel II α anwenden.

Straßburg i. E., Physikalisches Institut.

---

1) Gray and Mathews, Treatise on Bessel Functions, Macmillan and Co., London 1895, p. 258.

Über Transformationsrelationen.

Von

L. Maurer in Tübingen.

Die Bedingungen dafür, daß zwei gegebene algebraische
Formen äquivalent sind, d. h. daß die eine durch eine homogene
lineare Substitution in die andere transformiert werden kann,
sind „im allgemeinen" gleichbedeutend mit der Bedingung, daß
die absoluten Invarianten der beiden Formen dieselben Werte
besitzeu. Die Transformationsrelationen lassen sich also im allgemeinen durch Invariantenrelationen ausdrücken.

Dieser Satz ist seit langem bekannt. Sehr viel schwieriger
gestaltet sich die Beantwortung der Frage: welcher Art sind die
Beschränkungen, die das Wort „im allgemeinen" im Tenor des
Satzes andeutet?

Für eine sehr ausgedehnte Klasse von Formen ist die Frage
durch die Untersuchungen Hilberts gelöst. Wie Hilbert gezeigt hat[1]), kann man aus den ganzen rationalen Invarianten
einer algebraischen Form eine Anzahl derart auswählen, daß
sich alle übrigen als ganze algebraische Funktionen derselben
darstellen lassen. Schließt man solche Spezialisierungen der Koeffizienten der Form aus, die das Verschwinden einer dieser fundamentalen Invarianten zu Folge haben, so gilt jedenfalls der allgemeine Satz über die Transformationsrelationen.

Nun gibt es aber Formen — Hilbert hat sie Nullformen
genannt — für die die fundamentalen Invarianten und damit

---

[1]) Math. Annalen Bd. **42**, S. 313.

auch alle übrigen Invarianten verschwinden. Für diese gilt der Satz offenbar nicht mehr, wenn man von dem trivialen Spezialfall absieht, daß überhaupt keine Transformationsrelationen existieren.

Bei dieser Betrachtung ist der Begriff „Invariante einer spezialisierten Form" so zu verstehen, daß erst die Invarianten der „allgemeinen Form" mit unabhängig variablen Koeffizienten gebildet werden und daß dann in diese die spezialisierten Werte der Koeffizienten eingeführt werden. Man kann aber den Begriff der Invariante einer speziellen Form auch noch anders fassen, indem man von der Fundamentaleigenschaft der absoluten Invarianten ausgeht, daß sie bei Ausführung einer linearen Substitution ungeändert bleiben.

Nehmen wir an, die Koeffizienten einer algebraischen Form genügen einem irreduziblen algebraischen Gleichungssystem. Durch dieses werden eine Anzahl der Koeffizienten als Funktionen der übrigen bestimmt, diese letzteren bleiben aber unabhängig variabel. Eine rationale Funktion der Koeffizienten bezeichnen wir nach wie vor als absolute Invariante, wenn sie bei Ausführung einer linearen Substitution ungeändert bleibt. Es ist klar, daß jeder Invariante der allgemeinen Form eine Invariante der spezialisierten Form entspricht, wenn sie nicht infolge der Bedingungen, die für diese gelten, verschwindet. Aber die spezialisierte Form kann außerdem Invarianten besitzen, die nicht aus Invarianten der allgemeinen Form durch Einführung der spezialisierten Werte der Koeffizienten hervorgehen.

Wenn man den Begriff der Invariante in dieser Weise erweitert, so gilt ausnahmslos der Satz: Die Transformationsrelationen lassen sich durch invariante Relationen ausdrücken.

Dabei sind zwei Arten von invarianten Relationen zu unterscheiden: die Relationen der einen Art drücken aus, daß die absoluten Invarianten der äquivalenten Formen einander gleich sind. In die Relationen der zweiten Art gehen nur die Koeffizienten einer Form ein. Diese Relationen drücken aus, daß die

Koeffizienten der beiden Formen demselben System invarianter Gleichungen genügen.

Dieser Satz soll im folgenden bewiesen werden. Er gilt selbstverständlich ohne wesentliche Modifikation auch für Formensysteme.

1. Der Gruppe der Substitutionen, welche auf die in eine Form eingehenden Variabeln angewendet werden, entspricht eine auf die Koeffizienten bezügliche „induzierte" Gruppe. Bei der Aufstellung der Transformationsrelationen kommt nur die letztere in Betracht. Da wir es im folgenden nur mehr mit dieser Gruppe zu tun haben, so wollen wir, um mit der üblichen Bezeichnungsweise im Einklang zu bleiben, von nun an die Koeffizienten der in Rede stehenden algebraischen Form als „Variable" bezeichnen, die Koeffizienten der induzierenden Substitution dagegen als „Parameter".

Die induzierte Gruppe hat die folgenden charakteristischen Eigenschaften:

A. Die Gruppe ist eine endliche kontinuierliche Transformationsgruppe, und zwar wird sie durch infinitesimale Transformationen erzeugt, d. h. sie kann durch gewisse Differentialgleichungen erster Ordnung und die zugehörigen Anfangsbedingungen definiert werden.

B. Die mittelst der Substitutionen der Gruppe neu eingeführten Variabeln lassen sich rational durch die ursprünglichen Variabeln und die Parameter ausdrücken.

Diese beiden Eigenschaften reichen aus, um unseren Satz zu beweisen.

Zu A. ist zu bemerken: die Bedingung, daß die induzierte Gruppe durch infinitesimale Transformationen erzeugt werden kann, überträgt sich auf die induzierende. Es sind daher solche induzierende Gruppen ausgeschlossen, deren Koeffizienten durch ein. reduzibles System algebraischer Gleichungen charakterisiert sind, also z. B. die Gruppe, die sich aus den Bewegungen des Raumes und den Spiegelungen zusammensetzt.

Zu B. ist zu bemerken: es würde genügen, vorauszusetzen, daß die neuen Variabeln algebraische Funktionen der ursprünglichen und der Parameter sind. Der Einfachheit wegen sehe ich von dieser Verallgemeinerung ab.

2. Wir bezeichnen die ursprünglichen Variabeln mit $x_1 x_2 \ldots x_n$, die neuen mit $y_1 y_2 \ldots y_n$, die Parameter mit $a_1 a_2 \ldots a_r$.

Die Substitutionen der Gruppe seien dargestellt durch die Gleichungen

$$y_\nu = f_\nu(x \mid a) \qquad \nu = 1, 2, \ldots n \qquad (1)$$

Die Funktionen $f_\nu(x \mid a)$ sind in den angezeigten Argumenten $x_1 x_2 \ldots x_n$ und $a_1 a_2 \ldots a_r$ rational.

Die Gruppe enthält die identische Substitution. Sie möge den Parameterwerten $a_1^{(0)} a_2^{(0)} \ldots a_r^{(0)}$ entsprechen. Es ist also

$$y_1 = x_1, \ y_2 = x_2 \ldots y_n = x_n \ \text{für} \ a_1 = a_1^{(0)}, a_2 = a_2^{(0)} \ldots a_r = a_r^{(0)}. \ (2)$$

Die n Funktionen y_ν lassen sich erstens durch die partiellen Differentialgleichungen

$$\sum_{\sigma=1}^{r} \alpha_{\varrho\sigma}(a) \frac{\partial y_\nu}{\partial a_\sigma} + \sum_{\lambda=1}^{n} \xi_{\varrho\lambda}(x) \frac{\partial y_\nu}{\partial x_\lambda} = 0, \qquad \varrho = 1, 2, \ldots r; \ \nu = 1, 2, \ldots n \qquad (3)$$

und die Anfangsbedingungen (2) und zweitens durch die gewöhnlichen Differentialgleichungen

$$\frac{\partial y_\nu}{\partial a_\varrho} = \sum_{\sigma=1}^{r} \psi_{\sigma\varrho}(a) \, \xi_{\sigma\nu}(y) \qquad \varrho = 1, 2, \ldots r; \ \nu = 1, 2, \ldots n \qquad (4)$$

und dieselben Anfangsbedingungen definieren.[1]

Die Funktionen $\alpha_{\varrho\sigma}(a)$ und $\psi_{\sigma\varrho}(a)$ hängen, wie durch die Bezeichnung angedeutet ist, nur von den Parametern $a_1 a_2 \ldots a_r$ aber nicht von den Variabeln $x_1 x_2 \ldots x_n$ ab, und zwar sind sie in den Parametern rational. Die Determinanten

$$|\alpha_{\varrho\sigma}| \ \text{und} \ |\psi_{\sigma\varrho}| \qquad \varrho, \sigma = 1, 2, \ldots r$$

verschwinden nicht identisch.

Die Größen $\xi_{\varrho\lambda}(x)$ hängen nur von den Variabeln $x_1 x_2 \ldots x_n$ aber nicht von den Parametern $a_1 a_2 \ldots a_r$ ab und sind ebenfalls rationale Funktionen.

---

[1] Vgl. den Enzyklopädieartikel: Kontinuierliche Transformationsgruppen II A 6. Für das folgende kommen die Artikel 3 und 4 S. 405 bis 409 in Betracht.

Den Ausdruck $\sum_{\lambda=1}^{n} \xi_{\varrho\lambda}(x) \frac{\partial F}{\partial x_{\lambda}}$ bezeichnet Lie mit $X_{\varrho}(F)$ und gebraucht ihn als Symbol für die infinitesimale Transformation, die durch die Gleichungen

$$y_{\lambda} = x_{\lambda} + \delta \cdot \xi_{\varrho\lambda}(x) \qquad \lambda = 1, 2, \ldots n$$

definiert ist.

Es ist ein Fundamentalsatz der Gruppentheorie, daß die Differentialgleichungen (3) und (4) bei Berücksichtigung der Anfangsbedingungen (2) gleichbedeutend sind.

Wenn wir die Werte der ursprünglichen Variabeln irgendwie spezialisieren, so ändert das an den Differentialgleichungen (4) gar nichts, da die Größen $x_1 x_2 \ldots x_n$ darin gar nicht vorkommen. Die Spezialisierung betrifft nur die Anfangsbedingungen.

Eine rationale Funktion $J(y)$ der Größen $y_1 y_2 \ldots y_n$, die die Parameter $a_1 a_2 \ldots a_r$ nicht explizite enthält, wird als Invariante der Transformationsgruppe bezeichnet, wenn sie den Gleichungen

$$(5) \qquad \frac{\partial J(y)}{\partial a_{\varrho}} = \sum_{\nu=1}^{n} \frac{\partial J(y)}{\partial y_{\nu}} \frac{\partial y_{\nu}}{\partial a_{\varrho}} = 0 \qquad \varrho = 1, 2, \ldots r$$

genügt.

Setzt man $a_1 = a_1^{(0)}$, $a_2 = a_1^{(0)} \ldots a_r = a_r^{(0)}$, so folgt (2)

$$(6) \qquad J(y) = J(x).$$

Substituiert man in (5) die Werte (4) der Differentialquotienten, so folgt, weil die Determinante $|\psi_{\sigma\varrho}(a)|$ nicht identisch verschwindet

$$(7) \qquad \sum_{\nu=1}^{n} \xi_{\varrho\nu}(y) \frac{\partial J(y)}{\partial y_{\nu}} = Y_{\varrho}(J(y)) = 0 \qquad \varrho = 1, 2, \ldots r$$

und umgekehrt ist eine rationale Funktion der Größen $y_1 y_2 \ldots y_n$, die diesen partiellen Differentialgleichungen genügt, eine Invariante der Transformationsgruppe.

Ein irreduzibles System algebraischer Gleichungen zwischen den Größen $y_1 y_2 \ldots y_n$

$$(8) \qquad G_1(y) = 0, \quad G_2(y) = 0 \quad \ldots$$

in dem die Parameter $a_1 a_2 \ldots a_r$ nicht explizite vorkommen,
heißt der Gruppe gegenüber invariant, wenn die Gleichungen

$$\frac{\partial\, G_1(y)}{\partial a_\varrho} = 0, \quad \frac{\partial\, G_2(y)}{\partial a_\varrho} = 0 \ldots \qquad \varrho = 1, 2, \ldots r$$

eine Folge der Gleichungen (8) sind. Mit Rücksicht auf (4)
können wir diese Bedingung auch so ausdrücken: die Gleichungen

$$Y_\varrho(G_1) = 0, \quad Y_\varrho(G_2) = 0 \ldots \qquad (\varrho = 1, 2, \cdots, r) \qquad (9)$$

müssen eine Folge der Gleichungen (8) sein.

Aus den Gleichungen (8) folgt für $a_1 = a_1{}^{(0)}, a_2 = a_2{}^{(0)} \ldots a_r = a_r{}^{(0)}$
wegen (2)

$$G_1(x) = 0, \quad G_2(x) = 0 \ldots. \qquad (10)$$

Diese Gleichungen zeigen im Zusammenhalt mit (8) die Invarianz
des Gleichungssystems.

Aus den Gleichungen (9) und (10) ergeben sich rückwärts
die Gleichungen (8).

3. Wenn bei gegebenen Werten von $x_1 x_2 \ldots x_n$ über die
Parameter $a_1 a_2 \ldots a_r$ so verfügt werden kann, daß die n Größen
$y_\nu = f_\nu(x \,|\, a)$ vorgeschriebene Werte erhalten, so existieren keine
Transformationsrelationen, dieser Fall scheidet also für die vorliegende Betrachtung aus. Wir haben es also nur mit „intransitiven" Gruppen im Lieschen Sinne zu tun.

Betrachten wir zunächst die Größen $x_1 x_2 \ldots x_n$ als unab-
hängig variabel. Indem wir aus den n Gleichungen $y_\nu = f_\nu(x \,|\, a)$
die r Parameter $a_1 a_2 \ldots a_r$ eliminieren, erhalten wir die Transformationsrelationen

$$R_1 = 0, \quad R_2 = 0 \ \ldots$$

wo $R_1 R_2 \ldots$ ganze rationale Funktionen der Variabeln $x_1 x_2 \ldots x_n$
mit $y_1 y_2 \ldots y_n$ bedeuten. Diese ganzen Funktionen bringen wir
in die Form

$$R_\mu = \varphi_{\mu 1}(x)\, \chi_{\mu 1}(y) + \varphi_{\mu 2}(x)\, \chi_{\mu 2}(y) \ldots + \varphi_{\mu \varkappa_\mu}(x)\, \chi_{\mu \varkappa_\mu}(y) = 0. \qquad (11)$$

Hier bedeuten $\varphi_{\mu 1}(x), \varphi_{\mu 2}(x) \ldots$ ganze rationale Funktionen der
Variabeln x und $\chi_{\mu 1}(y), \chi_{\mu 2}(y) \ldots$ ganze rationale Funktionen der
Variabeln y. Wir nehmen an, daß die Gliederzahl $\varkappa_\mu$ des Aus-
drucks R_μ (11) so weit als möglich herunter gedrückt ist. Unter

dieser Annahme darf zwischen den Funktionen $\varphi_{\mu 1}(x)\, \varphi_{\mu 2}(x)\ldots$ keine Relation der Form

$$c_1\, \varphi_{\mu 1}(x) + c_2\, \varphi_{\mu 2}(x)\ldots + c_{\varkappa_\mu}\, \varphi_{\mu \varkappa_\mu}(x) = 0$$

bestehen, deren Koeffizienten von den Größen $x_1 x_2 \ldots x_n$ unabhängig sind, denn andernfalls könnte die Gliederzahl vermindert werden. Analoges gilt für die Funktionen $\chi_{\mu 1}(y)$, $\chi_{u 2}(y)\ldots$.

Selbstverständlich bleibt die Möglichkeit offen, daß sich je eine Funktion aus den beiden Reihen $\varphi_{\mu 1}(x), \varphi_{\mu 2}(x)\ldots \chi_{\mu 1}(y), \chi_{\mu 2}(y)\ldots$ auf eine Konstante reduziert.

Unsere Gruppe enthält die identische Substitution. Die Transformationsrelationen sind daher sicher erfüllt, wenn

$$y_1 = x_1,\ y_2 = x_2 \cdots y_n = x_n$$

ist. Daraus folgt: es ist identisch

$$(12)\quad \varphi_{\mu 1}(x)\, \chi_{\mu 1}(x) + \varphi_{\mu 2}(x)\, \chi_{\mu 2}(x) \ldots + \varphi_{\mu \varkappa_\mu}(x)\, \chi_{\mu \varkappa_\mu}(x) = 0$$
$$\text{für } \mu = 1, 2, \ldots$$

Da wir die Größen $x_1 x_2 \ldots x_n$ als unabhängige Variable betrachten, kann die Gliederzahl der Transformationsrelation $R_\mu = 0$ nicht kleiner als zwei sein. Ist sie gleich zwei, so können wir sie in der Form schreiben:

$$\frac{\chi_{\mu 2}(y)}{\chi_{\mu 1}(y)} = - \frac{\varphi_{\mu 1}(x)}{\varphi_{\mu 2}(x)}$$

und wegen (12) ist

$$\frac{\chi_{\mu 2}(x)}{\chi_{\mu 1}(x)} = - \frac{\varphi_{\mu 1}(x)}{\varphi_{\mu 2}(x)}.$$

Die Transformationsrelation $R_\mu = 0$ wird daher durch die Invariantenrelation

$$\frac{\chi_{\mu 2}(y)}{\chi_{\mu 1}(y)} = \frac{\chi_{\mu 2}(x)}{\chi_{\mu 1}(x)}$$

ausgedrückt.

Nehmen wir nunmehr an, die Gliederzahl $\varkappa_\mu$ sei > 2.

Die Transformationsrelation $R_\mu = 0$ geht in eine Identität über, wenn man die Größen $y_1 y_2 \ldots y_n$ durch die Größen $x_1 x_2 \ldots x_n$ und $a_1 a_2 \ldots a_r$ ausdrückt. Die Gleichung $R_\mu = 0$ bleibt daher richtig, wenn wir sie nach einem der Parameter a differenzieren.

An die Seite der Transformationsrelation (11) treten somit die Transformationsrelationen (vgl. Art. II)

$$Y_\varrho(R_\mu) = \sum_{\nu=1}^{\varkappa_\mu} \varphi_{\mu\nu}(x)\, Y_\varrho(\chi_{\mu\nu}(y)) = 0 \qquad \varrho = 1, 2, \ldots r \qquad (13)$$

wo wieder zur Abkürzung

$$\sum_{\lambda=1}^{n} \xi_{\varrho\lambda}(y)\, \frac{\partial \chi_{\mu\nu}}{\partial y_\lambda} = Y_\varrho(\chi_{\mu\nu})$$

gesetzt ist.

Nun sind zwei Fälle zu unterscheiden: entweder ist jede dieser r neuen Transformationsrelationen mit der Relation (11) $R_\mu = 0$ identisch oder nicht. Im ersteren Fall müssen Gleichungen der Form

$$Y_\varrho(\chi_{\mu\nu}(y)) = \omega_\varrho \chi_{\mu\nu}(y) \qquad \varrho = 1, 2, \ldots r;\ \nu = 1, 2, \ldots \varkappa_\mu$$

bestehen. Hier bedeutet ω_ϱ entweder eine Konstante, die sich auch auf Null reduzieren kann, oder eine rationale Funktion der Größen $y_1 y_2 \cdots y_n$.

Aus diesen Gleichungen folgt

$$Y_\varrho\left(\frac{\chi_{\mu\nu}(y)}{\chi_{\mu 1}(y)}\right) = 0. \qquad \varrho = 1, 2, \ldots r;\ \nu = 2, 3, \ldots \varkappa_\mu$$

Die Quotienten $\chi_{\mu\nu}(y)/\chi_{\mu 1}(y)$ sind daher Invarianten; es ist also

$$\frac{\chi_{\mu\nu}(y)}{\chi_{\mu 1}(y)} = \frac{\chi_{\mu\nu}(x)}{\chi_{\mu 1}(x)}. \qquad \nu = 2, 3, \ldots \varkappa_\mu \qquad (14)$$

Die Transformationsrelation (11) ist wegen (12) eine Folge der Invariantenrelationen (14).

Wenn dagegen unter den Transformationsrelationen (13) wenigstens eine vorkommt, die von der Relation (11) verschieden ist, so können wir aus ihr und der Relation (11) eine der Funktionen $\varphi_{\mu 1}(x),\ \varphi_{\mu 2}(x) \ldots$ eliminieren und zwar können wir das eine Mal die eine dieser Funktionen eliminieren, das zweite Mal eine andere. Die Transformationsrelation (11) ist daher eine Folge von zwei anderen Transformationsrelationen, deren Gliederzahl höchstens $\varkappa_\mu - 1$ ist. Auf diese läßt sich dasselbe Verfahren anwenden wie auf die Relation (11). In dieser Weise fortfahrend kann man schließlich alle Transformationsrelationen durch Invariantenrelationen ersetzen.

4. Es erübrigt zu untersuchen, in wie weit unser Beweisverfahren zu modifizieren ist, wenn wir nicht mehr die sämtlichen Größen $x_1 x_2 \ldots x_n$ als unabhängig variabel betrachten.

Wir nehmen an, die Variabilität dieser Größen sei durch ein irreduzibles System algebraischer Gleichungen (G) beschränkt. Die Gleichungen (G) bestimmen die Größen $x_{p+1} x_{p+2} \ldots x_n$ als algebraische Funktionen der Größen $x_1 x_2 \ldots x_p$, diese letzteren aber unterliegen keiner Beschränkung.

In diesem Fall können auch **eingliedrige** Transformationsrelationen auftreten

$$(15) \qquad \chi_1(y) = 0, \quad \chi_2(y) = 0 \quad \ldots$$

Hier bedeuten $\chi_1(y)$ $\chi_2(y) \ldots$ ganze rationale Funktionen der Größen $y_1 y_2 \ldots y_n$, in denen die Größen $x_1 x_2 \ldots x_n$ nicht explizite vorkommen. Die übrigen Transformationsrelationen lassen sich wieder in der Form

$$(16) \quad \varphi_{\mu 1}(x)\, \chi_{\mu 1}(y) + \varphi_{\mu 2}(x)\, \chi_{\mu 2}(y) \ldots + \varphi_{\mu \varkappa_\mu}(x)\, \chi_{\mu \varkappa_\mu}(y) = 0$$

darstellen.

Es ist durchaus nicht notwendig, daß diese Relationen sich durch Spezialisierung aus den im allgemeinen Fall geltenden Transformationsrelationen ergeben, vielmehr kann infolge der Gleichungen (G) eine Änderung der Form dieser Relationen eintreten.

Durch das im vorigen Artikel auseinandergesetzte Verfahren kann man die Gliederzahl der Relationen (16) herabdrücken bis man zu eingliedrigen oder zweigliedrigen Relationen gelangt. Die ersteren sind in das System (15) aufzunehmen, die letzteren sind Invariantenrelationen. Die Gleichungen (15) bleiben richtig, wenn wir sie nach den Parametern a differenzieren. Es bestehen daher auch die Gleichungen

$$(17) \qquad Y_\varrho(\chi_1(y)) = 0, \quad Y_\varrho(\chi_2(y)) = 0 \quad \ldots \qquad \varrho = 1, 2, \ldots r$$

Unter der Voraussetzung, daß wir in das System (15) alle

voneinander unabhängigen eingliedrigen Transformationsrelationen aufgenommen haben, müssen die Gleichungen (17) eine Folge der Gleichungen (15) sein. Dieses Gleichungssystem ist somit unserer Gruppe gegenüber invariant. Es bestehen somit auch die den Gleichungen (15) entsprechenden Gleichungen

$$\chi_1(x) = 0, \quad \chi_2(x) = 0 \ldots \ldots \qquad (18)$$

Da wir vorausgesetzt haben, daß die Variabilität der Größen $x_1 x_2 \ldots x_n$ nur durch das Gleichungssystem (G) beschränkt ist, so muß dieses entweder mit dem Gleichungssystem (15) identisch sein, oder es setzt sich aus dem System (15) und einem weiteren Gleichungssystem (H) zusammen.

Nehmen wir einen Augenblick an, die Variabilität der Größen $x_1 x_2 \ldots x_n$ sei nur durch das Gleichungssystem (15) beschränkt. Wir bilden unter dieser Voraussetzung die Transformationsrelationen und führen dann in diese die Spezialisierungen ein, die durch die Gleichungen (H) gefordert sind. Wir erhalten auf diese Weise dieselben Transformationsrelationen, wie wenn wir von vornherein die sämtlichen durch die Gleichungen (15) und die Gleichungen (H) geforderten Spezialisierungen vornehmen.

Die Form der Transformationsrelationen wird durch die Gleichungen (H) nicht geändert.

Tübingen, im Dezember 1911.

Beitrag zum Oszillationsproblem.

Von

R. v. Mises in Straßburg i. E.

Verschiedene Aufgaben der Mechanik und der mathematischen Physik führen bekanntlich auf ein Problem der folgenden Art. Gegeben ist eine lineare, homogene Differentialgleichung zweiter Ordnung

$$(\text{I}) \qquad \frac{d}{dx}\left(\frac{1}{c}\frac{dz}{dx}\right) = (\lambda a + b)\,z,$$

mit a, b, c als bekannten Funktionen und λ als Parameter. Gefragt wird nach jenen Werten von λ, für die (I) eine Lösung besitzt, die zugleich ein vorgegebenes Paar von homogenen Randbedingungen erfüllt. Lauten etwa die Bedingungen:

$$z(0) = z(1) = 0,$$

so liefern die ausgezeichneten λ-Werte im wesentlichen die Schwingungszahlen einer an den Enden geklemmten Saite von der Länge 1, für die $1:c$ die Spannung, a die spezifische Masse ($b = 0$) bedeutet.[1] In engem Zusammenhang mit der Aufsuchung der λ-Werte steht dann die Frage nach der Anzahl der Oszillationen, welche die zugehörige Lösung von (I) im Innern des Intervalls aufweist.

Man hat bisher das Oszillationsproblem nur für gewisse, einfache Randbedingungen, vom Typus der eben genannten, behandelt. In der hydrodynamischen Theorie der turbulenten

---

1) Vgl. z. B. Riemann-Weber, Die partiellen Differentialgleichungen der math. Physik; 2. Bd. 5. Aufl. 1911, p. 200.

Flüssigkeitsbewegung tritt ein wesentlich neuer Fall zum erstenmal auf. Der Ansatz von A. Sommerfeld[1]), der grundsätzlich mit dem von A. E. H. Love[2]) gegebenen übereinstimmt, verlangt die Lösung folgender Aufgabe. Es soll (I) integriert werden unter den Nebenbedingungen:

$$\int_{x_1}^{x_2} A z\, dx = 0, \quad \int_{x_1}^{x_2} B z\, dx = 0, \tag{II}$$

wo A und B gegebene Funktionen von x sind. Man sieht leicht ein, daß in der Form (II) jede Art von linear homogenen Bedingungen enthalten ist, wenn man über die A, B geeignet verfügt. In dem speziellen Fall der Sommerfeldschen Gleichung hat man

$$a = x + \beta, \quad b = 1, \quad c = 1; \quad \lambda = \frac{v}{\alpha^2 \nu}\sqrt{-1};$$
$$A = e^x, \quad B = e^{-x}; \quad x_1 = 0, \quad x_2 = \alpha, \tag{III}$$

wo α, β die beiden auch von Sommerfeld so bezeichneten Konstanten sind, v die Geschwindigkeit, ν den Zähigkeitskoeffizienten bezeichnet (vgl. § 6).

Es ist das Ziel der vorliegenden Arbeit, das durch (I) und (II) bestimmte Oszillationsproblem zu lösen. Dabei kommt es zunächst darauf an, eine transzendente Gleichung aufzustellen, deren Wurzeln die gesuchten λ-Werte sind (I. Abschnitt). Hierauf sind die Eigenschaften dieser Wurzeln und ihr Zusammenhang mit den Oszillationen der Lösung zu untersuchen (II. Abschnitt). Die gewählte Methode ist eine von der bisher gebrauchten durchaus verschiedene: Den Ausgangspunkt der Betrachtung bildet jedesmal eine Differenzengleichung, die (I) zugeordnet ist (§ 1 und § 3), worauf es dann gelingt durch einen einfachen Grenzübergang zu (I) zurückzukehren (§ 2 und § 4).[3]) Was bei

---

1) Atti del IV congresso intern. dei matematici (Roma 1908) III. Bd. Rom 1909, p. 116.

2) Enzykl. d. mathem. Wiss. Bd. IV Art. 15, Nr. 18, p 80.

3) Für Zwecke approximativer numerischer Berechnungen ist dieser Gedanke wiederholt benutzt worden. So von Lord Rayleigh, Theory

diesem Verfahren etwa gegenüber dem der Zwischenschaltung einer Integralgleichung gewonnen wird, wird man leicht aus dem Text selbst erkennen.

Im dritten Abschnitt sind zur Illustration der Theorie „Anwendungen" auf zwei mechanische Probleme kurz angedeutet. Es handelt § 5 von der schwingenden Saite, hauptsächlich von dem Beispiel einer Saite mit linear veränderlicher Dichte. Im allgemeinsten Fall (beliebiger Massen- und Spannungsverteilung) erhält unsere Methode der Differenzenrechnung die Bedeutung einer praktisch brauchbaren Näherungsmethode zur Berechnung der Frequenzen. Schließlich kommt der letzte Paragraph auf das oben erwähnte Turbulenzproblem (III) zurück, ohne aber auf die hydrodynamische Seite der Frage näher einzugehen. Das Resultat ist, daß es keine Lösung des Sommerfeldschen Ansatzes gibt, die den durch die physikalische Bedeutung der Größen bedingten Realitäts-Forderungen genügt. — Im Zusammenhange habe ich die Konsequenzen, die sich für die Turbulenztheorie gewinnen lassen, in einem Vortrage auf der Naturforscherversammlung Karlsruhe (1911) dargelegt, der demnächst publiziert werden soll.[1])

I. Aufstellung der transzendenten Gleichung.

§ 1. Die Differenzengleichung.

1. Die Auflösungsdeterminante $d_{\iota,\varkappa}$**.** Die Größen z_0, z_1, z_2, ... seien durch die dreigliedrige Rekursionsformel oder lineare Differenzengleichung zweiter Ordnung:

$$(1) \qquad z_{\varkappa+1} = q_\varkappa z_\varkappa + r_\varkappa z_{\varkappa-1} \qquad (\varkappa = 1, 2, \ldots)$$

miteinander verknüpft. Dabei seien die q und r gegebene Größen. Werden noch irgend zwei aufeinanderfolgende z vorgeschrieben, so sind alle weiteren z durch (1) eindeutig bestimmt. Wir wollen

---

of sound, V. I. London 1894, p. 171. Ferner vom Verfasser, Monatsh. f. Math. u. Phys. 1911, p. 33.

1) Jahresber. d. deutschen Mathem.-Verein. 1912.

aber eine solche Lösung von (1) suchen, die für irgend zwei Indizes ι und $\varkappa$ ($\varkappa - \iota > 1$) verschwindet. Soll sie nicht identisch null sein, so muß die Koeffizientendeterminante:

$$d_{\iota,\varkappa} = \begin{vmatrix} q_{\iota+1} & -1 & 0 & \cdots & \cdots & 0 \\ r_{\iota+2} & q_{\iota+2} & -1 & \cdots & \cdots & 0 \\ 0 & r_{\iota+3} & q_{\iota+3} & -1 & \cdots & 0 \\ \cdot & \cdot & \cdot & \cdot & \cdot & \cdot \\ \cdot & \cdot & \cdot & \cdot & \cdot & \cdot \\ 0 & \cdots & \cdots & & r_{\varkappa-1} & q_{\varkappa-1} \end{vmatrix} \qquad (2)$$

verschwinden. Entwickelt man $d_{\iota,\varkappa}$ nach den Elementen der letzten Zeile, so erhält man die bekannte Rekursionsformel:

$$d_{\iota,\varkappa} = q_{\varkappa-1}\, d_{\iota,\varkappa-1} + r_{\varkappa-1}\, d_{\iota,\varkappa-2}\,. \qquad (3)$$

Dies ist aber dieselbe Gleichung wie (1), und man erkennt sofort: **Bei festem ι und laufendem $\varkappa$ ist $d_{\iota,\varkappa}$ jene Lösung von (1), die für $\varkappa = \iota$ den Wert Null, für $\varkappa = \iota + 1$ den Wert 1 besitzt.**

2. Entwicklung nach einem Parameter. Sei nun die Gleichung:

$$z_{\varkappa+1} = (\lambda p_\varkappa + q_\varkappa)\, z_\varkappa + r_\varkappa z_{\varkappa-1} \qquad (1')$$

vorgelegt. Die zugehörge Determinante

$$D_{\iota,\varkappa} = \begin{vmatrix} q_{\iota+1} + \lambda p_{\iota+1} & -1 & \cdots & 0 \\ r_{\iota+2} & q_{\iota+2} + \lambda p_{\iota+2} & \cdots & 0 \\ \cdot & \cdot & \cdot & \cdot \\ \cdot & \cdot & \cdot & \cdot \\ 0 & \cdots & r_{\varkappa-1} & q_{\varkappa-1} + \lambda p_{\varkappa-1} \end{vmatrix} \qquad (2')$$

ist ein Polynom vom Grade $\varkappa - \iota - 1$ in λ, dessen absolutes Glied den Wert $d_{\iota,\varkappa}$ hat. Der Faktor eines Gliedes λ^h besteht aus einem Produkt $p_{\alpha_1} p_{\alpha_2} \cdots p_{\alpha_h}$ (wo die α irgendwelche, zwischen ι und $\varkappa$ liegende ganze Zahlen sind) und dem zu $\alpha_1, \alpha_2, \ldots, \alpha_h$ adjungierten Hauptminor von $d_{\iota,\varkappa}$. Ein solcher Hauptminor zerfällt aber, wie man leicht sieht, in h Faktoren, deren jeder eine Determinante derselben Form ist, d. h. er ist gleich

$$d_{\iota,\alpha_1} d_{\alpha_1,\alpha_2} \cdots d_{\alpha_h,\varkappa}\,.$$

Somit wird:

(4) $$D_{\iota,\varkappa} = c_{\iota,\varkappa}^{(0)} + c_{\iota,\varkappa}^{(1)}\lambda + c_{\iota,\varkappa}^{(2)}\lambda^2 + \cdots + c_{\iota,\varkappa}^{(\varkappa-\iota-1)}\lambda^{\varkappa-\iota-1},$$

mit

(5) $$c_{\iota,\varkappa}^{(0)} = d_{\iota,\varkappa}; \quad c_{\iota,\varkappa}^{(h)} = \sum p_{\alpha_1} p_{\alpha_2} \cdots p_{\alpha_h} d_{\iota,a_1} d_{\alpha_1,\alpha_2} \cdots d_{\alpha_h,\varkappa},$$

wobei die Summe in (5) über alle ganzzahligen Wertverbindungen:

$$\iota < \alpha_1 < \alpha_2 < \cdots < \alpha_h < \varkappa$$

zu erstrecken ist. Man kann auch rekurrierend jeden Koeffizienten durch den vorangehenden ausdrücken:

(5′) $$c_{\iota,\varkappa}^{(h+1)} = \sum_{\mu=\iota}^{\varkappa} c_{\iota,\mu}^{(h)} p_{\mu} d_{\mu,\varkappa}.$$

Natürlich ist $D_{\iota,\varkappa}$ bei festem ι und variablem $\varkappa$ eine Lösung von (1′), denn aus (2′) folgt die Rekursionsformel:

(3′) $$D_{\iota,\varkappa} = (\lambda p_{\varkappa-1} + q_{\varkappa-1}) D_{\iota,\varkappa-1} + r_{\varkappa-1} D_{\iota,\varkappa-2}.$$

3. Die Randwertaufgabe. Wir wollen jetzt die Bedingung aufsuchen, unter der (1′) eine Lösung besitzt, die den Gleichungen:

(6) $$\sum_{\varkappa=\mu}^{\nu} A_\varkappa z_\varkappa = 0, \quad \sum_{\varkappa=\mu}^{\nu} B_\varkappa z_\varkappa = 0$$

genügt. Die A und B seien gegebene Größen.

Die Auflösungsdeterminante $F_{\mu,\nu}$ lautet:

(7) $$\begin{vmatrix} A_\mu & A_{\mu+1} & A_{\mu+2} & \cdots & \cdots & A_\nu \\ r_{\mu+1} & q_{\mu+1}+\lambda p_{\mu+1} & -1 & \cdots & \cdots & 0 \\ 0 & r_{\mu+2} & q_{\mu+2}+\lambda p_{\mu+2} \cdots & & \cdots & 0 \\ \cdot & \cdot & \cdot & \cdot & \cdot & \cdot \\ 0 & \cdots & & \cdots & r_{\nu-1} \; q_{\nu-1}+\lambda p_{\nu-1} & -1 \\ B_\mu & \cdots & & \cdots & B_{\nu-2} \quad B_{\nu-1} & B_\nu \end{vmatrix}$$

Entwickelt man nach Minoren der ersten und letzten Zeile, so erhält man als Faktor eines solchen Minors

(8) $$C_{\iota,\varkappa} = A_\iota B_\varkappa - A_\varkappa B_\iota \qquad (\mu \leqq \iota < \varkappa \leqq \nu)$$

eine Determinante, die folgendermaßen aussieht: Im Kern steht $D_{\iota,\varkappa}$; rechts unten eine Determinante vom Grade $\nu - \varkappa$, die in der Hauptdiagonale lauter -1 und rechts davon nur 0 enthält, also den Wert $(-1)^{\nu-\varkappa}$ besitzt; links oben eine Determinante vom Grade $\iota-\mu$, die sich ebenfalls auf ihre Hauptdiagonale, und zwar das Produkt $r_{\mu+1}r_{\mu+2}\ldots r_\iota$ reduziert. Somit gilt:

$$F_{\mu,\nu}=\sum_{\iota=\mu}^{\nu}\sum_{\varkappa=\iota}^{\nu}C_{\iota,\varkappa}R_{\mu,\iota}D_{\iota,\varkappa}, \qquad (9)$$

wenn

$$R_{\mu,\iota}=(-1)^{\iota-\mu}r_{\mu+1}r_{\mu+2}\ldots r_\iota \qquad (10)$$

gesetzt wird. Da die R und C durch (8) und (10) unmittelbar gegeben sind, braucht man nur in (9) den Wert von $D_{\iota,\varkappa}$ aus (4) einzusetzen und erhält damit $F_{\mu,\nu}$ als Polynom vom $(\nu-\mu-1)^{\mathrm{ten}}$ Grad in λ, dessen Verschwinden die notwendige Bedingung für die Lösbarkeit von (1') und (6) darstellt.

§ 2. Übergang zur Differentialgleichung.

1. Die Funktionen $u\,(s,\,x)$ und $U\,(s,\,x)$. Geleitet von der Analogie, die zwischen Differenzen- und Differentialgleichung besteht, definieren wir die folgenden beiden Funktionen zweier Variablen, entsprechend den Größen $d_{\iota,\varkappa}$ und $D_{\iota,\varkappa}$. Es soll $u(s,x)$ eine Lösung von (I) für $\lambda=0$ sein, die für $x=s$ verschwindet und hier die Ableitung $c(x)$ besitzt, also:

$$\frac{d}{dx}\left(\frac{1}{c}\frac{du}{dx}\right)=bu; \quad u(x,\,x)=0, \quad u'(x,\,x)=c(x). \qquad (11)$$

Ferner soll $U(s,\,x)$ unter denselben Anfangsbedingungen die Gleichung (I) für beliebige λ erfüllen, d. h.

$$\frac{d}{dx}\left(\frac{1}{c}\frac{dU}{dx}\right)=(\lambda a+b)U; \quad U(x,\,x)=0, \quad U'(x,\,x)=c(x). \qquad (12)$$

U hängt von λ ab und nach dem Vorhergehenden wird man vermuten, daß es sich in eine Potenzreihe entwickeln läßt:

$$U(s,\,x)=k_0(s,\,x)+\lambda k_1(s,\,x)+\lambda^2 k_2(s,\,x)+\cdots, \qquad (13)$$

deren Koeffizienten sich so darstellen (vgl. (5')):

$$k_0=u; \quad k_{h+1}(s,\,x)=\int_s^x k_h(s,\,t)\,u(t,\,x)\,a(t)\,dt \qquad (14)$$

oder unmittelbar (vgl. (5))

$$(14')\qquad k_h(s,x) =$$

$$\int_s^x\!\!\cdots\!\int a(x_1)\, a(x_2)\ldots a(x_h)\, u(s, x_1)\, u(x_1 x_2)\ldots u(x_h, x)\, dx_1 \ldots dx_h.$$

Nimmt man an, daß die Reihe (13) konvergiert und gliedweise differenziert werden darf, so bestätigt man leicht, daß sie die durch (12) definierte Funktion darstellt. Denn es folgt aus (14) mit Rücksicht auf (11):

$$\frac{d\,k_{h+1}}{d\,x} = \int_s^x k_h(s, t)\, \frac{d\,u(t, x)}{d\,x}\, a(t)\, dt,$$

$$\frac{d}{d\,x}\left(\frac{1}{c}\, \frac{d\,k_{h+1}}{d\,x}\right) = a(x)\, k_h(s, x) + \int_s^x k_h(s, t)\, \frac{d}{d\,x}\left(\frac{1}{c}\, \frac{d\,u(t,x)}{d\,x}\right) a(t)\, dt$$

$$(14'')\qquad = a(x)\, k_h(s, x) + b(x)\, k_{h+1}(s, x),$$

und wenn man dies bei Differentiation von (13) in Rechnung stellt, so ergibt sich (12).

2. Konvergenz der Reihe (13). Wir werden nun das Bestehen der Entwicklung (13) unter folgenden sehr allgemeinen Bedingungen beweisen: Es habe das ganze in Betracht kommende Intervall der x-Achse die Länge $\bar{x}$. In diesem Intervall seien a, b, c stetige Funktionen von x und es sei:

$$(15)\qquad c \neq 0; \quad |a| < \bar{a}, \quad |b| < \bar{b}, \quad |c| < \bar{c};$$

wobei $\bar{x}$, $\bar{a}$, $\bar{b}$, $\bar{c}$ beliebige positive Zahlen bedeuten.

Aus (15) folgt für die durch (11) definierte Funktion $u(s, x)$:

$$(15')\qquad |u| < \bar{u}'\,|x - s| \quad \text{mit} \quad \bar{u}' = \bar{c}\, \cos \mathrm{hyp} \sqrt{\bar{b}\,\bar{c}}\,\bar{x}.$$

Daher ist der Integrand von (14'), abgesehen vom Faktor $|\bar{a}\,\bar{u}'|^h$, kleiner als das Maximum von

$$|x_1 - s|\,|x_2 - x_1|\ldots|x - x_h|$$

und dies Maximum ist:

$$\left|\frac{x - s}{h}\right|^h < \left|\frac{\bar{x}}{h}\right|^h.$$

Daraus folgt aber:

$$(16)\qquad |k_h| < \frac{\bar{x}^h}{h!}\left(\frac{\bar{a}\,\bar{u}'\,\bar{x}}{h}\right)^h.$$

Somit konvergiert die Reihe rechts in (13), und zwar gleichmäßig für alle x des Intervalls $\bar{x}$ und für alle λ, deren Betrag unterhalb einer beliebigen Grenze $\bar{\lambda}$ liegt. In ganz derselben Weise erkennt man die gleichmäßige Konvergenz der beiden durch (14'') gegebenen Ableitungen von (13). Damit ist also das Bestehen der Entwicklung (13) bewiesen. Es ist für uns jedoch noch wichtig, einen unmittelbaren Grenzübergang von den Formeln der Differenzenrechnung zu den jetzt behandelten zu vollziehen.

3. Grenzübergang. Das Intervall $\bar{x}$, das wir uns von ganzzahligen Abszissen begrenzt denken wollen, teilen wir in gleiche Teile von der Länge $1 : n$, wo n eine beliebige positive ganze Zahl sei. Dem Teilungspunkt mit der Abszisse $\varkappa : n$ geben wir den Index $\varkappa$ und bezeichnen mit $a_\varkappa, b_\varkappa, c_\varkappa$ die Werte der Funktionen a, b, c in diesem Punkt. Dann entspricht der Gleichung (I) die Formel:

$$\frac{z_{\varkappa+1} - z_\varkappa}{c_\varkappa} - \frac{z_\varkappa - z_{\varkappa-1}}{c_{\varkappa-1}} = \frac{\lambda a_\varkappa + b_\varkappa}{n^2} z_\varkappa$$

oder:

$$z_{\varkappa+1} = \left[\frac{1}{n^2} c_\varkappa (\lambda a_\varkappa + b_\varkappa) + 1 + \frac{c_\varkappa}{c_{\varkappa-1}} \right] z_\varkappa - \frac{c_\varkappa}{c_{\varkappa-1}} z_{\varkappa-1}.$$

Dies ist eine Differenzengleichung der Form (1') mit

$$p_\varkappa = \frac{a_\varkappa c_\varkappa}{n^2}, \quad q_\varkappa = \frac{b_\varkappa c_\varkappa}{n^2} + 1 + \frac{c_\varkappa}{c_{\varkappa-1}}, \quad r_\varkappa = -\frac{c_\varkappa}{c_{\varkappa-1}}. \quad (17)$$

Nun besteht die sog. Cauchy-Lipschitzsche Methode der Integration einer Differentialgleichung in nichts anderem als in der Auflösung der zugehörigen Differenzengleichungen mit sukzessiv wachsendem n. Da mit (15) die Lipschitzschen Bedingungen für unseren Fall erfüllt sind, dürfen wir schreiben:

$$\lim_{n=\infty} \left(\frac{c_\iota}{n} d_{\iota,\varkappa} \right) = u \left(\frac{\iota}{n}, \frac{\varkappa}{n} \right); \quad \lim_{n=\infty} \left(\frac{c_\iota}{n} D_{\iota,\varkappa} \right) = U \left(\frac{\iota}{n}, \frac{\varkappa}{n} \right). \quad (18)$$

Dabei bedeuten $d_{\iota,\varkappa}, D_{\iota,\varkappa}$ die im § 1, Gl. (2) und (2') definierten Größen, gebildet mit den durch (17) gegebenen Werten. Der Grenzübergang ist so zu vollziehen, daß die Quotienten $\iota : n$ und $\varkappa : n$ konstant bleiben.

Um Gl. (13) unabhängig von den Ergebnissen des Abschn. **2** zu beweisen, haben wir noch zu zeigen, daß die Polynome, die der rechten Seite von (4) entsprechen, gegen die Potenzreihe rechts in (13) konvergieren. Nun ist leicht zu sehen, daß die Ungleichung (16) auch für die Koeffizienten der Polynome (4) gilt, wenn der durch (17) dargestellte Zusammenhang zwischen Differenzen- und Differentialgleichung besteht. Daraus folgt: man kann ein m so groß wählen, daß die ersten m Glieder eines Polynoms (4) (für beliebiges n) seinen Wert bis auf einen beliebig vorgeschriebenen Betrag $\varepsilon/3$ genau wiedergeben. Da ferner wegen (5) und (14′) jeder Koeffizient $c^{(h)}$ mit wachsendem n gegen k_h konvergiert, kann man — nachdem die Wahl von m einmal erfolgt ist — das n so groß wählen, daß der Unterschied zwischen $c^{(h)}$ und k_h kleiner als $\varepsilon/3m$ wird. Dann unterscheidet sich aber der Wert des mit dem m^{ten} Glied abgebrochenen Polynoms n^{ten} Grades um weniger als $\varepsilon/3$ von dem der m^{ten} Partialsumme der Potenzreihe und nach dem eben Gezeigten das ganze Polynom von der ganzen Potenzreihe um höchstens ε.

4. Die Randwertaufgabe. Wenn A und B stetige Funktionen der Variablen x sind und wir definieren:

$$(19) \qquad C(s, x) = A(x)B(s) - A(s)B(x),$$

so ist leicht zu erkennen, daß die Funktion

$$(20) \qquad F(x_1, x_2) = \int_{x_1}^{x_2} \int_{s}^{x_2} C(s, x)\, U(s, x)\, ds\, dx$$

durch Grenzübergang aus dem in (9) definierten Ausdruck gewonnen werden kann. Denn aus (17) folgt:

$$(21) \qquad R_{\mu, \iota} = \frac{c_\iota}{c_\mu};$$

und wenn man mit $A_\varkappa$, $B_\varkappa$ die Funktionswerte im Teilungspunkte $\varkappa$ bezeichnet, so wird:

$$(22) \qquad \lim_{n=\infty} \left[\frac{c_\mu}{n} F_{\mu, \nu} \right] = F\left(\frac{\mu}{n}, \frac{\nu}{n} \right).$$

Man hat somit in (20) die Lösung der in der Einleitung gestellten allgemeinen Randwertaufgabe eingeschlossen. Setzt man den

Wert von U aus (13) ein, so erhält man das Resultat in folgender Form: Die gesuchten λ-Werte, für die (I) und (II) eine nicht identisch verschwindende Lösung besitzen, sind die Nullstellen der Potenzreihe:

$$\left.\begin{aligned}
&F = K_0 + K_1\lambda + K_2\lambda^2 + \cdots, \\
&K_h = \int_{x_1}^{x_2}\int_{s}^{x_2} C(s,x)\,k_h(s,x)\,ds\,dx, \\
&k_0 = u, \quad k_{h+1}(s,x) = \int_{s}^{x} k_h(s,t)\,u(t,x)\,a(t)\,dt,
\end{aligned}\right\} \quad \text{(IV)}$$

wo $u(s,x)$ die durch (11) definierte, von λ unabhängige Funktion bedeutet.

Die hier gegebene Lösung des allgemeinen Randwertproblems ist jedoch nicht auf den Fall beschränkt, in dem A und B stetige Funktionen von x sind. Man kann leicht sehen, daß es wesentlich nur darauf ankommt, daß das Integral (20) existiert. Damit sind dann auch alle gewöhnlich ins Auge gefaßten Fälle von Randbedingungen erledigt.

II. Realität und Anordnung der Nullstellen.

Vorbemerkung. Von nun an setzen wir voraus, daß a, b und c reelle, stetige Funktionen seien, die den Bedingungen (15) genügen. Es darf dann $c > 0$ angenommen werden. Führt man aber anstelle von x als unabhängig Veränderliche

$$\xi = \int_{0}^{x} c\,dx \tag{23}$$

ein, so nimmt (I) die Gestalt

$$\frac{d^2z}{d\xi^2} = \left(\lambda\,\frac{a}{c} + \frac{b}{c}\right)z \tag{24}$$

an. Da wegen $c > 0$ Gl. (23) auch nach x eindeutig auflösbar ist, hat (24) (sobald auf der rechten Seite x durch ξ ersetzt wird) genau die Form der ursprünglichen Gl. (I) mit $c = 1$. Wir beschränken uns daher im folgenden, wo es sich nicht um formelmäßige Resultate, sondern um prinzipielle Fragen handelt, auf den Fall $c = 1$. Die Gl. (17), die den formalen Übergang von der Differenzen- zur Differentialgleichung vermitteln, vereinfachen sich damit auf:

$$(25) \qquad p_\varkappa = \frac{a_\varkappa}{n^2}, \quad q_\varkappa = \frac{b_\varkappa}{n^2} + 2, \quad r_\varkappa = -1.$$

Die Nullstellen in λ des Polynoms $D_{\iota,\varkappa}$ wollen wir in Anlehnung an den bestehenden Gebrauch als **Eigenwerte** der Differenzengleichung (1′) für das Intervall $\iota, \varkappa$ bezeichnen; analog die etwaigen Nullstellen der Potenzreihe $U(s, x)$ (Gl. (13)) als Eigenwerte von (I) für das Intervall s, x.

§ 3. Die Differenzengleichung.

1. Beschaffenheit der Eigenwerte. Sei zunächst

$$a \geqq 0, \quad b \geqq 0.$$

Aus der Rekursionsformel (3′), die wegen (25) jetzt lautet:

$$(26) \qquad D_{\iota,\varkappa+1} = \left(\lambda \frac{a_\varkappa}{n^2} + \frac{b_\varkappa}{n^2} + 2 \right) D_{\iota,\varkappa} - D_{\iota,\varkappa-1},$$

und aus $D_{\iota,\iota} = 0$, $D_{\iota,\iota+1} = 1$, erkennt man sofort, daß für reelles $\lambda \geqq 0$ die $D_{\iota,\varkappa}$ mit $\varkappa$ monoton wachsen. Es gibt also sicher keine positiven reellen Eigenwerte. Wir wollen beweisen: Jedes $D_{\iota,\varkappa}$ hat nur (negative) reelle, einfache Nullstellen, die sich derart separieren, daß zwischen je zwei aufeinander folgenden Nullstellen von $D_{\iota,\varkappa}$ eine und nur eine Nullstelle von $D_{\iota,\varkappa-1}$ liegt.

1. Der Satz gilt für $\varkappa = \iota + 3$. Denn man hat wegen $D_{\iota,\iota+1} = 1$:

$$D_{\iota,\iota+3} = \left(\lambda \frac{a_{\iota+2}}{n^2} + \frac{b_{\iota+2}}{n^2} + 2 \right) D_{\iota,\iota+2} - 1$$

und ersieht daraus, daß $D_{\iota,\iota+3}$, das für $\lambda = 0$ positiv ist, dort, wo $D_{\iota,\iota+2}$ verschwindet, den Wert -1 besitzt. Also liegen die beiden Eigenwerte für $(\iota, \iota+3)$ zu beiden Seiten des einzigen Eigenwertes für $(\iota, \iota+2)$, auf der negativen λ-Achse.

2. Schluß von n auf $n + 1$. Aus (26) folgt, daß $D_{\iota,\varkappa+1}$ an allen Nullstellen von $D_{\iota,\varkappa}$ das Vorzeichen von $- D_{\iota,\varkappa-1}$

hat. Gilt also der ausgesprochene Satz für einen bestimmten Index $\varkappa$, so muß zwischen je zwei aufeinander folgenden Nullstellen von $D_{\iota,\varkappa}$ eine ungerade Anzahl von Nullstellen von $D_{\iota,\varkappa+1}$ liegen. Diese Anzahl kann, des Grades wegen, höchstens einmal gleich drei, sonst immer nur eins sein. Geht man aber von $\lambda = 0$ aus, wo alle D positiv sind, so erreicht man — Gültigkeit des Satzes für $\varkappa$ vorausgesetzt — zuerst eine Nullstelle von $D_{\iota,\varkappa}$ und dann erst eine von $D_{\iota,\varkappa-1}$. Somit hat nach (26) $D_{\iota,\varkappa+1}$ einen Zeichenwechsel auch zwischen $\lambda = 0$ und dem absolut kleinsten Eigenwert für $(\iota,\varkappa)$. Es kann also die vorerwähnte Anzahl nirgends größer als 1 sein und der letzte noch freie Eigenwert für $(\iota,\varkappa+1)$ muß — da sonst die Zeichenwechsel gestört würden — jenseits unterhalb aller Eigenwerte für $(\iota,\varkappa)$ liegen.

Hat man $a \leq 0$ (bei $b \geq 0$), so ändert sich natürlich nichts an der ganzen Überlegung, als daß positive λ anstelle der negativen treten.

Den Fall, daß bei konstantem Zeichen von a (etwa $a \geq 0$) b beliebig sein Zeichen wechselt, führt man auf den früheren zurück, indem man $\lambda = \lambda_0 + \lambda'$ setzt und λ_0 — was wegen (15) immer möglich ist — so bestimmt, daß $b + \lambda_0 a \geq 0$ wird. Es sind dann alle λ' negativ reell usf.

Wenn a bei $b \geq 0$ sein Zeichen ändert, so zeigt die der durchgeführten analoge Überlegung, daß es positive und negative, aber nur reelle Eigenwerte geben kann. Die Anordnung ist die: Zwischen je zwei aufeinander folgenden Nullstellen gleichen Zeichens von $D_{\iota,\varkappa}$ liegt eine und nur eine Nullstelle von $D_{\iota,\varkappa-1}$. Außerdem existiert, wofern nicht alle Eigenwerte für $(\iota,\varkappa)$ gleiches Vorzeichen haben, ein Eigenwert für $(\iota,\varkappa-1)$, der das Vorzeichen von $a_\varkappa$ besitzt und an Absolutwert alle Eigenwerte desselben Vorzeichens für $(\iota,\varkappa)$ überragt. (Vgl. auch Fig. 1.)

Wenn nicht durchaus $b \geq 0$ ist und a sein Zeichen im Intervall wechselt, können auch komplexe Eigenwerte auftreten.

2. Oszillationstheorem. Den Zusammenhang zwischen der Anordnung der Eigenwerte und den Zeichenwechseln der Lösung vermittelt in bekannter Weise der Sturmsche Satz der

Algebra, dessen Konsequenzen man am besten der Fig. 1 entnimmt. Hier entspricht jeder horizontalen Geraden ein bestimmter $\varkappa$-Wert, und zwar von oben nach unten: $\varkappa = \iota + 1,\ \iota + 2,\ \ldots$. Nach rechts und links sind von der Achse A aus die λ-Werte

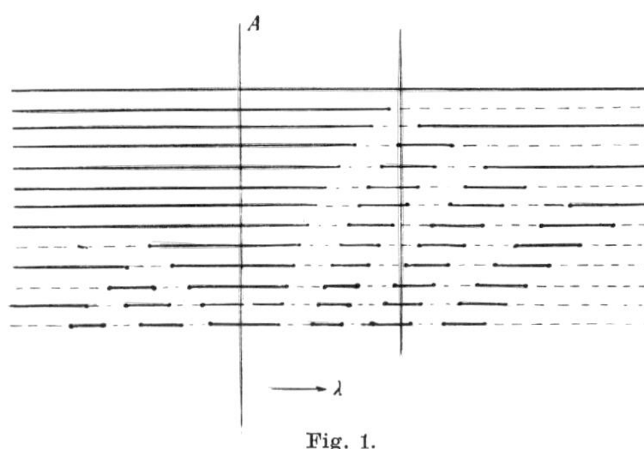

Fig. 1.

aufgetragen. Die Punkte auf jeder Geraden bezeichnen die Nullstellen der $D_{\iota,\varkappa}$, die ausgezogenen Stücke der Geraden das Gebiet, in dem $D_{\iota,\varkappa} \geqq 0$. Macht man an beliebiger Stelle einen Schnitt parallel der Achse, so sieht man sofort, wie die Anzahl der Zeichenwechsel längs dieses Schnittes mit der Anzahl der Eigenwerte zusammenhängt. Für den in der Figur dargestellten Fall: $b \geqq 0$, a beliebig, gewinnt man den Satz: Die Reihe der Polynome $D_{\iota,\varkappa}$ ($\varkappa = \iota + 1,\ \iota + 2,\ \ldots,\ \mu$), also die für $\varkappa = \iota$ verschwindende Lösung der Differenzengleichung, besitzt für irgendein λ im Intervall $(\iota,\ \mu)$ so viele Zeichenwechsel, als Eigenwerte des Intervalls $(\iota,\ \mu)$ zwischen null und dem betreffenden λ liegen.

Beachtet man, was vorhin über den Fall $b < 0$ gesagt worden ist, so gelangt man zu folgender Formulierung: Wenn $b < 0$ und a nur positive (negative) Werte hat, ist die Anzahl der Zeichenwechsel der $D_{\iota,\varkappa}$ gleich der der Eigenwerte, die größer (kleiner) als das betreffende λ sind; oder gleich der Anzahl der zwischen null und λ liegenden Eigenwerte, vermehrt um die Zahl der Zeichenwechsel der $d_{\iota,\varkappa}$ (d. i. $D_{\iota,\varkappa}$ für $\lambda = 0$).

3. Nullstellen von $F_{\mu,\nu}$. Über die Beschaffenheit der Nullstellen der in § 1, Gl. (9) definierten Polynome $F_{\mu,\nu}$ in λ lassen sich bei beliebigen $A_{\iota},\ B_{\iota}$ keine allgemeinen Aussagen machen. Die folgenden Betrachtungen führen uns aber zu einem in gewissen Fällen praktisch brauchbaren Kriterium für die Realität der Wurzeln von $F_{\mu,\nu} = 0$.

Wir setzen den Fall voraus: $b \geqq 0$, a beliebig (der Fall: b beliebig, a von konstantem Zeichen läßt sich leicht auf den andern zurückführen) und nehmen ferner an:

$$C_{\iota,\varkappa} > 0 \quad \text{für} \quad \varkappa - \iota > 0. \tag{27}$$

Dann betrachten wir die Polynome $V_{\iota,\iota+1}$, $V_{\iota,\iota+2}$, $\ldots$, $V_{\iota,\nu}$ definiert durch

$$V_{\iota,\nu} = \sum_{\varkappa=\iota}^{\nu} C_{\iota,\varkappa} D_{\iota,\varkappa}. \tag{28}$$

Trägt man für festes λ und ι die Werte von $C_{\iota,\varkappa} D_{\iota,\varkappa}$ in Gestalt einer Treppenlinie über den zugehörigen $\varkappa$-Werten auf, so stellen die $V_{\iota,\nu}$ die Flächeninhalte dar, die zwischen der Treppenlinie, der $\varkappa$-Achse und den Geraden $\varkappa = \iota$ und $\varkappa = \nu$ eingeschlossen werden. Es gilt nun der Satz, daß alle Nullstellen von $V_{\iota,\nu}$ bei festem ι, ν reell und einfach sind, wenn die zwischen zwei aufeinander folgenden Nullstellen der Treppenlinie liegenden Flächenstücke absolut genommen eine monoton wachsende Folge bilden. Denn dann haben die $V_{\iota,\varkappa}$ jedesmal einen Zeichenwechsel, wenn man von einer Nullstelle der Treppenlinie zur nächsten fortschreitet usw. Es ändert sich also bei festem ι, ν die Zahl der Zeichenwechsel in der Reihe $V_{\iota,\iota+1}$, $V_{\iota,\iota+2}$, $\ldots$, $V_{\iota,\nu}$ gerade um eins, wenn man mit λ von einem Eigenwert für das Intervall (ι, ν) zum nächsten Eigenwert gleichen Zeichens, bzw. vom absolut größten ins Unendliche fortschreitet. Nach dem Sturmschen Satz der Algebra gibt es daher so viele Nullstellen von $V_{\iota,\nu}$ als es Eigenwerte für das Intervall (ι, ν), d. i. Nullstellen von $D_{\iota,\nu}$ gibt, und da der Grad beider Polynome übereinstimmt, ist der ausgesprochene Satz bewiesen.

Der Ausdruck (9) für $F_{\mu,\nu}$ reduziert sich, weil wegen (20) und (25) $R = 1$ wird, auf:

$$F_{\mu,\nu} = \sum_{\iota=\mu}^{\nu} V_{\iota,\nu}. \tag{29}$$

Es geht also F in ähnlicher Weise aus V hervor, wie V aus D, nur daß jetzt der Faktor C wegfällt. Man hat daher, um die Realität der Wurzeln von $F_{\mu,\nu}$ zu beweisen, in analoger Weise die Fläche der Treppenlinie zu untersuchen, die durch die V-Werte gebildet wird.

§ 4. Die Differentialgleichung.

1. Grenzübergang. In § 4 ist schon die Tatsache verwertet worden, daß der Ausdruck $D_{\iota,\varkappa}/n$ (bei $c = 1$) mit unendlich wachsendem n gegen $U(s,x)$ konvergiert, wenn $s = \iota/n$ und $x = \varkappa/n$ festgehalten werden. Dieselbe Aussage läßt sich nun auch bezüglich der Ableitungen der D und U nach λ machen, also auch bezüglich der Ausdrücke:

$$(30) \qquad \frac{1}{2\pi i}\int \frac{dD_{\iota,\varkappa}}{d\lambda}\,\frac{1}{D_{\iota,\varkappa}}\,d\lambda \quad \text{und} \quad \frac{1}{2\pi i}\int \frac{dU(s,x)}{d\lambda}\,\frac{1}{U(s,x)}\,d\lambda,$$

wenn der Integrationsweg in der komplexen λ-Ebene beidemal derselbe ist. Bekanntlich liefert aber (30), über eine hinreichend kleine, geschlossene Kurve erstreckt, die Vielfachheit einer etwa im Innern der Kurve vorhandene Nullstelle von $D_{\iota,\varkappa}$ bzw. von $U(s,x)$. Daraus folgt: Nullstellen von U können nur Grenzlagen der Nullstellen von D sein. Insbesondere sind die Eigenwerte der Differentialgleichung sicher nicht komplex, wenn die der zugehörigen Differenzengleichung reell sind. Mit Rücksicht auf § 3 kann man daher aussprechen: Eigenwerte von (I) können nur reelle Zahlen sein, wenn a, b, c reelle, den Bedingungen (15) genügende, stetige Funktionen sind, und

$$(31) \qquad \begin{aligned} &\text{entweder:} \quad \frac{b}{c} \gtrless 0 \ (1.\ \text{Fall})\\ &\text{oder:} \quad a \neq 0 \ (2.\ \text{Fall}) \end{aligned}$$

im ganzen Intervall.

In gleicher Weise lassen sich die Sätze über Anordnung der Nullstellen hierher übertragen. Sei etwa $x_1 < x_2$. Dann können zwischen zwei aufeinander folgenden Nullstellen von $U(s,x_1)$ unmöglich zwei (oder gar mehr) Nullstellen von $U(s,x_2)$

liegen. Denn man könnte sonst um die vier in Betracht kommenden Punkte der reellen Achse Kreise konstruieren, die keine gemeinsamen Punkte haben und von denen die beiden äußeren Nullstellen von $D_{\iota,\,n\,x_1}$, die inneren solche von $D_{\iota,\,n\,x_2}$, bei hinreichend großem n, enthalten müßten — was aber den Ergebnissen in § 3 Abs. 1 widerspricht. Endlich bleiben auch die Beziehungen zwischen der Anordnung der Eigenwerte und den **Oszillationen der Lösung** erhalten: In den beiden eben genannten Fällen geht die Funktion $U(s, x)$ von x im Intervall (s, t) so oft durch Null, als die Zahl der zwischen Null und dem betreffenden λ liegenden Eigenwerte für das Intervall (s, t), vermehrt um die Zahl der Zeichenwechsel von $u(s, x)$ beträgt. Dabei ist u immer der Wert von U für $\lambda = 0$, die Anzahl der Nullstellen von u also immer dann Null, wenn $b/c \geq 0$ (1. Fall).

2. Existenz der Eigenwerte. Nach dem eben ausgesprochenen Satze bedarf es, um die Existenz der Eigenwerte zu beweisen, nur noch des Nachweises, daß es für jedes Intervall λ-Werte gibt, für die $U(s, x)$ beliebig oft durch Null geht. Sei nun zunächst $b \geq 0$, $c = 1$. Ferner habe a auf irgendeinem endlichen Stück von der Länge x' nur negative Werte. Dann kann man sicher ein positives λ so groß wählen, daß in dem ganzen Intervall x'

$$\lambda a + b < - m^2 \frac{\pi^2}{x'^2}, \tag{32}$$

wo m eine beliebige ganze Zahl bedeutet. Für dieses λ geht aber $U(s, x)$ innerhalb des Intervalles x' wenigstens $m - 1$ mal durch Null. Man erkennt das leicht aus dem Vergleich mit:

$$\frac{d^2 z}{d x^2} = - k^2 z, \qquad U = \frac{1}{k} \sin k(x - s). \tag{33}$$

Denn dieses U hat, wenn $k = \frac{m\pi}{x'}$ gesetzt wird, gewiß $m - 1$ Zeichenwechsel im Intervall x' und wenn man in einer Gleichung dieser Form k^2 durch eine positive Größe ersetzt, die durchwegs größer ist als k^2, so werden die Nullstellen nur dichter. Wir dürfen also aussprechen: Im 1. Falle, $b/c \geq 0$, gibt es unendlich viel positive (bzw. negative) Eigenwerte, falls a/c nur auf irgendeinem endlichen Stück des Intervalles negativ (bzw. positiv) ist.

In ganz analoger Weise lassen sich die Ergebnisse des § 3 für den 2. Fall, in dem a nirgends den Wert Null erreicht, übertragen. Wir kommen zu dem Schlusse: Wenn im 2. Falle a/c durchwegs negativ (bzw. positiv) ist, gibt es unendlich viel positive (bzw. negative) Eigenwerte, und nur soviele des entgegengesetzten Zeichens als die Funktion $u(s, x)$ von x Nullstellen im Intervall besitzt.

3. Die Nullstellen von $F(x_1, x_2)$. Das allgemeine, in der Einleitung formulierte, Randwertproblem wird durch die Aufsuchung der Nullstellen von $F(x_1, x_2)$ [vgl. (20) in § 2] erledigt. Da diese transzendente Funktion von λ sich durch einen Grenzübergang aus den Polynomen $F_{\mu, \nu}$ herleiten läßt, wie $U(s, x)$ aus den $D_{\iota, \varkappa}$, so kann man in gleicher Weise wie es oben geschehen ist, zeigen: Nullstellen von $F(x_1, x_2)$ können nur Grenzlagen der Nullstellen von $F_{\mu, \nu}$ sein. Wir verzichten hier auf den Existenzbeweis, der für unsere Anwendungen unwesentlich ist, und begnügen uns damit, das in § 3,3 abgeleitete Kriterium für die Realität der Wurzeln nutzbar zu machen.

Wir setzen wieder voraus, daß $b/c \geqq 0$, also alle Eigenwerte reell sind, und ferner

$$(34) \qquad C(s, x) > 0 \quad \text{für} \quad x > s.$$

Dann betrachten wir die Funktion:

$$(35) \qquad V(s, x_2) = \int\limits_{s}^{x_2} C(s, x)\, U(s, x)\, dx,$$

deren Nullstellen in λ sicher reell sind, wenn es die von $V_{\iota, \nu}$ in Gl. (28) sind. Da nun die $C_{\iota, \varkappa} D_{\iota, \varkappa}$ mit zunehmendem n gleichmäßig in jedem endlichen Intervall gegen $C(s, x) U(s, x)$ konvergieren, so folgt: Um die Realität der Nullstellen von $V(s, x_2)$ — bei festem s und x_2 — zu beweisen, genügt es festzustellen, daß bei festem λ und s die zwischen zwei aufeinander folgenden Nullstellen von $U(s, x)$ liegenden Flächenstücke der Kurve $U(s, x) C(s, x)$, absolut genommen (in der Richtung wachsender x) eine monoton wachsende Folge bilden. Sei z. B. $b = 0$, $a > 0$ und mit x wachsend. Dann sieht man leicht, daß die U-Kurve mit immer steiler werdenden Tangenten die x-Achse schneidet. Nun ist wegen $U'' = \lambda a U$ die Differenz der Neigungen proportional dem Integral von $a U$, also genügt es für die Realität der Wurzeln von V, daß C/a mit wachsendem x nicht abnimmt.

Aus (20) geht hervor, daß sich $F(x_1, x_2)$ in der Form:

$$F(x_1, x_2) = \int_{x_1}^{x_2} V(s, x_2)\, ds \qquad (36)$$

darstellen läßt. Man muß also bei festem λ und x_2 V als Funktion von s betrachten und feststellen, ob die Flächenstücke, die zwischen zwei in der negativen s-Richtung aufeinander folgenden Nullstellen liegen, ihrem absoluten Wert nach wachsen. Dies gibt eine hinreichende Bedingung für die Realität der Wurzeln von $F = 0$ bei festen x_1, x_2.

III. Anwendungen.

§ 5. Schwingende Saite.

1. Allgemeiner Ansatz. Bezeichnet μ die auf die Längeneinheit reduzierte Masse der Saite, S die Spannung, deren Verlauf wesentlich durch die äußeren Kräfte bedingt ist, so genügt der Ausschlag y als Funktion der Zeit t und der Abszisse x der bekannten Gleichung:

$$\mu \frac{\partial^2 y}{\partial t^2} = \frac{\partial}{\partial x}\left(S \frac{\partial y}{\partial x}\right). \qquad (37)$$

An den Enden mit den Abszissen o und l ist für alle t:

$$y(o) = y(l) = 0. \qquad (37')$$

Mit dem Ansatz

$$y = z(x) \sin \varkappa t \qquad (38)$$

erhält man aus (37):

$$\frac{d}{dx}\left(S \frac{dz}{dx}\right) = -\varkappa^2 \mu z, \qquad (39)$$

also die Gl. (I). Mit $S = $ konst. darf man schreiben:

$$a = \frac{\mu}{S}, \qquad b = 0, \qquad c = 1; \qquad \lambda = -\varkappa^2.$$

Die Definition (11) liefert dann für die Funktion $u(s, x)$ (die in gewissem Sinne bei unserer Methode die Rolle der Green-schen Funktion übernimmt):

$$(40) \qquad u(s, x) = x - s.$$

Die Koeffizienten der Potenzreihe

$$(41) \qquad U(o, l) = k_0(l) + k_1(l)\lambda + k_2(l)\lambda^2 + \cdots,$$

deren Nullstellen die negativen Quadrate der Frequenzzahlen $\varkappa$ liefern, sind nunmehr durch Quadraturen zu bestimmen. Aus (14) folgt:

$$(41') \quad k_0 = l, \quad k_1 = \int_0^l t(l-t)a(t)dt, \quad k_2 = \int_0^l k_1(t)(l-t)a(t)dt \ldots$$

Dieselbe Reihe würde man natürlich erhalten, wenn man von (39) zur entsprechenden Integralgleichung überginge und dann den Nenner der Fredholmschen Lösung durch Iteration der Kerne bildete.

Ob sich die Quadraturen in (41') in geschlossener Form durchführen lassen, hängt jetzt noch von der Funktion $a(x)$, d. h. von dem Massen- und Spannungsverlauf ab. Ist dieser einfach genug, so wird man auch allgemeine Ausdrücke für den n^{ten} Koeffizienten finden können. Dabei ist es oft vorteilhaft, zu beachten, daß die Rekursionsformel (14) sich auch in der Form einer Differentialgleichung schreiben läßt, die aus (14'') hervorgeht. In unserem Fall hat man:

$$(41'') \qquad \frac{d^2 k_{i+1}}{dl^2} = a(l)k_i$$

$$\text{mit } k_{i+1} = 0, \quad \frac{dk_{i+1}}{dl} = 0 \text{ für } l = 0.$$

Daß alle Nullstellen von (41) negative reelle Zahlen (also die $\varkappa$ reell) sind, folgt wegen $b = 0$, $a > 0$ aus den Ergebnissen der § 3 und 4.

2. Spezieller Fall. Wir spezialisieren die Untersuchung, indem wir annehmen (mit Rücksicht auf eine Anwendung im folgenden Paragraphen), es sei die Masse derart verteilt, daß μ eine lineare Funktion von x wird:

$$a = \frac{\mu}{S} = \beta + x. \tag{42}$$

Die Quadraturen, die in (41) vorkommen, sind jetzt durchwegs elementar ausführbar. Wir substituieren:

$$\frac{x}{\beta} = x'; \quad \frac{l}{\beta} = \eta, \quad \beta\sqrt[3]{\lambda} = \xi \tag{43}$$

dann lautet die Differentialgleichung mit den Randbedingungen:

$$\frac{d^2z}{dx'^2} = \xi^3(1 + x')z;$$
$$z = 0 \text{ für } x' = 0 \text{ und } x' = \eta. \tag{44}$$

Die transzendente Gleichung, deren Wurzeln die Frequenzen liefern, lautet:

$$\varkappa_0 + \varkappa_1\xi^3 + \varkappa_2\xi^6 + \varkappa_3\xi^9 + \cdots = 0, \tag{45}$$

wobei die $\varkappa$ Polynome in η sind. Sie genügen, wie aus (41″) hervorgeht, der Rekursionsformel:

$$\frac{d^2\varkappa_{i+1}}{d\eta^2} = (1 + \eta)\varkappa_i; \quad \varkappa_0 = \eta$$
$$\text{mit} \quad \varkappa_{i+1} = 0 \quad \text{und} \quad \frac{d\varkappa_{i+1}}{d\eta} = 0 \quad \text{für} \quad \eta = 0. \tag{45′}$$

Man findet daraus durch Integration:

$$\varkappa_0 = \eta$$
$$4!\,\varkappa_1 = 4\eta^3 + 2\eta^4$$
$$7!\,\varkappa_2 = 7\cdot 6\eta^5 + 7(2+4)\eta^6 + 5\cdot 2\eta^7$$
$$10!\,\varkappa_3 = 10\cdot 9\cdot 8\cdot\eta^7 + 10\cdot 9(2+4+6)\eta^8$$
$$+ 10[5\cdot 2 + 7(2+4)]\eta^9 + 8\cdot 5\cdot 2\eta^{10} \tag{45″}$$
$$13!\,\varkappa_4 = 13\cdot 12\cdot 11\cdot 10\eta^9 + 13\cdot 12\cdot 11(2+4+6+8)\eta^{10}$$
$$+ 13\cdot 12[5\cdot 2 + 7(2+4) + 9(2+4+6)]\eta^{11}$$
$$+ 13[8\cdot 5\cdot 2 + 10\{5\cdot 2 + 7(2+4)\}]\eta^{12} + 11\cdot 8\cdot 5\cdot 2\eta^{13}.$$

Rechnet man aus (45) zu jedem positiven η den absolut kleinsten (negativen) ξ-Wert, so erhält man ungefähr die

Kurve, die in Fig. 2 eingetragen ist. Aus ihr lassen sich auch die Frequenzen der höheren Schwingungen in folgender Weise entnehmen. Man fällt von dem Punkt ξ, η (η ist durch l und β, ξ

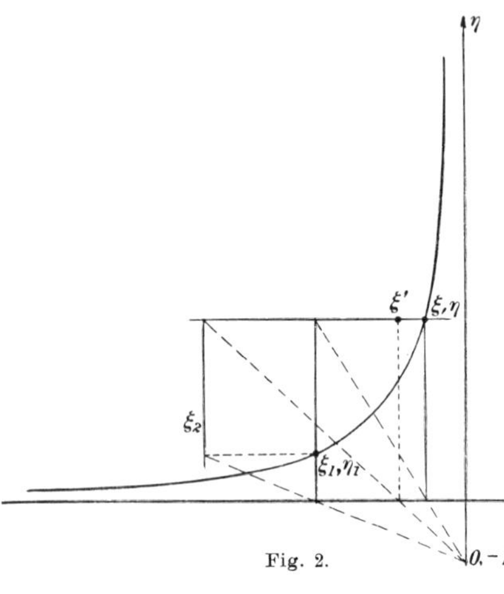

Fig. 2.

durch die Kurve bestimmt) das Lot auf die ξ-Achse, verbindet den Fußpunkt mit dem Punkt $\xi = 0$, $\eta = -1$ und schneidet die Verbindungsgerade mit der durch ξ, η gehenden Parallelen zur ξ-Achse. Dann hat der gefundene Punkt die Abszisse:

$$\xi_1 = \xi(1 + \eta) = (l + \beta)\sqrt[3]{\lambda}. \quad (46)$$

Bestimmt man hierzu die Ordinate η_1 und leitet aus ξ_1, η_1 in derselben Weise einen Punkt ξ_2, η_2 ab, so stellt ξ_2 bis auf den Faktor $\sqrt[3]{\lambda}$ die Abszisse des nächsten Knotenpunktes dar usf. Will man daher zu dem ursprünglichen η jenen Wert

$$\xi' = \beta\sqrt[3]{\lambda'}$$

haben, der dem ersten Oberton entspricht, so muß man nur ξ' in der aus der Figur kenntlichen Weise aus ξ_2 zurückkonstruieren.

3. Die Differenzengleichung als Näherungslösung.

Wir kehren nunmehr zu dem allgemeinen Fall zurück und setzen voraus, daß die Quadraturen nicht geschlossen ausführbar seien. Dann kann man natürlich zu dem Hilfsmittel der mechanischen Quadratur greifen, das völlig exakt zu rechnen gestattet, wenn alles numerisch gegeben ist. Allein wenn man bedenkt, daß es dann doch immer nur möglich ist, eine endliche Zahl von Gliedern der Potenzreihe zu berücksichtigen, so wird man es als zweckmäßiger erkennen, gleich von der Differenzengleichung statt von der Differentialgleichung auszugehen. Als Näherungswerte für λ hat man dann die Nullstellen des Polynoms D vom n-ten Grad statt der Nullstellen der mit dem n-ten Glied abgebrochenen Potenzreihe. Daß das im allgemeinen sachgemäßer

sein wird, erkennt man auch aus der folgenden kleinen Überlegung.

Die Polynome $D_{\iota,\varkappa}$ haben, wie in § 3 gezeigt, nur reelle
einfache Nullstellen, verhalten sich also in dieser Hinsicht genau
so, wie die durch die Potenzreihe dargestellte transzendente
Funktion von λ. Aber die mit einem beliebigen Glied abgebrochene Potenzreihe hat immer zumindest ein komplexes
Wurzelpaar. Denn differenziert man sie $(n-2)$ mal, so erhält man

$$\frac{n!}{2}\,k_n\,\lambda^2 + (n-1)!\,k_{n-1}\,\lambda + (n-2)!\,k_{n-2} = 0$$

und die Diskriminante dieser Gleichung zweiten Grades ist nur
positiv, wenn

$$\frac{n-1}{2\,n} > \frac{k_n}{k_{n-1}} : \frac{k_{n-1}}{k_{n-2}}.$$

Man kann nun leicht ableiten, daß der Ausdruck auf der
rechten Seite mit wachsendem n gegen 1 geht (da die k_n wesentlich fortschreiten wie die reziproken Werte von n^2), während
aus der linken Seite $1/2$ wird. Folglich können nicht alle Wurzeln
der mit dem Glied $k_n\lambda^n$ abgebrochenen Reihe reell sein — was
man z. B. an der Reihe für $\sin\sqrt{\lambda}$ unmittelbar erkennt.

Betrachten wir jetzt die Differenzengleichung:

$$z_{\varkappa+1} - \left(2 + \frac{\lambda}{n^2}\,a_\varkappa\right) z_\varkappa + z_{\varkappa-1} = 0, \tag{47}$$

die (39) entspricht, so finden wir sofort für die Auflösungsdeterminante $d_{\iota,\varkappa}$ bei $\lambda = 0$:

$$d_{\iota,\varkappa} = \varkappa - \iota, \tag{48}$$

denn dies ist die Lösung von (47) bei $\lambda = 0$, die für $\varkappa = \iota$ verschwindet und für $\varkappa = \iota + 1$ den Wert 1 besitzt. Der Rech-
nungsvorgang ist also folgender. Man teilt die Länge der Saite
in n gleiche Teile und gibt den Teilungspunkten die Indizes
$0, 1, 2 \ldots n$. Es sei $a_\varkappa$ der Wert von a im Teilungspunkt $\varkappa$.
Dann gibt es $n-1$ reelle, negative Wurzeln eines Polynoms

$$c_0 + c_1\,x + c_2\,x^2 + \cdots c_{n-1}\,x^{n-1}, \tag{49}$$

mit den Koeffizienten

$$c_0 = n, \quad c_1 = \sum_{\iota=1}^{n} \iota (n - \iota) a_\iota$$

$$(49') \qquad c_h = \sum_{(\alpha)} \alpha_1 (\alpha_2 - \alpha_1) \ldots (n - \alpha_h) a_{\alpha_1} a_{\alpha_2} \ldots a_{\alpha_h},$$

$$(0 < \alpha_1 < \alpha_2 \ldots < \alpha_h < n).$$

Diese Wurzeln sind Näherungswerte für die den ersten $n - 1$ Schwingungen entsprechenden Werte von:

$$x = - \left(\frac{\varkappa l}{n} \right)^2.$$

Um ein c_h zu berechnen, muß man, wie (49') zeigt, aus den $n - 1$ inneren Teilungspunkten des Intervalles alle Kombinationen zu h Elementen bilden und das Produkt der betreffenden a-Werte jedesmal mit dem der $h + 1$ Abstände zwischen den ausgewählten Punkten einschließlich der beiden Endpunkte des Intervalls bilden. Man sieht, daß eine Kombination von a-Werten mit um so größerem Gewicht in die Summe eintritt, einer je gleichmäßigeren Intervallteilung sie entspricht.

Einen kleinen Anhaltspunkt für den Genauigkeitsgrad der hier skizzierten Methode mag das Ergebnis in dem Falle $a = $ konst. $= 1$ bilden, für den der kleinste Wert von x gleich $- \pi^2/n^2$ sein muß. Gleichung (49) lautet für $n = 6$:

$$(50) \qquad x^5 + 10 x^4 + 36 x^3 + 56 x^2 + 35 x + 6 = 0$$

und man findet als kleinste Wurzel $x = - 0{,}268$ gegenüber $- \pi^2/36 = - 0{,}275$.

§ 6. Die Turbulenzgleichung.

1. Ansatz. Wir wählen hier als Ausgangspunkt die Gleichungen und Randbedingungen wesentlich in der Form, wie sie von A. Sommerfeld mitgeteilt wurden. Es handelt sich, wie bekannt, um die kleinen Schwingungen, die sich über den Zustand gleichförmiger Parallelbewegung einer Flüssigkeit lagern. Als Begrenzungen gelten die Ebenen $x = 0$ und $x = 1$, von denen die erste ruhend, die zweite mit der Geschwindigkeit v in der

y-Richtung bewegt sein mag. Setzt man für den „Wirbel" oder „Rotor" der Störungsbewegung

$$z(x)\,e^{i(\alpha y + \beta v t)},$$

wo t die Zeit, x, y die Koordinaten, α, β konstante Faktoren bedeuten, so erhält man aus den Grundgleichungen der Hydromechanik:[1]

$$\frac{d^2 z}{dx^2} - \alpha^2 z = \frac{vi}{\nu}(\alpha x + \beta)z, \qquad (51)$$

wenn mit ν der Zähigkeitskoeffizient bezeichnet wird. Nun ist definitionsgemäß der Rotor mit der Stromfunktion

$$Z(x)\,e^{i(\alpha y + \beta v t)}$$

durch die Beziehung[2]

$$\frac{d^2 Z}{dx^2} - \alpha^2 Z = z \qquad (52)$$

verknüpft und die Verhältnisse am Rand fordern:

$$Z = 0,\ \frac{dZ}{dx} = 0 \quad \text{für} \quad x = 0 \quad \text{und} \quad x = 1. \qquad (52')$$

Integration von (52) mit Rücksicht auf die Bedingungen an der Stelle $x = 0$ gibt:

$$Z = \frac{1}{2\alpha}\left[e^{\alpha x}\int_0^x e^{-\alpha x} z\,dx - e^{-\alpha x}\int_0^x e^{\alpha x} z\,dx\right],$$

$$\frac{dZ}{dx} = \frac{1}{2}\left[e^{\alpha x}\int_0^x e^{-\alpha x} z\,dx + e^{-\alpha x}\int_0^x e^{\alpha x} z\,dx\right].$$

Man sieht daraus, daß die Bedingungen für $x = 1$ nur erfüllt werden, wenn:

$$\int_0^1 e^{\alpha x} z\,dx = 0,\ \int_0^1 e^{-\alpha x} z\,dx = 0. \qquad (51')$$

Das sind, in unserer Auffassung, die Bedingungen, unter denen (51) zu integrieren ist. Substituiert man $x = \alpha x'$ und schreibt dann für x' wieder x, so erhält man aus (51) und (51'):

---

1) Sommerfeld, a. a. O., erste Gl. (8).
2) Ebenda, zweite Gl. (8).

$$\frac{d^2 z}{d x^2} = [1 + \lambda (x + \beta)] z$$

(53)
$$\int\limits_0^\alpha z e^x \, dx = \int\limits_0^\alpha z e^{-x} \, dx = 0$$

mit

(54)
$$\lambda = \frac{v \sqrt{-1}}{\alpha^2 v}.$$

Das ist das allgemeine mit (I), (II) in der Einleitung ausgesprochene Problem mit den besonderen Werten (III). Man sieht aus (54), daß nur Lösungen für rein imaginäre λ physikalisch möglich sind.

2. Die transzendente Gleichung. Die Funktion $u(s, x)$, die (53) für $\lambda = 0$ löst und mit $x = s$ verschwindet, während hierbei die Ableitung den Wert 1 annimmt, ist

(55) $\qquad u(s, x) = \tfrac{1}{2} \left[e^{x-s} + e^{-x+s} \right] = \sin \text{hyp.} \, (x - s),$

wofür wir der Kürze halber $\text{sh}(s - x)$ schreiben wollen. Ferner ist definitionsgemäß [vgl. (19) in § 2]:

(56) $\qquad\qquad\qquad C(s, x) = \text{sh}\,(x - s),$

wenn wir den Koeffizienten $^1/_2$, der im übrigen gleichgültig ist, hinzunehmen. Um die Koeffizienten K der Reihe (IV) in § 2 auszurechnen, ist es bequem, noch die Zwischenintegrale J_h einzuführen:

(57)
$$J_h(s, x) = \int\limits_0^x C(t, s)\, k_h(t, x)\, dt,$$

durch die sich die K dann so ausdrücken:

(58)
$$K_h = \int\limits_0^\alpha J_h(t, t)\, dt.$$

Die J sind gegeben durch:

$$J_{h+1}(s, x) = \int\limits_0^x J_h(s, t)\,(t + \beta)\, \text{sh}\,(x - t)\, dt$$

(59)
$$J_0(s, x) = \int\limits_0^x \text{sh}\,(s - t)\, \text{sh}\,(x - t)\, dt$$
$$= \text{sh}\,(x - s) - 2\,x\,\text{ch}\,(x - s) + \text{sh}\,(x + s),$$

wenn man mit ch den cos hyp bezeichnet, oder durch

$$\frac{\partial^2 J_n}{\partial x^2} - J_n = (x + \beta)\, J_{n-1}$$

$$J_n = 0, \quad \frac{\partial J_n}{\partial x} = 0 \quad \text{für } x = 0. \tag{59'}$$

Man überlegt sich leicht, daß die J die Form haben:

$$\begin{aligned}
J_n &= A_n\, \mathrm{ch}\,(x - s) + B_n\, \mathrm{sh}\,(x - s) \\
&\quad + C_n\, \mathrm{ch}\,(x + s) + D_n\, \mathrm{ch}\,(x + s),
\end{aligned} \tag{59''}$$

wo die A, B, C, D Polynome in x sind, deren Koeffizienten nur noch von β abhängen. Für diese Polynome lassen sich unmittelbar Rekursionsformeln aus (59') ableiten, nämlich (wenn die Akzente Ableitungen nach x bezeichnen):

$$A_n{}'' + 2\,B_n{}' = (x + \beta)\, A_{n-1}$$

$$B_n{}'' + 2\,A_n{}' = (x + \beta)\, B_{n-1} \quad \text{usw.}$$

Daraus gewinnt man wieder Rekursionen für die Koeffizienten der $A, B \ldots$ usw. Das Ergebnis ist, daß K die Form hat:

$$K_n = P_n\, \mathrm{ch}\, 2\alpha + Q\, \mathrm{sh}\, 2\alpha + R_n, \tag{60'}$$

wo die P, Q, R Polynome in α, β, oder besser in α und

$$\gamma = \beta + \frac{\alpha}{2}$$

sind. Für die Indizes 0, 1, 2, 3 findet man:

$$4\,P_0 = \frac{1}{2}, \quad 4\,Q_0 = 0, \quad 4\,R_0 = -\frac{1}{2} - \alpha^2;$$

$$16\,P_1 = -2\,\gamma, \quad 16\,Q_1 = \alpha\gamma, \quad 16\,R_1 = 2\,\gamma\,(\alpha^2 + 1);$$

$$64\,P_2 = \frac{21}{4} + 7\frac{\alpha^2}{8} + \gamma^2\left(\frac{15}{2} + \alpha^2\right), \quad 64\,Q_2 = -7\frac{\alpha}{2} - \frac{\alpha^3}{12} - 5\,\alpha\gamma^2$$

$$64\,R_2 = -\frac{21}{4} - \frac{35\,\alpha^2}{8} - \frac{5\,\alpha^4}{8} - \frac{\gamma^2}{2}\left(15 + 12\,\alpha^2 + \frac{2}{3}\,\alpha^3\right); \tag{60''}$$

$$256\,P_3 = -\gamma\left(75 + 17\,\alpha^2 + \frac{\alpha^4}{6}\right) - \gamma^3\,(28 + 6\,\alpha^2)$$

$$256\,Q_3 = \gamma\left(\frac{111}{2}\,\alpha + \frac{31}{12}\,\alpha^3\right) + \gamma^3\left(21\,\alpha + \frac{2}{3}\,\alpha^3\right)$$

$$256\,R_3 = \gamma\left(75 + 56\,\alpha^2 + 5\,\alpha^4 + \frac{4}{45}\,\alpha^6\right) + \gamma^3\left(28 + 20\,\alpha^2 + \frac{4}{3}\,\alpha^4\right).$$

Die gesuchte transzendente Gleichung zwischen α, β, λ lautet dann:

$$(61) \qquad K_0 + K_1 \lambda + K_2 \lambda^2 + \cdots = 0$$

mit den durch (60′) und (60″) definierten Werten der K.

3. Spezialisierung für kleine α, β. Um einen besseren Überblick über die Verhältnisse zu gewinnen, kann man die Werte der K nach den α entwickeln und die höheren Potenzen jedesmal vernachlässigen. Einfacher gelangt man zu demselben Resultat, indem man in den Ausdrücken für u und C den sinus hyp $(s-x)$ durch $s-x$ ersetzt. Damit wird man aber wieder zu der Gleichung geführt, die im zweiten Abschnitt des vorangehenden § behandelt wurde und die jetzt unter den Bedingungen

$$\int_0^\alpha z\,dx = 0, \qquad \int_0^\alpha x z\,dx = 0$$

zu integrieren ist. Ähnlich wie in (43) setzen wir:

$$(62) \qquad \beta \sqrt[3]{\lambda} = \xi, \quad \frac{\alpha}{\beta} = \eta$$

und dann werden in der transzendenten Gleichung

$$(63) \qquad \varkappa_0 + \varkappa_1 \xi^3 + \varkappa_2 \xi^6 + \cdots = 0$$

die $\varkappa$ Polynome von wachsendem Grad in η. Beachtet man, daß $J_0(s, x)$ jetzt eine lineare Funktion von s wird, so findet man leicht, daß sich die $\varkappa$ darstellen in der Form

$$(63') \qquad \varkappa_n = \alpha_n + \beta_n,$$

wo die α und β den rekurrierenden Bedingungen genügen müssen:

$$(63'') \qquad \begin{aligned} \frac{d^2}{d\eta^2}\left(\frac{1}{\eta}\frac{d\alpha_n}{d\eta}\right) &= (1+\eta)\frac{1}{\eta}\frac{d\alpha_{n-1}}{d\eta}, \\ \frac{d^3\beta_n}{d\eta^3} &= (1+\eta)\frac{d\beta_{n-1}}{d\eta} \end{aligned}$$

mit

$$\alpha, \frac{d\alpha}{d\eta}, \frac{d^2\alpha}{d\eta^2}, \beta, \frac{d\beta}{d\eta}, \frac{d^2\beta}{d\eta^2} = 0 \text{ für } \eta = 0.$$

So berechnet man für die ersten Indizes:

$$\alpha_0 = \frac{3}{4!}\,\eta^4$$

$$\alpha_1 = \frac{5}{6!}\,\eta^6 + 3\,\frac{6}{7!}\,\eta^7$$

$$\alpha_2 = \frac{7}{8!}\,\eta^8 + (3+5)\,\frac{8}{9!}\,\eta^9 + 3\cdot 6\,\frac{9}{10!}\,\lambda^{10}$$

$$\alpha_3 = \frac{9}{10!}\,\eta^{10} + (3+5+7)\,\frac{10}{11!}\,\eta^{11} + [3\cdot 6 + (3+5)\,8]\,\frac{11}{12!}\,\eta^{12}$$
$$+ 3\cdot 6\cdot 9\,\frac{12}{13!}\,\eta^{13}$$

$$. \quad . \quad . \quad . \quad . \quad . \quad . \quad . \quad . \quad . \quad . \quad . \quad . \quad . \quad . \quad . \quad . \quad . \qquad (63''')$$

$$-\beta_0 = \frac{\eta^4}{4!}$$

$$-\beta_1 = \frac{1}{6!}\,\eta^6 + 4\,\frac{\eta^7}{7!}$$

$$-\beta_2 = \frac{\eta^8}{8!} + (4+6)\,\frac{\eta^9}{9!} + 4\cdot 7\,\frac{\eta^{10}}{10!}$$

$$-\beta_3 = \frac{\eta^{10}}{10!} + (4+6+8)\,\frac{\eta^{11}}{11!} + [4\cdot 7 + (4+6)\,9]\,\frac{\eta^{12}}{12!}$$
$$+ 4\cdot 7\cdot 10\,\frac{\eta^{13}}{13!}$$

$$. \quad . \quad . \quad . \quad . \quad . \quad . \quad . \quad . \quad . \quad . \quad . \quad . \quad . \quad . \quad . \quad . \quad .$$

$$\varkappa_0 = \frac{2}{4!}\,\eta^4, \quad \varkappa_1 = \frac{4}{6!}\,\eta^6 + \frac{14}{7!}\,\eta^7, \quad \varkappa_2 = \frac{6}{8!}\,\eta^8 + \frac{54}{9!}\,\eta^9 + \frac{134}{10!}\,\eta^{10},$$

$$\varkappa_3 = \frac{8}{10!}\,\eta^{10} + \frac{132}{11!}\,\eta^{11} + \frac{784}{12!}\,\eta^{12} + \frac{1664}{13!}\,\eta^{13}.$$

Rechnet man nun aus (63) für $\eta > 0$ die kleinsten (negativen) Werte von ξ, für $\eta < 1$ die kleinsten positiven, so erhält man die beiden in Fig. 3 ausgezogenen Kurvenäste im zweiten und vierten Quadranten in der ξ-η-Ebene. Aus ihnen läßt sich noch leicht (vgl. die Konstruktion in der Figur) ein dritter Kurvenast durch die Transformation

$$\eta' = -\frac{\eta}{1+\eta}, \quad \xi' = \xi(1+\eta) \qquad (64)$$

ableiten. Man gelangt zu den Formeln (64), indem man auf die

Differentialgleichung und die Randbedingungen die Transformation

$$x' = \frac{x - \eta}{1 + \eta}$$

anwendet.

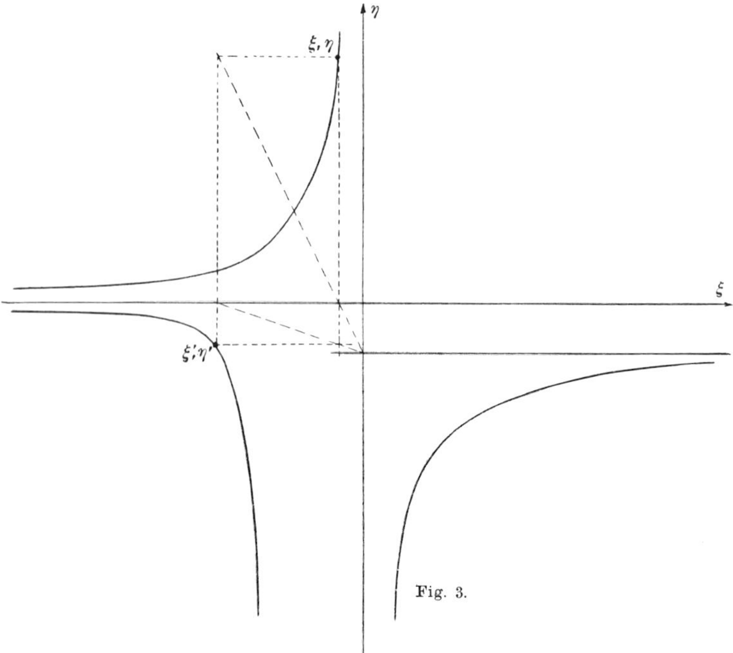

4. Realität der Nullstellen. Die in (60″) gegebenen Ausdrücke für die Koeffizienten der Potenzreihe (61), sowie die im vorstehenden entwickelten Näherungswerte gestatten schon einen gewissen Einblick in den Verlauf der Nullstellen von F. Man findet insbesondere in dieser Weise keine rein imaginäre Wurzel λ, wie sie durch die mechanische Bedeutung des Problems gefordert wird. Darüber hinaus läßt sich durch Anwendung des in den §§ 3 und 4 besprochenen Kriteriums zeigen, daß alle Nullstellen von F reell sind.

Zunächst erkennt man, daß für $C(s, x)$ an Stelle von $\operatorname{sh}(x - s)$ einfach $x - s$ substituiert werden darf, da damit das Wachsen

von C mit dem Argument $x - s$ nur abgeschwächt wird. Auf
diese Weise befreit man sich auch von der Notwendigkeit, in
der Fig. 4 einen bestimmten Maßstab für die Abszissen einzuführen. Da weiter unser Kriterium nur die Betrachtung der
Funktionen U, V, F bei konstantem λ erfordert, fällt die Untersuchung für beliebige α, β mit der dem Abschn. 3 entsprechenden für kleine α, β zusammen. Fig. 4 zeigt in der mit 1 be-

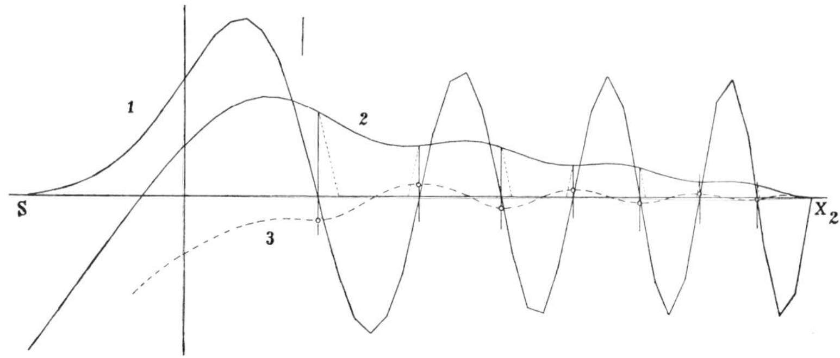

Fig. 4.

zeichneten Linie $U(s, x)$ bei festem λ und s als Funktion von x
im Intervall s, x_2 — oder eigentlich die Näherung $D_{\iota, \varkappa}$, die in
einfachster Weise aus der Differenzengleichung konstruiert wer-
den kann. Dazu ist dann das mit 2 bezeichnete Momentenpoly-
gon (in bekannter Weise mittels Krafteck und Polstrahlen) konstruiert, dessen Ordinaten für irgendeine Abszisse s das statische
Moment des rechts gelegenen Teiles der U-Linie, also

$$\int_x^{x_2} U(s, t)(t - x)\,dt$$

darstellen. Überall dort, wo $U(s, x)$ durch Null geht, erhält man
in der Ordinate der Momentenlinie, wenn sie noch durch die zugehörige Neigung der U-Linie dividiert wird, den entsprechenden Wert von $V(s, x_2)$. Die Figur läßt in hinreichend allgemeiner Weise erkennen, daß $V(s, x_2)$ als Funktion von s (Linie 3)
jedesmal einen Zeichenwechsel zwischen zwei aufeinander folgen-

den Nullstellen von U aufweist — wenigstens in dem Gebiet, in dem die U-Linie gegen die Achse konkav ist — und daß damit eine Wellenlinie entsteht, deren Wellenlänge und Amplituden nach links hin monoton wachsen. Beachtet man nun, daß in dem Gebiet, in dem U seine konvexe Seite der Achse zukehrt, höchstens eine einzige Nullstelle liegen kann, so folgt aus den Ergebnissen in § 3 und 4, daß alle Nullstellen in λ von F, höchstens bis auf eine einzige, reell sein müssen. Da es aber eine einzige komplexe Wurzel nicht geben kann, ist unsere Behauptung erwiesen. — Natürlich waren für diese Überlegungen die expliziten Berechnungen in den Abschn. **2** und **3** unnötig.

Über die Strahlenkongruenz $(2, 2)$ von Hirst.

Von

Th. Reye in Straßburg i. E.

Schneiden sich zwei Flächen zweiter Ordnung in den vier
Kanten eines windschiefen Vielseits, so bilden ihre gemeinsamen
Tangenten, wie Hirst[1]) bewiesen hat, zwei Kongruenzen zweiter
Ordnung zweiter Klasse. Diese wurden von Zeuthen[2]) als
Hirstsche Kongruenzen bezeichnet; R. Sturm[3]) hat ihnen einige
Seiten seiner „Liniengeometrie" gewidmet. Hirst bemerkt, daß
in zwei korrelativen ebenen Feldern ∞^2 Paare sich schneidender
Strahlen vorkommen, von denen jeder den dem anderen Strahl
entsprechenden Pol enthält; seine Kongruenz besteht aus den Geraden, auf denen diese ∞^2 Polpaare liegen. Zeuthen und Sturm
definieren die Hirstsche als eine solche Kongruenz zweiter Ordnung zweiter Klasse, die vier Doppelstrahlen hat. Wir wählen
einen anderen Ausgangspunkt als die genannten Autoren, um
neben den wichtigeren bekannten einige neue Eigenschaften der
Hirstschen Kongruenz abzuleiten.

1. Der Tangentenkomplex einer Fläche F^2 zweiten Grades
hat mit einem linearen Komplex Γ eine Strahlenkongruenz $(2, 2)$
zweiter Ordnung zweiter Klasse gemein. Die zwei durch einen
Punkt P gehenden Strahlen der Kongruenz liegen in der Nullebene π von P in bezug auf Γ und berühren die Fläche in zwei

---

1) Hirst in Cremona et Beltrami, Collectanea mathematica, Mai-
land 1881, S. 64, 65.

2) Zeuthen in den Math. Annalen, Bd. **26**, S. 261.

3) Sturm, Liniengeometrie II, S. 208—213 (Leipzig 1893).

Punkten der Geraden $\pi\pi_1$, in der π und die Polarebene π_1 von P bezüglich F^2 sich schneiden. Sie fallen zusammen, wenn entweder der Punkt P auf F^2 liegt, oder wenn seine Nullebene π die Fläche F^2 berührt. Im letzteren Falle liegt P auf der Fläche F_1^2 zweiten Grades, die der Fläche F^2 durch den linearen Komplex Γ und die zugehörige Nullkorrelation zugeordnet ist. Also:

„Die ∞^2 in dem linearen Komplex Γ enthaltenen Tangenten der Fläche F^2 zweiten Grades bilden eine Kongruenz $(2, 2)$ zweiter Ordnung zweiter Klasse, deren Brennfläche in F^2 und eine andere Fläche F_1^2 zweiten Grades zerfällt. Die Flächen F^2, F_1^2 sind durch Γ einander zugeordnet.“

Diese Kongruenz $(2, 2)$ ist eine Hirstsche. Den Spezialfall, in welchem F^2 eine Kegelfläche ist, und also F_1^2 in einen Kegelschnitt ausartet, schließen wir hiermit aus.

2. Jede der beiden Flächen F^2, F_1^2 wird von den Nullebenen der Punkte der anderen umhüllt. Ist P ein Punkt von F^2, und π_1 seine Berührungsebene, so berührt die Nullebene π von P die Fläche F_1^2 in dem Nullpunkte P_1 von π_1; die Gerade $\pi\pi_1 = PP_1$ aber ist ein Strahl des Komplexes Γ und berührt F^2 in P und F_1^2 in P_1. Die Flächen F^2, F_1^2 sind nicht nur korrelativ, indem jedem Punkte P von F^2 eine Berührungsebene π von F_1^2 als Nullebene durch Γ zugeordnet ist; sie sind auch kollinear, indem jedem Punkte P von F^2 der Berührungspunkt P_1 seiner Nullebene π auf F_1^2 entspricht. Ihre Kollineation resultiert aus der polaren Korrelation φ, deren Inzidenzfläche F^2 ist, und der durch Γ bestimmten Nullkorrelation ν. Kurz:

„Die Flächen F^2, F_1^2 sind kollinear und erzeugen die Kongruenz $(2, 2)$; in ihren homologen Punkten werden sie von je einem Strahle der Kongruenz berührt“ (Zeuthen).

3. Durch die polare Korrelation φ von F^2 wird Γ in einen linearen Komplex Γ_1 transformiert.[1]) Die lineare Kongruenz L, welche Γ_1 mit Γ gemein hat, ist für F^2 polar-invariant, ihre

---

1) Nur dann fällt Γ_1 mit Γ zusammen, wenn ∞^1 Strahlen von Γ auf F^2 liegen (vgl. Reye, Geometrie der Lage, 4. Aufl., II, S. 117). Von diesem Falle sehen wir hier ab.

Strahlen werden durch φ paarweise einander zugeordnet als reziproke Polaren bezüglich der Fläche F'^2.

Aus φ und der zu Γ gehörigen Nullkorrelation ν resultiert eine Kollineation $\varphi\nu$, die wie φ die Strahlen der Kongruenz L paarweise einander zuordnet und wie ν die Fläche F^2 in F_1^2 transformiert. Sie ist halbgeschart[1]), d. h. ihre zweite Potenz $(\varphi\nu)^2$ ist geschart, indem für $(\varphi\nu)^2$ jeder Strahl der linearen Kongruenz L invariant ist. Wenn die Kongruenz L hyperbolisch ist, so sind ihre zwei Leitgeraden reziprok polar bezüglich F^2 und durch Γ einander zugeordnet. In ihren vier Schnittpunkten mit F^2 wird die Fläche F^2 von je ∞^1 Strahlen der Kongruenz (2, 2) und auch von F_1^2 berührt; die Flächen F^2, F_1^2 schneiden sich folglich in den übrigen vier Verbindungsgeraden dieser Punkte. Jede der vier Geraden ist auch in L und Γ enthalten, also invariant für φ, ν und die Kollineation $\varphi\nu$; sie verbindet ∞^1 Paar homologe Punkte der kollinearen Flächen F^2, F_1^2 und ist demnach ein „Doppelstrahl“ der von ihnen erzeugten Kongruenz (2, 2).

4. Zwei in bezug auf F^2 polare windschiefe Strahlen von Γ sind allemal die Involutionsachsen einer gescharten, mit φ und ν vertauschbaren Involution, für welche F^2 und Γ invariant sind. Hieraus folgt:

„Es gibt ∞^2 gescharte Involutionen, für welche F^2 und Γ, also auch die Hirstsche Kongruenz (2, 2) und der andere Teil F_1^2 ihrer Brennfläche invariant sind. Ihre Involutionsachsen bestehen aus je zwei reziproken Polaren bezüglich F^2 und F_1^2, sie bilden die lineare Kongruenz L (Nr. 3), und diese ist außer für F^2 auch für F_1^2 polar-invariant.“

5. Durch die Kollineation $\varphi\nu$ sind die Achsen von jeder dieser ∞^2 Involutionen einander zugeordnet (Nr. 3). Schneidet eine von ihnen die Fläche F^2 in A und B, so hat die andere mit F_1^2 die entsprechenden Punkte A_1, B_1 gemein, und die Strahlen AA_1, BB_1 sind in der Kongruenz (2, 2) enthalten. Zugleich mit ihnen sind AB_1 und BA_1 gemeinsame Tangenten von

---

1) Vgl. Math. Annalen **43**, S. 164.

F^2 und F_1^2; denn weil AB und A_1B_1 bezüglich beider Flächen reziprok-polar sind, so gehen die Berührungsebenen von F^2 in A und B durch A_1B_1, und die von F_1^2 in A_1 und B_1 durch AB. Also:

„Es gibt ∞^2 windschiefe Vierseite, deren Kanten die Flächen F^2, F_1^2 in je zwei der Eckpunkte berühren, und deren Diagonalen in der linearen Kongruenz L enthalten und bezüglich beider Flächen reziprok-polar sind. Die Hirstsche Kongruenz (2, 2) enthält von ihnen je zwei Gegenkanten.“

Die übrigen Gegenkanten der ∞^2 Vierseite bilden, wie hernach (Nr. 10) sich ergibt, eine zweite Hirstsche Kongruenz.

6. Wir nehmen zunächst an, die lineare Kongruenz L sei nicht parabolisch. Sie besteht dann aus den Doppelstrahlen einer durch sie bestimmten gescharten Involution λ (G. d. L.[1]) II, S. 129). Diese λ ist mit der Nullkorrelation ν von Γ und der polaren Korrelation φ von F^2 vertauschbar (G. d. L. III, S. 179), für sie ist also die Fläche F^2 invariant. Aber alle reellen, für eine elliptische Involution invarianten Flächen zweiten Grades sind Regelflächen (G. d. L. II, S. 86). Die Involution λ und die lineare Kongruenz L sind folglich hyperbolisch, wenn F^2 keine Regelfläche sondern etwa ein Ellipsoid ist. Nur eine der zwei Leitgeraden u, u_1 von L, die ja für F^2 reziproke Polaren sind (Nr. 3), schneidet dann die Fläche F^2 in reellen Punkten, und es ergibt sich (vgl. Nr. 3):

„Ist die Fläche F^2 keine Regelfläche, so wird sie von F_1^2 in zwei reellen und zwei konjugiert imaginären Punkten berührt, die auf den reellen Leitgeraden u, u_1 der linearen Kongruenz L liegen. Sie hat mit F_1^2 die vier imaginären, von u und u_1 verschiedenen Verbindungsgeraden dieser vier Punkte gemein.“

7. Ist F^2 eine Regelfläche zweiten Grades, so sind die Strahlen von jeder ihrer zwei Regelscharen involutorisch gepaart durch die gescharte Involution λ. Nur eine dieser involutorischen

---

1) Mit „G. d. L.“ zitieren wir die 4. Aufl. von „Reye, Geometrie der Lage“.

Regelscharen hat reelle Doppelstrahlen, wenn λ elliptisch ist; dagegen hat entweder jede oder keine von ihnen zwei reelle Doppelstrahlen, wenn λ hyperbolisch ist (G. d. L. II, S. 86). Die zwei Paar Doppelstrahlen der Regelscharen aber sind als solche von λ in der Kongruenz L und damit in Γ enthalten, sie sind nullinvariant für Γ und folglich gemeinsame Strahlen der Flächen F^2, F_1^2. Wir unterscheiden hiernach folgende drei Fälle:

1. Die Fläche F^2 hat mit dem linearen Komplex Γ und der Fläche F_1^2 die Kanten eines reellen windschiefen Vierseits gemein; die Kongruenz L ist hyperbolisch und hat die Diagonalen des Vierseits zu Leitgeraden.
2. Die Regelfläche F^2 hat mit Γ und F_1^2 zwei Paar konjugiert imaginäre Gerade zweiter Art gemein; die Kongruenz L ist hyperbolisch, ihre zwei Leitgeraden liegen auf verschiedenen Seiten von F^2 und enthalten die zwei Paar konjugiert-imaginären Berührungspunkte der Flächen F^2, F_1^2.
3. Die Fläche F^2 hat mit Γ und F_1^2 zwei reelle windschiefe Strahlen und zwei konjugiert-imaginäre zweiter Art gemein; die beiden reellen Strahlen enthalten die zwei Paar konjugiert-imaginären Berührungspunkte von F^2 und F_1^2, die Kongruenz L aber ist elliptisch.

8. Eine hyperbolische lineare Kongruenz geht in eine parabolische über, wenn ihre zwei Leitgeraden zusammenfallen. Ist die Kongruenz L parabolisch, hat sie also nur eine Leitgerade u, so ist u polar-invariant für F^2 und F_1^2, und diese Flächen berühren sich längs der Geraden u. Doch gibt es auf u nur zwei reelle oder konjugiert-imaginäre Punkte, deren Berührungsebenen mit ihren Nullebenen bezüglich des Komplexes Γ zusammenfallen. Durch sie gehen zwei Gerade, in denen sich F^2 und F_1^2 schneiden (vgl. Nr. 7).

9. Die Ergebnisse der Nr. 3, 6, 7, 8 lassen sich zu folgendem Satze zusammenfassen:

„Die Flächen F^2, F_1^2 haben miteinander und mit dem linearen Komplex Γ die vier Seiten eines reellen oder imaginären windschiefen Vierseits gemein (Hirst) und berühren sich in seinen vier Eckpunkten. Ist die lineare Kongruenz parabolisch, so artet das Vierseit aus, indem von ihm zwei Gegenseiten zusammenfallen."

10. Wir nehmen wieder an, die lineare Kongruenz L (Nr. 3) sei nicht parabolisch. Da die zugehörige gescharte Involution λ mit der durch Γ bestimmten Nullkorrelation ν vertauschbar ist (Nr. 6), so resultiert aus λ und ν eine mit ihnen vertauschbare Nullkorrelation $\lambda\nu = \nu'$ (G. d. L. III, S. 197, 204). Diese transformiert wie ν die Flächen F^2, F_1^2 ineinander. Denn durch λ geht jeder Punkt P in einen Punkt P' über, der mit P auf einem Strahle der Kongruenz L liegt, und durch ν wird P' in seine durch PP' gehende Nullebene π' transformiert; durch $\lambda\nu = \nu'$ wird also P in die mit P inzidente Ebene π' übergeführt, und wenn P und damit auch P' auf F^2 liegt, berührt π' die Fläche F_1^2. Der lineare Komplex Γ' der Nullstrahlen von ν' ist für Γ null-invariant und hat mit Γ die Kongruenz L gemein. Die ∞^2 in Γ' enthaltenen Tangenten von F^2 bilden wie die in Γ enthaltenen eine Kongruenz zweiter Ordnung zweiter Klasse und berühren wie sie zugleich F_1^2. Kurz:

„Die Kongruenz $(4, 4)$ der gemeinsamen Tangenten von F^2 und F_1^2 zerfällt in zwei Hirstsche Kongruenzen zweiter Ordnung zweiter Klasse. Diese sind in zwei füreinander null-invarianten linearen Komplexen Γ, Γ' enthalten, und ihre gemeinsame Brennfläche zerfällt in die zwei Flächen F^2, F_1^2 zweiten Grades."

11. Ist die Kongruenz L hyperbolisch, so schneiden ihre zwei Leitgeraden u, u_1 einen Strahl von L und seine Polare bezüglich F^2 in den vier Eckpunkten eines Polartetraeders von F^2 und F_1^2. Die Flächen F^2, F_1^2 haben demnach ∞^2 gemeinsame Polartetraeder, die u und u_1 zu zwei Gegenkanten haben, und jeder Punkt A von u oder u_1 hat bezüglich der Flächen eine und dieselbe durch u_1 bezw. u gehende Polarebene α.

Die perspektive Involution, welche A zum Zentrum und α zur Involutionsebene hat, transformiert folglich jede der Flächen F^2, F_1^2 in sich selbst, die beiden Kongruenzen $(2, 2)$ ihrer gemeinsamen Tangenten aber nebst den zwei linearen Komplexen Γ, Γ' ineinander. Also:

„Wenn die Kongruenz L hyperbolisch ist, gibt es ∞^1 perspektive Involutionen, welche die linearen Komplexe Γ, Γ' und zugleich die zwei Kongruenzen (2, 2) der gemeinsamen Tangenten von F^2 und F_1^2 ineinander transformieren, die Flächen F^2, F_1^2 aber in Ruhe lassen. Jeder nicht auf F^2 gelegene Punkt der Leitgeraden u, u_1 von L ist das Zentrum, seine Polarebene bezüglich F^2 ist die Involutionsebene von einer dieser Involutionen.“

12. Den Flächen F^2, F_1^2 können, wie sich hieraus folgern läßt, ∞^1 einschalige Hyperboloide umbeschrieben werden, deren Regelscharen in je einer der zwei Kongruenzen (2, 2) enthalten sind. Jedes der Hyperboloide berührt F^2 und F_1^2 längs zwei Kegelschnitten, deren Ebenen sich entweder in u oder in u_1 schneiden. Die ∞^1 Hyperboloide bilden demnach zwei Reihen; durch eine gemeinsame Tangente von F^2 und F_1^2 gehen zwei von ihnen, und diese schneiden sich in den Kanten eines windschiefen Vierseits, dessen zwei Paar Gegenkanten in je einer der zwei Kongruenzen (2, 2) enthalten sind. Die zwei Paar Gegenpunkte des Vierseits liegen auf je einer der Flächen F^2, F_1^2, und seine Diagonalen sind bezüglich F^2 und F_1^2 reziproke Polaren und Strahlen der Kongruenz L (vgl. Nr. 5).

13. Sind zwei Flächen F^2, F_1^2 gegeben, welche die Kanten eines windschiefen Vierseits miteinander gemein haben, so bestimmen sie eine die vier Kanten enthaltende lineare Kongruenz L. Verbindet man die Kongruenz L mit einer nicht in ihr enthaltenen gemeinsamen Tangente von F^2 und F_1^2 durch einen linearen Komplex Γ, so sind F^2 und F_1^2 durch Γ einander zugeordnet, und Γ enthält eine der zwei Hirstschen Kongruenzen (2, 2), die von den gemeinsamen Tangenten der beiden Flächen gebildet werden. Aber haben denn F^2 und F_1^2 allemal ∞^2 reelle Tangenten gemein? Diese Frage muß verneint werden, der Satz von Hirst bedarf deshalb eines Zusatzes.

Zwei Rotationsflächen zweiten Grades nämlich haben die Kanten eines imaginären windschiefen Vierseits miteinander gemein, wenn sie sich in zwei reellen Punkten ihrer Rotationsachse u berühren. Die vier Kanten verbinden die zwei Punkte mit den unendlich fernen Kreispunkten der zu u normalen Ebenen; die Kongruenz L aber besteht aus den ∞^2 Strahlen, welche u rechtwinklig schneiden. Die gemeinsamen Tangenten der beiden Flächen bilden zwei rotatorische Hirstsche Kongruenzen (2, 2), wenn die eine Fläche ein Ellipsoid, die andere ein Hyperboloid ist. Sind aber beide Flächen Ellipsoide oder sind sie beide Hyperboloide, so schließt die eine Fläche die andere ein, und sie haben alsdann keine anderen reellen Tangenten miteinander gemein, als die ∞^1 Tangenten ihrer zwei reellen Berührungspunkte.

Straßburg, 12. Juni 1911.

Über die Erzeugung der Flächen 2. Grades durch korrelative Bündel.

Von

F. Schur in Straßburg i. E.

Während die projektive Beziehung zwischen den einen gegebenen Kegelschnitt erzeugenden Strahlenbündeln vollständig bestimmt ist, sobald die Zentren der Büschel auf dem Kegelschnitte angenommen sind, gilt bekanntlich nicht das Gleiche in Bezug auf die Korrelation der eine gegebene Fläche 2. Grades $\mathfrak{F}$ erzeugenden Bündel. Sind S und S' die auf der Fläche $\mathfrak{F}$ angenommenen Zentren der Bündel, so ist die Korrelation der $\mathfrak{F}$ erzeugenden Bündel erst bestimmt, sobald irgend einem Strahle SP (P auf $\mathfrak{F}$) irgend eine Ebene durch $S'P$ als entsprechend zugewiesen ist. Wenn auch die jedem Strahle durch S hiernach entsprechende Ebene durch S' mit elementaren Mitteln gefunden werden kann[1]), so fehlt es doch an einer einfachen geometrischen Verbindung aller dieser zu zwei Punkten S und S' von $\mathfrak{F}$ gehörigen Korrelationen. Ein solches Band liefern gewisse zu diesen Korrelationen gehörige Nullsysteme. Das jeder Korrelation zugehörige Nullsystem ordnet nämlich jedem Punkte P des Raumes diejenige Ebene zu, welche ihn mit der Schnittlinie der den Strahlen SP und $S'P$ in dem jedesmaligen andern Bündel entsprechenden Ebene verbindet. Daß durch diese Zuordnung ein Nullsystem entsteht, hat zwar schon R. Sturm auf S. 207

---

1) Vgl. z. B. H. Schröter, Theorie der Oberflächen 2. Ordnung, Leipzig, Teubner 1880, S. 461.

des II. Bandes seiner Lehre von den geometrischen Verwandt-schaften (Leipzig, Teubner 1908) angegeben, er hat aber dort weder diese Angabe vollständig bewiesen, noch hat er die Be-ziehung aller dieser zu zwei Punkten S und S' von $\mathfrak{F}$ gehörigen Nullsysteme unter einander untersucht noch ihre Verwendung zur Konstruktion der Korrelationen. Diese Untersuchung soll in dem Folgenden nachgeholt werden und zwar zuerst auf syn-thetischem und dann auf analytischem Wege.

I.

Daß die in der Einleitung beschriebene Zuordnung die eines Nullsystems oder linearen Strahlenkomplexes ist, erkennt man am schnellsten, wenn man den Punkt P irgend eine Ebene ε beschreiben läßt. Auf ihr schneiden die beiden Bündel zwei kor-relative Felder aus. Verbindet man daher in ihr jeden Punkt $P = Q'$ mit dem Schnittpunkte der ihm in doppeltem Sinne entsprechenden Geraden p' und q, so gehen alle diese Ver-bindungslinien durch einen festen Punkt E, dem in doppeltem Sinne dieselbe Gerade entspricht (s. Schröter, a. a. O. S. 437 und Journal f. Math. Bd. 77, S. 105). Ordnen wir daher jedem Punkte P von ε die Ebene π zu, die ihn mit der Schnitt-linie der den Strahlen SP und $S'P$ in dem jedesmaligen andern Bündel entsprechenden Ebenen verbindet, so gehen alle diese Ebenen durch einen festen Punkt E von ε. Bewegt sich P in einer Geraden g, so enthalten die Ebenen π alle die festen Punkte der g enthaltenden Ebenen ε, laufen also durch eine feste Achse h (vgl. hierzu Schröter, a. a. O. S. 499). Dem-nach ist unsere Zuordnung eine solche, daß jeder geraden Punkt-reihe ein ihm perspektives Ebenenbüschel entspricht, sie ist also eine Korrelation des Raumes. Im besonderen sehen wir, daß dem Punkte E, durch den alle den Punkten P einer Ebene ε zugeordneten Ebenen laufen, die Ebene ε selbst zugeordnet ist, weil nach dem Obigen in der durch die beiden Bündel auf ε her-vorgerufenen Korrelation dem E eine und dieselbe Gerade in doppeltem Sinne entspricht. Durch den Nachweis unserer Zu-ordnung als einer räumlichen Korrelation ist auch für die Punkte von $\mathfrak{F}$ selbst die in der ursprünglichen Definition liegende Unbestimmtheit der ihnen entsprechenden Ebenen aufgehoben. Hierbei ist nur noch zu zeigen, daß die durch die Korrelation einem Punkte P von $\mathfrak{F}$ zugeordnete Ebene auch die Schnittlinie p der den Strahlen SP und $S'P$ in dem jedesmaligen andern Bündel entsprechenden Ebenen enthält. Das geht aber daraus hervor, daß die Nullebene irgend eines Punktes Q von p durch P laufen muß, weil die den Strahlen SQ und $S'Q$ in dem jedesmaligen andern Bündel entsprechenden Ebenen $S'P$ resp. SP enthalten müssen.

Ist Q ein Punkt der Tangentialebene von S oder S', so geht seine Nullebene durch S resp. S', weil den Strahlen SQ resp. $S'Q$ im andern Bündel Ebenen durch SS' entsprechen. Demnach sind diese Tangentialebenen die Nullebenen von S und S', und der zu dem Nullsystem gehörige lineare Strahlenkomplex enthält die lineare Strahlenkongruenz, deren Leitlinien SS' und die reziproke Polare s von SS' für die Fläche $\mathfrak{F}$ ist.

Bedenken wir nun, daß nach einem Satze von Schröter (a. a. O. S. 496) die Polarebene jedes Punktes P für $\mathfrak{F}$ die harmonische Ebene der Nullebene von P in Bezug auf die beiden Ebenen ist, die den Strahlen SP und $S'P$ in dem jedesmaligen andern Bündel entsprechen, so ist die Korrelation zwischen den beiden Bündeln bekannt, sobald wir uns das Polarsystem von $\mathfrak{F}$ und das Nullsystem gegeben denken. Als das Nullsystem können wir hierbei dasjenige wählen, welches zu irgend einem linearen Strahlenkomplexe des Büschels durch die lineare Strahlenkongruenz mit den Leitlinien SS' und s gehört. Es ist in der Tat zunächst leicht zu sehen, daß die hiernach einem Strahle SP zugehörige Ebene, nämlich die Ebene durch S' und die Schnittlinie p der Polarebene und der Nullebene von P, sich nicht ändert, wenn P den Strahl SP beschreibt. Dann beschreiben nämlich die Polarebene und die Nullebene von P zwei perspektive Ebenenbüschel, weil die Polar- und die Nullebene von S zusammenfallen, und das durch diese beiden Ebenenbüschel erzeugte Strahlenbüschel enthält S' als einen gemeinsamen Punkt der Polar- und der Nullebene des Schnittpunktes von SP mit der Tangentialebene von S'. Ebenso erkennt man, daß p die eine Erzeugung einer S und S' enthaltenden geradlinigen Fläche 2. Grades beschreibt, sobald P sich auf irgend einer Geraden bewegt, daß also, wenn SP ein Strahlenbüschel beschreibt, $S'p$ ein dazu projektives Ebenenbüschel um die Gerade durch S' der andern Erzeugung durchläuft. Daß die so mit Hilfe des Nullsystems korrelativ auf einander bezogenen Bündel durch S und S' die gegebene Fläche $\mathfrak{F}$ erzeugen, ist ja selbstverständlich

Wählen wir der Reihe nach die Nullsysteme, die allen linearen Strahlenkomplexen durch die lineare Strahlenkongruenz mit den Leitlinien SS' und s zugehören, so erhalten wir alle Korrelationen der beiden Bündel, die die Fläche $\mathfrak{F}$ erzeugen. Ist der Komplex im besonderen ein spezieller mit der Achse s, so daß jedem Punkte P die Nullebene Ps entspricht, so ist jedem Strahle SP die Ebene durch S' und die Polare von P für den in der Ebene Ps enthaltenen Kegelschnitt von $\mathfrak{F}$ zugeordnet. Diese einfachste die $\mathfrak{F}$ erzeugende Korrelation der beiden Bündel ist eine projektive Verallgemeinerung der elementaren Erzeugung der Kugelfläche durch zwei Bündel, deren Zentren die Endpunkte eines Durchmessers sind, wenn jedem Strahle die auf ihm senkrechte Ebene zugeordnet wird. Wählen wir den speziellen Komplex, dessen Achse SS' selbst ist, so entsteht die ausgeartete Korrelation, bei der jedem Strahle eine ihn enthaltende Ebene entspricht.

Wir erhalten daher das Resultat:

Sollen zwei Bündel (S) und (S'), deren Zentren S und S' der Fläche 2. Grades $\mathfrak{F}$ angehören, so korrelativ bezogen werden, daß sie $\mathfrak{F}$ erzeugen, so wähle man irgend ein Nullsystem, für das SS' und die reziproke Polare s von SS' für $\mathfrak{F}$ konjugiert sind, und ordne jedem Strahle SP die Ebene durch S' und die Schnittlinie der Polar- und der Nullebene von P zu. Besteht der dem Nullsystem zugehörige lineare Strahlenkomplex aus den s treffenden Geraden, so wird jede Ebene durch s von einem Strahle und der ihm korrelativen Ebene in

dem Pole und seiner Polare für den in der Ebene enthaltenen Kegelschnitt von $\mathfrak{F}$ getroffen.

Wir bemerken noch, daß, wenn die Fläche $\mathfrak{F}$ gegeben ist,
der lineare Komplex, von Realitätsbedingungen abgesehen, ein
ganz beliebiger sein kann. Denn ein Polar- und ein Nullsystem
haben stets ein gemeinsames Paar reeller einander konjugierter
Geraden. Enthält $\mathfrak{F}$ keine Geraden, so trifft stets eine Gerade
dieses Paares die $\mathfrak{F}$ in zwei reellen Punkten S und S', ist hingegen $\mathfrak{F}$ geradlinig, so können auch die Schnittpunkte beider
Geraden imaginär sein.

II.

Da unsere synthetischen Entwicklungen einige Sätze von
H. Schröter benutzen, deren vollständiger Beweis nicht ganz
kurz ist, so wollen wir im Interesse eines allgemeineren Ver-
ständnisses eine analytische Begründung hinzufügen, die keiner-
lei Voraussetzungen macht. Verstehen wir unter x_1, x_2, x_3, x_4
die homogenen Koordinaten eines Punktes und setzen:

$$\alpha_1 x_1 + \alpha_2 x_2 + \alpha_3 x_3 + \alpha_4 x_4 = \alpha_x, \text{ usw.,}$$

so kann man die Korrelation der beiden Bündel:

$$\lambda \alpha_x + \mu \beta_x + \nu \gamma_x = 0, \tag{1}$$
$$\lambda' \alpha_x' + \mu' \beta_x' + \nu' \gamma_x' = 0, \tag{2}$$

stets als durch die Beziehung:

$$\lambda \lambda' + \mu \mu' + \nu \nu' = 0 \tag{3}$$

vermittelt annehmen. Hierbei entspricht nämlich jeder Ebene
(1) die Schnittlinie der drei Ebenen:

$$\mu \gamma_x' - \nu \beta_x' = 0, \quad \nu \alpha_x' - \lambda \gamma_x' = 0, \quad \lambda \beta_x' - \mu \alpha_x' = 0, \tag{4}$$

und entsprechend umgekehrt. Es entsprechen also den vier
Ebenen:

$$\alpha_x = 0, \quad \beta_x = 0, \quad \gamma_x = 0 \text{ und } \alpha_x + \beta_x + \gamma_x = 0$$

die vier Strahlen:

$$\beta_x' = 0, \gamma_x' = 0; \quad \gamma_x' = 0, \alpha_x' = 0; \quad \alpha_x' = 0, \beta_x' = 0$$
$$\text{und } \gamma_x' - \beta_x' = 0, \quad \alpha_x' - \gamma_x' = 0, \quad \beta_x' - \alpha_x' = 0;$$

wo auch die vierten Elemente in ihrem Bündel beliebig gewählt werden können, weil man die linearen Funktionen α_x, usw. noch je mit beliebigen Faktoren multiplizieren kann. Da sich aus (4):

$$(5) \qquad \lambda : \mu : \nu = \alpha_x' : \beta_x' : \gamma_x'$$

ergibt, so erhält man als Gleichung der durch die beiden korrelativen Bündel erzeugten Fläche $\mathfrak{F}$:

$$(6) \qquad \alpha_x \alpha_x' + \beta_x \beta_x' + \gamma_x \gamma_x' = 0.$$

Hiernach entsprechen den Verbindungslinien SP und $S'P$ irgend eines Punktes $P(y_1, y_2, y_3, y_4)$ mit den Zentren S und S' in dem jedesmaligen andern Bündel die beiden Ebenen:

$$(7) \qquad \alpha_y \alpha_x' + \beta_y \beta_x' + \gamma_y \gamma_x' = 0$$

und:

$$(8) \qquad \alpha_y' \alpha_x + \beta_y' \beta_x + \gamma_y' \gamma_x = 0,$$

sodaß

$$(9) \qquad \alpha_y' \alpha_x - \alpha_y \alpha_x' + \beta_y' \beta_x - \beta_y \beta_x' + \gamma_y' \gamma_x - \gamma_y \gamma_x' = 0$$

die Gleichung der Verbindungsebene von P mit deren Schnittlinie ist. Demnach ist unsere Zuordnung in der Tat die Nullkorrelation:

$$(10) \qquad \varrho\, v_i = \sum_{k=1}^{4} \{ \alpha_i \alpha_k' - \alpha_i' \alpha_k + \beta_i \beta_k' - \beta_i' \beta_k + \gamma_i \gamma_k' - \gamma_i' \gamma_k \}\, y_i,$$

wenn die v_i die Koordinaten der dem Punkte zugeordneten Ebene ist und ϱ ein Proportionalitätsfaktor.

Ferner sieht man, daß die vierte harmonische Ebene von (9) für die Ebenen (7) und (8) die Ebene:

$$(11) \qquad \alpha_y' \alpha_x + \alpha_y \alpha_x' + \beta_y' \beta_x + \beta_y \beta_x' + \gamma_y' \gamma_x + \gamma_y \gamma_x' = 0$$

oder die Polarebene von P für die Fläche ist. Hieraus ergibt sich endlich, daß den Zentren S und S' im Polar- und im Nullsystem dieselben Ebenen zugeordnet sind.

Um hiernach die Erzeugung irgend einer Fläche 2. Grades $\mathfrak{F}$ durch korrelative Bündel zu untersuchen, nehmen wir das Koordinatentetraeder so an, daß A_3 und A_4 nach S und S' fallen und A_1 und A_2 in zwei einander konjugierte Punkte der reziproken Polare s von SS'. Dann hat die Gleichung der Fläche die Form:

$$\alpha x_1{}^2 + \beta x_2{}^2 + 2\gamma x_3 x_4 = 0 \qquad (12)$$

und die Nullebene für einen linearen Strahlenkomplex, für den SS' und s konjugiert ist, die Form:

$$\varkappa(x_1 y_2 - x_2 y_1) + x_3 y_4 - x_4 y_3 = 0. \qquad (13)$$

Es entsprechen also einem Punkte P die beiden Ebenen (13) und die Polarebene:

$$\alpha x_1 y_1 + \beta x_2 y_2 + \gamma x_3 y_4 + \gamma x_4 y_3 = 0, \qquad (14)$$

und die Gleichung der Verbindungsebene ihrer Schnittlinie mit A_4 erhält man durch Multiplikation von (13) mit γ und Addition zu (14) in der Form:

$$(\alpha y_1 + \varkappa \gamma y_2)x_1 + (\beta y_2 - \varkappa \gamma y_1)x_2 + 2\gamma y_4 x_3 = 0; \qquad (15)$$

sie ändert sich nicht, wenn man den Punkt (y_1, y_2, y_3, y_4) durch $(\sigma_1 y_1, \sigma y_2, z_3 + \sigma y_3, \sigma y_4)$ ersetzt. Demnach sind die beiden die $\mathfrak{F}$ nach unserer Vorschrift erzeugenden Bündel $(\lambda':\mu':\nu' = y_1:y_2:y_4)$:

$$\lambda x_1 + \mu x_2 + \nu x_4 = 0 \qquad (16)$$

und:

$$\lambda'(\alpha x_1 - \varkappa \gamma x_2) + \mu'(\beta x_2 + \varkappa \gamma x_1) + \nu' 2\gamma x_3 = 0, \qquad (17)$$

wo $\varkappa$ noch beliebig angenommen werden kann. In der Tat sieht man, daß man für jeden Wert von $\varkappa$ als das Erzeugnis der beiden Bündel die gegebene Fläche (12) erhält. Für $\varkappa = 0$ erhält man die besondere Korrelation durch das Polarsystem in irgend einer Ebene durch die reziproke Polare s von SS'. Das in I. gefundene Resultat ergibt sich also auf analytischem Wege sehr einfach, und es ist uns gelungen, die korrelativen Bündel, die eine gegebene Fläche 2. Grades von zwei gegebenen Zentren aus erzeugen, durch die Nullsysteme in übersichtliche Verbindung zu bringen.

Cusanus als Mathematiker.

Von

Max Simon in Straßburg i. E.

Seit Cusan von M. Carrière („Philosophische Weltanschauung der Reformationszeit", 1847) und von H. Ritter („Geschichte der Philosophie", 1850) an die Spitze der Renaissance gestellt worden ist, hat der große Cardinal diesen Ehrenplatz mehr und mehr behauptet. R. Eucken sagt („Geschichte der philosophischen Prinzipien", S. 82): „An den Eingang der neuen Philosophie stellen wir Nikolaus von Cues", und ihm sind u. a. H. Cohen und E. Cassirer gefolgt. Selbst Windelband sagt von ihm: Er zeigt den Januskopf, der ebenso in die Vergangenheit wie in die Zukunft blickt, den echten Typus des Übergangszeitalters vom antiken zum modernen Menschen. Und Ritter (l. c. Bd. 9, S. 141): „Gleich im ersten Jahre des 15. Jahrhunderts ist ein Kind geboren worden, dessen Leben und Wirken, wie es in Wendepunkten der Geschichte zu geschehen pflegt, als die Vorbedeutung alles dessen angesehen werden kann, was die folgenden Jahrhunderte bringen sollten: Philologische Erneuerung alter Philosopheme und Theosophie, Reform der Kirche und Wiederherstellung des Katholizismus[1]), mathematisch-physikalische Bestrebungen; alles

---

1) Der Sohn des Fischers und Winzers Chrypps aus dem Dorfe Cues gegenüber Berncastel, dem durch seinen Doctor summa cum laude bekannten, hat als alter ego des Papstes Pius II., des berühmten Aeneas Silvius, einen Vorschlag zur Reformation der Kurie an Haupt und Gliedern ausgearbeitet, der ohne den Tod des Papstes die gewaltsame Reformation des 16. Jahrh. wohl entbehrlich gemacht hätte.

das finden wir in ihm vereinigt. Nikolaus Cusanus steht noch
auf der Scheide des Mittelalters und der neuen Zeit, aber seine
Hoffnungen und seine Wirksamkeit sind der letzteren zugewendet."
— Wohl ist auch bei ihm wie bei den großen Scholastikern,
Duns Scotus, Thomas von Aquino, die Gotteslehre der Kern
seines Denkens, das christliche Dogma der Trinität etwas fest
Gegebenes, aber im Gegensatz zu der Aristotelisch-Averroesschen
abstrakt-logischen Methode jener, tritt bei Cusan von vornherein
die mathematisch-naturwissenschaftliche Richtung seines Denkens
in den Vordergrund, die Richtung, die seinen bedeutensten Schüler,
Giordano Bruno auf den Scheiterhaufen gebracht hat. Schon
in den ersten Kapiteln seines ersten wissenschaftlichen Werkes:
De docta ignorantia, in Cues am 12. Februar 1440 vollendet,
führt ihn die Erkenntnis der Unendlichkeit Gottes zu Betrachtungen, die man nur als mathematische Infinitesimaltheorie bezeichnen kann. Die Schrift ist seinem Gönner aus der Paduaner
Zeit, dem Kardinallegaten Julianus Cesarini gewidmet; die
Peroratio am Schlusse zeigt, daß er mit seinem Grundprinzip
der Coincidentia oppositorum das Wesen des Grenzbegriffes
scharf erfaßt hat, in welchem das Unendlichgroße der Gliederzahl mit dem Unendlichkleinen des Fehlers zusammenfällt. Ich
zitiere S. 62[1]): Ad hoc ductus sum ut incompraehensibilia in-
compraehensibiliter amplecterer, in docta ignorantia, per trans-
censum veritatum incoruptibilium humaniter scibilium ([als ich
zu Schiff von Griechenland zurückkehrte], bin ich dazu geführt
worden, das Unbegreifliche auf unbegreifliche Weise zu erfassen,
in wissender Unwissenheit durch den Übergang von dem, was
menschlich erkennbar, zu dem Ewig-Wahren). Er hat später für
den Grenzbegriff den außerordentlich treffenden Ausdruck visus

---

1) Die Zitate beziehen sich auf die Basler Ausgabe der opera omnia
von 1565, sie fehlt der Straßburger Universitätsbibliothek, wurde mir
aber aus der des Thomasstiftes (Wilhelmitana) durch die Güte des Biblio-
thekars, Herrn Dr. Wehrung, geliehen. Der Name des Annotators Omni-
sanctus ist nichts anderes als eine Übersetzung des sehr verbreiteten
französischen Namens Toussaint. Die Basler Ausgabe ist leider stark
durch Druckfehler entstellt, und die Interpunktion erschwert das Verständnis noch mehr.

intellectualis oder mentalis visus, intellektuale Anschauung geschaffen, über vier Jahrhunderte früher als ich ohne jede Kenntnis
des Cusanus den Satz aussprach (gedruckt: Elemente der Arithm.
1884, S. 30): Wenn die Vernunft die Tatsachen, welche die Anschauung überliefert, nachkonstruieren, d. h. begreifen will, sind
wir dazu (scil. zum Grenzabschluß) gezwungen. Daß es sich hier
um eine bewußte Ergänzung des Intellekts zur Intelligentia durch
den Grenzbegriff handelt, dafür führe ich nur aus De math. perf.
p. 1110 Z. 52 an, wo das Differential des Bogens als Sehne dadurch eingeführt wird, obwohl er weiß, daß es für ratio oder in-
tellectus keinen kleinsten Bogen und keine kleinste Sehne gibt.

Im Laufe seiner Entwicklung erfaßt er den Grenzbegriff,
der im Keim schon in der docta ignorantia enthalten ist, immer
schärfer; schon in der Fortsetzung dieser Schrift, in De conjecturis (Über Vermutungen, gemeint ist über annähernd richtige
Schlüsse), ist die wahrhaft neue Auffassung deutlich. In der an
sich unabgeschlossenen, infinitiven Reihe der physikalischen Vorgänge wird Gott zum mathematischen Grenzbegriff, der die Reihe
asymptotisch abschließt. Der asymptotische Reihencharakter
unserer Erkenntnis ist wohl nirgends so scharf zum Ausdruck gebracht, als Idiota III 13, p. 168 etc., wie denn der Idiota wohl das am
lebendigsten und klarsten geschriebene Werk des Cusanus ist. Die
Natur wird zur sichtbaren Offenbarung Gottes, der aus eben dieser
seiner Offenbarung zu ahnen ist. Gott als das Unendliche ist der
Welt immanent und sie als Offenbarung oder richtiger Ableitung
seines Wesens gehört zum Prozesse seines Lebens. Schon doct.
ign. II cap. V heißt es: Deum per omnia esse in omnibus quia
quodlibet in quolibet et omnia in Deo quia omnia in omnibus
und Compl. theol. p. 1109: Non potest igitur creatura et creator
pariter videri nisi infinitum non affirmatur unitrinum. Und in
De possest p. 266: Quid ergo est mundus nisi invisibilis Dei
apparitio? quid Deus nisi visibilium invisibilis. Mundus ergo
revelat suum creatorum etc. — Ähnlich De Beryllo Kap. 3 und
sonst vielfach. Der „Mens" des Menschen „semen divinum" wird,
vgl. Idiota III, 13, zum Phantasiebild (imago) Gottes, er hat geradezu eine unbegrenzte Anpassungsfähigkeit an Gott.

Aber es wäre ein großer Irrtum, Cusanus für einen Pantheisten im Sinne Brunos und Spinozas zu erachten, für die Gott und das Universum identisch sind, wie das so vielfach geschehen. Wohl ist Gott in der Welt und die Welt in Gott, aber der Gottesbegriff des Kardinals ist so transzendent, er ist, um einen seiner Lieblingsausdrücke zu gebrauchen, „quasi“ von der dritten Mächtigkeit, und die Welt ist trotz ihrer „privativen“, d. h. beschränkten Unendlichkeit im Vergleich zu Gott gleichsam ein ionenhaftes Teilchen eines Tropfens im Ozean. Ich verweise auf de dato patris luminum Kap. II, p. 286, wo die Identifizierung von Gott und Welt energisch bekämpft wird. In der von Th. Uebinger 1888, als Anhang zu: Die Gotteslehre des Nik. Cusanus, veröffentlichten Altersschrift: De non aliud, deren Form ganz scholastisch ist, wird der Gottesbegriff fast zu nichts verflüchtigt, wie der des Proklos und der späteren Neuplatoniker, mit denen er sich in jener Periode viel beschäftigt hat. Dem „privativen“ Pantheismus des Kardinals entsprang auch seine einzig dastehende Toleranz und Versöhnlichkeit, die es ihm ermöglichte, trotz der Greuel bei der Einnahme von Konstantinopel De cribratione Alchoran zu schreiben wie De pace fidei, welche Schrift wieder eine auffallende Analogie mit Leibniz Bemühungen um eine Universalreligion bildet.

Das Entscheidende liegt darin, daß Cusan, weil die Mathematik die einzige Wissenschaft ist, die sich ex officio mit dem Unendlichen beschäftigt, und der Unendlichkeitsbegriff oder richtiger die Unendlichkeitsidee der Pol ist, um den sich sein ganzes Denken dreht, die Mathematik als der Erste seit Platon wieder in ihr Recht als Methode der Philosophie eingesetzt hat und damit, wie er selbst sagt, die reine Vernunft als Werkzeug der Naturerkenntnis. Er bedient sich der Mathematik anfangs mehr symbolisch (so besonders de conjecturis I, V et seq.) und exemplifizierend, letzteres ganz besonders hervortretend im complementum theol. von 1453, und in De Beryllo aber auch erkenntnistheoretisch wie l. c. und in dem für seine großartige Gottesidee so wichtigen De possest. Anders ausgedrückt: er stellt sich dem neuplatonischen Aristoteles der Araber und Scholastiker gegen-

über und geht auf Platon selbst zurück, und indem er dadurch,
daß er die Ideen nicht von Gott trennt, den unfruchtbaren Streit
zwischen Nominalisten und Realisten beendet[1]) und an vielen
Stellen ausspricht, daß die menschliche Vernunft nichts anderes
begreifen kann und begreifen will als ihre eigenen Gesetze, bricht
er Galilei und Kepler die Bahn für die Begründung der exakten
Wissenschaft der Neuzeit.

Die methodische Verwendung der Mathematik für die Erkenntnislehre und, um mit Cusan zu reden, als „speculum" und
„aenigma" der Gottesidee, kann niemand entgehen, der sich mit
Cusan beschäftigt; sie ist auch Ritter nicht entgangen; energisch hat Paul Schanz, der spätere Tübinger Professor in seinem
Rottweiler Programm: Der Kardinal Nik. v. Cusanus als Mathematiker 1872, darauf hingewiesen, unabhängig von ihm R.Eucken
und später H. Cohen, der Führer der Marburger Neuplatoniker.
Von ihm angeregt hat E. Cassirer in seinem monumentalen
Werke: Geschichte des Erkenntnisproblems in der neueren Zeit
Bd. 1, 1906 die Bedeutung der Mathematik für die Erkenntnislehre des Kardinals im einzelnen untersucht und damit die etwas
später erschienene Dissertation von H. Löb, Freiburg 1907 entbehrlich gemacht. Ein Teil der Ergebnisse Cassirers ist aber
schon von Kurt Laßwitz in seiner bekannten Geschichte des
Atomismus S. 279—288 (1890) vorweggenommen, insbesondere
was die Erfassung des Funktionsbegriffs und des Differentials
angeht, überhaupt ist sein Referat klar und zutreffend

Ich erwähne hier auch die Abhandlungen von J. Uebinger:
die mathematischen Schriften des Nikol. Cusanus, Philos. Jahrbuch 8, 9, 10 (1895—97), sie sind „genetisch" nur in bibliographi-
scher Hinsicht; und einem Hauptresultat, daß „De quadratura"

---

1) Falkenberg, S. 198 f. hält die Lehre von den Universalien,
die Ideenlehre, für den schwächsten Punkt in der Erkenntnislehre des
Kardinals. Dagegen hat schon Cassirer, Erkenntnisprobe. I, p. 66 Front
gemacht, aber die Ausführung über den Wert der Vokabel in den compl.
theol. p. 1117 unten, scheint mir noch keinen Nominalismus zu begründen.
Daß Cusan weit eher denn als „Realist", als Platoniker, anzusprechen
sei, beweist Kap. 9 des 2. Buches der Docta ignorantia.

vor „De transmutationibus" zu stellen sei, stehe ich sehr skeptisch gegenüber.

Vom Unendlichkeitsproblem ist das der Compositio und Decompositio continui nicht zu trennen so wenig wie die Arithmetik von der Geometrie, welche den kategorischen Begriff Stetigkeit schon mit der Strecke und Kurve naturgemäß liefert; Cusan, der die Unterscheidung des Nikomachus (Boetius) zwischen diskreter und kontinuierlicher Größe kannte und wiederholt erwähnt, hat sich also auch mit diesem Problem abfinden müssen, und in einer seiner merkwürdigsten Schriften, in „De Beryllo" findet sich schon das Leibnizsche Prinzip der Kontinuität ausgesprochen, ja, genau betrachtet ist das Grundprinzip der Erkenntnistheorie des Cusanus, die Koinzidenz des Entgegengesetzten, nichts anderes als ein ungefüger, weil vom Grenzbegriff noch nicht geschiedener Ausdruck für das Kontinuitätsprinzip, und selbst das Leibnizsche Beispiel von Ruhe und Bewegung fehlt nicht, weder in docta ignorantia noch in de Beryllo (ibi p. 271: principium naturale est principium motus et quietis; die geistige Brille ist eben die coincidentia oppositorum, das Kontinuitätsgesetz).

Vor allem hat das so ziemlich älteste Grenzproblem, das des Kreises als Grenze der regulären Polygone auf ihn eingewirkt und ihn zeitlebens beschäftigt. Er hat schon 1425 die Schrift: De quadratura et triangulatura circuli des Raimundus Lullus kennen gelernt, des bekannten Alchemisten und Phantasten, der aber als leidenschaftlicher Gegner des Averroismus und durch sein Werk über Mnemotechnik nicht ohne Bedeutung ist. Geometrie, Arithmetik, Statik liefern Cusan die Mittel zur Erkenntnis der Welt, um von da aus zur Erkenntnis Gottes oder, wie es auf Cusanisch richtiger heißen müßte, zur Ahnung Gottes, seinem eigentlichen Ziele, vorzudringen: Maß, Zahl, Gewicht. Aber auch bei ihm zeigt sich schon jene Überschätzung der reinen Mathematik, welche im 16. und 17. Jahrhundert ihren Höhepunkt findet und noch bis Chr. Wolff reicht, und der erst Lambert ein Ende machte, als er hervorhob, daß die Mathematik stets für ihre Folgerungen, nie für ihre Voraussetzungen haftet, ein Satz, den kein Geringerer als E. E. Kummer aufgenommen hat. Das compl. theol. p. 1107 stellt geradezu an die Spitze den Satz: Nemo ignorat in ipsis mathematicis veritatem certius attingi quam in aliis liberalibus artibus, der noch etwas verschärft bei Spinoza als Motto seiner Ethik wiederkehrt, fast wörtlich übereinstimmend mit De Possest p. 259 § 15. Andererseits möchte ich aber doch hervorheben, daß Cusan wohl der erste ist, der im Gegensatz zu Aristoteles die reine Mathematik nicht als Größenlehre, sondern als Lehre formarum mentis aufgefaßt hat, wenn er auch noch mens (mĕnos) von mensurari messen (mēn) ableitet. Er hat dieser Auffassung an den verschiedensten Stellen Ausdruck gegeben.

Was er von der Zahl sagt, welche (de conject. I, 4 p. 77) nihil alius est quam ratio explicata (Gauß!), (de dato patris lum. p. 287, III) ratiocinari seu numerare, stammt zum großen Teil aus den Institutionen des Boëtius oder richtiger aus des Nikomachos von Gerasa Introductio und zwar aus der Einleitung, deren Übersetzung sich in der Festschrift für M. Cantor 1909, S. 163 findet. Man trifft dort so ziemlich die gesamte Lehre der Pythagoreer wieder, die Vergöttlichung und Unendlichkeit der Einheit und zwar mit Gedankenblitzen, die erst bei Galilei wiederkehren und in dessen Lehre von der Einheit und Kontinuität eine bedeutsame Rolle spielen; man vgl. Discorsi, Leyden 1699, I, S. 34.

Es fehlt auch nicht die pythagoreische Auffassung der Zahl als Harmonie des Gegensatzes zwischen Geradem und Ungeradem (de conject. 4) und ebensowenig die Tetractys (de conject. I, 4). Die vier dezimalen Grundstufen 1, 10, 100, 1000, denn das Zahlwort Million kennt Cusanus noch nicht, werden im 6.—10. Kapitel den vier Stufen der Erkenntnis Gott, Intelligenz, Seele, Körper parallel gesetzt. Aber schon in der docta ignorantia von 1440, I, 9 findet sich: numerus qui est ens rationis, fabricatum per comparativam discretionem die Zahl verdankt ihr Dasein der Vernunft (oft wiederholt), sie wird erzeugt durch vergleichende Zuordnung! Daß die Übersetzung von discretio keine Unterschiebung ist, zeigt ibi c. 7, wo die „rohen aber allgemeinen

Zahlbegriffe“ mehr, minder, gleich erörtert werden und ganz richtig betont wird, daß die äqualitas die Voraussetzung (mensura) aller Ungleichheit ist, und die Subtraktion als ursprüngliche Zahlenoperation auftritt.

In de ludo globi p. 228 heißt es „numerare discernere est“ und in der reizvollen Einleitung zum Idiota p. 138 oben heißt es, daß alles Zählen, Wägen und Messen auf discretionem — Vergleichung — beruht (ibi p. 150, Z. 27 wird discretio durch concordantia et differentia erläutert): in de ludo globi I, p. 209 im Sinne von Verständnis gebraucht. Ja sogar der Begriff des Komplexes, der Grundlage der Kardinalzahl, fehlt nicht; doct. ignor. II, 3, p. 26 heißt es: Und wie aus unserm Geiste dadurch, daß wir vieles Einzelne als zu einem Gemeinsamen gehörig erkennen, die Zahl entsteht usw., und nicht minder merkwürdig ist es, daß wir bei ihm die erste transfinite Zahl finden. In den complem. theol. 68, p. 1113, das der Zeit, und zwar mit deutlicher Anlehnung an den Timaios des Platon gewidmet ist, sagt er: Si quis dixerit non omnes esse (sc. rotationes) numerabiles, sed praecessisse infinitas et dixerit unam futuram revolutionem in futuro anno, essent igitur tunc infinitae et una, quod est impossibile. Er stellt die transfinite Kardinalzahl $\omega + 1$ auf, um sie als Zahl zu verwerfen, auch ω^{ω} ist als Anzahl ω [1]); das Kontinuum läßt sich nicht restlos in arithmetische Begriffe auflösen, es ist, wie Galilei noch deutlicher als Cusan gesagt hat, nicht zählbar, sondern meßbar, gerade weil es von der zweiten Mächtigkeit ist, während eine dritte samt dem Cantorschen Hemmungsprinzip überhaupt nicht fundiert ist. Die zitierte Stelle dient zum Beweis der Geschaffenheit der Welt, im Gegensatz zu Aristoteles, wie denn Cusan an den verschiedensten Stellen mit größter Energie die Aristotelische und arabische Theorie einer ewigen von Gott getrennten Materie bekämpft.

Überhaupt ist seine häufig wiederkehrende klare Erfassung

---

1) Docta ign. I, 5, p. 7, Z. 19: In idem redit numerum infinitum esse et minime esse; ibi 16, p. 12, Z. 17 ff. hebt er am Beispiel der unendlich oft wiederholten Strecken von 1′ und 2′ hervor, daß $\omega \cdot 1 = \omega \cdot 2$ ist, und ebenso (imó, ja sogar) $1/\omega = 2/\omega$.

der Kardinalzahl als Vieleinheit hervorzuheben; er spricht dies
sehr deutlich schon in conj. I, 4, p. 77 und zwar ganz allgemein
aus und exemplifiziert es an der drei: Die Kardinalzahl drei, der
Dreier (ternarius) ist unitrinus, ihn als Vielheit aufzufassen wäre
so falsch, als wenn Wand, Dach, Fundament jedes für sich (seor-
sum) betrachtet, den Begriff Haus bildeten; ein Vergleich, der
öfters wiederkehrt. Denselben Gedanken findet man in de ludo
globi II, p. 225. Omnis enim numerus est unus, binarius, ternarius, denarius et ita de omnibus.

Am eingehendsten und zugleich am tiefsten hat er sich wohl
über den Zahlbegriff im dritten Buch, Kap. 6 des Idiota ausgesprochen. Er setzt zunächst auseinander, in welchem Sinne
die Pythagoreer die Zahl zum Wesen der Dinge gemacht haben,
und ich bedauere nur, daß August Boeckh, der größte Philo-
loge des 19. Jahrhunderts, Cusan nicht gekannt zu haben
scheint.[1]) Cusan sagt, sie haben nicht von der Zahl des Mathe-
matikers sprechen wollen, die aus unserer Vernunft hervorgeht,
sondern symbolisch von der Zahl, die aus dem Geist Gottes
stammt, der wir anthropomorphisch den Namen Zahl geben, wie
wir auch von der Vernunft Gottes reden. Es kann nur eine
einzige unendliche Ursache geben, und diese ist unendlich einfach; das erste aber, was sie verursacht hat, muß aus sich selbst
zusammengesetzt sein, und dies ist die Zahl, sogar als Geschöpf
unseres Intellekts. Dies wird, wie schon zitiert, an der Drei
und mit dem Beispiel des Hauses erläutert und verallgemeinert.
Wenn man also in der Zahl nur die Einheit erblickt, findet sich
in ihr die Koinzidenz von Einheit und Vielheit, Einfachheit und
Zusammengesetztheit (Einheit und Vielheit sind in uns, nicht in
den Dingen, Kant).

Nachdem er so den Einheitscharakter der Kardinalzahl
mit größter Schärfe festgestellt hat, geht er zur dritten Bedeutung
der Zahl, zur relativen oder Proportionalzahl über durch Exem-
plifizierung an den musikalisch-harmonischen Zahlen (Oktave,

---

1) Wie Verf. selbst, als er seine Gesch. d. Math. im Altert. in Verb.
mit antik. Kulturgesch. schrieb (Berlin 1909).

Quinte, Quarte), und indem er den Einheitscharakter des Bruches
als relativer Setzung betont, berührt er sich mit Justus Günther Graßmann (denn die harmonische Beziehung ist eine Einheit, welche ohne die Zahl nicht begriffen werden kann). Ganz
folgerichtig geht er dann zur irrationalen Zahl (halber Ton, Verhältnis von Diagonale und Seite des Quadrates.[1]) Er kennt den
von Aristoteles überlieferten Beweis der Pythagoreer von der
geraden Zahl, die zugleich eine ungerade sein müßte. Hier ist
heranzuziehen Complem. theolog. p. 1117, Z. 28 und die folgenden, in denen noch die Irrationalität der $\sqrt{5}$ erwähnt wird, und
dann heißt es: Aber weil die unendliche Zahl sowohl gerade als
ungerade ist, deswegen wird durch sie alles gezählt (und alle
Verhältnisse wiedergegeben als Quotient zweier transfiniter Zahlen).
Cusan bezeichnet dann im Kap. VII des Idiota die Proportion
als die Herkunft der Gestaltung (locus formae) und Ausdruck
auch der göttlichen Harmonie und bezeichnet die Zahl geradezu
als Methode der Erkenntnis (modus intelligendi) sowohl im göttlichen als im menschlichen Geiste, und so wird sie zum Vorbild
der Dinge, und hier schließt er sich wie schon in der Auffassung
der Zahl als Erstgeschaffenem und aus sich selbst Zusammen-
gefaßtem Boetius (Friedl. 12) oder Nikomachos (Festschr. f.
M. Cantor, S. 170) an. Er deutet dann schließlich an, daß im
göttlichen Geiste katalogartig jedes Ding seine Zahl habe, und
daß in diesem Sinne des Registrierapparates die Zahl der Dinge
an Stelle des Dinges selber trete. Übrigens tritt im praktischen
Leben noch jetzt häufig die Nummer und die Maßzahl an Stelle
des Dinges selbst; z. B. in Akten, Gefängnissen und Theatern usw.
Hier wäre auch compl. theol. c. X, p. 1115 heranzuziehen.

Auch das Bildungsgesetz der Zahlen: $n + 1$ ist $(n + 1)$
kommt an derselben Stelle vor, und die anschließende Bemerkung,
daß in 4 als $2 \cdot 2$ schon eine Größenbeziehung steckt, daß hier
4 schon als relative Zahl aufgefaßt wird, zeigt wieder den mathematischen Spürsinn des Kardinals. Er war auch hier seiner Zeit
um Jahrhunderte voraus, hat er doch in der für das Basler

---

[1] Vgl. dazu auch De Arithm. compl. p. 932.

Konzil entscheidenden Schrift: De concordantia catholica schon einen aus der Volkswahl hervorgehenden Reichstag gefordert.

Die notwendige Folge dieser Inkongruenz war, daß er ähnlich wie Demokrit, Cavalieri, Robert Mayer usw. über keine entwickelte Terminologie verfügte und von seiner Zeit nicht verstanden wurde. Er hat dies selbst empfunden und sagt in doct. ignor. I, 2, p. 2: „Wer meinen Sinn erforschen will, der muß sich über den Wortlaut hinaus zum geistigen Verständnis erheben und nicht an den bloßen Worten hängen bleiben, die zur Bezeichnung solcher Mysterien in ihrer gewöhnlichen Bedeutung nicht ausreichen“, und ebenso in De Possest, p. 252 oben: „Non est vocabulis insistendum“ usw. und nicht minder im compt. theol. c. 1, p. 1107, Z. 20. Eine weitere Folge der auch noch durch das schlechte Latein schwerverständlichen Darstellung ist es auch, daß Cusan auch noch von neueren Forschern der Inkonsequenz beschuldigt wird, während es im Gegenteil kaum einen Denker gibt, der so folgerichtig sein ganzes Lebenswerk aus einem Grundgedanken entwickelt hat: Das qualvolle Ringen mit dem Kausalitätsgesetz führt ihn vermöge der mathematischen Veranschaulichung dazu, die Reihe nach rückwärts und vorwärts durch den Grenzbegriff Gott abzuschließen, und so fallen Anfang und Ende, und da das Universum nur einen Moment in Gott darstellt, das Jetzt und die Ewigkeit zusammen, und er kommt auch auf diesem Wege wie auf dem geometrischen zu dem Prinzip des Zusammenfallens der Gegensätze.

Indessen haben Faber Stapulensis, der die Pariser Ausgabe seiner Werke veranstaltet hat, und Bouvelles (ars oppositorum; de nihilo) und besonders Bruno seine Gedanken aufgenommen, wie auch Galilei. Starke Anleihen bei Cusan hat Leibniz gemacht. Eine der wichtigsten Grundbedingungen der Analysis des Unendlichen: die Erkenntnis des Unendlichen im Endlichen und vice versa (vgl. E. E. Kummer, Festrede zum Leibniztage, Monatsberichte der Berl. Akad. 4. Juli 1867) trifft man häufig bei Cusan an. Ich mache hier noch ganz besonders aufmerksam auf den für das Verständnis der Paradoxien des Unendlichen so grundlegenden Satz Compl. theol. XII, p. 1117,

Z. 15: Quod infinitum esse est penitus absolutum ab omni illo, quod de finito potest verificari. Im Unendlichen verlieren die fürs Endliche erwiesenen Regeln ihre Gültigkeit, einen Satz, gegen den Leibniz bekanntlich des öftern gefehlt hat. Dem Zusammenhang beider ist der Leibnizforscher Zimmermann nachgegangen (Sitzungsber. der phil.-hist. Klasse der K. Akad. der Wissensch., Wien 1852, S. 306—328) in: Der Kardinal Nik. v. Cusa als Vorläufer Leibniz; er hebt darin hervor, wie der Gottesbegriff, die Monadologie, die prästabilierte Harmonie, das Principium indiscernibilitatis, der Optimismus usw. ihren Ursprung bei Cusan haben. Zimmermann läßt es ungewiß, ob Leibniz diese Lehren direkt oder indirekt zugekommen sind. Heute, wo wir dank der Lebensarbeit Gerhardts Leibniz genau kennen und ganz besonders, wenn wir die Lehre von der Zeit vergleichen, wird das Erstere zur Gewißheit. Die Idealität der Zeit, die gegenseitige Unabhängigkeit von Zeit und Raum, daß die Zeit ein Werkzeug des Intellekts[1]), daß sie die Ordnungsfunktion im Nacheinander, Sukzession sei, das findet sich alles bei Cusan, ganz besonders klar in De ludo globi II, p. 230—232. Es würde sich übrigens auch sehr lohnen, den Zusammenhang Hegels mit Cusa zu untersuchen.

Julius Baumann hätte in dem bekannten, in seiner Art bis jetzt leider einzigen Werke Cusan nicht übergehen dürfen; freilich da er schon Leibniz nicht gerecht geworden, würde er es jenem wohl noch weniger geworden sein. Der Optimismus beider ist eine notwendige Konsequenz der Gottesidee — bei beiden ist „Deus in omnibus et omnia in Deo"; er ist von Cusanus am kräftigsten ausgesprochen in de dato patris luminum p. 285 von Z. 3 an, und auch bei Cusanus, der seinen Platon kannte wie nur einer, ist Gott als die Idee des Guten summum bonum, und die Welt in seiner similitudo geschaffen. (Vgl. auch docta ignor. II, 2.)

Dankbar sei hier des Rottweiler Professors, späteren Domprobstes Fz. A. Scharpff gedacht, der von 1831—1877 sich

---

1) Verf. hat in einer Vorlesung über die Grundbegriffe Zeit und Raum mit Hammer und Ambos verglichen.

in einer Preisschrift und drei Werken mit Cusa beschäftigt hat,
allerdings wie R. Falkenberg sagt, „meist mit milder Um-
deutung ins korrekt Katholische und ohne Blick für die eigentliche Größe des Cusanus". Insbesondere ist die Übersetzung
(1862) mit Vorsicht zu gebrauchen und der Mathematik gegenüber versagt sie völlig. Das große zweibändige Werk von Düx
aus 1847 habe ich gar nicht benutzt, da es mit dem Mathematiker
und Philosophen Cusa nichts zu tun hat, und ich das Zitat aus
A. G. Kästners Geschichtswerk (Düx II, S. 436) im Original
einsehen konnte. Gleichfalls aus 1847 stammt die Schrift von
F. J. Clemens, dem bekannten Vorkämpfer des Neu-Thomismus:
Giordano Bruno und Nikol. von Cusa; sie wird zwar Bruno
nicht gerecht, ist aber dennoch höchst wertvoll. Clemens hat
auch zuerst auf Leibniz Abhängigkeit von Cusa hingewiesen.
R. Falkenbergs Grundzüge der Philosophie des Nik. Cusanus
usw. 1880 ist vermutlich durch die Aufforderung R. Euckens
Philos. Monatshefte 1878, p. 460 hervorgerufen, sie ist noch
heute von Bedeutung.

Clemens hat 1843 in der Bibliothek des vom Kardinal
testamentarisch gestifteten Hospitals von Cues ein Aktenstück
gefunden, l. c. 1847 abgedruckt, „in concisester Form das kosmo-
logische Glaubensbekenntnis des Kardinals" (S. Günther, Studien, Halle 1899, S. 20). Schon vor Günther hat Pl. Schanz
in seinem zweiten Programm: Die astronomischen Anschauungen
des Nik v Cusa und seiner Zeit, Rottweil 1873, das Schriftstück
nach Clemens abgedruckt. Das Programm von Schanz hat
nur den Fehler, daß er sich in seinen historischen Angaben auf
Mädler stützt. Schanz und Günther haben Cusan mit vollem
Recht als einen sehr bedeutsamen Vorläufer des Copernicus
betrachtet, Giordano Bruno hat sogar, was keineswegs unwahrscheinlich ist, eine direkte Beeinflussung angenommen.
Rud. Wolf, der fleißige Züricher Astronom hat diese Vorläufer-
schaft in seiner sehr bekannten Geschichte der Astronomie von
1877 bestritten. Er riß eine Stelle aus dem Zusammenhang und
interpretiert sie fehlerhaft. Die Stelle aus de venatione sapientiae
steht S. 321, Kap. 28 und hat nur den Zweck, kurz als Beispiel

zu dienen für die ordnende und gestaltende Kraft Gottes, und
Wolf übersetzt: „terram ad centrum moveri" mit „daß die Erde
sich am Zentrum bewege", während der Sinn ist, daß sie zum
Zentrum der Welt hin (d. h. zu Gott durch Gott) bewegt werde.
Wolf erwähnt dabei das Clemenssche Aktenstück, das der Erde
sogar eine dreifache Bewegung gibt, kannte aber noch nicht das
Programm von Schanz und schwerlich hat er docta ignor. c. 11
und 12 gelesen. In diesen Kapiteln werden die Konsequenzen aus
Kap. 10, das die Theorie der Bewegung enthält, für die Bewegung
der Himmelskörper gezogen. Ich übersetze aus Kap. 11 zunächst
einen Satz, der bei Scharpff gar keinen Sinn gibt. Es muß
heißen: „Wir wissen nun hieraus, daß das Universum eine Drei-
heit ist und es nichts im Universum gibt, in welchem nicht die
Möglichkeit ($\delta \acute{v} \nu \alpha \mu \iota \varsigma$ — potentia — des Aristoteles), die
Wirklichkeit ($\varepsilon \nu \varepsilon \varrho \gamma \varepsilon \iota \alpha$) und die Bewegung als deren Verknüpfung
die Einheit schüfe. Von diesen dreien kann keine losgelöst vom
anderen bestehen, weil sie notwendigerweise in allem sind in den
verschiedensten Abstufungen, so verschieden, daß nicht zwei
Dinge im Universum in bezug auf alle drei gleich sein können
(principium indiscernibilium), und daher ist es unmöglich, daß
die Weltmaschine irgend etwas, sei es diese sinnenfällige Erde
oder die Luft oder das Feuer noch sonst etwas, als festes, unbe-
wegliches Zentrum habe, wenn man die verschiedenen Bewegungen der Himmelskörper in Betracht gezogen hat usw." Es gibt
weder für die Erde noch irgendeine Sphäre ein Zentrum; Gott,
das Zentrum der Welt, ist auch das Zentrum der Erde und aller
Himmelskörper. Am Himmel sind keine unbeweglichen und festen
Pole. Es gibt keinen Stern, — und die Erde ist Stern unter
Sternen, — der nicht einen Kreis beschriebe." Aus dem Gesagten
geht klar hervor (elucet) „terram moveri".

Kap. 12 beschäftigt sich spezieller mit dem Zustand der
Erde. Die Erde bewegt sich; wir merken es nicht, da die Bewegung nur durch Vergleich mit dem Unbeweglichen erkennbar
ist. Wer auf der Sonne, dem Mond oder auf dem Mars stände,
würde immer andere und andere Pole angeben. Der Bau der
Welt ist daher so, als hätte sie ihr Zentrum überall und nirgends

eine Peripherie, sie ist unendlich[1]), denn Umkreis und Zentrum
ist Gott, der überall und nirgends ist. Diese Erde ist nicht
kugelförmig, obwohl sie der Kugelform zuneigt. Die
Erde ist nicht der geringste und unterste Stern, wie er überhaupt
an den verschiedensten Stellen der scholastischen, noch heute nicht
ausgestorbenen, Anschauung entgegentritt, daß die Erde ein
Jammertal sei, und seine Weltfreudigkeit klar und deutlich be-
kennt. Des Raumes wegen muß ich auf Schanz II und S. Günther l. c. verweisen, wo sich die geradezu revolutionären An-
sichten des Kardinals gesammelt finden, möchte aber doch auf
die merkwürdigen Äußerungen über den Tod hinweisen, die hier
wie Idiota I vorkommen. Gott, der Alles geschaffen, will nicht,
daß irgendeines seiner Werke untergehe. Man wird mitunter geradezu an Claude Bernards berühmtes: „La vie c'est la mort,
la mort c'est la vie" erinnert, oder auch an Göttes Ansicht, daß
der Tod als Benefiz für die Gattung erfunden sei.

Auch ohne den Clemensschen Fund, der die genaue Be-
kanntschaft Cusas mit dem homozentrischen System des Eudoxos — Kalippos — Aristoteles bewies, hätte er also ein
volles Recht als Vorläufer des Copernikus bezeichnet zu werden, ja, in gewissem Sinne sogar als der Keplers, da er
wiederholt, nicht nur in docta ignor., sondern sowohl in dem
Clemensschen Aktenstück l. c. p. 98, als im Compl. theol. p. 1113
Z. 19 erklärt, daß die Bewegung der Himmelskörper nur quasi
circularis sei, und eine vollkommene Kreisbewegung in der Natur,
die er als Komplex aller Bewegungserscheinungen definiert, unmöglich.

Und fast noch bedeutsamer ist sein indirektes Wirken, nicht
sowohl weil er, angeregt von Toscanelli wie seine Zeitgenossen
Peurbach und der jüngere Regiomontanus, die technische
Notwendigkeit einer Reform der Astronomie durch Aufdeckung
der Fehler der Alphonsinischen Tafeln, damals die verbreitetsten,
vorbereitete, sondern weil er durch die Wucht seiner kirchlichen

---

1) Hier liegt der Ursprung zu Brunos Lehre von der Unendlichkeit der Welt, einen der Hauptanklagepunkte.

Autorität die religiösen oder richtiger theologischen Hindernisse mächtig erschütterte, welche sich einer Beseitigung der zentralen Vorzugsstellung des Menschen entgegenstellte. Hat er es doch ausgesprochen, daß es auf allen Sternen Wesen gäbe, die der Sonne durchgeistigter als die der Erde. So nur erklärt es sich, daß Copernikus sein großes Werk de revolutionibus ungeniert dem Papste Paul III. widmete.

Cusan hat sein Lebenlang sich für Astronomie interessiert; noch wird in Cues ein kupfernes Astrolabium gezeigt, mit dem er Positionen bestimmte, und in Rom hatte er in seinem Hause ein Observatorium, und schon dem Basler Konzil hat er seine Schrift De reparatione Calendarii (p. 1155) vorgelegt. Daß der Julianische Kalender mit seinen 365,25 Tagen das Jahr etwas zu lang annehme, war vermutlich schon Beda bekannt, inzwischen war die Verschiebung soweit vorgeschritten, daß die Gefahr vorlag, es könne gegen die Vorschriften des Konzils von Nicaea das christliche Ostern mit dem jüdischen Passahfest zusammenfallen! Cusan schlug daher vor, daß im Jahre 1439 Pfingstmontag nicht als 25. Mai sondern als 1. Juni gezählt werden möge, und von da ab alle 304 Jahre der Schalttag ausfallen solle; er setzte also den Fehler statt auf $\frac{1}{129}$ auf zirka $\frac{1}{122}$ herab. In der Schrift selbst befolgte er strikte die an die Spitze gestellte Disposition: Ad laudem omnipotentis Dei, ut intentio correctionis Calendarii clarior fiat, per ordinem de ipsius Calendario ordinatione, deque ipsius insufficientia et erroris causa ac de remediis brevissime tangam.

Die Einleitung findet sich so ziemlich in den Paragraphen 6—19 bei R. Wolf l. c. wieder; sie ist darum für die Beurteilung des Cusan wesentlich, weil sie seine Belesenheit zeigt und insbesondere, daß er mit den ins Lateinische übersetzten Werken der Araber durchaus vertraut war, was bei seinem Studium in Padua, das die Hochburg des Averroismus noch bis zu Galileis Zeit war, ja von vornherein anzunehmen ist. Er mußte also wenigstens mit der Trigonometrie der Araber einigermaßen vertraut sein. Die wunderbare persische Kalenderreform des großen Dichters und Astronomen Omar Alehaijami hat er aber nicht

gekannt, da Chaijami nicht ins Lateinische übersetzt war; sie
bekundet, wie genau den Arabern um 1080 die Dauer des tro-
pischen Jahres bekannt war und wie geschickt Omar den Tages-
bruch durch den gemeinen Bruch $^8/_{33}$ ersetzt hat, der von 0,24220
nur um 0,00018 abweicht. Arabisch hat Cusan schwerlich verstanden, dagegen war er mit dem Griechischen schon früh vertraut; war dies doch der Grund, weshalb er der Kirchen-Ver-
einigungs-Gesandtschaft nach Konstantinopel von Seiten des Ba-
seler Konzils beigegeben wurde. Auch mit den lateinischen
Schriften der spanischen Juden, die von so hoher Bedeutung für
die Scholastik als Vermittler arabischen Wissens sind, war er
bekannt, er erwähnt Rabbi Isaak und den als Dichter und
Denker hochbedeutenden Avicebron d. i. Salomon ben Ge-
birol, der Verfasser des מְקוֹרחַוּים fons vitae p. 11 u. 12 in der
doct. ignor. als Rabbi Salomon und mit Nennung seines Namens und Werkes in de Beryllo 16, p. 271 sowie Idiota p. 139,
Z. 19 und insbesondere ist die Lehre vom göttlichen Willen und
der Ableitung der sinnlichen Materie aus der unumschränkten
Potentia Gottes, bei dem Können und Sein, Posse esse und daher
de Possest, eins ist, von Gabirol beeinflußt.

Das Interesse für Astronomie (Astrologie) gehörte in jener
Zeit zur allgemeinen Bildung auch des Juristen, im Unterschied
zur heutigen allgemeinen Unbildung. Ob Cusanus seine tieferen
Kenntnisse den Vorlesungen Prosdecimo di Beldomandis
verdankt oder dem Umgang mit dem vier Jahre älteren Paolo
di Pozzo Toscanelli, bekannt durch seinen Einfluß auf Co-
lumbus, bleibe dahingestellt. Die geographischen bezw. karto-
graphischen Arbeiten des Kardinals gehen jedenfalls auf Toscanelli zurück. Aber einen auffallenden Fehler, den Scharpff
und selbst Schanz aus dem Buche von Düx übernommen haben,
muß ich hier zur Sprache bringen, da er die tendenziöse Unzu-
verlässigkeit beweist. Um die Intimität des Kardinals mit Peurbach und Regiomontan und damit seine hohe Wertung als
Astronom zu illustrieren, zitiert Düx die Widmung Regiomontans an Bessarion zu der Ptolemäus-Ausgabe. Nun sind zwar
die Werke Regiomontans ziemlich selten, aber die Stelle findet

sich bei Gassendi, Florent. Ausg. T IV, 1786, p. 464, dessen vita Peurbachii et c. Düx selbst p. 440 zitiert, wörtlich und lautet: Verum paulo antequam e vita discederet, cum in manibus et gremio moribundum tenerem, Vale, inquit, mi Ioannes, Vale, et si quid apud te pii praeceptoris memoria poterit, opus Ptolemaei, quod ego imperfectum relinquo, absolve. Hoc tibi ex testamento lego, ut etiam vita defunctus, parte tamen mei meliore superstes, Bessarionis nostri, optimi ac dignissimi principis desiderio satisfaciam. Bei Düx ist nun der Name Bessarion weggelassen, und zwar nicht durch Cusan ersetzt, aber der Leser kann gar nicht anders als annehmen, daß Cusan gemeint ist. Bessarion ist leichtlich die sympathischste Erscheinung der ganzen Renaissance, er, der obwohl eifriger Platoniker, doch auch dem großen Gegner gerecht geworden ist, und darauf hingewiesen hat, daß Aristoteles und Platon in weit mehr Punkten übereinstimmen als sich widersprechen, der seinen größten Schatz, die 600 Codices 1468 Venedig vermacht hat, wo sie noch heute, obwohl übel genug behandelt, den wertvollsten Bestandteil der Marciana bilden (vgl. u. a. J. Burckhardt 1869, p. 151 und H. Vast: Le cardinal Bess. Paris 1878, p. 424). Bessarion hat Cusa auf der zweiten Mission nach Konstantinopel im Anschluß an das Florentiner Konzil begleitet und war mit ihm befreundet, mit Peurbach, dessen Vertrautheit mit Cusan von Düx (und Schubert) übertrieben ist, persönlich bekannt und stand mit ihm in Schriftenaustausch, ein persönlicher Verkehr mit Regiomontan ist m. W. nicht erwiesen. Die den Triangulis angehängte Kritik einiger Quadraturen des Kardinals ist, wenn auch höflich in der Form, doch sachlich recht ablehnend. Regiomontan bemerkt ironisch, die Beweise seien philosophisch, aber nicht mathematisch.

Durch Herrn Bauschinger sind mir noch zwei neue Arbeiten über die Weltanschauung Cusans zugänglich geworden: eine Dissertation von M. Jacobi, Berlin 1904, und ein Vortrag von Prof. Deichmüller, Niederrhein. Ges. f. Natur und Heilkunde, Bonn 1901. Der kurze, streng sachliche Vortrag berichtigt einen Lapsus S. Günthers l. c.; die doppelte Geschwindigkeit der Fixsternsphäre kann sich nur auf die Ost-West-Richtung beziehen. Auch Deichmüller sieht in Cusan einen „würdigen Vorläufer" des Copernikus.

An die Kosmologie und Astronomie müßte sich die Mechanik anschließen, für welche nächst dem Kap. 10 der docta und de ludo globi und de Beryllo, p. 275 besonders das 4. Buch des Idiota: de staticis experimentis in Betracht kommen. Aber dies Buch mit seinen geradezu genialen Vorschlägen für die Verwertung der Wage, die noch über die Araber (Bêrûnî) hinausgehen, werde ich an anderer Stelle behandeln. Hier will ich nur hinweisen auf die Übereinstimmung dessen, was Cusan über die bewegende Kraft lehrt mit Leibniz und noch mehr mit Newton. Die Bewegung wird Cusan zufolge nicht durch feste Verbindung hervorgerufen; sie liegt im Wesen der Materie (Demokrit); sie ist ein Streben, das Gott in die Natur hineingelegt hat; sie wird nach Analogie des beständig pulsierenden Atems mit „Spiritus" bezeichnet; die Natur selbst ist „quasi complicatio omnium, quae per motum fiunt". In der Trinität Gottes entspricht ihr der „spiritus sanctus", der die absolute Potenz und die absolute Energie verbindet.

Die bewegende Kraft durchdringt den ganzen Kosmos, alle Himmelskörper wirken aufeinander ein, (mechanisch, nicht etwa astrologisch) die Erde wirkt auf alle und alle auf sie, am meisten die Sonne. Ein Stern kann ohne den andern nicht existieren. Das Gesetz von actio und reactio wird ausführlich am Magneten und Eisen besprochen u. a. Idiota, p. 140, es herrscht auch auf geistigem Gebiet zwischen dem Intellekt des Menschen und dem Intellekt Gottes. Auch Newton spricht sich niemals über das Wesen der Schwerkraft aus; in der berühmten Stelle op. IV überläßt er es dem Leser zu entscheiden, ob sie ein immaterielles Agens sei oder nicht. Für Newton, Leibniz und Cusa sind die Atome Kraftpunkte. In de ludo globi p. 213, 330 bis 337, 343 usw. findet sich übrigens schon mehr als eine bloße Ahnung des Trägheitsgesetzes.

Wenn die Verbindung des Cusan mit der heliozentrischen Lehre bezweifelt werden konnte, ist sein Einfluß auf die Wiederaufnahme und Verbreitung von Betrachtungen über infinitäre

Prozesse unanfechtbar und ganz direkt führt der Weg von ihm zu Bruno und Galilei. Diese seine wichtigsten mathematischen Leistungen finden sich in beinahe allen seinen Werken verstreut; in den theosophischen weit stärker als in den spezifisch mathematischen, und es bleibt daher nichts übrig als sie dort aufzusuchen. Da dieselben Gedanken und Beispiele aber oft wiederkehren, so kann man sich auf De docta ignorantia (1440), De conjecturis (1441—44), Idiota (1450), Complem. theol. figuratum in Complem. mathem. (1450) und De Beryllo (1454) beschränken.

Docta ignorantia übersetze ich mit Theorie des Nichtwissens, sie bedeutet keineswegs das Sokratische „Ich weiß, daß ich nichts weiß", noch weniger das verzweifelte Faustische „Und sehe, daß wir Nichts wissen können", sondern er geht den Gründen unseres Nichtwissens nach, und er findet sie darin, daß um die nach vorwärts und rückwärts unendliche Kette der Relationen zu erfassen unser Intellekt (mens) und unser Verstand (ratio) nicht ausreichen, sondern ein transzendentes Prinzip hinzugezogen werden müsse, durch welches attingitur inattingibile inattingibiliter (Id. 1 p. 138, Z. 30), Ingustabile gustatur (ibi 139). Diese Ergänzung ist nichts anderes als der Grenzbegriff, der die Schranke niederreißt, welche das Infinitesimale der logischen Konstruktion setzt (man vergleiche die Paradoxien des Zenon), indem er das Unendliche mit dem Endlichen, bzw. das Maximum mit dem Minimum vereint die coincidentia oppositorum herbeiführt, und so hat Cusa auch sein Prinzip genannt, und es schon im Titel seiner ersten und grundlegenden Schrift angedeutet. Daß dabei die Unendlichkeiten, welche Raum, Zeit und Zahl bieten, sich als „exemplaria" (Beispiele und Vorbilder) darbieten, ist selbstverständlich, wenn sie nicht überhaupt den Ausgangspunkt bilden, und es genügt neben der docta auf die Einleitung zum Idiota hinzuweisen. Die Zahlenreihe strebt allerdings nur einseitig ins Unendliche, aber in ihrem Anfang, der Eins, schlägt der Zahlbegriff um, die Eins ist keine Zahl, sagt er mit den Pythagoreern, und dieselbe Anschauung habe ich noch bei Reuschle (Vater) um die Mitte des 19 Jahrhunderts getroffen. Cusan erkennt in der Eins den schlechthin transzendenten Akt der Setzung und nicht minder, daß es die Bewegung (des Intellekts) ist, welche die Verknüpfungen der Setzungen zur Zahl herbeiführt (docta I 10 nnd zahllose andere Stellen), und indem er, wie nach ihm Galilei, die Unendlichkeit in der Einheit erfaßt, begreift er wie sie den Pythagoreern zur absolut göttlichen monas, zum Unum wurde. Die gerade Linie aber fließt nach beiden entgegengesetzten Richtungen ins Unendliche, sein Prinzip des Zusammenfallens der Gegensätze vereinigt die unendlich fernen Punkte, und so wird ihm (docta I 13 usw.) die Gerade zum Kreis mit unendlich großem Radius, und 200 Jahre vor Desargues hat er die Gerade als im Unendlichen geschlossen angesehen. Da wir die Zeit nur unter dem Bilde der geraden Linie vorstellen können, so überträgt sich die Koinzidenz vom Anfang und Ende auf die Zeit; die Zeit berührt die gerade Linie der Ewigkeit stets in einem Punkte „dem Jetzt" und hierbei (compl. theol. 8 p. 1113) kommt er auf die Wälzung eines Kreises auf einer Geraden, und diese Bemerkung kann ganz abgesehen von dem Wallisschen Manuskript (M. Cantor II 202) sehr wohl Galilei, der Cusanus genau kannte, auf die Zykloide geführt haben.

Dasselbe Prinzip hat ihn auch lange vor Fermat die Koinzidenz des Maximums und Minimums (I, 2 p. 3 etc.) gelehrt. Gott ist zugleich das Größte und Kleinste, da er weder Vermehrung noch Verminderung fähig (vgl. Idiot. II p. 1146 33—6). Et hoc tibi clarius fit, si ad quantitatem maximum et minimum contrahis, und dies wird Dir klarer, wenn Du Maximum und Minimum auf Größen beschränkst, denn minima quantitas est maxime parva. Der größte Kreis hat die kleinste Krümmung; es ist nur ein kleiner Schritt zum Newtonschen Krümmungsmaß, wenn Cusanus sagt (Idiot. II p. 146 von Z. 16 an, bes. Z. 25): Ob hoc etiam vides quomodo arcus circuli magni similior est rectae lineae, quam arcus circuli parvi. Das größte Dreieck hat die kleinsten Winkel (Lobatscheffskische Geometrie). Im complem. theol., welche den Höhepunkt der Mathematisierung der Theosophie zugleich auch der Erfassung des Grenzbegriffes bildet, heißt es im Kap. V p. 1110: Circulus enim si ad polygonias attendas, est infinitorum angulorum. Et si ad ipsam circulum tantum respicis, nullum angulum in eo reperies, et est interminatum.

Auf die Koinzidenz von Einheit und Vielheit in der Kardinalzahl habe ich schon hingewiesen, besonders häufig kehrt die Bemerkung wieder, daß die unendlich schnelle Bewegung zugleich die Ruhe ist, am charakteristischsten wohl in De ludo globi p. 226, Z. 20—24: Dreht sich eine kontinuierliche Schar von Kreisen um ihr Zentrum, so ist die Bewegung des Zentrums, da die Kreise sich je näher dem Zentrum um so schneller drehen, zugleich unendlich groß und unendlich klein. Anschaulicher und richtiger in dem hübschen Beispiel des Kreisels De possest, p. 253.

Das ganze Buch I der docta handelt de Deo und damit vom Unendlichen. Wichtig ist hier Kap. XII, in dem absolut deutlich der Grund der Mathematisierung der Theologie ausgesprochen wird. Die Mathematik muß sich endlicher Zeichen und Figuren bedienen, ihre Eigenschaften und Verhältnisse untersuchen und dann den Grenzübergang zum Unendlichen vollziehen, und mit ihrem Beispiel und Gleichnis kommen wir zur Erfassung des absolut Unendlichen. Im 13. Kap. wird dann durch die Figur, der wir uns noch heute im Unterricht bedienen, gezeigt, daß der Kreis mit wachsendem Radius sich der Geraden mehr und mehr anschmiegt. Daher geht der immer größer werdende Kreis in die immer größere Gerade über, und den Grenzübergang vollzieht er kühn durch den Satz: Was in der Potenz der endlichen Linie liegt sc. das unbegrenzte Wachstum, ist „actu" ($\dot{\varepsilon}\nu$ $\dot{\varepsilon}\nu\tau\varepsilon$-$\lambda\varepsilon\chi\varepsilon\acute{\iota}\alpha$) unendlich. Ich möchte hier bemerken, daß der Unterschied zwischen unendlich und unbegrenzt häufig von ihm in der Vergleichung der unendlichen Geraden mit der unbegrenzten (interminatum p. 1110 Z. 53; De ludo globi p. 212; In circulo enim non est principium nec finis) Kreislinie hervorgehoben wird, und er also auch hier Vorgänger von Leibniz.

Es folgt dann, Kap. 14 und 15 noch näher ausgeführt, der Beweis, daß die gerade Linie zugleich unendliches Dreieck,

Kreis und Kugel sei, eine Koinzidenz; man sieht zunächst
daraus, daß ihm die Eigenschaft der Geraden, bei der Rotation
zu beharren, bekannt war, vgl. Atti del IV congr. intern. III
p. 390. Man sieht aber auch, daß er nicht wie Desargues die
Konsequenzen der Einzigheit des unendlich fernen Punktes der
Geraden gezogen hat. Nur für die Lobatscheffskische Gerade ist
es richtig, daß eine Gerade die beiden unendlich fernen Punkte
der gegebenen verbinden kann und damit mit ihr zusammenfällt, der Beweis des Cusan konnte aber zur Zeit des Cusan und
bis zu Desargues und Newton nicht widerlegt werden, wie
so viele „Paradoxien des Unendlichen“, weil die Gleichheit von
$+ \infty$ und $- \infty$ noch nicht erkannt war. Im Kap. 16 wird dann
„transformativ“ von der infiniten Linie auf Gott übergegangen
um zu zeigen, daß Gott sich im übertragenen Sinne zu allem
verhalte wie die unendliche Gerade zur endlichen.

Kap. 17 ist überschrieben: Ex eodem profundissimae doc-
trinae, Folgerungen tiefster Weisheit. Die endliche Linie
ist teilbar, die unendliche nicht, weil das Unendliche keine Teile
hat, da in ihm das Größte und Kleinste zusammenfallen. Jedoch ist die endliche Linie nicht teilbar in etwas, das
nicht Linie ist, da man bei einer „magnitudo“, d. h. Boëtius
zufolge (inst. arith. ed. Friedlein p. 8) bei einer kontinuierlichen
Größe nie zu einem Teil kommt, zu dem es nicht noch einen
kleineren gäbe. Daher ist auch die endliche Linie hinsichtlich
ihrer Linienhaftigkeit unteilbar. Denn eine Strecke von einem
Fuß ist nicht weniger Linie als eine Linie von einer Elle. Daraus
folgt, daß die unendliche Linie der endlichen begrifflich zugrunde
liegt und so ist das Größte schlechthin die Idee von allem und
damit das Maß von allem. So ist auch die Idee aller Dinge unteilbar, unveränderlich und ewig. Wenn ich der Reihe nach
Strecken von $2'$, $3'$ usw. betrachte, so ist das Lineare in ihnen
dasselbe und die Verschiedenheit bezieht sich nur auf ihr Verhältnis zur Länge eines Fußes. An der unendlichen Linie gemessen fällt diese Verschiedenheit der Strecken oder der Dinge
weg, und da sie unteilbar und einzig (principium indiscernibilium),
so steckt sie ganz in jeder endlichen, aber nicht soweit es die

besondere Erscheinungsform und Verendlichung angeht. Sie ist deshalb ganz in jeder enthalten, weil sie es in keiner ist, und eine Strecke ist von der andern verschieden durch die Verendlichung. Es ist daher die unendliche Linie in jeder Strecke ganz enthalten, weil jede es in ihr ist. Und das gilt ganz allgemein und klar erhellt, in welcher Weise das Größte in jedem Dinge und in Keinem ist.

Die „tiefste Weisheit" des Kap. 17 macht einige Bemerkungen nötig. Es handelt sich hier um eine nicht gerade leicht verständlich ausgedrückte Erfassung des mathematisch Infinitesimalen durch den Grenzbegriff, sowohl des Unendlichgroßen als des Unendlichkleinen; dies wird deutlich, wenn man docta II, 3, p. 26 heranzieht und das li(ber) de non aliud (Uebinger, Die Gotteslehre des Cusan, Pad. 1888, S. 192). Wenn nämlich eine an sich unabgeschlossene Reihe der Art nach zusammenhängender Vorstellungen ein stetig abstufbares Merkmal (Größe) enthält, wie Strecken, Winkel, Massen, Zeiträume, Geschwindigkeiten, so muß der Genuscharakter der Reihe von diesem abstufbaren Merkmal unabhängig sein, z. B. non aliud S. 166: Der kleine Rubin ist nicht weniger Rubin als der große. Das Quale der Strecke, das was sie zur Strecke macht, das Quale des Winkels usw., ist in jedem Gliede der Reihe konstant enthalten. In Idiota III, p. 167, Z. 30: Quaelibet enim pars ejus (magnitudinis, d. h. der kontin. Größe) de toto verificatur. Hinc ejusdem entitatis est, cujus totum. Jede bestimmte kontinuierliche Größe empfängt ihren Inhalt von der Gattung, denn der Teil ist von derselben Wesenheit wie das Ganze.

Das Quale der Strecke, das was sie zur Strecke macht, das Quale des Winkels usw. ist in jedem Gliede der Reihe konstant; die einzelne Strecke bestimmter Länge enthält zwar, aber umschließt nicht die „Quidditas" die „essentia", das Wesen der Linie, das dem Maße entrückt und in diesem Sinne unendlich zu denken ist. Ganz analog sagt er in De Beryllo, ca. 13, p. 170: Omnis dabilis angulus de se ipso dicit, quod non est veritas angularis. Veritas enim non capit nec majus nec minus. Diese Strecken- und Winkelwahrheit steckt aber schon im Differential, als solches unitas (Bruno) bezeichnet, vgl. De Beryllo, cap. 8 und 9, p. 268, 269. In diesem Sinne spricht er sich auch doct. ign., p. 26 von Z. 5 an aus. Ich hebe daraus hervor: Ita quies est motum complicans, qui est quies seriatim ordinata, si subtiliter advertis; ferner: Ita Nunc sive praesentia complicatio temporis, die Zeit ist auch nichts als praesentia ordinata, und zum Schluß: Quoniam non est nisi unum maximum, cum quo coincidit minimum. Die zitierte Stelle De aliud lautet: Ideo principium, medium et finis signati est signum[1]) seu lineae est punctus, seu motus est quies, sive temporis est momentus et universaliter divisibilis indivisibile. Dieselben Gedanken kehren oft wieder, z. B. De dato patris luminum, cap. 4, p. 288; De ludo globi, p. 230, am ausführlichsten wohl in De Beryllo I, 17, p 271. Dies Kapitel sowie das vorhergehende ganz auszuschreiben hindert mich nur der Raummangel. Doch sei angeführt: ... ut ad minima respiciamus quando maxima inquirimus (schon Schanz I, p. 14). Ich erwähne nur noch Id. III, 4, p. 152: Sicut numerus usw. Galilei, Cavalieri, Newton und Leibniz haben so ungefähr dasselbe gesagt, nur mit ein bischen andern Worten, entsprechend der entwickelteren Sprache.

In den Zeilen, welche der zitierten Stelle in de aliud vorangehen, wird die realisierende Bedeutung des Differentials, um mit H. Cohen zu reden, scharf hervorgehoben. Idiot. I, p. 183, Z. 15: Simplex est ante compositum usw., und es wird auch (des öfteren) ausgesprochen, daß das Differential kein wirklicher Teil sei (Galileis partes non quantae), es heißt: Non video indivisibile in divisibili quasi ejus partem, sed ipse indivisibile ante partem, und Idiota III, p. 152, Z. 1: „In vi ejus (sc. mentis) complicatur vis assimilitiva complicationis puncti per quam in se reperit potentiam, in qua se omni magnitudini assimilat." Die Stelle weist deutlich auf Proklos (Friedl., S. 88), „aber es liegt in ihm (dem Punkte) verborgen eine unbegrenzte Macht, Längen zu erzeugen". Was er mit der Einzigheit des Punktes meint, wird klar erläutert in De ludo globi II, p. 230, Z. 11; gemeint

---

1) signum = σημεῖον, der Euklidische Ausdruck für Punkt, bei Aristoteles στίγμη.

ist, daß die einzelnen Punkte begrifflich nicht verschieden sind. Daß er den Punkt als Differential der Strecke vom Punkt als Ort des Schnittpunktes (Anfangspunkt) trennt, kann vielfach belegt werden. In letzterer Hinsicht ist der Punkt nicht der Einheit, sondern der 0 begriffsverwandt; da heißt es z. B. in De ludo globi, p. 210, Z. 45: Ex punctis ergo nihil componitur, punctum enim puncto addere perinde resultat, ac si nihil nihilo jungas. Dagegen über den Punkt als Differential, als indivisibile der Linie, als Atom heißt es kurz darauf p. 211, Z. 1: „Und nach Deiner Auffassung ist somit die Welt, die maximale Größe, im Punkt, der kleinsten, enthalten, und weder Zentrum noch Umfang derselben können geschaut werden. Und es gibt nicht mehrere verschiedene Punkte, da der Punkt (d. h. der Begriff des Punktes) keine Mehrheit zuläßt, denn in der Vielheit der Atome findet sich der Punkt stets als ein und derselbe. So wie in verschiedenen weißen Gegenständen nur eine Weißheit. Somit ist die Linie die Entwicklung des Punktes; entwickeln aber heißt den Punkt entfalten: Quod nihil aliud est, quam punctum in atomis pluribus ita quod in singulis conjunctis et continuatis esse. Es ist nur eine Ungeschicklichkeit des Ausdrucks, wenn er scheinbar die Linie als Differential der Fläche, die Fläche als den der Körper setzt, wie man aus cap. 17 De Beryllo deutlich entnehmen kann.[1]) Auch lange vor dem Kantianer Fischer hat er erkannt, daß der Größenkeim keine Größe. De Beryllo IX, p. 269. Et ita ante duo et post simplicem lineam esse debet angulus maximus pariter et minimus, sed non est signabilis. Solum igitur principium videtur maximum pariter et minimum. Und im cap. XI derselben Seite heißt es vom Winkeldifferential. Es ist der Trieb zu jedem gestaltbaren Winkel, weder größer noch kleiner vor jeder (Winkel) Größe... und ihm kommt mit demselben Recht der Namen des einzigen Winkels als aller und keines zu. Er ist weder spitz, noch recht, noch stumpf (Winkel, die größer als zwei Rechte, werden Euklid zu-

---

1) Er weiß sehr wohl, daß Summen von Punkten als Nullen keine Strecke, Linien als Nullen der Breite keine Flächen, Flächen als Nullen der Linien keine Körper geben (z. B. Beryllo, c. 17).

folge nicht betrachtet), er ist die simplicissima omnium causa.
Ein Beispiel, das er mit Vorliebe braucht, ist das des Samen-
korns, das nicht nur den Baum, sondern alle Bäume „complicat"
in sich trägt, am frühesten wohl in De conjecturis IV, 7, p. 104.[1])
Die zahlreichen auf das Differential bezüglichen Stellen in den
spezifisch geometrischen Schriften findet man bei Schanz l. c.

Wie den Begriff des Differentials hat er auch den des Integrals; er spricht wiederholt aus, daß z. B. die bestimmte endliche
Strecke als Summe von unendlich vielen Indivisibilien aufgefaßt
werden können, und es genügt eigentlich schon, auf seine Kreis-
quadraturen zu verweisen. Hand in Hand mit der Auffassung
des Differentials als einer zur Konstitution der Erfahrung un-
entbehrlichen Grundlage geht auch die Erkenntnis des mentalen
Charakters der reinen Geometrie. Es ist in neuester Zeit ein
wahrer Korybantenlärm über die „Entdeckung" der idealen oder
Präzisionsgeometrie erhoben, als wenn sie sich nicht schon bei
Eudoxos, Archytas und namentlich Platon fände. Cusan
spricht diese Idealisierung ganz außerordentlich häufig aus, er
wird nicht müde (mit Platon), den Unterschied des Kreises im
Geiste von dem „in pavimento", auf dem Estrich, hervorzuheben.
Sehr charakteristisch ist die Stelle Idiot. III, p. 159, Z. 3: Post
haec mens nostra, non ut immersa corpori, quod animat, sed ut
est mens per se, unibilis tamen corpori, dum respicit ad suam
immutabilitatem, facit assimilationes formarum, non ut sunt im-
mersae materiae, sed ut sunt in se et per se et immutabiles concipit rerum quidditates, utens se ipso pro instrumento sine spiritu
aliquo organico. Sicut dum concipit, circulum esse figuram, a
cuius centro omnes lineae ad circumferentiam ductae, sunt
aequales: quo modo essendi, circulus extra mentem in materia esse nequit. Impossibile est enim, duas dari lineas in

---

1) Deutlich wird der Punkt als Differential aufgefaßt und vom
Nichts unterschieden in dem so überaus merkwürdigen Kap 9 des
Compl. theol., p. 1114, wo es heißt: Creator igitur duo fecisse videtur
scilicet prope nihil punctum usw. Kurz darauf cap. XI, p. 1116, Z. 24
kommt sogar das Wort vor, das Newton akzeptiert hat: „fluxus puncti"
ist es, der die Linie erzeugt.

materia aequales et minus est possibile, talem circulum posse figurari. Unde circulus in mente, est exemplar et mensura veritatis circuli in pavimento. (Unser Geist rein als Geist, ohne Beziehung zum Körper, vollzieht die Anpassung an die Gestaltungen nicht wie sie sich verquickt mit der Materie darstellen, sondern wie sie an und für sich sind, und erfaßt die unveränderliche Wesenheit der Dinge: der Geist ist sein eignes Werkzeug und bedient sich keiner spezifischen Sinnesenergie. Er hat den Begriff des Kreises erfaßt als Ort der Punkte gleichen Abstandes vom Zentrum, aber diesem Begriff kann kein materieller Kreis genügen. Denn es ist unmöglich, daß zwei materielle Linien absolut gleich seien, und noch weniger möglich, daß ein solcher Kreis gestaltet werden könne. Es folgt, daß der Kreis im Geiste das Vorbild und das Maß der Richtigkeit des Kreises auf dem Fußboden ist). Und fast ebenso deutlich spricht Kap. V der venat. sap. p. 301, vgl. auch de possest, p. 263 und 264 und De ludo globi, p. 210 von Z. 31 an. Ausführlich wird auch die Idealisierung in De Beryllo, c. 32, p. 279 und 280 oben besprochen, er polemisiert hier gegen die Ansicht, die er Plato fälschlich zuschreibt, daß die „Mathematischen“ Vorstellungen Ideen (im Sinne Platons) seien. Platon hat bekanntlich die Mathematik als ein Bindeglied τῶν ὄντων und τῶν ὄντως ὄντων aufgefaßt, auch hier figuriert Z. 22 der Kreis auf dem Fußboden. In de possest p. 264, Z. 8 heißt es ganz ausdrücklich: Estque media speculatio usw.

Am allerschärfsten aber ist die Idealisierung, welche die Geometrie erst zur Wissenschaft erhebt im complem. theol. ausgesprochen, so z. B. im Kap. V, p. 1111, zugleich mit der schematischen Bedeutung der Figur: Schau', wie wunderbar der Mathematiker, indem er die Figur, z. B. ein Polygon hinzeichnet, im Beispiel das Unendliche erfaßt. Denn, indem er ein Dreieck von bestimmter Größe hinzeichnet, schaut er nicht auf das bestimmte Dreieck, sondern auf das Dreieck schlechthin, losgelöst von aller Größe und Eigentümlichkeit kontinuierlicher oder diskontinuierlicher Größenwerte. Er muß die Größe nur hinzufügen, um das Vorbild des Dreiecks, das er im Geiste hat, sinnlich wahrnehmbar zu machen. Das Dreieck im Geiste ist nicht groß noch klein, hat nicht Größe, nicht Zahl, ist folglich unendlich (als Komplex aller Dreiecke).

Nicht minder deutlich spricht Kap. II, p. 1107; da es zugleich den Gipfelpunkt der Erkenntnislehre des Kardinals bezeichnet, die man in das Schlagwort zusammenfassen könnte: Das Erkennen ist die Erkenntnis, scheint es mir lohnend, es wörtlich wiederzugeben:

„Jedermann weiß, daß in den mathematischen Wissenschaften (Quadrivium) die Wahrheit genauer erfaßt wird als in den andern freien Künsten und daher sehen wir, daß die, welche von der Geometrie kosten, an dieser Wissenschaft mit bewunderungswerter Liebe hängen, gleich als wenn in ihr die Speise des geistigen Lebens reiner und einfacher enthalten wäre. Denn nicht kümmert sich der Geometer um Linie oder Figuren aus Erz, Gold oder Holz, wohl aber so wie sie an sich sind, obschon sie ohne Materie nicht angetroffen werden. Er faßt, heißt dies, die sinnenfälligen Figuren mit dem Sinnesorgan des Auges auf, damit er mit dem Auge des Geistes die geistigen beschauen könne. Und diese geistige Schau ist nicht minder wahr als die sinnliche, und um so wichtiger, je mehr gerade der Geist die Gestalten an und für sich betrachtet, losgelöst von jeder Veränderungsmöglichkeit der Materie. Der äußere Sinn dagegen erfaßt sie nie ohne diese, denn die Figur erhält ihre Veränderlichkeit aus der Verbindung mit der Materie, welche notwendigerweise bald diese bald jene sein kann, weshalb das Dreieck auf diesem Estrich ein anderes ist als das an der Wand, und die Figur im einen richtiger ist als im andern. Und daher ist sie aus keinem Stoff so richtig und genau, daß sie nicht richtiger und genauer sein könnte. Der allem Veränderlichen entzogene Geist wird sie daher frei von Vieldeutigkeit erblicken, denn sich selbst findet der Geist ohne die von den Sinnen stammende Veränderlichkeit. Der Geist ist also von sinnlicher Materie frei und verhält sich zu den mathematischen Figuren gleichsam wie die gestaltgebende Kraft [$\varepsilon\ell\delta o\varsigma$]. Würde man jene Figuren Ideen nennen, so wäre der Geist die Idee der Ideen und folglich die Figuren im Geiste

wie in ihrer Idee und deswegen eindeutig. Was also auch der
Geist betrachten möge, das betrachtet er an und für sich. Was
aber von aller Veränderbarkeit losgelöst ist, das ist nichts anderes
als die Wahrheit. Denn die Wahrheit ist nichts anderes als das
Fehlen jeder Veränderungsmöglichkeit. Unser Geist nun, obwohl er frei von jeder Vieldeutigkeit ist, die von den Sinnen
stammt, ist doch nicht frei von jeder andern. Es sieht also der
Geist, obwohl er nicht jeder mentalen Schwankung ermangelt,
die Figuren frei von jeder Verschiedenheit, er erblickt sie, heißt
dies, in ihrer Wahrheit, aber nicht in der Außenwelt, denn im
Geiste erschaut er sie, und das kann nicht außerhalb desselben
geschehen. Denn ein geistiges Schauen gibt es nicht außerhalb
des Geistes, so wie die Sinne bei sinnlichem Wahrnehmen nicht
außerhalb der Sinne, sondern innerhalb derselben wahrnehmen.
Der Geist aber, der das an und für sich Unveränderliche schaut,
schaut, obwohl er Änderungen unterliegt, das Unveränderliche
nicht in seinem [des Geistes] veränderten Zustand — es heißt ja,
der Zorn hindert das Wahre zu sichten — sondern erschaut es
in seinem eigentlichen Zustande. Dieses ist die Wahrheit; wo
also der Geist erschaut, was er schaut, da ist seine eigene Wahrheit, und die von Allem, was er schaut. Somit findet sich im
Menschengeist das Licht der Wahrheit, durch das er ist und in
dem er sich und Alles sieht. So wie der Gesichtssinn des Wolfes
auf dem Licht beruht, in dem der Wolf Alles sieht, was er sieht.
Wenn Gott dem Wolfe, damit er zur Erhaltung seines Lebens
jagen könne, mit den Augen zugleich solche Sehkraft schuf, ohne
die er nicht in der Nacht seinen Lebensunterhalt hätte suchen
können, so läßt auch Gott den Menschengeist nicht in Stich,
der aus der Jagd nach Wahrheit seine Nahrung zieht, sondern
hat dem Geiste das nötige Licht mitgeschaffen. Aber der Geist
erschaut die Wahrheit, durch welche er sich erkennt, nur weil
sie vorhanden ist und nicht in ihrem Wesen. So sieht der Gesichtssinn nicht die Klarheit des Sonnenlichts, er weiß jedoch
aus Erfahrung, daß er ohne diese nicht sehen kann, und so begreift er, daß sie existiere, aber nicht ihr Wesen. Und zu einer
Vorstellung von der Größe dieses Lichtes gelangt er auch nicht,

er weiß nur, daß sie über seine Kraft geht, und das nämliche
gilt vom Geiste. So ist die Wahrheit im Menschengeist gleichsam
ein unsichtbarer Spiegel, in dem er Alles für ihn Sichtbare sieht.
Jene mit dem Spiegel verglichene Ursprünglichkeit ist aber so
groß, daß sie die Kraft und Schärfe unseres Geistes übersteigt.
Doch je mehr sich nach und nach die Kraft des Geistes steigert
und geschärft wird, um so sicherer und heller erschauen wir
Alles im Spiegel der Wahrheit. Es wächst aber jene Kraft durch
Nachdenken, so wie der Funke beim Brennen aufglüht. Und
weil sie den Zuwachs ihrer Leistungsfähigkeit von dem Licht
der Wahrheit selbst erhält, wird sie mehr und mehr in Tätigkeit versetzt. Von hier aus, sag' ich, wird jene Kraft fort und
fort entwickelt, denn sie erlangt nie eine solche Stufe, auf der
das Licht der Wahrheit nicht die Leuchte des Geistes noch höher
hinauf nach sich ziehen könnte. So ist das beschauliche Nachdenken des Geistes erquicklichste und unerschöpfliche Nahrung,
durch die er mehr und mehr eingeht in sein freudenreichstes
Leben.

Diese beschauende Tätigkeit ist eine Bewegung des Geistes
vom Sein zum Wesen, aber weil Sein und Wesen durch einen
unendlichen Abstand getrennt sind, so kann diese Bewegung des
Geistes nie aufhören, und sie ist die erfreulichste Bewegung,
weil sie zum [dauernden] Leben des Geistes hinführt. Und in
diesem Sinne enthält jene Bewegung die Ruhe, denn diese Bewegung macht nicht müde, sondern erweckt feurige Begeiste-
rung. Und je schneller der Geist bewegt wird, um so erfreu-
licher wird er durch das Licht des Lebens zu seinem eigenen
Leben geführt. Es vollzieht sich die Bewegung des Geistes
gleichsam auf der Linie, die zugleich gerade und kreisförmig ist.
Denn sie geht aus von der Überzeugung, daß die Wahrheit sei
oder vom Glauben und führt zum Wissen oder dem Wesen der
Wahrheit. Und ob sie gleichsam durch eine unendlich große
Linie getrennt sind, so sucht jene Bewegung sie auszufüllen und
im Anfang das Ende zu finden, im Sein das Wesen. — Denn sie
sucht jene Koinzidenz, wo Anfang und Ende der Bewegung zusammenfallen, und das ist die Kreisbewegung. So sucht der speku-

lative Geist auf direktestem Wege zur Koinzidenz des am weitesten Getrennten zu gelangen. Daher wird die Bewegung des denkenden und Gott ähnlichen Geistes abgebildet durch die Linie, in der Gerade und Kreis zusammenfallen. Dies erfordert, daß es ein einfaches gemeinsames Maß des Kreises und der Geraden gibt. Wie sie aber in der Einheit eines solchen Maßes zusammenfallen könnten, und wie die Gerade und der Kreis, hat nicht nur für die Theologie, sondern auch für die Mathematik das Büchlein de mathematicis complementis gezeigt, das uns überzeugte, man könne ohne Bedenken dasselbe, was man in der Theologie theologisch bekräftige, in der Mathematik mathematisch beweisen."

Ich hebe die große Bedeutung hervor, die hier wie so oft von Cusan der Bewegung für die Entwicklung beigelegt wird, ferner die Auffassung des Wissens als Grenze des Glaubens, die eminent mathematische Färbung der Erkenntnislehre, und wie hier ein transzendenter Grund für das gemeinsame Maß der Geraden und des Kreises gegeben wird, vergleichbar dem arithmetischen Beweise aus der Statik dafür, daß die Dreiecks-Medianen zusammentreffen. Und die Annäherung des „Dei formis" Menschengeistes an Gott ist hier fast bis zur Plotin-Augustinischen „Háptē" getrieben und wird kaum von Idiota III, 13, p. 163, Z. 24 übertroffen: Mens est creata, ab arte creatice, quasi ars illa, se ipsam creare vellet.

Die biologisch-physiologischen Anschauungen Cusas finden sich kompakter in de conjecturis II c. 14—16 und weit klarer im achten Kapitel von Idiota III: De mente; er legt sie dort dem Philosophen in den Mund, der sie als „angelernte" bezeichnet, und sie dürften wohl auf Rasi und Ibn Sina (Avicenna) zurückgehen. Der Seele ist ein ganz zartes Fluidum (spiritus tennissimus) „beigemischt", daß durch alle Adern verbreitet der Seele als Laufbahn dient, wie das Blut dem Fluidum. In de ludo globi I, p. 215, Z. 2, heißt es: In corpore igitur est tota anima in qualibet parte animae, sicut, ejus creator in qualibet parte mundi: Das ist also der Grundgedanke von Ernst Mach. In groben Zügen wird in Idiota III, 8, die Lehre von den spezifischen Sinnesenergien entwickelt, welche soviel später

Joh. Müller ausgebaut hat. Die Sinne geben keine deutliche Raumvorstellung, dazu dient die Phantasie, die einen noch zarteren spiritus besitzt, der im vorderen Teil des Kopfes in der Zelle des Phantasie lokalisiert ist, und zur logischen Unterscheidung bedient sich die Seele des allerfeinsten spiritus, der in der Mitte des Kopfes in der Zelle des Verstandes seinen Ort hat. Man sieht, es fehlt bei Cusan nicht einmal die allerdings von Golz und Loeb so ziemlich völlig widerlegte H. Munksche Lokalisationstheorie. Lange vor Lord Bacon und Schopenhauer hat er den Anteil des Verstandes am Sehen hervorgehoben, hierfür kommt besonders De quaerendo Deo in Betracht.

Über die im engeren Sinne mathematischen Schriften des Kardinals kann ich mich kurz fassen und das erste Programm von Schanz als bekannt voraussetzen; diese Schriften beziehen sich sämtlich auf die Verwandlung von Geradem in Krummes und umgekehrt; Cusan muß z. Z. als Erfinder der isoperimetrischen Methode gelten (vgl. Entwickl. der Elem.-Geom. im 18. Jahrh., p. 72) und sie entspringt auch natürlich genug aus seinem Grundgedanken der Koinzidenz, der selber höchst wahrscheinlich auf der geometrischen Grundlage der Koinzidenz der geraden Linie mit dem Kreise beruht, bei der ebenso natürlich die Gerade den Ausgangspunkt bildet. Der Mann, der Compl. theol. cap. 4, p. 1110, Z. 29, den Satz aussprach: „Quod nihil est scibile quin actu sciatur per scientiam infinitam et quod scientia infinita est veritas, aequalitas et mensura omnis scientiae." (Was wir wissen, wissen wir durch die Wissenschaft vom Unendlichen) hat sofort bemerkt und wiederholt ausgesprochen, daß, da jede der beiden Kurven in sich völlig homogen, die Koinzidenz im Unendlichgroßen identisch ist mit der Koinzidenz im Unendlichkleinen, der Koinzidenz des Bogen- und Streckenelementes und hat damit eine der Riemannschen Hypothesen antizipiert, auch bemerkt, daß sich diese Koinzidenz auf beliebige Kurven anwenden läßt.

Auffällig ist die Selbstverständlichkeit, mit der er in der ersten geometrischen Schrift De geom. transmut. von 1450 die isoperimetrische Methode einführt; an anderen Stellen, z. B. im compl. theol., Kap. XI, nimmt er die Autorschaft ausdrücklich

in Anspruch. Wenn er dann sofort den Satz benutzt, die Flächeninhalte regelmäßiger isoperimetrischer Polygone wachsen mit
der Seitenzahl, und hinzusetzt: „ut antea notum est", so braucht
sich dieser Zusatz keineswegs, was ich Uebinger gegenüber
bemerke, auf eine frühere Schrift, wie etwa „de quadratura", zu
beziehen, sondern mit sehr viel größerem Rechte auf Zenodoros,
dessen Schrift auch den Arabern bekannt war.

Eine andere Frage, die Schanz nicht entscheiden will, ist
die, ob Cusa wenigstens einige seiner Konstruktionen für streng
richtig gehalten habe. Abgesehen davon, daß er nie müde wird,
den asymptotischen Charakter unseres Wissens hervorzuheben,
sagt er wiederholt, daß π irrational sei, wenn er auch ab und zu
seine Konstruktionen für genau erklärt. Der Widerspruch erklärt sich dadurch, daß er die Genauigkeit für die Praxis meint,
für den Kreis auf dem Estrich, und die Irrationalität für den
Kreis in mente, man vergleiche das Kapitel VI des Complementum theologicum, daß sich, was die Idealisierung der Mathematik
betrifft, neben, ja über de Beryllo, cap. 32, stellt.

Ich gehe nun an der Hand der spezifisch mathematischen
Sehriften zu einer möglichst kurzen Ergänzung des Schanz-
schen ersten Programmes über, und insbesondere der ersten
Schrift des Cusan:

De transmutationibus Geometricis.

Die isoperimetrische Methode wird ohne weiteres eingeführt.
Aber schon der erste, als selbstverständlich hingestellte, an sich
richtige Satz erweckt schwere Bedenken. Der Satz lautet: Die
Radien der Umkreise (r) nehmen mit abnehmender Seitenzahl
(n) beständig zu, die der Imkreise (ϱ) beständig ab. Da ihm die
Formeln $2\varrho' = \varrho + r; \; r'^2 = r\varrho'$ unbekannt waren, so war dies
ihm auf dreierlei Art zu wissen möglich. Zunächst aus Tafeln
der Kotangente und des Sinus, die ihm aus arabischen Quellen
zugänglich sein konnten. Er hat zweifelsohne Kenntnis der Trigonometrie besessen, in welchem Umfange könnte nur aus der
genauen Durchsicht der in Cues befindlichen Papiere festgestellt
werden. Da Regiomontan seinen Albatani genau kannte,

so wäre das an sich für Cusan auch möglich; ich halte die Kenntnis des Verlaufs der Kotangente für unwahrscheinlich. Zweitens konnte er sich mit dem folgenden oberflächlichen Raisonnement begnügen: Der Pythagoras zeigt, daß ϱ und r sich mit wachsendem n fortwährend nähern, also bilden die r für wachsende n eine fallende, die ϱ eine steigende Reihe. Und drittens, und dies ist wohl das Wahrscheinlichste, verließ er sich auf die Zeichnung, er muß sehr viel zeichnend probiert haben. Die Zeichnung in De arithm. compl., p. 992, zeigt, daß er weiß, daß $4(r' - \varrho') < (r - \varrho)$ ist. Ich bemerke beiläufig, daß es kein Wunder ist, daß diese hübsche Konstruktion mit der von Schanz p. 24 ausführlich wiedergegebenen noch hübscheren aus De math. compl. (Fig. p. 1014) mit in der Grenze der Genauigkeit vollkommen übereinstimmt", denn beide führen genau zu derselben Formel für R, nämlich $R = (r\varrho' - r'\varrho) : (d - d')$, wo $d = r - \varrho$ und die Seitenzahlen der beiden Polygone beliebig sind. Auch dies ist an sich nicht weiter „bemerkenswert", sondern folgt aus der Konstanz des Umfangs. Uebinger hat, wie es scheint, den Text nicht richtig gelesen. Merkwürdig sind nur die beiden Konstruktionen an sich.

Es folgt dann als erste Prämisse die bekannte an das gleichseitige Dreieck anknüpfende Konstruktion; die Figur bitte ich aus p. 946, oder Schanz, Fig. 1, oder Uebinger, Phil. Jahrb. 9 S. 55 zu entnehmen. Ich habe vgl. Schanz, Note 2, p. 23, die Konstruktion in dem hiesigen Exemplar der Schwenterschen Delicia nicht gefunden. Lösung $R = 1{,}25\, p \sqrt{21} : 36$, ergibt π, s. Schanz, p. 23, „etwas genauer als das [nicht] Archimedische $3\frac{1}{7}$". Sie ist keine reine „Zufallslösung", sie beruht auf experimenteller Grundlage und einem gewissen Verständnis des Begriffs der stetigen Funktion einer reellen Variablen. Daß dies Verständnis nicht allzutief geht, vielleicht nicht einmal so weit wie bei Oresmus, zeigt die „tertia habitudo", die Verlängerung von ai im Verhältnis $bi : bc$, er sieht nicht, daß, wenn die halbe Dreiecksseite $fb = 1$ und $fi = x$ gesetzt wird, die Funktion $an = (\frac{1}{3} + x^2)(3 - x)^2 : 4$ nicht monoton von $x = 0$ bis $x = 1$ wächst, sondern für x etwa gleich $0{,}12$, genauer $\frac{1}{12}(9 - \sqrt{57})$ ein

Minimum hat. Der Schluß des Cusan ist also falsch. (Ein ähnlicher falscher Schluß findet sich in de umbra et chordis).

Hochinteressant ist das „secundum praemissum“, und da es bei Schanz und Uebinger fehlt, gehe ich ausführlich darauf ein. Der Doppelsatz ist im besonderen und allgemeinen falsch, und dennoch bekundet er wie kein anderer die hohe mathematische Veranlagung Cusans. Der Zweck ist das Verhältnis zweier krummen Linien — und das sind für ihn beinahe ausschließlich Kreisbogen — gleich dem zweier Strecken zu machen. Er geht vom ersten Ähnlichkeitssatz[1]) aus und zeigt zunächst, daß die Konstanz der Seitenverhältnisse nur bestehen kann, wenn zwei Seiten des Dreiecks Bogen sind, und zwar der eine konkav und

der andere konvex (von der geradlinigen Seite aus betrachtet) und zwar der konvexe nicht kleiner als der konkave (versehentlich hat er es vertaucht). So gelangt er zu seiner Figur. „Ich habe also den Quadranten bc von Zentrum a aus beschrieben, und mit der Spitze des Zirkels in c den

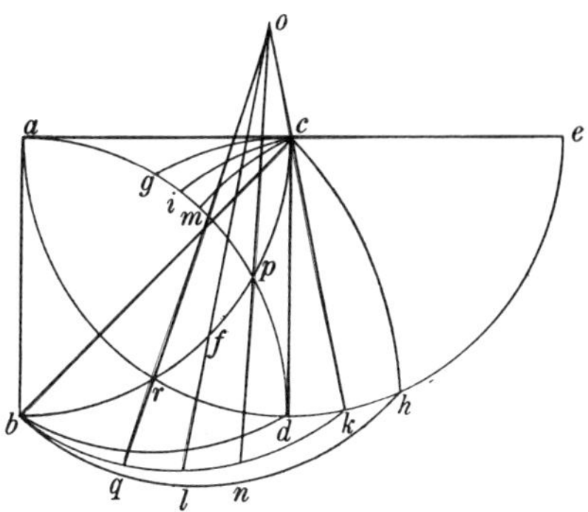

Halbkreis ade. Ich habe nun von der besprochenen Art Dreiecke das kleinste gesucht und sah, daß die Linie cd den Kontingenzwinkel[2]) mit dem Quadranten beschreibt.“ Er schlägt dann von b aus den „geheimnisvollen“ (occultum) Quadranten ad. [Er meint mit Recht, daß in diesem Quadranten, auf dem die Zentren aller der veränderlichen zweiten Bogenseiten der Dreiecksschar liegen, deren erste stets der Quadrant bc ist, das Geheimnis der Konstruktion stecke]. Um d schlägt er den Kreis mit dc der geraden Seite des Dreiecks, welche den Bogen ad in g schneidet, um g den Bogen bd, so ist das Dreieck aus den Bogen bc, bd,

---

1) Die Auffassung der Parallelen als Abstandslinie lange vor Clavius weist wieder auf arabische Quellen (Ptolemaios).

2) Über den Kontingenzwinkel vgl. M. Simon, Euclid. S. 81—90.

und der Strecke dc das kleinste der „besprochenen" Dreiecke. Dann wird das größte erhalten, indem man mit der Quadrantensehne bc um b den Kreis beschreibt. Er beweist sowohl das Eine wie das Andere; bh ist Quadrant, weil das Dreieck bmh mit bac in den drei Seiten übereinstimmt. Die „Koinzidenz" des Kleinsten und Größten — die stets bei Cusan ihre Rolle spielt — findet nun in dem ausgezeichneten Punkt k, der Mitte des Bogens dh statt, und der Bogen bk ist dann die gesuchte zweite Seite des Dreiecks, für die sein Satz gilt:

„Verbindet man auf dem Bogen bc und bk entsprechende Teilpunkte, so schneiden die Verbindungslinien die gerade Seite kc im selben Punkt o, und die Verbindungsstrecken, wie lf, qr usw. haben zu ck das entsprechende Verhältnis."

Er gibt zwar außer der Berufung auf die Koinzidenz auch nicht den Schatten eines Beweises für diesen Satz, es liegt aber zugrunde der so häufig bestätigte, auf der lex parsimoniae naturae beruhende Gedanke, daß ausgezeichnete Eigenschaften gehäuft werden, und somit ausgezeichnete Punkte auch ausgezeichnete Eigenschaften besitzen. Obwohl der Satz falsch ist, so ist er doch eine geradezu geniale Leistung, da er ihn ersonnen hat, um das Verhältnis eines beliebigen Bogens zum Quadrant in ein Streckenverhältnis umzusetzen.

Die Prüfung des Satzes liefert dem Lehrer der analytischen Geometrie eine hübsche Übungsaufgabe. Die Rechnung wurde mir dadurch erleichtert, daß mir Herr Bauschinger die „Sinus- und Cosinus-Tafeln von $10''$ zu $10''$ herausgegeben von Dr. W. Jordan" lieh (Opus Palatinum 1897). Ich erhebe auch an dieser Stelle, wie Hoüel schon vor 50 Jahren getan, die Forderung, in die für die Schule bestimmten Tafeln eine Tabelle der trigonometrischen Funktionen selbst, mit Tangens und Kotangens, von Minute zu Minute einzufügen. Bei der „größeren Hälfte" der Schulaufgaben sind die Logarithmen entbehrlich.

Es sei der Radius gleich 1, und die Punkte: $a\{0,\,0;\;b\{0,1;\;c\lfloor 1,0;\;d\{1,1;\;h\{\alpha,\beta$, wo $4\alpha = 3 + \sqrt{7}$, $\beta = 1 + \sqrt{7}$; $\measuredangle\,dch = 24^0\,17'\,42{,}8''$; $\measuredangle\,dek = \varphi = 12^0\,8'\,51{,}5''$. Es ist Punkt $k\{a,b$, wo $a = 1 + \sin\varphi$; $b = \cos\varphi$, $a^2 + b^2 = 2a$, Punkt $i\{\lambda,\mu$, wobei

$\lambda^2 + \mu^2 = 2\mu$ und μ die (zweite) Wurzel der quadratischen Gleichung:

$\mu^2(a^2 + \delta^2) - 2\mu(a^2 - \delta\gamma) + \gamma^2 = 0$, wo $\delta = 1 - b$, $\gamma = a - 0{,}5$

und $\lambda a = \mu\delta + \gamma$ ist; es ergibt sich $\lambda = 0{,}5904931$; $\mu = 0{,}1929572$. Es werde ein beliebiger Punkt auf Quadrant bc mit p bezeichnet und der entsprechende Punkt auf bk mit τ, dann ist, wenn $\sphericalangle\,bap$ kurz p heißt, $p\,\{$ $\sin p$, $\cos p$ oder s, c, und $\tau\,\{$ x_τ, y_τ, wo $x_\tau = \lambda + \cos t$, und $y_\tau = \mu + \sin t$, wo t der Richtungswinkel der Geraden τi ist. Wird $bik = j$ gesetzt, wo $j = 74^0\,30'\,12{,}3''$, so ist, da der Richtungswinkel $bi = 126^0\,11'\,31{,}2''$ ist, wenn das variable Teilungsverhältnis des Quadranten Θ genannt wird:

$$t = 126^0\,11'\,31{,}2'' - \Theta j.$$

Es ergibt sich für $p\tau = d$ die einfache Gleichung

$$d^2 = 2\left(1 - \mu + x_\tau(\lambda - s) + y_\tau(\mu - c)\right).$$

Für die Koordinaten des Schnittpunktes O_t von kc und $p\tau$ erhält man

$$y_t[(x_\tau - s) + v(c - y_\tau)] = c(x_\tau - 1) + y_\tau(1 - s);\ \ x_t = 1 + v y_\tau,$$

wo v eine Abkürzung für $\mathrm{tg}\,\varphi$ und $\lg v = 0{,}3329446$ ist.

Θ	d	$\Theta - d$	x_t	y_t
0,01	0,0093059	+ 0,0006941	+ 0,9228045	− 0,3586307
0,1	0,0944754	0,0055246	0,9232010	0,3567887
0,2	0,1916573	0,0083427	0,9234059	0,3558370
0,3	0,2916074	0,0083926	0,9233678	0,3560137
$^1/_3$	0,3252580	0,0080753	0,9233046	0,3563080
0,4	0,3930288	0,0069712	0,9230975	0,3572694
0,5	0,4954418	0,0045082	0,9226010	0,3595759
0,6	0,5983348	0,0016652	0,9218847	0,3629038
$^2/_3$	0,6667754	− 0,0001087	0,9212874	0,3656787
0,7	0,7008840	0,0008840	0,9209508	0,3672426
0,8	0,8024622	0,0024622	0,9198018	0,3725803
0,9	0,9023920	0,0023920	0,9184366	0,3789227
0,99	0,9903627	0,0003627	0,9170209	0,3854998

Der Sprache der Zahlen in der vorstehenden Tabelle auch nur ein Wort hinzuzufügen, ist überflüssig. Die Rechnung hat

Herr Dr. B. Cohn gütigst kontrolliert und bei den geringen Abweichungen habe ich seine Zahlen als des berufsmäßigen Rechners eingesetzt.

Die Tabelle zeigt, daß die Differenz $d - \Theta$, welche in b und k verschwinden muß, wenn τ von b sich nach k bewegt, zunächst unter 0 sinkt. Sie erreicht etwa bei 0,3 ihr Minimum, wächst dann stetig und geht etwa bei $^2/_3$ durch 0, und hat etwa bei 0,8 ihr Maximum, um dann sich bis k der 0 stetig zu nähern. Der absolute Betrag erreicht nirgends ein Hundertstel. Daß die Schnittpunkte auf kc z. B. für $^1/_3$ und $^2/_3$ nicht genau zusammenfallen, zeigt jede Zeichnung in größerem Maßstab deutlich, aber man ersieht, daß die Schnitte zwischen 0,01 und 0,9 sehr nahe beisammen liegen. Von 0,99 bis 1 müssen die Unterschiede rapide zunehmen. Daß die Schnittpunkte ungefähr zusammenfallen, lehrte den Kardinal der Augenschein. Von dem Satz über das Verhältnis, dem Analogon zum ersten Ähnlichkeitssatz ist er ausgegangen, aber daß er das dazu passende Dreieck cbk gefunden hat, ist „stupend".

Das „tertium praemissum" (p. 962) gibt die Konstruktion der beiden mittleren Proportionalen, welche er für die Körperverwandlung braucht. Daß er die von Eutokios fälschlich Platon zugeschriebene Lösung (Gesch. d. Math. im Altertum, S. 201) wählt, beweist, daß er nicht nur den Archimedes — man lese die Widmung der Math. complementa an den Papst Nikolaus V., p. 1104 — kannte, sondern auch den Kommentar des Eutokios zu Kugel und Zylinder. Diese Erkenntnis erklärt auch seine letzte und sachlich bedeutendste Leistung, die Aufstellung der allerdings erst von Huygens wirklich bewiesenen Näherungsformel $x = 3\sin x : (2 + \cos x)$. Der Text des Kardinals ist bei Schanz im Anschluß an G. A. Kästner völlig befriedigend behandelt, aber schon der Annotator Toussaint hat (Text und Fig. p. 1138), die, wie ich vermute, wirkliche Quelle aufgedeckt, die Verlängerung des Durchmessers um den Radius, welche auch die beträchtliche Aufrundung bei Cusan sofort erklärt, der die Klarheit seinem Prinzip der Koinzidenz geopfert hat. Er kannte den Eutokios, er kannte daher auch die Dreiteilung des Winkels von Archimedes durch Neusis (l. c. S. 302) und es lag ihm nahe, den Durchmesser um den Radius zu verlängern, wo dann das Auge die Übereinstimmung des Bogens mit der Tangente zeigt, die er ziehen mußte, weil er wußte, daß der Bogen zwischen Sinus und trigonometrischer Tangente liegt. Zur Aufstellung der Formel genügte dann der Hauptähnlichkeitssatz.

Die Rücksicht auf den Raum zwingt zum Schluß. Ich fasse mein Urteil über Cusan als Mathematiker dahin zusammen: Hätte Cusan die theoretische Durchbildung Regiomontans besessen und wäre seine Zeit nicht durch den Dienst der Kirche und den beklagenswerten Kampf um sein Bistum Brixen so völlig in Anspruch genommen worden, Cusan stände als reiner Mathematiker eben so groß da, wie als Theosoph und mathematischer Philosoph.

Straßburg i. E., 13. Sept. 1911.

Über die Fortpflanzung des Lichtes in dispergierenden Medien.

Von

A. Sommerfeld in München.

§ 1. Einleitung und Ergebnisse.

Die nachfolgende Untersuchung, über deren Resultate ich
schon 1907 auf der Dresdener Naturforscher-Versammlung[1]) be-
richtet habe, dürfte an keiner Stelle passender veröffentlicht werden, als in einer Festschrift für den Verfasser der „Partiellen
Differentialgleichungen der mathematischen Physik". Das hier
behandelte Problem scheint so einfach und fundamental, daß man
es längst für erledigt halten sollte. Trotzdem zeigt sich, daß seine
Klärung nur mit ausgiebigen funktionentheoretischen Hilfsmitteln
gelingt, durch die Methoden der komplexen Integration, Anwendung des Cauchyschen Residuensatzes und Umformung der
Integrationswege, Methoden, deren Brauchbarkeit für mathematisch-physikalische Probleme ich schon wiederholt erprobt habe.[2])

Wenn in der Überschrift von der Fortpflanzung des „Lichtes"
die Rede ist, so muß vorab betont werden, daß wir nicht von
natürlichem (polarisiertem oder unpolarisiertem) Licht handeln werden, wie es durch wirkliche Lichtquellen unter Zu-

---

1) Unter dem Titel: Ein Einwand gegen die Relativtheorie der
Elektrodynamik und seine Beseitigung (Physikal. Zeitschr. Bd. 8, (1907),
p. 841 und Beiblätter Bd. **33**, p. 413).

2) Für die Beugung des Lichtes (Math. Ann. **47**, p. 317, (1896)), für
die Beugung der Röntgenstrahlen (Zeitschr. f. Mathem. u. Phys. **46**, p. 11,
(1901)), für die drahtlose Telegraphie (Ann. d. Phys. **28**, p. 665, (1909)).

hilfenahme von wirklichen Polarisations- oder Dispersions-Vorrichtungen erzeugt werden kann. Solches Licht besteht immer aus vielen, nur ihrer mittleren Intensität nach kontrollierbaren Wellenzügen; auch der beste Auflösungsapparat würde daraus nicht einen individuellen monochromatischen Wellenzug, sondern nur ein Lichtbündel von endlicher spektraler Breite abzusondern gestatten, wobei die Verteilung der Intensität auf die Individuen des Lichtbündels im einzelnen unbestimmt bleibt. Demgegenüber werden wir einen genau definierten speziellen Schwingungsvorgang als auffallendes Licht zugrunde legen, bestehend aus einer regelmäßigen Folge unter sich gleicher Sinusschwingungen. Wäre derselbe beiderseits unbegrenzt (nur in diesem Falle könnten wir strenge genommen von monochromatischem Licht sprechen), so würde eine Fortpflanzungsgeschwindigkeit sich überhaupt nicht definieren lassen. Da das einzige Merkmal bei einer unbegrenzten Schwingungsfolge die jeweilige Phase ist, so könnten wir nur die Phase des Maximums (oder Minimums usw.) im auffallenden Licht der entsprechenden Phase in einer gewissen Tiefe des durchlaufenen Mittels zuordnen. Wir kommen dadurch zum Begriff der Phasengeschwindigkeit, die für alle Interferenzfragen, also für die Mehrzahl der optischen Erscheinungen, in der Tat maßgebend ist. Was man gewöhnlich unter „Lichtgeschwindigkeit“ in einem optisch nicht-leeren Mittel versteht, Vakuumgeschwindigkeit c geteilt durch Brechungsindex ν, ist nichts anderes als diese Phasengeschwindigkeit. Nur im optisch leeren Mittel (Vakuum, Luft) ist die Phasengeschwindigkeit zugleich die Fortpflanzungsgeschwindigkeit. In einem anderen Mittel sagt sie nur aus, wie die Phase des Lichtes durch die Mitwirkung dieses Mittels (nach der heutigen Dispersionstheorie durch das Mitschwingen der darin enthaltenen Elektronen) verzögert wird, lehrt aber nichts über den Prozeß der Fortpflanzung; ist doch bei einem unbegrenzten Wellenzuge die Lichterregung in allen Teilen des Mittels seit unendlich langer Zeit stationär vorhanden.

Um über die Fortpflanzung etwas aussagen zu können, müssen wir vielmehr einen begrenzten Wellenzug haben: Ruhe bis zu einem gewissen Zeitpunkte, dann eine z. B. gleichmäßige Folge von Sinusschwingungen, die ihrerseits nach einer gewissen Zeit abbricht oder die unbegrenzt fortdauert. Einen solchen Wellenzug werden wir ein Signal nennen. Hier kann man von einer Fortpflanzung des Kopfes sprechen (Kopfgeschwindigkeit, Frontgeschwindigkeit) oder bei einem abbrechenden Wellenzug in gewissem Sinne[1]) auch von einer Geschwindigkeit, mit der sich der Schluß des Signals in das Mittel hinein überträgt. Da wir ein abgebrochenes Signal immer auffassen können als Überlagerung eines ersten unbegrenzt fortdauernden mit einem zweiten beim Signalschluß einsetzenden, ebenfalls unbegrenzt fortdauernden Wellenzuge von entgegengesetzter Phase, welcher den ersten Wellenzug für die Folge gerade aufhebt, so ist die Schlußgeschwindigkeit des abgebrochenen Signals identisch mit der Kopfgeschwindigkeit eines einsetzenden Signals. Von der Kopfgeschwindigkeit könnte man noch unterscheiden die Signalgeschwindigkeit als diejenige Geschwindigkeit, mit der ein merkbarer Energiebetrag des Signals in einer gegebenen Tiefe ankommt. Es zeigt sich nämlich, daß das Signal beim Fortschreiten keineswegs seine ursprüngliche Gestalt beibehält, daß in einer gegebenen Tiefe des Mittels vielmehr zunächst eine sehr schwache Lichtbewegung eintrifft, die sich allmählich bis zu einer der auffallenden Intensität entsprechenden Größe steigert. Indessen hängt der Begriff der Signalgeschwindigkeit hier noch von der Empfindlichkeit des Aufnahmeapparates ab. Bei einem idealen Detektor, der schon auf kleinste Energiemengen reagiert, würde die Signalgeschwindigkeit gleich der Frontgeschwindigkeit, bei jedem realen Detektor kleiner als diese sein. Der Begriff Signal-

---

1) Der Schluß des Signals markiert sich natürlich nicht so wie der Kopf, daß er ein Gebiet völliger Ruhe von einem Gebiet der Bewegung trennt. Vielmehr folgt auf den Signalschluß noch ein langer (eigentlich unendlich langer) Restvorgang von (bei vorhandener Dämpfung abklingenden) Ionenschwingungen. Immerhin markiert sich der Signalschluß, wenn auch im Bilde des Bewegungsverlaufes nicht deutlich erkennbar, in den Formeln dadurch, daß hier die anregende erzwungene Signalschwingung wegfällt und nur noch die abklingenden freien Schwingungen der Ionen übrig bleiben.

geschwindigkeit läßt sich hiernach nicht allgemeingültig definieren; übrigens genügt für uns die selbstverständliche Feststellung, daß immer die Signalgeschwindigkeit kleiner als die Frontgeschwindigkeit sein muß.

Von der Frontgeschwindigkeit werden wir nun zeigen, daß sie unter allen Umständen identisch ist mit der Vakuumgeschwindigkeit c, gleichviel ob das Mittel normal oder anormal dispergiert, ob es durchsichtig ist oder absorbiert, ob es einfach oder doppeltbrechend ist. Der Beweis gründet sich auf die Dispersionstheorie des Lichtes, nach der die verschiedenen optischen Eigenschaften der Körper durch das Mitschwingen von Teilchen, Elektronen oder Ionen, d. h. Ladungen ohne oder mit materieller Masse, zustande kommen. Im folgenden werden wir diese Teilchen als Ionen bezeichnen, darunter aber auch den Fall der reinen Elektronenschwingungen mit einbegriffen. Vom Standpunkt der ursprünglichen Maxwellschen Theorie, nach der die Dielektrizitätskonstante ε und daher auch der Brechungsindex $\sqrt{\varepsilon}$ eine dem Mittel eigentümliche Materialkonstante ist, wäre die Phasengeschwindigkeit $V = c/\sqrt{\varepsilon}$ eine wirkliche Fortpflanzungsgeschwindigkeit der in dem betr. Mittel sich ausbreitenden Störungen, gerade so wie es die Geschwindigkeit c im Vakuum ist, und ebenso wie in der Elastizitätstheorie die Schallgeschwindigkeit eine Materialkonstante des betr. Körpers und eine wirkliche Fortpflanzungsgeschwindigkeit ist. Nach unseren derzeitigen Erfahrungen und ihrer Zusammenfassung in der Elektronentheorie gibt es aber nur ein einheitliches Mittel elektrodynamischer Wirkungen, das Vakuum, und sind die Abweichungen vom Optisch-Leeren auf mitschwingende Ladungen zurückzuführen. Wenn die Front unseres Signals das optische Mittel durchsetzt, findet sie die schwingungsfähigen Teilchen zunächst in Ruhe vor[1]) (abgesehen von der Wärmebewegung, die als ungeregelte Bewegung unwirksam ist). Zunächst ist daher das Mittel scheinbar optisch leer; erst von dem Momente an, wo

---

1) Diese Auffassung verdanke ich den Diskussions-Bemerkungen von W. Voigt zu meinem Dresdener Vortrag, Physikal. Zeitschr. l. c.

die Teilchen in Bewegung versetzt werden, können sie Einfluß nehmen auf die Phase und Form der Lichtschwingungen. Die Fortpflanzung des Wellenkopfes aber erfolgt ungestört und unabhängig von der Beschaffenheit der dispergierenden Ionen mit Vakuumgeschwindigkeit.

Von hieraus werden die nachstehenden Folgerungen aus unserer Untersuchung unmittelbar verständlich. Leider sind diese Folgerungen rein theoretischer Natur und kaum mit dem Experiment zu vergleichen wegen der Kleinheit der dabei in Betracht kommenden Energiemengen und der Kürze der erforderlichen Beobachtungszeiten. Auch machen wir von den Formeln der Dispersionstheorie eine etwas weitergehende Anwendung als sich physikalisch rechtfertigen läßt. Wir dehnen sie nämlich aus bis zu beliebig kleinen Wellenlängen, während sie ihrer Ableitung nach (vgl. § 4) Gültigkeit beanspruchen nur für Wellenlängen, die groß gegen die Abstände der dispergierenden Teilchen sind. Unsere Folgerungen lauten:

Wenn wir weißes Licht senkrecht auf eine dispergierende Platte fallen lassen, so eilen in dieser die weniger brechbaren (und daher „schnelleren“) Bestandteile des weißen Lichtes nicht etwa den stärker brechbaren („langsameren“) Bestandteilen voraus und es ist nicht etwa im ersten Moment des Austritts das Licht rot gefärbt. Vielmehr läuft die Wellenfront aller Bestandteile mit der gleichen Geschwindigkeit c durch die Platte und es tragen zu der im ersten Moment austretenden Lichtenergie alle Bestandteile in gleicher Weise bei. Diese zuerst austretende Lichtenergie zeigt übrigens nicht die Farben der Bestandteile, aus denen sie hervorgegangen ist, sondern hat eine durch das Dispersionsvermögen und die Dicke der Platte bestimmte ultraviolette Wellenlänge und eine äußerst geringe Stärke. Die Form der Lichtbewegung wird beim Durchgang durch die Platte anfangs, während die Ionen in Schwingung versetzt werden, so gründlich verzerrt, daß überhaupt keine Ähnlichkeit besteht zwischen der Form des auffallenden und des anfangs austretenden Lichtes. Auch wird so viel Energie zur anfänglichen Beschleunigung der Ionen zurückgehalten, daß die anfangs austretende Energie sehr gering ist im Verhältnis zur auffallenden.

In nahe liegender Erweiterung dieser Resultate können wir fortfahren: Wenn das Lichtsignal schief auf unsere Platte fällt, so wird es zuerst überhaupt nicht gebrochen oder reflektiert. Der Brechungsindex richtet sich erst mit der Ausbildung der Ionenschwingungen allmählich ein, während die Front des Signals und die soeben genannten sehr kurzwelligen Schwingungen, die „Vorläufer", wie wir sie nennen werden, unsere Platte unabgelenkt durchlaufen, wie wenn sie Luft wäre. Weiter aber: Läßt man auf eine Platte aus Kalkspath oder Quarz ein unpolarisiertes Lichtsignal fallen, so würde man zu Beginn des Austritts nicht linear oder zirkular polarisiertes Licht sehen, wie man erwarten könnte, wenn sich der „schnellere" Strahl wirklich schneller fortpflanzte wie der „langsamere". Vielmehr ist auch hier die Kristallstruktur in optischer Hinsicht anfangs garnicht vorhanden und tritt erst allmählich in Wirksamkeit; ebensowenig ist zu Anfang Doppelbrechung vorhanden.

Das ursprüngliche Interesse unseres Problems hing mit der Relativitätstheorie zusammen. Diese lehrt bekanntlich, daß Überlichtgeschwindigkeit durchaus unmöglich ist, sowohl als Konvektivgeschwindigkeit eines bewegten Elektrons oder Körpers, wie auch als Fortpflanzungsgeschwindigkeit eines elektrodynamischen oder mechanischen Signals.[1]) W. Wien bemerkte nun, daß es im Spektrum eines anomal-dispergierenden Mittels in der Nähe der Absorptionslinie ein Gebiet geben kann, wo der Brechungsindex < 1, also die „Lichtgeschwindigkeit" (gleichviel ob man darunter die Phasengeschwindigkeit oder, vgl. unten, die Gruppengeschwindigkeit versteht) größer als c wird. Dieser scheinbare Widerspruch gegen das Relativitätsprinzip mußte geklärt werden. Obwohl nun bereits Einstein in einem Briefe an W. Wien ausführte, daß ein optisches Signal nach den allgemeinen Vorstellungen der Elektronentheorie auch im ano-

----

1) A. Einstein, Jahrbuch der Radiaktivität, Bd. **4**, p. 412, (1907), § 5. Vgl. auch M. Laue, Physikal. Zeitschr. Bd. **12**, p. 48 (1911).

mal-dispergierenden Medium nicht schneller als mit Vakuum-geschwindigkeit gehen könne und obwohl jener Widerspruch nur auf einer Überschätzung des gewöhnlichen Begriffes der „Licht-geschwindigkeit" beruhte, so schien doch die genauere quantitative Untersuchung der Ausbreitung eines Signals (in obigem Sinne) von allgemeinem Interesse.

Als W. Wien und ich dies Problem besprachen, gingen wir von dem Gesichtspunkte aus, daß es die Gruppengeschwindig-keit[1]) ist, die in dispergierenden Medien bei stationären Wellen-zügen die Fortpflanzung der Energie bestimmt. Wir erwarteten daher, daß auch die erste Ankunft unseres Signals in einer ge-gebenen Tiefe mit Gruppengeschwindigkeit erfolgen würde. Diese Ansicht war, wie sich hier zeigt, irrig und steht überdies in Wider-spruch mit der eben erwähnten Folgerung aus der Relativitäts-theorie. Bei anomaler Dispersion ist nämlich die Gruppenge-schwindigkeit U größer als die Phasengeschwindigkeit V. Ist also die letztere bereits größer als c, so würde ein Fortschreiten des Signals mit Gruppengeschwindigkeit erst recht zu einer Über-lichtgeschwindigkeits-Wirkung führen, die relativtheoretisch un-möglich ist.

Bedeutet n die Frequenz des Lichtes (Anzahl der Schwin-gungen in 2π Zeiteinheiten) und k die „Wellenzahl" (Anzahl der Wellenlängen auf 2π Längeneinheiten), so ist bekanntlich

$$V = \frac{n}{k}, \quad U = \frac{dn}{dk},$$

wofür man auch schreiben kann

$$U = \frac{d(Vk)}{dk} = V + k\frac{dV}{dk} = V - \lambda\frac{dV}{d\lambda}.$$

---

1) Diese Bedeutung der Gruppengeschwindigkeit ist bekanntlich von Osborne Reynolds aufgestellt und von Lord Rayleigh weiter aus-gebildet worden, insbesondere für die hydrodynamischen Wellen. M. Abra-ham hat kürzlich nachgewiesen, daß sie auch für ein beliebiges disper-gierendes elektromagnetisches Medium gilt, welches von stationären har-monischen Wellen durchzogen wird. Der Fall eines plötzlich anhebenden oder plötzlich abgeschnittenen Lichtsignals, der uns interessiert, wird aber von Abraham nicht behandelt. Vgl. Rendiconti del R. Ist. Lomb. Vol. **44**, 1911, pag. 68.

Damit hierin V und U sich reell ergeben, möge von der Absorption abgesehen, also auch λ als reell angenommen werden. Man zeigt bekanntlich an einzelnen Beispielen[1]), daß bei einem aus Wellen benachbarter Schwingungszahlen bestehenden Aggregat, einer „Wellengruppe", ein maximaler oder sonstwie ausgezeichneter Wert der Amplitude sich nicht mit der Geschwindigkeit V sondern mit U fortpflanzt. Darüber hinaus hat M. Laue[2]) gezeigt, daß bei natürlichem, d. h. ungeordnetem, nur seiner mittleren Intensität nach bekanntem Licht die Gruppengeschwindigkeit maßgebend ist für die Fortpflanzung der Energie ins Innere des dispergierenden Mediums. Dabei wird eingehend begründet, daß bei anomaler Dispersion, wo wegen der starken Absorption der Begriff der natürlichen Strahlung nach kurzen Wegstrecken seine Gültigkeit verliert, die Fortpflanzungsgeschwindigkeit der Intensität nicht mehr scharf zu definieren ist. In Fällen also, wo die Gruppengeschwindigkeit $> c$ (oder ev. vgl. Anm. negativ) wird, erleidet der Satz von der Gleichheit der Gruppengeschwindigkeit und Fortpflanzungsgeschwindigkeit eine Ausnahme, weil es für statistisch definiertes Licht überhaupt keine präzise Fortpflanzungsgeschwindigkeit gibt. Daß die Fortpflanzung des Wellenkopfes in allen Fällen mit einer Geschwindigkeit $\leq c$ erfolgen müsse, wird aus den allgemeinen Anschauungen der Elektronentheorie geschlossen. Dieses Ergebnis steht also mit unserem bestimmter gefaßten Resultat in Einklang. Ob die Gruppengeschwindigkeit auch bei individuellen Lichtsignalen, wie wir sie betrachten, eine Rolle spielt, oder ob sie nur bei natürlichem Licht die Energiefortpflanzung in statistischer Weise, also im Durchschnitt der Fälle regelt, kann die

---

1) Vgl. z. B. Schuster, Einführung in die theoretische Optik, § 183. Daß solchen Beispielen keine allgemeine Beweiskraft zukommt, ist von W. Wien, Encykl. d. math. Wiss. V 22, Nr. 28 und von P. Ehrenfest, Ann. d. Phys. **33** (1910), pag. 1571 dargelegt worden. Wegen der l. c. von A. Schuster hervorgehobenen Möglichkeit einer negativen Gruppengeschwindigkeit in der Nähe einer Absorptionsbande vgl. die im Text genannten Gesichtspunkte von M. Laue.

2) Ann. d. Phys. **18**, p. 523, 1905, vgl. insbes. § 6.

Lauesche Untersuchung ihrer ganzen Anlage nach nicht entscheiden.

Auf diese Frage beabsichtige ich an anderer Stelle zurückzukommen. Die vorliegende Arbeit gibt im nächsten § die allgemeine Lösung des Problems durch komplexe Integrale. Auf der Veränderlichkeit ihrer Integrationswege beruht die Diskussion der Lösung in § 3. Kann der Weg ins Unendliche der positiven Halbebene der Integrationsvariabeln gezogen werden, so herrscht Ruhe; dies trifft zu für $t < \dfrac{x}{c}$ (x = durchlaufene Tiefe des dispergierenden Mediums). Dagegen muß für $t > \dfrac{x}{c}$ der Weg nach der negativen Halbebene deformiert werden, wobei er an zwei Polen einerseits, an zwei Verzweigungsschnitten andrerseits hängen bleibt. Daß die Grenze zwischen beiden Fällen gerade bei $t = \dfrac{x}{c}$ liegt, bedeutet, daß sich die Front des Signals genau mit der Vakuumgeschwindigkeit c fortpflanzt. Die Residuen in den Polen geben eine zeitlich ungedämpfte Erregung von der Wellenlänge der auffallenden Schwingung und von derjenigen Amplitude und Phase, wie sie einer regulären, unverzerrten Fortpflanzung dieser Schwingung mit der Phasengeschwindigkeit V entsprechen würden. Dies ist der erzwungene Teil der Bewegung. Der Umgang um die Verzweigungsschnitte andrerseits gibt eine zeitlich abklingende Schwingung, für welche die Eigenfrequenz und Dämpfung der Ionen maßgebend ist. Dieser Teil entspricht also den durch das Signal angeregten freien Ionenschwingungen. Indessen ist eine solche Trennung in freie und erzwungene Schwingungen nur für große Werte von $t - \dfrac{x}{c}$ praktisch. Die Verhältnisse für kleine $t - \dfrac{x}{c}$, also für Zeitpunkte unmittelbar nach Eintreffen der Front des Signals, werden in § 6 diskutiert; die hier einsetzenden „Vorläufer", die noch nichts von jener Sonderung der beiden Bestandteile erkennen lassen, sind sehr schwache und kurzwellige Schwingungen, deren Stärke und Wellenlänge allmählich anwachsen. Wann sie bis zur Stärke des auffallenden Signals zugenommen haben, zu welcher Zeit also der Hauptteil des Signals in der Tiefe x ankommt, habe ich mit den Methoden dieser Arbeit nicht genau feststellen können. Diese Frage hängt mit der hier nur gestreiften Frage nach der Bedeutung der Gruppengeschwindigkeit für optische Signale zusammen. In § 4 wird die Eindeutigkeit des Problems aus dem Energiesatz bewiesen, mit besonderer Rücksicht darauf, daß an der Wellenfront zwar das Feld $\mathfrak{E}, \mathfrak{H}$ stetig, aber der Gradient desselben $\dfrac{\partial \mathfrak{E}}{\partial x}, \dfrac{\partial \mathfrak{H}}{\partial x}$ unstetig ist. In § 5 wird unsere komplexe Integraldarstellung mit der gewöhnlichen reellen Fourierschen Integraldarstellung in Verbindung gesetzt und das Spektrum unseres Signals entwickelt.

§ 2. Allgemeine Lösung des Problems.

Das dispergierende Medium fülle den Raum $x > 0$ aus und stoße mit der Ebene $x = 0$ an das Vakuum. Die Welle falle senkrecht ein, so daß der optische Zustand nur von x und t abhängt; er sei für $x = 0$ als Funktion von t gegeben. Da uns der

Fig. 1 a.

Reflexionsvorgang an der Oberfläche nicht interessiert, sei $f(t)$ bereits der Zustand gleich hinter der Oberfläche im dispergierenden Medium. Die Störung setze für $t = 0$ ein und sei gegeben durch die Figur 1 a oder die Formel

$$f(t) = \begin{cases} 0 \cdots t < 0, \\ \sin \dfrac{2\pi t}{\tau} \cdots t > 0. \end{cases} \tag{1}$$

Um die Dispersionsformel anwenden zu können, muß man $f(t)$ aus rein harmonischen Komponenten von der Form e^{int} ($n =$ Frequenz) zusammensetzen. Versucht man dies nach der Regel des Fourierschen Integrals auf reellem Wege zu tun, so stößt man auf eine Konvergenzschwierigkeit: da $f(t)$ für $t = \infty$ nicht verschwindet, hat das Fouriersche Integral keinen Sinn. Will man daher an der gewöhnlichen reellen Form der Fourierschen Integraldarstellung festhalten, so wird man einen beiderseits abgebrochenen Wellenzug betrachten müssen ($f(t) = 0$ für $t < 0$ und für $t > T$, vgl. Fig. 1 b), wie es in § 5 geschieht. Ein solcher setzt sich aus zwei Wellenzügen der vorher betrachteten Art zusammen, einem bei $t = 0$ anhebenden und einem zweiten

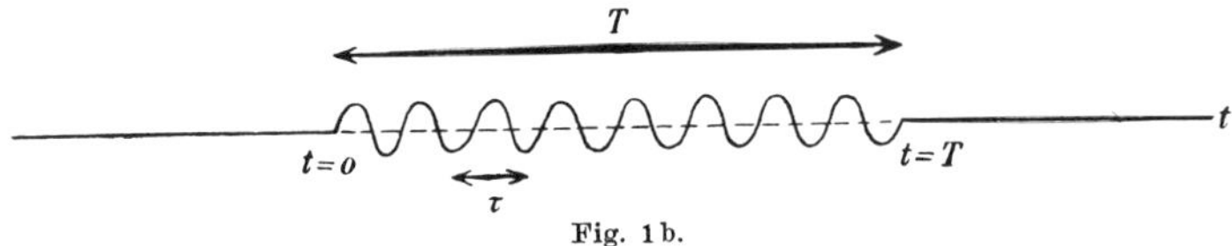

Fig. 1 b.

bei $t = T$ beginnenden von entgegengesetzter Phase, der den ersten für alle Zeiten $t > T$ aufhebt. Dementsprechend zerlegt sich die dort abzuleitende Lösung in zwei Bestandteile, deren jeder den Charakter eines nur einseitig begrenzten Wellenzuges hat. Jeder dieser Bestandteile ist durch ein Integral auf komplexem Wege dargestellt. Wir schreiben dasselbe hier direkt hin und verifizieren es durch ein Verfahren, das wir ohnehin für die spätere Diskussion nötig haben werden. Es wird einfach für den in Fig. 1 a abgebildeten einseitig begrenzten Wellenzug:

$$(2) \qquad f(t) = \frac{1}{\tau} \int e^{-int} \frac{dn}{n^2 - (2\pi/\tau)^2},$$

wenn der Integrationsweg in der positiven Halbebene der komplexen Variabeln n von $n = +\infty$ bis $n = -\infty$ geführt wird. Dieser Integrationsweg (Weg u in Fig. 2) ist erlaubt, weil der Integrand für $n = \infty$ wie $1/n^2$ verschwindet, und kann in doppelter Weise durch äquivalente Wege ersetzt werden.

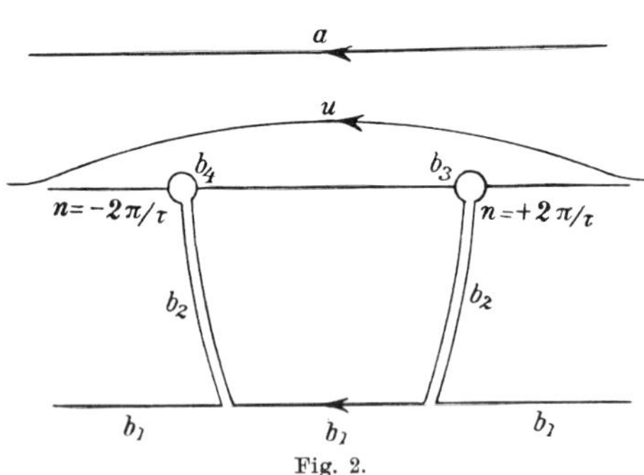

Fig. 2.

a) $t < 0$. Dann hat $-int$ in der oberen Halbebene einen negativen reellen Teil, der mit wachsender Entfernung von der reellen Achse unbegrenzt zunimmt. Man kann also den ursprünglichen Weg u in den Weg

a überführen; auf diesem verschwindet das Integral, wenn a ins Unendliche der oberen Halbebene hinübergezogen wird; also

$$f(t) = 0 \ldots (t < 0). \tag{3}$$

b) $t > 0$. Dann hat $- int$ in der unteren Halbebene einen negativen reellen Teil, so daß die Exponentialfunktion jetzt im Unendlichen dieser Halbebene verschwindet. Führt man aber den Weg u dahin über, so bleibt er an den singulären Stellen des Integranden $n = \pm 2\pi/\tau$ hängen. Der Integrationsweg b besteht daher aus viererlei Stücken: den im Unendlichen gelegenen Teilen b_1, auf welchen das Integral wegen des Faktors e^{-int} verschwindet; den Zuführungswegen b_2, deren gegenüberliegende Teile sich gegenseitig kompensieren und daher ebenfalls keinen Beitrag liefern; den Umgängen b_3 und b_4 um die singulären Punkte. Diese lassen sich nach dem Cauchyschen Satze sofort auswerten:

$$b_3 = \frac{2\pi i}{\tau} \left(e^{-int} \frac{1}{n + 2\pi/\tau} \right)_{n = \frac{2\pi}{\tau}}, \quad b_4 = \frac{2\pi i}{\tau} \left(e^{-int} \frac{1}{n - 2\pi/\tau} \right)_{n = -\frac{2\pi}{\tau}}.$$

Die in Parenthesen gesetzten Ausdrücke sind die Residua des Integranden und gleich

$$\frac{e^{-2\pi it/\tau}}{4\pi/\tau} \quad \text{bzw.} \quad \frac{e^{+2\pi it/\tau}}{-4\pi/\tau};$$

also wird

$$b_3 + b_4 = \frac{i}{2} \left(e^{-\frac{2\pi it}{\tau}} - e^{+\frac{2\pi it}{\tau}} \right) = \sin \frac{2\pi t}{\tau}$$

und daher auch

$$f(t) = \sin \frac{2\pi t}{\tau} \cdots (t > 0). \tag{4}$$

Mithin ist gezeigt, daß der Ausdruck (2) in der Tat unsere durch die Bedingungen (1) definierte, bei $t = 0$ anhebende Lichtwelle in Strenge darstellt.

Die allgemeine Lösung unseres Problems läßt sich nun sofort hinschreiben in der Form:

$$f(t, x) = \frac{1}{\tau} \int e^{-int + ikx} \frac{dn}{n^2 - (2\pi/\tau)^2}, \tag{5}$$

das Integral auf dem Wege u der Fig. 2 oder 3 erstreckt.

Die Dispersionstheorie lehrt nämlich, daß aus einer zeitlich unbegrenzten Störung e^{-int} nach Durchlaufen der Strecke x im dispergierenden Medium die ebene Welle $e^{-int+ikx}$ geworden ist, wenn k definiert wird durch

$$(6) \qquad k^2 = \frac{n^2}{c^2}\left(1 + \frac{a^2}{n_0{}^2 - 2in\varrho - n^2}\right)$$

mit der Abkürzung $a^2 = \mathfrak{N}e^2/m$.

Hier bedeutet $\mathfrak{N}, e, n_0, \varrho, m$ Anzahl pro cm³, Ladung, Eigenfrequenz, Dämpfungskonstante und Masse der mitschwingenden Teilchen. Auf die Ableitung dieser übrigens wohlbekannten Regel kommen wir gelegentlich in § 4 zurück. Man hat die Größen $\mathfrak{N}, e, n_0, \ldots$ je mit einem Index zu versehen und über diesen in gewisser Weise[1]) zu summieren, wenn mehrere Arten mitschwingender Teilchen berücksichtigt werden sollen. Da hierdurch im folgenden prinzipiell nichts geändert werden würde, dürfen wir uns auf die einfache Dispersionsformel (6) beschränken.

§ 3. Allgemeine Diskussion der erhaltenen Lösung.

Wir gehen dabei nach dem Vorbilde der vorangehenden Diskussion von $f(t)$ vor. Es sei

$$\mathfrak{t} = t - \frac{x}{c};$$

wir betrachten die beiden Fälle a) $\mathfrak{t} < 0$ und b) $\mathfrak{t} > 0$ und behaupten, daß $\mathfrak{t} = 0$ die Ankunft unseres Lichtsignals in der Tiefe x bedeutet.

a) $\mathfrak{t} < 0$. Wir deformieren den Weg u der Fig. 2 oder 3 in den Weg a. Dies ist solange erlaubt, als der reelle Teil von $-int + ikx$ im Unendlichen der oberen Halbebene negativ ausfällt. Für $n = \infty$ wird aber nach (6) $k = n/c$ und daher

$$-int + ikx = -in\left(t - \frac{x}{c}\right) = -in\mathfrak{t}.$$

----

1) Wie dieses exakt zu geschehen hat, entwickelt z. B. H. A. Lorentz, Theory of electrons, § 129. Die ursprüngliche Einführung der Summation bei Drude, Optik, 3. Aufl., S. 368 ist nur angenähert; auch an unserer Formel (6) wäre strenge genommen noch eine (für unsere Zwecke übrigens völlig belanglose) Korrektion anzubringen, vgl. Drude, l. c. S. 370.

Der Übergang zum Wege a ist also erlaubt, wenn $t < 0$. Dann verschwindet aber unser Integral. Also wird:

$$f(t, x) = 0 \ldots t < 0. \qquad (7)$$

b) $t > 0$. Wir ziehen den Weg u nach der unteren Halbebene über, da jetzt im Unendlichen derselben $-int + ikx = -int$ einen negativen reellen Teil hat. Der Integrationsweg bleibt dabei nicht nur an den singulären Stellen $n = \pm 2\pi/\tau$ des Nenners, sondern auch an den Verzweigungspunkten des Ausdrucks k hängen. Letztere ergeben sich aus (6), wenn man $k = \infty$ und $k = 0$ setzt. Man hat

$$k = \infty, \quad \text{wenn} \quad n^2 + 2in\varrho = n_0^2,$$

d. h.
$$n = -i\varrho \pm \sqrt{n_0^2 - \varrho^2},$$

$$k = 0, \quad \text{wenn} \quad n^2 + 2in\varrho = n_0^2 + a^2,$$

d. h.
$$n = -i\varrho \pm \sqrt{n_0^2 + a^2 - \varrho^2}.$$

Die Verzweigungspunkte liegen also paarweise symmetrisch zur imaginären Achse in der unteren Halbebene; die beiden ersten ($k = \infty$) sind in Fig. 3 mit U_1, U_2, die beiden letzten ($k = 0$) mit N_1, N_2 bezeichnet. Die imaginären Teile der zugehörigen n-Werte sind gleich $-\varrho$, die reellen Teile im wesentlichen (bei kleinem ϱ und a) gleich $\pm n_0$, also gleich der Eigenfrequenz der

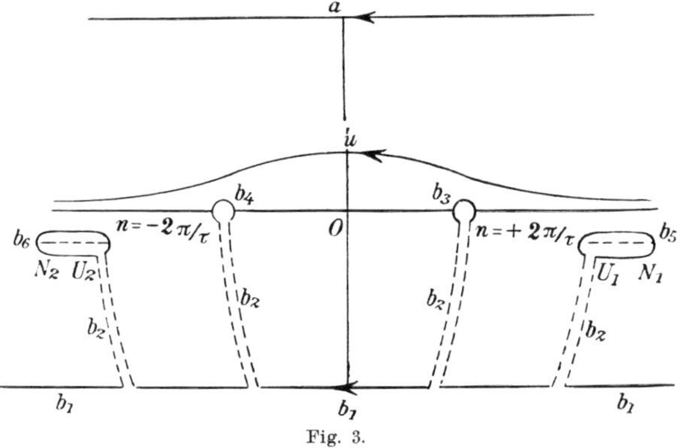

Fig. 3.

Elektronen. Die in Fig. 3 angenommene Lage der Verzweigungspunkte ($n_0 > 2\pi/\tau$) entspricht einem Absorptionsstreifen im

Ultravioletten, wenn die Frequenz $2\pi/\tau$ der einfallenden Welle dem sichtbaren Gebiet angehört. Wir verbinden $U_1 N_1$, sowie $U_2 N_2$ je durch einen „Verzweigungsschnitt".

Der Integrationsweg b zerlegt sich jetzt in die Bestandteile b_1, b_3, b_4, b_5, b_6, wenn wir die punktiert gezeichneten, sich gegenseitig zerstörenden Zuführungswege b_2 im folgenden fortlassen. Der Beitrag von b_1 verschwindet wegen des großen negativ reellen Teils von $-int$. b_3 und b_4 lassen sich wieder nach der Residuenregel ausführen:

$$b_3 = \frac{2\pi i}{\tau}\left(\frac{e^{-int+ikx}}{n+2\pi/\tau}\right)_{n=2\pi/\tau}, \quad b_4 = \frac{2\pi i}{\tau}\left(\frac{e^{-int+ikx}}{n-2\pi/\tau}\right)_{n=-2\pi/\tau},$$

$$b_3 + b_4 = \frac{i}{2}\left(e^{-2\pi i\frac{t}{\tau}+ik_+x} - e^{+2\pi i\frac{t}{\tau}+ik_-x}\right).$$

k_+ und k_- entstehen aus dem Ausdruck von k in Gl. (6), wenn man dort $\pm 2\pi/\tau$ für n einträgt. Nun bestimmt k_+ durch seinen reellen und imaginären Teil die Wellenlänge λ im dispergierenden Medium und den Absorptionsindex $\varkappa$, die zu der Frequenz $n = +2\pi/\tau$ gehören, nach der Formel

$$(8) \qquad k_+ = \frac{2\pi}{\lambda}(1 + i\varkappa).$$

In der Tat wird dann

$$e^{ik_+x} = e^{-2\pi\varkappa\frac{x}{\lambda}} \cdot e^{2\pi i\frac{x}{\lambda}},$$

also λ gleich derjenigen Entfernung x, in der sich die Phase der Welle reproduziert, und $\varkappa$ gleich dem logarithmischen Dekrement der Amplitude für das Fortschreiten der Welle um eine Wellenlänge. Vertauscht man in (6) das Vorzeichen von n, setzt also $-2\pi/\tau$ statt $+2\pi/\tau$, so vertauscht sich in k^2 das Vorzeichen des imaginären Teiles; dementsprechend wird

$$k_- = -\frac{2\pi}{\lambda}(1 - i\varkappa).$$

Berechnen wir mit diesen Werten k_+ und k_- den vorstehenden Term $b_3 + b_4$, so ergibt sich

$$(9) \qquad b_3 + b_4 = e^{-2\pi\varkappa\frac{x}{\lambda}} \sin 2\pi\left(\frac{t}{\tau} - \frac{x}{\lambda}\right).$$

Die Integrale b_5 und b_6 lassen sich nicht weiter vereinfachen. Wir schreiben:

$$B = b_5 + b_6 = \frac{1}{\tau} \left(\int \right) e^{-int+ikx} \frac{d\,n}{n^2 - (2\pi/\tau)^2}, \qquad (10)$$

indem wir durch Parenthesen den Umgang um beide Verzweigungsschnitte andeuten. Im ganzen haben wir also für $t > 0$:

$$f(t,x) = e^{-2\pi\varkappa\frac{x}{\lambda}} \sin 2\pi \left(\frac{t}{\tau} - \frac{x}{\lambda} \right) + B. \qquad (11)$$

c) $t = 0$. In diesem Grenzfalle läßt sich der ursprüngliche Weg sowohl nach der oberen wie nach der unteren Halbebene hinüberziehen, weil im Unendlichen beider der Integrand verschwindet, allerdings nicht mehr exponentiell wegen des Faktors $e^{-int+ikx}$, welcher jetzt gleich $e^{-int} = 1$ wird, sondern nur wie $1/n^2$ wegen des Faktors $1/(n^2 - (2\pi/\tau)^2)$. Indem wir also $f(t,x)$ einmal auf dem Wege a), das andere Mal auf dem Wege b) berechnen, sehen wir, daß

$$0 = e^{-2\pi\varkappa\frac{x}{\lambda}} \sin 2\pi \left(\frac{t}{\tau} - \frac{x}{\lambda} \right) + B \ldots \text{für } t = 0 \qquad (12)$$

ist. Die Stetigkeit des Überganges zwischen der Epoche $t < 0$ und $t > 0$ ist also gewahrt.

Im ganzen ergibt sich für den Ablauf des Signals in der Tiefe x folgendes Bild (Fig. 4):

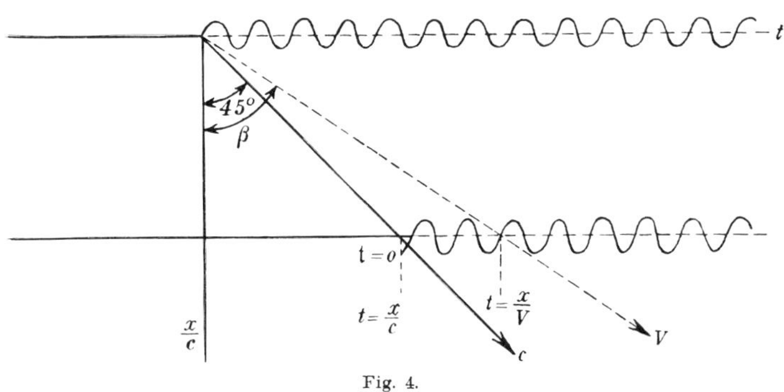

Fig. 4.

a) Bis zum Zeitpunkte $t = x/c$ herrscht Ruhe. Auch wenn die Phasengeschwindigkeit $V > c$ ist, kann keine optische Wirkung früher eintreffen, als einer Fortpflanzung mit Vakuumgeschwindigkeit c entspricht. Tragen wir in Fig. 4 als senkrechte Koordinate x/c auf, so gehört zu der Fortpflanzungsgeschwindigkeit c eine unter 45^0 geneigte Gerade; sie schneidet für jede Tiefe x den Zeitpunkt $t = 0$ der beginnenden Lichterregung aus. Setzen wir weiterhin normale Dispersion und daher auch $V < c$ voraus und zeichnen die unter dem Winkel β mit $\operatorname{ctg}\beta = V/c$ verlaufende Gerade punktiert ein, so liefert diese in gleicher Weise solche Zeitpunkte, die einer Fortpflanzung mit der Geschwindigkeit V entsprechen würden. In Wirklichkeit hat aber die Geschwindigkeit V nichts mit der Fortpflanzung zu tun, sondern bestimmt nur die Anordnung der Phasen, und auch dieses strenge genommen nur bei einem unbegrenzten Wellenzuge.

b) Die Lichtbewegung für $t > 0$ besteht aus zwei Bestandteilen, die wir als freie und erzwungene Schwingung unterscheiden können, erstere gegeben durch B, letztere (vgl. Gl. (11)) durch

$$e^{-2\pi\varkappa\frac{x}{\lambda}}\sin 2\pi\left(\frac{t}{\tau} - \frac{x}{\lambda}\right).$$

Da die Phasengeschwindigkeit

$$V = \frac{\lambda}{\tau}$$

ist, können wir hierfür auch schreiben:

$$e^{-2\pi\varkappa\frac{x}{\lambda}}\sin\frac{2\pi}{\tau}\left(t - \frac{x}{V}\right).$$

In Fig. 4 ist nur dieser letztere Teil der Erregung, und zwar unter der Annahme $\varkappa = 0$, d. h. für verschwindende Dämpfung, aufgetragen.

Die erzwungene Schwingung ist zeitlich ungedämpft und hat denselben regelmäßigen Sinuscharakter wie die einfallende Welle; nur die Amplitude ist wegen der örtlichen Dämpfung, von der aber wie gesagt in der Figur abgesehen ist, vermindert. Wir konstruieren die erzwungene Schwingung, indem wir die einfallende Welle mit ihrer Front nach dem Zeitpunkte $t = x/V$ (Schnittpunkt der punktierten Geraden) übertragen und sie rückwärts bis zum Zeitpunkte $t = x/c$ als regelmäßige Sinuswelle fortsetzen. In der Tat gilt unsere Gl. (11) bereits von diesem letzteren Zeitpunkte ($t = 0$) ab und setzt daher unsere erzwungene Schwingung nicht erst im Zeitpunkte $t = x/V$ ein. Unsere Konstruktion bringt zum Ausdruck, daß die Geschwindigkeit V die Phase, die Geschwindigkeit c die Fortpflanzung bestimmt.

Bei anomaler Dispersion, $V < c$, würde unsere punktierte Gerade vor dem Zeitpunkte $t = x/c$ schneiden. Die erzwungene Schwingung würde ihrer Phase nach wieder von diesem Schnittpunkt aus zu konstruieren sein, aber erst von dem Zeitpunkte $t = x/c$ an in Wirksamkeit treten.

Die freie Schwingung (in Fig. 4 nicht gezeichnet) ist zeitlich gedämpft, da t in ihrem Ausdruck B mit dem komplexen Faktor n multipliziert erscheint, dessen imaginärer Teil (Gl. (8)) von der Dämpfung ϱ der mitschwingenden Ionen abhängt. Sie setzt ebenfalls im Zeitpunkte $t = x/c$ ein und rührt davon her, daß die Ionen zunächst in Bewegung gesetzt werden müssen und vermöge ihrer Trägheit und elastischen Bindung sich erst allmählich dem definitiven Schwingungszustande anpassen. Mit wachsendem t verschwindet die freie und bleibt nur die (durch die mitschwingenden Ionen modifizierte) erzwungene Schwingung bestehen.

c) Für $t = 0$ hebt die freie Schwingung (Gl. (12)) die erzwungene Schwingung gerade auf, so daß die gesamte Lichtbewegung stetig mit der Ordinate 0 einsetzt. Wir haben also (vgl. Fig. 5) den Anfangswert der freien Schwingung F entgegengesetzt gleich derjenigen Ordinate zu zeichnen, der sich bei der rückwärtigen Fortsetzung der erzwungenen Schwingung E im Punkte $t = 0$ ergibt. Eine genauere Darstellung der aus F und E resultierenden Erregung in der Nähe von $t = 0$

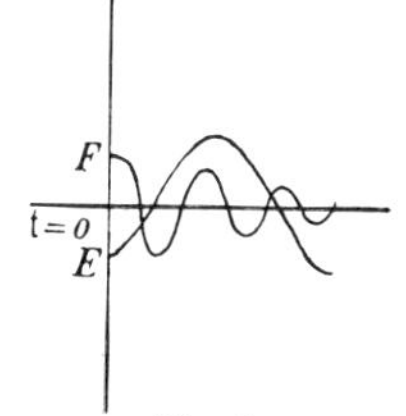

Fig. 5.

findet man in § 6; Fig. 5 ist lediglich als vergrößerte und grobe schematische Skizze aufzufassen.

Die in der Einleitung aufgestellten Behauptungen sind damit der Hauptsache nach bewiesen.

§ 4. Eindeutigkeit des Problems und Stetigkeitsbedingungen.

Da unsere Resultate zum Teil etwas überraschend sind, ist der Nachweis vielleicht nicht überflüssig, daß unsere Lösung die einzig mögliche ist, daß also jeder andere Weg zur Lösung auf dieselben Resultate führen muß. Wir knüpfen dabei an die interessante Methode an, die H. Weber[1]) für die Probleme der reinen Maxwellschen Theorie benutzt und erweitern dieselbe auf die Dispersionstheorie. Die Eindeutigkeit wird hierbei direkt aus dem Energiesatz geschlossen.

Es sei $\mathfrak{E} = \mathfrak{E}_y$ und $\mathfrak{H} = \mathfrak{H}_z$ das elektromagnetische Feld und $\mathfrak{s} = \mathfrak{s}_y$ die Verschiebung der Ionen aus ihrer Ruhelage, beide nur von x und t abhängig und für $x > 0$, $t > 0$ in Betracht zu ziehen; dann lauten die Grundgleichungen[2]):

$$(13) \qquad \begin{cases} \dfrac{1}{c}\,\dot{\mathfrak{H}} = -\dfrac{\partial \mathfrak{E}}{\partial x}, \quad \dfrac{1}{c}\,(\dot{\mathfrak{E}} + \mathfrak{N}e\dot{\mathfrak{s}}) = -\dfrac{\partial \mathfrak{H}}{\partial x} \\[2mm] m\ddot{\mathfrak{s}} + 2h\dot{\mathfrak{s}} + f\mathfrak{s} = e\mathfrak{E}, \end{cases}$$

wenn man wie üblich von der magnetischen Einwirkung des Feldes auf die Ionen in erster Näherung absieht, die auf der rechten Seite der letzten Gleichung noch ein Glied $e\dot{\mathfrak{s}}\mathfrak{H}/c$ hinzufügen würde. Multiplikation der drei Gleichungen mit $c\mathfrak{E}$, $c\mathfrak{H}$, $\mathfrak{N}\dot{\mathfrak{s}}$ und

---

1) Partielle Differentialgl. II, § 167; die Methode geht wohl auf E. Cohn zurück, Elektromagnetisches Feld, Kap. VI, § 5. Sie läßt sich ohne weiteres verallgemeinern auf den Fall beliebiger Unstetigkeitsflächen und eines von allen drei Raumkoordinaten abhängigen Feldes. Für unsere Zwecke genügt es, nur eine Koordinate x und eine Unstetigkeitsebene $x = ct$ zu betrachten.

2) Die beiden ersten Gleichungen (13) sind die Maxwellschen Gleichungen für eine nach der x-Richtung fortschreitende, in der Ebene $y = 0$ polarisierte Welle; das Glied $\mathfrak{N}e\dot{\mathfrak{s}}$ stellt den durch die mitbewegten Ionen gebildeten Konvektionsstrom dar. Die dritte Gleichung (13) ist die Bewegungsgleichung der Ionen. m bedeutet die Ionenmasse, also eine ponderable Masse, wenn es sich um eine ultrarote, die elektromagnetische Masse des Elektrons, wenn es sich um eine ultraviolette Elektronenschwingung handelt. $2h\dot{\mathfrak{s}}$ ist das Dämpfungsglied, $f\mathfrak{s}$ die quasielastische Kraft In den Bezeichnungen des § 2 Gl. (6) ist $h/m = \varrho$ und $f/m = n_0{}^2$.

Addition liefert:

$$\mathfrak{H}\dot{\mathfrak{H}} + \mathfrak{E}\dot{\mathfrak{E}} + \mathfrak{N}(m\dot{\mathfrak{z}}\ddot{\mathfrak{z}} + 2h\dot{\mathfrak{z}}^2 + f\mathfrak{z}\dot{\mathfrak{z}}) = -c\left(\mathfrak{E}\frac{\partial\mathfrak{H}}{\partial x} + \mathfrak{H}\frac{\partial\mathfrak{E}}{\partial x}\right) = -\frac{\partial\mathfrak{S}}{\partial x},$$

wo $\mathfrak{S}$ den Energiefluß bedeutet. Integrieren wir nach x von 0 bis ∞ und nach t von 0 bis t, so folgt:

$$\frac{1}{2}\int\left[\mathfrak{H}^2 + \mathfrak{E}^2 + \mathfrak{N}(m\dot{\mathfrak{z}}^2 + f\mathfrak{z}^2)\right]dx\Big|_{t=0}^{t=t} + 2h\mathfrak{N}\int_0^t dt\int_0^\infty \dot{\mathfrak{z}}^2 dx = -\left[\int_0^t\mathfrak{S}\,dt\right]_{x=0}^{x=\infty} \quad (14)$$

Es seien $\mathfrak{E}_1$, $\mathfrak{H}_1$, $\mathfrak{z}_1$ und $\mathfrak{E}_2$, $\mathfrak{H}_2$, $\mathfrak{z}_2$ zwei verschiedene Lösungen der Grundgleichungen, welche den Bedingungen genügen:

$$\left.\begin{array}{lll}
\text{für } x = 0 \text{ und jedes } t > 0: & \mathfrak{E}_1 = \mathfrak{E}_2 \\
\text{„ } x = \infty \text{ „ } \quad\text{„} \quad\quad\text{„}: & \mathfrak{E}_1 = \mathfrak{E}_2 \\
\text{„ } t = 0 \text{ „ } \quad\text{„ } x > 0: & \mathfrak{E}_1 = \mathfrak{E}_2,\ \mathfrak{H}_1 = \mathfrak{H}_2,\ \mathfrak{z}_1 = \mathfrak{z}_2.
\end{array}\right\} \quad (15)$$

Dann gelten für die Differenzen $\mathfrak{E} = \mathfrak{E}_1 - \mathfrak{E}_2$, $\mathfrak{H} = \mathfrak{H}_1 - \mathfrak{H}_2$, $\mathfrak{z} = \mathfrak{z}_1 - \mathfrak{z}_2$ ebenfalls nicht nur die Grundgleichungen (13), sondern auch Gl. (14), in der wegen der Bedingungen (15) die auf $t = 0$, $x = 0$ und $x = \infty$ bezüglichen Terme verschwinden. Es bleibt daher:

$$\frac{1}{2}\int(\mathfrak{E}^2 + \mathfrak{H}^2)\,dx + \frac{\mathfrak{N}}{2}\int(m\dot{\mathfrak{z}}^2 + f\mathfrak{z}^2)\,dx + 2h\mathfrak{N}\int_0^t dt\int_0^\infty \dot{\mathfrak{z}}^2 dx = 0, \quad (16)$$

wo sich nunmehr die beiden ersten Integrale auf die Zeit t beziehen. Hieraus schließt man:

$$\mathfrak{E} = \mathfrak{H} = \mathfrak{z} = 0,$$

weil die einzelnen Glieder der linken Seite nicht negativ sein können; sie bedeuten der Reihe nach: die magnetische und elektrische Energie des Feldes, die kinetische und potentielle Energie der Ionen und den Energieverlust durch die Dämpfung der Ionen.

Haben wir statt einer mehrere Ionenarten, so tritt natürlich die Summe ihrer Energien und Energieverluste in (16) auf, wodurch der Schluß nicht geändert wird. Wichtiger ist für uns die Bemerkung, daß unser Resultat auch bestehen bleibt, wenn sich das Integrationsgebiet $0 < x < \infty$ in einzelne Teile $0 < x < x_1$,

$x_1 < x < x_2, \ldots$ zerlegt, so daß nur innerhalb jedes dieser Gebiete die Grundgleichungen erfüllt sind, wenn nur an den Trennungsflächen, die sich auch mit t verschieben können, $\mathfrak{E}$ und $\mathfrak{H}$ stetig sind — ihre Differentialquotienten dürfen dagegen Sprünge erleiden. Man hat dann in (14), indem man die Integration nach x abteilungsweise zwischen 0 und x_1, x_1 und x_2 ausführt, $[\mathfrak{S}]_0^\infty$ zunächst zu ersetzen durch $[\mathfrak{S}]_0^{x_1} + [\mathfrak{S}]_{x_1}^{x_2} + \cdots$, was aber wegen der vorausgesetzten Stetigkeit von $\mathfrak{E}$ und $\mathfrak{H}$ wieder auf $[\mathfrak{S}]_0^\infty$ führt. Die Eindeutigkeit ist also auch in diesem Falle gesichert.

Die Anwendung auf das Problem der vorigen Paragraphen gestaltet sich so: Für $t = 0$ herrscht im ganzen dispergierenden Medium Ruhe:

$$(17) \qquad \mathfrak{E} = \mathfrak{H} = \mathfrak{z} = 0 \text{ für } t = 0 \text{ und } x > 0.$$

Von der ursprünglichen Wärmebewegung der Ionen ist dabei abgesehen; ihr verhältnismäßiger Betrag kann durch Steigerung der Intensität des Signals oder durch Verminderung der Temperatur beliebig herabgedrückt werden. Für $x = \infty$, wohin das Signal erst nach unendlich langer Zeit gelangt, herrscht ebenfalls dauernd Ruhe; also gilt insbesondere:

$$(17\,\mathrm{a}) \qquad \mathfrak{E} = 0 \text{ für } x = \infty \text{ und } t > 0.$$

Für $x = 0$ ist $\mathfrak{E}$ vorgeschrieben:

$$(17\,\mathrm{b}) \qquad \mathfrak{E} = f(t) \text{ für } x = 0 \text{ und } t > 0.$$

Diese Bedingungen (17) entsprechen genau den obigen Forderungen (15).

Als Trennungsfläche haben wir die Ebene $x = ct$ zu betrachten. An dieser verhält sich $\mathfrak{E}$ stetig; es war nämlich (vgl. den vorigen Paragraphen unter c)) $\mathfrak{E} = 0$ gleichviel ob man sich der Trennungsfläche von $x < ct$ oder $x > ct$ nähert. In derselben Weise folgt aber auch die Stetigkeit von $\mathfrak{H}$. Ist nämlich $\mathfrak{E}$ wie in (Gl. (5)) des § 2 dargestellt durch

$$\mathfrak{E} = \int e^{-int+ikx} \varphi(n)\, dn, \quad \varphi(n) = \frac{1}{\tau} \frac{1}{n^2 - (2\pi/\tau)^2},$$

so bestimmt sich das zugehörige $\mathfrak{H}$ nach der ersten Grundgleichung zu

$$\mathfrak{H} = \int \frac{kc}{n}\, e^{-int+ikx}\, \varphi(n)\, dn\,.$$

Auf dieses Integral läßt sich die Überlegung unter c) des vorigen Paragraphen direkt übertragen; mit $\mathfrak{E}$ verschwindet daher auch $\mathfrak{H}$ bei der beiderseitigen Annäherung an die Trennungsebene $x = ct$.

Nehmen wir also die in den vorangehenden Paragraphen entwickelte Formel $f(t, x)$, Gl. (5), als Darstellung der elektrischen Kraft $\mathfrak{E}$ und leiten wir aus der Maxwellschen Grundgleichung (13) die zugehörige Darstellung der magnetischen Kraft $\mathfrak{H}$ ab, so genügt das elektromagnetische Feld $\mathfrak{E}$, $\mathfrak{H}$ an der Trennungsfläche $x = ct$ der geforderten Stetigkeit. Hierdurch sowie durch die Bedingungen (17) ist die Eindeutigkeit unseres Problems gesichert und gezeigt, daß unsere Lösung die einzig mögliche ist.

Der Vollständigkeit wegen möge noch ausdrücklich dargetan werden, daß unsere Darstellung von $\mathfrak{E}$ die Grundgleichungen (13) befriedigt. Es läuft dieses darauf hinaus, die oben in Gl. (6) benutzte, übrigens wohlbekannte Regel der Dispersionstheorie zu bestätigen. Dabei genügt es, das einzelne Element unserer Integraldarstellung für $\mathfrak{E}$, also einen beiderseits unbegrenzten Wellenzug

$$\mathfrak{E} = e^{-int+ikx}$$

zu betrachten, und dementsprechend auch $\mathfrak{H}$ und $\mathfrak{s}$ in der entsprechenden Form anzusetzen:

$$\mathfrak{H} = H e^{-int+ikx},$$
$$\mathfrak{s} = s e^{-int+ikx}.$$

Denken wir uns n gegeben, so lassen sich die Konstanten H, s und k als im allgemeinen komplexe Größen so wählen, daß die Gl. (13) erfüllt sind. Diese verlangen nämlich nach Forthebung des gemeinsamen Exponentialfaktors:

$$\frac{-in}{c}\, H = -ik, \quad \frac{-in}{c}(1 + \mathfrak{R}es) = -ikH,$$
$$(-mn^2 - 2ihn + f)s = e;$$

Elimination von H aus den beiden ersten liefert

$$\frac{n^2}{c^2}(1 + \Re es) = k^2$$

und Elimination von s aus dieser und der letzten der vorstehenden Gleichungen:

$$k^2 = \frac{n^2}{c^2}\left(1 + \frac{\Re e^2}{f - 2ihn - mn^2}\right).$$

Dies ist aber identisch mit der früheren Gl. (6) für k^2, wenn man noch die Abkürzungen einführt:

$$a^2 = \frac{\Re e^2}{m}, \qquad n_0{}^2 = \frac{f}{m}, \qquad \varrho = \frac{h}{m}.$$

Es ist damit nicht nur die früher benutzte Dispersionsregel bestätigt, sondern auch der Nachweis erbracht, daß unsere Lösung den Grundgleichungen im dispergierenden Medium genügen.

Wie schon in der Anmerkung zu S. 350 bemerkt, ist die Dispersionstheorie noch einer Verschärfung fähig, von der wir hier absehen wollen. Dagegen wollen wir eine Einschränkung, welche allen Dispersionsrechnungen stillschweigend zugrunde liegt, ausdrücklich hervorheben: Es müssen sehr viele Teilchen auf die Erstreckung einer Wellenlänge kommen. Nur unter dieser Bedingung können wir nämlich mit einer stetigen Verteilung des Schwingungsvektors $\mathfrak{s}$ rechnen und von der molekularen Unstetigkeit seiner Verteilung absehen. Diese Bedingung ist bekanntlich bis ins ultraviolette Spektrum hinein erfüllt, ist es aber nicht mehr für sehr hohe Frequenzen (Röntgenstrahlen). Insofern wir also bei unserer analytischen Methode auch solche Frequenzen in Betracht zu ziehen haben, liegt eine Extrapolation der Dispersionsformeln über ihren eigentlichen physikalischen Gültigkeitsbereich vor.

§ 5. Ein beiderseits abgebrochenes Signal und sein Spektrum.

Die Konvergenzschwierigkeit, von der am Anfange des § 2 die Rede war, fällt fort, wenn wir den beiderseits abgebrochenen Wellenzug betrachten:

$$f(t) = \begin{cases} 0 \quad \cdot \quad \cdot \quad \cdot \quad \cdot \quad \cdot \quad \cdot \quad t < 0, \\[4pt] \sin 2\pi \dfrac{t}{\tau} \quad \cdot \quad \cdot \quad \cdot \quad 0 < t < T, \\[4pt] 0 \quad \cdot \quad \cdot \quad \cdot \quad \cdot \quad \cdot \quad T < t < \infty; \end{cases} \qquad (18)$$

dieser läßt sich daher auf r e e l l e m Wege durch ein Fouriersches Integral darstellen. Zunächst hat man nach Fourier:

$$f(t) = \frac{1}{\pi} \int_0^\infty dn \int_0^T \sin 2\pi \frac{\alpha}{\tau} \cos n(t-\alpha) \, d\alpha$$

$$= \frac{1}{2\pi} \int_0^\infty dn \int_0^T \left\{ \sin\left(2\pi\frac{\alpha}{\tau} + n(t-\alpha)\right) + \sin\left(2\pi\frac{\alpha}{\tau} - n(t-\alpha)\right) \right\} d\alpha$$

$$= \frac{1}{2\pi} \int_0^\infty dn \left[\frac{\cos\left(2\pi\frac{\alpha}{\tau} + n(t-\alpha)\right)}{n - 2\pi/\tau} - \frac{\cos\left(2\pi\frac{\alpha}{\tau} - n(t-\alpha)\right)}{n + 2\pi/\tau} \right]_{\alpha=0}^{\alpha=T}.$$

Wir setzen voraus

$$T = N\tau, \qquad (19)$$

d. h. gleich einem ganzen Vielfachen von τ, weil sonst $f(t)$ für $t = T$ sich unstetig an den darauf folgenden Wert $f(t) = 0$ anschließen würde. Dann vereinfacht sich unsere Darstellung zu

$$f(t) = \frac{2}{\tau} \int_0^\infty \frac{dn}{n^2 - (2\pi/\tau)^2} \left(\cos n(t-T) - \cos nt \right)$$

Für die Diskussion im Reellen empfiehlt sich die folgende Umformung:

$$f(t) = \frac{4}{\tau} \int_0^\infty dn \, \sin n\left(t - \frac{T}{2}\right) \frac{\sin n\,T/2}{n^2 - (2\pi/\tau)^2}, \qquad (20)$$

für die Betrachtung im Komplexen dagegen

$$f(t) = \frac{1}{\tau} \int_{-\infty}^{+\infty} \frac{dn}{n^2 - (2\pi/\tau)^2} \left(e^{-in(t-T)} - e^{-int} \right). \qquad (21)$$

Gl. (20) liefert die spektrale Zerlegung unseres abgebrochenen Wellenzuges in ein System von unendlich andauernden Wellen.

Der Faktor von $\sin n(t - T/2)$ bedeutet dabei die Amplitude der einzelnen Partialwelle, sein Quadrat ihre spezifische Intensität

$$(22) \qquad J = \left(\frac{4}{\tau} \, \frac{\sin n\, T/2}{n^2 - (2\,\pi/\tau)^2} \right)^2.$$

Man bestätigt hieran, daß jeder Partialwelle, auch der bevorzugten von der Frequenz $n = 2\,\pi/\tau$ eine endliche Intensität zukommt. Das Verschwinden des Nenners wird nämlich für $n = 2\,\pi/\tau$ durch das gleichzeitige Verschwinden des Zählers $\sin n\,T/2 = \sin N\pi$ (Gl. (19)) aufgehoben. Als Quotient beider ergibt sich

$$(23) \qquad J_{\max} = \left(\frac{N\tau}{2\,\pi} \right)^2.$$

Für die Darstellung (21) folgt hieraus, daß an den Stellen $n = \pm\, 2\,\pi/\tau$ ein Unendlichwerden des Integranden ebenfalls nicht statt hat, so lange die beiden Exponentialfunktionen nicht ge-

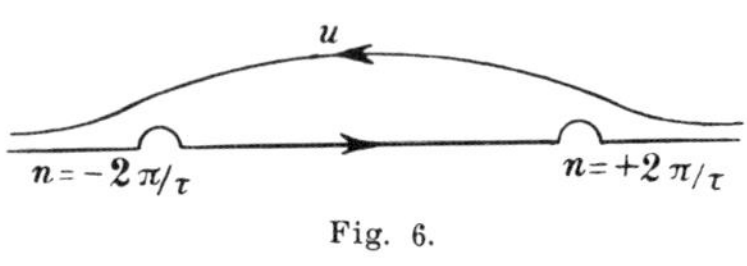

Fig. 6.

trennt werden. Infolgedessen darf die reelle Integration über jene beiden Stellen durch einen kleinen Halbkreis etwa in der oberen komplexen Halbebene ersetzt werden. Ist dieses geschehen, so kann der Integrationsweg weiter (vgl. Fig. 6) deformiert und die beiden Exponentialfunktionen einzeln integriert werden:

$$(24) \quad f(t) = \frac{1}{\tau} \int \frac{dn}{n^2 - (2\,\pi/\tau)^2} e^{-int} - \frac{1}{\tau} \int \frac{dn}{n^2 - (2\,\pi/\tau)^2} e^{-in(t-T)}.$$

Als Integrationsweg ist hierbei der Weg u (von $+\infty$ bis $-\infty$, vgl. Fig. 6) gedacht, welcher den umgekehrten Sinn wie derjenige des Fourier-Integrales hat und daher die umgekehrten Vorzeichen der letzten Gleichung bedingt. Offenbar entspricht die Schreibweise (24) der Zerlegung des beiderseits abgebrochenen Wellenzuges in zwei nur einseitig (bei $t = 0$ und $t = T$) begrenzte Signale im Sinne des Anfanges von § 2, die bei reellem Integrationswege unmöglich war.

Die weitere Behandlung erfolgt genau wie in § 2. Man erhält $f(t, x)$, indem man in beiden Bestandteilen unter dem Integralzeichen e^{ikx} hinzufügt und hat drei Fälle zu unterscheiden:

a) $t_1 = t - \dfrac{x}{c} < 0$: Völlige Ruhe.

b) $t_2 = t - T - \dfrac{x}{c} < 0$, $t_1 > 0$: Eine erzwungene Schwingung wie in Gl. (9) und eine freie Ionenschwingung, welche mit dem Kopf des ersten Signals einsetzt. Von dem zweiten Signal ist noch nichts angekommen.

c) $t_1 > 0$, $t_2 > 0$. Die Wirkung des zweiten Signals hebt die des ersten, was die erzwungene Schwingung betrifft, genau auf. Es bleiben aber von dem Einsetzen beider Signale freie Schwingungen bestehen, welche allmählich auspendeln, so daß auch nach Passieren des (erzwungenen) Hauptteils der Lichterregung ein theoretisch nicht aufhörender Rückstand verbleibt.

Beim Übergange von a) zu b) und b) zu c) schließen die Ordinaten der gesamten Lichterregung stetig aneinander an, indem die durch das Einsetzen oder Aufhören der erzwungenen Schwingung hervorgerufene Unstetigkeit durch die zugehörige freie Schwingung gerade kompensiert wird.

Schließlich möge im Anschluß an Gl. (22) das „Spektrum" des abgebrochenen Wellenzuges verzeichnet werden. Die Intensität verschwindet nach (22) für

$$n = \frac{2\,\pi}{T}, \quad \frac{4\,\pi}{T}, \quad \frac{6\,\pi}{T}, \cdots$$

und erreicht ungefähr in der Mitte von zwei solchen Stellen ein Maximum. Eine Ausnahme macht die Stelle

$$n = \frac{2\,\pi N}{T} = \frac{2\,\pi}{\tau} \quad \text{(vgl. Gl. (19))},$$

welche keine Verschwindungsstelle, sondern das Hauptmaximum des Spektrums von der in (23) angegebenen Größe ist. Hiernach besteht unsere Intensitätskurve (Fig. 7, schematisch gezeichnet) aus unendlich vielen Bögen von der Breite $2\pi/T$ und zunächst zunehmender, dann wieder abnehmender Höhe. Nur die der ausgezeichneten Stelle $2\pi/\tau$ anliegenden Bögen verschmelzen zu einem Bogen von doppelter Breite und überwiegender Höhe, die (vgl. Gl. (23)) mit wachsendem N, d. h. zunehmender Länge des Signals zunimmt.

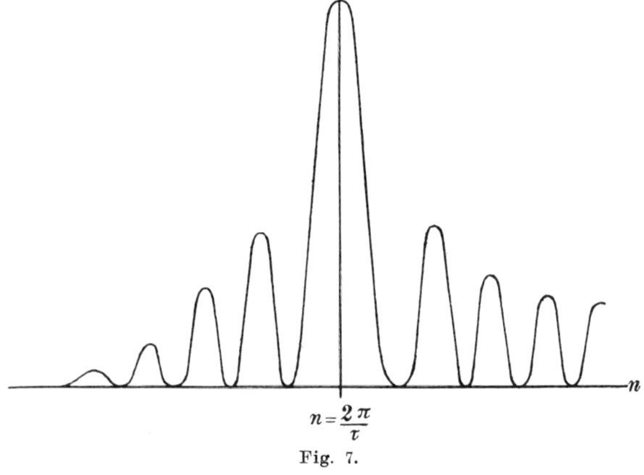

Fig. 7.

Glätten wir die Intensitätskurve ab, indem wir statt der Einzelbögen ihre Umhüllende zeichnen und tragen wir $J/J_{\max}$ statt J als Ordinate auf, so erhalten wir die ebenfalls schematische Fig. 8, in der die Kurven 1, 2, 3, ... der Reihe nach zunehmenden Werten von T bzw. N, vgl. Gl. (19), entsprechen. Dabei nähert sich das ursprünglich breite Spektrum immer mehr demjenigen einer scharf ausgeprägten Spektrallinie von der Frequenz $2\pi/\tau$, wie vorauszusehen war.

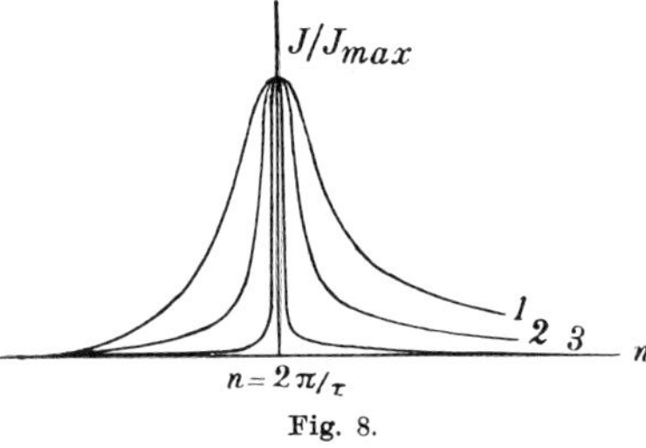

Fig. 8.

Natürlich kann die abgeglättete Intensitätskurve nicht mehr den genauen zeitlichen Verlauf des von uns vorausgesetzten begrenzten Signals darstellen. Dieselbe wird vielmehr einer beiderseits zeitlich unbegrenzten Lichterregung entsprechen und nur deren mehr oder minder monochromatischen Charakter (bei zu- oder abnehmender Länge des Wellenzuges) zum Ausdruck bringen. Es ist aber vielleicht bemerkenswert, daß unser ursprüngliches Spektrum in Fig. 7 ein genauer Ersatz unseres begrenzten Signales ist. Das heißt: Mischt man lauter rein harmonische und periodische Wellenzüge zusammen, erteilt jedem Wellenzuge der Frequenz n die in unserer Spektralfigur angegebene Intensität J sowie die in Gleichung (20) enthaltene Phase und überlagert alle diese Wellenzüge für die Zeit von $-\infty$ bis $+\infty$, so entsteht nicht etwa ein zeitlich unbegrenzter, sondern ein beiderseits abgebrochener Wellenzug von der einheitlichen Frequenz $2\pi/\tau$. Offenbar werden gerade die schnellen Schwankungen in der spektralen Verteilung, ihre „Kanellierung", für die Möglichkeit der genauen Anpassung an den zeitlichen Verlauf des Signals wesentlich.

Weder in mathematischer noch in physikalischer Hinsicht lehrt übrigens diese Bemerkung etwas eigentlich Neues. In mathematischer Hinsicht illustriert sie nur die außerordentliche Leistungsfähigkeit der Fourierschen Integraldarstellung. In physikalischer Hinsicht bringt sie zum Ausdruck, daß eine regelmäßige Folge von Schwingungen, die sich nur auf eine endliche Zeit erstreckt, noch kein idealer monochromatischer Schwingungsvorgang ist. Besteht allerdings diese endliche Zeit aus einer sehr großen Anzahl von Einzelschwingungen, so fällt der Unterschied gegen ideal-monochromatisches Licht praktisch fort und nähert sich das Spektrum des Vorganges demjenigen einer absolut scharfen Spektrallinie. Es braucht kaum bemerkt zu werden, daß die Beobachtung, die immer nur Mittelwerte der spektralen Verteilung feststellen kann, selbst bei möglichst kurzen Lichtsignalen außer Stande ist, den Einfluß der zeitlichen Begrenzung eines Lichtsignales auf die Beschaffenheit seines Spektrums nachzuweisen.

§ 6. Die Vorläufer.

Die Verhältnisse gleich nach der Ankunft des Signals, d. h. für kleine Werte von $t = t - x/c$ lassen sich folgendermaßen behandeln:

Wir knüpfen an § 2 an (einseitig abgebrochenes Signal) und haben auf dem ursprünglichen Wege u geführt nach Gleichung (5) daselbst:

$$(25) \qquad f(t, x) = \frac{1}{\tau} \int e^{-int+iKx} \frac{dn}{n^2 - (2\pi/\tau)^2}$$

mit der Abkürzung

$$(25\,a) \qquad K = k - \frac{n}{c} = \frac{n}{c} \left\{ \sqrt{1 + \frac{a^2}{n_0{}^2 - n^2}} - 1 \right\}.$$

Hier und im folgenden ist von der Dämpfung der Ionen-schwingungen abgesehen, also $\varrho = 0$ gesetzt; mit $\varrho = 0$ wird auch der Absorptionsindex $\varkappa = 0$.

Statt n führen wir die unbenannte Integrationsvariable m ein, indem wir definieren

$$n = m \frac{2\pi}{\tau},$$

ebenso statt der Eigenfrequenz n_0 der Ionenschwingungen die unbenannte Zahl m_0, mittels der Gleichung:

$$n_0 = m_0 \frac{2\pi}{\tau}.$$

Liegt die auffallende Frequenz $2\pi/\tau$ im sichtbaren Spektrum, die Eigenfrequenz n_0 im Ultravioletten, so ist m_0 irgend eine Zahl > 1.

Daraufhin folgt aus (25) und (25 a):

$$(26) \qquad f(t, x) = \frac{1}{2\pi} \int e^{-im\frac{2\pi t}{\tau}+iKx} \frac{dm}{m^2 - 1}$$

$$(26\,a) \qquad K = m\frac{2\pi}{\tau c} \left\{ \sqrt{1 + \frac{a^2}{m_0{}^2 - m^2} \left(\frac{\tau}{2\pi}\right)^2} - 1 \right\}.$$

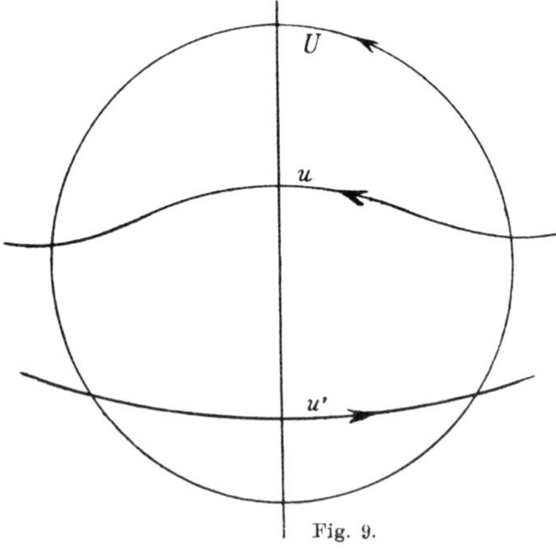

Fig. 9.

Zu dem Integrations-wege u fügen wir einen Weg u' in der unteren Halb-ebene hinzu (Fig. 9); dies ist erlaubt, weil wegen $t > 0$ der Weg u' ins Unendliche der negativen Halbebene herübergezogen werden darf, ebenso wie früher der Weg b_1 in Fig. 2 oder 3. Die Wege u und u' lassen sich zu einem Umgang U in großem Abstande vom

Nullpunkt der m-Ebene zusammenfassen, der weiterhin der Integration in Gleichung (26) zugrunde gelegt werden soll.

Da m auf dem ganzen Wege U sehr groß ist, entwickeln wir die Wurzel in K. Es ergibt sich

$$K x = \frac{a^2 \tau x}{4 \pi c} \frac{m}{m_0{}^2 - m^2} \left\{ 1 - \frac{1}{4}\left(\frac{a \tau}{2 \pi}\right)^2 \frac{1}{m^2 - m_0{}^2} + \cdots \right\} = - \frac{\xi}{m} \varphi(m)$$

mit den Abkürzungen

$$\xi = \frac{a^2 \tau x}{4 \pi c}, \tag{27}$$

$$\varphi(m) = \left\{ 1 - \frac{1}{4}\left(\frac{a \tau}{2 \pi}\right)^2 \frac{1}{m^2 - m_0{}^2} + \cdots \right\} \left\{ 1 + \frac{m_0{}^2}{m^2} + \frac{m_0{}^4}{m^4} + \cdots \right\}. \tag{27a}$$

ξ ist, wie sich später zeigen wird, eine sehr große Zahl, wenn die Tiefe x, um die die Welle im dispergierenden Medium fortgeschritten ist, sowie das durch a^2 gemessene Dispersionsvermögen nicht zu klein ist. Denken wir uns die Funktion $\varphi(m)$ nach absteigenden Potenzen von m entwickelt:

$$\varphi(m) = 1 + \frac{\varphi_1}{m^2} + \frac{\varphi_2}{m^4} + \cdots, \tag{27b}$$

so sind die Koeffizienten φ_i mäßige Zahlen. Wir entwickeln ferner

$$e^{iKx} = e^{-i\frac{\xi}{m}\varphi(m)} = 1 - \frac{i\xi}{m}\varphi(m) + \frac{1}{2}\left(\frac{-i\xi}{m}\varphi(m)\right)^2$$
$$+ \frac{1}{6}\left(\frac{-i\xi}{m}\varphi(m)\right)^3 + \cdots.$$

Tragen wir hier für $\varphi(m)$ seine Entwicklung (27b) ein und ordnen nach absteigenden Potenzen von m, so folgt

$$e^{iKx} = 1 - \frac{i\xi}{m} + \frac{1}{2}\left(\frac{-i\xi}{m}\right)^2 + \left\{ \frac{1}{6}\left(\frac{-i\xi}{m}\right)^3 - \frac{i\xi\varphi_1}{m^3} \right\} + \cdots \tag{28}$$

Der Beitrag also, den das Glied $\dfrac{-i\xi}{m}\varphi(m)$ der vorigen Reihe zu dem Gliede mit m^{-3} dieser Reihe geliefert hat, ist in ξ von niedrigerer Ordnung wie der Beitrag des Gliedes

$$\frac{1}{6}\left(\frac{-i\xi}{m}\varphi(m)\right)^3;$$

das Analoge zeigt sich bei Ausführung der Rechnung offenbar

allgemein. Mit Rücksicht auf die Größe von ξ können wir daher näherungsweise setzen.

$$(28\,\mathrm{a}) \qquad e^{iKx} = 1 - \frac{i\xi}{m} + \frac{1}{2}\left(\frac{-i\xi}{m}\right)^2 + \frac{1}{3!}\left(\frac{-i\xi}{m}\right)^3 + \cdots$$

Ebenso vereinfacht sich die Entwicklung von

$$\frac{e^{iKx}}{m^2-1} = \frac{1}{m^2} - \frac{i\xi}{m^3} + \frac{1}{m^4}\left(\frac{1}{2}(-i\xi)^2 + 1\right)$$
$$+ \frac{1}{m^5}\left(\frac{1}{3!}(-i\xi)^3 - i\xi\right) + \cdots.$$

wegen der Größe von ξ zu

$$(28\,\mathrm{b}) \qquad \frac{e^{iKx}}{m^2-1} = \sum_{\nu=0}^{\nu=\infty} \frac{1}{m^{\nu+2}} \frac{(-i\xi)^\nu}{\nu!}.$$

Daraufhin läßt sich das Integral (26) in Form einer Reihe ausführen. Es wird

$$f(t,x) = \frac{1}{2\pi} \sum_{\nu=0}^{\nu=\infty} \frac{(-i\xi)^\nu}{\nu!} \int e^{-im\frac{2\pi t}{\tau}} \frac{dm}{m^{\nu+2}}.$$

Da alle diese Integrale auf dem Wege U zu nehmen sind und da im Innern desselben keine andere singuläre Stelle wie $m = 0$ liegt, so lassen sie sich sämtlich durch Residuenbildung ausführen. Offenbar ergibt sich

$$\int e^{-im\frac{2\pi t}{\tau}} \frac{dm}{m^{\nu+2}} = \frac{2\pi i}{(\nu+1)!}\left(\frac{-2\pi it}{\tau}\right)^{\nu+1}$$

und daher

$$(29) \qquad f(t,x) = \frac{2\pi t}{\tau} \sum_{\nu=0}^{\nu=\infty} \frac{(-2\pi\xi t/\tau)^\nu}{\nu!\,(\nu+1)!}.$$

Wir vergleichen diese Reihe mit derjenigen für die Besselsche Funktion erster Ordnung

$$J_1(z) = \frac{z}{2} \sum_{\nu=0}^{\nu=\infty} \frac{(-z^2/4)^\nu}{\nu!\,(\nu+1)!}.$$

Beide Reihen werden bis auf einen Faktor identisch, wenn wir machen

$$\frac{z^2}{4} = \frac{2\pi\xi t}{\tau}, \quad z = 2\sqrt{\frac{2\pi\xi t}{\tau}};$$

daher

$$f(t, x) = \sqrt{\frac{2\pi t}{\tau\xi}}\, J_1\left(2\sqrt{\frac{2\pi\xi t}{\tau}}\right). \tag{30}$$

Hiernach ist der Verlauf unseres Lichtsignals auf den bekannten Verlauf[1]) der Funktion J_1 zurückgeführt: $J_1(z)$ verläuft als ungefähre Sinuslinie von abnehmender Amplitude, verschwindet für $z = 0$, erreicht etwa für $z = 2$ sein erstes Maximum etwa von der Höhe $\frac{1}{2}$ und besitzt eine anfängliche Wellenlänge von der ungefähren Größe 7, entsprechend der zweiten Wurzel von $J_1(z) = 0$. Für größere Werte von z nähert sich $J_1(z)$ schnell der asymptotischen Darstellung

$$J_1(z) = \sqrt{\frac{2}{\pi z}}\, \sin\left(z - \frac{\pi}{4}\right);$$

alsdann betragen die Amplituden $\sqrt{2/\pi z}$ und die Wellenlängen 2π.

Für unser Signal $f(t, x)$ ergibt sich folgendes Bild: Als Funktion von t aufgefaßt, verläuft $f(t, x) = f(t)$ als ungefähre Sinuslinie von zunehmender Amplitude (wegen Hinzutreten des Faktors $\sqrt{2\pi t/\tau\xi}$ in Gleichung (30)). Für $t = 0$ ist $f(t) = 0$, wie uns bereits bekannt (vgl. § 2c.). Das erste Maximum liegt ungefähr bei

$$2\sqrt{\frac{2\pi\xi t}{\tau}} = 2 \quad \text{und beträgt} \quad \frac{1}{2}\sqrt{\frac{2\pi t}{\tau\xi}} = \frac{1}{2\xi}, \tag{31}$$

die anfängliche Wellenlänge oder, richtiger gesagt, da es sich um die zeitliche Aufeinanderfolge zweier Schwingungsknoten handelt, die anfängliche Schwingungsdauer t_0 ergibt sich aus

$$2\sqrt{\frac{2\pi\xi t_0}{\tau}} = 7 \quad \text{zu} \quad t_0 = \frac{49}{8\pi\xi}\tau = \frac{2}{\xi}\tau \text{ (ca.)} \tag{31a}$$

Mit wachsendem t berechnen sich die Schwingungsdauern näherungsweise aus der Differenz zweier Nullstellen t_n und t_{n+2} von $f(t)$ nach der Gleichung:

$$2\sqrt{\frac{2\pi\xi t_{n+2}}{\tau}} - 2\sqrt{\frac{2\pi\xi t_n}{\tau}} = 2\pi$$

---

1) Jahnke-Emde, Funktionentafeln, S. 110, Fig. 33.

370   A. Sommerfeld:

mittels einer einfachen Näherungsrechnung zu

$$(32) \qquad t_{n+2} - t_n = \sqrt{\frac{2\pi t_n}{\tau \xi}} \, \tau.$$

Gleichzeitig nähert sich die Amplitude der einzelnen Schwingungen mit wachsendem t asymptotisch dem Werte:

$$(32\,\mathrm{a}) \qquad \sqrt[4]{\frac{2t}{\pi\tau\xi^3}}.$$

Amplitude und Schwingungsdauer nehmen also mit der Zeit zu.

Diese allgemeinen Angaben mögen auf Grund des folgenden Zahlenbeispiels näher erläutert werden:

Durchlaufene Tiefe des dispergierenden Mediums

$$x = 1 \text{ cm},$$

auffallendes Licht von der Wellenlänge (in Luft gerechnet)

$$\lambda_0 = c\tau = 0,5\,\mu = 5\cdot 10^{-5} \text{ cm}.$$

Brechungsindex für diese Wellenlänge

$$\nu = \frac{\lambda_0}{\lambda} = 1,5,$$

wo λ die Wellenlänge im dispergierenden Medium bedeutet; Eigenschwingung im Ultravioletten, ihre Frequenz also gleich einem Vielfachen des Lichtes:

$$n_0 = m_0 \cdot \frac{2\pi}{\tau}, \quad \text{z. B.} \quad m_0 = 10,$$

Dämpfungskonstante, also auch Absorptionsindex, wie schon zu Anfang dieses Paragraphen vorausgesetzt, verschwindend klein:

$$\varrho = 0, \quad \varkappa = 0.$$

Für die Wellenlänge im dispergierenden Medium erhält man hiernach aus Gleichungen (8) und (6) mit $n = 2\pi/\tau$

$$\frac{2\pi}{\lambda} = \frac{2\pi}{\tau c} \sqrt{1 + \frac{a^2}{n_0{}^2 - (2\pi/\tau)^2}} = \frac{2\pi}{\lambda_0} \sqrt{1 + \frac{a^2}{m_0{}^2 - 1}\left(\frac{\tau}{2\pi}\right)^2},$$

daher für den Brechungsindex

$$\nu^2 = \left(\frac{\lambda_0}{\lambda}\right)^2 = 1 + \frac{a^2}{m_0{}^2 - 1}\left(\frac{\tau}{2\pi}\right)^2.$$

Daher

$$a^2 = (\nu^2 - 1)(m_0{}^2 - 1)\left(\frac{2\pi}{\tau}\right)^2$$

und nach Gleichung (27)

$$\xi = (\nu^2 - 1)(m_0{}^2 - 1)\pi\,\frac{x}{\lambda_0}$$

oder nach den obigen Zahlenangaben:

$$\xi = 1{,}25 \cdot 99 \cdot \pi \cdot 2 \cdot 10^4 = 7{,}8 \cdot 10^6.$$

ξ ist also in der Tat, wie oben vorausgesetzt, eine sehr große Zahl.

Daraus ergibt sich aber für die Größenverhältnisse unseres Signals gleich nach seinem Eintreffen, d. h. für kleine Werte von t, auf Grund der Gleichungen (31) uud (31a) folgendes: Die anfängliche Amplitude ist äußerst klein gegen 1, d. i. gegen die Amplitude der auffallenden Welle, die anfängliche Schwingungsdauer äußerst klein gegen τ, d. i. gegen die auffallende Schwingungsdauer. Schwingungsdauer und Amplitude wachsen nun allmählich an, wie in der schematischen Fig. 10 angedeutet. Z. B.

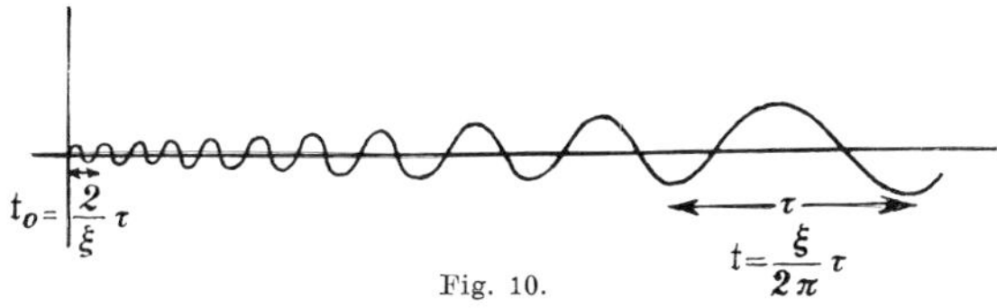

Fig. 10.

würde nach Gleichung (32) die Schwingungsdauer den Wert τ erst erreichen zur Zeit $t = \dfrac{\xi}{2\pi}\,\tau$; die zugehörige Amplitude wäre nach (32a) $(\pi\xi)^{-1/2}$, also immer noch sehr klein. Indessen dürfen wir unsere Formel (30) und die daraus gezogenen Folgerungen nicht auf so große Werte von t anwenden. Die Vernachlässigungen beim Übergang von (28) zu (28a, b) sind nur in solchen Gliedern der betr. Reihe zulässig, deren Ordnungszahl klein ist gegen ξ. Wenn also bei wachsendem t die höheren Glieder der Reihe gegen die niederen nicht mehr zurücktreten, wird unser Ausdruck derselben durch die Besselsche Funktion ungültig.

Deshalb sind die aus der asymptotischen Darstellung gezogenen Schlüsse quantitativ ungenau. Qualitativ bleibt aber das allmähliche Anwachsen von Schwingungsdauer und Amplitude jedenfalls gültig, auch wenn wir über die Schnelligkeit dieses Anwachsens aus unserer Näherungsdarstellung nichts Sicheres erfahren.

Die ersten sehr kurzen und schwachen Wellen, die den Kopf des ganzen Wellenzuges bilden, können wir mit einem seismischen Ausdruck passend als Vorläufer bezeichnen. Allerdings besteht der Unterschied, daß unsere Vorläufer nicht wie die seismischen durch ein Intervall der Ruhe von dem Hauptbeben getrennt sind sondern mit kontinuierlich anwachsender Amplitude und Schwingungsdauer in die Haupterregung übergehen. Wann dieser Übergang bewerkstelligt ist, mit welcher Geschwindigkeit sich also die Haupterregung fortpflanzt, können wir aus der bisherigen Näherung nicht entscheiden.

Ein Punkt von besonderem Interesse möge noch hervorgehoben werden.

Nach Gleichung (31a) hängt die Schwingungsdauer der Vorläufer nur von dem Verhältnis ξ/τ ab. Dieses ist aber nach (27) unabhäng von τ gleich $a^2 x/4\pi c$. Nach dem Ende von § 4 bestimmt sich a^2 aus der Anzahl der Ionen $\mathfrak{N}$ pro cm³, ihrer Ladung e und Masse m zu $a^2 = \mathfrak{N}e^2/m$. Für die Schwingungsdauer der Vorläufer erhält man hiernach aus Gleichung (31a) den angenäherten Wert

$$\frac{8\pi m c}{\mathfrak{N} e^2 x}.$$

Es ist dies eine Zeit, die unabhängig ist von der Schwingungsdauer τ des auffallenden Lichtes sowie von der Eigenfrequenz der mitschwingenden Ionen, allein bestimmt durch die durchlaufene Tiefe x und das Dispersionsvermögen des Mittels, d. h. seine Ionenzahl $\mathfrak{N}$. Von der Unabhängigkeit dieser Schwingungsdauer von der Farbe des auffallenden Lichtes wurde bereits in gewissen Folgerungen der Einleitung Gebrauch gemacht. Die physikalische Bedeutung dieser dem dispergierenden Medium und der durchlaufenen Tiefe charakteristischen Zeit ist jedenfalls eine ziemlich komplizierte, wie schon daraus hervorgeht, daß in ihren genauen Ausdruck die Wurzel einer Besselschen Funktion eingeht.

Im Anschluß an das Spektrum des vorigen Paragraphen kann man sich den ungefähren Charakter der Vorläufer verständlich zu machen suchen. Kommen wir dahin überein, jeder Wellengruppe, die wir aus einem kontinuierlichen Spektrum herausheben mögen, als Fortpflanzungsgeschwindigkeit die Gruppengeschwindigkeit der betr. Frequenz zuzuschreiben, so wird den ganz kurzen Wellen („Röntgenstrahlen") die größte Fortpflanzung entsprechen. Für $n = \infty$ wird nämlich Phasengeschwindigkeit $=$ Gruppengeschwindigkeit $= c$. Diese kurzen Wellen sind aber in unserem Spektrum nur mit verschwindender Intensität vertreten gegenüber den Wellen von der Frequenz $2\pi/\tau$, welche die größte Intensität haben. Deshalb sind die zuerst ankommenden Wellen von sehr hoher Frequenz und sehr kleiner Amplitude. Anschließend treffen dann Wellen größerer Schwingungsdauer ein, denen eine geringere Gruppengeschwindigkeit als Fortpflanzung und eine größere Amplitude entspricht, und ändern allmählich den Charakter der Vorläufer in der vorher geschilderten Weise ab. Es verstreicht eine große Anzahl von Einzelschwingungen, bis die Hauptwellen mit ihrer kleineren Frequenz und Fortpflanzung erscheinen, die dann die Lichterregung auf die der auffallenden Amplitude entsprechenden Stärke bringen. Daß der Übergang zwischen Vorläufer und Hauptwelle stetig ist, ist nach dem kontinuierlichen Charakter des Spektrums verständlich, welchem eine kontinuierliche Folge von Gruppenfortpflanzungen zugehört. Daß andererseits dieser Übergang in der Seismik diskontinuierlich ausfällt, liegt daran, daß es dort keine eigentliche Dispersion der Wellen, sondern nur zwei verschiedene Wellentypen gibt, die Raumwellen, die sich durch das Erdinnere fortpflanzen und die Oberflächenwellen, welche einen längeren Weg haben und die beide wieder in zwei Untertypen, longitudinale und transversale Wellen zerfallen.

Ich möchte aber hervorheben, daß ich diese Zurückführung

der Vorläufer auf das Spektrum unseres Signals und auf die Gruppengeschwindigkeit in der vorstehenden Form für unbefriedigend halte, und zwar aus folgendem Grunde: Wenn wir mit unserem Spektrum operieren, haben wir uns die darin enthaltenen Wellenzüge fortdauernd von $t = -\infty$ bis $t = +\infty$ wirksam, also nicht erst wie unser Signal mit dem Zeitpunkte $t = 0$ einsetzend zu denken. Dagegen haben wir bei der obigen Betrachtung so getan, als ob die Partialwellen des Spektrums erst von der Zeit $t = 0$ ab wirken und sich darauf, jede mit der ihr eigenen Gruppengeschwindigkeit ins Innere fortpflanzen. Ich hoffe diesen Punkt alsbald in einer besonderen Untersuchung über den Begriff der Gruppengeschwindigkeit klären zu können.

Über die Komposition der binären quadratischen Formen.

Von

Andreas Speiser in Straßburg i. E.

Einleitung.

Die Komposition der binären quadratischen Formen ist von
Gauß entdeckt und in den disquisitiones arithmeticae art. 234
bis 251 behandelt worden. Aber nur ein kleiner Teil der Untersuchungen ist dort vollständig durchgeführt, und es ist der Zweck
dieser Arbeit, diese Lücken zu ergänzen. Man hat sich später
damit begnügt, zu zeigen, daß sich in je zwei Formenklassen
komponierbare Formen finden.[1]) Der vollständige Satz aber, den
ich hier beweisen werde, lautet: Zwei beliebige, primitive
oder imprimitive Formen mit derselben Diskriminante
aber mit relativ-primen Teilern lassen sich komponieren durch unendlich viele bilineare Substitutionen
Durch ihre Komposition entstehen sämtliche Formen
einer bestimmten Formenklasse. Beiläufig erhält man auch
eine einfache Regel, eine aus zwei Formen komponierte Form
sowie die zugehörige bilineare Substitution zu finden.

Zum Beweis der Fundamentalrelation, die von Gauß in sehr
komplizierter Weise, später insbesondere von Herrn Weber und
Herrn Dedekind ganz einfach abgeleitet worden ist, benutze ich
eine Methode, die sich sehr verallgemeinern läßt. Ich hoffe in
einer spätern Abhandlung die allgemeine Kompositionstheorie

---

1) Vgl. z. B. Enzyklopädie I 2 p. 608.

algebraischer Formen, die man als das eigentliche Fundament der Zahlentheorie algebraischer und hyperkomplexer Größen ansehen kann, zu entwickeln.

§ 1. Die algebraische Fundamentalrelation.

Wir gehen aus von einer bilinearen Substitution mit beliebigen reellen oder komplexen Koeffizienten:

$$(1) \qquad \begin{aligned} x_1 &= p\,y_1 z_1 + p'\,y_1 z_2 + p''\,y_2 z_1 + p'''\,y_2 z_2 \\ x_2 &= q\,y_1 z_1 + q'\,y_1 z_2 + q''\,y_2 z_1 + q'''\,y_2 z_2 \end{aligned}$$

und suchen eine Form $f_1(x_1, x_2)$, welche nach Ausführung der Substitution (1) zerfällt in das Produkt von zwei Formen $f_2(y_1, y_2)$ und $f_3(z_1, z_2)$, von denen die eine, nämlich f_2, bloß das Variabelnpaar y_1, y_2 enthält, die andere dagegen bloß z_1, z_2.

Es soll also infolge von (1) die folgende Relation zur Identität werden:

$$(2) \qquad f_1(x_1, x_2) = f_2(y_1, y_2) \cdot f_3(z_1, z_2).$$

Um die Gestalt der drei Formen f_1, f_2, f_3 zu finden, lösen wir (1) nach y_1 und y_2 auf und erhalten:

$$(3) \qquad \begin{aligned} y_1 &= \frac{q''\,x_1 z_1 + q'''\,x_1 z_2 - p''\,x_2 z_1 - p'''\,x_2 z_2}{\varphi_3(z_1, z_2)} = \frac{Y_1}{\varphi_3} \\ y_2 &= \frac{-q\,x_1 z_1 - q'\,x_1 z_2 + p\,x_2 z_1 + p'\,x_2 z_2}{\varphi_3(z_1, z_2)} = \frac{Y_2}{\varphi_3}. \end{aligned}$$

Dabei ist mit $\varphi_3(z_1, z_2)$ die folgende binäre Form bezeichnet:

$$\varphi_3(z_1, z_2) = \begin{vmatrix} p\,z_1 + p'\,z_2 & p''\,z_1 + p'''\,z_2 \\ q\,z_1 + q'\,z_2 & q''\,z_1 + q'''\,z_2 \end{vmatrix}.$$

Wenn nun die Gleichung (2) durch die Substitution (1) zur Identität wird, so muß dasselbe auch für die Substitution (3) gelten. Ist die Form $f_2(y_1, y_2)$ vom n^{ten} Grade, so erhalten wir, wenn wir (3) in (2) einsetzen und mit dem Nenner $\varphi_3{}^n$ multiplizieren:

$$\varphi_3{}^n(z_1, z_2)\, f_1(x_1, x_2) = f_2(Y_1, Y_2) \cdot f_3(z_1, z_2).$$

Nach dem Satze von der eindeutigen Zerlegbarkeit algebraischer Formen folgt, daß $f_3(z_1, z_2)$ ein Teiler von $\varphi_3{}^n(z_1, z_2)$ ist.

Ganz analoges können wir für $f_2(y_1, y_2)$ beweisen. Wir haben zu dem Zwecke nur die Formeln (1) nach z_1 und z_2 aufzulösen:

$$z_1 = \frac{q'x_1 y_1 + q'''x_1 y_2 - p'x_2 y_1 - p'''x_2 y_2}{\varphi_2(y_1, y_2)} \equiv \frac{Z_1}{\varphi_2}$$

$$z_2 = \frac{-qx_1 y_1 - q''x_1 y_2 + px_2 y_1 + p''x_2 y_2}{\varphi_2(y_1, y_2)} \equiv \frac{Z_2}{\varphi_2}. \tag{4}$$

Hier bedeutet φ_2 folgende Form:

$$\varphi_2(y_1, y_2) = \begin{vmatrix} py_1 + p''y_2 & p'y_1 + p'''y_2 \\ qy_1 + q''y_2 & q'y_1 + q'''y_2 \end{vmatrix}.$$

In derselben Weise, wie eben, schließen wir, daß $f_2(y_1, y_2)$ ein Teiler von $\varphi_2{}^n(y_1, y_2)$ ist.

Es sind daher im wesentlichen nur die Formen zweiten Grades φ_2 und φ_3, für welche eine Gleichung (2) bestehen kann, und wir wollen nun zeigen, daß für sie unsere Aufgabe tatsächlich erfüllt werden kann.

Sei

$$f_1(x_1, x_2) = \varphi_2(y_1, y_2)\,\varphi_3(z_1, z_2) \tag{5}$$

eine Identität, wenn (1) besteht. Wir ersetzen jetzt y_1 und y_2 durch die rechten Seiten von (3) und erhalten, da sich $\varphi_3(z_1, z_2)$ einmal forthebt:

$$\varphi_2(Y_1, Y_2) = f_1(x_1, x_2) \cdot \varphi_3(z_1, z_2).$$

Dies können wir aber so formulieren:

$\varphi_2(y_1, y_2)$ **geht durch die bilineare Substitution:**

$$y_1 = Y_1 = q''x_1 z_1 + q'''x_1 z_2 - p''x_2 z_1 - p'''x_2 z_2$$
$$y_2 = Y_2 = -qx_1 z_1 - q'x_1 z_2 + px_2 z_1 + p'x_2 z_2$$

in das Produkt von $f_1(x_1, x_2)$ **und** $\varphi_3(z_1, z_2)$ **über.**

Aus den obigen Betrachtungen folgt nun, daß $f_1(x_1, x_2)$ ein Teiler sein muß von:

$$\varphi_1(x_1, x_2) = \begin{vmatrix} q''x_1 - p''x_2 & q'''x_1 - p'''x_2 \\ -qx_1 + px_2 & -q'x_1 + p'x_2 \end{vmatrix}.$$

Da $f_1(x_1, x_2)$ eine binäre Form ist, so kann sie sich von φ_1 nur um einen konstanten Faktor unterscheiden und wir haben daher das Resultat, daß unsere Relation (2), falls eine solche existiert, nur die Gestalt haben kann

$$C \cdot \varphi_1(x_1,\, x_2) = \varphi_2(y_1,\, y_2) \cdot \varphi_3(z_1,\, z_2).$$

Um noch C zu bestimmen und das tatsächliche Bestehen der so erhaltenen Relation zu beweisen, kann man folgendermaßen verfahren.

Man löst die Gleichungen (3) nach $\dfrac{z_1}{\varphi_3}$ und $\dfrac{z_2}{\varphi_3}$ auf und erhält hieraus für $\dfrac{z_1}{\varphi_3}$ folgenden Wert:

$$\frac{z_1}{\varphi_3} = \frac{1}{\varphi_1(x_1,\, x_2)}\left(- q' x_1 y_1 + p' x_2 y_1 - q''' x_1 y_2 + p''' x_2 y_2\right).$$

Vergleicht man dies mit der ersten Gleichung von (4), so folgt:

$$- \varphi_1 = \varphi_2 \cdot \varphi_3.$$

Damit ist die Konstante C bestimmt als -1, und zugleich ist das tatsächliche Bestehen dieser Relation, die wir die Fundamentalrelation nennen, bewiesen. Sie lautet, vollständig ausgeschrieben:

$$(6) \quad -\begin{vmatrix} q'' x_1 - p'' x_2 & q''' x_1 - p''' x_2 \\ - q x_1 + p x_2 & - q' x_1 + p' x_2 \end{vmatrix}$$

$$= \begin{vmatrix} p y_1 + p'' y_2 & p' y_1 + p''' y_2 \\ q y_1 + q'' y_2 & q' y_1 + q''' y_2 \end{vmatrix} \cdot \begin{vmatrix} p z_1 + p' z_2 & p'' z_1 + p''' z_2 \\ q z_1 + q' z_2 & q'' z_1 + q''' z_2 \end{vmatrix}.$$

Sie findet sich zuerst in den Disquisitiones arithmeticae von Gauß Art. 235. Andere Ableitungen haben gegeben Dedekind (Journ. f. Math., Bd. 129) und H. Weber (Göttinger Nachrichten 1907). Die Ableitung, die wir hier geben, ist einer weitgehenden Verallgemeinerung fähig und sie zeigt besonders deutlich, daß die bilineare Substitution das eigentliche Fundament ist; durch sie sind die drei Formen vollständig bestimmt, auf welche sich das Problem bezieht.

Wir wollen sogleich zwei weitere Relationen anmerken, welche mit der Fundamentalrelation parallel laufen.

Die Substitution:

$$y_1 = Y_1 \equiv q'' x_1 z_1 - p'' x_2 z_1 + q''' x_1 z_2 - p''' x_2 z_2$$
$$y_2 = Y_2 \equiv - q x_1 z_1 + p x_2 z_1 - q' x_1 z_2 + p' x_2 z_2$$

macht folgende Gleichung zur Identität:

$$- \varphi_2(y_1, y_2) = \varphi_1(x_1, x_2)\, \varphi_3(z_1, z_2)$$

wo φ_1, φ_2, φ_3 dieselben Formen bedeuten, wie bisher.

Ähnlich ergibt die Substitution:

$$z_1 = Z_1 = q' x_1 y_1 + q''' x_1 y_2 - p' x_2 y_1 - p''' x_2 y_2$$
$$z_2 = Z_2 = - q x_1 y_1 - q'' x_1 y_2 + p x_2 y_1 + p'' x_2 y_2$$

die folgende Relation:

$$- \varphi_3(z_1, z_2) = \varphi_1(x_1, x_2) \cdot \varphi_2(y_1, y_2).$$

Wir haben daher den

Satz: Existiert eine bilineare Substitution von x_1 und x_2 in die Variabelnpaare y_1 und y_2, z_1 und z_2, durch welche eine binäre Form $- f_1(x_1, x_2)$ zerfällt in das Produkt zweier Formen $f_2(y_1, y_2)$ und $f_3(z_1, z_2)$, so existieren zwei weitere Substitutionen, durch welche $- f_2$ in $f_1 \cdot f_3$ und $- f_3$ in $f_1 \cdot f_2$ zerfällt.

Die Formen f_1, f_2, f_3 bilden für unser Problem gleichsam ein symmetrisches Tripel.

§ 2. Die Komposition.

Wir machen jetzt die Annahme, daß die Koeffizienten der bilinearen Substitution $p \ldots q \ldots$ sämtlich ganze rationale Zahlen sind. Dann haben die Formen φ_1, φ_2 und φ_3 ebenfalls ganzzahlige Koeffizienten. Wenn die sechs Koeffizienten von φ_2 und φ_3 keinen gemeinschaftlichen Teiler haben, so sprechen wir den Inhalt der Fundamentalrelation (6) in folgender Weise aus:

Die Form $- \varphi_1(x_1, x_2)$ entsteht durch Komposition von $\varphi_2(y_1, y_2)$ mit $\varphi_3(z_1, z_2)$.

Nach dem Satz vom Ende des ersten Paragraphen folgt hieraus, daß $- \varphi_2$ durch Komposition von φ_3 mit φ_1, und $- \varphi_3$

durch Komposition von φ_1 mit φ_2 entsteht, wenn nur die Koeffizienten von φ_3 und φ_1, bzw. von φ_1 und φ_2 keinen gemeinschaftlichen Teiler haben.

Wir wollen jetzt mit Hilfe einiger einfacher arithmetischer Sätze eine vollständige Theorie der Komposition aufstellen.

Wir bezeichnen nach Gauß die 6 Determinanten der Matrix

$$(1) \qquad \begin{pmatrix} p & p' & p'' & p''' \\ q & q' & q'' & q''' \end{pmatrix}$$

in folgender Weise:

$$P = pq' - p'q \quad Q = pq'' - qp'' \quad R = pq''' - qp'''$$
$$S = p'q'' - q'p'' \quad T = p'q''' - q'p''' \quad U = p''q''' - q''p'''.$$

Zwischen diesen 6 Größen besteht die bekannte Relation

$$(2) \qquad P \cdot U - Q \cdot T + R \cdot S = 0.$$

Die Formen φ_2 und φ_3 haben jetzt die Gestalt:

$$(3) \qquad \begin{aligned} \varphi_2 &= Py_1^2 + (R - S)y_1y_2 + Uy_2^2 \\ \varphi_3 &= Qz_1^2 + (R + S)z_1z_2 + Tz_2^2 \end{aligned}$$

und die Relation (2) besagt, wie man ohne weiteres erkennt, daß φ_2 und φ_3 dieselbe Diskriminante haben.

Wir beweisen jetzt den

Satz: Jedes System P, Q, R, S, T, U von 6 ganzen Zahlen, das der Bedingung (2) genügt, kann dargestellt werden durch die 6 Determinanten einer Matrix (1) mit ganzzahligen Elementen. Dabei darf sogar ein Element, etwa p''' gleich Null angenommen werden. Wenn also in der Matrix (1) die 8 Elemente sämtliche ganze Zahlen durchlaufen, so durchlaufen die 6 Determinanten sämtliche ganzzahligen Systeme, welche der Gleichung (2) genügen.

Beweis: Nach einem bekannten Satze lassen sich die 6 ganzen Zahlen $pp'p''qq'q''$ so bestimmen, daß die 3 Determinanten PQ und S der Matrix

$$\begin{pmatrix} p & p' & p'' \\ q & q' & q'' \end{pmatrix}$$

beliebige ganze Zahlen sind. Die Relation (2) kann jetzt offenbar so geschrieben werden:

$$\begin{vmatrix} R & T & U \\ p & p' & p'' \\ q & q' & q'' \end{vmatrix} = 0.\qquad(4)$$

Wir nehmen jetzt an, daß $\begin{vmatrix} p & p' \\ q & q' \end{vmatrix} = P$ von Null verschieden ist. (Diese Einschränkung ist unwesentlich, denn wäre $P = 0$, dagegen eine der anderen Größen von Null verschieden, so kann man durch Umordnung der Matrix (1) diese Größe an die Stelle von P setzen.)

Dann besitzen die Gleichungen

$$R = \lambda p + \mu q \qquad T = \lambda p' + \mu q'$$

eine Auflösung in rationalen Werten für λ und μ. Denkt man sich diese Ausdrücke für R und T in (4) eingesetzt und zieht man die mit λ multiplizierte zweite Zeile sowie die mit μ multiplizierte dritte Zeile von der ersten ab, so nimmt (4) die Gestalt an:

$$(U - \lambda p'' - \mu q'') \cdot P = 0.$$

Daher ist

$$U = \lambda p'' + \mu q''.$$

Die Matrix

$$\begin{pmatrix} p & p' & p'' & -\mu \\ q & q' & q'' & \lambda \end{pmatrix}$$

genügt daher unserem Satz, nur sind λ und μ noch nicht ganzzahlig. Wir bestimmen nun zwei ganze teilerfremde Zahlen a und b so, daß

$$-a\mu + b\lambda = 0$$

ist, ferner c und d so, daß

$$ad - bc = 1.$$

Bilden wir jetzt

$$\begin{pmatrix} a & b \\ c & d \end{pmatrix} \cdot \begin{pmatrix} p & p' & p'' & -\mu \\ q & q' & q'' & \lambda \end{pmatrix} = \begin{pmatrix} \bar{p} & \bar{p}' & \bar{p}'' & 0 \\ \bar{q} & \bar{q}' & \bar{q}'' & \nu \end{pmatrix}$$

indem wir Zeile mit Kolonne zusammensetzen, so verändern wir dadurch die Werte der 6 Determinanten nicht.

Insbesondere wird jetzt:

$$R = \bar{p} \cdot v, \quad T = \bar{p}' \cdot v, \quad U = \bar{p}'' \cdot v$$

und daraus folgt, daß der Nenner von v — etwa ϱ — gemeinschaftlicher Teiler der Elemente in der ersten Zeile ist. Dividieren wir jetzt die erste Zeile durch ϱ und multiplizieren die zweite Zeile mit ϱ, so erhalten wir eine ganzzahlige Matrix von der verlangten Beschaffenheit.

Hieraus folgt der

Satz: Zwei beliebige ganzzahlige Formen mit derselben Diskriminante und mit Teilern, die zueinander prim sind, lassen sich komponieren.

Bezeichnen wir nämlich die beiden Formen mit

$$l x_1{}^2 + m x_1 x_2 + n x_2{}^2 \quad \text{und} \quad l' x_1{}^2 + m' x_1 x_2 + n' x_2{}^2,$$

so sind folgende Gleichungen zu befriedigen (vgl. (3)):

$$P = l, \quad U = n, \quad Q = l', \quad T = n', \quad R - S = m, \quad R + S = m',$$

also

$$R = \frac{m + m'}{2}, \quad S = \frac{m - m'}{2}$$

und da bei Formen mit derselben Diskriminante die mittleren Koeffizienten stets entweder alle gerade oder alle ungerade sind, so erhalten wir auch für R und S ganze Zahlen. Nun läßt sich eine Matrix (1) mit ganzzahligen Elementen so bestimmen, daß die Determinanten P, Q, R, S, T, U die vorgeschriebenen Werte annimmt, und aus dieser Matrix erhalten wir die bilineare Substitution, welche die Komposition der beiden Formen leistet.

Man sieht nun auch ohne weiteres, daß die Bedingung, die Teiler der beiden Formen seien zueinander prim, sich auch so ausdrücken läßt: Die 6 Determinanten P, Q, R, S, T, U besitzen keinen von 1 verschiedenen gemeinsamen Teiler.

Die Bestimmung einer Matrix mit gegebenen Determinanten gestaltet sich nun sehr einfach. Es ist gezeigt worden, daß man eines der Elemente gleich Null annehmen darf

$$\begin{pmatrix} p & p' & p'' & 0 \\ q & q' & q'' & q''' \end{pmatrix}.$$

Nun wird

$$P = pq' - p'q, \quad Q = pq'' - p''q, \quad R = pq''',$$
$$S = p'q'' - p''q', \quad T = p'q''', \quad U = p''q'''$$

und q''' ist offenbar der größte gemeinsame Teiler von R, T und U. Abgesehen von diesem Faktor stimmen daher p, p', p'' mit R, T, U überein. Aus den Gleichungen für P, Q, S lassen sich dann die drei Größen q, q' und q'' bestimmen, und zwar auf unendlich viele Weisen, da die drei Gleichungen nicht unabhängig sind voneinander. (Vgl. Gauß D. A. art. 236.)

Beispiel: Die Komposition der beiden Formen:

$$3y_1{}^2 + 2y_1y_2 - 4y_2{}^2 \quad \text{und} \quad 2z_1{}^2 + 6z_1z_2 - 2z_2{}^2$$

ergibt die Relationen:

$$P = 3, \quad Q = 2, \quad R = 4, \quad S = 2, \quad T = -2, \quad U = -4.$$

Es wird

$$q''' = 2, \quad p = 2, \quad p' = -1, \quad p'' = -2,$$
$$2q' + q = 3, \quad 2q'' + 2q = 2, \quad 2q' - q'' = 2.$$

Eine Auflösung der drei letzten Gleichungen ist

$$q = 1, \quad q' = 1, \quad q'' = 0.$$

Die Matrix lautet daher

$$\begin{pmatrix} 2 & -1 & -2 & 0 \\ 1 & 1 & 0 & 2 \end{pmatrix}.$$

Die durch die Komposition entstehende Form findet sich jetzt als die Form:

$$-2x_1{}^2 + 6x_1x_2 + 2x_2{}^2$$

und die bilineare Substitution, durch welche diese Form in das Produkt der beiden gegebenen Formen zerfällt, ist:

$$x_1 = 2y_1z_1 - y_1z_2 - 2y_2z_1$$
$$x_2 = y_1z_1 + y_1z_2 + 2y_2z_2.$$

Um nun zu entscheiden, durch wieviele Substitutionen zwei bestimmte Formen komponiert werden können, benutzen wir ein

Lemma von Gauß (D. A. art. 234), das wir folgendermaßen aussprechen:

Lemma von Gauß: Es seien zwei Matrizen mit ganzzahligen Elementen gegeben von der Gestalt:

$$M = \begin{pmatrix} p_1 & p_2 & \cdots & p_n \\ q_1 & q_2 & \cdots & q_n \end{pmatrix} \quad \text{und} \quad \begin{pmatrix} p_1' & p_2' & \cdots & p_n' \\ q_1' & q_2' & \cdots & q_n' \end{pmatrix} = M'.$$

Die Determinanten der ersten Matrix sollen keinen von 1 verschiedenen gemeinschaftlichen Teiler besitzen, während die Determinanten der zweiten Matrix sich von den entsprechenden der ersten Matrix um einen konstanten Faktor k unterscheiden. Dann lassen sich vier ganze Zahlen angeben so, daß die Gleichung besteht:

$$\begin{pmatrix} p_1' & p_2' & \cdots & p_n' \\ q_1' & q_2' & \cdots & q_n' \end{pmatrix} = \begin{pmatrix} a & b \\ c & d \end{pmatrix} \begin{pmatrix} p_1 & p_2 & \cdots & p_n \\ q_1 & q_2 & \cdots & q_n \end{pmatrix}.$$

Man hat sich Zeilen und Kolonnen zusammengesetzt zu denken und die Gleichung besagt, daß folgende Relationen bestehen:

$$p_i' = ap_i + bq_i, \quad q_i' = cp_i + dq_i. \qquad (i = 1, 2, \cdots, n)$$

Der Beweis gestaltet sich nach Gauß folgendermaßen. Da die Determinanten von M keinen gemeinsamen Faktor besitzen, so gibt es n^2 ganze Zahlen x_{ik}, welche die Gleichung befriedigen:

$$\sum x_{ik} \begin{vmatrix} p_i & p_k \\ q_i & q_k \end{vmatrix} = 1. \qquad (i, k = 1, 2, \cdots, n)$$

Nun setze man:

$$a = \sum x_{ik} \begin{vmatrix} p_i' & p_k' \\ q_i & q_k \end{vmatrix} \qquad b = \sum x_{ik} \begin{vmatrix} p_i & p_k \\ p_i' & p_k' \end{vmatrix}$$

$$c = \sum x_{ik} \begin{vmatrix} q_i' & q_k' \\ q_i & q_k \end{vmatrix} \qquad d = \sum x_{ik} \begin{vmatrix} p_i & p_k \\ q_i' & q_k' \end{vmatrix}.$$

Dann leisten die vier Zahlen $abcd$ das verlangte, denn es ist:

$$\begin{aligned}
ap_l + bq_l &= \sum_{i,k} x_{ik}\left(p_l\begin{vmatrix} p_i^{'} & p_k^{'} \\ q_i & q_k \end{vmatrix} + q_l\begin{vmatrix} p_i & p_k \\ p_i^{'} & p_k^{'} \end{vmatrix}\right) \\
&= \sum x_{ik}\left(p_i^{'}\begin{vmatrix} p_l & p_k \\ q_l & q_k \end{vmatrix} - p_k^{'}\begin{vmatrix} p_l & p_i \\ q_l & q_i \end{vmatrix}\right) \\
&= \frac{1}{k}\sum x_{ik}\left(p_i^{'}\begin{vmatrix} p_l^{'} & p_k^{'} \\ q_l^{'} & q_k^{'} \end{vmatrix} - p_k^{'}\begin{vmatrix} p_l^{'} & p_i^{'} \\ q_l^{'} & q_i^{'} \end{vmatrix}\right) \\
&= \frac{1}{k}\sum x_{ik}\left(p_l^{'}\begin{vmatrix} p_i^{'} & p_k^{'} \\ q_i^{'} & q_k^{'} \end{vmatrix}\right) = p_l^{'}\sum x_{ik}\begin{vmatrix} p_i & p_k \\ q_i & q_k \end{vmatrix} = p_l^{'}.
\end{aligned}$$

Ebenso beweist man, daß

$$q_l^{'} = cp_l + dq_l,$$

womit die Richtigkeit des Satzes nachgewiesen ist.

Insbesondere findet man:

$$\begin{vmatrix} a & b \\ c & d \end{vmatrix} = \begin{vmatrix} p_i^{'} & p_k^{'} \\ q_i^{'} & q_k^{'} \end{vmatrix} \cdot \begin{vmatrix} p_i & p_k \\ q_i & q_k \end{vmatrix}^{-1}.$$

Mit Hilfe dieses Satzes ist es nun leicht, die sämtlichen Substitutionen zu finden, welche die Komposition zweier Formen leisten.

Denn ist

$$\begin{pmatrix} p & p^{'} & p^{''} & p^{'''} \\ q & q^{'} & q^{''} & q^{'''} \end{pmatrix}$$

eine solche, so ist jede andere von der Gestalt

$$\begin{pmatrix} a & b \\ c & d \end{pmatrix} \cdot \begin{pmatrix} p & p^{'} & p^{''} & p^{'''} \\ q & q^{'} & q^{''} & q^{'''} \end{pmatrix}$$
$$= \begin{pmatrix} ap + bq & ap^{'} + bq^{'} & ap^{''} + bq^{''} & ap^{'''} + bq^{'''} \\ cp + dq & cp^{'} + dq^{'} & cp^{''} + dq^{''} & cp^{'''} + dq^{'''} \end{pmatrix},$$

wo $\begin{pmatrix} a & b \\ c & d \end{pmatrix}$ eine ganzzahlige unimodulare Matrix ist.

Bilden wir hierzu nach § 1 die komponierten Formen

$$- \varphi_1(x_1,\, x_2),$$

so erhalten wir:

$$\varphi_1 = \begin{vmatrix} (cp''+dq'')x_1 + (ap''+bq'')x_2 & (cp'''+dq''')x_1 - (ap'''+bq''')x_2 \\ -(cp+dq)x_1 + (ap+bq)x_2 & -(cp'+dq')x_1 + (ap'+bq')x_2 \end{vmatrix}$$

$$= \begin{vmatrix} q''(dx_1-bx_2) - p''(-cx_1+ax_2) & q'''(dx_1-bx_2) - p'''(-cx_1+ax_2) \\ -q(dx_1-bx_2) + p(-cx_1+ax_2) & -q'(dx_1-bx_2) + q(-cx_1+ax_2) \end{vmatrix}.$$

Dies sind aber alles äquivalente Formen. Wir haben daher den Satz:

Durch zwei Formen ist die aus ihnen komponierte Form nur bis auf ihre Klasse bestimmt. Für jede Form dieser Klasse existiert eine bilineare Substitution, welche sie in das Produkt der beiden gegebenen Formen verwandelt.

Wir wollen nun in der bilinearen Substitution auf die Variabeln y_1 und y_2 eine ganzzahlige unimodulare Substitution ausüben. Wenn man alsdann nach § 1 die Formen $\overline{\varphi}_1$, $\overline{\varphi}_2$ und $\overline{\varphi}_3$ betrachtet, so erkennt man, daß $\overline{\varphi}_1$ mit φ_1 und $\overline{\varphi}_3$ mit φ_3 übereinstimmt. Die Substitutionsdeterminante hebt sich aus ihren Ausdrücken heraus. $\overline{\varphi}_2$ ist dagegen eine mit φ_2 äquivalente Form. Das entsprechende gilt von einer Substitution auf $z_1\, z_2$. Dadurch erhält man folgenden allgemeinen Satz:

Zwei beliebige Formen aus zwei Klassen lassen sich in eine beliebige Form einer bestimmten dritten Klasse komponieren. Für jede Form dieser dritten Klasse existiert eine bilineare Substitution, welche sie in das Produkt zweier beliebigen Formen der beiden ersten Klassen verwandelt.

Die Komposition der Formen ist also im wesentlichen eine Komposition der Formenklassen; durch die beiden ersten Klassen ist die aus ihnen komponierte dritte Klasse vollständig bestimmt.

Wenn wir noch die Annahme machen, daß die Teiler der Formen in den drei Klassen zu je zweien relativ prim sind, so zeigt die Betrachtung am Schluß von § 1, daß durch zwei Klassen C_i und C_k ($k = 1, 2, 3$) der Relation

$$C_1 = C_2 \cdot C_3$$

die dritte vollständig bestimmt ist. Die Einfachheit dieses Resultates ist aber nach dem Lemma von Gauß bedingt dadurch, daß die Teiler je zweier Formenklassen als relativ prim angenommen wurden.

§ 3. Die Komposition der Formenklassen.

Für die Komposition gilt das kommutative Gesetz.

Beweis: Nach der Fundamentalrelation (§ 1 (6)) werden die beiden zu komponierenden Formen vertauscht, wenn p' mit p'' und q' mit q'' vertauscht werden. Dadurch wird aber die dritte Form nicht verändert.

Ferner gilt das assoziative Gesetz.

Wir beweisen dies durch eine Verallgemeinerung unserer Methode in § 1. Man kann den Satz nach den Resultaten des vorigen Paragraphen folgendermaßen aussprechen:

Ist

$$\varphi_1(\varphi_2\varphi_3) = \varphi_4 \quad \text{und} \quad (\varphi_1\varphi_2)\varphi_3 = \varphi_5,$$

so sind φ_4 und φ_5 äquivalente Formen.

Setzt man die bilineare Substitution, welche die Komposition von φ_2 mit φ_3 leistet, ein in die bilineare Substitution, welche φ_1 mit $(\varphi_2\varphi_3)$ komponiert, so erhält man eine trilineare Substitution, welche φ_4 in das Produkt $\varphi_1 \cdot \varphi_2 \cdot \varphi_3$ verwandelt.

Wir bezeichnen sie (nach Gauß) in folgender Weise:

$$t_1 = (1)x_1y_1z_1 + (2)x_1y_1z_2 + (3)x_1y_2z_1 + (4)x_1y_2z_2$$
$$+ (5)x_2y_1z_1 + (6)x_2y_1z_2 + (7)x_2y_2z_1 + (8)x_2y_2z_2$$
$$t_2 = (9)x_1y_1z_1 + \cdots + (16)x_2y_2z_2.$$

Ähnlich erhalten wir für die Relation

$$(\varphi_1\varphi_2)\varphi_3 = \varphi_5$$

eine Substitution:

$$u_1 = (1)'\,x_1 y_1 z_1 + (2)'\ x_1 y_1 z_2 + \cdots$$
$$u_2 = (9)'\,x_1 y_1 z_1 + (10)' x_1 y_1 z_2 + \cdots$$

durch welche $\varphi_5(u_1, u_2)$ übergeht in $\varphi_1 \cdot \varphi_2 \cdot \varphi_3$ und der Satz, den wir zu beweisen haben, lautet:

Sämtliche Formen, welche durch eine trilineare Substitution übergehen in das Produkt der drei Formen φ_1, φ_2, φ_3 sind äquivalente Formen, vorausgesetzt, daß die Teiler je zweier der drei Formen φ_1, φ_2 und φ_3 relativ prim sind.

Beweis: Wir lösen die erste Substitution auf nach x_1 und x_2 und setzen diese Ausdrücke ein in $\varphi_1(x_1, x_2)$. Dadurch wird die Gleichung

$$\varphi_4(t_1, t_2) = \varphi_1(x_1, x_2)\varphi_2(y_1, y_2)\varphi_3(z_1, z_2)$$

zur Identität.

Auf analoge Weise, wie in § 1, schließen wir, daß der Nenner der umgeformten Substitution:

$$\left| \begin{array}{ll} (1)y_1 z_1 + (2)y_1 z_2 + (3)y_2 z_1 +\ (4)y_2 z_2, & (5)y_1 z_1 + (6)y_1 z_2 + (7)y_2 z_1 +\ (8)y_2 z_2 \\ (9)y_1 z_1 + \cdots\cdots\cdots + (12)y_2 z_2, & (13)y_1 z_1 + \cdots\cdots\cdots + (16)y_2 z_2 \end{array} \right|$$

sich von $\varphi_2(y_1, y_2) \cdot \varphi_3(z_1, z_2)$ nur um einen konstanten Faktor unterscheiden kann. Durch Betrachtung eines speziellen Falles, etwa $x_1 = y_1 = 1$, $x_2 = y_2 = 0$ erkennt man, daß dieser Faktor gleich Eins ist.

Zwei weitere solche Ausdrücke erhalten wir für die Produkte $\varphi_3 \cdot \varphi_1$ und $\varphi_1 \cdot \varphi_2$.

Lösen wir jetzt die zweite Substitution nach $x_1 x_2$ auf und setzen diese Ausdrücke in $\varphi_1(x_1, x_2)$ ein, so muß dadurch die Gleichung

$$\varphi_5(u_1, u_2) = \varphi_1 \cdot \varphi_2 \cdot \varphi_3$$

zur Identität werden.

Für die Produkte $\varphi_2 \cdot \varphi_3$, $\varphi_3 \cdot \varphi_1$, $\varphi_1 \cdot \varphi_2$ ergeben sich dieselben Ausdrücke, wie im vorhergehenden Fall, nur daß die Koeffizienten mit Strichen versehen sind: $(1)'$, $(2)' \ldots$

Die Koeffizienten der einzelnen Terme in den Produkten $\varphi_1 \cdot \varphi_2$, $\varphi_2 \cdot \varphi_3$, $\varphi_3 \cdot \varphi_1$ drücken sich offenbar linear aus durch die Determinanten der Matrix

$$\begin{pmatrix} (1) & (2) & (3) & (4) & (5) & (6) & (7) & (8) \\ (9) & (10) & (11) & (12) & (13) & (14) & (15) & (16) \end{pmatrix} = M$$

und in gleicher Weise auch durch die Determinanten der entsprechenden Matrix M'. Diese Determinanten besitzen keinen gemeinschaftlichen Teiler, nach unserer Voraussetzung, daß die Teiler je zweier der Formen φ_1, φ_2 und φ_3 relativ prim sind. Da die Koeffizienten der Produkte $\varphi_1 \cdot \varphi_2$ usw. gegeben sind, so erhalten wir 27 lineare Gleichungen zur Bestimmung der Determinanten, die freilich nicht voneinander unabhängig sind. Eine genauere Betrachtung zeigt aber, daß sie die Werte der Determinanten vollständig bestimmen.

Da genau dieselben Gleichungen auch die Determinanten der Matrix M' bestimmen, so folgt, daß in M und M' entsprechende Determinanten denselben Wert haben. Nach dem Lemma von Gauß besteht daher eine Beziehung:

$$\begin{pmatrix} (1) \ldots (8) \\ (9) \ldots (16) \end{pmatrix} = \begin{pmatrix} a & b \\ c & d \end{pmatrix} \begin{pmatrix} (1)' \ldots (8)' \\ (9)' \ldots (16)' \end{pmatrix} \qquad \begin{vmatrix} a & b \\ c & d \end{vmatrix} = 1$$

und wir erhalten so

$$t_1 = a u_1 + b u_2, \qquad t_2 = c u_1 + d u_2.$$

Daraus folgt in der Tat, daß $\varphi_4(t_1, t_2)$ und $\varphi_5(u_1, u_2)$ äquivalente Formen sind.

Mit Hilfe dieser beiden Sätze und dem Satze am Ende von § 2 lassen sich nun die Formenklassen zu einer Abelschen Gruppe vereinigen nach dem Gesetze der Komposition. Wir wenden uns jetzt zu einigen speziellen Sätzen über die Komposition.

Wir kehren zurück zur Fundamentalrelation (6), § 1, und nehmen an, daß die Form $\varphi_3(z_1, z_2)$ die Zahl 1 darstellt. Da es uns nur auf die Komposition der Formenklassen ankommt, so können wir voraussetzen, daß der Koeffizient von z_1^2 gleich 1 sei:

$$pq'' - p''q = 1.$$

Denken wir uns jetzt die Substitutionsmatrix

$$\begin{pmatrix} p & p' & p'' & p''' \\ q & q' & q'' & q''' \end{pmatrix}$$

links zusammengesetzt mit

$$\begin{pmatrix} p & p'' \\ q' & p'' \end{pmatrix}^{-1},$$

so entspricht das einer unimodularen Substitution auf x_1, x_2, und die neue Matrix lautet jetzt:

$$\begin{pmatrix} 1 & r' & 0 & r''' \\ 0 & s' & 1 & s''' \end{pmatrix}.$$

Für diese Matrix nimmt die Fundamentalrelation folgende Gestalt an:

$$s' x_1^2 + (s''' - r') x_1 x_2 - r''' x_2^2$$
$$= (s' y_1^2 + (s''' - r') y_1 y_2 - r''' y_2^2)(z_1^2 + (r' + s''') z_1 z_2$$
$$+ (r' s''' - r''' s') z_2^2).$$

Wir bezeichnen Formen, welche 1 darstellen, als Formen der Hauptklasse E und erhalten den Satz:

Die Komposition einer Klasse mit der Hauptklasse ergibt wieder dieselbe Klasse:

$$C \cdot E = C.$$

Wenn wir in der Fundamentalrelation § 1 (6) die Zeichen von $p\, p' p'' p'''$ umkehren, so geht

$$-\varphi_1(x_1, x_2) \quad \text{über in} \quad -\varphi_1(x_1, -x_2),$$

und diese beiden Formen hängen zusammen durch eine Substitution mit der Determinante -1: $\begin{pmatrix} 1 & 0 \\ 0 & -1 \end{pmatrix}$, sie gehören also im allgemeinen nicht zur selben Klasse. $\varphi_2(y_1, y_2)$ wird zu $-\varphi_2$ und ebenso φ_3 zu $-\varphi_3$.

Bezeichnen wir $-\varphi_1(x_1, -x_2)$ mit $-\varphi_1'(x_1, x_2)$ und nennen φ' die zu φ **konjugierte Form**, entsprechend die zugehörigen Klassen C' und C **konjugierte Klassen**, so erhalten wir das Resultat:

Wenn

$$-\varphi_1 = \varphi_2 \cdot \varphi_3, \quad \text{resp.} \quad (-C_1) = C_2 \cdot C_3,$$

so ist auch

$$-\varphi_1' = (-\varphi_2) \cdot (-\varphi_3), \quad \text{resp.} \quad (-C_1') = (-C_2) \cdot (-C_3).$$

Man sieht leicht, daß $E' = E$ ist. Es folgt nun aus

$$C \cdot E = C$$

offenbar

$$(-C) \cdot (-E) = C',$$

und nach dem Satz am Ende von § 1 erhält man hieraus:

$$(-C) \cdot (-C') = E,$$

also

$$C \cdot C' = E' = E.$$

Die Komposition einer Klasse mit ihrer konjugierten ergibt die Hauptklasse.

Als zweiten Fall wollen wir die **Komposition einer Form mit sich selbst** betrachten. Sie erfordert die Bedingungen:

$$pq'' - p''q = pq' - p'q, \quad p'q''' - p'''q' = p''q''' - p'''q'',$$
$$p'q'' - p''q' = 0.$$

Die letzte Bedingung ergibt:

$$p' = r \cdot p'', \quad q' = r \cdot q''.$$

Setzen wir diese ein in die erste Gleichung, so folgt:

$$r = 1, \quad \text{d. h.} \quad p' = p'', \quad q' = q''.$$

Ausgenommen ist der Fall, wo

$$pq'' - p''q = 0 \quad \text{und} \quad p'q''' - p'''q' = 0$$

wäre, was einer zerfallenden Form entspricht.

Die komponierte Form lautet nun:

$$-\begin{vmatrix} q'x_1 - p'x_2 & q'''x_1 - p'''x_2 \\ -qx_1 + px_2 & -q'x_1 + p'x_2 \end{vmatrix}$$

und für $x_1 = q'''$, $x_2 = p'''$ stellt diese Form den Wert

$$(q'p''' - p'q''')^2$$

dar, d. h. das Quadrat des Koeffizienten von $y_1{}^2$ in der ersten Form. Nach früheren Sätzen stellt sie daher die Quadrate sämtlicher Zahlen dar, welche durch die erste Form dargestellt werden, darunter also auch solche Quadrate, die zur Diskriminante prim sind. Eine solche Form nennen wir eine Form des Hauptgeschlechts, ihre Klasse entsprechend eine Klasse des Hauptgeschlechts.

§ 4. Die Komposition der Geschlechter.

Wir wollen uns von jetzt an beschränken auf Formen, deren Koeffizienten keinen gemeinschaftlichen Teiler haben, und fassen jetzt eine Erweiterung des Begriffs der Komposition ins Auge. Wir betrachten auch bilineare Substitutionen mit gebrochenen Koeffizienten, doch soll ihr Generalnenner ungerade und zur Diskriminante prim sein. Wenn die drei zu dieser Substitution gehörigen Formen ganzzahlige Koeffizienten haben, so sagen wir, φ_1 entstehe aus φ_2 und φ_3 durch Komposition in erweitertem Sinne, und wir wollen nun die Hauptsätze für diese neue Art der Zusammensetzung ableiten.

Aus dem Lemma von Gauß (§ 2) folgt ohne weiteres der Satz: Es seien zwei Matrizen mit rationalen Elementen gegeben von der Gestalt:

$$R = \begin{pmatrix} r_1 & r_2 & \ldots & r_n \\ s_1 & s_2 & \ldots & s_n \end{pmatrix} \quad \text{und} \quad R' = \begin{pmatrix} r_1' & r_2' & \ldots & r_n' \\ s_1' & s_2' & \ldots & s_n' \end{pmatrix}.$$

Wenn die entsprechenden Determinanten der beiden Matrizen denselben Wert haben, so lassen sich vier rationale Zahlen angeben, so daß eine Relation besteht

$$\begin{pmatrix} r_1' & r_2' & \ldots & r_n' \\ s_1' & s_2' & \ldots & s_n' \end{pmatrix} = \begin{pmatrix} a & b \\ c & d \end{pmatrix} \begin{pmatrix} r_1 & r_2 & \ldots & r_n \\ s_1 & s_2 & \ldots & s_n \end{pmatrix}.$$

Die Determinante $\begin{vmatrix} a & b \\ c & d \end{vmatrix}$ hat den Wert 1 und der Generalnner ihrer Elemente enthält nur solche Primzahlen, die auch in den Generalnennern der Elemente von R und R' vorkommen.

Der Beweis ergibt sich aus dem Beweis für den entsprechenden Gaußschen Satz, indem man darin das Wort „ganz" durch „rational" ersetzt.

Wir definieren jetzt den Begriff des Geschlechtes von Formen:

Zwei Formen mit der Diskriminante D gehören zum selben Geschlecht, wenn sie durch eine unimodulare rationale Substitution mit zu $2D$ primem Generalnenner ineinander übergeführt werden können.

Für das Hauptgeschlecht ist diese Definition offenbar identisch mit der am Ende von § 3 gegebenen, denn

$$a^2x_1{}^2 + bx_1x_2 + cx_2{}^2$$

geht über in

$$x_1'{}^2 + bx_1'x_2' + ca^2x_2'{}^2$$

durch die Substitution:

$$x_1' = ax_1, \quad x_2' = \frac{1}{a}x_2,$$

welche offenbar den Forderungen des Satzes genügt.

Aus der Definition der Geschlechter folgt nun wie in § 2 der Satz:

Jede Form eines Geschlechtes läßt sich mit jeder Form eines beliebigen zweiten Geschlechtes in erweitertem Sinne komponieren, und zwar ist die aus ihnen komponierte Form nur bestimmt bis auf ihr Geschlecht. Für jede Form dieses Geschlechtes existiert eine bilineare Substitution, welche sie in das Produkt der beiden gegebenen Formen verwandelt.

Wir haben gezeigt, daß die Komposition einer Form mit sich selbst (die „Duplikation" einer Form) eine Klasse des Hauptgeschlechts ergibt. Wir können leicht auch den umgekehrten Satz beweisen:

Jede Form des Hauptgeschlechtes entsteht durch Duplikation.

Beweis: Setzen wir

$$p' = 0, \quad p'' = 0, \quad p''' = 1, \quad q' = q'', \quad q''' = 0,$$

so wird nach (6) § 1:

$$q'^2 x_1^2 - q x_1 x_2 - p x_2^2$$
$$= (p q' y_1^2 - q y_1 y_2 - q' y_2^2)(p q' z_1^2 - q z_1 z_2 - q' z_2^2).$$

Die erste Form ist offenbar die allgemeinste Form, deren erster Koeffizient ein Quadrat ist, und da jede Form des Hauptgeschlechtes mit einer solchen äquivalent ist, so ist damit unser Satz bewiesen.

Die Hauptklasse entsteht hiernach durch Duplikation solcher Klassen, welche mit ihrer konjugierten identisch sind („ambige" Klassen). Mit Hilfe von elementaren Sätzen über Abelsche Gruppen erkennt man, daß die Anzahl der Geschlechter übereinstimmt mit der Anzahl der ambigen Klassen.

Der sogenannte Satz von der Existenz der Geschlechter besagt nun die Übereinstimmung unserer Definition der Geschlechter mit derjenigen durch die Charaktere. Wir wollen dies wenigstens für den Fall, daß die Hauptform die Gestalt $x_1^2 - D x_2^2$ hat und D quadratfrei ist, beweisen. Nach der letzteren Definition gehört die Form $a x_1^2 + 2 b x_1 x_2 + c x_2^2$, wo $4 b^2 - 4 a c = 4 D$ ist, dann und nur dann zum Hauptgeschlecht, wenn $a \pmod{D}$ quadratischer Rest ist. Da $D \pmod{a}$ ebenfalls quadratischer Rest ist, so folgt nach dem Satz von Legendre, daß die Gleichung

$$x^2 - a y^2 - D z^2 = 0$$

eine Auflösung in ganzen Zahlen x, y, z besitzt, die von Null verschieden sind. y muß zu D prim sein, wenn die drei Zahlen x, y, z keinen gemeinsamen Teiler haben sollen. Dies folgt ohne weiteres aus der Tatsache, daß D quadratfrei ist. Ferner kann man y als ungerade Zahl wählen.

Nun wird

$$a = \frac{x + \sqrt{D}\, z}{y} \cdot \frac{x - \sqrt{D}\, z}{y}$$

und wir bezeichnen die beiden Faktoren mit α und α'.

Daraus folgt:

$$c = \frac{a \cdot (b^2 - D)}{a^2} = \frac{\alpha \cdot (b + \sqrt{D})}{ay} \cdot \frac{\alpha' \cdot (b - \sqrt{D})}{ay} = \gamma \cdot \gamma'.$$

Also

$$ax_1^2 + 2bx_1x_2 + cx_2^2 = (\alpha x_1 + \gamma x_2)(\alpha' x_1 + \gamma' x_2),$$

und diese Form geht offenbar durch eine rationale unimodulare Substitution mit dem zu $2D$ primen Generalnenner ay hervor aus der Hauptform:

$$x_1^2 - Dx_2^2 = (x_1 + \sqrt{D}x_2)(x_1 - \sqrt{D}x_2).$$

Stellt umgekehrt irgend eine Form Quadrate dar, so besteht ihr Charakterensystem aus lauter positiven Einheiten. Damit ist die Übereinstimmung der beiden Definitionen für die Geschlechter nachgewiesen.

Periodische Funktionen und Systeme von unendlich vielen linearen Gleichungen.

Von

Paul Stäckel in Karlsruhe i. B.

§ 1. Bedingungen für die Periodizität einer durch eine Potenzreihe dargestellten Funktion.

Der Ausgangspunkt der Weierstraßschen Funktionenlehre ist die Potenzreihe, aus der durch Fortsetzung die ganze analytische Funktion hervorgeht. Obwohl also die erzeugende Reihe alle Eigenschaften der erzeugten Funktion in sich enthält, so ist es doch, abgesehen von den Reihen, die mit der Funktion selbst zusammenfallen, nur in wenigen Fällen gelungen, aus Eigenschaften des Systems der Koeffizienten der Potenzreihe Eigenschaften der Funktion selbst zu erschließen. Weierstraß hat dies sehr wohl erkannt; in seinen Vorlesungen bemerkte er zum Beispiel, daß es nicht leicht sein würde, die doppelte Periodizität der Funktion $p(u)$ aus der Reihe

$$\sum_{n=1}^{\infty} c_n u^{2n-2}$$

für $p(u) - \dfrac{1}{u^2}$ herzuleiten, in der

$$c_1 = 0, \quad c_2 = \frac{1}{20} g_2, \quad c_2 = \frac{1}{28} g_3, \quad c_n = \sum_{v=2}^{n-2} c_v c_{n-v} \qquad (n>3)$$

zu setzen ist.

Wie soll man in der Tat feststellen, ob eine vorgelegte Potenzreihe

$$\mathfrak{P}(z) = \sum_{n=0}^{\infty} a_n \frac{z^n}{n!} \tag{1}$$

eine periodische Funktion, etwa mit der Periode p, darstellt, sodaß die durch die Reihe (1) definierte analytische Funktion $f(z)$ der Funktionalgleichung

$$f(z) = f(z + p) \tag{2}$$

mit konstantem p genügt? Wenn die Reihe (1) den Konvergenzkreis K_0 vom Radius ϱ besitzt, so wird allerdings die Funktion $f(z)$ vermöge der Gleichung (2) auch für die Kreise K_m erklärt, die um die Punkte

$$z = mp$$

mit dem Radius ϱ beschrieben sind, wo m irgendeine positive oder negative ganze Zahl bedeutet. Wenn jedoch ϱ kleiner ist als die Hälfte des absoluten Betrages ϖ von p, so werden die Kreise K_m und K_{m+1} nicht übereinandergreifen. In diesem Falle werden zwar die betreffenden Stücke der analytischen Funktion $f(z)$ durch Fortsetzung auseinander hervorgehen, allein es ist aussichtslos, durch das Verfahren der Fortsetzung notwendige und hinreichende Bedingungen für die Koeffizienten a_n herzuleiten. Es genügt sogar noch nicht, daß die Kreise K_m und K_{m+1} ein gemeinsames Gebiet haben, man wird vielmehr fordern müssen, daß bereits der erste Schritt bei der Fortsetzung zum Ziele führt, daß also die Umgebung des Punktes $z = p$ dem Konvergenzkreise K_0 angehört oder der Konvergenzradius ϱ größer als ϖ ist.

Unter der genannten Voraussetzung folgt aus (2) die Gleichung

$$\sum_{n=0}^{\infty} a_n \frac{z^n}{n!} = \sum_{n=0}^{\infty} a_n \frac{(z+p)^n}{n!}, \tag{3}$$

in der der absolute Betrag von z kleiner als $\varrho - \varpi$ sein muß, und es wird daher

$$\sum_{n=0}^{\infty} a_n \frac{z^n}{n!} = \sum_{n=0}^{\infty} \sum_{\nu=0}^{n} a_n \frac{p^{n-\nu} z^{\nu}}{(n-\nu)!\,\nu!},$$

oder, da der Weierstraßsche Doppelreihensatz angewandt werden darf:

$$\sum_{n=0}^{\infty} a_n \frac{z^n}{n!} = \sum_{n=0}^{\infty} \left(\sum_{s=0}^{\infty} a_{n+s} \frac{p^s}{s!} \right) \frac{z^n}{n!}.$$

Demnach ergeben sich, unter den gemachten Voraussetzungen, als notwendige und hinreichende Bedingungen dafür, daß die durch die Reihe (1) definierte Funktion die Periode p besitzt, für die Koeffizienten a_n die Gleichungen

$$(4) \qquad a_n = \sum_{s=0}^{\infty} a_{n+s} \frac{p^s}{s!} \qquad\qquad (n = 0, 1, 2, \cdots)$$

die sich sofort in die Gestalt:

$$(5) \qquad \sum_{t=0}^{\infty} a_{n+t} \frac{p^{t-1}}{t!} = 0 \qquad\qquad (n = 0, 1, 2, \cdots)$$

bringen lassen; daß die additive Konstante a_0 in den Gleichungen (5) nicht vorkommt, mithin a_0 willkürlich bleibt, kann nicht überraschen.

Hiermit ist folgendes Ergebnis gewonnen:

Sämtliche Potenzreihen

$$\sum_{n=0}^{\infty} a_n \frac{z^n}{n!}$$

mit dem gemeinsamen Konvergenzradius ϱ, die periodische Funktionen mit der Periode p definieren, deren absoluter Betrag kleiner als ϱ ist, ergeben sich, wenn die Koeffizienten a_n den Bedingungen unterworfen werden, daß

I. Das größte Element der abgeleiteten Menge der Menge der reellen, positiven Werte

$$\sqrt[n]{\frac{|a_n|}{n!}}$$

gleich dem reziproken Werte von ϱ ist (Bedingung von Cauchy).

II. Das System der unendlich vielen linearen homogenen Gleichungen für die Größen a_n:

$$\sum_{t=1}^{\infty} a_{n+t}\,\frac{p^{t-1}}{t!} = 0 \qquad\qquad (n = 0, 1, 2, \cdots)$$

bei geeigneter Wahl von p identisch erfüllt ist.

Die Bedingung, daß der absolute Betrag von p kleiner als ϱ sein soll, ist unentbehrlich, denn sie sichert erst die Konvergenz der in den Gleichungen (5) auftretenden unendlichen Summen.

Während im Vorhergehenden ϱ als bekannt angesehen wurde, kann auch die Periode p gegeben, d. h. nach den Reihen (1) gefragt werden, deren Konvergenzradius ϱ größer als der absolute Betrag $\overline{\omega}$ von p ist und die eine analytische Funktion $f(z)$ mit der Periode p erzeugen. Die Antwort liefert der folgende Lehrsatz:

Alle Potenzreihen

$$\sum_{n=0}^{\infty} a_n\,\frac{z^n}{n!},$$

deren Konvergenzradius ϱ größer als der absolute Betrag $\overline{\omega}$ einer gegebenen Größe p ist und die Funktionen $f(z)$ mit der Periode p erzeugen, ergeben sich, wenn

I. Die Koeffizienten a_n so gewählt werden, daß das System der unendlich vielen linearen homogenen Gleichungen

$$\sum_{t=1}^{\infty} a_{n+t}\,\frac{p^{t-1}}{t!} = 0 \qquad\qquad (n = 0, 1, 2, \cdots)$$

erfüllt ist.

II. Die Unbekannten a_n in diesen Gleichungen der Schrankenbedingung unterworfen werden, daß das größte Element der abgeleiteten Menge der reellen, positiven Werte

$$\sqrt[n]{\frac{|a_n|}{n!}}$$

kleiner ist als der reziproke Wert von $\overline{\omega}$.

Die Schrankenbedingung ist wiederum notwendig, damit die unendlichen Summen konvergieren; wenn sie durch eine schärfere Bedingung ersetzt wird, so erhält man nur einen Teil der gesuchten Reihen.

§ 2. Besondere Fälle, in denen die Bedingungen für die Periodizität erfüllt sind.

Durch den vorhergehenden Lehrsatz wird die Frage nach den Potenzreihen, die periodische Funktionen definieren, in Zusammenhang gebracht mit den Systemen von unendlich vielen linearen Gleichungen mit unendlich vielen Unbekannten, und zwar handelt es sich hier um Systeme, deren Koeffizienten besonders einfach gebaut sind. Man könnte sogar eine weitere Vereinfachung erreichen, indem man

$$p = 1$$

setzte, wodurch die Gleichungen (5) in die Form

$$(5') \qquad \sum_{t=1}^{\infty} \frac{a_{n+t}}{t!} = 0 \qquad (n = 0, 1, 2, \cdots)$$

übergeführt werden. Die Allgemeinheit der Untersuchung würde hierdurch nicht beschränkt werden, da mittels der Substitution

$$z = p z'$$

jeder Funktion der Periode p eine Funktion der Periode 1 und umgekehrt zugeordnet wird; jedoch erhielte man auf diese Art keine wesentliche Erleichterung der Rechnungen.

Zunächst sollen einige besondere Fälle betrachtet werden, in denen sich die Lösung der Gleichungen (5) leicht bewerkstelligen läßt; hierbei werden zugleich Hilfsmittel für die allgemeine Untersuchung gewonnen werden.

Es liegt nahe, allen Unbekannten a_n ein und denselben Wert zu erteilen, wofür wegen der Homogeneität der Wert 1 genommen werden darf. Wenn demnach

$$a_n = 1 \qquad (n = 1, 2, 3, \cdots)$$

gesetzt wird, entsteht aus den sämtlichen Gleichungen (5) überall dieselbe Gleichung

$$\sum_{t=1}^{\infty} \frac{p^{t-1}}{t!} = 0,\tag{6}$$

wofür auch

$$\sum_{s=0}^{\infty} \frac{p^{s}}{s!} = 1$$

geschrieben werden kann. Folglich *besitzt die beständig konvergente Potenzreihe*

$$E(z) = \sum_{s=0}^{\infty} \frac{z^{s}}{s!}$$

die Periode p, falls es eine von Null verschiedene, der Gleichung

$$E(p) = 1\tag{7}$$

genügende Größe gibt. Hat aber diese Gleichung eine von Null verschiedene Wurzel p, so besitzt sie unzählig viele solche Wurzeln; denn aus der Periodizität erschließt man sofort, daß mit der Gleichung (7) auch die Gleichungen

$$E(mp) = 1\tag{8}$$

oder

$$\sum_{s=0}^{\infty} \frac{(mp)^{s}}{s!} = 1\tag{8'}$$

identisch erfüllt sind.

Es ist bekannt, daß die Gleichung (7) die Wurzel

$$p = 2\pi i$$

besitzt. Bei den Beweisen wird entweder der durch das Integral

$$z = \int_{1}^{E} \frac{du}{u}$$

erklärte Logarithmus von E benutzt oder die Gleichung (7) in die beiden Gleichungen

$$\sum_{\nu=0}^{\infty} \frac{(-1)^{\nu}(2\pi)^{2\nu}}{(2\nu!)} = 1, \qquad \sum_{\nu=0}^{\infty} \frac{(-1)^{\nu}(2\pi)^{2\nu+1}}{(2\nu+1)!} = 0$$

zerlegt, deren identisches Bestehen aus dem Zusammenhang mit den trigonometrischen Funktionen hervorgeht.

In ähnlicher Weise führt der Ansatz

$$(9) \qquad a_{n+1} = \lambda a_n$$

zu der Identität

$$\sum_{t=1}^{\infty} a_{n+t} \frac{p^{t-1}}{p!} = \lambda \sum_{t=1}^{\infty} a_{n-1+t} \frac{p^{t-1}}{p!},$$

aus der sofort folgt, daß die Gleichungen (5) auf die einzige Gleichung

$$\sum_{t=1}^{\infty} a_t \frac{p^{t-1}}{p!} = 0$$

zurückkommen. Da aber nach (9)

$$a_n = \lambda^{n-1} a_1$$

ist, so sind sämtliche Gleichungen (5) erfüllt, wenn bei gegebenem p die Größe λ aus der Gleichung

$$\sum_{t=1}^{\infty} \frac{(\lambda p)^{t-1}}{p!} = 0$$

oder

$$E(\lambda p) = 1$$

bestimmt wird; folglich ist

$$\lambda = \frac{2\pi i}{p}.$$

Der Ansatz (9) läßt sich verallgemeinern, indem entweder

$$(10') \qquad a_{2\nu-1} = 0, \quad a_{2\nu+2} = \lambda^2 a_{2\nu}$$

oder

$$(10'') \qquad a_{2\nu} = 0, \qquad a_{2\nu+1} = \lambda^2 a_{2\nu-1}$$

gesetzt wird. Die Gleichungen (5) sind in beiden Fällen mit dem System von nur zwei Gleichungen

$$\sum_{\nu=0}^{\infty} \frac{(\lambda p)^{2\nu}}{(2\nu)!} = 1, \qquad \sum_{\nu=0}^{\infty} \frac{(\lambda p)^{2\nu+1}}{(2\nu+1)!} = 0$$

gleichbedeutend, das durch

$$\lambda p = 2\pi i$$

befriedigt wird; daß eine solche gemeinsame Wurzel vorhanden ist, hat seinen inneren Grund in der Identität

$$\sin^2 u + \cos^2 u = 1.$$

Daß sich das System (5) auf nur zwei Gleichungen, nämlich auf die beiden ersten für $n = 0$ und $n = 1$ reduziert, läßt sich in allgemeinster Weise erreichen, indem man die Rekursionsformel

$$a_{n+2} = \lambda a_{n+1} + \mu a_n \qquad (n = 1, 2, 3, \cdots) \quad (11)$$

ansetzt, von der die Ansätze (10') und (10'') augenscheinlich besondere Fälle sind. Die Koeffizienten a_n werden dann lineare homogene Funktionen von a_1 und a_2, etwa

$$a_n = \lambda^{(n)} a_2 + \mu^{(n)} a_1,$$

und die beiden ersten Gleichungen des Systems (5), die das Bestehen aller übrigen nach sich ziehen, lauten:

$$\left.\begin{aligned} a_2 \cdot \sum_{s=1}^{\infty} \frac{\lambda^{(s)} p^{s-1}}{s!} + a_1 \cdot \sum_{s=1}^{\infty} \frac{\mu^{(s)} p^{s-1}}{s!} &= 0, \\ a_2 \cdot \sum_{s=1}^{\infty} \frac{\lambda^{(s+1)} p^{s-1}}{s!} + a_1 \cdot \sum_{s=1}^{\infty} \frac{\mu^{(s+1)} p^{s-1}}{s!} &= 0. \end{aligned}\right\} \quad (12)$$

Wenn man a_2 und a_1 als willkürliche Größen ansehen wollte, so würden sich aus (12) vier Gleichungen für die beiden Unbekannten λ, μ ergeben; ob es möglich ist, sie zu befriedigen, muß dahingestellt bleiben. Werden aber auch a_2 und a_1 als Unbekannte betrachtet, so muß die Determinante des Systems (12) verschwinden, und man erhält nur eine Gleichung zwischen λ und μ.

Der Ansatz (12) scheint eine genauere Untersuchung zu verdienen; freilich werden dabei erhebliche algebraische Schwierigkeiten zu überwinden sein.

§ 3. Über die Lösung des Systems von unendlich vielen linearen Gleichungen für die unendlich vielen Koeffizienten einer Potenzreihe, die eine periodische Funktion definiert.

Die Koeffizienten a_n jeder Potenzreihe (1), deren Konvergenzradius ϱ größer als der absolute Betrag ϖ einer gegebenen Größe p ist und die durch Fortsetzung eine Funktion $f(z)$ mit der Periode p erzeugt, genügen dem System von unendlich vielen linearen homogenen Gleichungen

$$(5) \qquad \sum_{t=1}^{\infty} a_{n+t} \frac{p^{t-1}}{t!} = 0 \qquad (n = 0, 1, 2, \cdots);$$

dabei sind die Unbekannten der Schrankenbedingung unterworfen, daß das größte Element der abgeleiteten Menge der Menge der reellen, positiven Werte

$$\sqrt[n]{\frac{|a_n|}{n!}}$$

kleiner als der reziproke Wert von ϖ ist. Versucht man nun, auf die Lösung des Systems (5) die Methoden anzuwenden, die bis jetzt für Systeme von unendlich vielen linearen Gleichungen mit unendlich vielen Unbekannten entwickelt worden sind, so ist das Ergebnis, daß sie in dem vorliegenden Falle gänzlich versagen. Bei den meisten Untersuchungen werden nämlich nur „reguläre" Lösungen in Betracht gezogen, bei denen, abgesehen von anderen Forderungen, die Schrankenbedingung erfüllt ist, daß die Summe

$$\sum_{n=1}^{\infty} |a_n^2|$$

konvergiert[1]). Daß die bei den Gleichungen (5) vorliegende Cauchysche Schrankenbedingung einen weit größeren Bereich von Lösungen umfaßt, als die regulären Lösungen, ist leicht ein-

---

1) Man vergleiche die umfassende Darstellung, die Erhard Schmidt in den Rend. Circ. mat. Palermo, **25** (1908), S. 53—77 gegeben hat.

zusehen; das System (5) wird nämlich im Falle der Exponential-funktion $E(z)$ durch die Werte

$$a_n = 1$$

befriedigt, die augenscheinlich keine reguläre Lösung darstellen. Aber auch die Sätze, die H. v. Koch über nichtreguläre Lösungen aufgestellt hat[1]), erweisen sich als unzureichend. Unter den von ihm betrachteten Bedingungen hat ein System von linearen homogenen Gleichungen dann und nur dann eine von der trivialen Null-Lösung verschiedene Lösung, wenn die unendliche Determinante des Systems verschwindet, während diese bei dem System (5) den Wert 1 besitzt.

Um so bemerkenswerter ist es, daß sich das System (5) unter einer Schrankenbedingung auflösen läßt, die der vorher ausgesprochenen Cauchyschen Bedingung sehr nahe kommt und unter der im besonderen alle Potenzreihen enthalten sind, bei denen die abgeleitete Menge der Menge der reellen, positiven Werte

$$\sqrt{\frac{|a_n|}{n!}}$$

ein größtes Element aufweist, das kleiner ist als der reziproke Wert von

$$\frac{1}{2}\sqrt{5} \cdot \widetilde{\omega};$$

da $\frac{1}{2}\sqrt{5} = 1{,}1180 \ldots$ ist, so kommt diese Grenze dem Werte $\widetilde{\omega}$ sehr nahe.

Sobald der Radius des Konvergenzkreises der Potenzreihe (1) größer als $\frac{1}{2}\widetilde{\omega}$ ist, verhält sich die durch sie erzeugte Funktion $f(z)$ mit der Periode p regulär in einem Streifen (S), der sich ergibt, wenn zu der Geraden durch die Punkte $z = 0$ und $z = p$ beiderseits im Abstande

$$\sigma = \sqrt{\varrho^2 - \tfrac{1}{4}\widetilde{\omega}^2}$$

die Parallelen gezogen werden. Setzt man jetzt

$$w = e^{\frac{2\pi i z}{p}},$$

____

1) *Sur la convergence des déterminants infinis*, Rend. Circ. mat. Palermo, **28** (1909), S. 255—266.

so entspricht dem Rechteck in der z-Ebene mit den Eckpunkten

$$z = \pm \frac{i p \sigma}{\bar{\omega}} \qquad z = p \pm \frac{i p \sigma}{\bar{\omega}}$$

in der w-Ebene ein Kreisring (R), der von den beiden Kreisen mit dem Mittelpunkt $w = 0$ und den Radien

$$r_1 = e^{\frac{2\pi\sigma}{\bar{\omega}}}, \qquad r_2 = e^{-\frac{2\pi\sigma}{\bar{\omega}}}$$

begrenzt wird. Nach einer bekannten Schlußweise[1]) ist $f(z)$ als Funktion von w angesehen in dem Ringe (R) eindeutig und regulär und läßt sich daher nach dem Laurentschen Satze in Form einer Summe

$$\sum_{\nu = -\infty}^{+\infty} A_\nu w^\nu$$

darstellen. Mithin hat man für die Funktion $f(z)$ die Darstellung

$$(13) \qquad f(z) = \sum_{\nu = -\infty}^{+\infty} A_\nu e^{\frac{2\pi i \nu z}{p}},$$

bei der die Periodizität in Evidenz gesetzt ist, und zwar findet in dem Streifen (S) der Breite 2σ absolute und gleichförmige Konvergenz statt. Im besonderen gilt dies für den Kreis, der um den Punkt $z = 0$ mit dem Radius σ beschrieben ist. Man darf daher für ihn den Weierstraßschen Doppelreihensatz anwenden, also die Exponentialausdrücke nach Potenzen von z entwickeln und darauf nach Potenzen von z ordnen. Dann aber ergeben sich durch Vergleichung mit der ursprünglichen Reihe (1) die Formeln:

$$(14) \qquad a_n = \left(\frac{2\pi i}{p}\right)^n \sum_{\nu = -\infty}^{+\infty} A_\nu \nu^n, \qquad\qquad (n = 0, 1, 2, \ldots)$$

in denen die unendlichen Summen absolut konvergent sind.

Die Ausdrücke (14) für die Koeffizienten a_n lassen sich jedoch nur dann zur Auflösung der Gleichungen (5) benutzen,

---

1) Vgl. etwa W. F. Osgood, *Lehrbuch der Funktionentheorie*, 1. Bd., Leipzig 1907, S. 407.

wenn die in diesen Gleichungen auftretenden unendlichen Summen konvergieren, das heißt, wenn die zugehörige Potenzreihe (1) in einem Kreise konvergiert, dessen Radius größer als $\widetilde{\omega}$ ist. *Mithin muß*

$$\sigma > \widetilde{\omega}$$

sein. Die Formeln (14) liefern daher nur diejenigen Reihen (1), bei denen die durch Fortsetzung entspringende analytische Funktion $f(z)$ mit der Periode p sich in einem Streifen (S) regulär verhält, dessen Breite größer als $2\widetilde{\omega}$ ist. Da aber die Breite von (S), wenn keine besonderen Voraussetzungen über die Potenzreihe (1) gemacht werden,

$$\sqrt{4\varrho^2 - \widetilde{\omega}^2}$$

beträgt, so sind unter den Reihen, die sich aus den Formeln (14) ergeben, sicher sämtliche Reihen enthalten, deren Konvergenzradius ϱ so groß ist, daß

$$\sqrt{4\varrho^2 - \widetilde{\omega}^2} > 2\widetilde{\omega}$$

wird, bei denen also

$$\varrho > \tfrac{1}{2}\sqrt{5} \cdot \widetilde{\omega}$$

ausfällt: dagegen ergeben sich von den Reihen, deren Konvergenzradius zwischen $\widetilde{\omega}$ und $\tfrac{1}{2}\sqrt{5} \cdot \widetilde{\omega}$ liegt, nur diejenigen, aus denen durch Fortsetzung eine Funktion $f(z)$ hervorgeht, die sich in einem Streifen (S) der Breite $2\sigma > 2\widetilde{\omega}$ regulär verhält. Daß es Potenzreihen der zweiten Art gibt, bei denen die Breite des zugehörigen Streifens (S) kleiner als $2\widetilde{\omega}$ ist, läßt sich leicht beweisen; hierzu genügt es, einen Pol in einen der beiden Schnittpunkte der Kreise K_0 und K_1 zu legen.

Nachdem die Konvergenzfrage geklärt ist, läßt sich leicht zeigen, daß durch die Ausdrücke (14) für die Unbekannten a_n die Gleichungen (5) identisch erfüllt sind. Man erhält nämlich

$$\sum_{t=1}^{\infty} a_{n+1}\frac{p^t}{t!} = \sum_{t=1}^{\infty}\left\{\left(\frac{2\pi i}{p}\right)^{n+t}\sum_{\nu=-\infty}^{+\infty} A_\nu \nu^{n+t}\frac{p^t}{t!}\right\}$$

$$= \left(\frac{2\pi i}{p}\right)^n \cdot \sum_{t=1}^{\infty}\left\{\sum_{\nu=-\infty}^{+\infty}\frac{(2\pi i\nu)^t}{t!} A_\nu \nu^n\right\}$$

und weiter, weil wegen der absoluten Konvergenz die Reihenfolge der Summationen vertauscht werden darf:

$$\sum_{t=1}^{\infty} a_{n+t}\frac{p^t}{t!} = \left(\frac{2\pi i}{p}\right)^n \sum_{\nu=-\infty}^{+\infty}\left\{\sum_{t=\infty}^{\infty}\frac{(2\pi i\nu)^t}{t!}\right\} A_\nu \nu^n.$$

Diese Summe verschwindet aber, da nach den Gleichungen (8′) die Identitäten bestehen:

$$\sum_{t=1}^{\infty}\frac{(2\pi i\nu)^t}{t!} = 0,$$

wenn ν irgend eine positive oder negative ganze Zahl bezeichnet.

Das Ergebnis der vorhergehenden Untersuchungen läßt sich in den folgenden Lehrsatz zusammenfassen:

Betrachtet man die Gesamtheit der Laurentschen Entwicklungen:

$$\sum_{\nu=-\infty}^{+\infty} A_\nu w^\nu,$$

die in Ringen mit den Radien

$$r_1 = e^{2\pi\tau}, \quad r_2 = e^{-2\pi\tau} \qquad\qquad (\tau > 1)$$

konvergieren und bilden aus den Größen A_ν die Koeffizienten a_n mittels der Formeln:

$$a_n = \left(\frac{2\pi i}{p}\right)^n \cdot \sum_{\nu=-\infty}^{+\infty} A_\nu \nu^n,$$

so ergeben sich von den Potenzreihen

$$\sum_{n=0}^{\infty} a_n\frac{z^n}{n!},$$

aus denen durch Fortsetzung analytische Funktionen $f(z)$ mit der Periode p des absoluten Betrages ϖ entspringen,

1) sämtliche Reihen, deren Konvergenzradius größer als

$$\tfrac{1}{2}\sqrt{5} \cdot \varpi$$

ist,

2) von den Reihen, deren Konvergenzradius zwischen ϖ und $\tfrac{1}{2}\sqrt{5} \cdot \varpi$ liegt, nur diejenigen, bei denen die zugehörige Funktion

$f(z)$ sich in einem Streifen (S) regulär verhält, dessen Breite größer als $2\bar{\omega}$ ist.

Hierbei ist zu beachten, daß die Radien r_1 und r_2 von p unabhängig sind und p in den Formeln für die Koeffizienten a_n nur außerhalb des Summenzeichens vorkommt, und zwar so, daß das Produkt

$$a_n \cdot p^n$$

von p unabhängig ist. Der Grund ist leicht zu erkennen; wird nämlich

$$z = p z'$$

gesetzt, so geht die betrachtete Funktion $f(z)$ in eine Funktion mit der Periode 1 über.

Zum Schluß noch zwei Bemerkungen. Bei der Herleitung die soeben ausgesprochenen Lehrsatzes muß man die Exponentialfunktion als bekannt ansehen; wurde doch

$$w = e^{\frac{2\pi i z}{p}}$$

gesetzt und die Periodizität dieser Funktion benutzt. Der Exponentialfunktion kommt mithin in dem Bereiche der periodischen analytischen Funktionen eine Ausnahmestellung zu; ihre Theorie muß an die Spitze gestellt werden. Ferner ist der Umstand wichtig, daß die Ausdrücke (14) für die Koeffizienten a_n die Größen A_ν enthalten, die nur den leicht anzugebenden Schrankenbedingungen unterworfen sind, welche die Konvergenz der Laurentschen Entwicklung im Ringe sichern, sonst aber ganz willkürlich bleiben. *Demnach kann die Auflösung eines Systems von unendlich vielen linearen Gleichungen mit unendlich vielen Unbekannten noch unendlich viele, in gewissen Grenzen stetig veränderliche Größen enthalten.*

Karlsruhe, im Dezember 1911.

Gruppen zweiseitiger Kollineationen.

Von

E. Study in Bonn.

Wir nennen eine umkehrbar-eindeutige Transformation zweiseitig[1]), wenn sie entweder die identische Transformation oder involutorisch ist (wenn sie die Periode eins oder die Periode zwei hat), und verlangen in einem Gebiet n^{ter} Stufe (dem projektiven Punktkontinuum von $n-1$ komplexen Dimensionen) alle Gruppen zu finden, die von zweiseitigen komplexen oder reellen Kollineationen gebildet werden. Die Kollineationen einer solchen Gruppe sind natürlich alle vertauschbar, es sind Abelsche Gruppen.

Als Kern des genannten Problems ist anzusehen die Aufsuchung aller Maximalgruppen der Art, nämlich solcher Kollineationsgruppen G, die nicht in umfassenderen Gruppen von ebenfalls zweiseitigen Kollineationen enthalten sind. Wir machen hier nur einige summarische Mitteilungen über die Lösung dieser Aufgabe; die zugehörigen Beweise und weitere Ausführungen, auch Anwendungen auf gewisse Nicht-Abelsche, insbesondere einfache Gruppen sollen den Gegenstand einer ausführlicheren Darlegung bilden.[2])

Im Gebiet zweiter Stufe ($n = 2$) ist, wie bekannt, jede Maximalgruppe zweiseitiger Kollineationen (hier Projektivitäten) eine sogenannte Vierergruppe. Ist die Stufenzahl n größer als 2 und gleich $2^p \cdot q$, wo q eine ungerade Zahl bedeutet, so gibt es $p+1$ wesentlich verschiedene Maximalgruppen zwei-

---

1) Vgl. H. Weber, Algebra (2. Aufl.) I, S. 433, II, S. 58.

2) Diese wird in den Göttinger Nachrichten vom 2. März 1912 erscheinen.

seitiger komplexer Kollineationen, und ebenso viele wesentlich verschiedene Maximalgruppen zweiseitiger reeller Kollineationen. Zerlegt man nämlich n nach dem Schema

$$n = 2^\mu \cdot 2^{p-\mu} q,$$

so entspricht jedem zulässigen Werte der Zahl μ ($\mu = 0, 1, \cdots p$) eine Klasse solcher Maximalgruppen, die alle zueinander komplex-kollinear sind, jede dieser Klassen enthält Gruppen, die von lauter reellen Kollineationen gebildet werden, und alle diese Gruppen sind zueinander reell-kollinear. Die Ordnung der einzelnen obiger Zerlegung entsprechenden Gruppe, d. i. die Anzahl der darin enthaltenen Kollineationen ist

$$N = 2^{(2^{p-\mu} q + 2\mu - 1)}.$$

Es hat keine Schwierigkeit, von jeder der gefundenen Klassen einen Repräsentanten durch explizite Formeln darzustellen. Ebenso kann man für alle diese Gruppen geometrische und zwar lineare Konstruktionen angeben.

Die interessantesten und in jeder Hinsicht wichtigsten unter den bezeichneten Gruppen sind die, die zu den Werten $q = 1$, $\mu = p$ gehören. Diese Gruppen („Gruppen G^p") leben also in Gebieten, deren Stufenzahl die Form $n = 2^p$ hat, und sie enthalten $N = 2^{2p} = n^2$ Kollineationen. Sie sind identisch mit gewissen Gruppen, die aus der Theorie der Abelschen Funktionen des Geschlechtes p abgeleitet worden sind.[1]) Zu ihnen gehört der erwähnte als Vierergruppe bezeichnete Gruppentypus des binären Gebiets ($p = 1$) und die Kollineationsgruppe der Kummerschen Konfiguration ($p = 2$). Diese Gruppen G^p sind, wenn $p > 1$, unter allen Maximalgruppen zweiseitiger Kollineationen durch jede einzelne der folgenden Eigenschaften erschöpfend charakterisiert:

1. Die in einer Gruppe G^p enthaltenen Kollinationen sind linear-unabhängig und bilden daher ein vollständiges System linear-unabhängiger Kollineationen.

---

1) Siehe Wirtinger, Monatshefte für Mathematik, Bd. I, 1890 (Referat bei Krazer, Thetafunktionen, S. 368).

2. Die Gruppen G^p sind irreduzibel.[1]

3. Sie sind „vollkommene" Gruppen vertauschbarer Kollineationen; d. h. jede mit allen Kollineationen einer G^p vertauschbare Kollineation ist in G^p selbst enthalten.

4. Jede Gruppe G^p kann auf eine einzige Weise zu einer Gruppe von $2N$ Kollineationen und Korrelationen erweitert werden.

5. Es gibt keine infinitesimale Kollineation, die eine G^p als Ganzes in Ruhe ließe.

Die im Satze 4 genannten N Korrelationen sind ebenfalls zweiseitig, also involutorisch, und ebenfalls linear-unabhängig. $2^{p-1}(2^p - 1)$ unter ihnen sind (folglich) Nullkorrelationen und $2^{p-1}(2^p + 1)$ sind polare Korrelationen. Die Regeln, nach denen die Zusammensetzung der $2N$ Kollineationen und Korrelationen der Gesamtgruppe erfolgt, decken sich vollkommen mit den Regeln der aus der Theorie der Thetafunktionen bekannten zu halben Perioden gehörigen Charakteristikenrechnung[2]), für die sich hier eine algebraisch-geometrische Begründung ergibt.[3]

Eine nähere Untersuchung zeigt, daß abgesehen von dem einfachsten Fall $p = 1$ unter allen Gruppen G^p die Kollineationsgruppe der Kummerschen Konfiguration ($p = 2$) eine singuläre Stellung einnimmt. Im Falle $p = 2$ nämlich läßt die dann 16 Kollineationen umfassende G^2 $2(2^p - 1) = 6$ Nullsysteme und $2(2^2 + 1) = 10$ Polarsysteme in Ruhe. Setzt man die zu den ersten gehörigen Nullkorrelationen mit einer der polaren Korrelationen zusammen, so entstehen sechs Kollineationen der G^2, deren Inzidenzgebiete (Paare gerader Linien, als Achsen projektiver Spiegelungen) **zur Hälfte** „linkseitige", **zur Hälfte** „rechtseitige" Paare von Erzeugenden der Fläche 2. Ordnung sind, die zu dem betrachteten Polarsystem gehört. Ist aber $p > 2$, so ergibt sich ein ganz anders geartetes Resultat. Zwar müssen auch dann auf der quadratischen Mannigfaltigkeit,

---

1) Siehe etwa Loewy in Pascals Repertorium, 2. Aufl., I, S. 224, 234.

2) Krazer, Thetafunktionen. S. 242—305.

3) Für $p = 2$ ausgeführt Leipz. Ber. 1892, S. 122 u. ff.

die einem der $2^{p-1}(2^p + 1)$ Polarsysteme entspricht, zwei Scharen von linearen Mannigfaltigkeiten höchster Dimension (nämlich der Stufe 2^{p-1}) unterschieden werden, und man kann diese durch die Worte links und rechts bezeichnen. Setzt man aber die $2^{p-1}(2^p - 1)$ Nullkorrelationen mit der betrachteten polaren Korrelation zusammen, so entstehen ebenso viele involutorische Kollineationen der G^p, deren Inzidenzgebiete (nämlich Paare von linearen Gebieten der Stufe 2^{p-1} als Achsen projektiver Spiegelungen), je nach Definition, sämtlich **entweder** link-seitige **oder** rechtseitige Paare linearer Mannigfaltig-keiten auf der betrachteten quadratischen Mannig-faltigkeit sind.

Erwähnt sei noch, daß auch dem Fall $p = 3$ noch singuläre Eigenschaften zukommen, die mit der Unterscheidung links-rechts zusammenhängen, und daß ein genaueres Studium eben dieses Falles die Lösung eines nicht uninteressanten Problems liefert:

Zu der von $36 \cdot 8!$ Operationen gebildeten Galois-schen Gruppe des Doppeltangentenproblems der (so-genannten allgemeinen) ebenen Kurven 4. Ordnung ge-hört eine holomorphe Kollineationsgruppe im Gebiet siebenter Stufe (im Raum von sechs Dimensionen).

Daß diese Stufenzahl nicht weiter hinabgedrückt werden kann, folgt aus einem bekannten Satze des Herrn Wiman.

Über die molekulartheoretische Begründung der Elastizitätstheorie.

Von

H. E. Timerding in Braunschweig.

Bekanntlich sind die Grundformeln der Elastizitätstheorie zuerst von Navier gefunden worden, indem er von bestimmten Voraussetzungen über den molekularen Ursprung der Spannungskräfte ausging (Mémoires de l'Académie des Sciences de Paris, t. 7, p. 375 (1827)).[1] Auf diesem Wege erhält man aber Formeln, die mit der Erfahrung nur in einzelnen Fällen genügend übereinstimmen. Es werden dann nämlich die elastischen Eigenschaften eines isotropen Körpers nur von einer Konstanten abhängig, während man im allgemeinen zwei Konstanten annehmen muß, die nicht in einer festen Beziehung zu einander stehen.

Die molekulartheoretische Begründung ist später bedeutend erweitert und ausgebaut worden. Gegenüber den weitläufigen Rechnungen, die sie meistens mit sich führte, scheint mir aber der Versuch lohnend, sie auf möglichst einfache Betrachtungen zurückzuführen.

Wir wollen folgende Bezeichnungen anwenden. Die Komponenten einer der inneren Molekularkräfte nach den Koordinatenachsen seien immer mit X, Y, Z und die Koordinaten ihres Angriffspunktes, d. h. des Moleküls selbst mit x, y, z bezeichnet. Fassen wir eine gewisse Anzahl benachbarter Moleküle und die

---

1) Vgl. den Bericht von C. H. Müller und A. Timpe, Enzyklopädie der math. Wissenschaften, Band IV 2 ii.

an ihnen angreifenden inneren Kräfte zusammen, so heißen die für dieses Kräftesystem gebildeten Summen

$$\textstyle\sum X,\ \sum Y,\ \sum Z,\ \sum Xx,\ \sum Xy \text{ usw.}$$

die astatischen Koordinaten des Systems und als seine Resultante bezeichnen wir eine Kraft mit den Komponenten

$$\textstyle\sum X,\ \sum Y,\ \sum Z.$$

Dem System der Molekularkräfte schreiben wir nun zunächst folgende besonderen Eigenschaften zu:

1. Von den Angriffspunkten seiner Kräfte liegen bei einer gewissen Teilung des Körpers in sehr kleine Raumteile auch in jedem dieser sehr kleinen Raumteile außerordentlich viele.

2. Trägt man auf den Wirkungslinien aller Kräfte von ihrem Angriffspunkt aus gewisse sehr kurze Strecken ab, welche wir einfach als die Wirkungsstrecken bezeichnen wollen, so sind alle Kräfte, deren Angriffspunkte innerhalb irgend eines Raumteiles des Körpers liegen und deren Wirkungsstrecken die Oberfläche dieses Raumteiles nicht schneiden, im Gleichgewicht.

3. Die astatischen Koordinaten des Systems aller Kräfte, deren Wirkungsstrecken ganz innerhalb eines sehr kleinen Raumteiles bleiben, sind dem Volumen dieses Raumteils proportional, die hinzutretenden Faktoren sind endliche differenzierbare Funktionen des Ortes.

4. Die Komponenten der Resultante des Systems aller Kräfte, deren Wirkungsstrecken ein sehr kleines Stück der Oberfläche des betrachteten Raumteils von innen nach außen durchsetzen, sind der Größe dieses Flächenstückes proportional.

Zur Erläuterung wollen wir an den besonders wichtigen Fall erinnern, wo die wirkenden Kräfte Zentralkräfte sind. In jede Verbindungsstrecke zweier Moleküle fallen dann zwei entgegengesetzt gleiche Kräfte, die an den beiden Molekülen angreifen. Die Verbindungsstrecke selbst ist hier das, was wir oben als Wirkungsstrecke bezeichnet haben. Es ist dann sofort zu sehen, daß innerhalb irgend einer geschlossenen Oberfläche ω die Kräfte sich das Gleichgewicht halten, deren Wirkungsstrecken die Oberfläche nicht durchsetzen, denn jedes Paar von Kräften, das in die Verbindungsstrecke zweier Moleküle fällt, hält sich für sich genommen das Gleichgewicht.

Wir rechnen nun die Arbeit der wirkenden inneren Kräfte bei einer virtuellen weiteren Deformation des Körpers für einen Raumteil τ aus. Diesen Raumteil zerlegen wir in einzelne Raumelemente $d\tau$, die zwar sehr viele Moleküle enthalten, aber selbst trotzdem sehr klein sind. Die Begrenzungsflächen dieser Raumelemente sollen von keinen Wirkungsstrecken durchsetzt werden oder, was dasselbe heißt, die einzelnen Raumelemente sollen nichts anderes bedeuten wie Komplexe von sehr nahe benachbarten Wirkungsstrecken oder den zu diesen Wirkungsstrecken gehörenden Molekularkräften.

Wir wählen für die Verrückungskomponenten δx, δy, δz eines Punktes (x, y, z) bei der virtuellen Deformation den Ansatz:

$$\delta x = a_1 + a_{11} x + a_{12} y + a_{13} z,$$
$$\delta y = a_2 + a_{21} x + a_{22} y + a_{23} z,$$
$$\delta z = a_3 + a_{31} x + a_{32} y + a_{33} z,$$

wobei die Koeffizienten a wenigstens in jedem Raumteil $d\tau$ als konstant anzusehen sind, und unter Berücksichtigung dieser Werte ist der Arbeitsausdruck

$$\sum_{\tau} (X \delta x + Y \delta y + Z \delta z),$$

auszurechnen, in dem die Summe über alle Kräfte, von denen der Angriffspunkt innerhalb τ liegt, auszudehnen ist.

Wir zerlegen diese Summe in zwei Bestandteile. Der erste Bestandteil bezieht sich auf alle Kräfte, deren Wirkungslinien die Oberfläche von τ nicht durchsetzen, wir schreiben ihn

$$\int \sum_{d\tau} (X \delta x + Y \delta y + Z \delta z).$$

Nun halten sich nach Voraussetzung die in dem Summenausdruck unter dem Integralzeichen vereinigten Kräfte das Gleichgewicht, wir haben also zunächst

$$\sum_{d\tau} X = 0, \quad \sum_{d\tau} Y = 0, \quad \sum_{d\tau} Z = 0$$

und können weiter setzen

$$\sum_{d\tau} Yz = \sum_{d\tau} Zy = P_{yz}\, d\tau, \quad \sum_{d\tau} Zx = \sum_{d\tau} Xz = P_{zx}\, d\tau, \quad \sum_{d\tau} Xy = \sum_{d\tau} Yx = P_{xy}\, d\tau,$$

$$\sum_{d\tau} Xx = P_{xx}\, d\tau, \quad \sum_{d\tau} Yy = P_{yy}\, d\tau, \quad \sum_{d\tau} Zz = P_{zz}\, d\tau.$$

Wir finden dann für den gesamten ersten Bestandteil des Arbeitsausdrucks den Wert

$$\int \{ P_{xx} a_{11} + P_{yy} a_{22} + P_{zz} a_{33} + P_{yz}(a_{23} + a_{32})$$
$$+ P_{zx}(a_{31} + a_{13}) + P_{xy}(a_{12} + a_{21}) \}\, d\tau. \quad (A)$$

Der zweite Bestandteil bezieht sich auf die Kräfte, deren Wirkungsstrecken die Oberfläche ω von τ durchsetzen. Weil die Angriffspunkte dieser Kräfte der Oberfläche außerordentlich nahe liegen, dürfen wir die Verrückungskomponenten δx, δy, δz direkt auf die Schnittpunkte der Wirkungsstrecken mit der Oberfläche beziehen. Ferner dürfen wir für die einzelnen Punkte eines Flächenelementes $d\omega$ die Werte δx, δy, δz als konstant annehmen. Dies heißt nämlich nur, daß jedes Flächenelement bei der unendlich geringen Deformation der Oberfläche ω in ein nahezu paralleles übergeht, was man aus dem für δx, δy, δz gemachten Ansatz unmittelbar folgern kann. Dann finden wir weiter für ein solches Flächenelement $d\omega$ den Arbeitsausdruck

$$- (X_n \delta x + Y_n \delta y + Z_n \delta z)\, d\omega, \quad (B)$$

indem wir

$$\sum_{d\omega} X = - X_n\, d\omega, \quad \sum_{d\omega} Y = - Y_n\, d\omega, \quad \sum_{d\omega} Z = - Z_n\, d\omega$$

setzen.

Es treten schließlich noch die äußeren Kräfte hinzu, die an den Molekülen innerhalb des Raumteiles τ angreifen, und deren Resultante für das Volumelement $d\tau$ die Komponenten $\varrho \mathfrak{X}\, d\tau$, $\varrho \mathfrak{Y}\, d\tau$, $\varrho \mathfrak{Z}\, d\tau$ haben möge, indem wir mit $\varrho\, d\tau$ die gesamte in $d\tau$ enthaltene Masse bezeichnen.

Wir müssen nun in der üblichen Weise den Ausdruck (A) umformen, indem wir

$$a_{11} = \frac{\partial \delta x}{\partial x}, \quad a_{23} + a_{32} = \frac{\partial \delta y}{\partial z} + \frac{\partial \delta z}{\partial y} \quad \text{usw.}$$

einführen, partiell integrieren und den Gaußschen Integralsatz anwenden. Es ergibt sich dann, wenn wir mit n die Richtung der nach außen gehenden Normalen des Oberflächenelementes $d\omega$ bezeichnen, statt des Ausdruckes (A) der folgende:

$$\int\limits_{\omega} [\,\{P_{xx}\cos(n,x) + P_{xy}\cos(n,y) + P_{xz}\cos(n,z)\}\,\delta x + \cdots + \cdots]\,d\omega$$

$$\text{(A}') \quad -\int\limits_{\tau}\left[\left(\frac{\partial P_{xx}}{\partial x} + \frac{\partial P_{xy}}{\partial y} + \frac{\partial P_{xz}}{\partial z}\right)\delta x + \cdots + \cdots\right]d\tau.$$

Indem man weiter ausdrückt, daß für jeden Raumteil τ die inneren Kräfte den äußeren Kräften $\mathfrak{X}$, $\mathfrak{Y}$, $\mathfrak{Z}$ das Gleichgewicht halten, ergeben sich die bekannten Formeln

$$X_n = P_{xx}\cos(n,x) + P_{xy}\cos(n,y) + P_{xz}\cos(n,z),$$
$$Y_n = P_{yx}\cos(n,x) + P_{yy}\cos(n,y) + P_{yz}\cos(n,z),$$
$$Z_n = P_{zx}\cos(n,x) + P_{zy}\cos(n,y) + P_{zz}\cos(n,z)$$

und

$$\varrho\,\mathfrak{X} + \frac{\partial P_{xx}}{\partial x} + \frac{\partial P_{xy}}{\partial y} + \frac{\partial P_{xz}}{\partial z} = 0 \text{ usw.}$$

Nehmen wir das Flächenelement $d\omega$ insbesondere normal zu einer der Koordinatenachsen an und bezeichnen entsprechend die Normale dann statt mit n mit x, y oder z, so finden wir sofort

$$X_x = P_{xx}, \quad X_y = P_{xy}, \quad X_z = P_{xz},$$
$$Y_x = P_{yx}, \quad Y_y = P_{yy}, \quad Y_z = P_{yz},$$
$$Z_x = P_{zx}, \quad Z_y = P_{zy}, \quad Z_z = P_{zz},$$

also, da

$$P_{yz} = P_{xy}, \quad P_{zx} = P_{xz}, \quad P_{xy} = P_{yx}:$$

$$Y_z = Z_y, \quad Z_x = X_z, \quad X_y = Y_x.$$

Kehren wir die Richtung der Normalen n um, so wechseln X_n, Y_n, Z_n ihr Vorzeichen. Wenn wir also einen Vektor mit diesen Komponenten als die Spannung für die Fläche ω an der durch das Element $d\omega$ gegebenen Stelle bezeichnen, so finden wir, daß der Druck für die beiden Seiten einer Fläche immer entgegengesetzt gleich wird. Die damit gegebene Zurückführung der Spannung auf Molekularkräfte rührt von Poisson her (Mémoires de l'Académie de Paris, t. 8, p. 357 (1828)).

Die Betrachtung geht nun ganz den gewöhnlichen Gang, daß zunächst P_{xx}, P_{xy} usw. als homogene lineare Funktionen der Komponenten a_{11}, $a_{12} + a_{21}$ usw. der wirklichen die Molekularkräfte hervorrufenden Deformation festgelegt werden. Man erreicht dies bei den hier zugrunde gelegten Vorstellungen am einfachsten, indem man annimmt, daß die Komponenten der einzelnen Molekularkräfte homogene lineare Funktionen von den Verrückungskomponenten δx, δy, δz des Angriffspunktes der Kraft und der diesem sehr nahe benachbarten Moleküle sind. Der Arbeitsausdruck (A) geht dann über in die Form

$$\int F(\mathfrak{a}, \mathfrak{a})\, d\tau, \qquad (\mathrm{A_1})$$

wobei das Symbol $F(\mathfrak{a}, \mathfrak{a})$ eine homogene quadratische Funktion von den Komponenten $x_x = a_{11}$, $x_y = a_{12} + a_{21}$ usw. der ausgeführten Deformation $\mathfrak{a}$ bedeutet (vgl. z. B. Riemann-Weber, Die partiellen Differentialgleichungen der mathematischen Physik, 3. Aufl., Bd. II, S. 153 ff.). Dabei wird

$$X_x = \frac{1}{2}\frac{\partial F}{\partial x_x}, \quad X_y = \frac{1}{2}\frac{\partial F}{\partial x_y} \quad \text{usw.}$$

Bei isotropen Körpern wird dann aus Symmetriegründen weiter gefolgert, daß F von der Form

$$F = \lambda (x_x + y_y + z_z)^2 + 2\,\mu\left(x_x{}^2 + y_y{}^2 + z_z{}^2 + \tfrac{1}{2}y_z{}^2 + \tfrac{1}{2}z_x{}^2 + \tfrac{1}{2}x_y{}^2\right)$$

sein muß, und so gelangt man zu den bekannten Gleichgewichtsbedingungen für isotrope Körper.

Was die von uns skizzierte Begründung der sonst üblichen Darstellungsart hinzufügt, ist nur die Zurückführung der Flächen- und Volumkräfte auf die an bestimmten Punkten angreifenden Kräfte der elementaren Statik. Sie erweist sich sonach als notwendig, wenn man eine Vereinheitlichung des Kraftbegriffes in dem angegebenen Sinne erreichen will.

Die Begriffe, von denen wir ausgegangen sind, gewinnen bedeutend an Anschaulichkeit, wenn wir zu bestimmten Voraussetzungen über die Natur der inneren Molekularkräfte greifen.

Die einfachste Voraussetzung ist die, daß die Molekularkräfte
Newtonsche Zentralkräfte sind. Dann finden wir zwei entgegen-
gesetzt gleiche Kräfte R und $-R$ in der Verbindungsstrecke
irgend zweier benachbarter Moleküle. Ist ϱ die Länge dieser
Verbindungsstrecke und sind ξ, η, ζ ihre Projektionen auf die
Koordinatenachsen, so ergibt sich

$$\varrho^2 = \xi^2 + \eta^2 + \zeta^2, \quad \varrho\,\delta\varrho = \xi\,\delta\xi + \eta\,\delta\eta + \zeta\,\delta\zeta.$$

Wir nehmen nun an, daß die zwischen den beiden Molekülen
wirkenden Kräfte der Vergrößerung $\delta\varrho$ ihrer Entfernung proportional sind, also die Größe $R\,\delta\varrho$ haben. Die gegen sie bei
ihrer Vermehrung von 0 auf den Wert $R\,\delta\varrho$ geleistete Arbeit
wird dann $= \tfrac{1}{2} R\,\delta\varrho^2$.

Wir machen nun für $\delta\xi, \delta\eta, \delta\zeta$ den Ansatz

$$\delta\xi = a_{11}\xi + a_{12}\eta + a_{13}\zeta,$$
$$\delta\eta = a_{21}\xi + a_{22}\eta + a_{23}\zeta,$$
$$\delta\zeta = a_{31}\xi + a_{32}\eta + a_{33}\zeta.$$

Daraus folgt

$$\varrho\,\delta\varrho = a_{11}\xi^2 + (a_{12}+a_{21})\xi\eta + a_{22}\eta^2 + (a_{13}+a_{31})\xi\zeta + \cdots$$
$$= x_x\xi^2 + x_y\xi\eta + y_y\eta^2 + z_x\zeta\xi + y_z\eta\zeta + z_z\zeta^2,$$

und für den früheren Arbeitsausdruck $(\mathrm{A_1})$, der gleich dem doppelten Wert der gegen die Molekularkräfte insgesamt geleisteten
inneren Arbeit wird, ergibt sich

$$\int \sum_{d\tau} R\,\delta\varrho^2 = \int \{[x_x, x_x]x_x{}^2 + 2[x_x, x_y]x_x x_y + \cdots\}\,d\tau, \quad (\mathrm{A}'')$$

indem wir setzen:

$$[x_x, x_x] = \frac{1}{d\tau}\sum_{d\tau}\frac{R}{\varrho^2}\xi^4, \quad [x_x, x_y] = \frac{1}{d\tau}\sum_{d\tau}\frac{R}{\varrho^2}\xi^3\eta \quad \text{usw.}$$

Beachten wir aber den Ausdruck für F, der für einen isotropen Körper natürlich auch hier gültig sein muß, so zeigt sich,
daß alle Summenausdrücke bis auf sechs verschwinden, und zwar
wird

$$\frac{1}{d\tau} \sum_{d\tau} \frac{R}{\varrho^2}\, \xi^4 = \frac{1}{d\tau} \sum_{d\tau} \frac{R}{\varrho^2}\, \eta^4 = \frac{1}{d\tau} \sum_{d\tau} \frac{R}{\varrho^2}\, \zeta^4 = \lambda + 2\mu,$$

ferner ergibt sich einerseits

$$\frac{1}{d\tau} \sum_{d\tau} \frac{R}{\varrho^2}\, \eta^2 \zeta^2 = \frac{1}{d\tau} \sum_{d\tau} \frac{R}{\varrho^2}\, \zeta^2 \xi^2 = \frac{1}{d\tau} \sum_{d\tau} \frac{R}{\varrho^2}\, \xi^2 \eta^2 = \mu,$$

anderseits

$$\frac{1}{d\tau} \sum_{d\tau} \frac{R}{\varrho^2}\, \eta^2 \zeta^2 = \frac{1}{d\tau} \sum_{d\tau} \frac{R}{\varrho^2}\, \zeta^2 \xi^2 = \frac{1}{d\tau} \sum_{d\tau} \frac{R}{\varrho^2}\, \xi^2 \eta^2 = \lambda,$$

und es folgt sonach

$$\lambda = \mu.$$

Dies ist in der Tat das von Navier erhaltene Resultat.

Das elektrostatische Feld in einer stationären Lichtstrahlung.

Von

W. Voigt in Göttingen.

Daß die Differentialgleichungen der Optik in den Schwingungsvektoren lineär sein müssen, erscheint als ein durch Erfahrungstatsachen derartig sichergestelltes Resultat, daß man es mit großer Wahrscheinlichkeit als ein Prinzip den Versuchen, Erklärungssysteme für neue Erscheinungsgebiete zu bilden, zugrunde legen darf. Trotzdem kann kein Zweifel sein — und es erscheint nicht unwichtig, gerade jetzt wiederum darauf aufmerksam zu machen —, daß die lineäre Form, mit der wir operieren, nur eine Annäherung darstellt. Ein bedeutungsvolles Anzeichen für das Auftreten höherer Glieder liefern diejenigen Terme, durch die man nach H. A. Lorentz die Erscheinungen der Magnetooptik erklärt. Diese Terme sind bekanntlich bilinear in den Komponenten der äußern magnetischen Feldstärke und denjenigen eines elektrischen Schwingungsvektors. Da aber die Lichtwelle selbst ein magnetisches Feld mit sich führt, und da ein prinzipieller Unterschied zwischen diesem und einem äußern Feld nicht besteht, so müssen Glieder von der Form der magnetooptischen (nur das Feld der Welle an Stelle des äußern Feldes enthaltend) auch in den gewöhnlichen Differentialgleichungen der Optik auftreten.

Bezeichnet man die magnetischen Feldkomponenten mit A, B, C, die elektrischen mit X, Y, Z, die Koordinaten eines Elektrons relativ zur Ruhelage mit $\mathfrak{x}, \mathfrak{y}, \mathfrak{z}$, so gelten hiernach

erweiterte Gleichungen der Dispersion und Absorption von der
Form

$$\frac{\partial A}{\partial t} = c\left(\frac{\partial Y}{\partial z} - \frac{\partial Z}{\partial y}\right), \dots \tag{1}$$

$$\frac{\partial}{\partial t}\left(X + 4\pi \sum Ne\mathfrak{x}\right) = c\left(\frac{\partial C}{\partial y} - \frac{\partial B}{\partial z}\right), \dots \tag{2}$$

$$m\frac{\partial^2 \mathfrak{x}}{\partial t^2} + h\frac{\partial \mathfrak{x}}{\partial t} + k\mathfrak{x} + \frac{e}{c}\left(B\frac{\partial \mathfrak{z}}{\partial t} - C\frac{d\mathfrak{y}}{\partial t}\right) = eX, \dots \tag{3}$$

womit bei Ausschluß wahrer Ladungen zu kombinieren ist

$$\frac{\partial A}{\partial x} + \frac{\partial B}{\partial y} + \frac{\partial C}{\partial z} = 0, \tag{4}$$

$$\frac{\partial}{\partial x}\left(X + 4\pi\sum Ne\mathfrak{x}\right) + \frac{\partial}{\partial y}\left(\quad\right) + \frac{\partial}{\partial z}\left(\quad\right) = 0. \tag{5}$$

Dabei ist noch e die Ladung, m die träge Masse eines Elektrons, h und k sind zwei einer Elektronengattung individuelle
Parameter, N ist die Anzahl Elektronen dieser Gattung in der
Volumeneinheit, die Summe $\sum$ bezieht sich auf alle Elektronen-
gattungen.

Drude[1]) hat an diese Formeln eine Betrachtung angeknüpft,
die auf eine Abschätzung der Größenordnung der Glieder zweiter
Ordnung gegen die rechte Seite der Gleichungen (3) heraus-
kommt; er findet dieselbe sehr klein und schließt, daß „ein be-
obachtbarer magnetooptischer Effekt des Magnetfeldes der Lichtwelle nicht besteht", insofern der Brechungsindex durch jene
Terme nur um Größen zweiter Ordnung verändert wird.

Es ist nun vielleicht nicht ohne Interesse, daß jene Terme
noch eine ganz andersartige Wirkung fordern, die sich durch
Größen erster Ordnung darstellt, nämlich ein elektrostatisches
Feld in einer Lichtwelle von stationärem Verhalten, — ein Feld,
das darauf beruht, daß unter Umständen die obigen Ergänzungs-
glieder einen von der Zeit unabhängigen Mittelwert besitzen.

Um dies zu zeigen, behandeln wir das Gleichungssystem
(1) bis (3) durch sukzessive Annäherung, d. h. bilden die zweite
Annäherung, indem wir in die Glieder zweiter Ordnung die
erste Annäherung einsetzen.

---

1) P. Drude, Lehrbuch der Optik, Leipzig 1906, p. 440 u. f.

Die erste Annäherung gibt nun bei einer ebenen homogenen, parallel der Z-Achse fortschreitenden Welle für A, B, X, Y periodische Funktionen von t, also z. B.

$$\frac{\partial^2 A}{\partial t^2} = - v^2 A, \quad \frac{\partial^2 B}{\partial t^2} = - v^2 B, \text{ aber } C = 0.$$

Hieraus folgt dann wegen (1)

$$A = - \frac{c}{v^2} \frac{\partial^2 Y}{\partial z \, \partial t}, \quad B = + \frac{c}{v^2} \frac{\partial^2 X}{\partial z \, \partial t},$$

und die letzte Formel (3) erhält, wenn man die Terme der zweiten Annäherung mit dem Index 1 versieht, die Form

$$(6) \qquad m \frac{\partial^2 \mathfrak{z}_1}{\partial t^2} + h \frac{\partial \mathfrak{z}_1}{\partial t} + k \mathfrak{z}_1 - \frac{e}{v^2} \left(\frac{\partial^2 X}{\partial z \, \partial t} \frac{\partial \mathfrak{x}}{\partial t} + \frac{\partial^2 Y}{\partial z \, \partial t} \frac{\partial \mathfrak{y}}{\partial t} \right) = e Z_1,$$

womit nach der letzten Formel (2), sowie nach (5) zu kombinieren ist

$$(7) \qquad \frac{\partial}{\partial t} \left(Z_1 + 4\pi \sum N e \mathfrak{z}_1 \right) = 0,$$

$$(8) \qquad \frac{\partial}{\partial z} \left(Z_1 + 4\pi \sum N e \mathfrak{z}_1 \right) = 0.$$

Da $\mathfrak{x}, \mathfrak{y}, X, Y$ periodisch in t sind, so hat die Klammer in (6) im allgemeinen die Form

$$a + b \cos 2 v t + c \sin 2 v t,$$

sie enthält also ein von der Zeit unabhängiges Glied, das mit dem zeitlichen Mittelwert des ganzen Ausdruckes zusammenfällt und auf einen konstanten Anteil in $\mathfrak{z}_1$ und Z_1 hinweist. Bezeichnen wir diesen Anteil resp. mit $\mathfrak{z}_0$ und Z_0, so gilt dafür nach (6)

$$(9) \qquad k \mathfrak{z}_0 = e \left(Z_0 + \frac{a}{v^2} \right).$$

Zugleich ist (7) für Z_0 und $\mathfrak{z}_0$ identisch erfüllt und (8) liefert, da $\mathfrak{z}_0$ und Z_0 im allgemeinen von z abhängen,

$$(10) \qquad Z_0 + 4\pi \sum N e \mathfrak{z}_0 = 0.$$

Aus (9) und (10) folgt dann bei Einführung der Dielektrizitätskonstante

$$(11) \qquad \varepsilon = 1 + 4\pi \sum \frac{N e^2}{k}$$

für das elektrostatische Feld der Welle der Ausdruck

$$Z_0 = -\frac{4\pi}{\varepsilon v^2} \sum \frac{N e^2 a}{k}. \tag{12}$$

Es erübrigt nur noch die Bestimmung von a. Hierzu haben wir die beiden ersten Gleichungen (3) in erster Annäherung heranzuziehen und wollen (da komplexe Lösungen in den Gliedern zweiten Grades nicht brauchbar sind) für ihre Erfüllung setzen

$$\mathfrak{x} = \alpha X - \frac{\beta}{v}\frac{\partial X}{\partial t}, \quad \mathfrak{y} = \alpha Y - \frac{\beta}{v}\frac{\partial Y}{\partial t};$$

es gilt dann, da

$$\frac{\partial^2 X}{\partial t^2} = - v^2 X, \ldots$$

$$\alpha = \frac{e q}{q^2 + (h v)^2}, \quad \beta = \frac{e h v}{q^2 + (h v)^2}, \quad q = k - m v^2. \tag{13}$$

Hieraus folgt schließlich

$$\frac{\partial^2 X}{\partial t\,\partial z}\frac{\partial \mathfrak{x}}{\partial z} = \frac{\partial^2 X}{\partial t\,\partial z}\left(\alpha\frac{\partial X}{\partial t} - \frac{\beta}{v}\frac{\partial^2 X}{\partial t^2}\right)$$

$$= \frac{\partial^2 X}{\partial t\,\partial z}\left(\alpha\frac{\partial X}{\partial t} + \beta v X\right), \ldots \tag{14}$$

Nun ist aber X und Y von der Form

$$X = F e^{-n\varkappa v z/c} \sin v\left(t + t_1 - z\frac{n}{c}\right), \ldots$$

also

$$\frac{\partial X}{\partial z} = -\frac{\varkappa n v}{c} X - \frac{n}{c}\frac{\partial X}{\partial t}, \ldots$$

$$\frac{\partial^2 X}{\partial t\,\partial z} = -\frac{n\varkappa v}{c}\frac{\partial X}{\partial t} + \frac{n v^2}{c} X, \ldots$$

und da der Mittelwert von X^2 und $\left(\dfrac{\partial X}{\partial t}\right)^2$ resp. gegeben ist durch

$$\overline{X^2} = \frac{1}{2} F^2 e^{-2 n \varkappa v z/c}$$

$$\overline{\left(\frac{\partial X}{\partial t}\right)^2} = \frac{1}{2} v^2 F^2 e^{-2 n \varkappa v z/c}$$

aber der von $X\dfrac{\partial X}{\partial t}$ gleich Null ist, so resultiert bei Einführung der Amplitude G für Y und Ausdehnung der Betrachtung auf diese Größe

$$a = \overline{\frac{\partial^2 X}{\partial z \, \partial t} \frac{\partial \mathfrak{x}}{\partial t}} + \overline{\frac{\partial^2 Y}{\partial z \, \partial t} \frac{\partial \mathfrak{y}}{\partial t}}$$

$$(15) \qquad = -\frac{n v^3}{2 c}(F^2 + G^2) e^{-2 n \varkappa v z / c}(\alpha \varkappa - \beta).$$

Dabei variieren α und β von einer Elektronengattung zur anderen.

Hiermit sind zu kombinieren die Werte von n und $\varkappa$, die sich ergeben aus

$$n^2(1 - i\varkappa)^2 = 1 + 4\pi \sum \frac{N e^2(q - ih v)}{q^2 + (h v)^2}.$$

Die Resultate sind im allgemeinen sehr kompliziert; jedenfalls erkennt man, daß a von Null nur dann verschieden ist, wenn die h und damit $\varkappa$ nicht verschwinden. Der Effekt ist also an das Vorhandensein von Absorption gebunden.

Wir wollen allein den Fall verfolgen, daß das Verhalten des Körpers durch einen einzigen Absorptionsstreifen von nur mäßiger Stärke (etwa im Ultravioletten) dargestellt werden kann; dann ist zu setzen

$$(16) \qquad \begin{aligned} n &= 1 + \frac{2\pi N e^2 q}{q^2 + (h v)^2}, \\[2mm] n\varkappa &= \frac{2\pi N e^2 h v}{q^2 + (h v)^2}, \end{aligned}$$

also

$$(17) \qquad n(\alpha\varkappa - \beta) = -\frac{e h v}{q^2 + (h v)^2}$$

und für $z = 0$, wo F und G die effektiven Amplituden sind,

$$(18) \qquad a = \frac{e h v^4}{2 c (q^2 + (h v)^2)}(F^2 + G^2).$$

Dies liefert dann

$$(19) \qquad Z_0 = -\frac{2\pi e^3 h v^2 N}{k c \varepsilon (q^2 + (h v)^2)}(F^2 + G^2),$$

oder bei Einführung der Abkürzungen

$$4\pi N e^2/m = \varrho, \quad k/m = v_0^2, \quad h/m = v,$$

auch

$$(20) \qquad Z_0 = -\frac{\varrho v' v^2 (e/mc)}{\varepsilon v_0^2 [(v_0^2 - v^2)^2 + (v v')^2]}(F^2 + G^2).$$

Dies ist der Anteil des elektrostatischen Feldes, der auf der Welle von der Frequenz v beruht; fällt Licht aller Frequenzen ein, so ist hiervon noch die Summe $0 < \nu < \infty$ zu nehmen; doch geben zu derselben nur Frequenzen innerhalb des Absorptionsstreifens einen merklichen Anteil.

Das Aggregat $F^2 + G^2$ läßt sich dabei durch die Energieströmung E ausdrücken, welche für eine Frequenz ν gegeben ist durch

$$E = \frac{nc}{8\pi}\,(F^2 + G^2),$$

so daß aus (20) wird

$$Z_0 = -\,\frac{8\pi\varrho\nu'\,\nu^2(e/mc)\,E}{nc\varepsilon\nu_0^2\,[(\nu_0^2 - \nu^2)^2 + (\nu\nu')^2]}\,. \tag{21}$$

Um eine Vorstellung von der Größenordnung von Z_0 zu erhalten, wollen wir den wirklichen Absorptionsstreifen mit seiner variablen Intensität durch einen von der Halbwertsbreite und von der gleichförmigen maximalen Stärke ersetzen. Da die maximale Stärke bei $\nu = \nu_0$ stattfindet, können wir dann schreiben

$$(Z_0) = -\,\frac{8\pi\varrho\,(e/mc)\,(E)}{nc\varepsilon\nu'\,\nu_0^2}, \tag{22}$$

wobei (Z_0) und (E) die Summen der bzw. Größen über die Halbwertsbreite bezeichnen. Nimmt man noch für (E) einen kleinen Teil z. B. 10^{-4} der Sonnenstrahlung, deren Stärke bekannt ist, (ca. 10^6), und zieht die der Größenordnung nach für einige Spektrallinien bekannten Zahlen für ϱ, (e/mc), ν', ν_0 heran, so kann man (Z_0) abschätzen. Es ergibt sich ein ganz außerordentlich kleiner Betrag ($< 10^{-18}$), der einer Beobachtung nicht zugänglich ist. Immerhin dürfte der Nachweis, daß nach unsern Grundgleichungen in einer Lichtwelle ein longitudinales elektrostatisches Feld herrschen kann, nicht ohne Interesse sein.

Göttingen, im Dezember 1911.

Historisch-kritische Studien zum Kausalitätsbegriff.

Von

Paul Volkmann in Königsberg i. Pr.

1. Es sind jetzt mehr als dreißig Jahre her, daß H. Weber bei Übergabe des Prorektorates der Albertus-Universität zu Königsberg zu der Kausalitätsfrage in den Naturwissenschaften Stellung nahm.[1] Am Anfang seiner Ausführungen finden sich schöne und beherzigenswerte Worte, wie solche allein auf dem Grunde reicher Erfahrung und Kenntnis einschlägiger Verhältnisse entspringen können und durchaus im Gegensatz zu vulgären, leider nur allzu verbreiteten Anschauungen stehen möchten:

„Nur dadurch kann es gelingen, auf die Fragen, die unser Verstand an die Natur richtet, befriedigende Antworten zu erhalten, daß man die Aufgaben der Wissenschaft in angemessener Weise beschränkt; daß man nichts von ihr verlangt, was sie zu leisten außer stande ist. Daher ist es zur Begrenzung des Erreichbaren notwendig und der Würde der Wissenschaft gemäß, daß sie sich klar werde über die Voraussetzungen, welche den Verstand in seinen wissenschaftlichen Urteilen leiten, und über die logische Natur der Hülfsmittel, die er zur Lösung seiner Aufgabe anwendet: vor allem aber über Form und Umfang, in welcher der Kausalbegriff zur Verwendung kommt."

Vergegenwärtigt man sich im Lichte dieser Worte Umfang

---

1) H. Weber, Über Kausalität in den Naturwissenschaften. Rede gehalten bei der Übergabe des Prorektorats der Albertus-Universität zu Königsberg. Leipzig 1881.

und Reichtum der Naturwissenschaften, so ist die Tatsache nicht von der Hand zu weisen, daß bei manchen Übereinstimmungen doch Anschauung und Denken in den einzelnen naturwissenschaftlichen Disziplinen eine sehr verschiedene Richtung, eine sehr verschiedene Form und einen sehr verschiedenen Ausdruck annehmen.[1])

Der Wunsch, die Natur und die Wissenschaft von der Natur als eine Einheit zu fassen, erscheint durchaus begreiflich; er wird bestärkt durch die Tatsache, daß z. B. physikalische und chemische Wirkungen jedenfalls in biologischen Vorgängen eine Rolle spielen. Und doch will die Natur vom physikalischen und vom biologischen Standpunkt verschieden erscheinen — man braucht nur Abhandlungen aus den Gebieten der Physik und Biologie zu vergleichen, man braucht nur Physiker und Biologen sprechen zu hören!

Man könnte denken, daß es sich wenigstens in Grundanschauungen um Übereinstimmung und Klarheit handeln müsse. Aber man vergegenwärtige sich allein den schnellen Wechsel der Grundanschauungen, welchen die Entwicklung der physikalischen Disziplinen während der letzten Jahrzehnte gezeitigt hat. Fast will es scheinen, daß die Grundanschauungen, in deren Aufstellung wir so häufig den Fortschritt zu sehen glauben, gar nicht das Beständige in dem Entwicklungslauf der Naturwissenschaften sind, daß den Grundanschauungen für sich genommen, losgelöst aus dem Zusammenhange, dem sie entstammen, gar nicht der Wert zukommt, den ihnen nicht bloß eine vulgäre Philosophie glaubt in vielen Fällen beilegen zu können — daß naturphilosophische Spekulationen eine Sache für sich sind, daß sie zwar beeinflußt durch Stand und Entwicklung naturwissenschaftlicher Fragen ihre Färbung und ihren

---

1) Anschauung und Denken sind tatsächlich nicht allein in den einzelnen naturwissenschaftlichen Disziplinen verschieden, sie bedürfen naturgemäß in jeder wissenschaftlichen Disziplin überhaupt ihrer gesonderten Untersuchung, selbst innerhalb der Disziplinen der Mathematik. O. Hölder, Anschauung und Denken in der Geometrie. Akademische Antrittsvorlesung. Leipzig 1900.

sprachlichen Ausdruck erhalten, daß sie aber eben nur äußerlich davon abhängig erscheinen, innerlich davon unabhängig sind.

Ist es innerhalb der naturwissenschaftlichen Strömungen der Gegenwart überhaupt überaus schwer zu unterscheiden, was von Bestand, was vorübergehend sein wird, so erscheinen in der Tat das Beständige weniger Grundanschauungen als Erfahrungstatsachen zu sein. Grundanschauungen haben sich mehr als Hilfsmittel erwiesen, Erfahrungstatsachen festzustellen und in menschlicher Sprache zum Ausdruck zu bringen.

Ich befinde mich da in vollkommener Übereinstimmung mit H. Poincaré, der in dem Begleitwort zur zweiten Auflage der deutschen Übersetzung seines Werkes „Der Wert der Wissenschaft" bemerkt, daß die bleibenden wissenschaftlichen Wahrheiten die Tatsachen sind. „Was sich ändert, ist die Sprache, in der diese Tatsachen ausgedrückt werden; diese Sprache ändert sich, weil auf jede alte Tatsache der Wiederschein der neuen Tatsachen fällt." Ich erwähne diesen Ausspruch um so lieber, als er gerade dem Werke Poincarés entnommen ist, zu dessen Verbreitung in Deutschland H. Weber so viel beigetragen hat.[1])

In der materialistischen Epoche des 19. Jahrhunderts gehörte es zu den unbestrittensten Selbstverständlichkeiten naturphilosophischer Spekulationen mit Betrachtungen der materiellen Atome und der zwischen ihnen wirkenden Kräfte, wo nicht anzufangen, so doch als Ausblick zu endigen. Der physikalischchemische Standpunkt erschien für die Einheit der Natur angemessen.[2])

Die phänomenologisch-monistische Bewegung der Gegenwart bevorzugt biologische Betrachtungsweisen. Im Munde der Monisten will es oft so scheinen, als wären biologische Erschei-

---

1) H. Poincaré, Der Wert der Wissenschaft; ins Deutsche übertragen von E. Weber, mit Anmerkungen und Zusätzen von H. Weber. 2. Auflage mit einem Vorwort des Verfassers. Leipzig u. Berlin 1910.

2) P. Volkmann, Die materialistische Epoche des 19. Jahrhunderts und die phänomenologisch-monistische Bewegung der Gegenwart. Rede am Krönungstage 18. Januar 1909, in der Aula der Königl. Albertus-Universität zu Königsberg i. Pr. gehalten. Leipzig u. Berlin 1909.

nungen die einfacheren, elementaren, Physik und Chemie nur in der Hand der Physiker und Chemiker schwierig.[1])

Inzwischen gehen die Naturwissenschaften unbeeinflußt durch naturphilosophische Spekulationen ihren Weg und zeitigen als festen unveräußerlichen Bestand der Wissenschaft eine Erfahrungstatsache nach der anderen. Die Kenntnis der Bedingungen und Voraussetzungen, an welche diese Tatsachen gebunden erscheinen, sind es vor allem, welche diesen Bestand sichern. Lassen die Erfahrungstatsachen, wie in der Physik eine quantitative Fassung zu, so bildet die Hinzufügung der Genauigkeitsgrenzen eine unumgängliche Forderung für diesen Bestand; der Fortschritt der Wissenschaft liegt dann in der Hinausschiebung dieser Genauigkeitsgrenzen.

2. Fragen der Kausalität erscheinen im wesentlichen durch zwei naturwissenschaftliche Erfahrungsgebiete angeregt und bedingt: durch die Physik auf der einen, durch die Biologie auf der andern Seite. Die Beeinflussung erfolgt zu verschiedenen Zeiten verschieden, bald stehen physikalische, bald biologische Auffassungen im Vordergrund des Interesses. Geschichtliche Betrachtungen erweisen sich hier ausschlaggebender und zweckmäßiger als unabhängig davon angestellte Überlegungen.

Die im Altertum gepflegte naturwissenschaftliche Auffassung werden wir im großen und ganzen als biologisch orientiert charakterisieren können.[2]) Die Leistungen des Altertums auf dem Gebiete der statischen Mechanik sollen deshalb nicht gering eingeschätzt werden, sie betreffen Gegenstände, die einer mathematischen Behandlung besonders zugänglich sind. War auf diese Weise schon früh die Bedeutung der Mathematik für die physikalische Behandlung der Gegenstände zur Geltung gebracht, so erscheint auf der anderen Seite die für die weitere Entwicklung

---

1) P. Völkmann, Fähigkeiten der Naturwissenschaften und Monismus der Gegenwart. Vortrag im wissenschaftlichen Predigerverein zu Königsberg gehalten und mit einem Nachwort versehen. Leipzig und Berlin 1909.

2) R. Burckhardt, Biologie und Humanismus. Drei Reden. Jena 1907.

der physikalischen Wissenschaft mindestens ebenso bedeutungs-
volle induktive Auffassungsweise zunächst unterschätzt. Induktive Betrachtungsweisen bewegen sich im Altertum hauptsächlich auf dem Gebiete-der Biologie.

Den vielfachen Meinungen gegenüber, daß Aristoteles
die Bedeutung der Induktion vollauf gewürdigt hat, mögen hier
die Worte W. Windelbands aus seiner Straßburger Rektorats-
rede „Geschichte und Naturwissenschaft" gegenüber gestellt
werden[1]): „Woher hat die moderne Logik der griechischen Mutter
gegenüber die gereifte Vorstellung vom Wesen der Induktion?
Nicht aus der programmatischen Emphase, mit der sie Bacon
empfohlen und scholastisch beschrieben hat, sondern aus der
Reflexion auf die tatkräftige Anwendung, welche diese Denk-
form in der Einzelarbeit der Naturforscher, von Sonderproblem
zu Sonderproblem sich verfeinernd und steigernd, seit den Tagen
Keplers und Galileis bewährt hat."

3. Die für den Physiker angemessene naturwissenschaftliche
Auffassung beginnt mit Galilei und Newton:

Galileis *Discorsi* erscheinen hier um so wertvoller, als die
Form der Unterredung einen besonders klaren Einblick in die
Vorstellungen der Zeitgenossen gewährt, wie ein solcher bei
anderer Darstellung gar nicht zum Ausdruck gekommen wäre.
Diesen zeitgenössischen Vorstellungen tritt Galilei mit Be-
wußtsein entgegen. Sagredo will auf die Erörterung der Frage
drängen, welches die Ursache der Beschleunigung bei der natürlichen Bewegung starrer Körper in der Nähe der Erdober-
fläche sei. Salviati, der verständnisvolle Interpret des den
Unterredungen untergelegten Grundtextes, stellt demgegenüber
die Forderung auf: von den Ursachen der beschleunigten Bewegung lieber nicht zu sprechen, dagegen die Eigenschaften
der beschleunigten Bewegung zu untersuchen und zu erläutern.[2])

---

1) W. Windelband, Geschichte und Naturwissenschaft. Rede
zum Antritt des Rektorates der Kaiser-Wilhelm-Universität Straßburg
1894. Straßburg, 3. Aufl., 1904.
2) In der Ausgabe: Ostwalds Klassiker, Bd. **24**, S. 14, 15.

Ich komme zu Newton.[1]) Ich lenke die Aufmerksamkeit auf den „*Index rerum alphabeticus*", welcher den „*Philosophiae naturalis principia mathematica*" angefügt ist, und finde, daß das Wort „*causa*" bei Newton überhaupt kein Stichwort ist; es kommt nur in Verbindung mit Stichworten vor. Sehe ich diese Stellen im Texte nach, so mache ich die weitere Wahrnehmung, daß das Wort *causa* an einer ganzen Reihe von Stellen im Texte fehlt, wo der Index den Gebrauch dieses Wortes vermuten läßt. Auch unabhängig vom Index lehrt das Studium des Textes ganz das gleiche, daß *causa* bei Newton kein Stichwort ist.

Es gibt Stellen der *Principia*, welche durch die Wahl des Ausdrucks für den Augenblick den Schein hervorrufen, als handele es sich um Aufdeckung von Ursachen; aber in dem gleichen Augenblick, in dem wir uns anschicken, diese Stellen näher ins Auge zu fassen, belehrt uns der Autor: es handele sich hier gar nicht um physische Ursachen, es handele sich nur um eine mathematische Konzeption.

Es gibt andere Stellen der *Principia*, an welchen der Autor das Bedürfnis gelten zu lassen scheint, Ursachen und Gründe als erforschbar darzustellen. Dahin gehören die Stellen, welche sich auf die *causa gravitatis*, welche sich auf die Eigenart der Planetenbahnen um die Sonne, der Mondbahnen um ihre Planeten mit ihren nahezu übereinstimmenden Ebenen, mit ihren näherungsweisen Kreisformen beziehen.

Was die *causa gravitatis*[2]) anlangt, teilt Newton mit, daß es ihm nicht gelungen sei „*rationem gravitatis proprietatum deducere*"; sein Standpunkt scheint der, man könne darüber zurzeit

---

1) Ich habe in den folgenden Ansführungen meine bisherigen Studien über den Kausalitätsbegriff bei Newton zu ergänzen gesucht. Siehe meine „Erkenntnistheoretische Grundzüge der Naturwissenschaften und ihre Beziehungen zum Geistesleben der Gegenwart". 2. Aufl., 1910, insbesondere die Stellen — aus dem Namensregister unter Wolfers leicht zu finden —, in denen die Übersetzung von Wolfers für die vorliegenden Zwecke als geradezu irreführend nachgewiesen wird.

2) Es mögen an dieser Stelle wenigstens Erwähnung finden: die Abhandlung von Leibniz „*De causa gravitatis*" 1690 und die nachgelassene Schrift von Huygens „*De gravitatis causa*".

nur Hypothesen aufstellen, aber *„hypotheses non fingo“*. Was die erwähnte Eigenart der Planeten- und Mondbahnen betrifft, lehnt Newton, wie auch H. Weber bemerkt, jegliche *causae mechanicae* ab.

Die gezeichnete Stellung zum Kausalitätsbegriff erscheint für Galilei und Newton besonders charakteristisch. Es hängt das unstreitig mit der Eigenart der Forschung von Galilei und Newton zusammen, welche der Physik ganz neue Grundlagen vorzeichnete und der Natur des Gegenstandes entsprechend Kausalitätsfragen streifen mußte.

Bei der Fülle des neu Gebotenen mußte die Aufmerksamkeit der Zeitgenossen und Epigonen in erster Linie naturgemäß der materiellen Verarbeitung der Lehre Galileis und Newtons zugewandt bleiben. So wertvoll und ergiebig sich die Schriften Newtons für erkenntnistheoretische Studien gestalten können, so wenig Anlaß und Verständnis bot die Zeit Newtons dafür.

Im Gegenteil: Alles Neue, was die Forschung von Galilei und Newton gebracht hatte, wurde nur allzubald mit dem Ausdruck verknüpft, welcher in der Geschichte der Philosophie eine so große Rolle spielt und dazu der Auffassung des gewöhnlichen Lebens so bequem liegt: mit dem kausalen Ausdruck, und das in Fällen, in denen Newton die *causa* als ursächliche Auffassung ausdrücklich abgelehnt hatte.

4. Die Fragen nach der Kausalität in den Naturwissenschaften erhielten neue Anregungen durch die Aufstellung des Prinzips der Energie um die Mitte des 19. Jahrhunderts. Für sie erweist sich besonders die von J. R. Mayer geschaffene und mit Vorliebe verwertete Bezeichnung der Auslösung bequem:

Die Energieformen der Natur sind sehr mannigfach und gerade für unsere Sinne außerordentlich verschieden. Die alten Bewegungserscheinungen der reinen Mechanik: der freie Fall, der Wurf unter Wirkung der Schwere, die Bahn der Planeten können ebenso vom Standpunkt des Energieumsatzes aufgefaßt werden: Äquivalenz potentieller und kinetischer Energie — wie physikalische Vorgänge, welche das Prinzip der Energie neu in den

Vordergrund des Interesses rückte: Äquivalenz von Wärme und Arbeit.

Der natürliche Verlauf der Dinge, dessen wissenschaftliche Behandlung besser auf die Erfassung einer realen Notwendigkeit beschränkt bleibt, die zu beschreiben ist, als auf die Erfassung einer kausalen Notwendigkeit, die zu begreifen ist, stellt sich so vom Standpunkt des Prinzips der Energie als eine kontinuierliche Reihe von Auslösungsvorgängen dar: Notwendigkeitsreihen, für die in einer Reihe von Fällen Anfang und Ende, für die in anderen Fällen Kreisprozesse ohne Anfang und Ende in Betracht kommen.

Dem Studium des natürlichen Verlaufs der Dinge, der natürlichen realen Notwendigkeitsreihen von Erscheinungen werden so Untersuchungen zur Seite zu stellen sein, wie sie am einfachsten an der Einleitung zu natürlichen Verlaufsreihen aus einer Gleichgewichslage heraus veranschaulicht werden können. Die der Mechanik entnommene Kenntnis von der Stabilität und Labilität mechanischer Gleichgewichtszustände wird auf allgemeine physikalische Gleichgewichtszustände zu übertragen sein. Der Charakteristik eines Gleichgewichtszustandes wird ein Maß der Labilität bzw. Stabilität zugrunde zu legen und davon die Charakteristik der Störung des Gleichgewichtszustandes zu unterscheiden sein. Die bekannten Bezeichnungen: innerer Grund und äußere Veranlassung, *causa movens* und *causa efficiens* erweisen sich zur Erläuterung der hier auseinander zu haltenden Umstände nicht unzweckmäßig und nicht ungeeignet.

Neben der natürlichen Störung von Gleichgewichtszuständen also der natürlichen Einleitung natürlicher realer Notwendigkeitsreihen von Erscheinungen wird dann die naturwissenschaftlich gewonnene triviale — die durch Zufall und die durch Absicht erfolgte Störung zu stellen sein, und in diesem Sinne durch Beschreibung des Zufalls, der Absicht und ihrer Umstände die Grundlage für eine kausale Darstellung und damit für einen Kausalbegriff im besonderen Sinne des Wortes zu geben sein. Will man die Bezeichnung „Kausalität" nicht auf diesen engeren Begriff beschränkt wissen, so wird man nicht umhin können, verschiedene Fassungen und Bedeutungen des Kausalitätsbegriffes zu unterscheiden.

Mit dieser Darstellung möchte ich zur Aufklärung beitragen, wie es kommen kann, daß Vertreter verschiedener naturwissenschaftlicher Disziplinen eine sehr verschiedene Stellung gerade dem Kausalitätsbegriff gegenüber einzunehmen pflegen.[1]) Die Aufgaben des Physikers liegen in der Regel in der Richtung: den naturnotwendigen Verlauf einzelner Erscheinungsreihen mit ihren Bedingungen und Voraussetzungen zu studieren, wissenschaftlich zu bearbeiten und darzustellen. Die Aufgaben des Biologen liegen in der Richtung: abgesehen von dem natürlichen Verlauf der in die spezifisch biologische Interessensphäre fallenden Erscheinungsreihen gerade die Einleitung der natürlichen Notwendigkeitsreihen, die Auslösungsvorgänge, welche sie eröffnen, zu studieren, wissenschaftlich zu bearbeiten und darzustellen.

5. Eine besondere Rolle spielt in den Naturwissenschaften eine Form der Kausalität, welche ich als historische Kausalität bezeichnen möchte, wie solche allen entwicklungsgeschichtlichen Auffassungen zugrunde liegt. Wie es für das Verständnis der Gegenwart und ihrer Zustände in Staat und Kultur schon lange gebräuchlich ist, auf die Vergangenheit zurückzugehen, aus der sich die Gegenwart mit ihren Zuständen entwickelt hat, so wird es naturgemäß auch für die Naturwissenschaften Gebiete geben, deren Verständnis aus der Kenntnis vergangener Zustände erschlossen wird.

Auffallende Ähnlichkeiten der Planeten- und Mondbahnen, mancherlei Übereinstimmungen in dem Bau der Tier- und Pflanzenformen haben bekanntlich zur Aufstellung entwicklungsgeschichtlicher Hypothesen und Theorien geführt. Aufnahme und Gewöhnung an die damit verbundenen Anschauungen fanden einen um so bereiteren Boden, als sich nunmehr die Möglichkeit einer kausalen Auffassung für Verhältnisse eröffnete, für welche

---

1) Man vergleiche z. B. die aus den beigefügten Registern leicht zu findenden Stellen über Kausalität bei H. Driesch, Philosophie des Organischen. Leipzig 1909, 2 Bde.

früher nicht einmal ein Bedürfnis zu einer kausalen Auffassung empfunden war.

Diese Darstellung dürfte es durchaus rechtfertigen, daß wir die historische Kausalität als eine gesonderte Form der Kausalität behandeln. Natürlich kann die Kenntnis der historischen Reihenfolge gewisser Naturereignisse das Verständnis für Erscheinungen der Gegenwart erschließen. Damit ist aber noch nicht gesagt, daß diese historische Reihenfolge als solche wissenschaftlich unserem Verständnis in dem Sinne zugänglich gemacht werden kann, wie historische Entwicklungen des Lebens der Völker und der Menschheit dem Verständnis tatsächlich zugänglich sind.

Auch auf dem Gebiet entwicklungsgeschichtlicher Theorien wird sich unzweifelhaft mit der Zeit die Erkenntnis stärker Bahn brechen, welche der Physik der Gegenwart bereits sehr geläufig ist, daß die Bedeutung naturwissenschaftlicher Hypothesen und Theorien nur nach ihrem Arbeitswert zu bemessen ist. Kein Naturforscher wird den entwicklungsgeschichtlichen Theorien Arbeitswert absprechen; die Frage ist nur die, ob die in den entwicklungsgeschichtlichen Theorien enthaltenen Arbeitswerte früher oder später ihrer Erschöpfung entgegengehen.

In erster Linie werden die Fähigkeiten und Arbeiten der Naturwissenschaften immer in dem Studium gegenwärtiger Verhältnisse liegen und sich hier als ergiebig und wirklich fruchtbar erweisen. Daß praehistorische Funde für naturwissenschaftliche Forschung nur eine sekundäre Rolle spielen können, ist schon durch ihre Spärlichkeit bedingt. Die Gewalt der äußeren Umstände, unter denen sich die Forschung vollzieht, wird sich hier stets mächtiger erweisen, als der Wunsch der Menschen, welcher in Hinblick auf die Hoffnung philosophische, ethische und religiöse Fragen zu klären, jene sekundäre Rolle zu einer primären wandeln möchte.

Um so mehr werden alle Freunde entwicklungsgeschichtlicher Theorien auch zu der Frage Stellung nehmen müssen, welcher Epoche denn der gegenwärtige Zustand entwicklungsgeschichtlicher Theorien zuzurechnen sein wird, wenn ich im Anschluß an eine frühere Gelegenheit[1]) die Aufeinanderfolge naiver, klassischer und kritischer Epochen als die naturgemäßen Entwicklungsepochen jeder Erkenntnis zeichne. Alles kommt hier auf die richtige Einschätzung der Umstände an, welche das bedingen, was ich die Erkenntnislage nennen möchte. Ich halte dafür, daß die gegenwärtige Form der entwicklungsgeschichtlichen Theorien schon vermöge ihrer Jugend samt und sonders einer naiven Epoche angehört.

So darf die Anschauung nicht zurückgedrängt werden, daß rein naturwissenschaftlich genommen die Bedeutung entwicklungsgeschichtlicher Theorien nicht bloß mannigfacher Überschätzungen fähig ist, sondern tatsächlich auch mannigfach überschätzt sein dürfte. Im letzten Grunde wird es sich bei allen entwicklungsgeschichtlichen Theorien — ganz wie das bei Behandlung der Kant-Laplaceschen Hypothese über die Entstehung des Planetensystems Helmholtz[2]) ausgeführt hat: mehr um Fragen über die Grenzen naturwissenschaftlicher Methoden und über die Tragweite zurzeit bekannter naturwissenschaftlicher Gesetze, als um naturwissenschaftliche Grundlagen — mehr um Fragen der Peripherie als des Zentrums handeln, so sehr dieser Hinweis einer vulgären Auffassung widerstreiten mag.

Somit wird denn auch das Studium eines historischen Kausalitätsbegriffs im Rahmen der vorliegenden Untersuchungen zurückzutreten haben.

Anhangsweise möchte ich noch einer Form der Kausalität gedenken, welcher zwar naturwissenschaftlich kein Interesse zukommt, an welche aber erfahrungsgemäß besonders häufig Untersuchungen des Kausalitätsbegriffs anzuknüpfen pflegen, und über welche gerade unsere bisherigen Untersuchungen geeignet

---

1) P. Volkmann, Die Eigenart der Natur und der Eigensinn des Monismus. Vortrag gehalten in Kassel und in Königsberg im Herbst 1909. Leipzig u. Berlin 1910.

2) H. Helmholtz, Über die Entstehung des Planetensystems Vortrag gehalten in Heidelberg und Köln 1871. Vorträge und Reden, Bd. **2**. Braunschweig 1884, S. 59, 60.

sind einiges Licht verbreiten zu können: ich meine den straf-rechtlichen Kausalitätsbegriff z. B. aus der ärztlichen Praxis oder aus der maschinellen Betriebstechnik. Unerwünschte Begleiterscheinungen, welche statistisch ausgedrückt nicht die Regel, sondern die Ausnahme darstellen, werden unter Hervor-kehrung anthropomorpher Interessen vom Standpunkt einer Kau-salfrage im Sinne des Strafrechts behandelt.

Wenn es richtig ist, daß die Lebensfähigkeit der Organis-men auf der Existenz von Auslösungsvorgängen beruht, welche bei einem gesunden Körper vor äußeren Störungen zu schützen, in welche bei einem kranken Körper passend einzugreifen ist — wenn es richtig ist, daß Maschinen Vorrichtungen sind, in denen ununterbrochen Auslösungsvorgänge vor sich gehen, wobei die geringste Störung Katastrophen hervorrufen kann — dann wird diesen Erscheinungsklassen gegenüber menschlich genommen in vielen Fällen praktisch eine mehr künstlerische Stellungnahme am Platze sein.

Dem Arzt gegenüber geschieht das wohl auch, und man spricht mit Recht in diesem Sinne von einer ärztlichen Kunst. Aber im Interesse des verantwortungsreichen Berufs des Betriebs-technikers mag auch einmal die Frage aufgeworfen werden, ob der hier möglichen Verkettung äußerer sinnlicher Eindrücke und ihrer inneren intellektuellen Verarbeitung gegenüber, für welche die Wirklichkeit unter Umständen keine Zeit läßt, die strafrecht-liche Praxis genügend Rechnung trägt. Menschlich betrachtet will mir die Verwertung des Begriffs der fahrlässigen Tötung in vielen Fällen an den gewiß beklagenswerten Ablauf natürlicher Notwendigkeitsreihen stärker gebunden erscheinen, als es im Lichte naturwissenschaftlicher Betrachtung gerecht erscheinen mag.

6. Es darf nicht vergessen werden, daß die im 19. Jahrhundert angestellten Untersuchungen des Kausalitätsbegriffs in stärkerem Grade von der sogenanten mechanischen Naturanschauung ab-hängig gewesen sind, als es dem Gegenstand der Untersuchung angemessen gewesen sein mochte. Schon bei Kant erscheint der Kausalbegriff mit dieser Naturanschauung stark verknüpft, wenngleich Kant zwischen der Kausalität nach der Natur und nach der Freiheit unterscheidet.[1])

In der Folge überwog die durch Laplace inaugurierte materialistische Anschauung, welche den Makrokosmos der Planeten-Welt mit ihren Gravitationskräften auf den Mikrokosmos der organischen Welt mit Molekularkräften übertrug, ohne daß diese Anschauung irgendwelche Erfolge aufzuweisen gehabt hätte. In diesem Zusammenhange fand der Begriff der Kausalität mit der Mechanik seine besondere Verknüpfung und der lange Zeit so beliebte Ausdruck „mechanisch-kausal" seine besondere Prägung.[2])

Wir finden noch heute als eigentümliche Konsequenz dieser mechanisch-kausalen Naturanschauung Vorstellungen verbreitet, die sich beim besten Willen in keine Beziehung zur Wirklichkeit bringen lassen und schon lange der Vergessenheit — um nicht zu sagen der Geschichte angehören sollten: Entgegen der alltäglichen Erfahrung einer Betätigung geistiger Freiheit soll sich danach alles Geschehen in Natur- und Geisteswelt in Form einer in sich vollkommen abgeschlossenen notwendigen und gesetzmäßigen Verkettung von Aufeinanderfolgen vollziehen, aus der nicht das geringste Glied entfernt werden darf. Selbst die Gehirntätigkeit des Individuums wird unter dem Bilde der Bewegung von Molekeln in diese in sich geschlossene Aufeinanderfolge des Geschehens eingeordnet.

---

1) In Übereinstimmung mit O. Külpe: Erkenntnistheorie und Naturwissenschaft. Eröffnungsvortrag der Versammlung Deutscher Naturforscher und Ärzte in Königsberg. Leipzig 1910. — erblicke ich den Mangel der Erkenntnislehre Kants: in einer beschränkenden Behandlung der Kategorienlehre mit ihrer zu speziellen Stützung auf das Studium der logischen Einteilung der Urteile und in einer beschränkenden Auffassung der Aufgaben der Naturwissenschaft mit ihrer zu speziellen mathematischen Prägung als typischen Hintergrund. So stehe ich auch einer Revision der Kategorienlehre im Sinne von H. Driesch durchaus freundlich gegenüber: H. Driesch, Die Kategorie „Individualität" im Rahmen der Kategorienlehre Kants. Kantstudien Bd. 16. Heft 1. 1911.

2) Nicht ganz mit Unrecht beginnt heute bereits der Ausdruck „kausal-mechanisch" als fürchterlich empfunden zu werden: J. Wendland, Kausalität. Handwörterbuch: Die Religion in Geschichte und Gegenwart. Hrg. von Schiele u. Zscharnack. Tübingen 1911.

Daß diese Anschauungen — anders als die Arbeitshypothesen der Wissenschaft — nicht das geringste leisten, daß sie überhaupt nur einer theoretischen Vorstellung zu Liebe ohne Hinblick auf die Wirklichkeit aufgestellt sind, daß der dem Denken in diesen Anschauungsformen auferlegte Zwang als solcher nicht empfunden wird, mag wertvolle Beiträge für eine Psychologie des Irrtums[1] liefern.

In der Wirklichkeit haben wir es immer nur mit gesetzmäßigen Notwendigkeitsreihen zu tun, welche bis zu einem gewissen Grade einer Isolation[2] fähig, und darum einer naturwissenschaftlichen Behandlung zugänglich sind. In solche Notwendigkeitsreihen läßt sich der natürliche Verlauf der Dinge ohne Zwang einordnen. Der Reichtum des Geschehens beruht darauf, daß diese Notwendigkeitsreihen in der mannigfaltigsten Weise eingeleitet und sich in der mannigfaltigsten Weise durchkreuzen können. Solche Einleitungen und Durchkreuzungen können Anlaß zu weiteren Auslösungen geben und damit den Ablauf neuer Notwendigkeitsreihen einleiten; sie sind es, welche die naturgemäße Grundlage für die Behandlung des äußeren Zufalls und der Betätigungsmöglichkeit einer inneren menschlichen Freiheit bilden.

Durch Einführung des Begriffs der isolierten Notwendigkeitsreihen hoffe ich auch die H. Weber eigentümliche Klasseneinteilung in ein neues Licht gestellt zu haben. Das, was ich eine Notwendigkeitsreihe nenne, dürfte in mancher Hinsicht dem gleichkommen, was H. Weber eine natürliche Klasse genannt hat.

Die Verschiedenheit der Ausdrucks- und Darstellungsweise wird im letzten Grunde bei Untersuchungen, wie den vorliegenden von individuellen Interessensphären, an denen sich das Stu-

---

1) E. Mach, Erkenntnis und Irrtum. Skizzen zur Psychologie der Forschung. Leipzig 1905.

2) Näheres über den Begriff „Isolation" findet man in meinem Buche: Erkenntnistheoretische Grundzüge der Naturwissenschaften und ihre Beziehungen zum Geistesleben der Gegenwart. 2. Aufl. Leipzig 1910. Man findet dort auch Studien zum Kausalitätsbegriff niedergelegt, welche zu ergänzen der vorliegende Aufsatz bestimmt war.

dium des Kausalitätsbegriffs für den einzelnen entwickelt hat,
und damit von der wissenschaftlichen Individualität abhängen.
Sie wird vor allem auch von den Anschauungen getragen sein,
welche die Zeit beherrschen und doch dem Wechsel der Zeit unterworfen sind. So wird für das Verständnis der H. Weberschen
Kausalitätsuntersuchungen zu beachten sein, daß sie sich im
Rahmen der mechanisch-kausalen Anschauungen des 19. Jahrhunderts bewegen und bis zu einem gewissen Grade an diese gebunden sind.

Ich möchte meine Auseinandersetzungen mit einer Bemerkung beschließen:

Es wird allgemein Übereinstimmung darin bestehen, daß
sich logische und erkenntnistheoretische Untersuchungen am
besten an Beispielen der Wirklichkeit entwickeln. Diese Beispiele wurden früher in der überwiegenden Mehrzahl der Fälle
der trivialen Wirklichkeit entnommen — die scholastische Logik
ist voll von trivialen Beispielen. Den älteren Zuständen der Wissenschaft gegenüber mag das angemessen gewesen sein: Der Wissenschaft stand erst ein verhältnismäßig armer realer und materieller Inhalt zu Gebote. Die Wissenschaft erschöpfte sich in
Terminologien, welche tatsächlich inhaltsleer waren.

Heute verfügen die Naturwissenschaften über einen derartig
reichen realen und materiellen Inhalt, daß es sich um so mehr
empfehlen wird, an ihn logische und erkenntnistheoretische Untersuchungen anzuknüpfen, als man weiß, auf welchem Wege,
unter welchen Umständen und mit welchen Mitteln dieser Inhalt
zu stande gekommen ist. Beispiele der trivialen Wirklichkeit
verlieren darum nicht ihre Bedeutung, im Gegenteil: auf sie kann
nunmehr auch das Licht fallen, welches sie der Trivialität entzieht und erst dadurch zu logischen und erkenntnistheoretischen
Untersuchungen geschickt macht.

Für Untersuchungen des Kausalitätsbegriffs erscheint mir
diese Bemerkung von besonderer Bedeutung.

Über den Eindeutigkeitsbeweis in der Theorie der Wärmeleitung.

von

R. H. WEBER in Rostock.

1. Der Eindeutigkeitsbeweis des Wärmeleitungsproblems ist bisher nur unter gewissen vereinfachenden Annahmen über die physikalischen Eigenschaften der Wärmeleiter, — wodurch die Differentialgleichung der Wärmeleitung zu einer linearen wird — durchgeführt worden. Es dürfte aber wohl ein Naturgesetz sein, daß aus einem gegebenen Anfangszustand nur eine Lösung entstehen kann, und wo eine Mehrdeutigkeit mathematisch möglich ist, da könnte man zu dem Schluß neigen, das beim Versuch des Eindeutigkeitsbeweises nicht alle erforderlichen physikalischen Gesetze verwertet sind. Eine Kritik des bisher erbrachten Eindeutigkeitsbeweises zeigt, daß dieser Beweis keineswegs ein rein mathematischer ist, sondern daß er empirische Tatsachen verwertet; er erfordert, daß die Dichte, die spezifische Wärme, die innere und äußere Wärmeleitfähigkeit alle wesentlich positive Größen sind; oder richtiger gesagt, das innere und äußere Wärmeleitfähigkeit gleiches Vorzeichen haben, wie die Volumwärme, d. h. das Produkt aus spezifischer Wärme und Dichte. Diese letztere Fassung genügt — abgesehen von den erwähnten vereinfachenden Annahmen — zur Durchführung des Eindeutigkeitsbeweises, und sie wird vom zweiten Hauptsatze gefordert; denn wenn Volumwärme und Leitfähigkeit entgegengesetztes Vorzeichen hätten, würde ohne Energieaufwand eine Steigerung von Temperaturdifferenzen, also eine Abnahme der Entropie erfolgen.

Man kann also sagen, es ist in unserem Eindeutigkeitsbeweis der Wärmeleitung der zweite Hauptsatz verwertet.

2. Im folgenden soll untersucht werden, wie weit der Eindeutigkeitsbeweis von den erwähnten vereinfachenden Annahmen befreit werden kann, oder m. a. W. welche speziellen Annahmen, die durch kein empirisches Gesetz gefordert werden, man über die Natur der Wärmeleiter machen muß, um die Eindeutigkeit beweisen zu können. Von empirisch aufgestellten physikalischen Gesetzen soll dabei — wenn sie allgemeiner Natur, also nicht auf gewisse Leiter beschränkt sind — Gebrauch gemacht werden dürfen.

Das wichtigste derartige Gesetz ist das folgende:

Satz. Die Temperaturverteilung soll immer und überall zeitlich und örtlich stetig variabel sein, so weit das Medium, in dem sie besteht, selbst örtlich stetig variabel in seinen physikalischen Eigenschaften ist. Nur da wo zwei verschiedenartige Medien unstetig aneinander grenzen, darf die Temperatur örtlich und auch zeitlich unstetig sein.

Wir können das kurz so aussprechen: „Unstetigkeiten in der Temperatur finden nicht ohne Grund statt".

3. Wir motivieren diesen Satz folgendermaßen: Die Natur kennt unseren modernen Vorstellungen nach überhaupt keine Unstetigkeiten; auch an der Grenze zweier verschiedenen Stoffe muß man eine äußerst dünne Schicht mit stetig variabeln Eigenschaften annehmen. Wenn wir diese Schicht mathematisch durch eine Unstetigkeitsfläche ersetzen, so ist das eine Abstraktion, die uns über die Schwierigkeiten hinweghilft, die daraus resultieren, daß wir die Übergangseigenschaften nicht kennen. Daß man an dieser Unstetigkeitsfläche im allgemeinen, wie die übrigen physikalischen Eigenschaften auch die Temperatur unstetig annehmen muß, ist selbstverständlich. Man setzt also an Stelle des sehr raschen stetigen Verlaufs in der Übergangsschicht einen Sprung ein.

Die Grenzbedingungen der Wärmeleitung fordern nun eine ganz bestimmte Art der Unstetigkeit, die durch die willkürlich vorschreibbare Anfangsbedingung sicher nicht allgemein erfüllt ist. Wenn man z. B. zwei verschieden, aber je in sich gleichmäßig temperierte Körper τ_1, τ_2 in Berührung bringt, so ist die mathematisch formulierte Anfangsbedingung die, daß zur Zeit $t = 0$ im Raume τ_1 die Temperatur bis an die Grenze hin konstant gleich T_1, im Raume τ_2 ebenso konstant gleich T_2 ist. Vom ersten Moment der Berührung, $t = 0 + \delta$ (δ unendlich klein), an müssen aber die Grenzbedingungen

$$\lambda_1 \frac{\partial \overline{T_1}}{\partial n} = - h(T_1 - T_2) = \lambda_2 \frac{\partial \overline{T_2}}{\partial n}$$

erfüllt sein, denen die Anfangsbedingung keineswegs genügt. Es muß also an der Grenze der beiden Körper, d. h. in unendlicher Benachbarung sofort ein Einsturz der Temperatur erfolgen, der die Grenzbedingung befriedigt. Deshalb muß hier, wenn nicht T selber, so doch $\frac{\partial T}{\partial n}$ für $t = 0$ unstetig veränderlich sein. Sobald aber der Einsturz erfolgt ist, also vom Moment $t = 0 + \delta$ an, müssen wir wieder eine stetige Veränderung von T annehmen. Und in allen endlichen Entfernungen von der Grenze ist T überhaupt zeitlich stetig veränderlich.

Die Herstellung einer Übergangsschicht, wenn z. B. zwei Körper in Berührung gebracht werden, erfordert in Wahrheit eine zwar sehr kurze, aber doch endliche Zeit. Es werden sich in dieser Zeit die Grenztemperaturen auf die Grenzbedingung mit großer aber endlicher Geschwindigkeit stetig einstellen. Die mathematische Theorie ersetzt diese rasch ablaufende stetige Veränderung durch den erwähnten unstetigen „Einsturz", da sie die Herstellung der Übergangsschicht durch einen plötzlichen Kontakt ersetzt[1]).

Ähnlich liegen die Verhältnisse, wenn man mathematisch annimmt, daß eine gewisse Fläche im oder am Leiter plötzlich auf eine höhere oder niedere Temperatur gebracht wird.

---

1) Daß die Grenztemperaturen infolge von Strahlung und Leitung durch die Luft tatsächlich schon vor dem Kontakt der Grenzbedingung zustreben können, schließen wir auch für das physikalische Problem aus, indem wir die Strahlung vermieden und die Umgebung absolut nichtleitend annehmen.

4. Die Differentialgleichung der Wärmeleitung in ihrer allgemeinsten Form lautet

$$(1) \qquad A - \operatorname{div} \mathfrak{J} = \varepsilon \frac{\partial T}{\partial t},$$

worin $\mathfrak{J}$ der Wärmestrom

$$\mathfrak{J} = - \{\lambda \operatorname{grad} T\},$$

A die in der unendlich kleinen Volumeneinheit in der (unendlich kleinen) Zeiteinheit auf nichtleitendem Wege erzeugte Wärmemenge, z. B. die Joulesche Wärme eines elektrischen Stromes ist. Ist c die spezifische Wärme, ϱ die Dichte, so ist $\varepsilon = c\varrho$ die „Volumwärme". Ferner ist λ die Wärmeleitfähigkeit des Wärmeleiters. In Kristallen ist $\mathfrak{J}$ ein Vektor, dessen Komponenten

$$\mathfrak{J}_x = - \lambda_{11} \frac{\partial T}{\partial x} - \lambda_{12} \frac{\partial T}{\partial y} - \lambda_{13} \frac{\partial T}{\partial z}$$

$$\mathfrak{J}_y = - \lambda_{21} \frac{\partial T}{\partial x} - \lambda_{22} \frac{\partial T}{\partial y} - \lambda_{23} \frac{\partial T}{\partial z}$$

$$\mathfrak{J}_z = - \lambda_{31} \frac{\partial T}{\partial x} - \lambda_{32} \frac{\partial T}{\partial y} - \lambda_{33} \frac{\partial T}{\partial z}$$

sind, d. h. es ist $\{\lambda \operatorname{grad} T\}$ ein „Tensorvektorprodukt" eines asymmetrischen Tensors[1]), mit dem Vektor $\operatorname{grad} T$. Empirisch scheint erwiesen, daß $\lambda_{ik} = \lambda_{ki}$ für alle Kristalle, wodurch der Tensor λ ein symmetrischer wird[2]).

5. Die Grenz- und Oberflächenbedingungen lauten nach der allgemein gebräuchlichen Annahme über die Übergangs- und die äußere Wärmeleitfähigkeit[3])

$$(2) \qquad \begin{aligned} \mathfrak{J}_{1n} - h(\overline{T}_1 - \overline{T}_2) &= 0 \\ \mathfrak{J}_{2n} - h(\overline{T}_1 - \overline{T}_2) &= 0, \end{aligned}$$

an jeder Unstetigkeitsfläche F. n ist die Normale dieser Fläche von

---

1) Vgl. die Bezeichnungsweise in R. H. Weber, „Über asymmetrische und symmetrische Tensoren", Gött. Nachr. (1909). S. 1.

2) W. Voigt, Wied. Ann. 60, S. 350 (1897). Gött. Nachr. (1903). S. 87.

3) Vgl. z. B. Riemann-Weber, Die partiellen Diff.-Gl. der math. Phys. II § 33. Von einer an Flächen nichtleitend entwickelten Wärme (z. B. Peltiereffekt) ist im folgenden Beweise abgesehen. Eine solche müßte in die Gleichungen (2) aufgenommen werden.

Raum 1 nach 2 hin, h die Übergangsleitfähigkeit, $\overline{T}_1$, $\overline{T}_2$ sind die Grenztemperaturen in den beiden Medien. Weiter gilt an jeder freien Oberfläche f

$$\mathfrak{J}_n - k(\overline{T}_i - \overline{T}_a) = 0, \tag{3}$$

wo n die nach außen gerichtete Normale, k die äußere Wärmeleitfähigkeit, $\overline{T}_i$, $\overline{T}_a$ wieder die Grenztemperaturen an der Oberfläche, innen und außen, bedeuten.

6. Um ein Wärmeleitungsproblem lösen zu können, ist noch die Anfangsbedingung erforderlich, die in der Form

$$\text{für } t = 0, \quad T = F(x, y, z) \tag{4}$$

gegeben sei, und außerdem kann an gewissen Flächen eine Temperatur vorgeschrieben sein, die hier physikalisch künstlich erhalten wird, also

$$T \text{ gegeben an gewissen Flächen } f'. \tag{5}$$

7. Wie gewöhnlich bei Eindeutigkeitsbeweisen[1]) führen wir auch diesen Beweis indirekt, nehmen also zwei nach t entwickelbare Lösungen T', T'' an, die beide der Differentialgleichung (1) und den Grenz- und Anfangsbedingungen (2) bis (5) genügen. Wir bilden die Differenz

$$u = T' - T''$$

für die nun wegen (1) überall gelten muß

$$a' - \operatorname{div} \mathfrak{i} = \varepsilon' \frac{\partial T'}{\partial t} - \varepsilon'' \frac{\partial T''}{\partial t}, \tag{6}$$

und hierin ist

$$\begin{aligned} a &= A' - A''; \\ \mathfrak{i} &= \mathfrak{J}' - \mathfrak{J}'' = - (\{\lambda' \operatorname{\mathfrak{grad}} T'\} - \{\lambda'' \operatorname{\mathfrak{grad}} T''\}). \end{aligned} \tag{7}$$

Ferner gilt wegen (2) bis (5):

An Grenzflächen F

$$i_{1n} = h'(T_1' - T_2') - h''(T_1'' - T_2'') = i_{2n}, \tag{8}$$

---

1) Vgl. Riemann-Weber, Die partiellen Diff.-Gl. der math. Phys. II, § 34.

448 R. H. Weber:

an Oberflächen f

$$(9) \qquad i_n = k'(\overline{T}_i{}' - \overline{T}_a{}') - k''(\overline{T}_i{}'' - \overline{T}_a{}''),$$

an allen Flächen f'

$$(10) \qquad u = 0,$$

überall zur Zeit $t = 0$

$$(11) \qquad u = 0.$$

Man muß im allgemeinen A', c', ε', λ', h', k' von den entsprechenden doppelt gestrichenen Buchstaben unterscheiden, da alle diese Größen im allgemeinen von T abhängig, also für T' und T'' verschieden sein werden.

8. Man multipliziert nun (6) mit u und integriert über einen Raum τ, innerhalb dessen sich die zu untersuchende Wärmeleitung abspielt, der also teils von Oberflächen f der Leiter, — an denen die Grenzbedingung der äußeren Wärmeleitung gilt — teils von solchen Flächen f' begrenzt ist, an denen die Temperatur vorgeschrieben ist. Dann folgt durch partielle Integration

$$\int_\tau a u\, d\tau - \int_\tau \operatorname{div}(u\,\mathfrak{i})\, d\tau + \int_\tau (\mathfrak{i}\operatorname{grab} u)\, d\tau = \int_\tau \left(\varepsilon' u \frac{\partial T'}{\partial t} - \varepsilon'' u \frac{\partial T''}{\partial t}\right) d\tau,$$

und nun läßt sich das zweite Integral links nach dem Gaußschen Integralsatze in Oberflächenintegrale umformen:

$$\int_\tau \operatorname{div}(u\,\mathfrak{i})\, d\tau = \int_{f'} u\, i_n\, df' + \int_f u\, i_n\, df + \int_F (u_1 i_{1n} - u_2 i_{2n})\, dF.$$

Das dritte Integral tritt von selbst im Gaußschen Satze an allen den Flächen F auf, an denen die Funktion $u\, i_n$ unstetig ist. Das erste Integral rechts verschwindet sofort, da u an den Flächen f' verschwindet (10). Es folgt also, wenn man noch $-\operatorname{grab} u$ durch $\mathfrak{gef}\, u$ (Gefälle von u) ersetzt,

$$\Omega = \int_\tau \left(\varepsilon' u \frac{\partial T'}{\partial t} - \varepsilon'' u \frac{\partial T''}{\partial t}\right) d\tau + \int_\tau (\mathfrak{i}\,\mathfrak{gef}\, u)\, d\tau + \int_\tau (-a u)\, d\tau$$

$$(12) \qquad\qquad + \int_F (u_1 i_{1n} - u_2 i_{2n})\, dF + \int_f u\, i_n\, df = 0,$$

wobei Ω ein abkürzendes Symbol für die Summe der Integrale sein soll.

Es sei weiter abgekürzt:

$$\Omega_1 = \int_\tau u\left(\varepsilon'\frac{\partial T'}{\partial t} - \varepsilon''\frac{\partial T''}{\partial t}\right) d\tau$$

$$\Omega_2 = \int_\tau (\mathfrak{i} \operatorname{\mathfrak{gef}} u)\, d\tau$$

$$\Omega_3 = \int_\tau (-au)\, d\tau \tag{13}$$

$$\Omega_4 = \int_F (u_1 i_{1n} - u_2 i_{2n})\, dF$$

$$\Omega_5 = \int_f u\, i_n\, df.$$

Und nun untersuchen wir, unter welchen Bedingungen in der Nachbarschaft des zeitlichen Nullpunktes, also für sehr kleine t jedes dieser Integrale positiv wird.

9. Zunächst stellen wir fest, daß T' und T'' mit verschwindendem t beide überall im Raume denselben Anfangswert T_0 (Funktion des Ortes) besitzen müssen. Daraus folgt dann weiter, daß in der Nachbarschaft von $t = 0$,

$$\text{wenn } T' > T'' \quad \text{auch} \quad \frac{\partial T'}{\partial t} > \frac{\partial T''}{dt} \tag{14}$$

sein muß. Das gibt die Fig. 1 am besten wieder.

Da T' und T'' beide von T_0 an wachsen (oder fallen) müssen, so muß in der Nachbarschaft von $t = 0$ der Winkel, den die Kurve T' mit der t-Achse bildet, größer sein als der Winkel, den T''' mit der t-Achse bildet. Das ist der graphische Ausdruck der Gleichung (14).

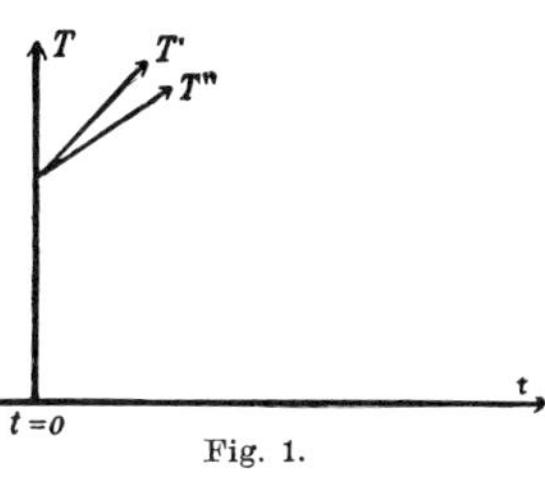

Fig. 1.

Die Integrale Ω_ν in der Nachbarschaft von $t = 0$.

10. Das Integral Ω_1. Ist $u = T' - T''$ positiv, so ist nach (14)

$$\frac{\partial T'}{\partial t} > \frac{\partial T''}{\partial t},$$

und Ω_1 ist jedenfalls dann wesentlich positiv, wenn

$$\varepsilon' \geqq \varepsilon''$$

und umgekehrt. Also

Ω_1 ist immer wesentlich positiv, wenn die Volumwärme mit der Temperatur wächst oder konstant ist.

11. Diese Forderung ist z. B. nicht erfüllt bei Wasser und
Quecksilber; dagegen wohl sonst bei allen Metallen, wie die folgende Übersicht zeigt. Es ist in ihr a der kubische Ausdehnungs-
koeffizient, α der thermische Koeffizient der spezifischen Wärme.
Die Werte a sind direkt den Tabellen von Landolt und Börn-
stein entnommen, die Werte α aus den dort verzeichneten spezifischen Wärmen bei verschiedenen Temperaturen (meist 0^0 oder
15^0 und 100^0) berechnet. Die Beobachter, von denen sie stammen,
sind Bontschew, Naccari, Tilden.

	a	α
Aluminium	0,0000 255	0,000 66
Blei	0,0000 276	0,000 47
Kupfer	0,0000 167	0,000 23
Platin	0,0000 089	0,000 13
Silber	0,0000 19	0,000 39
Zink	0,0000 28	0,000 48

Hier ist durchweg a kleiner als α, und der thermische Koeffizient der Volumenwärme ist die Differenz $\alpha - a$, also positiv.

12. Das Integral Ω_2. Das zweite Raumintegral schreiben
wir [1])

$$\int_\tau (\mathfrak{i} \, \mathfrak{gef} \, u) \, d\tau = \int_\tau ([\mathfrak{J}' - \mathfrak{J}''][\mathfrak{gef} \, T' - \mathfrak{gef} \, T'']) \, d\tau.$$

Der Integrand dieses Integrals ist jedenfalls dann wesentlich positiv, wenn die Vektoren

$$\mathfrak{i} = \mathfrak{J}' - \mathfrak{J}'' \quad \text{und} \quad \mathfrak{gef} \, u = \mathfrak{gef} \, T' - \mathfrak{gef} \, T''$$

einen spitzen Winkel miteinander einschließen.

---

1) Es deuten hier die runden Klammern auf beiden Seiten skalare
Produkte an, links aus den Vektoren $\mathfrak{i}$ und $\mathfrak{gef}\,u$. Die Vektoren sind
mit deutschen Buchstaben bezeichnet, dementsprechend auch die vekto-
riellen Operatoren $\mathfrak{grad}$ und $\mathfrak{gef}$.

Im Innern des Raumes τ (oder der Räume τ) ist in endlicher, wenn auch beliebig kleiner Entfernung von den Unstetigkeitsflächen jedenfalls T zeitlich stetig variabel, und deshalb in der Nachbarschaft des zeitlichen Nullpunktes ($t = 0$) u noch angenähert gleich Null, also angenähert $T' = T''$, und deshalb auch angenähert $\lambda' = \lambda''$ und $\mathfrak{J}' = \mathfrak{J}''$ und $(\mathfrak{gef}\, T') = (\mathfrak{gef}\, T'')$.

Es müssen nun jedenfalls $\mathfrak{J}'$ und $(\mathfrak{gef}\, T')$ einerseits und ebenso $\mathfrak{J}''$ und $(\mathfrak{gef}\, T'')$ andererseits je einen spitzen Winkel miteinander einschließen, weil ein stumpfer dem zweiten Hauptsatz widersprechen würde. (Vgl. Fig. 4 in der die Vektoren $\mathfrak{gef}\, T'$, $\mathfrak{gef}\, T''$ mit $\mathfrak{g}'$, $\mathfrak{g}''$ bezeichnet sind. Vgl. ferner das unter No. 1 Gesagte. Die Wärme fließt von höheren zu niederen Temperaturen.)

Es sei der Leiter zunächst isotrop.[1] Dann wird der Vektor $\mathfrak{gef}\, T$, den wir kurz mit $\mathfrak{g}$ bezeichnen wollen mit dem Vektor $\mathfrak{J}$ zusammenfallen; also $\mathfrak{g}'$ mit $\mathfrak{J}'$ und $\mathfrak{g}''$ mit $\mathfrak{J}''$.

Die nebenstehende Figur 2, in der die gerichteten Strecken $\mathfrak{i} = \mathfrak{J}' - \mathfrak{J}''$; $\mathfrak{g} = \mathfrak{g}' - \mathfrak{g}''$ sind, lehrt sofort, daß $\mathfrak{g}$ und $\mathfrak{i}$ immer einen spitzen, höchstens rechten, Winkel einschließen, wenn einem $\mathfrak{g}' > \mathfrak{g}''$ auch ein $\mathfrak{J}' > \mathfrak{J}''$ entspricht, oder umgekehrt. Das sieht man, wenn man den Winkel $(\mathfrak{J}', \mathfrak{J}'')$ kleiner und kleiner werden läßt. Es folgt also sofort:

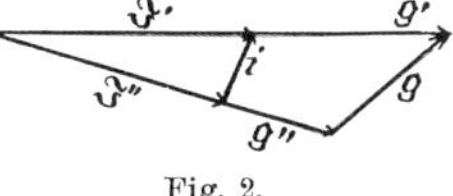

Fig. 2.

Bei isotropen Körpern ist das Integral Ω_2 immer dann wesentlich positiv, wenn einem größeren Temperaturgefälle in der Nachbarschaft einer Temperatur (T_1) auch der größere Wärmestrom entspricht, wenn also mit Vermehrung des Temperaturgefälles an einem

---

1) Diese Annahme ist streng genommen bei keinem Körper a priori erlaubt; denn man muß allgemein voraussetzen, daß jeder auch isotrope Körper durch das Temperaturgefälle kristallinische Eigenschaften annehmen kann. Wenn aber bezüglich der Wärmeleitfähigkeit infolge eines Temperaturgefälles kristallinische Eigenschaften auftreten oder schon vorhandene sich verändern, so ist daraus direkt zu folgern, daß die Wärmeleitfähigkeit nicht nur von der Temperatur, sondern auch vom Temperaturgefälle abhängig, also eine Funktion von $\dfrac{\partial T}{\partial x}$, $\dfrac{\partial T}{\partial y}$, $\dfrac{\partial T}{\partial z}$ ist. Eine Annahme die sonst nirgends gemacht wird.

Orte auch die Strömung wächst. (Normales Verhalten der Wärmeleitfähigkeit.)

Ist dagegen z. B. $\mathfrak{g}' > \mathfrak{g}''$ aber $\mathfrak{J}' < \mathfrak{J}''$ (Fig. 3), so können die Strecken i und $\mathfrak{g}$ auch stumpfe Winkel miteinander einschließen. Dann versagt der Eindeutigkeitsbeweis.

13. Um die Frage vektoranalytisch zu untersuchen, machen wir Gebrauch von der vorausgesetzten Stetigkeit des Temperaturgefälles und der Leitfähigkeit im Innern der Leiter. Es ist

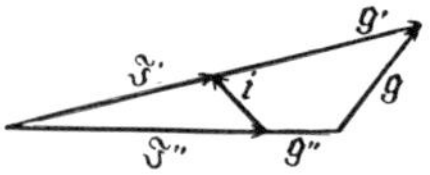

Fig. 3.

$$\mathfrak{J}' = \lambda' \mathfrak{g}'; \quad \mathfrak{J}'' = \lambda'' \mathfrak{g}'',$$

wenn $\mathfrak{gef}\, T'$ kurz mit $\mathfrak{g}'$ usw. bezeichnet wird. In der Nachbarschaft von $t = 0$ sind dann $\mathfrak{J}', \mathfrak{J}''$ einerseits, $\mathfrak{g}', \mathfrak{g}''$ andrerseits nur wenig voneinander verschieden, und wir können setzen

$$\mathfrak{J}' - \mathfrak{J}'' = \frac{\partial \mathfrak{J}}{\partial T}(T' - T''); \quad \mathfrak{g}' - \mathfrak{g}'' = \frac{\partial \mathfrak{g}}{\partial T}(T' - T''),$$

wenn man

$$\frac{\partial \mathfrak{J}}{\partial T}, \quad \frac{\partial \mathfrak{g}}{\partial T}$$

als abgekürzte Bezeichnungen für zwei neue Vektoren mit den Komponenten $\frac{\partial \mathfrak{J}x}{\partial T}, \frac{\partial \mathfrak{J}y}{\partial T}, \frac{\partial \mathfrak{J}z}{\partial T}$, und analog für $\mathfrak{g}$ auffaßt. Es wird

$$\frac{\partial \mathfrak{J}}{\partial T} = \lambda \frac{\partial \mathfrak{g}}{\partial T} + \mathfrak{g} \frac{\partial \lambda}{\partial T}$$

vektoriell addiert, und deshalb der Integrand von Ω_2

$$(\mathfrak{i}\,\mathfrak{gef}\,u) = \left(\left[\lambda \frac{\partial \mathfrak{g}}{\partial T} + \mathfrak{g} \frac{\partial \lambda}{\partial T}\right] \cdot \frac{\partial \mathfrak{g}}{\partial T}\right) \{T' - T''\}^2,$$

worin die runden Klammern wieder skalare Produkte andeuten. Dann folgt weiter

$$(\mathfrak{i}\,\mathfrak{gef}\,u) = \left\{\lambda\left(\frac{\partial \mathfrak{g}}{\partial T} \cdot \frac{\partial \mathfrak{g}}{\partial T}\right) + \frac{1}{2}\frac{\partial \lambda}{\partial T}\frac{\partial (\mathfrak{g} \cdot \mathfrak{g})}{\partial T}\right\}\{T' - T''\}^2.$$

Da $\mathfrak{g}$ zurzeit $t = 0$ selber gleich Null ist, so kann das skalare Produkt $(\mathfrak{g} \cdot \mathfrak{g}) = \mathfrak{g}^2$ in der Nachbarschaft von $t = 0$ nur wachsen. Deshalb ist der vorige Ausdruck jedenfalls dann positiv, wenn λ einen positiven Temperaturkoeffizienten hat; doch ist damit zu viel gefordert. In der Tat sind auch keineswegs die Temperaturkoeffizienten der Leitfähigkeit für alle Körper positiv.

14. In kristallinischen Medien läßt sich allgemein über das
Integral Ω_2 aus geometrischen Gründen nichts aussagen. Die
Vektoren $\mathfrak{g}'$, $\mathfrak{g}''$, $\mathfrak{J}'$, $\mathfrak{J}''$ können alle möglichen Lagen gegeneinander haben. Einen „Normalfall" zeigt Figur 4. Es ist hier
$\mathfrak{g}' > \mathfrak{g}''$ gedacht und angenommen, daß $\mathfrak{J}'$ dann auch größer als
$\mathfrak{J}''$ ist. Trotzdem können $\mathfrak{i}$ und $\mathfrak{gef}\, u$ noch
stumpfe Winkel miteinander einschließen, wie
die Figur lehrt. Der punktierte Viertelskreis
bei $\mathfrak{g}$ deutet den Quadranten an, in dem $\mathfrak{g}$
liegen kann. Ebenso ist durch einen punktierten Viertelskreis der Quadrant angedeutet,

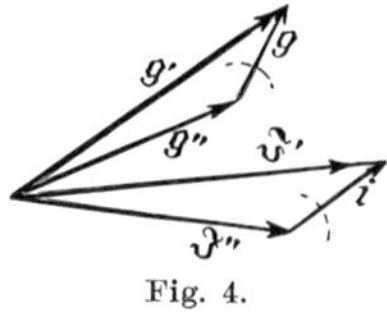

Fig. 4.

in dem $\mathfrak{i}$ liegen kann. Da diese beiden Quadranten sich nicht
decken, kann es zwei Richtungen (in jedem eine) geben, die
stumpfe Winkel einschließen.

Die Figur 5 zeigt einen noch komplizierteren Fall. Die
Temperaturänderung, von T' auf T'', die aus $\mathfrak{g}'\,\mathfrak{g}''$ gemacht hat,
hat hier eine Verminderung der kristallinischen
Eigenschaften zur Folge, so daß sich bei T''
der Körper mehr einem isotropen nähert. Dann
wird, wenn diese Verminderung hinreichend
groß ist, $\mathfrak{J}''$ entgegengesetzt von $\mathfrak{J}'$ abgedreht

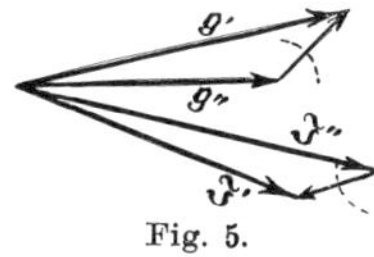

Fig. 5.

sein, wie $\mathfrak{g}''$ von $\mathfrak{g}'$. Die Möglichkeit eines spitzen Winkels zwischen $\mathfrak{i}$ und $\mathfrak{g}$ ist dann noch geringer.

15. Sind dagegen die kristallinischen Eigenschaften von der
Temperatur unabhängig, so ist Ω_2 auch im Falle eines Kristalls
wesentlich positiv. Das ist einfach zu zeigen. Wir machen nach
Voigt (vgl. S. 446 Anm. 2) die Annahme, daß die Leitfähigkeit
ein orthogonaler Tensor sei. Dann können wir ein Koordinatensystem zugrunde legen, in dem $\lambda_{ik} = 0$ für $i \neq k$.

Es wird

$$\mathfrak{i}\,\mathfrak{gef}\, u = - \left(i_x \frac{\partial u}{\partial x} + i_y \frac{\partial u}{\partial y} + i_z \frac{\partial u}{\partial z} \right)$$

$$i_x = \mathfrak{J}_x{}' - \mathfrak{J}_x{}'' = - \lambda_{11} \frac{\partial u}{\partial x} \quad \text{usw.}$$

also

$$\mathfrak{i}\,\mathfrak{gef}\, u = \lambda_{11}\left(\frac{\partial u}{\partial x}\right)^2 + \lambda_{22}\left(\frac{\partial u}{\partial y}\right)^2 + \lambda_{33}\left(\frac{\partial u}{\partial z}\right)^2,$$

und das ist jedenfalls wesentlich positiv, da nach dem zweiten Hauptsatz sowohl λ_{11} als λ_{22} und λ_{33} positiv sein müssen.

16. **Das Integral Ω_3.** Das dritte Integral in Gleichung (12) ist immer dann wesentlich positiv, wenn A mit wachsendem T abnimmt. Das ist in metallischen von elektrischen Strömen durchsetzten Leitern z. B. dann der Fall, wenn das Potentialgefälle überall konstant bleibt.[1]) Wenn dieser Zusammenhang zwischen A und T aber nicht besteht, so wird der Integrand in diesem Integral doch mit verschwindendem u, also zur Zeit $t = 0$, von höherer Ordnung unendlich klein, als u selber. Vorausgesetzt ist hierbei freilich, daß A eine stetige Funktion der Temperatur und ihrer örtlichen Differentialquotienten ist. Dann kann man das Gesagte folgendermaßen beweisen. Es handelt sich um das Integral

$$-\int a u\, d\tau = -\int (A'.- A'')u\, d\tau.$$

Es werde $\dfrac{\partial T}{\partial x} = T_{(x)}$, $\dfrac{\partial^2 T}{\partial x^2} = T_{(xx)}$ usw. und ebenso $\dfrac{\partial u}{\partial x} = u_{(x)}$; $\dfrac{\partial^2 u}{\partial x^2} = u_{(xx)}$ usw. gesetzt. Dann ist

$$A'' = A' - \frac{\partial A'}{\partial T}u - \frac{\partial A'}{\partial T_{(x)}}u_{(x)} - \frac{\partial A'}{\partial T_{(y)}}u_{(y)} - \cdot\cdot - \frac{\partial A'}{\partial T_{(xx)}}u_{(x,x)} - \cdot\cdot\cdot,$$

wozu noch Glieder höherer Ordnung in $u, u_{(x)}$ usw. kommen. Da nun

$$u_{(x)} = \frac{\partial T'}{\partial x} - \frac{\partial T''}{\partial x}$$

mit $t = 0$ im Innern aller Leiter in Null übergeht, so folgt, daß in der Tat

$$-\int a u\, d\tau = -\int \frac{\partial A'}{\partial T}u^2\, d\tau - \int \frac{\partial A'}{\partial T_{(x)}}u_{(x)}\cdot u\, d\tau + \cdot$$

von höherer Ordnung verschwindet, als u selber.

---

1) Ist E das Potentialgefälle (Feld) und μ die elektrische Leitfähigkeit, so ist $A = \mu\cdot E^2$ die in der (unendlich kleinen) Volumeneinheit entwickelte Joulesche Wärme, und μ nimmt in metallischen Leitern mit wachsendem T ab. Vgl. die Methode der elektrischen Heizung von F. Kohlrausch.

Nicht berücksichtigt ist hierbei eine endliche Wärmeentwicklung in Flächen (z. B. Peltiereffekt). Eine solche müßte, wie gesagt, in die Grenzbedingungen aufgenommen werden.

17. **Das Integral** Ω_4. Ganz andere Schwierigkeiten bereiten die Integrale über F und f, weil hier die zeitliche Unstetigkeit von T und $\dfrac{\partial T}{\partial u}$ zu berücksichtigen ist. Es wird das Integral über F in Gleichung (12) S. 448 wegen (8)

$$\int_F (u_1 - u_2) i_{1\,n} \, dF = \int_F [(T_1' - T_2') - (T_1'' - T_2'')](\mathfrak{I}_{1n}' - \mathfrak{I}_{1n}'') \, dF. \quad (13)$$

Wir dürfen dieses Integral nicht nur in der Umgebung von $u = 0$ untersuchen, wie die Raumintegrale, weil eben u in der Nachbarschaft der Grenzflächen F für $t = 0$ unstetig sein kann. Es ist $\mathfrak{I}_{1n}'$ die Wärmeströmung, die an der Grenze aus dem Raume 1 in den Raum 2 übertritt, wenn die Grenztemperaturen T_1' und T_2' sind. Analog ist $\mathfrak{I}_{1n}''$ dasselbe, wenn die Grenztemperaturen T_1'', T_2'' sind.

Man darf es wohl als „normales" Verhalten der Übergangsleitfähigkeit h bezeichnen[1]), wenn der größeren Temperaturdifferenz an der Grenze der beiden aneinandergrenzenden Medien auch die größere Übergangsströmung entspricht.

Bei normalem Verhalten von h ist aber $\mathfrak{I}_{1n}' > \mathfrak{I}_{1n}''$, wenn $T_1' - T_2' > T_1'' - T_2''$ ist und es folgt dann für unser Integral:

Das Integral über F in Gleichung (12) ist immer dann wesentlich positiv, wenn die Übergangsleitfähigkeit normales Verhalten zeigt.

18. Denselben Schluß kann man für das Integral über f ziehen, indem man oben in (13) nur T_2', T_2'' durch T_a ersetzt.

---

1) Hier soll nur ein Name eingeführt und motiviert werden. Im allgemeinen kann h in beliebiger Weise von T_1 und T_2, es wird nicht nur von $T_1 - T_2$ abhängen, und es ist z. B. denkbar, daß bei Überschreitung gewisse Temperaturen T_1, T_2, die Übergangsleitfähigkeit — etwa durch chemische Veränderung in der Grenzschicht so herabgesetzt wird, daß der Wärmestrom durch die Grenze sich verkleinert, wenn trotzdem die Temperaturdifferenz wächst. Das wäre ein „anormales" Verhalten der Übergangsleitfähigkeit.

Auch hier müssen wir „normales" Verhalten der äußeren Wärmeleitfähigkeit fordern.

19. Es folgt somit, daß alle Integrale Ω_1 bis Ω_5 unter den jeweils angeführten Annahmen wesentlich positiv sind, so lange $T' \neq T''$, also $u \neq 0$ ist, in einem gewissen Bereich in der Nachbarschaft von $t = 0$. Da aber

$$\Omega = \Omega_1 + \Omega_2 + \Omega_3 + \Omega_4 + \Omega_5 = 0$$

sein muß, so bedeutet das einen Widerspruch, der nur dann gelöst werden kann, wenn im genannten Bereich $u = 0$ ist. Es ist und bleibt also $T' = T''$, wodurch der Eindeutigkeitsbeweis erbracht ist.

20. **Zusammenfassung.** Der Eindeutigkeitsbeweis des Wärmeleitungsproblems kann also erbracht werden, auch wenn die Differentialgleichung der Wärmeleitung in T nicht linear ist:

    a) Wenn die Volumenwärme mit der Temperatur wächst.

    b) In kristallinischen Medien jedenfalls dann, wenn die Leitfähigkeit von der Temperatur unabhängig ist.

    c) In anderen Medien, wenn in der Nachbarschaft einer gewissen Temperatur der Wärmefluß mit zunehmendem Temperaturgefälle wächst.

    d) Wenn die äußere Wärme mit der Temperatur abnimmt.

    e) Wenn die Übergangsleitfähigkeiten und äußeren Wärmeleitfähigkeiten normales Verhalten zeigen.

Es liegen also noch mancherlei Klausulierungen vor, immerhin ist gezeigt, daß der Eindeutigkeitsbeweis nicht nur auf eine lineare Differentialgleichung der Wärmeleitung beschränkt ist.

Rostock, im Oktober 1911.

Algebraische Uniformisierung algebraischer Funktionen.

Von

J. Wellstein in Straßburg.

1. Der transzendenten Uniformisierung der algebraischen Funktionen eines Körpers mit einer unabhängigen Variabeln läßt sich in gewissem Sinne eine rein algebraische

$$\tau(\mathfrak{v}) = \frac{(\zeta(\mathfrak{v}) - \zeta(\mathfrak{p}_1))^{h_1} \cdots (\zeta(\mathfrak{v}) - \zeta(\mathfrak{p}_r))^{h_r}}{(\zeta(\mathfrak{v}) - \zeta(\mathfrak{q}_1))^{k_1} \cdots (\zeta(\mathfrak{v}) - \zeta(\mathfrak{q}_s))^{k_s}}\, E(\mathfrak{v}), \qquad \Sigma h = \Sigma k$$

zur Seite stellen, die die algebraische Funktion $\tau(\mathfrak{v})$ des Punktes $\mathfrak{v}$ des Körpers unmittelbar in ihrer Abhängigkeit von ihren Nullpunkten $\mathfrak{p}_1, \mathfrak{p}_2, \ldots, \mathfrak{p}_r$ und Unendlichkeitspunkten $\mathfrak{q}_1, \mathfrak{q}_2,, \ldots, \mathfrak{q}_s$ sowie deren Ordnungen $h_1, h_2, \ldots, h_r$ und $k_1, k_2, \ldots, k_s$ zeigt. Die uniformisierende Variable $\zeta(\mathfrak{v})$ ist bei positivem Geschlecht natürlich nicht eine Funktion des Körpers; sie existiert nur als algebraisches Funktional, desgleichen der Faktor $E(\mathfrak{v})$, der die Rolle einer weder Null noch unendlich werdenden Konstanten spielt und sich der Darstellung durch $\zeta(\mathfrak{v})$ allein entzieht.

2. Diese Tatsache, die ich schon im Jahre 1903 ausgesprochen habe [1]), erweist sich in der rein arithmetisch-algebraischen Theorie der algebraischen Funktionen, an deren Ausbau ich arbeite, als so überaus fruchtbar, daß mir die Mitteilung des nicht ganz einfachen Beweises auch außerhalb des Rahmens meiner Theorie gerechtfertigt erscheint. Der leichteren Verständigung

---

1) J. Wellstein, Grundzüge einer arithmetischen Theorie der algebraischen Größen einer unabhängigen Veränderlichen; Vortrag auf der Naturforscherversamml. in Kassel, s. „Verhandlungen" 1903, II, 1. Hälfte S. 18—21 = Jahresb. d. D. Math.-Ver. **13** (1904), S. 112—116.

wegen werde ich aber einige Begriffe funktionentheoretisch um-
deuten und auf analoge Gedankengänge in der Theorie der Zahlkörper hinweisen. Die Theorie der Zahlkörper ist ja für die
Theorie der Funktionenkörper vorbildlich gewesen, erst bei Hensel[1]) sehen wir funktionentheoretische Methoden auf die Theorie
der Zahlkörper zurückwirken. Die älteste algebraische Theorie
der algebraischen Funktionen, die Dedekind-Webersche[2]) vom
Jahre 1882, beruht auf den sehr abstrakten Methoden der De-
dekindschen Zahlentheorie[3]), während meine Theorie ähnlich
wie die Webersche[4]) vom Jahre 1908 auch die Hilfsmittel heranzieht, durch die Kronecker[5]) die Theorie der algebraischen
Größen bereichert hat. Die Webersche Theorie der Funktionenkörper entspricht seiner Theorie der Zahlenkörper im vierten
Buche des 2. Bandes seiner Algebra, und zwar steht der ganzen
rationalen Zahl die ganze rationale Funktion von x gegenüber, während meine Theorie als Analogon der rationalen ganzen
Zahl die rationale ganze Binärform zweier homogener Variabeln
x_1, x_2 betrachtet.[6]) Der tiefere Unterschied liegt jedoch im Integritätsbegriff. Die ganze algebraische Funktion von x wird bei
Weber funktionentheoretisch gesprochen als eine Funktion von

---

1) K. Hensel, Theorie der algebraischen Zahlen, Leipz. 1908.

2) R. Dedekind und H. Weber, Theorie der algebraischen Funktionen einer Veränderlichen, Journ. f. Math. **92** (1882), S. 181—290.

3) Elftes Supplement zu Dirichlets Vorlesungen über Zahlentheorie; über das Verhältnis von 2), 3), 5) vgl. die Vorrede der 4. Auflage.

4) H. Weber, Lehrbuch der Algebra, 3. Bd. (fünftes Buch), Braunschweig 1908.

5) L. Kronecker, Grundzüge einer arithmetischen Theorie der
algebraischen Größen, Journ. f. Math. **92** (1882), S. 1—122 (auch Kummer-
Festschrift); vgl. J. König, Einleitung in die allgemeine Theorie der
algebraischen Größen, Leipz. 1903.

6) In ihrem Unterbau stimmt daher meine Theorie mit der „Théorie
des fonctions algébriques d'une variable“ von K. Hensel, Acta mathematica **18**, p. 277—317 überein, sowie mit G. Landsberg „Algebr.
Untersuchungen über den Riemann-Rochschen Satz“, die ich in meine
Theorie unmittelbar aufnehmen kann. Hensel und Landsberg haben
diese Richtung in ihrem gemeinschaftlichen Buche über die algebraischen
Funktionen später verlassen.

x definiert, die nur mit x und zu endlicher Ordnung unendlich
wird; in meiner Theorie wird weder das unendliche Gebiet der
x-Ebene, noch überhaupt eine bestimmte Variable als die unabhängige bevorzugt, indem ich von vornherein den Satz beweise,
daß zu jeder algebraischen Funktion ξ eines Körpers auf unendlich viel Weisen eine Funktion η gefunden werden kann, so daß
alle Funktionen des Körpers durch ξ und η rational ausdrückbar
sind. Diesen birationalen Transformationen des Körpers gegenüber ist nur der „absolute" Integritätsbegriff invariant, wonach
die „ganze" Größe sich dadurch auszeichnet, daß sie überhaupt
nicht unendlich wird. Derartige Größen existieren als Funktionale. Die gegenüber den birationalen Transformationen des
Körpers invariante Durchführung der Theorie bereitet am Anfange größere Schwierigkeiten, führt aber zu größerer Einfachheit; insbesondere fällt mein Begriff des Primideals mit dem
Dedekind-Weberschen Punktbegriffe zusammen.

§ 1. Funktionen, Formen und Funktionale.[1]

1. Durch die im Körper $\Re(x)$ der rationalen Funktionen von x irreduzible Gleichung

$$F(\eta) \equiv \eta^n + c_1(x)\eta^{n-1} + c_2(x)\eta^{n-2} + \cdots + c_n(x) = 0 \quad (1)$$

mit rationalen Funktionen $c_1, c_2, \ldots, c_n$ von x als Koeffizienten definieren wir η als algebraische Funktion
von x
und gehen mittels der Substitution $x = x_1/x_2$ zu der in x_1, x_2
homogenen Gleichung

$$C_0(x_1, x_2)\eta^n + C_1(x_1, x_2)\eta^{n-1} + \cdots + C_n(x_1, x_2) = 0 \quad (2)$$

über, deren Koeffizienten $C_0, C_1, \ldots, C_n$ wir als ganze binäre
Formen von x_1, x_2 ohne gemeinschaftlichen variablen Teiler voraussetzen dürfen. Setzt man

$$\left. \begin{array}{l} C_0(x_1, x_2)\eta = y(x_1, x_2) = y \\ C_\nu(x_1, x_2)\, C_0(x_1, x_2)^{\nu-1} = \mathfrak{c}_\nu(x_1, x_2); \quad \nu = 1, 2, \ldots, n, \end{array} \right\} \quad (3)$$

---

[1] Vgl. hierzu die in 6) a. v. S. genannte Arbeit von Hensel.

so erhält man die Fundamentalgleichung

$$(4) \qquad y^n + c_1(x_1, x_2)y^{n-1} + \cdots + c_n(x_1, x_2) = 0,$$

deren Koeffizienten $c_1, c_2, \ldots, c_n$ rationale ganze binäre Formen der Variabeln x_1, x_2 von den Stufen $1m, 2m, \ldots, nm$ sind, wenn m die Stufe (Homogenitätsgrad) von C_0 bezeichnet.

2. Den Körper $\Re(x, \eta)$ der rationalen Funktionen von x und η erweitern wir durch Bildung rationaler Funktionen $\Phi(x_1, x_2, y)$ von x_1, x_2, y, die der Homogenitätsbedingung

$$(5) \qquad \Phi(x_1 t, x_2 t, y t^m) = t^\lambda \Phi(x_1, x_2, y)$$

genügen, zum Bereich $\Re(x_1, x_2, y)$ der algebraischen Formen von x_1, x_2. Der ganzzahlige Exponent λ heiße die Stufe von Φ. Die Formen der nullten Stufe sind die algebraischen Funktionen von x. Im Bereiche $\Re(x_1, x_2, y)$ ist der Bereich $\Re(x_1, x_2)$ der rationalen Formen von x_1, x_2 enthalten.

3. Irgendwelche Formen $\varphi_1, \ldots, \varphi_r$ des Bereiches $\Re(x_1, x_2, y)$ heißen in $\Re(x_1, x_2)$ linear unabhängig, wenn die Identität

$$(6) \qquad a_1 \varphi_1 + a_2 \varphi_2 + \cdots + a_r \varphi_r = 0$$

mit dem Bereiche $\Re(x_1, x_2)$ angehörenden Koeffizienten $a_1, a_2, \ldots, a_r$ nur in der Weise möglich ist, daß alle Koeffizienten gleich Null sind. Durch je n linear unabhängige Formen $\varphi_1, \varphi_2, \ldots, \varphi_n$ des Bereiches $\Re(x_1, x_2, y)$ läßt sich jede Form ψ des Bereiches in der Weise

$$(7) \qquad \psi = a_1 \varphi_1 + \cdots + a_n \varphi_n$$

darstellen, wo die Koeffizienten $a_1, a_2, \ldots, a_n$ dem Bereich $\Re(x_1, x_2)$ angehören. Ein solches System $\varphi_1, \ldots, \varphi_n$ heißt eine Basis von $\Re(x_1, x_2, y)$ über $\Re(x_1, x_2)$, und die quadratische Matrix

$$(8) \qquad \varphi = \begin{pmatrix} \varphi_1, 0, \ldots, 0 \\ \varphi_2, 0, \ldots, 0 \\ \vdots \\ \varphi_n, 0, \ldots, 0 \end{pmatrix}$$

nenne ich den Vektor der Basis. Ist

$$Q = \begin{pmatrix} q_{11}, & q_{12}, & \ldots, & q_{1n} \\ \cdot & \cdot & \cdot & \cdot & \cdot & \cdot \\ q_{n1}, & q_{n2}, & \ldots, & q_{nn} \end{pmatrix} \tag{9}$$

eine Matrix aus irgendwelchen Formen $q_{\mu\nu}$ des Bereiches $\Re(x_1, x_2)$, deren Stufenzahlen $[q_{\mu\nu}]$ mit den Stufen $[\varphi_\nu]$ der φ_ν im Zusammenhang

$$[q_{\mu 1}] + [\varphi_1] = [q_{\mu 2}] + [\varphi_2] = \cdots = [q_{\mu n}] + [\varphi_n] \tag{10}$$

stehen, so ist

$$\psi = Q\varphi \tag{11}$$

der Vektor einer neuen Basis $\psi_1, \ldots, \psi_n$, falls nur die Determinante $|Q|$ der Matrix Q von Null verschieden ist.

4. Ist α irgendeine Form aus $\Re(x_1, x_2, y)$, und stellt man die Produkte $\alpha\varphi_1, \ldots, \alpha\varphi_n$ mittels der Basis $\varphi_1, \ldots, \varphi_n$ nach (7) linear mit dem Bereich $\Re(x_1, x_2)$ angehörigen Koeffizienten $a_{\mu\nu}$ dar:

$$\alpha\varphi_\nu = a_{\nu 1}\varphi_1 + \cdots + a_{\nu n}\varphi_n, \qquad \nu = 1, 2, \cdots, n, \tag{12}$$

so heißt

$$A = \begin{pmatrix} a_{11}, & \ldots, & a_{1n} \\ \cdot & \cdot & \cdot & \cdot \\ a_{n1}, & \ldots, & a_{nn} \end{pmatrix} \tag{13}$$

die begleitende Matrix zu α bezüglich der Basis $\varphi_1, \ldots, \varphi_n$, und es ist

$$\alpha\varphi = A\varphi. \tag{14}$$

Entspricht einer zweiten Form β die begleitende Matrix B, gemäß der Gleichung

$$\beta B = B\varphi, \tag{15}$$

so ist

$$(\alpha \pm \beta)\varphi = (A \pm B)\varphi, \tag{16}$$

$$\alpha\beta\varphi = AB\varphi, \quad AB = BA, \tag{17}$$

und es entspricht also der Summe oder dem Produkt zweier Größen die Summe oder das Produkt der begleitenden Matrizen.

Geht man mittels (11) zu einer neuen Basis $\psi_1, \ldots, \psi_n$ über, und ist auf diese bezogen A' die begleitende Matrix von α, so ist $\alpha\psi = A'\psi$ und wegen (11) $\alpha Q\varphi = A'Q\varphi$, also $\alpha\varphi$

$= Q^{-1} A' Q \varphi$, und da die Darstellung (14) mit einer dem Bereich $\Re(x_1, x_2)$ entstammenden Matrix nur auf eine Weise möglich ist, so hat man $A = Q^{-1} A' Q$ oder

$$(18) \qquad\qquad A' = Q A Q^{-1}.$$

Daher wird die mit einem beliebigen Parameter t und der Einheitsmatrix E gebildete Determinante

$$(19) \quad |Et - A'| = |Q(Et - A)Q^{-1}| = |Et - A| = \Delta(t)$$

oder nach Potenzen von t entwickelt

$$(20) \quad |Et - A| = t^n - \mathfrak{a}_1 t^{n-1} + \mathfrak{a}_2 t^{n-2} - \cdots + (-1)^n \mathfrak{a}_n = \Delta(t)$$

von der Transformation (11) der Basis nicht betroffen, ihre Entwicklungskoeffizienten $\mathfrak{a}_1, \ldots, \mathfrak{a}_n$ sind also invariante, der Größe α in $\Re(x_1, x_2)$ zugeordnete Binärformen. Von ihnen werden $\mathfrak{a}_1$ und $\mathfrak{a}_n$ als $\mathbf{Spur}$ und $\mathbf{Norm}$ von α über $\Re(x_1, x_2)$ benannt, in Zeichen

$$(21) \qquad \begin{aligned} S\alpha &= \mathfrak{a}_1 = a_{11} + a_{12} + \cdots + a_{nn} \\ N\alpha &= \mathfrak{a}_n = |A|. \end{aligned}$$

Aus (12) folgt durch Elimination von $\varphi_1, \ldots, \varphi_n$:

$$(22) \qquad\qquad \Delta(\alpha) = 0,$$

und man zeigt leicht, daß diese Gleichung entweder in $\Re(x_1, x_2)$ irreduzibel oder eine ganze Potenz einer irreduziblen Gleichung ist, d. h. alle Formen des Bereichs $\Re(x_1, x_2, y)$ genügen wie y einer im Bereich $\Re(x_1, x_2)$ irreduzibeln algebraischen Gleichung.

5. Wir erweitern jetzt den Bereich $\Re(x_1, x_2, y)$ durch Aufnahme einer endlichen Anzahl unbestimmt bleibender Variabeln, der „Unbestimmten" $u, u_1, \ldots; v, v_1, \ldots; w, w_1, \ldots$ zu einem Bereich $\overline{\Re}(x_1, x_2, y) = \Re(x_1, x_2, y; u, v, w, \ldots)$ algebraischer $\mathbf{Funktionale}$. Unter einem $\mathbf{Funktional}$ verstehen wir nach $\mathbf{Weber}$[1]) eine der Homogenitätsbedingung (5) genügende rationale Funktion von x_1, x_2, y und den Unbestimmten (die aber auch zum

---

1) Weber, Algebra, Bd. 2, § 153.

Teil oder alle fehlen dürfen), wenn ihr Null- und Unendlichwerden nach einer besonderen Regel beurteilt wird, nämlich, funktionentheoretisch gesprochen, wenn man nur auf die Null- und Unendlichkeitsstellen achtet, die von den Unbestimmten unabhängig sind. Ist z. B. α irgendeine Funktion des Körpers $\Re(x, \eta)$ und v eine Unbestimmte, so werden die Funktionale $\alpha_1 = \alpha/(\alpha - v)$ und $\alpha_2 = 1/(\alpha - v)$ als Funktionale niemals unendlich, und es verschwindet α_1 in den Nullstellen, α_2 in den Unendlichkeitsstellen von $\alpha = \alpha_1/\alpha_2$. Daher können wir auch die Zerlegung $x = x_1/x_2$ durch die nie unendlich werdenden Funktionale

$$x_1 = \frac{x}{x - u}, \qquad x_2 = \frac{1}{x - u} \tag{23}$$

mit der Unbestimmten u ausführen.[1]) Zur Vermeidung unnötiger Weitläufigkeiten wollen wir vereinbaren, daß die Unbestimmte u nur in den Verbindungen x_1, x_2, also niemals explizit vorkommen soll.

6. Die Produkte der positiven Potenzen der übrigen Unbestimmten seien, nach wachsender Dimension geordnet, U_0, U_1, $U_2, \ldots$, wo also U_0 als Ausdruck der Dimension Null eine Konstante ist, für die man den Wert $U_0 = 1$ voraussetzen darf. Dann ist

$$\Phi = \frac{\sum_\varkappa \alpha_\varkappa U_\varkappa}{\sum_\varkappa \beta_\varkappa U_\varkappa} \tag{24}$$

der allgemeinste Ausdruck für ein Funktional des Bereiches $\Re(x_1, x_2, y)$, wenn die $\alpha_\varkappa$ Formen gleicher Stufe des Bereiches $\Re(x_1, x_2, y)$ sind, desgleichen die $\beta_\varkappa$. Im Bereiche $\Re(x_1, x_2, y)$ ist der Bereich $\Re(x_1, x_2)$ der von x_1, x_2 rational abhängigen Funktionale enthalten, deren allgemeinste Darstellungsform

$$\Phi = \frac{\sum_\varkappa a_\varkappa U_\varkappa}{\sum_\varkappa b_\varkappa U_\varkappa} \tag{25}$$

---

1) Diese Zerlegung stammt von Hensel, siehe Note 6) S. 458.

mit dem Bereich $\mathfrak{R}(x_1, x_2)$ angehörigen Koeffizienten $a_\varkappa$, $b_\varkappa$ ist. Diese darf man unbeschadet der Allgemeinheit als ganze Binärformen voraussetzen. Ist a der Hauptteiler der $a_\varkappa$ und b der Hauptteiler der $b_\varkappa$, der als solcher nur bis auf einen von x_1, x_2 unabhängigen Faktor definiert ist, und setzt man

$$(26) \qquad a_\varkappa = a\,a_\varkappa', \qquad b_\varkappa = b\,b_\varkappa',$$

so nimmt Φ die Normalform

$$(27) \qquad \Phi = f(x_1, x_2)E, \qquad f(x_1, x_2) = \frac{a}{b}, \qquad E = \frac{\sum\limits_\varkappa a_\varkappa' U_\varkappa}{\sum\limits_\varkappa b_\varkappa' U_\varkappa}$$

an, in der f die „Absolute" von Φ genannt wird:

$$(28) \qquad\qquad f = \mathrm{abs}\,\Phi.$$

Haben die $a_\varkappa$ keinen von x_1, x_2 abhängigen Teiler, ebenso die $b_\varkappa$, so ist abs Φ eine Konstante. Im Ausdrucke E sind die $a_\varkappa'$ ohne variabeln Teiler, desgleichen die $b_\varkappa'$. Als Funktional wird also E, was wir nebenbei bemerken wollen, weder null noch unendlich.

§ 2. Teilbarkeit.

1. Definition 1. Ein Funktional des Bereiches $\overline{\mathfrak{R}}(x_1, x_2)$ heißt ein (absolut) ganzes Funktional, wenn seine Absolute eine ganze Binärform im gewöhnlichen Sinne des Wortes ist. Auch eine Konstante soll als „ganze" Binärform gelten.

Definition 2. Ein Funktional Φ des Bereiches $\overline{\mathfrak{R}}(x_1, x_2, y)$ heißt ein (absolut) ganzes Funktional, wenn es einer Gleichung

$$(1) \qquad \Phi^\nu + f_1 \Phi^{\nu-1} + f_2 \Phi^{\nu-2} + \cdots + f_\nu = 0$$

genügt, deren Koeffizienten $f_1, f_2, \ldots, f_\nu$ ganze Funktionale des Bereiches $\mathfrak{R}(x_1, x_2)$ im Sinne der Definition 1 sind.

Man beweist nun leicht[1]), daß jede ganze Größe im Sinne

---

1) Die Beweise der folgenden Sätze können ohne weiteres aus der Theorie der Zahlkörper herübergenommen werden, etwa nach Weber, Algebra, Bd. 2, § 154.

der zweiten Definition, die zugleich dem Bereiche $\overline{\Re}(x_1, x_2)$ angehört, auch im Sinne der Definition 1 ganz ist; ferner, daß bei jeder auf die Form

$$\Phi^\mu + \varphi_1 \Phi^{\mu-1} + \cdots + \varphi_\mu = 0 \qquad (2)$$

gebrachten Gleichung, der ein im Sinne der Definition 2 ganzes Funktional genügt, die Koeffizienten $\varphi_1, \ldots, \varphi_\mu$, wenn sie dem Bereich $\overline{\Re}(x_1, x_2)$ angehören, im Sinne der Definition 1 ganz sind. Ganze Funktionale werden also niemals unendlich. Von dieser funktionentheoretischen Bemerkung werden wir aber weiter keinen Gebrauch machen. Das Produkt ganzer Funktionale ist wieder ein ganzes Funktional, ebenso die Summe ganzer Funktionale von gleicher Stufe. Jedes Funktional kann als Quotient zweier ganzer Funktionale dargestellt werden, und zwar u. a. so, daß der Nenner dem Formenbereiche $\Re(x_1, x_2)$ angehört.

2. Definition 3. Ein Funktional α heißt durch ein Funktional β teilbar, wenn $\gamma = \alpha/\beta$ ein absolut ganzes Funktional ist.

Nach dieser Definition brauchen α und β selber nicht ganz zu sein; man beweist nun, genau wie in der Zahlentheorie[1]):

Ist α teilbar durch β und β teilbar durch γ, so ist auch α teilbar durch γ.

Sind $\alpha_1, \alpha_2, \ldots, \alpha_r$ teilbar durch γ und $\beta_1, \beta_2, \ldots, \beta_r$ ganz, so ist auch $\alpha_1\beta_1 + \alpha_2\beta_2 + \cdots + \alpha_r\beta_r$ durch γ teilbar.

3. Definition 4. Die ganzen Teiler der Zahl 1 heißen Einheiten.

Hat man ein Funktional Φ des Bereiches $\overline{\Re}(x_1, x_2)$ nach § 1, (27) auf die Form $\Phi = fE$ gebracht, wo $f = \text{abs } \Phi$, so ist E eine Einheit. Denn nach Definition 1 ist $\Psi = E$ selber ein ganzes Funktional, ebenso aber auch $\Omega = 1/E$. — Produkte und Quotienten von Einheiten sind wieder Einheiten.

Sei nun Φ ein ganzes Funktional und

$$\Phi^n + f_1 e_1 \Phi^{n-1} + f_2 e_2 \Phi^{n-2} + \cdots + f_n e_n = 0 \qquad (3)$$

---

1) Vgl. Weber, Algebra, Bd. 2, § 155.

die Gleichung n^{ten} Grades, der Φ genügt; ihre Koeffizienten seien als Funktionale des Bereiches $\overline{\mathfrak{R}}(x_1, x_2)$ in die Absoluten $f_1, \ldots, f_n$ und in die Einheiten $e_1, \ldots, e_n$ zerlegt. Die Absoluten sind im gewöhnlichen Sinne ganze Binärformen. Wir wollen eine ganze Binärform φ von x_1, x_2 so bestimmen, daß $\Omega = \varphi/\Phi$ ganz ist. Multipliziert man (3) mit $\varphi^n/e_n f_n \Phi^n$, so ergibt sich für Ω die Gleichung:

$$\Omega^n + \frac{e_{n-1}}{e_n}\frac{f_{n-1}}{f_n}\varphi\,\Omega^{n-1} + \frac{e_{n-2}}{e_n}\frac{f_{n-2}}{f_n}\varphi^2\Omega^{n-2} + \cdots + \frac{e_1}{e_n}\frac{f_1}{f_n}\varphi^{n-1}\Omega$$

$$(4)\qquad\qquad + \frac{1}{e_n}\varphi^n = 0,$$

in der die Ausdrücke $\dfrac{e_{n-1}}{e_n}$, $\dfrac{e_{n-2}}{e_n}$, $\ldots$, $\dfrac{e_1}{e_n}$, $\dfrac{1}{e_n}$ Einheiten sind. Damit Ω ganz ist, müssen die Binärformen

$$(5)\qquad \frac{f_{n-1}}{f_n}\varphi, \; \frac{f_{n-2}}{f_n}\varphi^2, \ldots, \frac{f_1}{f_n}\varphi^{n-1}, \frac{1}{f_n}\varphi^n$$

ganz sein. Ist nun ein Linearfaktor l_i von f_n im Nenner des nach Möglichkeit gekürzten Bruches

$$\frac{f_{n-\nu}}{f_n}\qquad (f_0 = 1;\; \nu = 1, 2, \ldots, n)$$

noch $h_\nu^{(i)}$ mal enthalten, so muß l_i in φ^ν mindestens $h_\nu^{(i)}$ mal vorkommen, in φ selber also mindestens $k_\nu^{(i)}$ mal, wenn $k_\nu^{(i)}$ folgende Bedeutung hat:

    1. ist $h_\nu^{(i)}$ durch ν teilbar, sei $k_\nu^{(i)}$ der Quotient $k_\nu^{(i)} = h_\nu^{(i)} : \nu$;

    2. ist $h_\nu^{(i)}$ durch ν nicht teilbar, so sei $k_\nu^{(i)}$ der ganzzahlige Quotient der Division $h_\nu^{(i)} : \nu$, vermehrt um 1.

Damit alle Formen (5) ganz sind, muß φ den Faktor l_i mindestens λ_i mal enthalten, wenn λ_i die größte der Zahlen $k_1^{(i)}, \ldots, k_n^{(i)}$ bedeutet. Sind $l_1, l_2, \ldots, l_s$ die in Betracht kommenden Linearfaktoren von f_n, so muß φ mindestens den Faktor

$$\varphi_0 = l_1^{\lambda_1} l_2^{\lambda_2} \ldots l_s^{\lambda_s}$$

enthalten, und diese Bedingung reicht auch aus, um die Integrität der Formen (5) und damit des Funktionals Ω zu sichern. Es folgt:

Zu jedem ganzen Funktional Φ gibt es eine durch Φ teilbare rationale ganze Binärform φ_0 derart, daß jede durch Φ teilbare rationale ganze Binärform auch durch φ_0 teilbar ist.

4. Die Analogie der Teilbarkeitsverhältnisse der Funktionenkörper mit denen der Zahlkörper beruht im wesentlichen auf dem Satz, daß es zu beliebigen Funktionalen $\alpha_1, \ldots, \alpha_r$ immer ein Funktional Θ gibt, das durch jeden gemeinschaftlichen Teiler von $\alpha_1, \ldots, \alpha_r$ teilbar ist und daher größter gemeinschaftlicher Teiler oder Hauptteiler jener Funktionale genannt wird. Man beweist nämlich genau wie in der Zahlentheorie[1]) den Satz:

Kommen die Unbestimmten $v_1, v_2, \ldots, v_r$ in den Funktionalen $\Phi_1, \Phi_2, \ldots, \Phi_r$ nicht vor, so ist

$$\Theta = \Phi_1 v_1 + \Phi_2 v_2 + \cdots + \Phi_r v_r$$

der Hauptteiler dieser Funktionale,
von denen noch vorausgesetzt werden muß, daß sie zur gleichen Stufe homogen sind. Das ist aber eine unwesentliche Voraussetzung, da man die gleichstufige Homogenität durch Zusatz von Einheitsfaktoren immer leicht erreichen kann. Bildet man

$$\Theta' = \Phi_1 w_1 + \cdots + \Phi_r w_r$$

mit ebenfalls in den $\Phi_1, \ldots, \Phi_r$ nicht vorkommenden Unbestimmten $w_1, \ldots, w_r$, so ist auch Θ' Hauptteiler. Nach Definition ist aber Θ durch Θ' und Θ' durch Θ teilbar, also $\Theta' : \Theta$ eine Einheit, und umgekehrt ist, wenn E eine Einheit bezeichnet, mit Θ auch $\Theta' = E\Theta$ ein Hauptteiler. Der Hauptteiler ist also, wie in den Zahlkörpern, nur bis auf einen Einheitsfaktor definiert.

5. Jetzt verläuft die weitere Lehre von der Teilbarkeit wie in den Zahlkörpern. Insbesondere gelten die Sätze[2]):

Sind α, β, γ drei ganze Funktionale und ist α zu β und γ teilerfremd, so ist α auch zu $\beta\gamma$ teilerfremd.

---

1) Weber, Algebra, Bd. 2, § 156.
2) Vgl. etwa Weber, Algebra, 2. Bd., §§ 156—159.

Sind α, β, γ ganze Funktionale, α teilerfremd zu γ, aber $\alpha\beta$ teilbar durch γ, so ist β teilbar durch γ.

Definiert man ein ganzes Funktional Φ, das keine Einheit ist, als Primfunktional, wenn es außer den Einheiten E und den Produkten $E\Phi$ keine ganzen Teiler hat, so folgt hieraus weiter:

Wenn das Produkt $\alpha\beta$ zweier ganzer Funktionale α, β durch ein Primfunktional π teilbar ist, so muß mindestens einer der beiden Faktoren α, β durch π teilbar sein.

6. Ist f eine durch das Primfunktional $\Phi = \pi$ teilbare rationale ganze Binärform, so muß π nach dem letzten Satze in einem der Linearfaktoren von f aufgehen. Daher ist die in Artikel 3 nachgewiesene Binärform φ_0, die in jeder durch Φ teilbaren rationalen ganzen Binärform enthalten sein muß, eine Linearform. Hieraus folgt, wie in der Theorie der Zahlkörper, zunächst:

Die Absolute der Norm eines Primfunktionals ist eine ganze positive Potenz einer Linearform, und jede durch das Primfunktional teilbare rationale ganze Binärform ist durch diese Linearform teilbar.

Den fundamentalen Unterschied zwischen den Funktionenkörpern und den Zahlkörpern begründet aber der Satz:

Jene Potenz der Linearform ist die erste, wodurch dann die Zerlegung eines ganzen Funktionals in seine Primfaktoren sehr vereinfacht wird. Der Beweis des Satzes wird der Kürze wegen im nächsten Paragraphen erbracht. Nimmt man ihn vorweg, so kann man aus der Dedekind-Weberschen[1] Theorie mit nun naheliegenden Vereinfachungen die Theorie der „Punkte“ des Körpers herübernehmen. Jedes Primfunktional definiert danach einen „Punkt“, in dem es verschwindet, wobei man aber nicht an eine Riemannsche Fläche zu denken braucht, da gerade hier die gegenüber den birationalen Transformationen des Körpers invariante Definition der Primgrößen wirksam wird, wenn wir auch zu ihrer Darstellung eine bestimmte

---

1) Journ. f. Math. **92**, § 14.

Variable x als die „unabhängige" bevorzugt haben. Das kann alles hier nur angedeutet werden.

§ 3. Funktionalbasen.

1. Von den rein abstrakten Überlegungen des vorigen Paragraphen gehen wir nun zur konkreten Darstellung über, indem wir uns die Aufgabe vorlegen, alle durch ein gegebenes Funktional Θ teilbaren Funktionale zu bestimmen. Zunächst suchen wir unter diesen die Formen auf, d. h. die dem Bereiche $\mathfrak{R}(x_1, x_2, y)$ angehörigen Funktionale. Es gilt der wichtige Hilfssatz:

Bilden die durch das Funktional Θ teilbaren Formen

$$\Theta_1, \Theta_2, \ldots, \Theta_n$$

eine Körperbasis und existiert eine ebenfalls durch Θ teilbare Form

$$\Phi = R_1 \Theta_1 + R_2 \Theta_2 + \cdots + R_n \Theta_n$$

mit dem Bereich $\mathfrak{R}(x_1, x_2)$ angehörigen Koeffizienten

$$R_1, R_2, \ldots, R_n,$$

die nicht sämtlich **ganze** Binärformen sind, so läßt sich eine neue Körperbasis

$$\Theta_1', \Theta_2', \ldots, \Theta_n'$$

aus ebenfalls durch Θ teilbaren Formen angeben, so daß die Stufe der neuen Diskriminante

$$\Delta' = \begin{vmatrix} S\Theta_1'\Theta_1', & S\Theta_1'\Theta_2', & \ldots, & S\Theta_1'\Theta_n' \\ \cdot & \cdot \quad \cdot \quad \cdot \quad \cdot \quad \cdot \quad \cdot & \cdot & \cdot \\ S\Theta_n'\Theta_1', & S\Theta_n'\Theta_2', & \ldots, & S\Theta_n'\Theta_n' \end{vmatrix} \tag{1}$$

mindestens um 2 kleiner ist als die Stufe der alten

$$\Delta = \begin{vmatrix} S\Theta_1\Theta_1, & S\Theta_1\Theta_2, & \ldots, & S\Theta_1\Theta_n \\ \cdot & \cdot \quad \cdot \quad \cdot \quad \cdot \quad \cdot \quad \cdot & \cdot & \cdot \\ S\Theta_n\Theta_1, & S\Theta_n\Theta_2, & \ldots, & S\Theta_n\Theta_n \end{vmatrix} . \tag{2}$$

Das in § 1, (21) erklärte Zeichen S bedeutet die Spur. Für $\Theta \equiv 1$ ist unser Satz von Hensel[1]) bewiesen worden; sein Verfahren läßt sich leicht auf den allgemeinen Fall übertragen:

Sei r der kleinste gemeinschaftliche Nenner der Formen $R_1, \ldots, R_n$ und

$$R_i = \frac{r_i}{r};$$

sei ferner $l = l_1 x_1 + l_2 x_2$ eine in r nicht aufgehende Linearform. Dann bringt man mittels des Divisionsalgorithmus r_i auf die Form

$$(3) \qquad r_i = r r_i' + l^{\varkappa_i} r_i'',$$

wo $\varkappa_i$ eine positive ganze Zahl und r_i', r'' zwei ganze Binärformen sind, deren Stufen $[r_i']$, $[r_i'']$ den Bedingungen

$$(4) \qquad [r_i] = [r_i'] + [r] = [r_i''] + \varkappa_i, \quad [r_i''] \leqq [r] - 1$$

genügen. Dann ist

$$\Phi = \sum_i \frac{r_i}{r} \Theta_i = \sum_i r_i' \Theta_i + \sum_i \frac{r_i''}{r} l^{\varkappa_i} \Theta_i,$$

und da sowohl Φ als $\sum r_i' \Theta_i$ durch Θ teilbar sind, so ist auch

$$\Psi = \sum_i \frac{r_i''}{r} l^{\varkappa_i} \Theta_i$$

durch Θ teilbar, also

$$\frac{\Psi}{\Theta} = \Gamma$$

ein ganzes Funktional. Wir nehmen nun an, die Formen Θ_i seien nach nicht fallenden Stufen geordnet, und es sei in (3) durch Einbeziehung widerstrebender ganzer Potenzen von l in r_i'' bewirkt, daß

$$\varkappa_1 \geqq \varkappa_2 \geqq \cdots \geqq \varkappa_n$$

ist. Da nach Voraussetzung nicht alle r_i durch r teilbar sind, so sind nicht alle r_i'' identisch Null. Sei h der höchste Index, so daß $r_h'' \not\equiv 0$ ist, wohl aber alle r_i'' mit höherem Index, so ist $\delta_i \equiv \varkappa_i - \varkappa_h$ für $i = 1, 2, \ldots, h$ nicht negativ und

---

1) Acta mathematica, Bd. 18.

$$\Psi = \sum_{1}^{h}{}' \frac{r_i''}{r}\, l^{\varkappa_i}\Theta_i = l^{\varkappa_h}\Psi',$$

wo $\Psi' = \Lambda/r$ und

$$\Lambda = \sum_{1}^{h} r_i''\, l_i^{\delta_i}\Theta_i\,.$$

Hierin sind die Koeffizienten der Θ_i ganze Binärformen, also ist auch, da Θ_i durch Θ teilbar ist, $\Lambda/\Theta = G$ eine ganze Größe. Jetzt ist einerseits

$$\frac{\Psi'}{\Theta} = \frac{\Lambda}{r\,\Theta} = \frac{G}{r}\,, \tag{5}$$

andererseits

$$\frac{\Psi'}{\Theta} = \frac{\Psi}{l^{\varkappa_h}\Theta} = \frac{\Gamma}{l^{\varkappa_h}}\,, \tag{6}$$

also

$$G\, l^{\varkappa_h} = \Gamma r\,. \tag{7}$$

Nach Voraussetzung ist die Linearform l in der Binärform r nicht enthalten. Für jedes in l aufgehende Primfunktional π ist aber l die in § 2, 3. nachgewiesene Form, die in jeder durch π teilbaren rationalen ganzen Binärform enthalten sein muß, und da l in r nicht aufgeht, ist r auch durch π nicht teilbar, d. h. r ist zu l auch als Funktional teilerfremd. Da nun die linke Seite von (7) durch r teilbar ist, $l^{\varkappa_h}$ aber mit r keinen Teiler gemein hat, so ist nach einem Satze des § 2, 5. das Funktional G durch r teilbar, also Ψ'/Θ nach (5) ganz. Mithin ist Ψ' durch Θ teilbar.

Setzt man jetzt

$$\left.\begin{aligned}
\Theta_h' &= \Psi' = \sum_{1}^{h}{}' \frac{r_i''}{r}\, l^{\delta_i}\Theta_i\,, \\[2mm]
\Theta_i' &= \Theta_i \quad \text{für} \quad i \gtrless h,
\end{aligned}\right\} \tag{8}$$

so ist

$$\frac{r_h''}{r}\, l^{\delta_h} = \frac{r_h''}{r}$$

die Determinante dieser Substitution, also, da $r_h'' \not\equiv 0$ ist, von Null verschieden. Diese Formen $\Theta_1', \ldots, \Theta_n'$ bilden daher eine Körperbasis, sie sind durch Θ teilbar, und da ihre Diskriminante nach einem bekannten Satze der Theorie der Zahlkörper, der auch hier gilt[1]), gleich dem Produkt der Diskriminante von $\Theta_1, \ldots, \Theta_n$ und des Quadrates jener Substitutionsdeterminante ist:

$$\Delta(\Theta_1', \ldots, \Theta_n') = \left(\frac{r_h''}{r}\right)^2 \Delta(\Theta_1, \ldots, \Theta_n),$$

so erfüllt $\Theta_1', \ldots, \Theta_n'$ wegen der Ungleichung in (4) tatsächlich die Bedingungen, die wir in unserem Hilfssatze an diese neue Basis gestellt haben. Der Satz ist damit also bewiesen.

2. Ist nun die Form Φ des Hilfssatzes auch mittels der Basis $\Theta_1', \ldots, \Theta_n'$ durch den Ausdruck

$$\Phi = R_1' \Theta_1' + \cdots + R_n' \Theta_n'$$

nicht mit ganzen binären Formen $R_1', \ldots, R_n'$ als Koeffizienten darstellbar, so kann man nach demselben Satze zu einer neuen Basis $\Theta_1'', \ldots, \Theta_n''$ aus Formen, die durch Θ teilbar sind, übergehen, mit dieser die Darstellung

$$\Phi = R_1'' \Theta_1'' + \cdots + R_n'' \Theta_n''$$

mit ganzen Koeffizienten versuchen. Das Verfahren kann nicht ohne Ende fortgehen, weil bei jedem dieser Schritte die Stufe der Diskriminante mindestens um 2 erniedrigt wird, für die Stufe der Diskriminante aber eine untere Grenze angebbar ist. Ist nämlich

$$\Theta^n + A_1 \Theta^{n-1} + \cdots + A_n = 0$$

die Gleichung n^{ten} Grades, der Θ nach § 1, (22) genügt, und zerlegt man die Funktionale A_i in Absolute und Einheit,

$$A_i = f_i E_i, \qquad\qquad (i = 1, \cdots, n)$$

so sind die f_i rationale Binärformen, die nur ganz sind, wenn Θ ganz ist. Andernfalls sind sie gebrochen. Ist φ ihr kleinster Hauptnenner, und $f_i = \varphi_i/\varphi$, so genügt $\Omega = \varphi\Theta$ der Gleichung

$$\Omega^n + A_1 \varphi \Omega^{n-1} + A_2 \varphi^2 \Omega^{n-2} + \cdots + A_n \varphi^n = 0$$

mit ganzen Koeffizienten, ist also nach § 2, 1. ein ganzes Funktional. Ist auch Θ_i^* durch Θ teilbar $(i = 1, \ldots, n)$, also $\Theta_i^*/\Theta = \Gamma$

---

1) Weber, Algebra, Bd. 2, § 161.

ganz, so ist auch $\varphi\Theta_i^* = \Gamma\cdot\varphi\Theta = \Gamma\Omega$ eine ganze Form. Die Diskriminante der ganzen Formen $\varphi\Theta_1^*,\ldots,\varphi\Theta_n^*$ ist aber selber eine ganze Form, und, da φ in x_1, x_2 rational ist,

$$\varDelta(\varphi\Theta_1^*,\ldots,\varphi\Theta_n^*) = \varphi^{2n}\varDelta(\Theta_1^*,\ldots,\Theta_n^*),$$

d. h. die Stufe der Diskriminante aus n durch Θ teilbaren Formen $\Theta_1^*,\ldots,\Theta_n^*$ kann nicht unter $-2n[\varphi]$ sinken, wenn $[\varphi]$ die Stufe von φ bezeichnet.

Geht man also von $\Theta_1,\ldots,\Theta_n$ zu einer neuen Basis $\Theta'_1,\ldots,\Theta'_n$ über, von dieser zu $\Theta_1'',\ldots,\Theta_n''$, usw., solange Φ in diesen Basen nicht mittels ganzer $R_1,\ldots,R_n$ des Bereiches $\Re(x_1,x_2)$ linear und homogen dargestellt werden kann, so muß man nach einer endlichen Anzahl von Schritten zu einer Basis $\Theta_1^*,\ldots,\Theta_n^*$ gelangen, mittels der die gewünschte Darstellung von Φ möglich ist.

3. Mittels dieser Basis kann man also alle durch Θ teilbaren Formen in die Gestalt

$$\Phi = R_1\Theta_1^* + \cdots + R_n\Theta_n^*$$

bringen, wo $R_1,\ldots,R_n$ rationale ganze Binärformen von x_1, x_2 sind, auch wenn Θ selber nicht ganz wäre. Umgekehrt stellt dieser Ausdruck mit beliebigen rationalen ganzen R_i, immer eine durch Θ teilbare Form dar, wenn nur die Homogenitätsbedingung erfüllt ist. — Sei nun Φ ein durch Θ teilbares Funktional

$$\Phi = \frac{\sum_{\varkappa}' \alpha_\varkappa\, U_\varkappa}{\sum_{\varkappa} \beta_\varkappa\, U_\varkappa} \tag{9}$$

(vgl. § 1, 24), wo die $\alpha_\varkappa$ und $\beta_\varkappa$ wieder Formen sind, so läßt sich der Bruch mittels einer geeigneten Funktion $\sum_{\varkappa}\gamma_\varkappa\, U_\varkappa$ mit Formen $\gamma_\varkappa$ so erweitern, daß der Nenner dem Bereiche $\overline{\Re}(x_1, x_2)$ angehört, also nach § 1, (27) die Form fE annimmt, wo f eine rationale Binärform, E eine Einheit im Bereiche $\overline{\Re}(x_1, x_2)$ bedeutet. Also ist

$$\Phi = E^{-1}\sum_{\varkappa}\frac{\alpha_\varkappa'}{f}\, U_\varkappa = E'\sum_{\varkappa}\alpha_\varkappa''\, U_\varkappa, \tag{10}$$

wo E' immer noch eine Einheit in $\overline{\mathfrak{R}}(x_1, x_2)$ und $\alpha_\varkappa''$ eine Form ist. Nun ist Φ durch Θ teilbar. Daher beweist man mittels eines leicht auf das Gebiet $\overline{\mathfrak{R}}(x_1, x_2, y)$ übertragbaren Satzes von Gauß[1]), daß alle $\alpha_\varkappa''$ durch Θ teilbar sind. Indem man jetzt die $\alpha_\varkappa''$ durch das System $\Theta_1{}^*, \ldots, \Theta_n{}^*$ ausdrückt, kommt auch Φ in die Form

$$\Phi = \sum_i R_i \, \Theta_i{}^*,$$

wo die R_i ganze Funktionale des Bereiches $\mathfrak{R}(x_1, x_2)$ sind. Damit hat man folgenden

Fundamentalsatz: Zu jedem Funktional Θ existiert ein System von n durch Θ teilbaren **Formen**

$$\Theta_1, \Theta_2, \ldots, \Theta_n,$$

die eine Körperbasis von der besonderen Eigenschaft bilden, daß jedes durch Θ teilbare Funktional Φ in der Gestalt

(11) $$\Phi = R_1 \Theta_1 + \cdots + R_n \Theta_n$$

ausdrückbar ist, wo die $R_1, \ldots, R_n$ ganze Größen des Bereiches $\mathfrak{R}(x_1, x_2)$ oder $\overline{\mathfrak{R}}(x_1, x_2)$ sind, je nachdem Φ eine Form oder ein Funktional des Bereiches $\overline{\mathfrak{R}}(x_1, x_2, y)$ ist. Das System $\Theta_1, \ldots, \Theta_n$ heißt eine Basis von Θ.

Zur wirklichen Ermittelung der Funktionalbasen reichen die Hilfsmittel dieses Beweises nicht aus, man muß für diesen Zweck das von Hensel[2]) für $\Theta = 1$ angegebene Verfahren gehörig erweitern.

    4. Zusatz. Das Funktional Θ ist größter gemeinschaftlicher Teiler von $\Theta_1, \ldots, \Theta_n$.

Da man nämlich Θ selber nach dem Fundamentalsatz in die Form

(12) $$\Theta = \gamma_1 \Theta_1 + \cdots + \gamma_n \Theta_n$$

mit ganzen $\gamma_1, \ldots, \gamma_n$ bringen kann, so ist Θ teilbar durch den Hauptteiler Θ^* der $\Theta_1, \ldots, \Theta_n$, der nach § 2, 4 mittels neuer

<hr>

1) Weber, Algebra, 2. Bd., § 159.
2) Acta mathematica **18**.

Unbestimmter $v_1, \ldots, v_n$ und beliebiger homogen machender Einheitsfaktoren $E_1, \ldots, E_n$ durch

$$\Theta^* = E_1 \Theta_1 v_1 + E_2 \Theta_2 v_2 + \cdots + E_n \Theta_n v_n \qquad (13)$$

dargestellt wird. Daher ist umgekehrt auch Θ^* durch Θ teilbar, also Θ^* von Θ nur durch einen Einheitsfaktor unterschieden.

5. Die Basen des Funktional $\Theta = 1$ werden **Minimalbasen** genannt.

Besteht zwischen der Basis

$$\Theta_1, \Theta_2, \ldots, \Theta_n$$

eines Funktionals Θ und einer Minimalbasis

$$\varepsilon_1, \varepsilon_2, \ldots, \varepsilon_n$$

der Zusammenhang

$$\Theta_\nu = c_{\nu 1} \varepsilon_1 + c_{\nu 2} \varepsilon_2 + \cdots + c_{\nu n} \varepsilon_n \qquad (\nu = 1, 2, \cdots, n) \qquad (14)$$

mit rationalen binären Formen $c_{\mu\nu}$ als Koeffizienten, so ist die Determinante des Systems $c_{\mu\nu}$ die Absolute der Norm von Θ.

Nach dem Fundamentalsatze ist nämlich das durch Θ teilbare Produkt aus Θ und der ganzen Form ε_μ darstellbar durch

$$\varepsilon_\mu \Theta = \sum_\lambda g_{\mu\lambda} \Theta_\lambda$$

mit ganzen $g_{\mu\lambda}$ aus dem Bereich $\Re(x_1, x_2)$. Also ist wegen (14)

$$\varepsilon_\mu \Theta = \sum_\nu \varepsilon_\nu \sum_\lambda g_{\mu\lambda} c_{\lambda\nu}. \qquad (\mu = 1, 2, \cdots, n) \qquad (15)$$

Ordnet man diese n in den $\varepsilon_1, \ldots, \varepsilon_n$ linearen und homogenen Gleichungen und setzt ihre Determinante gleich null, so erhält man eine Gleichung n^{ten} Grades für Θ, deren höchstes Glied Θ^n den Faktor 1 hat, sodaß also das letzte nach § 1, (21) und (22) bis auf das Vorzeichen die Norm $N\Theta$ von Θ ist. Dieses letzte Glied ist aber das Produkt CG der Determinanten C der $c_{\mu\nu}$ und G der $g_{\mu\nu}$, also

$$N\Theta = \pm\, CG. \qquad (16)$$

Nach (14) ist andererseits

$$\frac{\Theta_\nu}{\Theta} = \sum_\lambda c_{\nu\lambda} \frac{\varepsilon_\lambda}{\Theta},$$

also die Diskriminante

$$\varDelta\left(\frac{\Theta_1}{\Theta}, \ldots, \frac{\Theta_n}{\Theta}\right) = \frac{C^2}{(N\Theta)^2}\, \varDelta\left(\varepsilon_1, \ldots, \varepsilon_n\right),$$

oder wegen (16):

$$(17) \qquad \varDelta\left(\frac{\Theta_1}{\Theta}, \ldots, \frac{\Theta_n}{\Theta}\right) = \frac{\varDelta(\varepsilon_1, \ldots, \varepsilon_n)}{G^2}.$$

Nun lassen[1]) sich aber auch die Quotienten Θ_i/Θ als ganze Funktionale durch die $\varepsilon_1, \ldots, \varepsilon_n$ mit ganzen Koeffizienten $\gamma_{\mu\nu}$ darstellen:

$$\frac{\Theta_\nu}{\Theta} = \gamma_{\nu 1}\,\varepsilon_1 + \gamma_{\nu 2}\,\varepsilon_2 + \cdots + \gamma_{\nu n}\,\varepsilon_n$$

und es ist daher, wenn Γ die Determinante des $\gamma_{\mu\nu}$ bezeichnet,

$$(18) \qquad \varDelta\left(\frac{\Theta_1}{\Theta}, \ldots, \frac{\Theta_n}{\Theta}\right) = \Gamma^2\, \varDelta\left(\varepsilon_1, \ldots, \varepsilon_n\right).$$

Aus (17) und (18) folgt $\Gamma^2 G^2 = 1$, $\Gamma G = \pm 1$, das heißt, die ganzen Größen Γ sind G und Teiler der Einheit, also selbst Einheiten. Nach (16) darf man also einfach

$$(19) \qquad\qquad \mathrm{abs}\ N\Theta = C$$

setzen. Damit ist der wichtige Satz 5 bewiesen.

6. Aus den gewonnenen Sätzen läßt sich nun die für unsere Zwecke entscheidende Folgerung ziehen. Wir gehen zu der Formel (14) zurück und denken uns die Minimalbasis $\varepsilon_1, \ldots, \varepsilon_n$ gegeben, die $c_{\nu 1}, \ldots, c_{\nu n}$ jedoch unter der einzigen Beschränkung als rationale, ganze binäre Formen gewählt, daß die Determinante C der $c_{\mu\nu}$ eine Linearform l wird, die so definierten $\Theta_1, \ldots, \Theta_n$ aber homogen ausfallen. Die Frage, die wir uns vorlegen wollen, sei dann, ob dieses System als Basis eines ganzen Funktionals Θ aufgefaßt werden kann. Als Körperbasis ohne Zweifel, denn nach Voraussetzung ist $\varDelta(\Theta_1, \ldots, \Theta_n) = l^2\, \varDelta(\varepsilon_1, \ldots, \varepsilon_n)$, und l soll nicht identisch Null sein. Aus dem Zusatz in 4. entnehmen wir, daß das gesuchte Funktional Θ der größte gemeinschaftliche Teiler von $\Theta_1, \ldots, \Theta_n$ sein müßte. Den wollen wir

---

1) Durch diese Bemerkung läßt sich der Webersche Beweis, Algebra, Bd. 2, § 164, den wir bisher einfach übertragen konnten, auch für die Theorie der Zahlkörper vereinfachen.

jetzt unter Θ verstehen und untersuchen, ob $\Theta_1, \ldots, \Theta_n$ die Basis von diesem Θ ist. Wäre nun $\Theta_1, \ldots, \Theta_n$ noch nicht die Basis von Θ, so könnte man nach dem Hilfssatze zu einer neuen Körperbasis $\Theta_1', \ldots, \Theta_n'$ aus ganzen Formen, die durch Θ teilbar sind, übergehen, und es wäre die Stufe der Diskriminante $\varDelta(\Theta_1', \ldots, \Theta_n')$ mindestens um zwei kleiner als die von $\varDelta(\Theta_1, \ldots, \Theta_n)$, und da $\varDelta(\Theta_1, \ldots, \Theta_n) = l^2 \varDelta(\varepsilon_1, \ldots, \varepsilon_n)$ ist, so wäre die Stufe jener neuen Diskriminante gleich der einer Minimalbasis, d. h. das System $\Theta_1', \ldots, \Theta_n'$ wäre als System ganzer Formen selber eine Minimalbasis. Jetzt sind nur zwei Fälle möglich:

Entweder ist Θ eine Einheit — dann ist seine Basis in der Tat eine Minimalbasis, und diese Rolle kann sowohl $\varepsilon_1, \ldots, \varepsilon_n$ als auch $\Theta_1', \ldots, \Theta_n'$ übernehmen —,

oder Θ ist keine Einheit — dann ist schon $\Theta_1, \ldots, \Theta_n$ die richtige Basis gewesen.

Aus $\varDelta(\Theta_1, \ldots, \Theta_n) = l^2 \varDelta(\varepsilon_1, \ldots, \varepsilon_n)$ folgt dann aber auf Grund des Satzes in 5., daß l die Absolute der Norm von Θ ist. In § 2, 6 hatten wir aber schon vorausgesehen, daß die Absolute der Norm eines Primfunktionals die Potenz einer Linearform sein würde — nun sehen wir die Möglichkeit, ein Funktional zu konstruieren, dessen Absolute der Norm einfach eine Linearform ist. Dieses Funktional wird dann eine Primfunktional sein. Die einzige Bedingung ist, daß $C = l$ wird und der größte gemeinschaftliche Teiler der $\Theta_1, \ldots, \Theta_n$ keine Einheit ist.

§ 4. Das Primfunktional.

1. Bis an diese Stelle haben wir vom Begriffe des Punktes, über den im § 2, 6 einige Andeutungen gemacht sind, noch nicht benutzt. Hier nun müssen wir ihn zu Hilfe nehmen, um das in Aussicht genommene Θ so zu konstruieren, daß es keine Einheit wird; das wollen wir in der Weise erreichen, daß wir Θ einen Nullpunkt aufprägen. Das Verfahren ist ganz einfach. Wir gehen aus von einer Minimalbasis $\varepsilon_1, \varepsilon_2, \ldots, \varepsilon_n$, die nach wachsenden, oder doch nicht abnehmenden Stufen geordnet sei, und bemerken, daß dann ε_1 als Form niedrigster Stufe notwendig eine Konstante sein muß, da durch die Minimalbasis u. a. auch die Zahl 1 mit

ganzen Koeffizienten darstellbar sein muß. Wir dürfen unbeschadet der Allgemeinheit $\varepsilon_1 = 1$ annehmen.

2. Wenn wir bisher von Funktionalen sprachen, meinten wir vom Standpunkt des Punktbegriffes immer den Wert, den das Funktional in einem beliebigen, veränderlichen Punkte annimmt, und in allen Beziehungen zwischen Funktionalen waren ihre Werte in demselben Punkte gemeint. Diesen wollen wir von nun an $\mathfrak{v}$ nennen und in die Bezeichnung aufnehmen. In ihrer Abhängigkeit von $\mathfrak{v}$ möge die Minimalbasis genauer mit

$$\varepsilon_1(\mathfrak{v}), \ \varepsilon_2(\mathfrak{v}), \ \ldots, \ \varepsilon_n(\mathfrak{v})$$

bezeichnet sein. Ebenso seien $x_1(\mathfrak{v})$, $x_2(\mathfrak{v})$ die Werte von x_1, x_2 in $\mathfrak{v}$. Der in Aussicht genommene Nullpunkt möge $\mathfrak{p}$ heißen. Mittels Unbestimmter w_1, w_2 bilden wir dann die Linearform

$$(1) \qquad w(\mathfrak{v}) = w_1 x_1(\mathfrak{v}) + w_2 x_2(\mathfrak{v}),$$

die eine Einheit darstellt, und setzen

$$(2) \qquad \begin{cases} \pi_1 = (x_1(\mathfrak{v}) x_2(\mathfrak{p}) - x_2(\mathfrak{v}) x_1(\mathfrak{p})) \\ \pi_\nu = w(\mathfrak{p})^{e_\nu} \varepsilon_\nu(\mathfrak{v}) - w(\mathfrak{v})^{e_\nu} \varepsilon_\nu(\mathfrak{p}), \end{cases} \qquad (\nu = 2, 3, \cdots, n)$$

wo $e_\nu = [\varepsilon_\nu]$ die Stufe von ε_ν bedeutet. Denkt man π_1 im ganzen und in π_ν das Glied $\varepsilon_\nu(\mathfrak{p})$ noch mit dem Faktor $\varepsilon_1(\mathfrak{v}) \equiv 1$ versehen, so ist

$$\varDelta(\pi_1, \ldots, \pi_n)$$
$$= (x_1(\mathfrak{v}) x_2(\mathfrak{p}) - x_2(\mathfrak{v}) x_1(\mathfrak{p}))^2 \, w(\mathfrak{p})^{2(e_2 + e_3 + \cdots + e_n)} \, \varDelta(\varepsilon_1, \ldots, \varepsilon_n);$$

also die Determinante, die am Schlusse des vorigen Paragraphen C hieß, lautet $(x_1(\mathfrak{v}) x_2(\mathfrak{p}) - x_2(\mathfrak{v}) x_1(\mathfrak{p})) \, w(\mathfrak{p})^{e_2 + \cdots + e_n}$, ist also, wie beabsichtigt war, eine Linearform, da $w(\mathfrak{p})$ eine von $\mathfrak{v}$ unabhängige Konstante bedeutet. Da nun $\pi_1, \ldots, \pi_n$ offenbar verschwinden, sobald $\mathfrak{v}$ mit $\mathfrak{p}$ zusammenfällt, so ist der größte gemeinschaftliche Teiler π von $\pi_1, \ldots, \pi_n$ keine Einheit, also ist π das Primfunktional mit dem Nullpunkt $\mathfrak{p}$.

3. Um den Hauptteiler der $\pi_1, \ldots, \pi_n$ zu bilden, machen wir sie durch Division mit geeigneten Potenzen der Einheiten $w(\mathfrak{v}), w(\mathfrak{p})$ in $\mathfrak{v}$ und in $\mathfrak{p}$ homogen zur Stufe Null, indem wir

$$\pi_1 = w(\mathfrak{v})\, w(\mathfrak{p})\, \varPi_1 , \tag{3}$$
$$\pi_\nu = w(\mathfrak{v})^{e_\nu}\, w(\mathfrak{p})^{e_\nu}\, \varPi_\nu , \qquad (\nu = 2, 3, \cdots, n)$$

setzen. Mittels eines beliebigen festen Hilfspunktes $\mathfrak{q}$ hat man:

$$\frac{x_1(\mathfrak{v})\, x_2(\mathfrak{p}) - x_2(\mathfrak{v})\, x_1(\mathfrak{p})}{w(\mathfrak{v})\, w(\mathfrak{p})} = \frac{x_1(\mathfrak{v})\, x_2(\mathfrak{q}) - x_2(\mathfrak{v})\, x_1(\mathfrak{q})}{w(\mathfrak{v})\, w(\mathfrak{q})}$$
$$- \frac{x_1(\mathfrak{p})\, x_2(\mathfrak{q}) - x_2(\mathfrak{p})\, x_1(\mathfrak{q})}{w(\mathfrak{p})\, w(\mathfrak{q})} , \tag{4}$$

also ist:

$$\varPi_1 = \frac{x_1(\mathfrak{v})\, x_2(\mathfrak{q}) - x_2(\mathfrak{v})\, x_1(\mathfrak{q})}{w(\mathfrak{v})\, w(\mathfrak{q})} - \frac{x_1(\mathfrak{p})\, x_2(\mathfrak{q}) - x_2(\mathfrak{p})\, x_1(\mathfrak{q})}{w(\mathfrak{p})\, w(\mathfrak{q})}$$
$$\varPi_\nu = \frac{\varepsilon_\nu(\mathfrak{v})}{w(\mathfrak{v})^{e_\nu}} - \frac{\varepsilon_\nu(\mathfrak{p})}{w(\mathfrak{p})^{e_\nu}} . \qquad (\nu = 2, 3, \cdots, n) \tag{5}$$

Der Hauptteiler der π fällt mit dem der $\varPi$ zusammen; dieser ist aber $\varPi(\mathfrak{v}\,|\,\mathfrak{p}) = \varPi_1 u_1 + \varPi_2 u_2 + \cdots + \varPi_n u_n$ (§ 1, 4). Er hat die Form

$$\varPi(\mathfrak{v}\,|\,\mathfrak{p}) = \zeta(\mathfrak{v}) - \zeta(\mathfrak{p}), \tag{6}$$

wo

$$\zeta(\mathfrak{v}) = \frac{x_1(\mathfrak{v})\, x_2(\mathfrak{q}) - x_2(\mathfrak{v})\, x_1(\mathfrak{q})}{w(\mathfrak{v})\, w(\mathfrak{q})}\, u_1 + \frac{\varepsilon_2(\mathfrak{v})}{w(\mathfrak{v})^{e_2}}\, u_2 + \cdots + \frac{\varepsilon_n(\mathfrak{v})}{w(\mathfrak{v})^{e_n}}\, u_n . \tag{7}$$

Damit ist folgendes Ergebnis gewonnen:

Das vom variabeln Punkt $\mathfrak{v}$ abhängige Primfunktional mit dem Nullpunkte $\mathfrak{p}$ ist

$$\varPi(\mathfrak{v}\,|\,\mathfrak{p}) = \zeta(\mathfrak{v}) - \zeta(\mathfrak{p}),$$

wo $\zeta(\mathfrak{v})$ nicht von $\mathfrak{p}$, $\zeta(\mathfrak{p})$ nicht von $\mathfrak{v}$ abhängt.

Zerlegt man jetzt eine Funktion des ursprünglichen Körpers $\mathfrak{R}(x, \eta)$ in die Primfaktoren des Zählers und des Nenners einer Darstellung als Quotient absolut ganzer Funktionale, so ist die eingangs aufgestellte Behauptung bewiesen. Die Darstellung des Funktionals $\zeta(\mathfrak{v})$ läßt sich noch sehr vereinfachen, es sind in Wirklichkeit nur zwei Unbestimmte erforderlich. Mittels $\zeta(\mathfrak{v})$ läßt sich auch die Riemannsche Fläche über x als unabhängiger Variabler sehr leicht konstruieren. Mit diesen Andeutungen muß es aber hier sein Bewenden haben.

Zur Figur des Mondes.

Von

Carl Wirtz in Straßburg i. E.

1. Frühere Beobachtungsarbeiten über die Mondfigur.

In der Untersuchung „Sur la figure de la lune" hatte P. A. Hansen[1]) im Jahre 1856 aus Vergleichungen von Greenwicher und Dorpater Mondbeobachtungen mit den von ihm 1857 veröffentlichten „Tables de la lune" die Ungleichheiten des Mondlaufs in Länge größer gefunden, als es die Theorie erforderte und daraus geschlossen, daß der beobachtete Mondrand uns 59 km näher liege als der Schwerpunkt. Danach besäße also der Mond eine erhebliche Verlängerung zur Erde hin, und zwar fiele der Schwerpunkt des Mondes nicht mit seinem geometrischen Mittelpunkt zusammen, sondern sei um $\varepsilon = + 0{,}034$ Mondradien weiter entfernt als jener.

Hansens merkwürdiges Resultat veranlaßte sehr bald Nachprüfungen durch direkte Beobachtungen, deren erste Ergebnisse auch für eine starke Verlängerung des Mondkörpers zur Erde hin sprachen Zunächst war es H. Gussew[2]), der sich auf Hansens Anregung die Vorzüge der damals jungen Photographie zu nutze machte und zwei Mondaufnahmen verwertete, die Warren de la Rue am 1. November 1857 und am 29. März 1858 am Cranford Observatory erhielt. Er leitete aus den Messungen auf den

---

1) P. A. Hansen, Sur la figure de la lune Mem. R. astr. Soc. London **24** (1856), 29.

2) H. Gussew, Über die Gestalt des Mondes. Bull. ac. imp. Pétersbourg I (1859), 276.

zu verschiedenen Librationen, jedoch zu gleichen Phasen gehörigen Mondbildern nach einer auf den Gesetzen der Perspektive beruhenden Methode für 9 Krater die Abstände vom Mondzentrum ab. J. Franz[1]) hat Gussews Einzelresultate an ein Rotationsellipsoid angeschlossen und so die Verlängerung zur Erde hin noch stärker gefunden, als Hansen sie abgeleitet hatte, nämlich zu $\varepsilon = + 0,0480$. Franz zeigt aber, daß unerhebliche Verschiebungen der Zeit der Aufnahmen das Ergebnis beliebig variieren, ja die Verlängerung zum Verschwinden bringen. Und da in der Tat der genaue Moment der Expositionen nicht bekannt ist, so verliert Gussews Resultat jede Sicherheit.

Nach einem ganz anderen Verfahren bestätigte E. Kayser[2]) im Jahre 1869 Hansens Wert der Verlängerung ε. Er maß mikrometrisch die Breite der Mondsichel und löst nun die Aufgabe, aus der beobachteten Sichelbreite das Verhältnis des auf die Erde hin gerichteten Mondradius zu dem Halbmesser des scheinbaren Randes zu ermitteln. Die Ungunst der äußeren Verhältnisse erlaubte nur eine einzige Bestimmung der Sichelbreite am 15. Juli 1868 auf der Danziger Sternwarte, deren Ausrechnung für die Erhebung des Mondniveaus der Mitte über das des Randes den Wert $\varepsilon = + 0,0329$ liefert.

Zum drittenmal gelangt A. Beck[3]) im Jahre 1877 zu der von Hansen gefundenen starken Aufwölbung des Mondes gegen die Erde. Beck stellte keine neuen Beobachtungen an, sondern bediente sich des reichen Schatzes an selenographischen Messungen, den Beer-Mädlers klassisches Werk[4]) birgt. Er wählte die Beobachtungen aus, die Mädler an den 4 Mondkratern Gambart A, Kopernikus, Thebit A und Landsberg erhielt und berechnete sie in ähnlicher Weise, wie Gussew seine photographischen Messungen. Unter dem Einfluß der Librationsdrehung bewegt

---

1) J. Franz, Die Figur des Mondes. Astr. Beob. Königsberg **38** (1899), S. 3.

2) E. Kayser, Untersuchung des Mondes hinsichtlich seiner ellipsoidischen Gestalt. Astr. Nachr. **73** (1869), 225.

3) A. Beck, Über die Gestalt des Mondes. Diss. Zürich 1877.

4) W. Beer, J. H. Mädler, Der Mond. Berlin 1837.

sich nämlich ein Punkt der Mondkugel um so weiter zur Seite,
je entfernter er vom Schwerpunkt des Mondes absteht. Becks
Mittelwert für die Verlängerung des Mondes aus der gesonderten
Berechnung der 4 Krater lautet $\varepsilon = + 0{,}021$, mittlerer Fehler
$\pm\, 0{,}012$.

Die Frage nach der Figur des Mondes geriet dann erst wieder in Fluß durch die eingehende Bearbeitung, die mehrere mit
den selenographischen Koordinaten verknüpfte Fragen durch
J. Franz[1] fanden. Ihm standen 5 am 91 cm-Refraktor der Lick-
sternwarte in den Jahren 1890 und 1891 aufgenommene Photo-
gramme zur Verfügung, auf denen der Mond einen durchschnittlichen Durchmesser von 14 cm hatte. Franz maß über 60 Mondkrater, und indem er die Berechnung auf die schon gelegentlich
der Besprechung der Beckschen Arbeit skizzierten stereosko-
pischen Gesetze gründet, findet er die Verlängerung $\varepsilon = + 0{,}00114$,
m. F. $\pm\, 0{,}00577$. Auf Grund seines reichhaltigen Materials ist
Franz noch in der Lage, die inzwischen auch weiter bekannt
gewordene[2] wichtige Karte der durchschnittlichen Niveaulinien
der Mondoberfläche zu zeichnen, die zum erstenmal eine Vorstellung von der Verteilung der Tiefländer und Hochplateaus
vermittelt. Während aber die früheren Beobachter für die Verlängerung ε einen Wert fanden, der in die Größenordnung des
Hansenschen fällt, wird sie jetzt verschwindend klein. Franz
stützte sein Resultat noch durch eine andere Beobachtungsreihe.
Nach Kaysers Vorschlag maß er 1890/91 am Königsberger Heliometer 15 Sichelbreiten, denen 1899 C. Mainka am kleinen
Breslauer Heliometer weitere 6 hinzufügte. Mainka[3] bearbeitete
die ganze Reihe und fand $\varepsilon = + 0{,}004$, m. F. $\pm\, 0{,}019$; wiederum
einen verschwindend kleinen Betrag.

Auf photographischem Material, daß von Franz herstammt,

---

1) J. Franz, l. c.

2) Reproduziert in J. Franz, Der Mond. ANG Nr. 90. Leipzig
1906, S. 46, und in Meyers Konvers.-Lex., 6. Aufl., Artik. Mond.

3) C. Mainka, Untersuchung über die Verlängerung des Mondes
nach der Erde zu. Mitteil. Sternw. Breslau 1 (1901), 53.

beruht auch der von W. H. Pickering[1]) abgeleitete Wert von ε. Er behandelte, ähnlich wie Beck, 20 der 150 von Franz[2]) ausgemessenen Mondkrater. Pickering findet $\varepsilon = + 0{,}0013$, m. F. $\pm 0{,}0018$.

Auf demselben Wege wie Franz studierte S. A. Saunder[3]) die Figur des Mondes. Er benutzte 38 Punkte, die auf vier der ausgezeichneten Pariser Mondnegative vorkommen und von ihm im Laufe seiner ausgedehnten Untersuchungen über die Koordinaten selenographischer Punkte vermessen wurden. Saunder erhielt den Wert $\varepsilon = + 0{,}00052$, m. F. $\pm 0{,}00040$.

F. Hayns[4]) visuelle Beobachtungen am Leipziger Refraktor umschließen 5 Mondkrater: Mösting A, Messier A, Kepler A, Egede A und Tycho. In die Bedingungsgleichungen führt er für jedes Objekt den zugehörigen Mondradius ein und kommt nach kritischer Prüfung der verschiedenen Möglichkeiten zu dem Ergebnis, daß der Radius zu dem der scheinbaren Mondmitte sehr nahen Krater Mösting A um $2'',1$ größer sei als der Randradius. Nun erhebt sich aber der beobachtete Gipfel von Mösting A um etwa $1'' = 1900$ m über die Ebenen der Umgebung, und man müßte daher annehmen, daß der Mond um $1'',1$ nach der Erde verlängert sei, das wäre also $\varepsilon = + 0{,}0012$, m. F. $\pm 0{,}0014$.

Hayns Ergebnis fand eine Bestätigung durch die Arbeit von F. J. M. Stratton[5]), wenigstens soweit es sich um den Überschuß dh des Mondradius zum Krater Mösting A über den Randhalbmesser handelt. Aus einer Neubearbeitung der 158 Schlüterschen Beobachtungen am Königsberger Heliometer (1841—1843) erhält Stratton $dh = + 3''$; die Verlängerung

1) W. H. Pickering, A photographic Atlas of the Moon. Ann. Harv. Coll. observ. **51** (1903), 35.

2) J. Franz, Ortsbestimmung von 150 Mondkratern. Mitteil. Sternw. Breslau **1** (1901), 1.

3) S. A. Saunder, First attempt to determine the figure of the Moon. M. Not. **65** (1905), 458.

4) F. Hayn, Selenographische Koordinaten II. Abh. math.-ph. Kl. K. sächs. Ges. d. W. **29** (1904), 1.

5) F. J. M. Stratton, The constants of the Moons physical libration. Mem. R. astr. soc. **59** (1909), 257.

des Mondkörpers betrüge danach rund 2″ oder $\varepsilon = +\,0{,}0021$, m. F. $\pm\,0{,}0021$.

Franz nahm dagegen bei seinen Untersuchungen über die Koordinaten von Mösting A und die Rotationskonstanten des Mondes den Krater im Niveau des Mondrandes an, und die Beobachtungen kommen auch so in gute Übereinstimmung; die Einführung der Größe dh läßt nicht nur diese selbst ziemlich unsicher herauskommen, sondern bewirkt auch eine erhebliche Vergrößerung der mittleren Fehler in den zu bestimmenden Konstanten der Rotation und Libration. Will man die Erhebung des Kraters Mösting A über das mittlere Niveau des Mondrandes mit Sicherheit bestimmen, so muß der Krater noch an weit mehr Punkte des Randes angeschlossen werden und diese Messungen müßten frei sein von den Unregelmäßigkeiten des Mondprofils. Das ist der Schluß, zu dem übereinstimmend Franz und Stratton gelangen.

2. Die Methode der Sichelbreiten.

Vor sechs Jahren habe ich gelegentlich einige Beobachtungen angestellt, deren Ziel die Figur des Mondes sein sollte. Gegenstand der Messung war nach Kaysers Vorgang die Sichelbreite. Ergeben sich auch aus der physischen Zerrissenheit des Terminators große Schwierigkeiten und Unsicherheiten, so schien anderseits ein Vorzug darin zu bestehen, daß der Terminator durch sein Aussehen dem Beobachter erlaubte, direkt das mittlere Niveau des Mondes zu beurteilen und einzustellen. Da die Verlängerung ε des Mondes zur Erde hin nur gering ist, setzt man sie am bequemsten in Zusammenhang mit dem Unterschied der beobachteten gegen die unter Annahme der Kugelgestalt berechnete Sichelbreite. Bei der großen Nähe des Mondes sind hier aber die Vernachlässigungen nicht mehr erlaubt, die für die Planeten unbedenklich Platz greifen. Durch einfache geometrische Betrachtungen, die im einzelnen nicht erörtert zu werden brauchen, gelangt man zu den folgenden Formeln für die vom Beobachtungsort aus gesehene Sichelbreite σ_0 des kugelförmigen Mondkörpers.

Es seien

$\alpha_\odot$, $\delta_\odot$ die topozentrischen sphärischen Koordinaten der Sonne,
$\alpha_\mathbb{C}$, $\delta_\mathbb{C}$ die topozentrischen sphärischen Koordinaten des Mondes,
$\Delta\alpha = \alpha_\mathbb{C} - \alpha_\odot$,
$r_\odot$, $r_\mathbb{C}$ die topozentrischen scheinbaren Sonnen- und Mondradien,
$\pi_\odot$ die Sonnenparallaxe,

dann hat man:

$$\tan u = \operatorname{cotg} \delta_\odot \cos \Delta\alpha$$

$$\tan q = \sin u \, \tan \Delta\alpha \, \sec(\delta_\mathbb{C} + u)$$

$$\tan D = \sec q \, \operatorname{cotg}(\delta_\mathbb{C} + u)$$

$$m = [4{,}7498]\, \frac{\pi_\odot}{r_\mathbb{C}} \sin D + [3{,}884]\left(\frac{\pi_\odot}{r_\mathbb{C}}\right)^2 \sin 2D$$

$$\alpha = 180^0 - (D + m)$$

$$\sigma_0 = r_\mathbb{C} \frac{1 + \cos\{\alpha + (r_\mathbb{C} - r_\odot)\}}{1 - [4{,}6856]\, r_\mathbb{C} \sin\{\alpha + (r_\mathbb{C} - r_\odot)\}}.$$

D ist der vom Beobachtungsort aus gesehene Winkelabstand der Mittelpunkte von Sonnen- und Mondscheibe.

m ist der Winkel, unter dem vom Sonnenmittelpunkt aus die Entfernung Erde—Mond erscheint; er wird in Bogensekunden gefunden.

α ist der Winkel am Mond in dem Dreieck Erde—Mond—Sonne, der sogen. Phasenwinkel.

In den eckigen Klammern stehen Logarithmen. Das an α angebrachte Zusatzglied $- r_\odot$ rührt daher, daß die äußerste durch den Halbschatten bedingte Grenze der Sichel berechnet werden sollte.

Auch in diesen Formeln stecken noch einige Vernachlässigungen, die aber für das Ergebnis σ_0 ohne Belang sind. Um das zu übersehen, bilden wir die Differentialformel

$$d\sigma_0 = -\, d\alpha\, [4{,}6856]\, r_\mathbb{C} \sin \alpha$$

oder im Durchschnitt

$$d\sigma_0 = -\, \tfrac{1}{220}\, d\alpha \sin \alpha$$

In Strenge müßte nun der scheinbare Sonnenradius $r_\odot$ in dem Gliede $(r_{\mathbb{C}} - r_\odot)$ für das Mondzentrum gelten, der dann um $2''$ größer sein könnte als der zugrunde gelegte topozentrische Radius; man sieht, daß daraus ein Fehler von noch nicht $0'',01$ in σ_0 entspringt. Ferner blieb das zweite Glied in der Formel für m fort, das in maximo $0'',8$ erreicht, die Sichelbreite also nur mit $0'',004$ beeinflußt.

Wir stellen uns den Mond jetzt als ein zweiachsiges Ellipsoid vor, dessen lange Achse zur Erde gerichtet ist oder, genauer gesprochen, auf den Punkt hinzeigt, dessen selenographische Länge und Breite gleich Null; die Differenz beider Achsen heiße ε. Bedeutet noch α_1 . den Winkel der Sonnenstrahlen gegen die große Achse des Mondes, so erhält man für die Differenz $d\sigma$ zwischen berechnetem (kugelförmigem) σ_0 und beobachtetem (ellipsoidischem) σ den Ausdruck

$$d\sigma = - \varepsilon \cos \alpha_1 \sin^2 \alpha_1 .$$

Der Winkel α_1 unterscheidet sich vom Phasenwinkel α um einen Betrag, der etwa 10° erreichen kann und durch die optische Libration bedingt ist. Denn infolgedessen erscheint die wahre Mitte der Mondscheibe, i. e. der Schnittpunkt des Nullmeridians mit dem Äquator, bald auf der einen, bald auf der andern Seite von der scheinbaren Mitte. Da α den Winkel am Mond in dem Dreieck Sonne—Mond—Beobachtungsort bedeutet, so muß man, um den Winkel α_1 der Sonnenstrahlen gegen die lange Achse des Mondes zu erhalten, noch die wirksame Komponente der Libration hinzufügen. Es genügt zu dem Zwecke, das selenozentrische sphärische Dreieck: Wahre Mondmitte—scheinbare Mondmitte—Fußpunkt der von der wahren Mondmitte auf den Beleuchtungsäquator gefällten Senkrechten, als ein ebenes zu betrachten, und daraus die an α zum Übergang auf α_1 anzubringende Korrektion abzulesen. Bezeichnet nämlich

l', b' die Libration in Länge und Breite,

$C\quad$ den Positionswinkel des durch die scheinbare Mondmitte gehenden selenographischen Meridians,

$p\quad$ den Positionswinkel des Beleuchtungsäquators,

so rechne man

$$\Delta'^2 = l'^2 + b'^2 \qquad \tan \chi = \frac{b'}{l'} \qquad \alpha_1 = \alpha + \Delta' \cos (p - C - 90^0 - \chi).$$

Bei der Kleinheit aller in die Rechnung eingehenden Größen sind die mitgeteilten, durch einfache geometrische Betrachtungen leicht zu verifizierenden Formeln hinreichend scharf. Die Lösung der Aufgabe enthält die Formel

$$d\sigma = - \varepsilon \cos \alpha_1 \sin^2 \alpha_1,$$

die für jede Beobachtung einer Sichelbreite einen Wert der Verlängerung ε liefert, wenn man nicht eine gemeinsame Ausgleichung aller Beobachtungen vorzieht.

3. Die Beobachtungen, systematische Fehler.

Die Messungen sind am 49 cm-Refraktor der Straßburger Sternwarte bei einer 154fachen Vergrößerung angestellt; die Zahl der einzelnen Pointierungen belief sich unter Elimination der Koinzidenz auf 8 oder 10, nur an einem Tage (1906. IV. 25) auf 16. Der beschränkte Bereich des Fadenmikrometers bringt es mit sich, daß nur die schmalen Sicheln des Mondes vor dem ersten Viertel und nach dem letzten Viertel der Beobachtung zugänglich sind. Aus der Formel für $d\sigma$ folgt, daß das Maximum des Einflusses einer Verlängerung ε der Mondfigur auf die Sichelbreite dann eintritt, wenn der Winkel $\alpha_1 = 54^0,7$, d. h. wenn die Phasenwinkel 125^0, 55^0, 305^0, 235^0 betragen; dazu gehören der Reihe nach die Mondalter $4^d,5$, $10^d,5$, $19^d,5$, $25^d,5$. Die Straßburger Reihe umfaßt das erste Maximum beim Mondalter $4^d,5$; zu dem letzten bei $25^d,5$ gehört nur eine Beobachtung. Bei den Messungen wurde zunächst der Positionswinkel der größten Sichelbreite ungefähr eingestellt und festgeklemmt, und in dieser Richtung der Abstand der Tangenten an den Terminator und den beleuchteten Mondrand ermittelt. Stimmt der PW der Messung überein mit dem des Beleuchtungsäquators, so stellt der gemessene Tangentenabstand auch die gesuchte Sichelbreite dar; im andern Falle ist eine Reduktion erforderlich, die man an Hand einer Zeichnung wie folgt ableitet:

σ' gemessene, σ wahre Sichelbreite,

γ Differenz zwischen PW p der Messung und p_0 des Beleuchtungsäquators,

$$e^2 = \frac{(2r_\mathbb{C} - \sigma)\,\sigma}{r_\mathbb{C}^2} \qquad \sigma - \sigma' = r_\mathbb{C}\sqrt{1 - e^2\cos^2\gamma} - (r_\mathbb{C} - \sigma).$$

Der PW p_0 des Beleuchtungsäquators am Mondmittelpunkt ist bis auf die Zählrichtung identisch mit dem bei der Berechnung von σ_0 auftretenden Winkel q, und für σ tritt der Rechnungswert σ_0 ein.

Wie schon aus der Art der Berechnung der kugelförmigen Sichelbreite σ_0 hervorgeht, war beabsichtigt, beim Terminator dessen äußerste, durch die Randstrahlen der Sonne bewirkte Grenzlinie einzustellen, und zwar brachte ich den Mikrometerfaden direkt auf die Lichtgrenze; den Mondrand hingegen tangierte ich von außen, so daß von dem unmittelbaren Resultat der Messung noch die halbe Fadendicke abgezogen werden muß. Die Fadendicke war übrigens für diese Beobachtungen unerheblich; sie belief sich auf kaum $0'',3$. Die Lage des Terminators wurde in erster Linie nach seinem Streichen über die Ebenen der Mondoberfläche beurteilt, und es ist — um hier etwas vorzugreifen — auch einigermaßen gelungen, im Laufe dieser Beobachtungen, die ja einer beträchtlichen natürlichen Unsicherheit unterworfen sind, die Einstellungsart der verwaschenen Lichtgrenze ziemlich konstant zu halten.

Die folgenden beiden Tabellen enthalten in übersichtlicher Anordnung die Beobachtungen und Rechnungsgrundlagen; die Sonnen- und Mondörter entstammen dem Greenwicher Nautical Almanac, jedoch ist an die Mondephemeride eine Verbesserung von $+0^s,40 - 1'',0$ angebracht worden, um die durchschnittliche Abweichung der Mondtafeln vom wahren Ort zu berücksichtigen. Der scheinbare Sonnenradius in mittlerer Entfernung ist ebenfalls nach dem Nautical Almanac angenommen zu $16'1'',18$, der mittlere Mondradius jedoch zu $15'33'',68$, während ihn der N. A. nach Hansen gleich $15'34'',09$ setzt. Die Mond- und Sonnenörter und Librationsangaben gelten für den Beobachtungsort Straßburg, also topozentrisch. Die gemessene Sichelbreite σ' ist schon wegen Refraktion verbessert.

Nr.	Datum	M. Z. Greenwich	P W der Messung (p)	P W des Beleucht.-Äquators (p_0)	$p - p_0 = \gamma$	Gemess. Sichelbreite (σ')	Korrektion $\sigma - \sigma'$	σ	σ_0	$\sigma - \sigma_0$
1	06. III. 27	$6^h 35^m 1^s$	269°58′	260°19′	+ 9°39′	126″,0	+ 2″,0	128″,0	124″,7	+ 3″,3
2	28	6 30 27	264 8	260 37	+ 3 31	231 ,2	+ 1 ,0	232 ,2	224 ,3	+ 7 ,9
3	28	7 2 19	264 8	260 39	+ 3 29	233 ,4	+ 0 ,9	234 ,3	226 ,1	+ 8 ,2
4	29	6 51 49	268 58	262 29	+ 6 29	350 ,7	+ 5 ,9	356 ,6	350 ,4	+ 6 ,2
5	30	6 33 22	266 58	265 18	+ 1 40	496 ,2	+ 0 ,6	496 ,8	496 ,6	+ 0 ,2
6	30	8 45 19	266 58	265 35	+ 1 23	512 ,8	+ 0 ,5	513 ,3	505 ,8	+ 7 ,5
7	IV. 25	6 53 55	262 18	270 1	− 7 43	73 ,6	+ 1 ,3	74 ,9	71 ,0	+ 3 ,9
8	V. 29	8 55 11	289 20	288 31	+ 0 49	663 ,0	+ 0 ,3	663 ,3	661 ,1	+ 2 ,2
9	VI. 26	8 10 28	290 31	290 4	+ 0 27	416 ,5	0 ,0	416 ,5	408 ,7	+ 7 ,8
10	26	8 30 52	290 32	290 7	+ 0 25	419 ,0	0 ,0	419 ,0	410 ,6	+ 8 ,4
11	27	8 10 9	292 19	291 51	+ 0 28	590 ,4	0 ,0	590 ,4	591 ,4	− 1 ,0
12	27	8 31 28	292 19	292 5	+ 0 14	591 ,8	0 ,0	591 ,8	593 ,4	− 1 ,6
13	VII. 25	7 49 45	291 48	291 15	+ 0 33	358 ,6	0 ,0	358 ,6	356 ,8	+ 1 ,8
14	25	8 14 1	291 50	291 16	+ 0 34	363 ,5	0 ,0	363 ,5	359 ,1	+ 4 ,4
15	XI 11	16 34 23	114 24	115 34	− 1 10	433 ,0	+ 0 ,3	433 ,3	426 ,2	+ 7 ,1
16	XII. 21	5 21 7	247 13	247 41	− 0 28	778 ,7	0 ,0	778 ,7	766 ,9	+ 11 ,8
17	07. I. 17	5 41 33	248 53	251 10	− 2 17	300 ,9	+ 0 ,6	301 ,5	297 ,0	+ 4 ,5
18	III. 19	6 10 3	260 55	261 16	− 0 21	520 ,4	0 ,0	520 ,4	522 ,2	− 1 ,8
19	VI. 16	8 14 1	289 27	289 16	+ 0 11	512 ,0	0 ,0	512 ,0	505 ,9	+ 6 ,1
20	17	9 21 42	288 37	291 40	− 3 3	698 ,1	+ 4 ,8	702 ,9	690 ,6	+ 12 ,3
21	08. II. 5	6 2 35	252 4	251 50	+ 0 15	318 ,0	0 ,0	318 ,0	309 ,3	+ 8 ,7
22	III. 5	6 12 16	251 25	255 11	− 3 46	230 ,2	+ 1 ,2	231 ,4	225 ,2	+ 6 ,2
23	7	6 27 50	263 55	257 16	+ 6 39	539 ,5	+ 12 ,1	551 ,6	544 ,8	+ 6 ,8

Nr.	Mond		Sonne		Libration				Randprofil		
	$\alpha_\leftmoon$	$\delta_\leftmoon$	$\alpha_\odot$	$\delta_\odot$	l'	b'	C	α_1	P	D	dh
1	$2^h23^m\ 4^s,1$	$+\ 8°30'12''$	$0^h22^m41^s,6$	$+\ 2°27'15''$	$-0°28',0$	$+6°54',3$	$-19°15',2$	$150°,1$	$289°,0$	$-1°,7$	$+0'',4$
2	3 9 21,1	$+11\ 55\ 18$	0 26 19,1	$+\ 2\ 50\ 39$	$-1\ 37,6$	$+7\ \ 4,8$	$-15\ 43,8$	137,7	} 279,8	$-0,1$	$-0,4$
3	3 10 15,4	$+11\ 58\ 35$	0 26 24,0	$+\ 2\ 51\ 10$	$-1\ 41,2$	$+7\ \ 5,2$	$-15\ 39,2$	137,4			
4	3 57 22,8	$+14\ 52\ 15$	0 30 0,6	$+\ 3\ 14\ 25$	$-2\ 51,5$	$+6\ 57,0$	$-11\ 26,8$	125,1	280,6	$-1,3$	$-0,4$
5	4 45 38,5	$+17\ \ 8\ \ 5$	0 33 36,0	$+\ 3\ 37\ 28$	$-3\ 58,9$	$+6\ 34,0$	$-\ \ 6\ 42,1$	113,0	} 273,4	$-3,4$	$-0,4$
6	4 49 24,6	$+17\ 13\ 27$	0 33 56,2	$+\ 3\ 39\ 37$	$-4\ 16,6$	$+6\ 34,9$	$-\ \ 6\ 19,3$	111,8			
7	3 44 1,4	$+14\ 13\ \ 3$	2 9 27,7	$+13\ \ \ 4\ 24$	$-1\ 57,6$	$+6\ 55,4$	$-12\ 39,2$	156,6	275,1	$-1,1$	$-0,7$
8	9 30 57,7	$+14\ 32\ 41$	4 22 59,0	$+21\ 34\ 32$	$-7\ 49,9$	$+0\ \ 1,5$	$+19\ 59,0$	99,2	269,3	$-7,6$	—
9	10 8 57,3	$+12\ 16\ 12$	6 18 37,0	$+23\ 22\ 42$	$-6\ 48,7$	$-1\ 12,8$	$+22\ \ 5,3$	117,5	} 268,3	$-6,5$	—
10	10 9 37,2	$+12\ 12\ 30$	6 18 40,6	$+23\ 22\ 40$	$-6\ 49,7$	$-1\ 13,1$	$+22\ \ 7,0$	117,4			
11	11 0 7,8	$+\ 8\ 24\ 46$	6 22 46,2	$+23\ 20\ 39$	$-6\ 53,4$	$-2\ 36,6$	$+23\ 57,5$	105,3	} 268,3	$-6,5$	—
12	11 0 46,6	$+\ 8\ 20\ 36$	6 22 49,9	$+23\ 20\ 37$	$-6\ 54,7$	$-2\ 36,6$	$+23\ 58,7$	105,1			
13	11 38 44,7	$+\ 5\ \ 9\ 56$	8 16 42,7	$+19\ 44\ 19$	$-5\ 33,3$	$-3\ 37,4$	$+24\ 31,7$	123,3	} 267,4	$-5,1$	$+0,6$
14	11 39 32,5	$+\ 5\ \ 5\ \ 2$	8 16 46,7	$+19\ 44\ \ 5$	$-5\ 34,0$	$-3\ 38,0$	$+24\ 31,7$	123,1			
15	11 39 22,4	$+\ 5\ 44\ \ 6$	15 5 43,4	$-17\ 26\ 38$	$-6\ 40,3$	$-4\ 19,3$	$+24\ 26,7$	130,7	90,0	$+6,9$	—
16	23 22 2,6	$-\ 8\ 52\ 56$	17 55 27,1	$-23\ 26\ 51$	$+7\ 12,2$	$+5\ 27,2$	$-24\ 17,7$	108,4	271,4	$+7,6$	$-0,2$
17	23 1 40,7	$-10\ 35\ 44$	19 54 1,6	$-20\ 52\ \ 3$	$+5\ 57,2$	$+4\ 59,7$	$-23\ 53,7$	140,1	273,6	$+6,4$	0,0
18	4 5 55,0	$+16\ \ 1\ 12$	23 52 38,7	$-\ \ 0\ 47\ 55$	$+2\ \ 7,4$	$+6\ \ 2,0$	$-10\ \ 9,8$	117,4	271,2	$+2,5$	$-1,5$
19	10 3 53,5	$+14\ 16\ 28$	5 36 3,6	$+23\ 20\ \ 3$	$-6\ 21,3$	$-3\ \ 4,2$	$+21\ 39,3$	110,1	267,7	$-6,0$	—
20	10 54 4,7	$+10\ 19\ 39$	5 40 24,8	$+23\ 22\ 18$	$-7\ 18,0$	$-4\ \ 9,4$	$+23\ 31,7$	97,3	265,0	$-6,7$	—
21	0 16 5,7	$-\ 4\ 23\ 25$	21 12 5,4	$-16\ 10\ 51$	$+5\ 35,7$	$+7\ \ 7,5$	$-23\ 48,0$	139,5	276,0	$+6,6$	$+0,4$
22	1 37 43,3	$+\ 4\ 22\ 45$	23 3 58,5	$-\ 5\ 59\ 41$	$+5\ 42,0$	$+6\ 52,5$	$-20\ 59,7$	146,5	272,4	$+6,3$	$-0,3$
23	3 21 11,9	$+13\ 58\ 37$	23 11 25,8	$-\ 5\ 12\ 53$	$+6\ 34,6$	$+5\ 29,3$	$-13\ 46,6$	121,7	277,8	$+7,5$	$+0,4$

Hinzugefügt ist eine Rubrik Randprofil, aus der man den Einfluß der Ungleichheiten des Mondrandes auf die Messung der Sichelbreite abschätzen kann. Die Werte entlehnte ich den Tafeln von E. Przybyllok[1]), die auf Grund eines von F. Hayn und H. Battermann gesammelten und beobachteten Materials entworfen wurden. Nach den Argumenten P und D schreiten diese Tafeln fort, und dh ist die ihnen entnommene Randkorrektion, gezählt in dem Sinne, daß bei positiven Zahlen der Mondradius an dieser Stelle den mittleren Radius übertrifft. Die Tafeln haben noch viele Lücken und auch die in den Straßburger Beobachtungen vorkommenden Randpartien ermangeln zu einem großen Teil noch der Korrektionen. Eine rasche, dem Zufall weniger anheimgegebene Ausfüllung der Lücken ist von der photographischen Ausmessung des Randprofils zu hoffen.

Das Ergebnis für die Verlängerung ε beruht wesentlich auf dem Verhältnis der Sichelbreite zum Durchmesser. Am Fadenmikrometer aber läßt sich der Monddurchmesser nicht beobachten; man muß daher auf andere Weise sich Rechenschaft darüber geben, wie der Mondrand vom Beobachter aufgefaßt wurde und ob der der Berechnung der kugelförmigen Sichelbreite σ_0 zugrunde gelegte Mondradius auch wirklich für das Instrument und den Beobachter zutrifft. Zu dem Zwecke habe ich mehrfach den Abstand des Kraters Messier A vom Mondrand gemessen und daraus mit Hilfe des gut bekannten selenographischen Kraterortes den Mondradius berechnet. Für die selenographische Länge l_k und Breite b_k nahm ich im Mittel nach Franz[2]) und Hayn[3]) an:

$$l_k = + 46^\circ 54',84 \quad b_k = - 1^\circ 59',77.$$

Messier A steht nicht weit vom westlichen Mondrand; daher beobachtete ich im Jahre 1906 mit der Schraube bei bewegtem Fernrohr die Unterschiede $\xi = \varDelta\alpha\cos\delta$ des Kraters gegen den Rand, im Jahre 1907 hingegen stellte ich zunächst

1) E. Przybyllok, Das Profil der Randpartien des Mondes. Mitt. Sternwarte Heidelberg **11** (1908).

2) J. Franz, 150 Mondkrater.

3) F. Hayn, l. c.

beiläufig die Richtung der kürzesten Distanz zum Rand ein und
bestimmte dann diesen Abstand Δ mikrometrisch. Anderseits
kann man sich die beobachteten Größen ξ und Δ berechnen und
hat dazu Ausdrücke von der Form:

$$\xi_0 = r_{\mathbb{C}}(1 - \sin \omega \sin U) \qquad \Delta_0 = r_{\mathbb{C}}(1 - \sin \omega \cos \gamma).$$

Hier bedeuten ω und U Winkel, die aus bekannten selenographischen Formeln hervorgehen, und γ ist der Winkel zwischen
der Messungsrichtung und dem PW der kürzesten Randdistanz
von Messier A. Bezeichnet ferner f je nach der Methode der Beobachtung $(1 - \sin \omega \sin U)$ oder $(1 - \sin \omega \cos \gamma)$, r_m den angenommenen mittleren Mondradius, dr_m dessen Verbesserung, $d\xi$
und $d\Delta$ den Unterschied Beobachtung — Rechnung , so gibt jede
Beobachtung von Messier A die Bedingungsgleichung:

$$f \cdot \frac{r_{\mathbb{C}}}{r_m} \cdot dr_m = d\xi \quad \text{oder} \quad f \cdot \frac{r_{\mathbb{C}}}{r_m} \cdot dr_m = d\Delta.$$

Die Beobachtungen sind in derselben Art wie die Sichelbreiten angestellt und in der nachstehenden Übersicht vereinigt;
auch die Grundlagen der Rechnung bleiben die früheren.

Löst man die Bedingungsgleichungen nach der Methode der
kleinsten Quadrate auf, so erhält man:

$$dr_m = + 0'',83 \quad \text{m. F.} \pm 0'',96$$
$$\text{m. F. einer Beob.} = \pm 0'',77.$$

Unter v stehen die übrig bleibenden Reste Beobachtung —
Rechnung. Da die direkt gemessene Strecke ξ oder Δ nur $1/5$
bis $1/3$ des Mondradius ausmacht, ist es nicht zu verwundern,
wenn die schließliche Unsicherheit von r_m so groß ausfällt. Jedenfalls aber zeigt diese Auflösung, daß eine Verbesserung des Aus-
gangsradius $r_m = 15'33'',68$ nicht erforderlich ist und daß man
bei der natürlichen Unsicherheit der weiter zu behandelnden
Sichelbeobachtungen unbedenklich bei dem Werte r_m stehen
bleiben darf.

Ich habe die zehn Beobachtungen von Messier A noch einer
zweiten Ausgleichung unterzogen, in der neben dr_m ein konstanter
Auffassungsfehler i mitbestimmt wurde. Bei der geringen Schwan-

Nr.	Datum	M. Z. Greenwich	γ	Beobacht. ξ oder $\varDelta$	Berechn. ξ_0 oder $\varDelta_0$	$\xi - \xi_0$ oder $\varDelta - \varDelta_0$	Bedingungs-gleichungen	v
1	06. IV. 2	$8^h 42^m,7$	—	$+ 175'',6$	$+ 174'',3$	$+ 1'',3$	$= 0,187\, dr_m$	$+ 1'',1$
2	3	9 21 ,2	—	$+ 184$,5	$+ 183$,8	$+ 0$,7	$= 0,197$	$+ 0$,5
3	V. 29	9 8 ,7	—	$+ 203$,7	$+ 204$,6	$- 0$,9	$= 0,219$	$- 1$,1
4	VI. 26	8 18 ,2	—	$+ 226$,6	$+ 226$,4	$+ 0$,2	$= 0,243$	0 ,0
5	27	8 18 ,4	—	$+ 243$,1	$+ 242$,8	$+ 0$,3	$= 0,260$	$+ 0$,1
6	28	8 9 ,2	—	$+ 257$,0	$+ 257$,3	$- 0$,3	$= 0,276$	$- 0$,5
7	VII. 25	8 5 ,0	—	$+ 264$,6	$+ 263$,9	$+ 0$,7	$= 0,283$	$+ 0$,5
8	07. I. 22	8 56 ,4	$+ 3^0 15'$	277 ,3	276 ,6	$+ 0$,7	$= 0,296$	$+ 0$,4
9	23	8 49 ,2	$+ 3\ 57$	265 ,9	265 ,3	$+ 0$,6	$= 0,284$	$+ 0$,4
10	26	6 4 ,2	$- 1\ 2$	233 ,9	235 ,0	$- 1$,1	$= 0,252$	$- 1$,3

| Nr. | Mond | | Libration | | C | Randprofil | | |
	$\alpha_{\mathbb{C}}$	$\delta_{\mathbb{C}}$	l'	b'		P	D	dh
1	$7^h 23^m 52^s,2$	$+ 18^0 57',3$	$- 7^0\ 3',1$	$+ 3^0 47',3$	$+ 9^0 32',6$	$260^0,5$	$- 7^0,7$	—
2	8 18 45 ,0	$+ 17\ 32$,7	$- 7\ 31$,9	$+ 2\ 26$,1	$+ 14\ 34$,2	255 ,2	$- 7$,6	—
3	9 31 22 ,9	$+ 14\ 30$,5	$- 7\ 44$,1	$+ 0\ 1$,4	$+ 20\ 0$,7	249 ,9	$- 7$,1	—
4	10 9 11 ,9	$+ 12\ 14$,8	$- 6\ 49$,2	$- 1\ 12$,9	$+ 22\ 6$,0	247 ,7	$- 5$,6	$+ 0'',1$
5	11 0 22 ,3	$+ 8\ 23$,2	$- 6\ 54$,1	$- 2\ 36$,6	$+ 23\ 57$,5	245 ,9	$- 5$,0	$- 0$,1
6	11 51 18 ,4	$+ 4\ 0$,8	$- 6\ 38$,5	$- 3\ 51$,1	$+ 24\ 35$,3	245 ,4	$- 4$,1	$- 0$,2
7	11 39 14 ,2	$+ 5\ 6$,9	$- 5\ 33$,8	$- 3\ 37$,8	$+ 24\ 31$,7	245 ,6	$- 3$,3	$- 0$,2
8	3 8 29 ,6	$+ 11\ 52$,8	$+ 3\ 57$,0	$+ 7\ 0$,5	$- 15\ 23$,0	259 ,8	$+ 2$,9	$+ 0$,3
9	3 55 54 ,3	$+ 15\ 8$,8	$+ 2\ 53$,5	$+ 6\ 29$,2	$- 11\ 10$,8	260 ,4	$+ 2$,1	$+ 0$,4
10	6 21 20 ,7	$+ 20\ 22$,9	$- 0\ 9$,0	$+ 3\ 40$,7	$+ 3\ 28$,7	263 ,9	$- 0$,2	$+ 0$,1

kung der Koeffizienten von dr_m mußte diese Lösung natürlich ziemlich unsicher ausfallen. Es fand sich:

$$dr_m = -\ 1'',32 \qquad i = +\ 0'',55$$
$$\text{m. F.} \pm 6,70 \qquad\qquad \pm 1,69.$$

Nimmt man endlich nur den konstanten Fehler i in den Beobachtungen an, so kommt der heraus zu

$$i = +\ 0'',22 \quad \text{m. F.} \pm 0'',24$$

und die Reste v weichen kaum von der ersten Darstellung durch dr_m ab. Will man daraus überhaupt etwas schließen, dann nur das, daß Korrektion des Halbmessers und konstanter Einstellungsfehler gleich unmerklich sind. — Das Randprofil ist in der früher erläuterten Weise beigeschrieben worden; eine Berücksichtigung würde zur Verringerung der mittleren Fehler nichts beitragen.

4. Reduktion und Resultate, Mondatmosphäre.

Trotzdem aus den Beobachtungen von Messier A hervorgeht, daß der angenommene Mondradius $r_m = 15'33'',68$ vollständig genügt, wurde bei der Bearbeitung der Sichelbreiten doch wieder die Unbekannte dr_m eingeführt; ihren Zusammenhang mit der Sichelbreite σ, gibt die Relation

$$f \cdot \frac{r_{\mathbb{C}}}{r_m} \cdot dr_m = d\sigma, \quad \text{wo} \quad f = \frac{1 + \cos\{\alpha + (r_{\mathbb{C}} - r_{\odot})\}}{1 - [4{,}6856]\, r_{\mathbb{C}} \sin\{\alpha + (r_{\mathbb{C}} - r_{\odot})\}}$$

leicht den früheren Rechnungen entnommen werden kann. Fügt man noch einen konstanten Fehler i hinzu, wie er bei der Einstellung des unscharfen und zerrissenen Terminators zu erwarten ist — daß ein systematischer Fehler bei der Einstellung des Randes nicht auftritt, erweist der vorige Abschnitt — so entstehen für jede Beobachtung einer Sichelbreite die folgenden Bedingungsgleichungen.

Daß die Trennung der Unbekannten nicht sicher von statten geht, sieht man den Gleichungen an, und die Auflösung bestätigt diese Erwartung; denn man findet:

Nr.	Bedingungsgleichungen	v
1	$1 \cdot i + 0{,}13\,dr_m + 0{,}22\,\varepsilon = +\ 3'',3$	$-\ 1'',6$
2	$1 \quad +\ ,24 \quad +\ ,33 \quad = +\ 7\ ,9$	$+\ 2\ ,7$
3	$1 \quad +\ ,24 \quad +\ ,34 \quad = +\ 8\ ,2$	$+\ 3\ ,0$
4	$1 \quad +\ ,38 \quad +\ ,38 \quad = +\ 6\ ,2$	$+\ 0\ ,8$
5	$1 \quad +\ ,53 \quad +\ ,33 \quad = +\ 0\ ,2$	$-\ 5\ ,2$
6	$1 \quad +\ ,54 \quad +\ ,32 \quad = +\ 7\ ,5$	$+\ 2\ ,2$
7	$1 \quad +\ ,08 \quad +\ ,14 \quad = +\ 3\ ,9$	$-\ 0\ ,8$
8	$1 \quad +\ ,71 \quad +\ ,15 \quad = +\ 2\ ,2$	$-\ 2\ ,9$
9	$1 \quad +\ ,44 \quad +\ ,36 \quad = +\ 7\ ,8$	$+\ 2\ ,4$
10	$1 \quad +\ ,44 \quad +\ ,36 \quad = +\ 8\ ,4$	$+\ 3\ ,0$
11	$1 \quad +\ ,63 \quad +\ ,25 \quad = -\ 1\ ,0$	$-\ 6\ ,2$
12	$1 \quad +\ ,64 \quad +\ ,24 \quad = -\ 1\ ,6$	$-\ 6\ ,8$
13	$1 \quad +\ ,38 \quad +\ ,38 \quad = +\ 1\ ,8$	$-\ 3\ ,6$
14	$1 \quad +\ ,38 \quad +\ ,38 \quad = +\ 4\ ,4$	$-\ 1\ ,0$
15	$1 \quad +\ ,46 \quad +\ ,37 \quad = +\ 7\ ,1$	$+\ 1\ ,7$
16	$1 \quad +\ ,82 \quad +\ ,28 \quad = +\ 11\ ,8$	$+\ 6\ ,4$
17	$1 \quad +\ ,32 \quad +\ ,31 \quad = +\ 4\ ,5$	$-\ 0\ ,7$
18	$1 \quad +\ ,56 \quad +\ ,36 \quad = -\ 1\ ,8$	$-\ 7\ ,2$
19	$1 \quad +\ ,54 \quad +\ ,30 \quad = +\ 6\ ,1$	$+\ 0\ ,8$
20	$1 \quad +\ ,74 \quad +\ ,12 \quad = +\ 12\ ,3$	$+\ 7\ ,3$
21	$1 \quad +\ ,33 \quad +\ ,32 \quad = +\ 8\ ,7$	$+\ 3\ ,5$
22	$1 \quad +\ ,24 \quad +\ ,25 \quad = +\ 6\ ,2$	$+\ 1\ ,2$
23	$1 \quad +\ ,58 \quad +\ ,38 \quad = +\ 6\ ,8$	$+\ 1\ ,3$

$$i = +\ 4'',4 \qquad dr_m = +\ 0'',5 \qquad \varepsilon = +\ 2'',2$$
$$\text{m. F.} \pm 4{,}3 \qquad\qquad \pm 4{,}6 \qquad\qquad \pm 11{,}2$$
$$\text{m. F. einer Beob.} = \pm\ 4'',1.$$

Die übrig bleibenden Reste der Darstellung stehen unter v
im Sinne Beobachtung — Rechnung. Setzt man $dr_m = 0$, so kommt:

$$i = +\ 4'',6 \qquad \varepsilon = +\ 2'',1$$
$$\text{m. F.} \pm 3{,}3 \qquad\qquad \pm 10{,}8$$

und beschränkt man sich auf die Bestimmung von i, faßt also
die beobachteten $d\sigma$ nur als Ausfluß eines konstanten Fehlers
bei der Einstellung der Lichtgrenze auf, so hat man dafür:

$$i = +\ 5'',3 \qquad \text{m. F.} \pm 0'',8$$
$$\text{m. F. einer Beob.} = \pm\ 3'',9.$$

Das heißt: der Lichtschimmer der Sichel entschwindet dem Auge erst in einem Abstande von 5″ vom geometrischen Terminator auf der dunkeln Mondkugel. Bei dem durch andere Wahrnehmungen belegten Mangel des Mondes an einer Lufthülle wird man zur Erklärung dieser Verschiebung der Lichtgrenze eine Dämmerungszone zunächst nicht heranziehen wollen.

Macht man aber einmal doch die Voraussetzung, daß der Unterschied $d\sigma$ zwischen geometrischer und beobachteter Sichelbreite auf ein Dämmerungsphänomen zurückgehe, so kann man die Breite d der Dämmerungszone ableiten, wie man sie in der Mitte der Mondscheibe sehen würde. Man löst die Bedingungsgleichungen von der Form $d \cdot \sin \alpha = d\sigma$ auf (α ist Phasenwinkel) und erhält

$$d = 6''{,}3 \qquad \text{m. F.} \pm 1''0$$
$$\text{m. F. einer Beob.} = \pm 4''{,}1.$$

Die Vernachlässigung der Reduktion der $d\sigma$ auf eine einheitliche (mittlere) Entfernung des Mondes ist bedeutungslos. Der Dämmerungsbreite d entspricht eine Sonnendepression $\eta = -23'$ und damit gewinnt man für die Höhe H der lichtreflektierenden Mondatmosphäre den Wert $H = 9{,}7$ m. Die höchsten Schichten der irdischen Atmosphäre, die noch zu der normalen astronomischen Dämmerung beitragen, haben eine Dichte von $\frac{1}{3000}$ derjenigen im Meeresniveau. Wenig befriedigt die Auflösung der Bedingungsgleichungen nach d und ε. Man findet:

$$d = + 3''{,}5 \qquad \varepsilon = + 7''{,}8$$
$$\text{m. F.} \pm 3{,}6 \qquad\qquad \pm 9{,}6$$
$$\text{m. F. einer Beob.} = \pm 4''{,}1,$$

und daraus folgt die Höhe der Mondatmosphäre zu 2,9 m.

Wir entscheiden uns, gestützt auf den ganzen Komplex von Beobachtungen der Sichelbreite und des Kraters Messier A, für die zweite Lösung mit i und ε, deren Reste v sich nicht merklich von denen der ersten Darstellung durch drei Unbekannte unterscheiden.

Schließlich habe ich noch nachgesehen, ob nicht etwa die Punkte, in denen der Terminator für Sichelbreite eingestellt

wurde, auf Erhebungen über oder Senkungen unter das mittlere
Niveau des Mondes lägen. Die engumgrenzten Unregelmäßigkeiten der Mondoberfläche sind ja durch den direkten Anblick
vermieden worden, nicht so ausgedehnte Hochplateaus oder Sen-
kungsfelder, durch die die Lichtgrenze hindurchschnitt. Um darüber entscheiden zu können, bediente ich mich der von Franz
entworfenen Höhenschichtenkarte des Mondes. Die erforderlichen
genäherten selenographischen Koordinaten λ, β der eingestellten
Terminatorpunkte verschaffte ich mir durch eine dreistellig ge-
führte einfache Rechnung, deren Gang aus der Art der Messung
ohne weiteres klar ist. Die in Teilen des Radius angegebenen
Höhen der Franzschen Karte verwandelte ich in Bogensekunden
und erhielt so folgende Übersicht der Terminatorörter und ihrer
Höhen h über dem mittleren Niveau des Mondes.

Nr.	λ	β	h	Nr.	λ	β	h
1	$+ 56^0$	$-- 13^0$	$+ 0'',5$	13 14 }	$+ 33^0$	$- 1^0$	$+ 0'',8$
2 3 }	$+ 45$	$- 2$	$+ 0 ,5$	15	$- 40$	$- 4$	$- 1 ,9$
4	$+ 45$	$- 3$	$+ 0 ,5$	16	$+ 17$	$+ 5$	$+ 1 ,2$
5 6 }	$+ 22$	$+ 4$	$+ 1 ,2$	17	$+ 49$	$- 2$	$+ 0 ,2$
				18	$+ 27$	$+ 5$	$+ 0 ,9$
7	$+ 63$	$- 2$	$+ 0 ,2$	19	$+ 19$	$- 2$	$+ 0 ,9$
8	$+ 9$	0	$+ 0 ,3$	20	$+ 6$	$- 3$	$+ 0 ,9$
9 10 }	$+ 27$	0	$+ 0, 9$	21	$+ 48$	$+ 1$	$0 ,0$
				22	$+ 55$	$+ 3$	$+ 0 ,1$
11 12 }	$+ 15$	$- 2$	$+ 1 ,2$	23	$+ 31$	$+ 2$	$+ 0 ,9$
							$+ 0'',5$

Im Durchschnitt beziehen sich also die Messungen der Sichelbreite auf Punkte, die um $0'',5$ über das mittlere Niveau des
Mondes herausragen, und um ebensoviel fällt mithin die berechnete Verlängerung ε des Mondkörpers zu groß aus. Wegen
der unzulänglichen Kenntnis der Randkorrektionen einerseits
und des von Franz selbst betonten provisorischen Charakters
seiner Schichtenkarte anderseits haftet diesem Werte der mittleren Erhebung der Terminatorpunkte noch eine Unsicherheit

an, die durch die große Anzahl der in Frage kommenden Mondgegenden etwas gemildert wird. Rechnungsmäßig müssen wir
also jetzt setzen:

$$\varepsilon = + 1'',6 \quad \text{m. F.} \pm 10'',8$$

oder in Teilen des Mondradius ausgedrückt:

$$\varepsilon = + 0{,}0017 \quad \text{m. F.} \pm 0{,}0116.$$

Es zeigt sich demnach auch hier wieder, daß die Verlängerung des Mondes zur Erde hin unmerklich klein ist, und nur
aus dem übereinstimmenden Vorzeichen, das alle Beobachtungsmethoden bisher ergaben, darf man schließen, daß eine geringe
Erhebung des Niveaus der scheinbaren Mondmitte über das
Randniveau existiert, deren Betrag bei 2,5 km liegen mag.

5. Ergebnisse theoretischer Untersuchungen der Mondfigur, Zusammenfassung.

Die Mondfigur läßt sich auch auf rein theoretischem Wege
ableiten, und diese Methode ist in Wirklichkeit die älteste und
erste, die befolgt wurde. Derartige Untersuchungen beginnen
mit Newton, der im III. Abschnitt („Von der Größe der Meeresflut") des III. Buches der „Prinzipien" (1687) sich die Aufgabe
vorlegt, die Gestalt des Mondes zu finden. Auf Grund seiner
Fluttheorie erkennt er, daß der flüssig vorausgesetzte Mond ein
Sphäroid sein müsse, dessen verlängerte große Achse durch den
Mittelpunkt der Erde ginge und die scheinbare Mondmitte sei
um 93 feet = 28 m weiter vom Schwerpunkt des Mondes entfernt als ein Punkt des sichtbaren Randes; danach wäre also
$\varepsilon = + 0{,}000016$. 90 Jahre später wird die Frage in anderer Weise
von Lagrange[1]) aufgenommen, aber das Ergebnis ist wesentlich
dasselbe: sei h der Polarradius, f der durch den Nullmeridian
hindurchgehende Äquatorradius, g der darauf senkrechte Äquator-

---

1) J. L. Lagrange, Théorie de la libration de la lune. Mém. de
Berlin 1780 = Oeuvres **5**, 3.

radius (zum Rande hin), so müssen nach Lagrange die drei Halbachsen in dem Verhältnis stehen:

$$h : f : g = 1 : 1{,}000024 : 1{,}000006.$$

ε ist also wieder sehr klein ($+ 0{,}000024$) und von der Erde aus unmerklich. Nicht viel anders kommt das Achsenverhältnis bei Laplace[1]) heraus, der findet:

$$h : f : g = 1 : 1{,}000037 : 1{,}000009.$$

Erheblich größer, etwa um das 20fache, aber noch immer ein wenig unterhalb der Genauigkeitsgrenze der Beobachtungen, ergibt sich die Verlängerung des Mondes zur Erde hin aus der Theorie der Libration[2]); danach wird nämlich:

$$h : f : g = 1 : 1{,}0006 : 1{,}0003.$$

Zugleich lehren alle diese Zahlen, daß die Form des sichtbaren Mondumrisses sich nur unmerklich vom Kreis unterscheiden soll, und in der Tat haben die direkten Beobachtungen an Heliometern und durch Sternbedeckungen nichts anderes ergeben. Allerdings ist auf die Weise eine sehr hohe Genauigkeit noch nicht zu erzielen, weil die topographischen Unebenheiten des Mondrandes, Bergrücken und Tiefebenen, sich dem entgegensetzen. Gerade die Messung des Polarradius unterliegt einer besonderen Unsicherheit; denn der Südpol des Mondes liegt inmitten einer weit ausgedehnten, unregelmäßigen, dicht mit Kratern besäten Gebirgslandschaft. —

Man darf abschließend sagen, daß alle Beobachtungsreihen, die sich mit der Mondfigur direkt oder indirekt beschäftigen, dahin konvergieren, daß sie dem Mond eine sehr schwache Aufwölbung gegen die Erde zuschreiben. Die Verlängerung reicht bei weitem nicht an den von Hansen gefundenen Wert heran, von dem Newcomb und Delaunay denn auch später (1868, 1870) nachwiesen, daß ihn die Beobachtungen des Mondortes

---

1) Nach S. Oppenheim, Gleichgewichtsfig. rotierender Flüssigkeitsmassen II, Prag 1907, S. 23.

2) Franz, Fig. d. Mondes, S. 2.

doch nicht notwendig machen. — Ausgeschlossen wäre es indes
auch nicht, daß in den Ergebnissen der Straßburger Sichelbreiten-
messungen der Einfluß einer äußerst dünnen, aber noch lichtreflektierenden Mondatmosphäre sich äußerte. Die Höhe dieser
Lufthülle brauchte zur Erklärung der beobachteten Hinausschiebung des Terminators nicht einmal 10 m zu betragen und sie
mag zu fein sein, um etwa bei Sternbedeckungen deutliche Re-
fraktionserscheinungen am Mondrand zu erzeugen. Überdies ver-
mischen die sich hier mit einem sehr viel gröberen physiologi-
schen Phänomen, der Irradiation.